# Chemie des Ingenieurs

# Chemie des Ingenieurs

## Grundlagen zur Anwendung in der Technik

Von

## Dr. E. Brandenberger

o. Professor an der Eidg. Technischen Hochschule und
Direktor der Eidg. Materialprüfungs- und Versuchsanstalt,
Zürich

**Zweite verbesserte Auflage**

Mit 135 Abbildungen und 40 Tabellen

**Springer-Verlag**
**Berlin Heidelberg GmbH**

ISBN 978-3-642-92910-6                    ISBN 978-3-642-92909-0 (eBook)
DOI 10.1007/978-3-642-92909-0



Softcover reprint of the hardcover 2nd edition 1966
Library of Congress Catalog Card Number: 66-25791

Titelnummer 0094

# Vorwort zur zweiten Auflage

Was das Ziel dieses Buches ausmachen soll, ist dasselbe geblieben, wie es bei seiner erstmaligen Veröffentlichung umschrieben wurde mit den Worten: „Das Wesentliche unserer ‚Chemie des Ingenieurs' liegt darin, daß ihr Autor zusammen mit den Lesern, die er sich wünscht, die Chemie bewußt, oft gar eigenwillig vom Standpunkt des Ingenieurs aus betrachten will, deshalb aus der Gesamtheit der Stoffe und der Fülle der Erscheinungen mit Entschiedenheit jene herausgreifend, welche den Ingenieur selber betreffen oder unmittelbar angehen. Unter technischen Gesichtspunkten zu einem Ganzen geordnet, soll sich daraus eine Lehre der Stoffe und chemischen Reaktionen ergeben, welche eindrücklicher als bisher die Bedeutung der *Chemie, wesentliche Hilfswissenschaft des Ingenieurs zu sein*, aufzuzeigen und das Interesse von Ingenieuren jeder Richtung an Fragen der Chemie zu wecken vermag."

Das Bedürfnis nach einer Darstellung der Chemie, welche nach Anlage und Auswahl des Stoffes ganz den eigentlichen und besonderen Bedürfnissen der Ingenieure entspricht, wird heute wohl weniger denn je bestritten. Diesem Anliegen unentwegt zu folgen, legt allerdings nahe, da und dort von der Betrachtungsweise abzugehen, welche der Chemiker oft weit mehr aus Gewohnheit und Tradition befolgt als aus sachlichen Gegebenheiten. Weiterhin so zu verfahren, war auch bei der Neubearbeitung gegeben, indem sich heute in der Chemie selber die Tendenz abzeichnet, Althergebrachtes neu zu ordnen, also etwa die Einheit makromolekularer Stoffe, anorganischer und organischer, gegenüber den Molekülverbindungen stärker zu betonen oder die Nichtedelgaselemente bereits als Verbindungen, wenn auch als solche aus einerlei Atomen, zu betrachten.

Ergänzungen waren vor allem geboten, wo im Laufe der letzten Jahre gewisse Tatsachen und Fragen der Chemie vermehrt in das Blickfeld der Ingenieure getreten sind und sich deshalb eine erweiterte Behandlung auch in unserer „Chemie des Ingenieurs" aufdrängte. Hingegen hätte es der Natur ihres Gegenstandes widersprochen wie den Umfang des Buches über Gebühr ausgeweitet, in derselben Weise auch allen werkstoffkundlichen Neuerungen Rechnung tragen zu wollen. Immerhin darf gesagt werden, daß die den Text begleitenden Tabellen gerade in dieser Beziehung auf kleinen Raum gedrängt doch einiges aussagen. Im übrigen ist es für ein Buch und seinen Leser nicht das schlechteste Zeichen, wenn die Lektüre den Wunsch weckt, das mit ihr Gewonnene noch anderswo zu vertiefen und auszuweiten.

Einmal mehr hat der Verfasser allen seinen Mitarbeitern und Freunden an der Eidg. Materialprüfungs- und Versuchsanstalt für vielfache Hilfe und manche Anregung bei der Abfassung und Neubearbeitung seines Buches herzlich zu danken. So haben sich an der Überholung der neuen Auflage die Herren Prof. Dr. M. Brunner und Prof. Dr. A. Bukowiecki, Dr. K. Banholzer, Dr. P. Esenwein, Dr. M. Hochweber und Dr. H. Ruf in besonderer Weise beteiligt.

Zürich, im Herbst 1966

E. Brandenberger

# Inhaltsverzeichnis

## B. Lehre der chemischen Reaktionen

# Von den Zielen der Chemie und den Forderungen des Ingenieurs

Die *Zielsetzung der Chemie* ist eine doppelte: So gilt ihr *erstes* Interesse der Mannigfaltigkeit der uns zugänglichen *Stoffe*, der in der Natur vorkommenden wie der künstlich hergestellten. Sie will dabei nicht nur die Vielfalt der Stoffe unter einheitlichen Gesichtspunkten ordnen, sondern uns darüber hinaus das besondere Wesen der Stoffe und ihre spezifischen Eigenschaften verstehen lernen. Für beides bildet die erschöpfende Kennzeichnung der Stoffe hinsichtlich chemischer Zusammensetzung (ihres *Chemismus*) und inneren Aufbaus (ihrer *Konstitution* und *Struktur* im weitesten Sinne des Wortes) die Grundlage. Daraus aber ergibt sich eine erste Berührung *zwischen der Chemie und der Tätigkeit des Ingenieurs*:

Auch dieser bedarf nämlich je länger desto mehr der *vertieften* Einsicht in die besondere Natur der von ihm verwendeten Bau- und Werkstoffe wie der zahlreichen, ihm laufend begegnenden Betriebs-, Schutz- und Hilfsstoffe. Einzig so kann es ihm gelingen, die *zweckmäßigen* Stoffe auszusuchen, sie *optimal* auszunützen und damit möglichst *wirtschaftlich* anzuwenden. Vertiefter Einblick in die Bau- und Werkstoffe bedeutet aber gleichfalls, Verständnis dafür erlangen, wie bestimmte *Eigenschaften von Stoffen durch deren Zusammensetzung und inneren Aufbau bedingt werden* – das aber heißt vielfach, Stoffe mit eben denselben Verfahren untersuchen und unter den nämlichen Gesichtspunkten betrachten, wie sie für die Chemie bei der Erforschung der stofflichen Welt maßgebend sind.

Der *zweite* Gegenstand der chemischen Wissenschaften besteht dagegen im Studium aller jener Vorgänge, bei welchen als sog. *chemischen Reaktionen* aus gegebenen Stoffen andere Stoffe mit neuen Eigenschaften entstehen unter gleichzeitiger Feststellung der *Bedingungen*, welche geeignet sind, chemische Reaktionen auszulösen oder zu unterbinden, schneller oder langsamer, vollständig oder nur teilweise ablaufen zu lassen. Dazu kommt die Untersuchung der die einzelne Reaktion beherrschenden, *energetischen* Verhältnisse. Dabei ist es von einer besonderen Bedeutung, ob chemische Prozesse eines Energieaufwandes bedürfen oder umgekehrt Energie gewinnen lassen und dementsprechend als *Energiequellen* dienen können. Gleich dem ersten Ziel der Chemie berührt auch ihr zweites wiederum unmittelbare *Interessen des Ingenieurs*:

Einmal ist es für ihn als Verbraucher zahlreicher Stoffe oft unumgänglich, über ihre *Herkunft und Herstellung*, also die ihrer Produktion zugrunde liegenden chemischen Vorgänge Bescheid zu wissen. Dazu sind mit dem *technischen Einsatz* der Stoffe selber – etwa mit ihrer Verarbeitung, ihrer Nach- und Schutzbehandlung – häufig chemische Reaktionen verbunden, die weitgehend unter der Kontrolle des Ingenieurs verlaufen, weshalb für ihn die gründliche Kenntnis dieser ihn unmittelbar berührenden Vorgänge unerläßlich ist. Endlich liegen der *Zerstörung der Bauund Werkstoffe* (oft auch einem Versagen von Betriebs- und Schutzstoffen) zumeist chemische Vorgänge zugrunde, deren Beherrschung jedoch erste Bedingung ist sowohl für eine sachlich einwandfreie Beurteilung bereits eingetretener *Schäden* an Werkstücken und Bauwerken wie für die erfolgreiche Verhütung zukünftiger Mängel und Störungen.

Kenntnis der chemischen Grundgesetze wie der spezifischen Betrachtungsweise und der Arbeitsmethoden der Chemie, dazu der besonderen Art, wo und wie der Chemiker seine Probleme sucht, in welcher Weise er diese beurteilt und bearbeitet, aber auch wie er deren Lösung darzustellen pflegt, ist dazu für jede erfolgreiche *Zusammenarbeit zwischen Ingenieur und Chemiker* erste Voraussetzung. Erst dann weiß der Ingenieur, wie er seine Fragen an den Chemiker zu formulieren hat und was er der Antwort, die ihm der Chemiker auf seine Fragen gibt, entnehmen kann.

Zugleich hat aber die *Chemie der Werkstoffe* auch ihre besonderen Aspekte, welche zu jenen der übrigen chemischen Wissenschaften in auffälligem Gegensatz stehen: Spielt im Bereich der letzteren die Befähigung der Stoffe zu chemischen Reaktionen und damit zur Überführung in andere die entscheidende Rolle, so sollen umgekehrt *Bau- und Werkstoffe* über *möglichst große Beständigkeit* verfügen. Nur dann werden sie sich im technischen Einsatz auf die Dauer bewähren und den immer größeren Beanspruchungen, welche sie ertragen sollen, voll gewachsen sein. Beständigkeit gegenüber *allen möglichen* Einwirkungen, nicht bloß mechanischen, sondern auch thermischen und chemischen, gelegentlich auch biologischen und neuerdings solchen energiereicher Strahlungen, ist indes nicht die einzige Forderung des Ingenieurs an seine Konstruktionsmaterialien. Er wird außerdem verlangen, daß Werkstoffe *möglichst gleichmäßig* sind und sich bei ihrer Verarbeitung zum Werkstück oder Bauwerk *leicht formen und verbinden* lassen. Der Elektroingenieur wird sodann seine besondern Bedingungen stellen für das Verhalten der Stoffe *in elektrischen und magnetischen Feldern*, der Maschinenbauer seine spezifischen Ansprüche für das Verhalten *in der Wärme oder in der Kälte*, bei höchster mechanischer Beanspruchung durch Schlag, eine Wechsel- oder Dauerbelastung, sei es bei gewöhnlicher oder bei extremer Temperatur, unter Druck oder im Vakuum, im Kontakt mit der Luft oder irgendwelchen aggressiven Medien usw. Im Zusammenhang damit wird es auf allen Gebieten der Technik häufig darum gehen, im Gegensatz zur Chemie allenfalls noch mögliche chemische Reaktionen zu verhüten oder mindestens geeignet zu hemmen. Endlich wird der Ingenieur darnach trachten, beim Betrieb technischer Geräte, Einrichtungen und Anlagen unerwünschte Auswirkungen auf die Umgebung durch Rauch und Nebel, Abgase und Abwässer zu verhüten oder doch auf ein noch zulässiges Maß herabzusetzen.

# A. Lehre der Stoffe

## I. Grundlagen

### § 1. Elemente des Atombaus, Atomarten und chemische Elemente

Wissenschaftliche Chemie nimmt wohl darin ihren Anfang, daß, wie es mit voller Klarheit 450 v. Chr. erstmals EMPEDOKLES tat, die Mannigfaltigkeit der stofflichen Welt auf die Existenz einzelner Grundstoffe, der *Elemente*, und auf deren in bestimmten Proportionen erfolgende *Verbindung* zurückgeführt wird. Diese Fragestellung, in welcher der erste Ursprung chemischer Forschung ruht, ist durch die ganze Geschichte der Chemie dieselbe geblieben, so sehr sich auch im Laufe der Zeit die Anschauungen darüber wandelten, was als Element zu betrachten sei. Indes kann der *klassische* Begriff des chemischen Elements, wonach als solches zu gelten habe, was keiner Rückführung auf einfachere Stoffe zugänglich ist, während eine Verbindung darstelle, was eine derartige Zerlegung gestattet, heute nicht länger befriedigen – ganz abgesehen von den prinzipiellen Beschränkungen, die einer solchen Definition des chemischen Elements wie jeder andern, *negativen* Aussage ihrem Wesen nach anhaften muß[1].

In der Tat ist heute eine *strenge* und zugleich völlig eindeutige Fassung des Elementbegriffs auf unmittelbar *atomphysikalischer* statt bloß empirischer Grundlage möglich, und zwar bereits an Hand eines elementaren *Atommodells* nach Abb. 1: Darnach befinden sich um den positiv geladenen *Atomkern*, dieser trotz seines weniger als $10^{-12}$ cm betragenden Durchmessers Träger der Hauptmasse des Atoms, *Z Elektronen*, von denen jedes eine negative Elementarladung $-e$ ($e = 1{,}60206 \pm 0{,}00003 \cdot 10^{-19}$ C abs.) trägt. Diese bilden die *Elektronenhülle* des Atoms, welche ihrerseits einen Durchmesser im Bereich um $2-5 \cdot 10^{-8}$ cm und die Ladung $L = -Z \cdot e$ besitzt. Daher muß, da ja Atome sich wie neutrale Teilchen verhalten, die positive Ladung des Kerns notwendig $+Z \cdot e$ betragen. Während die Elektronen im *eigentlichen* Sinn elementare Teilchen darstellen, werden die Atomkerne allgemein aus kleineren Partikeln, den sog. *Nukleonen*, aufgebaut, nämlich aus *Protonen* und *Neutronen*. Dabei ist jedes Proton Träger einer *positiven*

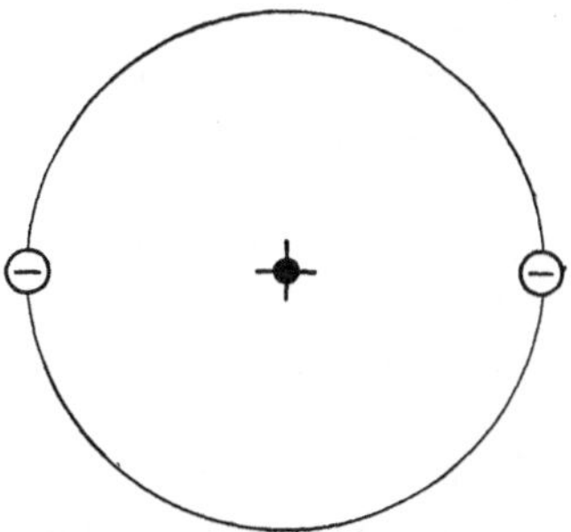

Abb. 1. Einfaches Atommodell

---

[1] So ist es durchaus charakteristisch, daß in der Geschichte der Chemie eine Reihe von Verbindungen wie beispielsweise CaO und $UO_2$, da bei ihnen eine Zerlegung in einfachere Bestandteile zunächst nicht möglich war, vorerst für Elemente gehalten wurden.

1*

Elementarladung $+e$ und der Masse $m_\mathrm{P} = 1{,}6724 \cdot 10^{-24}$ g, das Neutron hingegen eine *neutrale* Partikel von der Masse $m_\mathrm{N} = 1{,}6747 \cdot 10^{-24}$ g (demgegenüber beträgt die Masse des Elektrons lediglich $9{,}1083 \cdot 10^{-28}$ g, wiegen somit rund 1840 Elektronen gleichviel wie ein Proton).

Wesentliche *Kennzeichen der Atome* sind demgemäß:

a) die Anzahl $Z$ der in ihrer Elektronenhülle vorhandenen Elektronen bzw. die damit übereinstimmende Anzahl Protonen im Atomkern, wobei $Z$, welches derart die *Ladung der Elektronenhülle* und jene des Atomkerns, die *Kernladung*, bestimmt, als *Atomnummer* des betreffenden Atoms bezeichnet wird;

b) die Anzahl $N$ der neben den $Z$ Protonen im Atomkern enthaltenen Neutronen, so daß sich die Gesamtzahl der Nukleonen (die sog. *Massenzahl* des betr. Atoms, diese maßgebend für die *Kernmasse*) zu $A = N + Z$ ergibt.

Atome von der Atomnummer $Z$ und der Massenzahl $A$ erhalten das Symbol $^A_Z\mathrm{E}$ (E bedeutet dabei das übliche Symbol des betr. chemischen Elements) und werden als Atome der *Atomart* $^A_Z\mathrm{E}$ betrachtet. Es bezeichnet somit $^{18}_{8}\mathrm{O}$ jene Sorte von Sauerstoffatomen, welche eine aus 8 Elektronen bestehende Hülle, damit zugleich einen achtfach positiv geladenen Kern aus 8 Protonen und 10 Neutronen, somit aus 18 Nukleonen, besitzen.

Entscheidend für alles Weitere ist nunmehr: *Atome mit übereinstimmendem $Z$, also Atome von der gleichen Kernladung oder, was dasselbe bedeutet, mit gleicher Anzahl Elektronen in der Elektronenhülle gehören zu ein und demselben chemischen Element*, oder umgekehrt:

*Es besteht ein chemisches Element in dem Sinne aus einerlei Atomen, als alle seine Atome gleiche Kernladung bzw. die gleiche Anzahl von Elektronen in ihrer Elektronenhülle besitzen.*

Deshalb ist die Größe $Z$ nicht nur ein Kennzeichen des einzelnen Atoms, sondern zugleich das *entscheidende Merkmal* des betreffenden *Elements*, seine sog. *Ordnungszahl*, bestimmt diese doch, wie sich zeigen wird, die besondere Stellung eines Elements unter der Gesamtheit der chemischen Elemente.

Gleichheit von Atomen bezüglich der Kernladung braucht jedoch keineswegs auch Übereinstimmung hinsichtlich der Kernmasse zu bedeuten; es muß also gleichem $Z$ durchaus nicht auch ebensolches $N$ (und damit gleiches $A$) entsprechen. Dies gilt einzig bei den *Reinelementen* (Tab. 1), indem diese aus Atomen bestehen, die neben gleicher Kernladung auch gleiche Kernmasse besitzen, demzufolge aus einer *einzigen* Atomart bestehen.

*Mischelemente* umfassen dagegen stets *mehrere* Atomarten, zwar alle von der nämlichen Kernladung, indes von verschiedener Kernmasse, so daß hier Atome mit gleichem $Z$, aber verschiedenem $A$ (sog. *isotope* Atomarten[1]) vorliegen (Abb. 2). Dabei beträgt die Anzahl der einem Mischelement zugeordneten Isotopen zwischen 2 und 10 und sind überdies Mischelemente allgemein weit zahlreicher als Reinelemente, stehen doch über 70 Mischelementen rund 30 Reinelemente gegenüber, so daß von den total rund 300 natürlichen Atomarten an die 90% den Mischelementen angehören. Bereits Wasserstoff als leichtestes Element zählt mit seinen

---

[1] Atomarten mit gleichem $A$, jedoch verschiedenem $Z$ heißen demgegenüber unter sich *isobare*, Atome mit gleichem $Z$ und gleichem $A$, aber verschiedener innerer Konstitution des Kerns dagegen *kernisomere* Atome.

zwei Isotopen $^1_1$H und $^2_1$H (Abb. 2) zu den Mischelementen, wie auch andere, besonders wichtige Grundstoffe wie z.B. C mit $^{12}_6$C und $^{13}_6$C, N mit $^{14}_7$N und $^{15}_7$N und O mit den drei Isotopen $^{16}_8$O, $^{17}_8$O und $^{18}_8$O Mischelemente darstellen (siehe auch

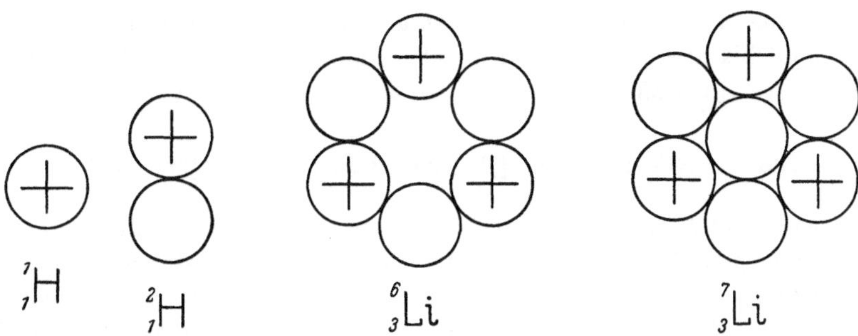


Abb. 2. Aufbau der Atomkerne aus Protonen (+) und Neutronen im Falle der Isotopen $^1_1$H und $^2_1$H sowie $^6_3$Li und $^7_3$Li

hierzu Tab. 1). In der Natur finden sich bei Mischelementen deren einzelne Isotope zumeist mit praktisch *gleicher* Häufigkeit vertreten, so im Falle des Eisens beispielsweise dessen vier Isotope im Mischungsverhältnis (mit der *relativen Isotopenhäufigkeit*):

| $^{54}_{26}$Fe | $^{56}_{26}$Fe | $^{57}_{26}$Fe | $^{58}_{26}$Fe |
|---|---|---|---|
| 5,84 % | 91,68 % | 2,17 % | 0,31 %, |

während Cu ein Gemisch der Atomarten $^{63}_{29}$Cu und $^{65}_{29}$Cu im Verhältnis 69,1 : 30,9 darstellt. Eine solche, weitgehend konstante Isotopenhäufigkeit besteht dagegen *nicht*, wo Isotope aus natürlichen radioaktiven Zerfallsvorgängen hervorgehen (wie z.B. im Falle von Pb und Sr). Kleinere Abweichungen in den relativen Anteilen der verschiedenen Isotopen eines Mischelements sind ferner bei einigen andern (relativ leichten) Elementen nachgewiesen wie im Falle von H, He und O (so besteht z.B. bei aus $H_2O$ oder Eisenerzen stammendem Sauerstoff ein um rund 4 % kleineres Verhältnis $^{18}_8$O : $^{16}_8$O als für aus Kalkstein gewonnenen Sauerstoff). Eine *Trennung* der Mischelemente in ihre einzelnen Isotope, die Zerlegung eines Mischelements in die Reinelemente, gelingt nach verschiedenen Verfahren. Sie beruhen durchweg auf Eigenschaften (sog. Isotopieeffekten), hinsichtlich derer sich Atome von gleicher Kernladung, aber verschiedener Kernmasse voneinander unterscheiden (siehe S. 37).

Unter den natürlich vorkommenden Atomarten gibt es nur wenige, welche zufolge einer Instabilität ihrer Atomkerne (diese auf einem Überschuß an Protonen oder Neutronen beruhend) einem fortgesetzten, langsamer oder rascher erfolgenden natürlichen, *radioaktiven* Zerfall unterliegen und sich daher ohne jede äußere Einwirkung unter gleichzeitiger Aussendung von *Kernstrahlen* (sog. α-, β- wie γ-Strahlen) spontan in andere Atomarten umwandeln – im Gegensatz zu den *stabilen* Atomarten, bei welchen derartige Zerfallserscheinungen nicht bestehen. Keine stabilen Isotope gibt es bei den Elementen Technetium (43) und Promethium (61), sodann bei jenen mit den Ordnungszahlen 84 bis 89 und 93 bis 103 (siehe Tab. 1).

Demgegenüber gelingt es heute, sowohl bei Rein- als bei Mischelementen durch *künstliche* Atomumwandlung (sog. *Kernreaktionen*) in großer Zahl *künstlich instabile* Atomarten zu erhalten, wobei auch diese wiederum einem radioaktiven Zerfall mit analogen Strahlungseffekten unterliegen. An solchen instabilen Atomarten von größerer oder kleinerer Lebensdauer, die in der Natur deshalb nicht vorkommen, sind bis heute rund deren 1000 bekannt. So etwa im Falle des Eisens neben den bereits erwähnten vier stabilen Isotopen ebenso viele instabile, nämlich:

$$^{52}_{26}\text{Fe} \ (7{,}8 \ \text{h}), \quad ^{53}_{26}\text{Fe} \ (2{,}8 \ \text{min}), \quad ^{55}_{26}\text{Fe} \ (\text{etwa 3 Jahre}) \quad \text{und} \quad ^{59}_{26}\text{Fe} \ (46 \ \text{Tage})^1,$$

während bei C und N zu den zwei stabilen Isotopen je vier instabile kommen, bei O neben den drei stabilen Isotopen ebenso viele instabile bestehen, aber auch bei den Reinelementen Be und Al drei bzw. fünf instabile Isotope bekannt sind.

Besitzen nach dem Gesagten die Atome eines Reinelementes alle gleiche Masse (die sog. *Atommasse* $m_A$), so ergibt sich die *durchschnittliche* Masse $\bar{m}_A$ der Atome eines Mischelementes zu

$$\bar{m}_A = m_A^1 p' + m_A^2 p'' + \cdots + m_A^n p^{n'},$$

falls $m_A^1$, $m_A^2$, ..., $m_A^n$ die Atommassen seiner einzelnen, insgesamt $n$ Isotopen und $p'$, $p''$, ..., $p^{n'}$ deren relative Häufigkeit bedeuten. Normalerweise rechnet die Chemie jedoch nicht mit diesen *absoluten* Werten der Atommassen (den Gewichten der einzelnen Atome), sondern benutzt statt dessen *relative* Atomgewichte, ein auf ein Standardatom bezogenes, bloß relatives Maß für die Masse der Atome. Diese von der Chemie verwendeten *Atomgewichte* sind daher dimensionslose Verhältniszahlen, wobei als Standardatom lange Zeit *Sauerstoff* gewählt und diesem in seiner natürlichen Isotopenmischung das Atomgewicht $A_0 = 16{,}0000$ zugeschrieben wurde. So willkürlich diese Wahl einst erscheinen mochte, so ist dennoch nicht von ungefähr so verfahren worden. Einmal ergab sich derart beim Wasserstoff als leichtestem Element eben das Atomgewicht 1 und bekamen zahlreiche weitere Elemente nahezu ganzzahlige Atomgewichte – zwei *heute* aus dem Aufbau der Atomkerne leicht zu erklärende Tatsachen! Neuerdings werden dagegen die Atomgewichte auf das Isotope $^{12}_{6}\text{C}$ *des Kohlenstoffs* bezogen. Wird dessen Atomgewicht auf 12,0000000 festgesetzt, so ergibt sich für Kohlenstoff (als Gemisch aus dem Isotopen $^{12}_{6}\text{C}$ mit 1,11 % $^{13}_{6}\text{C}$) das Atomgewicht 12,01115, für Sauerstoff (ein Gemisch von $^{16}_{8}\text{O}$ mit 0,204 % $^{18}_{8}\text{O}$ und 0,037 % $^{17}_{8}\text{O}$) das Atomgewicht 15,9994.

Im Gegensatz zum Atomgewicht $A_E$ des Elements E als dimensionsloser Verhältniszahl werden $A_E$ g dieses Elements (also z. B. 15,9994 g Sauerstoff oder 55,847 g Eisen) als ein *Grammatom* des betreffenden Elements bezeichnet und bedeuten Symbole der chemischen Elemente, sobald chemische Gleichungen als Gewichtsbeziehungen gedeutet werden (S. 144) stets eine derartige Menge eines Elements in irgendeiner (an sich willkürlich wählbaren) Gewichtseinheit, als dessen Atomgewicht angibt. Da sich die Atomgewichte und damit auch die Grammatome wie die entsprechenden absoluten Atommassen, also etwa $A_O : A_{Fe}$ wie $\bar{m}_O : \bar{m}_{Fe}$

---

<sup></sup>[1] Die in Klammern beigefügten Zeiten bedeuten die Halbwertszeiten des betreffenden instabilen Isotops, also jene Zeiten, in denen die Zahl der unzerfallenen Atome auf die Hälfte ihres Anfangswertes zur Zeit $t = 0$ absinkt.

verhalten, gilt offenbar

$$\frac{A_O}{\overline{m}_O} = \frac{A_{Fe}}{\overline{m}_{Fe}} = \cdots \frac{A_E}{\overline{m}_E},$$

mit andern Worten: *Im Grammatom eines jeden Elements ist die gleiche Zahl von Atomen, nämlich deren* $(6,02295 \pm 0,00005) \cdot 10^{23}$ (AVOGADRO*sche* oder LOSCHMIDT-*sche Zahl*) enthalten. Seitdem sich diese Zahl auf dem Wege rein physikalischer Messungen mit hinreichender Genauigkeit ermitteln läßt, kann hieraus bei bekanntem Atomgewicht $A_E$ unmittelbar die Atommasse $\overline{m}_E$ des Elements E berechnet werden als $\overline{m}_E = A_E/0,6023 \cdot 10^{24}$, im Falle von Sauerstoff $\overline{m}_O$ zu $15,9994/0,6023 \cdot 10^{24} = 26,57 \cdot 10^{-24}$ g.

Eine experimentelle *Bestimmung der Atomgewichte* gelingt auf verschiedenen Wegen: So etwa durch Anwendung des *Gesetzes von* AVOGADRO, wonach bei gasförmigen Elementen bei gleicher Temperatur und gleichem Druck gleiche Gasvolumina dieselbe Anzahl von Atomen enthalten, so daß sich die Dichten zweier elementarer Gase, ermittelt bei der nämlichen Temperatur und demselben Druck, wie deren Atomgewichte verhalten (indem z.B. für Sauerstoff und Stickstoff die Dichten 1,2505 bzw. 1,4290 gefunden werden, folgt daraus unmittelbar $A_N$ zu $15,9994 \cdot 1,2505/1,4290 = 14,0067$).

## § 2. Elektronenkonfiguration der Elemente.
## Atome und Ionen, ihre Wertigkeit und Raumbeanspruchung

Maßgebend *für das chemische Verhalten der Elemente*, ihre individuelle Befähigung zur chemischen Reaktion wie die Natur der dabei von ihnen gebildeten Verbindungen, ja das chemische Geschehen schlechthin sind *nicht* die Atommassen, sondern die *Anzahl* der den Atomkern umgebenden Elektronen (also die dem einzelnen Element zukommende *Ordnungszahl* $Z_E$, siehe bereits S. 4). Dabei erweisen sich die $Z_E$ Elektronen eines Atoms E bei näherer Betrachtung als verschieden stark an den Atomkern gebunden, weshalb sich die $Z_E$ Elektronen je nach ihrer größern oder kleinern Bindungsenergie zu *Elektronenschalen* zusammenfassen lassen. Die besondere Art, wie sich die $Z_E$ Elektronen auf verschiedene Schalen verteilen – etwa beim Al-Atom nach Abb. 3 seine total 13 Elektronen auf drei Schalen, nämlich 2 Elektronen auf einer innersten, 8 auf einer nächsten und die letzten 3 auf der äußersten

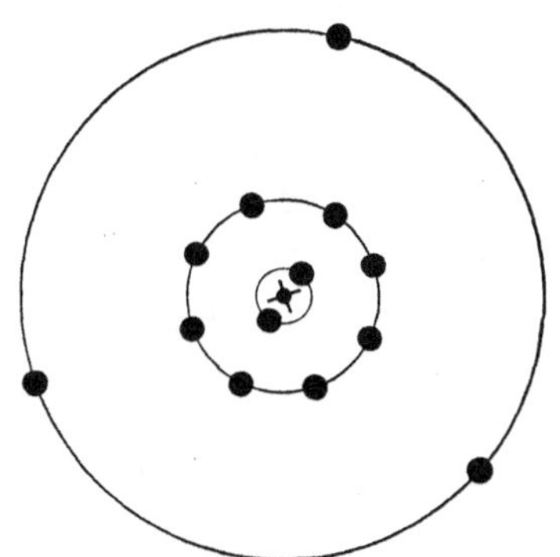

Abb. 3. Schema der Elektronenkonfiguration des Al-Atoms mit 2 K-, 8 L- und 3 M-Elektronen

Schale –, bestimmt die den Atomen eigene *Elektronenkonfiguration*.

Entscheidend ist dabei, daß jede Elektronenschale nur bis zu einer bestimmten maximalen Zahl mit Elektronen belegt werden kann: So die innerste als sog. K-*Schale* lediglich mit $2 = 2 \cdot 1^2$ Elektronen (sog. K- oder 1-Elektronen), so daß sie sich bei den Atomen aller Elemente, mit Ausnahme des H-Atoms, als voll aufgefüllt *(abgeschlossen)* erweist. Dementsprechend findet bei den Elementen Li bis

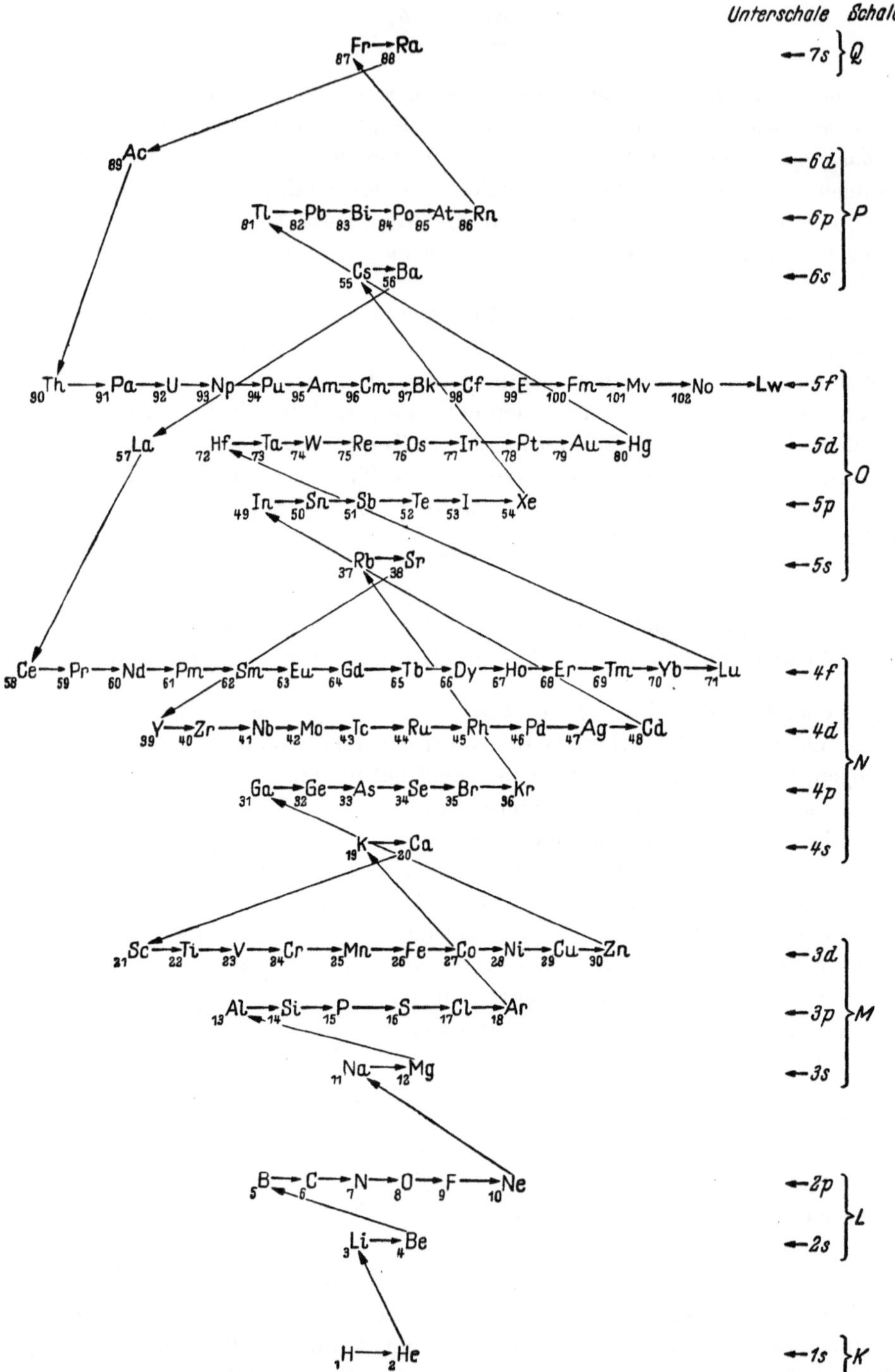


Abb. 4. Schematische Darstellung des Aufbauprinzips der Elektronenkonfiguration der Elemente (nach SCHULTZE und FINKELNBURG)

Ne ein schrittweiser Ausbau einer nächsthöhern, nämlich der L-*Schale* statt, welcher beim Ne-Atom mit seinen $8 = 2 \cdot 2^2$ L-Elektronen (oder 2-Elektronen) zum Abschluß kommt, indem vom Na an die höhere M-*Schale* mit Elektronen belegt wird. Diese kann ihrerseits maximal $2 \cdot 3^2 = 18$ M- oder 3-Elektronen aufnehmen. Dabei findet ihr Ausbau beim Ar mit 8 M-Elektronen insofern einen *vorläufigen* Abschluß, als das beim K neu hinzukommende, 19. Elektron nicht als 9. M-Elektron, sondern als 1. Elektron einer neuen Schale (der N-*Schale*) auftritt. Gleiches gilt auch noch beim Ca mit seinen 2 N-Elektronen, nicht mehr jedoch beim Sc, dessen total 21 Elektronen nicht die Konfiguration $2 + 8 + 8 + 3$, sondern $2 + 8 + 9 + 2$ abgeben. Es setzt somit vom Sc an eine nachträgliche Vervollständigung der M-Schale, ihre sog. *Komplettierung* ein, welche bei Cu mit 18 M-Elektronen ihr Ende findet. Dementsprechend gelten die Elemente Sc bis Ni als eine erste Gruppe sog. *Übergangselemente.* In der Tat erfolgt vom Zn an der weitere Ausbau der zuvor lediglich mit 1 bis 2 Elektronen besetzten N-Schale, bis dieser mit 8 N-Elektronen beim Kr wiederum zu einem vorläufigen Abschluß kommt, indem bei Rb und Sr die weitern Elektronen bereits der höhern O-*Schale* angehören. Bei den Übergangselementen Y bis Ag wird dagegen auch die N-Schale auf 18 Elektronen komplettiert und erst vom Cd an die Auffüllung der O-Schale wieder fortgesetzt, bis diese beim Xe mit 8 Elektronen belegt ist. Mit den 18 N-Elektronen bei den Elementen Pd bis La hat jedoch die N-Schale ihre maximale Belegung mit total $2 \cdot 4^2 = 32$ Elektronen noch nicht erreicht. Es ergibt sich diese vielmehr erst durch ihre zwischen den Elementen Ce bis Yb erfolgende, weitere Komplettierung, an welche zwischen Lu bis Au unmittelbar die Vervollständigung der O-Schale auf 18 Elektronen anschließt (siehe hierzu im einzelnen Abb. 4).

Abgesehen von der K-Schale bestehen alle übrigen aus mehreren *Teilschalen* von unterschiedlicher Bindungsenergie der Elektronen an den Atomkern, wie es Abb. 5 schematisch erläutert. Darnach gibt es zweierlei L-Elektronen, nämlich die

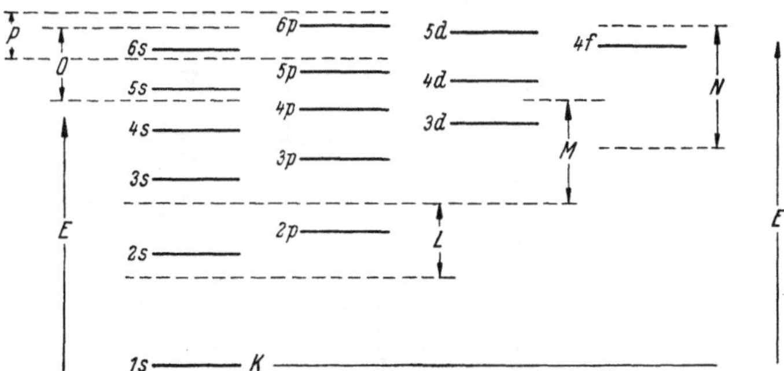

Abb. 5. Schematische Darstellung der verschiedenen Bindungsenergien von K-, L-, M-, N-, O- und P-Elektronen

energieärmeren 2 *s*- und die energiereicheren 2 *p*-Elektronen, als 3 *s*-, 3 *p*- und 3 *d*-Elektronen dreierlei M-Elektronen usw. Werden für die verschiedenen Elektronen die Symbole 1 *s*, 2 *s* und 2 *p*, 3 *s*, 3 *p* und 3 *d*, 4 *s*, 4 *p*, 4 *d* und 4 *f* usw. eingeführt, so läßt sich z. B. die Elektronenkonfiguration des freien Al-Atoms *formelmäßig* beschreiben als $[2 (1\,s)] + [2 (2\,s) + 6 (2\,p)] + [2 (3\,s) + 1 (3\,p)]$.

**Tabelle 1. Periodisches System der chemischen Elemente**

Zahlen über den Elementensymbolen: Ordnungzahlen, Zahlen unter den Elementensymbolen: maximale (positive und negative) Wertigkeiten; * bezeichnet die Reinelemente, alle übrigen sind Mischelemente; Symbole in Klammern: natürlich radioaktive Elemente (ohne stabile Isotope)

| 0 | Ia | IIa | IIIa | IVa | Va | VIa | VIIa | VIII | VIII | VIII | Ib | IIb | IIIb | IVb | Vb | VIb | VIIb | |
|---|---|---|---|---|---|---|---|---|---|---|---|---|---|---|---|---|---|---|
| | 1 H ±1 | | | | | | | | | | | | | | | | | |
| 2 He 0 | 3 Li +1 | 4 *Be +2 | | | | | | | | | | | 5 B +3 | 6 C ±4 | 7 N +5,−3 | 8 O −2 | 9 *F −1 | 1. kurze Periode (3—10) |
| 10 Ne 0 | 11 *Na +1 | 12 Mg +2 | | | | Metalle | | | | | | | 13 *Al +3 | 14 Si ±4 | 15 *P +5,−3 | 16 S +6,−2 | 17 Cl +7,−1 | 2. kurze Periode (11—18) |
| 18 Ar 0 | 19 K +1 | 20 Ca +2 | 21 *Sc +3 | 22 Ti +4 | 23 V +5 | 24 Cr +6 | 25 *Mn +7 | 26 Fe +6 | 27 *Co +3 | 28 Ni +3 | 29 Cu +2 | 30 Zn +2 | 31 Ga +3 | 32 Ge +4 | 33 *As +5,−3 | 34 Se +6,−2 | 35 Br +7,−1 | 1. lange Periode (19—36) |
| 36 Kr 0 | 37 Rb +1 | 38 Sr +2 | 39 *Y +3 | 40 Zr +4 | 41 *Nb +5 | 42 Mo +6 | 43 (Tc) +7 | 44 Ru +8 | 45 *Rh +4 | 46 Pd +4 | 47 Ag +1 | 48 Cd +2 | 49 In +3 | 50 Sn ±4 | 51 Sb +5,−3 | 52 Te +6,−2 | 53 *J +7,−1 | 2. lange Periode (37—54) |
| 54 Xe 0 | 55 *Cs +1 | 56 Ba +2 | 57 bis 71 Lanthaniden +3 | 72 Hf +4 | 73 Ta +5 | 74 W +6 | 75 *Re +7 | 76 Os +8 | 77 Ir +6 | 78 Pt +6 | 79 *Au +3 | 80 Hg +2 | 81 Tl +3 | 82 Pb +4 | 83 *Bi +5,−3 | 84 (Po) +6 | 85 (At) | Riesenperiode (55—86) |
| 86 (Rn) 0 | 87 (Fr) | 88 (Ra) +2 | 89 (Ac) +3 | 90 (Th) +4 | 91 (Pa) +5 | 92 (U) +6 | 93 (Np) +6 | 94 (Pu) +6 | 95 (Am) +6 | 96 (Cm) +6 | 97 (Bk) | 98 (Cf) | 99 (Es) | 100 (Fm) | 101 (Md) | 102 (No) | 103 (Lw) | |
| 0 | Ia | IIa | IIIa | IVa | Va | VIa | VIIa | VIII | | | Ib | IIb | IIIb | IVb | Vb | VIb | VIIb | |

Übergangselemente

Region labels: Edelgase (column 0); „Halbmetalle" (B, C, N, O and Si, P region); Metalle; Nichtmetalle (right margin, groups V–VII).

Unter den Elektronenkonfigurationen der verschiedenen Elemente sind diejenigen der *Edelgase*, also die Konfigurationen

|        | K | L | M  | N  | O  | P |
|--------|---|---|----|----|----|---|
| He(2)  | 2 |   |    |    |    |   |
| Ne(10) | 2 | 8 |    |    |    |   |
| Ar(18) | 2 | 8 | 8  |    |    |   |
| Kr(36) | 2 | 8 | 18 | 8  |    |   |
| Xe(54) | 2 | 8 | 18 | 18 | 8  |   |
| Rn(86) | 2 | 8 | 18 | 32 | 18 | 8 |

durch *besondere Stabilität* ausgezeichnet. *Dementsprechend haben alle übrigen Atome das Bestreben, ihre Elektronenkonfigurationen dadurch zu stabilisieren, daß sie durch Aufnahme weiterer Elektronen oder Abgabe solcher eine dieser edelgasartigen Kon-*

### Symbole, Ordnungszahlen und Namen der chemischen Elemente
(zur Erläuterung der Tabelle 1)

| Symbol | Nr. | Name | Symbol | Nr. | Name | Symbol | Nr. | Name |
|--------|-----|------|--------|-----|------|--------|-----|------|
| *Ac | 89 | Actinium | H | 1 | Wasserstoff | Pr | 59 | Praseodym |
| Ag | 47 | Silber | He | 2 | Helium | Pt | 78 | Platin |
| Al | 13 | Aluminium | Hf | 72 | Hafnium | *Pu | 94 | Plutonium |
| *Am | 95 | Americium | Hg | 80 | Quecksilber | | | |
| Ar | 18 | Argon | Ho | 67 | Holmium | *Ra | 88 | Radium |
| As | 33 | Arsen | | | | Rb | 37 | Rubidium |
| *At | 85 | Astatin | I | 53 | Jod | Re | 75 | Rhenium |
| Au | 79 | Gold | In | 49 | Indium | Rh | 45 | Rhodium |
| | | | Ir | 77 | Iridium | *Rn | 86 | Radon |
| B | 5 | Bor | | | | Ru | 44 | Ruthenium |
| Ba | 56 | Barium | K | 19 | Kalium | | | |
| Be | 4 | Beryllium | Kr | 36 | Krypton | S | 16 | Schwefel |
| Bi | 83 | Wismut | | | | Sb | 51 | Antimon |
| *Bk | 97 | Berkelium | La | 57 | Lanthan | Sc | 21 | Scandium |
| Br | 35 | Brom | Li | 3 | Lithium | Se | 34 | Selen |
| | | | Lu | 71 | Lutetium | Si | 14 | Silicium |
| C | 6 | Kohlenstoff | *Lw | 103 | Lawrencium | Sm | 62 | Samarium |
| Ca | 20 | Calcium | | | | Sn | 50 | Zinn |
| Cd | 48 | Cadmium | *Md | 101 | Mendelevium | Sr | 38 | Strontium |
| Ce | 58 | Cer | Mg | 12 | Magnesium | | | |
| *Cf | 98 | Californium | Mn | 25 | Mangan | Ta | 73 | Tantal |
| Cl | 17 | Chlor | Mo | 42 | Molybdän | Tb | 65 | Terbium |
| *Cm | 96 | Curium | | | | *Tc | 43 | Technetium |
| Co | 27 | Kobalt | N | 7 | Stickstoff | Te | 52 | Tellur |
| Cr | 24 | Chrom | Na | 11 | Natrium | Th | 90 | Thorium |
| Cs | 55 | Caesium | Nb | 41 | Niob | Ti | 22 | Titan |
| Cu | 29 | Kupfer | Nd | 60 | Neodym | Tl | 81 | Thallium |
| | | | Ne | 10 | Neon | Tm | 69 | Thulium |
| Dy | 66 | Dysprosium | Ni | 28 | Nickel | | | |
| | | | *No | 102 | Nobelium | *U | 92 | Uran |
| Er | 68 | Erbium | *Np | 93 | Neptunium | | | |
| *Es | 99 | Einsteinium | | | | V | 23 | Vanadin |
| Eu | 63 | Europium | O | 8 | Sauerstoff | | | |
| | | | Os | 76 | Osmium | W | 74 | Wolfram |
| F | 9 | Fluor | | | | | | |
| Fe | 26 | Eisen | P | 15 | Phosphor | Xe | 54 | Xenon |
| *Fm | 100 | Fermium | *Pa | 91 | Protactinium | | | |
| *Fr | 87 | Francium | Pb | 82 | Blei | Y | 39 | Yttrium |
| | | | Pd | 46 | Palladium | Yb | 70 | Ytterbium |
| Ga | 31 | Gallium | *Pm | 61 | Promethium | | | |
| Gd | 64 | Gadolinium | *Po | 84 | Polonium | Zn | 30 | Zink |
| Ge | 32 | Germanium | | | | Zr | 40 | Zirkon |

* natürlich radioaktive Elemente ohne stabile Isotope

*figurationen besonderer Stabilität erreichen. Für das chemische Wesen eines Elements ist daher von ausschlaggebender Bedeutung, wieviele Elektronen v seine Atome mehr besitzen als das vorangehende Edelgasatom oder wieviele Elektronen w benötigt werden, um ihre Elektronenkonfiguration zu derjenigen des nächstfolgenden Edelgases zu ergänzen.*

Jene $v$ Elektronen, welche die Atome eines Elements in ihrer äußersten, nicht abgeschlossenen Schale besitzen, werden *Valenzelektronen* genannt, indem deren Verhalten, wie sich zeigen wird, für die chemischen Bindungen, die unter Atomen eingegangen werden, und damit für die Art der Verbindungen, die unter Elementen möglich sind, den Ausschlag gibt. Elemente mit gleichem $v$ (also übereinstimmender Zahl von Valenzelektronen) werden sich daher chemisch *analog* verhalten. Zufolge der regelmäßigen Wiederholung gleicher $v$-Werte werden daher bei einer Betrachtung der Elemente nach steigender Ordnungszahl *periodisch* solche mit analogem Verhalten wiederkehren. Darauf beruht, weshalb die Chemie seit 1869 die chemischen Elemente nicht einfach nach zunehmendem Atomgewicht oder steigender Ordnungszahl gruppiert, sondern im *Periodischen System der Elemente* zusammenfaßt: Dabei bilden nach Tab. 1 diejenigen Elemente, welche wie etwa Na bis Cl zwischen zwei Edelgasen stehen, eine *Periode*, jene dagegen, welche gleiche $v$- (bzw. $w$-)Werte besitzen, eine *Kolonne*. Demgemäß werden eine bloß zwei Elemente, nämlich H und He umfassende *Vorperiode*, die zwei von Li bis Ne und von Na bis Ar reichenden, je 8 Elemente enthaltenden *kurzen Perioden*, hernach von K bis Kr und Rb bis Xe die beiden *langen Perioden* mit je 18 Elementen und endlich die von Cs bis Rn reichende, 32 Elemente zählende *Riesenperiode* unterschieden. Auf der andern Seite werden He bis Rn mit $v = 0$, Li bis Fa mit $v = 1$, Be bis Ra mit $v = 2$ usw. als *homologe* Elemente zu den Vertikalkolonnen 0, I, II, ... vereinigt. Daß die Reihe der chemischen Elemente ein Ende findet, allerdings nicht unvermittelt, sondern in den radioaktiven Transuranen gleichsam allmählich, liegt im übrigen nicht daran, daß größere Elektronenhüllen nicht mehr stabil wären, sondern an der Unbeständigkeit von Atomkernen noch höherer Massenzahl, was deren spontanen Zerfall bewirkt.

Indem Elemente mit *kleinen* $v$-Werten die nächst stabile Elektronenkonfiguration eher durch Elektronen*abgabe* als durch Elektronenaufnahme erreichen, stehen in den Kolonnen I bis III die *Metalle* als Elemente mit der ausschließlichen Tendenz zu *elektropositivem* Verhalten. In der Tat bedeutet ja z. B. beim Na die Abgabe des einen M-Elektrons den Übergang des neutralen Atoms zum einfach positiv geladenen Teilchen, nämlich $Na \rightarrow Na^+ + e$, also die Bildung eines Ions $Na^+$ (speziell eines *Kations* $Na^+$, indem positiv geladene Ionen als *Kationen*, negativ geladene als *Anionen* bezeichnet werden). *Halb-* und *Nichtmetalle* (Metalloide) als Elemente der Kolonnen IV bis VII verhalten sich demgegenüber in den *einen* (häufigeren) Fällen *elektronegativ* und neigen dann zur Elektronen*aufnahme* und damit zur Bildung von Anionen. In andern Fällen verhalten sie sich dagegen gleich den Metallen *elektropositiv*. Derart ergibt sich beispielsweise aus dem neutralen Cl-Atom durch Aufnahme eines Elektrons das einfach negativ geladene Anion $Cl^-$ mit einer Elektronenkonfiguration analog derjenigen des Ar, durch Abgabe der 7 M-Elektronen das Kation $Cl^{7+}$ mit einer Ne-Konfiguration seiner noch $17 - 7 = 10$ Elektronen. Weil die *Ladung* eines Ions bestimmt, wieviele entgegengesetzt geladene Ionen zu seiner Absättigung erforderlich sind (für ein Kation $A^{2+}$ z. B.

ein Anion $B^{2-}$ oder zwei Anionen $C^-$), gelten die oben eingeführten Zahlen $v$ und $w$ zugleich als die *Wertigkeiten* (elektrochemische Wertigkeiten) der Elemente und erweist sich somit Na als positiv ein-, Cl im Anion $Cl^-$ als negativ ein-, im Kation $Cl^{7+}$ als positiv siebenwertig usw. Dementsprechend besitzen *homologe* Elemente allgemein *übereinstimmende* Wertigkeiten: $v$ als *maximale* Wertigkeit bei *elektropositivem*, $w$ hingegen als *höchstmögliche* Wertigkeit bei *elektronegativem* Verhalten, *Metalle* somit *lediglich positive*, *Nichtmetalle* dagegen *negative und positive* Wertigkeiten mit *Fluor* und *Sauerstoff* als einzigen Ausnahmen, indem diese beiden als *elektronegativste* Elemente *nur* die *negativen* Wertigkeiten $-1$ bzw. $-2$ aufweisen (also nicht als $F^{7+}$ bzw. $O^{6+}$ erscheinen). Neben den extremen Wertigkeiten $+v$ und $-w$ können *auch Zwischenwerte* auftreten, so beispielsweise im Falle von Cl die Wertigkeiten

$$
\begin{array}{lccccccc}
 & -1 & 0 & +1 & +3 & +4 & +5 & +7 \\
\text{entsprechend} & Cl^- & Cl & Cl^+ & Cl^{3+} & Cl^{4+} & Cl^{5+} & Cl^{7+},
\end{array}
$$

wie sie etwa den Verbindungen

$$
HCl \quad Cl_2 \qquad HClO,\ Cl_2O \qquad HClO_2 \quad ClO_2 \quad HClO_3 \qquad HClO_4,\ Cl_2O_7
$$

zugrunde liegen. Oder entsprechend im Falle von Stickstoff und Schwefel die Wertigkeiten

$$
\begin{array}{lccccccccc}
 & -3 & -2 & -1 & 0 & +1 & +2 & +3 & +4 & +5 \\
 & N^{3-} & N^{2-} & N^- & N & N^+ & N^{+2} & N^{3+} & N^{4+} & N^{5+} \\
\text{in} & NH_3 & N_2H_4 & NH_2OH & N_2 & N_2O & NO & N_2O_3 & NO_2 & N_2O_5 \\
 & NH_4^+ & & & & H_2N_2O_2 & & HNO_2 & N_2O_4 & HNO_3
\end{array}
$$

$$
\begin{array}{lcccccccc}
 & -2 & -1 & 0 & +2 & +3 & +4 & +6 \\
 & S^{2-} & S^- & S & S^{2+} & S^{3+} & S^{4+} & S^{6+} \\
\text{in} & H_2S & Na_2S_2 & S_8 & SO & S_2O_3 & SO_2 & SO_3 \\
 & & & & & Na_2S_2O_4 & H_2SO_3 & H_2SO_4.
\end{array}
$$

Bereits dies deutet darauf, wie es neben Ionen mit edelgasartiger Elektronenkonfiguration auch solche mit *anderem*, aber dennoch stabilem Elektronenschema gibt. Hierher gehören etwa auch die von manchen Elementen der langen Perioden wie z.B. von Cr, Mn, Fe, Co und Ni gebildeten Ionen mit zwei- und dreifach positiver Ladung, ferner die Ionen $Cu^+$, $Cu^{2+}$ und $Sn^{2+}$, die bevorzugt drei-, seltener auch zwei- oder vierwertigen Ionen der Lanthaniden u.dgl.

Neben den Wertigkeiten eines Elements (siehe Tab. 1) und den sich daraus ableitenden *Äquivalentgewichten* (= Atomgewicht/Wertigkeit) sind weitere wesentliche Kennzeichen seiner Atome (Ionen):

a) die *Raumbeanspruchung* (Raumerfüllung, Größe) der Atome oder der sich von diesen ableitenden Ionen. Sie wird zumeist durch die den kugelförmig gedachten Atomen oder Ionen zukommenden *Radienwerte* (Abb. 6 und 7) charakterisiert, wobei die *Kationen* stets *kleinere*, die *Anionen* durchwegs *größere* Radien besitzen als die neutralen Atome. Indem die Atomradien zu Beginn jeder Periode, also bei den Alkalimetallen mit $v = 1$ ein Maximum, bei N, Cl, Br, J und At dagegen Minima durchlaufen (Abb. 6 und 7), besteht in jeder Periode eine *Kondensation* der Elektronenhülle. Hierauf beruht denn auch, weshalb mit zunehmender Zahl der Elektronen die Raumbeanspruchung der Atome nur mäßig ansteigt, so daß sich der Radius des größten Atoms zu demjenigen des kleinsten nur etwa wie 5 : 1 verhält. Gewiß nehmen in den einzelnen Kolonnen die Atom- und Ionen-

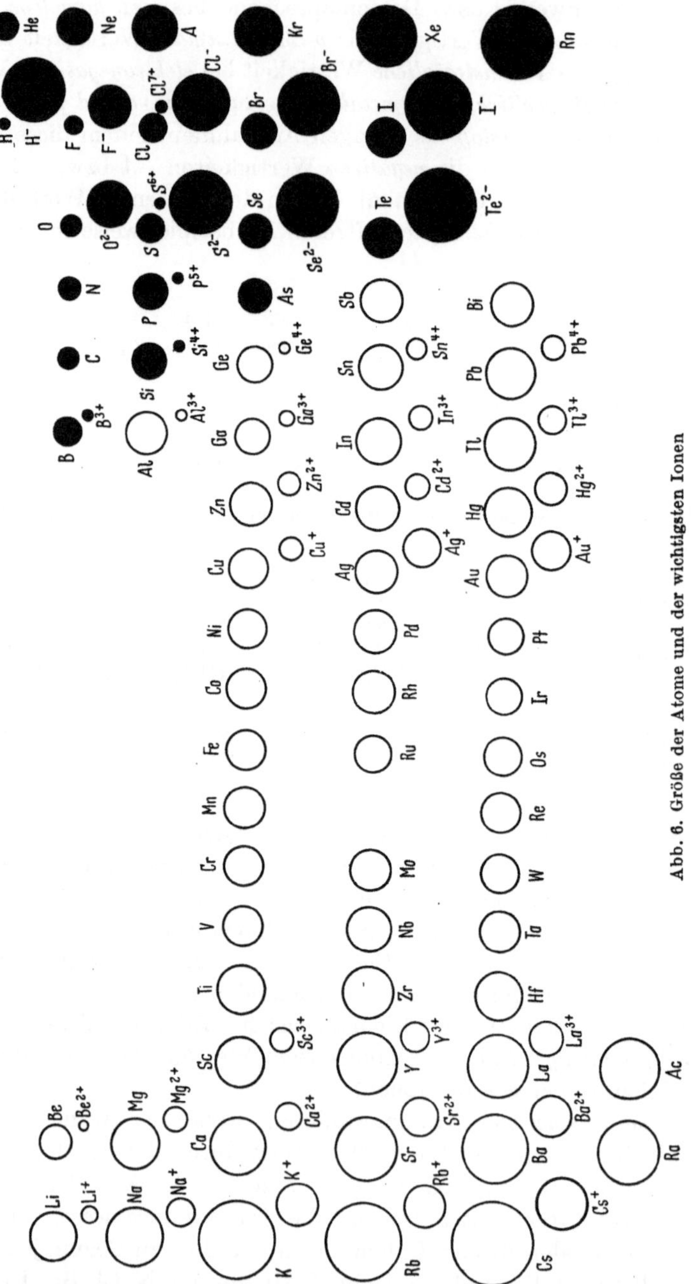

Abb. 6. Größe der Atome und der wichtigsten Ionen

radien mit steigender Ordnungszahl etwas zu, so daß zu einem gegebenen Element ein solches mit Ionen gleicher Raumerfüllung in der nächsten Periode nicht der gleichen, sondern der höhern Kolonne angehören wird (im Sinne der sog. *Diagonalregel* nach Abb. 8);

b) die elektrische *Polarisierbarkeit* der Atome und Ionen als Maß der innern Deformation, welcher Atome *in einem elektrischen Feld* unterliegen zufolge dessen

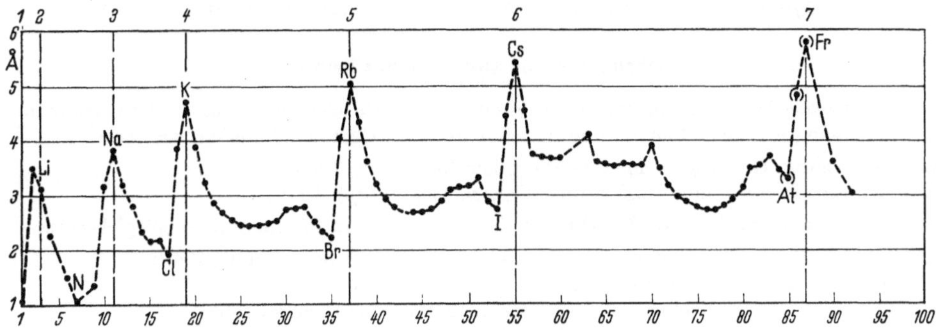

Abb. 7. Atomradien der chemischen Elemente, geordnet nach der Ordnungszahl $Z$

entgegengesetzten Kraftwirkungen auf Kern und Elektronenhülle. Weil daher die Ladungsschwerpunkte $+$ und $-$ eines Atoms nicht länger zusammenfallen, sondern um die Strecke $l$ auseinanderrücken (Abb. 9), wird das Atom zu einem elektrischen *Dipol* vom (induzierten) Moment $\mu = (Ze) \cdot l$, wobei $\mu$ zugleich propor-

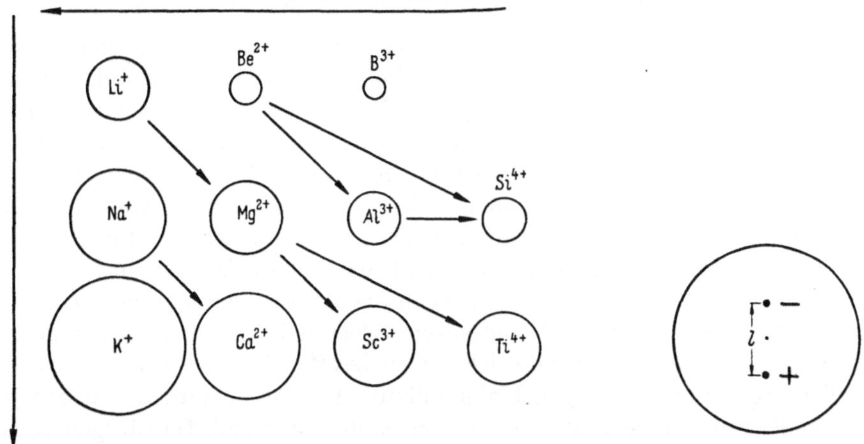

Abb. 8. Zur Diagonalregel: Raumbeanspruchung wichtiger Kationen, wobei nicht Ionen       Abb. 9. Dipolmodell
homologer Elemente, sondern zueinander „diagonal gelegene" ähnliche Größe besitzen

tional der Feldstärke $E$, also $\mu = \alpha \cdot E$. Diese Konstante $\alpha$ gilt als elektrische Polarisierbarkeit der betreffenden Atomart (Ionenart) und entscheidet darüber, ob Atome oder Ionen bestimmter Art in einem elektrischen Feld gegebener Stärke eine größere oder kleinere Deformation der Elektronenhülle erfahren entsprechend $l = \alpha E/Ze$;

c) die Frage, ob Atome oder Ionen erst unter der Wirkung eines äußern *Magnetfeldes* ein *magnetisches Moment* annehmen oder aber an sich Träger fester *(permanenter)* magnetischer Momente[1] sind. Während gleich den zuvor betrachteten elektrischen Momenten erst durch das äußere Feld induzierte magnetische Momente ein *diamagnetisches* Verhalten ergeben, kann bei Atomen (Ionen) mit permanentem Moment *Paramagnetismus* auftreten, falls sich bei den gebundenen Atomen deren Momente nicht gegenseitig kompensieren (über die Möglichkeit eines *ferromagnetischen* Verhaltens als einer Kristalleigenschaft siehe S. 40).

### Lehrbücher der allgemeinen Chemie

gibt es von zweierlei Art: erste, welche die allgemeinen Tatsachen und Gesetze der Chemie im Zusammenhang mit einer Behandlung der *anorganischen* Chemie darstellen, wie etwa

Schwarzenbach, G.: Allgemeine und anorganische Chemie, 1955;

Pauling, L.: Chemie – eine Einführung (General Chemistry), 1965;

und jene anderen, welche es als Lehrbücher der *physikalischen Chemie* tun, so beispielsweise

Feitknecht, W.: Grundriß der Allgemeinen und Physikalischen Chemie, 1949;

Schaefer, K.: Physikalische Chemie, 1964;

Ulich, U. u. W. Jost: Kurzes Lehrbuch der physikalischen Chemie, 1963;

Eucken, A.: Grundriß der physikalischen Chemie, 1959;

Eucken, A.: Lehrbuch der chemischen Physik (Band I u. II), 1948/49;

Dazu für den Anschluß an die *Atomphysik*:

Finkelnburg, W.: Einführung in die Atomphysik, 1964.

# II. Elementare Stoffe

## § 3. Allgemeine Kennzeichen elementarer Stoffe

Bei der chemischen Untersuchung jeglicher Art von Stoffen steht die Feststellung ihres *Atombestandes* an erster Stelle. Sie bildet ihrerseits den Gegenstand *chemischer Analysen*, von bloß *qualitativen*, falls lediglich nach der Art der in einem Stoff enthaltenen chemischen Elemente gefragt wird, von *quantitativen* Analysen hingegen, wenn außerdem die mengenmäßigen Anteile der verschiedenen Elemente bestimmt werden sollen (siehe auch S. 61). Wo immer chemische Analysen zur Feststellung führen, daß ein Stoff lediglich aus einem einzigen Element besteht oder ein solches doch bei weitem vorwiegt, handelt es sich um einen *elementaren* Stoff, ein chemisches Element (im Gegensatz zu den *zusammengesetzten* Stoffen, welche stets *mehrere* Elemente enthalten). Chemische Elemente vollkommenster Reinheit ohne jede Spur irgendwelcher Fremdstoffe, also *ideal reine* Elemente, gibt es allerdings nicht, wie es gleichfalls willkürlicher Festsetzung überlassen bleibt, was im Einzelfall bereits als elementarer Stoff gelten soll. Im übrigen bedarf es eines recht unterschiedlichen Aufwandes, um die verschiedenen Elemente mit einem bestimmten Reinheitsgrad (z.B. einem solchen von 99,9%) zu erhalten, wie denn auch ein bestimmter Gehalt an Fremdatomen (je nach Art des verunreinigten, aber auch des verunreinigenden Elements) auf die einzelnen Eigenschaften eines elementaren Stoffes einen recht verschiedenen Einfluß ausübt.

Von den insgesamt 103 chemischen Elementen befinden sich unter normalen Zustandsbedingungen (also normalem Druck und gewöhnlicher Temperatur) deren *elf* – nämlich H, He, N, O, F, Ne, Cl, Ar, Kr, Xe und Rn – im *gasförmigen*,

---

[1] Als Träger permanenter elektrischer Momente kommen nicht einzelne Atome, sondern lediglich Atomgruppen wie z.B. Moleküle in Frage (s. S. 68).

lediglich *zwei* (Br und Hg) im *flüssigen*, somit die überwiegende *Mehrheit* im *festen* Zustand. Sämtliche gasförmig auftretenden Elemente, dazu die beiden flüssigen, aber auch die meisten festen erweisen sich für jegliche Kontinuumsbetrachtung als in sich *homogene* Stoffe, nämlich in allen ihren Teilen als physikalisch gleichartig und damit als aus einer einzigen *Phase* aufgebaut. Immerhin können vorab feste Elemente unter besonderen Umständen (siehe hierzu S. 34) statt aus einer Phase aus mehreren solchen bestehen und damit (wie z.B. Kohlenstoff in Form eines Gemenges aus Diamant und Graphit) einen heterogenen Stoff darstellen. Aber auch da, wo feste Elemente, wie es die Regel ausmacht, homogene Stoffe sind und nur eine einzige Art von Kristallen bilden, existieren bei vielkristalliner Ausbildung (Abb. 10) in Form der Korngrenzen *innere Diskontinuitäten*. Daraus ergibt

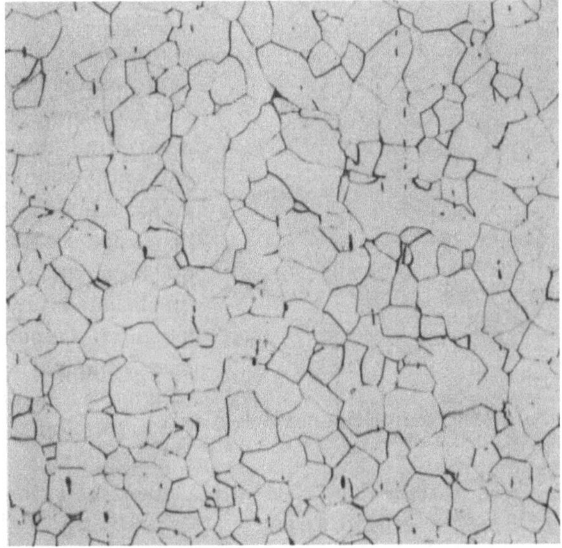

Abb. 10. Mikrogefüge von Reineisen (200fach vergrößert)

sich ein grundlegender Unterschied gegenüber der gasförmigen und flüssigen Phase, die sich auch im mikroskopischen Bereich stets wie *echte Kontinua* verhalten. Je mehr sich die Korngrenzen eines Vielkristalls vom Kristallinnern unterscheiden, um so mehr ähneln sie den bei heterogenen Stoffen bestehenden Phasengrenzen (S. 52) und beeinträchtigen gleich diesen die Homogenität in mikroskopisch kleinen Bezirken.

Wie bei jeder Art von Stoffen bedeutet auch im Falle der hier betrachteten, elementaren Stoffe die Ergründung ihres *eigentlichen* Wesens stets die Frage nach den *besondern Beziehungen unter den Atomen eines Stoffes*, nämlich:

a) nach den zwischen den Atomen bestehenden *geometrisch-topologischen Lagebeziehungen*: Gibt es Atome, welche unter sich in näherer Beziehung als mit allen übrigen stehen und in diesem Sinne *einen Atomverband* (ein *Molekül*, S. 20 und 44, oder ein *Makromolekül*, S. 25 und 45) bilden? Welches ist dabei der Abstand zwischen nächsten Atomen, ihr sog. *Bindungsabstand*? Welches die Anzahl nächstbenachbarter Atome (die sog. *Koordinationszahl*), welches ihre Anordnung (das sog. *Koordinationsschema*)? So betrachtet gibt es *zwei ausgezeichnete Grenzzustände* der Materie, *jenen maximaler Unordnung* und *denjenigen maximaler Ordnung*: der erstere ist vorhanden im *idealen, einatomigen*, also aus freien Einzelatomen bestehenden *Gas* bei hoher Temperatur und wird gekennzeichnet durch eine maximale Unordnung bei größtmöglicher Beweglichkeit der sich gegenseitig kaum beeinflussenden Atome (Beispiel hierfür ein leichtes Edelgas bei 3000 °C). Maximale Ordnung besteht dagegen in einem *idealen Kristall* aus einem *zusammenhängenden, alle seine Atome umfassenden Makromolekül* bei tiefer Temperatur – also etwa in einem Diamantkristall (Abb. 11) nahe dem Nullpunkt der absoluten Temperatur –, nunmehr mit einem Maximum der Ordnung und einem Minimum der Beweglichkeit der in den Punkten eines Kristallgitters weitgehend fixierten Atome. Jeder *reale* Zustand der Materie – die realen Moleküle und Makromoleküle, ein-, zwei- oder dreidimensionale, in ihren tatsächlichen Erscheinungsformen realer Gase, Flüssigkeiten und Kristalle – bildet irgendein Glied in der Kette *stetiger* Übergänge von einem Grenzzustand zum andern.

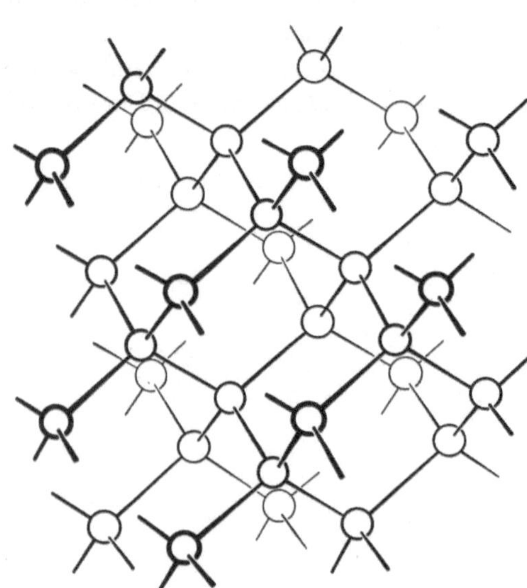

Abb. 11. Raumgitterartige Anordnung der Kohlenstoffatome im Diamantkristall

Dabei stehen *flüssige* Zustände dem Kristall allgemein weit näher als dem gasförmigen Zustand. Gewiß verfügen in einer Flüssigkeit alle Teilchen über eine wesentliche Beweglichkeit; indes besteht zwischen ihnen noch immer eine gewisse Ordnung in Form einer im statistischen Mittel über kleine Bereiche vorhandenen, *quasikristallinen* Struktur. Diese wird als *Nahordnung* bezeichnet im Gegensatz zu der im Kristall mit seiner Raumgitterstruktur bestehenden, über große, oft gar makroskopische Entfernungen reichenden, zeitlich konstanten *Fernordnung*. Bereits sei angemerkt, daß keineswegs jeder Stoff notwendig in allen Aggregatzuständen auftreten muß. So gibt es zahlreiche Verbindungen, welche als sog. Festkörperverbindungen (S. 140) ausschließlich im festen Zustand existieren können; daneben andere, welche nicht als flüssige Phase, somit einzig als Gas und Kristall auftreten usw.,

b) nach *den zwischen irgendwelchen Atomen*, gleichen oder verschiedenen, *bestehenden Kraftwirkungen*, um auf diese und damit „die Atome selber" zurückzuführen, weshalb sie sich im einen Fall zu Molekülen vereinigen, im andern dagegen zu Makromolekülen, weshalb den einen Molekülen eine größere Stabilität innewohnt als andern, wieso sich die Atomschwerpunkte nur bis auf einen gewissen Abstand einander nähern können, welcher offenbar einem Gleichgewicht zwischen anziehenden und abstoßenden Kräften entspricht, usw. Beruhen zwar sämtliche *diese interatomaren Kräfte* auf Wechselwirkungen zwischen den *Elektronenhüllen* der Atome, vorab ihrer *äußersten* Teile und damit der *Valenzelektronen*, so sind sie, wiewohl durchwegs von *elektrostatischer* Art, fallweise von recht *unterschiedlicher Stärke*, aber auch von einem *verschiedenen Mechanismus*. Zweierlei sollen diese Kraftwirkungen zwischen Atomen begründen lassen: einmal, ob es zwischen gegebenen Atomen zur *chemischen Reaktion* kommen kann, und darnach, wie es um *die Kohäsion* des Stoffes bestellt sein wird, welcher aus dieser chemischen Reaktion hervorgeht.

**Tabelle 2. Systematik der elementaren Stoffe**



Wird unter diesen beiden Gesichtspunkten nach den Beziehungen gesucht, welche unter den einerlei Atomen *elementarer Stoffe* im allgemeinen und im Falle ihrer normalen Erscheinungsform im besondern bestehen, so sind im Sinne der Tab. 2 *vier verschiedene Gruppen* chemischer Elemente von grundsätzlich verschiedener Konstitution und entsprechend unterschiedlichen Eigenschaften zu unterscheiden: *die Edelgase*, die Elemente vom Typus *homogener Molekülverbindungen*, die *diamantartigen* Elemente und schließlich *die Reinmetalle*.

## § 4. Die Edelgase als eigentlich elementare Stoffe

Unter der Gesamtheit der Stoffe, also nicht nur der elementaren, sondern auch der zusammengesetzten, besitzen die Edelgase eine einzigartige Stellung. Sie ist die eindeutige Folge der ausgezeichneten Elektronenkonfigurationen, welche nach S. 11 ben Edelgasatomen eigen sind. Zunächst sind die Edelgase die einzigen Gase, welche bei normaler, aber auch bei tieferer Temperatur überwiegend aus einzelnen

freien Atomen bestehen (*einatomige* Gase). Sodann besitzen sie relativ tiefe
Schmelz- und Siedepunkte (He mit einem Siedepunkt von $-268{,}9\,^{\circ}$C gar den
absolut tiefsten, während jener von Xe bei $-108{,}1\,^{\circ}$C liegt), dazu geringe Verdampfungswärmen (He eine solche von 22 cal/g-At., Xe dagegen von 3020 cal/g-
At.). Dazu fehlt He, Ne und Ar die Neigung, mit ihresgleichen oder irgendwelchen
andern Atomen chemische Bindungen einzugehen und sich damit an eigentlichen
chemischen Reaktionen zu beteiligen[1]. Jene *sekundären* Kräfte, welche zwischen
den Edelgasatomen wirken und bei tiefsten Temperaturen, durch hinreichende
Erhöhung des Druckes geeignet unterstützt, die Verflüssigung und schließlich die
Kristallisation der Edelgase ergeben, sind reine *Dispersionskräfte*. VAN DER WAALS-
sche Kräfte *dieser* Art bestehen nach den Prinzipien der Quantenmechanik nämlich zwischen Atomen *jeglicher* Art und damit auch zwischen den Edelgasatomen.
Sie beruhen hier wie überall auf der gegenseitigen Beeinflussung der Elektronen-
bewegung in benachbarten Atomen und bewirken eine ungerichtete Anziehung
zwischen denselben, welche mit der Atomentfernung $r$ rasch, nämlich proportional
$1/r^6$ abklingt und wesentlich von der Polarisierbarkeit der Atome (S. 15) abhängt.
Unter dem Einfluß dieser Kräfte können sich auch im Falle der Edelgase gar
molekülartige Atomgruppen (Assoziationen) wie $He_2$-„Moleküle" ergeben. Dabei
unterscheiden sich solche VAN DER WAALS-*Moleküle* („physikalische" Moleküle)
allerdings in doppelter Beziehung von echten („chemischen") Molekülen, welche
durch chemische Bindung von Atomen zu einem Molekül (S. 21) zustande kommen:
zum einen bedarf ihr Zerfall in die freien Atome, also der Vorgang $He_2 \rightarrow 2\,He$,
bloß einer geringen Energie (sog. Dissoziationsenergie); zum andern ist die Entfernung der Atomschwerpunkte eines VAN DER WAALS-Moleküls deutlich größer
als jene echter Moleküle. Sodann entspricht es den mit steigendem Atomgewicht
größer werdenden Dispersionskräften, daß in der Reihe der Edelgase Schmelz- und
Siedepunkte stetig ansteigen und auch die Schmelz- und Verdampfungswärmen
entsprechend zunehmen. Des weitern, daß He in Flüssigkeiten zwar eine gewisse
Löslichkeit besitzt, welche allerdings in allen Fällen kleiner ist als diejenige jeden
anderen Gases, während die Löslichkeit der schweren Edelgase in Flüssigkeiten
stark ansteigt (so ist Ar in $H_2O$ in größerem Maße löslich als $O_2$ und $N_2$). In Metallen und Metallschmelzen sind Edelgase im Gegensatz vorab zu Wasserstoff
unlöslich, wie Metalle selbst für die kleinen He-Atome bis zu Rotglut undurchlässig sind (zum Unterschied von Gläsern und organischen Folien). Im Gegensatz
zu allen diesen, durch die Größe der Dispersionskräfte bestimmten Eigenschaften
zeigen andere, auf dem Atombau selber beruhende einen umgekehrten Verlauf. So erreicht das Ionisationspotential, also die zur Erzeugung der Ionen $E^+$, $E^{2+}$, ... notwendige Spannung, bei He mit über 24 Volt den *höchsten* Wert *aller* Elemente
(siehe Abb. 21, S. 38).

## § 5. Elemente vom Typus homogener Molekülverbindungen

Bei einer ersten Gruppe der hierher gehörenden Elemente, nämlich bei H
und N, sodann bei den *Halogenen* F, Cl, Br und J steht jedes Atom mit einem

---

[1] Im Gegensatz dazu bildet das Edelgas Xe die Fluoride $XeF_2$, $XeF_4$, $XeF_6$ und wohl auch
$XeF_8$, ein Oxid $XeO_3$ und Salze wie $Na_4XeO_6$ (mit achtwertigem Xe). Analoge Verbindungen
(dazu vermutlich ebenfalls Chloride) bestehen bei Rn, einzelne möglicherweise auch bei Kr.

weitern derart in näherer Beziehung, daß sie geometrisch in sich abgeschlossene Einheiten, einen aus zwei Atomen bestehenden *Atomverband* vom Typus *homogener Moleküle* $A_2$ bilden (Abb. 12). In der Tat ist im Gas, in der Flüssigkeit und im Kristall der zwischen den beiden Atomen eines Moleküls bestehende *Bindungsabstand* A → A deutlich kürzer als alle, zwischen Atomen verschiedener Moleküle auftretenden, *intermolekularen* Entfernungen (dabei der *intramolekulare* Abstand A → A naturgemäß mit wachsendem Atomdurchmesser ansteigend, so etwa H → H = 0,74, N → N = 1,06, F → F = 1,45 gegenüber J → J = 2,65 Å). Moleküle der gleichen Art (*isotype* Moleküle) bestehen außerdem bei Sauerstoff, sodann (allerdings erst bei höheren Temperaturen) auch bei Schwefel und Phosphor.

Neben den $O_2$-Molekülen sind als Ozon außerdem dreiatomige Moleküle $O_3$ möglich, neben den $S_2$-Molekülen auch ringförmige vom Typus $S_4$ und $S_8$, während dagegen weißer Phosphor $P_4$-Moleküle von tetraedrischer Bauweise bildet (Abb.12).

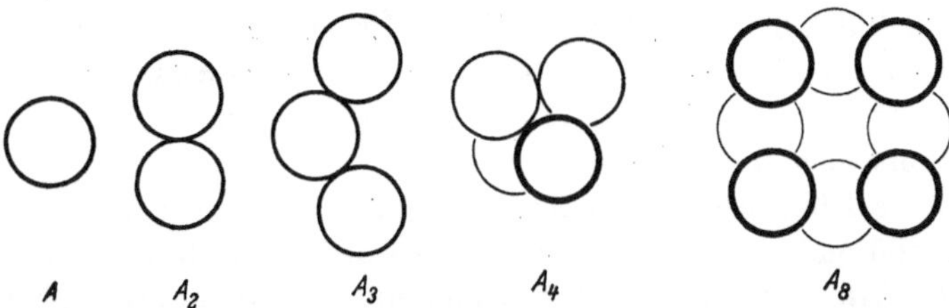



Abb. 12. *Homogene Moleküle:* Atome A, Fall der Edelgase; Moleküle $A_2$ bei $H_2$, $N_2$, $O_2$, $F_2$, $Cl_2$ usw.; Moleküle $A_3$, z.B. bei $O_3$ (Ozon); Moleküle $A_4$ bei weißem Phosphor; Moleküle $A_8$ bei gewöhnlichem Schwefel

Beträgt die Zahl nächst benachbarter Atome (die sog. *Koordinationszahl*, KZ) bei den $A_2$-Molekülen für beide Atome durchwegs 1, so hingegen bei den ringförmig gebauten Molekülen $A_n$ 2 und bei den tetraedrischen $A_4$-Molekülen gar 3. Muß demgegenüber den Edelgasen die KZ Null zugeschrieben werden, so ergibt sich hieraus als ein erstes Merkmal dieser zweiten Gruppe chemischer Elemente, daß sie zwar KZ > 0, indessen noch relativ niedrige KZ-Werte (nämlich höchstens 3) besitzen.

Wo immer sich freie Atome A in dieser Weise zu Atomverbänden vom Typus irgendwelcher homogener Moleküle $A_n$ vereinigen, beruht dies stets auf der Wirkung *wesentlicher* Kräfte zwischen diesen Atomen. Demzufolge kommt es bei diesen echten („chemischen") Molekülen zu einer *chemischen Bindung* unter den Atomen eines Moleküls, und zwar einer *homogenen Bindung*, da sie sich im vorliegenden Fall zwischen *gleichen* Atomen ergibt im Gegensatz zu den später (S. 42) zu betrachtenden *heterogenen Bindungen* zwischen verschiedenen Atomen. Wesentliches Kennzeichen *chemischer Bindekräfte* (auch Hauptkräfte oder Hauptvalenzen genannt) ist dabei, hier und überhaupt, daß sie mit *einer Umordnung der Elektronenkonfiguration der an der chemischen Bindung beteiligten Atome, einem vollständigen oder doch teilweisen Elektronenübergang zwischen denselben* verknüpft sind. Jeder Vorgang aber, der auf die Wirkung solcher Kräfte zurückgeht und dementsprechend eine Umgestaltung der äußern Elektronenkonfiguration bei den beteiligten Atomen in sich schließt, hat als eine *chemische Reaktion* zu gelten; damit aber auch der hier interessierende Prozeß der Bildung homogener Moleküle $A_n$ aus n freien A-Atomen, also der Vorgang $n A \rightarrow A_n$.

Auch wenn sich das eigentliche Wesen chemischer Bindungen erst auf quanten-mechanischer Grundlage vollends erfassen läßt, kann für den Fall der Verbindung von n Atomen A zu einem Molekül $A_n$ am Beispiel des Vorganges $2H \rightarrow H_2$ doch folgendes gesagt werden:

Eine erste Möglichkeit, die beiden H-Atome mit ihrem je einen Valenzelektron zu einem Molekül $H_2$ zu vereinigen, besteht darin, daß sich die beiden Elektronen bevorzugt zwischen den beiden Atomkernen aufhalten. Die negative Ladungs-dichte, welche derart zwischen den beiden Kernen entsteht, vermag die Abstoßung zwischen diesen zu überwinden und ergibt eine Verknüpfung der beiden H-Atome zu einem Molekül $H_2$ im Sinne der Formel (hierin und im folgenden die Valenz-elektronen mit Punkten bezeichnet)

$$\text{H} \cdot + \text{H} \cdot \;\;\rightarrow\;\; \text{H} : \text{H} = H_2.$$

Eine solche Umordnung der Elektronen zu einer *symmetrischen* Verteilung der-selben *im* Molekül läßt sich schematisch als *Übergang* des Valenzelektrons eines jeden H-Atoms zu *einem den beiden Atomen gemeinsamen Elektronenpaar* beschrei-ben und das letztere gleichsam als Träger der zwischen den beiden Atomen einge-gangenen chemischen Bindung auffassen.

Statt eines solchen Elektronen*übergangs* zu einem den beiden H-Atomen ge-meinsam angehörenden Elektronenpaar ist an und für sich auch ein eigentlicher Elektronen*übertritt* vom einen H-Atom zum andern möglich. Dann aber wird jenes H-Atom, welches sein Valenzelektron an das andere abtritt, notwendig zu einem positiv geladenen $H^+$, das zweite H-Atom, welches nunmehr zwei Valenzelektronen besitzt, umgekehrt zu H :, damit aber zu einem negativ geladenen $H^-$. An Stelle des zuvor entstandenen Moleküls H : H mit symmetrischer Elektronenverteilung ergibt der Elektronenübertritt ein *polar* gebautes Molekül $H^+H^-$ mit *antisymme-trischer* Verteilung der Valenzelektronen. Ebensogut hätten sich die beiden H-Atome natürlich umgekehrt verhalten und dementsprechend ein Molekül $H^-H^+$ bilden können.

Darnach gibt es für die Bindung von zwei H-Atomen zu einem Molekül $H_2$ zwei *Grenzzustände* (sog. *Valenzstrukturen*) : *polare* (elektrovalente) mit antisymme-trischer und einen *kovalenten* mit symmetrischer Verteilung der Valenzelektronen, nämlich

$$H^+H^- \qquad\qquad \text{H} : \text{H} \qquad\qquad H^-H^+.$$

Beide Arten der Bindung beruhen zwar letztlich auf elektrostatischen Kräften. Indes ist beim Molekül $H_2$, aber auch bei andern Molekülen $A_n$, allein schon wegen der Gleichartigkeit der Atome der kovalente Zustand der weit vorherrschende. Deshalb kann man die polaren Valenzstrukturen vernachlässigen und, mindestens in erster Näherung, den Bindungszustand des $H_2$-Moleküls als *reine Elektronen-paarbindung*, als eine *kovalente* (oft auch *homöopolar* genannte) Bindung auffassen im Sinne der Formel H : H. Dabei gilt eine solche Bindung, wenn sie auf *einem* Elektronenpaar zwischen den gebundenen Atomen beruht, als eine *einfache* Bin-dung. Ist hierfür in der Chemie seit langem die Schreibweise H—H, allgemein A—A, üblich unter Symbolisierung des Elektronenpaars durch einen *Valenzstrich*, so soll damit der „*gerichtete*" Charakter kovalenter Bindungen betont werden (im Gegensatz zu allen andern Arten chemischer Bindungen mit durchwegs allseitiger, also „ungerichteter" Wirkung). Endlich ist die H : H-Bindung der einfachste Fall einer *lokalisierten* Bindung. Von einer solchen ist die Rede, falls sich ein Bindungszustand mit hinreichender Annäherung durch eine *einzige* Valenzstruktur – im vorliegenden Fall die kovalente – darstellen läßt. Es besagt dies hier und bei kovalenter Bindung überhaupt, daß jedes Elektronenpaar eindeutig einer *bestimmten* Bindung zwischen zwei Atomen zugeordnet und seinerseits der Träger dieser Bindung ist (siehe über die im Gegensatz dazu *nichtlokalisierten* Bindungen S. 30 und 76).

Ganz entsprechend zum $H_2$-Molekül ergibt sich die Bildung eines Moleküls $F_2$ (übrigens auch aller andern Halogen-Moleküle) entsprechend dem Schema

$$:\ddot{F}\cdot \;+\; \cdot\ddot{F}: \;\;\rightarrow\;\; :\ddot{F}\!:\!\ddot{F}:$$

Zugleich zeigen die vorstehenden Formelbilder (sog. *Elektronenformeln*) des $H_2$- und $F_2$-Moleküls unmittelbar, wie durch das gemeinsame Elektronenpaar beide Atome auf dem Wege ihrer Vereinigung zum Molekül eine *edelgasartige* Elektronenkonfiguration erhalten. In der Tat liegen im $H_2$-Molekül um jedes H 2, beim $F_2$-Molekül um jedes F-Atom 8 Elektronen, also ebenso viele, wie der He- bzw. Ne-Konfiguration entsprechen (selbstverständlich ist die Anzahl Elektronen pro H- bzw. F-Atom 1 bzw. 7 geblieben, indem z.B. im Falle des $F_2$-Moleküls auf jedes Atom insgesamt $6\cdot 1$ [sog. „*einsame*"] $+\; 2\cdot 1/2 = 1$ [sog. *bindende*] Elektronen entfallen, da ja jene des Elektronenpaars dem einzelnen F nur zur Hälfte zugezählt werden dürfen). In eben derselben Weise erfolgt auch bei den Ringmolekülen $S_4$ und $S_8$, ebenso aber auch bei den tetraedrisch gebauten $P_4$-Molekülen durch je zwei bzw. je drei Elektronenpaare eine Ergänzung der um jedes Atom liegenden Außenelektronen auf 8, im Falle von S entsprechend $4\cdot 1 + 4\cdot 1/2$, bei P dagegen als $2\cdot 1 + 6\cdot 1/2$. Die in allen diesen Fällen gültige *Oktettregel* von Lewis, ihrerseits nichts anderes als eine Anwendung des bereits S. 11 formulierten Grundgesetzes, erklärt nicht nur die hervorragende Stabilität der vorgenannten Moleküle, sondern zugleich auch die ihren Atomen zukommenden Koordinationszahlen, betragen diese doch allgemein $8 - v$, wenn $v$ wiederum die Anzahl der Valenzelektronen bedeutet. Die regelmäßig *tetraedrische* Struktur der $P_4$-Moleküle, der zickzackförmige Aufbau des $S_8$-Moleküls und verwandte Erscheinungen endlich gehen darauf zurück, daß die vier ein Oktett bildenden Elektronenpaare eine tetraedrische Anordnung anzunehmen bestrebt sind (siehe auch S. 26).

Ist hingegen wie bei einigen wesentlichen Fällen – so etwa bei $O_2$ und $N_2$ – die Koordinationszahl *kleiner* als $8 - v$, so im Falle von $O_2$ nur 1 statt 2, bei $N_2$ gar lediglich 1 statt 3, so ergeben sich an Stelle von einfachen Bindungen mit einem einzigen Elektronenpaar *Mehrfachbindungen* mit einer *größern* Anzahl gemeinsamer Elektronen. So bestehen beim $N_2$-Molekül im Sinne der Formel $:N:::N:$ 6 gemeinsame Elektronen (drei gemeinsame Elektronenpaare) und demzufolge eine *Dreifachbindung* $N\!\equiv\!N$, für $O_2$ dagegen nicht, wie man erwarten möchte, eine einfache Doppelbindung gemäß $:\dot{O}::\dot{O}:$ bzw. $O\!=\!O$, sondern wohl eher eine Art Überlagerung einer einfachen Bindung mit zwei „Dreielektronenbindungen", so daß auf jedes Atom zwei einsame und acht bindende Elektronen entfallen [entsprechend $2\cdot 1 + (2 + 2\cdot 3)\cdot 1/2 = 6$].

*Mehrfachbindungen* $A\!=\!A$ und $A\!\equiv\!A$ scheinen einzig bei den Nichtmetallen der ersten Periode, vorab bei C, N und O über hinreichende Stabilität zu verfügen und spielen bereits bei den entsprechenden Elementen der zweiten Periode nurmehr eine untergeordnete Rolle: So kommt es bei S und P erst bei höheren Temperaturen zur Bildung von $S\!=\!S$- bzw. $P\!\equiv\!P$-Molekülen (analog $O_2$ und $N_2$) an Stelle der einfach gebundenen $S_8$- und $S_\infty$- bzw. $P_4$- und $P_\infty$-Moleküle (S. 26).

Bei Elementen vom Typus homogener Molekülverbindungen bedeuten die Phasenwechsel fest → flüssig, fest → Dampf und auch flüssig → Dampf, da sie in der Mehrzahl der Fälle lediglich mit einer Änderung der Anordnung, nicht aber des Innenbaus der Moleküle verbunden sind, rein *physikalische* Vorgänge, nämlich einzig die Überwindung der *zwischen* den Molekülen wirksamen, *intermolekularen* Kräfte. Vorgänge von der Art $2\,O_3 \to 3\,O_2$, $S_8 \to 2\,S_4 \to 4\,S_2$ und die umgekehrten sowie alle zu ihnen analogen sind dagegen gleich der Molekülbildung $n\,A \to A_n$ mit einem Umbau der Moleküle, einer Umgestaltung der Elektronenkonfiguration (also einer Änderung des Bindungszustandes der Atome) verknüpft und haben daher, obschon mit ihnen allen kein Stoffumsatz verbunden ist, als *chemische Reaktionen* zu gelten. Die Energie, welche zur Überführung des Molekülkristalls in den Dampfzustand oder der flüssigen Phase in die dampfförmige benötigt wird, also die *Sublimations*- bzw. die *Verdampfungswärme*, bedeutet dementsprechend ein *Maß* für die zwischen den $A_n$-Molekülen bestehenden *intermolekularen* Kräfte, während dagegen die bei der Reaktion $n\,A \to A_n$ frei werdende Energie, die *Bildungswärme der Molekülverbindung* $A_n$ ein Kriterium für die innerhalb des einzelnen Moleküls zwischen seinen Atomen wirksamen, *intramolekularen* Kräfte vom Charakter chemischer Bindekräfte darstellt (siehe hierzu S. 21). Den durchwegs wesentlich *kleineren* intermolekularen Kraftwirkungen entspricht es, daß, wie aus Tab. 3 ersichtlich, die Verdampfungswärmen der Elemente dieser Gruppe mit 1–10 kcal/ Mol zumeist um eine bis zwei Größenordnungen kleiner sind als die allgemein bei 30–100 kcal/Mol liegenden Bildungswärmen ihrer Moleküle (aber auch die Reaktionswärme von $3\,O_2 \to 2\,O_3$ beträgt immerhin 34,5 kcal/Mol).

**Tabelle 3. Eigenschaften homogener Molekülverbindungen**

| | $H_2$ | $N_2$ | $O_2$ | Halogene | | | |
| --- | --- | --- | --- | --- | --- | --- | --- |
| | | | | $F_2$ | $Cl_2$ | $Br_2$ | $J_2$ |
| Schmelzpunkt, °C .......... | −259 | −210 | −219 | −220 | −101 | − 7 | +114 |
| Siedepunkt, °C ............. | −253 | −196 | −183 | −188 | −35 | +58 | +183 |
| Schmelzwärme, kcal/Mol .... | 0,02 | | 0,10 | | 1,61 | 2,58 | 3,65 |
| Verdampfungswärme, kcal/Mol | 0,22 | 1,35 | 1,63 | 1,64 | 4,42 | 7,42 | 10,39 |

——————— zunehmende intermolekulare Kräfte ——————→

| | $H_2$ | $N_2$ | $O_2$ | $F_2$ | $Cl_2$ | $Br_2$ | $J_2$ |
| --- | --- | --- | --- | --- | --- | --- | --- |
| Bildungswärme, kcal/Mol .... | −103,7 | −169,3 | −117,3 | −62,6 | −56,9 | −45,2 | −35,4 |
| Bindungsabstand A→A in Å.. | 0,74 | 1,06 | 1,21 | 1,45 | 2,01 | 2,28 | 2,65 |

←—— zunehmende intramolekulare Kräfte ——

Hieraus aber erklärt sich unmittelbar, weshalb Elemente vom Charakter homogener Molekülverbindungen *tiefe Schmelz*- und *Siedepunkte* besitzen werden und daher zu den *ausgesprochen leichtflüchtigen Stoffen* gehören. Kommt es bei tiefen Temperaturen schließlich zu deren Erstarrung zum *Molekülkristall* mit regelmäßiger Anordnung mindestens der Molekülschwerpunkte nach Art eines Raumgitters, so sind *Härte* und *Festigkeit* solcher Kristalle stets *gering*. Auf der andern

Seite sind die Moleküle $A_n$ als solche bis zu hohen Temperaturen beständig[1] und trachten umgekehrt freie Atome A, sich unmittelbar zu Molekülen $A_n$ zu vereinigen (dabei kann allerdings bei hoher Temperatur n kleiner sein als bei normaler). Daß chemische Elemente von diesem Typ in keinem ihrer Aggregatzustände, insbesondere auch nicht im festen oder flüssigen, den elektrischen Strom leiten, daher zu den *Isolatoren* (Tab. 25, S. 136) gehören, dazu ihre festen und flüssigen Phasen durchsichtig sind, erstere zudem kein wesentliches Reflexionsvermögen für gewöhnliches Licht und damit keinen „metallischen Glanz" besitzen, ist dagegen die Folge der den $A_n$-Molekülen zugrunde liegenden, betont kovalenten Bindekräfte. Alle diese, im übrigen für Molekülverbindungen jeder Art (auch die S. 65 zu betrachtenden, heterogenen) typischen Merkmale sind um so ausgeprägter, je überlegener die intramolekularen Bindekräfte den *intermolekularen* Kraftwirkungen sind. Diese letztern sind infolge der zumeist hohen Symmetrie der $A_n$-Moleküle und ihrer entsprechend gleichmäßigen Ladungsverteilung wie bei den Edelgasen wiederum VAN DER WAALSsche Kräfte vom Charakter *reiner Dispersionskräfte*. Bei homologen Elementen gewinnen sie mit steigender Ordnungszahl entschieden an Bedeutung und wird daher das Wesen der Molekülverbindung demgemäß zunehmend abgeschwächt, wie es die in Tab. 3 aufgeführten Eigenschaften der Halogene belegen. Hieraus aber ergibt sich die bereits in Tab. 2 angedeutete Beziehung von den homogenen Molekülverbindungen mit starken intermolekularen Kräften (wie etwa $J_2$ und $S_8$) zu den diamantartigen Elementen. Den VAN DER WAALS-Molekülen der Edelgase nach S. 20 entspricht es schließlich, wenn sich bei homogenen Molekülverbindungen *höhere Molekülkomplexe* wie z.B. Doppelmoleküle $O_2 \cdots O_2$ bilden, wobei mit dem punktierten Valenzstrich eine Sekundärbindung durch intermolekulare Kräfte angedeutet sei.

## § 6. Diamantartige Elemente

Nach dem gleichen Prinzip, das gemäß § 5 zur Bildung von $A_n$-Molekülen führte, kann sich statt dieser endlich begrenzten, in gleicher Anordnung stets die gleiche Anzahl von Atomen enthaltenden, molekularen Atomverbänden eine *Atomkette* im Sinne der Formel

$$\cdots -A-A-A-A-A-A-A-A-A-A-A-A-A- \cdots$$

ergeben. Diese Kette aus A-Atomen stellt nunmehr einen nach einer Richtung an sich beliebig großen und daher stets nur willkürlich begrenzten Atomverband dar, den einfachsten Fall eines *Makromoleküls*. Im Gegensatz zu den Molekülen umfassen solche *linearen* (eindimensionalen) Makromoleküle nicht länger eine bestimmte, für eine gegebene Molekülsorte konstante Anzahl von Atomen, sondern bald mehr, bald weniger, weshalb Makromolekülen oft auch die Formel $A_x$ oder symbolisch $A_\infty$ zugeschrieben wird. Mit ihren bloß einerlei Atomen A heißen solche Makromoleküle *homogen*, die derart gebauten Elemente daher *homogene makromolekulare Verbindungen* als Gegenstück zu den in § 5 behandelten, homogenen Molekülverbindungen.

---

[1] So läßt sich aus thermodynamischen Daten berechnen, daß selbst bei einer Temperatur um 8000 °C auf dem Wege der Reaktion $N_2 \rightarrow 2N$ die Stickstoffmoleküle erst zu rund 40% in freie N-Atome zerfallen sind.

Ketten der obigen Art, oft auch Makrofadenmoleküle genannt, bestehen vor allem bei Elementen mit sechs Valenzelektronen – so bei Se, Te, aber auch beim Fadenschwefel –, indem bei einer Elektronenformel einer solchen Kette

$$\leftarrow \ :\ddot{S}:\ddot{S}:\ddot{S}:\ddot{S}:\ddot{S}:\ddot{S}:\ddot{S}:\ddot{S}:\ddot{S}:\ddot{S}: \ \rightarrow$$

wiederum der Oktettregel genügt wird. Weil bei *einfachen* Bindungen die Möglichkeit einer *freien Drehbarkeit* der Kette um die A–A-Bindungen besteht, läßt sich an Stelle des regelmäßig-periodisch (kristallin) gebauten Makromoleküls auch ein unregelmäßig verknülltes (nurmehr pseudokristallin strukturiertes) denken. In beiden Fällen besitzt wiederum jedes Atom A die Koordinationszahl $8 - v$, also zwei (genau so wie die S-Atome in den Ringmolekülen $S_8$ und $S_4$). Elemente wie As, Sb sowie auch P mit $v = 5$ und damit der Tendenz zur Dreierkoordination erscheinen dagegen zu *schichtförmigen* Atomverbänden und damit zu nach *zwei* Richtungen beliebige Größe erreichenden Makromolekülen vereinigt. Nach *drei* Richtungen des Raumes sich erstreckende, also *dreidimensional-räumliche* (gitterhafte) Atomverbände endlich sind typisch für die Elemente C (als *Diamant*), Si, Ge und $\alpha$-Sn (sog. graues Zinn) mit $v = 4$ und der daraus resultierenden KZ $8 - 4 = 4$, so daß jetzt gemäß Abb. 13 jedes Atom A in tetraedrischer Gruppierung vier andere zu nächsten Nachbarn hat und nunmehr *sämtliche* Valenzelektronen *gemeinsame* Elektronenpaare zwischen je zwei Atomen bilden (auf das einzelne A daher insgesamt $8 \cdot 1/2 = 4$ Valenzelektronen entfallend).

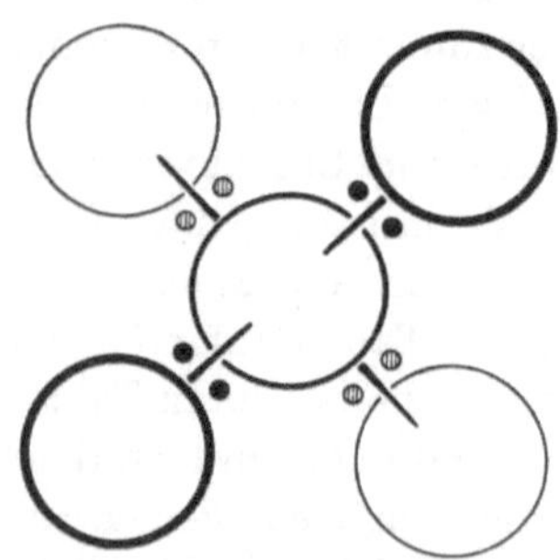

Abb. 13. Elektronenpaarbindungen zwischen den Kohlenstoffatomen des Diamantkristalls (Abb. 11). Zwischen dem zentralen C-Atom und den vier tetraedrisch darum gruppierten Nachbaratomen bestehen vier Elektronenpaare (durch kleine Kreise angedeutet)

So, wie bereits Moleküle $A_n$ trotz verschiedener Art der Atome A grundsätzlich gleichen Bau besitzen konnten, besteht die Erscheinung einer solchen *Isotypie* auch bei makromolekularen Atomverbänden. Weil sie sich im Falle dreidimensionaler Makromoleküle naturgemäß auch auf die Kristallstruktur als Ganzes bezieht, bedeutet sie in diesem Falle stets auch Zugehörigkeit zum gleichen *Strukturtypus*, also grundsätzlich gleiche Anordnung der Atome im Kristallgitter bei jedoch individueller Größe der Bindungsabstände und ebensolchem Charakter der den Zusammenhalt des Kristalls bewirkenden Kräfte (letztere Tatsache äußert sich etwa besonders eindrücklich darin, daß die Kristalle der Edelgase und jene mancher Reinmetalle gleichen Strukturtypen angehören).

Dazu besteht ebenfalls bei makromolekular gebauten Elementen die Möglichkeit von *Mehrfachbindungen* und damit *kleineren* Koordinationszahlen: So im Falle der Netze von C-Atomen, wie sie nach Abb. 14 mit der KZ 3 dem Graphit eigen sind, bei einer Verteilung der Valenzelektronen unter den C-Atomen im Sinne einer *Resonanz* zwischen den drei Valenzstrukturen

$$\diagdown C \diagup \ \rightleftharpoons \ \diagdown C \diagup \ \rightleftharpoons \ \diagdown C \diagup \ ,$$

da nur damit ein regelmäßiger Bau der Sechsecknetze nach Abb. 14 vereinbar ist. In Übereinstimmung hiermit beträgt der Bindungsabstand $C \rightarrow C$ beim Graphit lediglich 1,42 Å gegenüber 1,54 Å im Diamantkristall, während die Entfernung C → C im Falle einer doppelten Bindung C=C 1,34 Å mißt, so daß der im Graphit bestehende C → C-Abstand ziemlich genau dem Mittel der Entfernung der Kohlenstoffatome bei einfacher und doppelter Bindung entspricht. Diese Art der ständig wechselnden Bindung der C-Atome in den Netzen des Graphitkristalls veranschaulicht den Fall einer *nichtlokalisierten* Bindung zwischen gleichen Atomen. Während bei jedem C-Atom drei Valenzelektronen in festen Elektronenpaaren fixiert sind, ist die Wirkung des vierten Elektrons derart, wie wenn es gleichmäßig über die drei Bindungen eines C-Atoms verteilt, also nicht näher lokalisiert wäre. Damit aber wird die einzelne C–C-Bindung im Graphitnetz verstärkt und gleichsam eine 4/3-Bindung. Analoge Fälle nichtlokali-

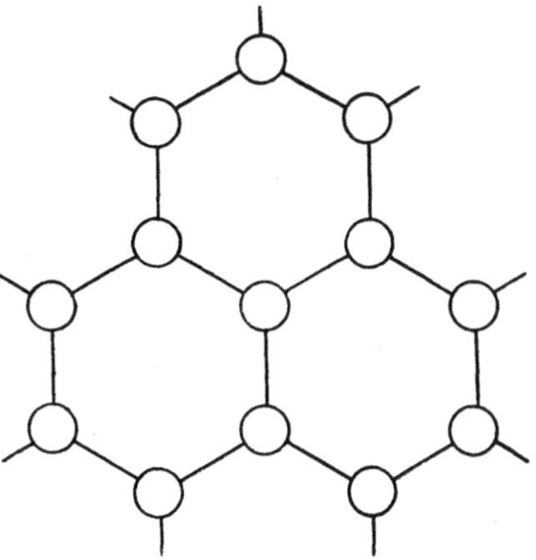

Abb. 14. Netz der Kohlenstoffatome im Graphitkristall

sierter Elektronen und entsprechender Bindungen bestehen auch bei manchen Kohlenstoffverbindungen, so etwa beim Benzol $C_6H_6$, siehe S. 75.

Elemente, deren Atome sich unter der Wirkung *kovalenter* Bindekräfte zu *makromolekularen* Atomverbänden vereinigen, werden zur Gruppe der *diamantartigen Elemente* zusammengefaßt, wird doch ihr Bauprinzip durch die Diamantstruktur in *vollkommener* Weise verkörpert: Einmal darin, daß hier Makromolekül und Kristall *ein und dasselbe* bedeuten, und dazu in der Tatsache, daß beim Diamant *sämtliche* Valenzelektronen der C-Atome die Funktion *bindender* Elektronen übernehmen. Hieraus ergibt sich die bei homogener kovalenter Bindung *maximal* mögliche Koordinationszahl 4 und damit die *größtmögliche* Zahl von Atombindungen bei möglichst *gleichmäßiger* Verteilung derselben. Stoffe mit einem derartigen, dreidimensional makromolekularen Atomverband sind allgemein *einzig* als *feste* Körper denkbar und gehören daher zu den sog. *Festkörperverbindungen* (bzw. Kristallverbindungen). So, wie der dreidimensionale Atomverband durch die fortgesetzte Neuverknüpfung von Atomen mit dem Wachstum des Kristalls eine zunehmende Vergrößerung erfährt, bedeutet hier auch der Übergang Kristall → Dampf einen unter Lösung chemischer Bindungen erfolgenden Zerfall des dreidimensionalen Makromoleküls. Beide Vorgänge sind daher nicht mehr als bloße Wechsel des Aggregatzustandes, sondern als *chemische Reaktionen* zu bewerten. Das gleiche gilt auch von Phasenwechseln im festen Zustand, insofern mit ihnen (wie beim Übergang Diamant → Graphit) die Art der Bindung der Atome eine Änderung erfährt. Dem entspricht, daß die Sublimationswärme diamantartiger Kristalle – also die zu ihrer Zerlegung in freie Atome oder doch relativ kleine Moleküle erforderliche Energie (abgesehen vom Vorzeichen) – der Bildungswärme von Molekülen $A_n$ vergleichbar ausfällt. In der Tat müssen ja beim dreidimensionalen Makromolekül Sublimationswärme und Bildungswärme notwendig *dasselbe* bedeuten (so beträgt die Sublimationswärme bzw. die Kohäsionsenergie des Diamanten um 170, von B 115 und von Si 85 kcal/g-At.).

Wo hingegen eine niedrigere KZ statt zu dreidimensionalen zu bloß *zweidimensionalen* Atomverbänden führt, erweist sich der Kristall eines derart gebauten Elements nach Abb. 15 als ein regelmäßig-periodisch aufgebautes *Netz-* oder *Schichtpaket*. *Eindimensionale* Makromoleküle vereinigen sich dagegen bei der

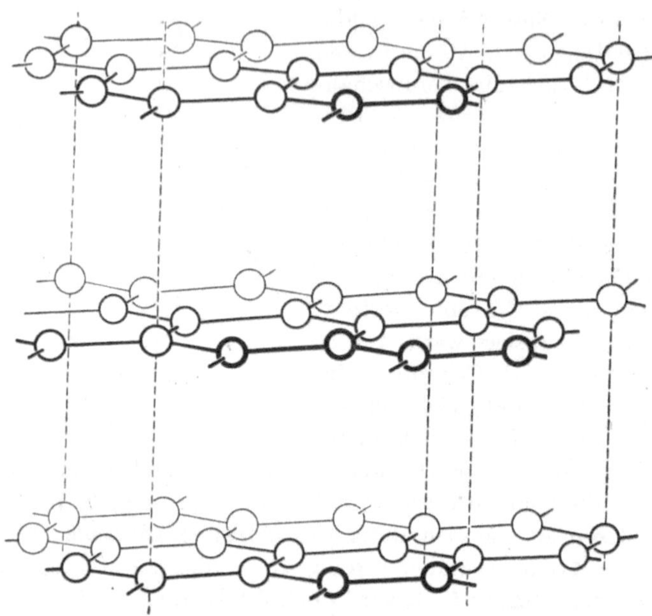

Abb. 15. Struktur des Graphitkristalls als Paket aus Netzen nach Art der Abb. 14, wobei benachbarte Netze gegeneinander verschoben sind und erst übernächste unter sich gleiche Stellung besitzen

Kristallisation zu einem regelmäßigen *Kettenbündel* (Abb. 16). Dabei sind naturgemäß die kürzesten Bindungsabstände zwischen den Atomen der *nämlichen* Schicht oder Kette durchweg *kleiner* als die kürzesten Entfernungen unter Atomen verschiedener Schichten oder Ketten. So beträgt beim Graphit die Entfernung nächster C-Atome verschiedener Netze 3,40 Å, also das 2,4fache des Bindungsabstandes C→C innerhalb der Netze.

Je ausgeprägter dies zutrifft, um so mehr werden die Hauptbindekräfte, welche die Atome der einzelnen Schicht oder Kette zusammenhalten – also die *intramolekularen* Kräfte *im* Makromolekül –, die zwischen verschiedenen Schichten und Ketten bestehenden Kraftwirkungen – also die *zwischen* benachbarten Makromolekülen wirksamen, *intermolekularen* Kräfte – übertreffen. Schichtpaket und Kettenbündel werden sich dementsprechend leicht in die einzelnen Makromoleküle zerlegen lassen, so etwa beim Spalten eines Graphitkristalls oder beim Lösen von Se in Schwefelkohlenstoff, $CS_2$. Zeigen dagegen wie im Falle von Te, As und Sb die intermolekularen Atomabstände eine merkliche Annäherung an die intramolekularen, so entspricht dem auch eine wesentliche Angleichung der beiderlei Bindekräfte. Dann aber werden sich derart gebaute Kristalle mehr und mehr wie jene der eigentlich diamantartigen Elemente mit ihrem dreidimensionalen Makromolekül verhalten.

Entsprechend ihrer ausgesprochenen Mittelstellung ergeben sich bei den diamantartigen Elementen *Übergänge* sowohl zu den Elementen vom Typus homogener Molekülverbindungen als auch zu den Reinmetallen: Zu den ersteren zunächst deshalb, weil ja bereits das zwei- und eindimensionale Makromolekül nach

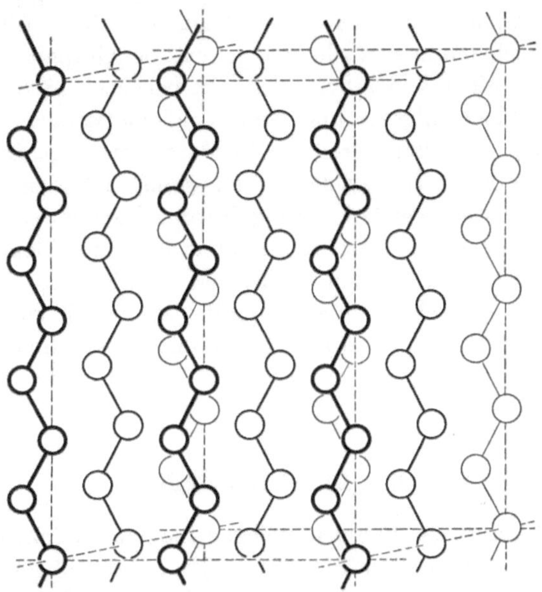

Abb. 16. Struktur eines aus linearen Atomverbänden (Ketten) bestehenden Kristalls; auch hier analog zu Abb. 15 die Ketten in zweierlei Stellung zueinander

einer bzw. nach zwei Richtungen gleichsam „molekulare" Bauweise besitzt. Zudem sind bei einer Reihe von Elementen (wie vor allem bei S, Se, Te, P, As) neben Zuständen mit makromolekularem Aufbau leicht solche von molekularer Struktur zu erhalten. Hier erfolgt nicht allein beim Verdampfen, sondern bereits beim Schmelzen, oft auch beim Lösen in geeigneten Lösungsmitteln oder gar bei Umwandlungsvorgängen die Reaktion $A_\infty \rightarrow A_n$, zumal bei Schwefel und Phosphor gar beiderlei Arten fester Phasen auftreten: die *einen* (wie Fadenschwefel oder roter und violetter Phosphor) von makromolekularem Charakter, die *andern* jedoch (wie die beiden gewöhnlichen S-Modifikationen oder weißer Phosphor) ausgesprochene *Molekül*verbindungen. Auf der andern Seite bestehen wie beim Graphit Übergänge zu den Reinmetallen, sobald die Bindekräfte unter den Atomen nicht länger auf reiner Elektronenpaarbindung beruhen, sondern sich Anklänge an eine metallische Bindung (S. 30) bemerkbar machen.

Alledem entspricht, weshalb sich die diamantartigen Elemente allgemein *weniger einheitlich* verhalten als jene der übrigen drei Gruppen: Für die *eigentlich* diamantartigen Grundstoffe wie Diamant und Bor, sodann auch Silicium bilden hohe Schmelz- und Siedepunkte, maximale Festigkeit und Härte, praktische Unlöslichkeit in zahlreichen Lösungsmitteln, allgemein gutes Isolationsvermögen gegen Elektrizität und Wärme, Durchsichtigkeit bei fehlendem oder nur mäßigem Reflexionsvermögen ihre „idealen" Kennzeichen. Die nicht mehr rein kovalente

Bindung verleiht dagegen den zwar nach wie vor Diamantstruktur besitzenden Elementen $\alpha$-Sn und Ge eine gewisse elektrische Leitfähigkeit nach Art sog. *Halbleiter* (siehe auch Tab. 25, S. 136). Bei den Elementen S und P sind mit ihren nurmehr ketten- bzw. schichtförmigen Atomverbänden bereits deutlich niedrigere Schmelz- und Siedepunkte verbunden, dazu eine wesentlich geringere Härte und bereits erhebliche Löslichkeit in gewissen Lösungsmitteln. Eine Überlagerung beider Übergangserscheinungen macht sich geltend bei Graphit, As und Te. Ersterer besitzt zwar noch einen hohen Schmelzpunkt bei gegen 3800 °C, indes eine beachtliche elektrische Leitfähigkeit, und zwar vor allem parallel zu den Netzen der C-Atome, wie ja auch sein Glanz bereits an die Metalle erinnert. Graphit und Kohle gehören daher nicht mehr zu den Isolatoren, sondern finden nach Tab. 25 als *Widerstandswerkstoffe* vielfache Anwendung. Beruht dies auf den nichtlokalisierten Bindungen in den Netzen der C-Atome, so daß sich die den Doppelbindungen zugehörenden, zusätzlichen Elektronen ähnlich wie Metallelektronen (S. 31) verhalten, so sind andere Eigenschaften des Graphits, aber auch von Ruß und Kohle unmittelbare Folgen der Netzstruktur (beispielsweise die dem Graphit eigene Plastizität, seine Eignung als Pigment und Füllstoff – S. 271 – wie seine gute Schmierwirkung, S. 279).

## § 7. Die Reinmetalle

Gleich den diamantartigen Elementen liegen auch den Reinmetallen ausschließlich *makromolekulare* Atomverbände zugrunde, jetzt aber – abgesehen von seltenen Netzstrukturen wie bei Zn und Cd sowie den Schichtstrukturen des Sb und Bi (diese analog jener von As) – solche von *durchweg* dreidimensional-*gitterhaftem* Charakter. *Hochsymmetrische* Anordnung und *dichte Packung* der Metallatome führt dabei zu Koordinationszahlen, welche mindestens 6, häufiger jedoch 8 oder bei *dichtester* Packung der Atome gar 12 betragen. Bemerkenswert ist sodann eine auffallende Monotonie der bei den Reinmetallen bestehenden Atomverbände, zeigen doch mehr als 80 % aller Reinmetalle ihre Atome nach einem der drei Hauptstrukturtypen A 1, A 2 und A 3 (Abb. 17 bis 19) angeordnet. Dementsprechend spielt bei den metallischen Elementen die Erscheinung der *Isotypie* (S. 26) eine hervorragende Rolle. Auf der andern Seite bestehen bei manchen Reinmetallen (sog. *Mehrphasenmetalle*) verschiedene feste und wohl auch mehrere flüssige Phasen mit verschiedener Struktur (verschiedene *Modifikationen*), so z.B. im Falle von Li, Ca, Sc, La, Ce, Ti, Zr, Hf, Cr, W, U, Mn, Fe, Ru, Co, Ni, Tl und Sn.

Die *hohen Koordinationszahlen*, wie sie für die Reinmetalle typisch sind, stehen mit der besondern Natur der unter den Metallatomen wirksamen Bindekräften in unmittelbarer Beziehung: Die den Reinmetallen eigene, *besondere* Art der Bindekräfte, diese sog. *metallische Bindung* von Atomen beruht darauf, daß die Metallatome ihre Valenzelektronen relativ leicht abgeben, wobei diese Elektronen aber nicht länger bestimmten Atomen zugeordnet bleiben. Als *Elektronengas* gehören sie vielmehr zum metallisch gebundenen Atomverband als ganzem und damit zu sämtlichen Atomen des Metallkristalls. Metallische Bindung bedeutet daher im Gegensatz zur kovalenten (S 22) und zur polaren Bindung (S. 43) den *Extrem*fall *nichtlokalisierter* Bindung und ebensolcher Valenzelektronen. Deren Beweglichkeit durch die Lücken des Gitters der Metallionen $Me^{n+}$ ist dabei derart, daß sie als „*freie Metallelektronen*" unter dem Einfluß eines äußern elektrischen Feldes Anlaß zu einem gerichteten Ladungstransport geben, einem elektrischen Strom. So sind denn die ausgezeichnete elektrische Leitfähigkeit und das ebensogute Wärme-

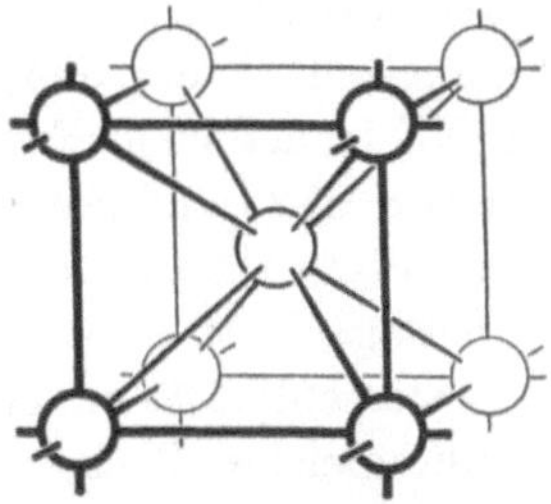

Abb. 17. Struktur der Reinmetalle vom A2-Typus (innenzentriertes Würfelgitter), wie sie bei α-Fe, α-Cr, V, β-Ti, β-Zr, Nb, Ta, Mo, W und den Alkalimetallen besteht

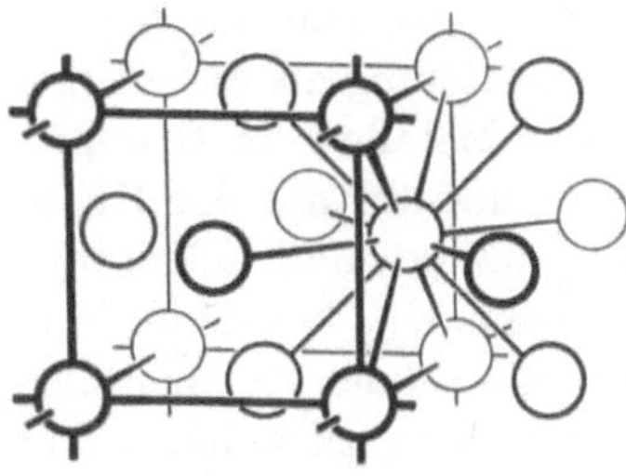

Abb. 18. Struktur der Reinmetalle vom A1-Typus (flächenzentriertes Würfelgitter = dichteste Kugelpackung kubischer Symmetrie), typisch für Al, α-Ca, γ-Fe, β-Co, Ni, Cu, Pd, Pt, Ag, Au, Pb u.a.

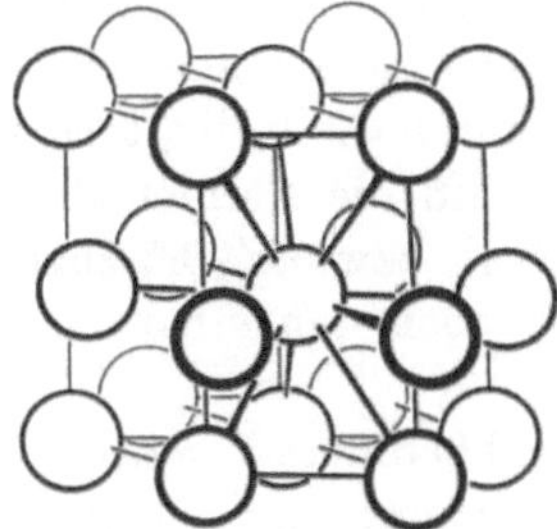

Abb. 19. Struktur der Reinmetalle vom A 3-Typus (hexagonal innenzentriertes Gitter, zumeist angenähert dichteste Kugelpackung hexagonaler Symmetrie), vertreten durch Be, Mg, α-Co, α-Ti, α-Zr u.a.

leitvermögen der Reinmetalle die unmittelbare Folge der unter Metallatomen bestehenden Bindekräfte.

Daß deren „Stärke" jener kovalenter Bindungen der diamantartigen Elemente durchaus vergleichbar sein kann, geht daraus hervor, daß auch Metallkristalle als dreidimensionale, nunmehr aber metallisch gebundene Makromoleküle eine Kohäsionsenergie aufweisen können von einer ähnlichen Größe wie die Bildungswärmen kovalent gebundener Moleküle. In der Tat liegen die Sublimationswärmen der Reinmetalle zwischen 15 (Hg) und über 200 (W, U) kcal/g-At. Dabei fällt auf, daß den Übergangsmetallen in der Regel höhere Werte zukommen als den einfachen Metallen. Bestimmt zwar die Wertigkeit eines Reinmetalls an sich die von jedem Atom für das gemeinsame Elektronengas verfügbare Anzahl von Elektronen und damit wenigstens einigermaßen die den Metallionen des Metallkristalls eigene Elektronenkonfiguration[1], so nicht dagegen die in den Metallgittern bestehenden

---

[1] Oft bestehen allerdings in der Verteilung der äußeren Elektronen zwischen *freien* Metallatomen, wie sie für den Zustand des einatomigen Dampfes charakteristisch sind, und den im Kristallgitter *gebundenen* aus der Wertigkeit der Metalle allein nicht ableitbare Unterschiede: So besitzt das Ni-Atom des Nickelkristalls durchschnittlich 9,4 (3d)- und 0,6 (4s)-Elektronen, das im Eisenkristall gebundene Fe-Atom bei hinreichend tiefen Temperaturen im Mittel 7,8 (3d)- und 0,2 (4s)-Elektronen.

Koordinationszahlen. Im Gegensatz zu den diamantartigen Elementen mit ihrer lokalisierten, kovalenten Bindung gruppieren sich im Metallgitter mit seiner nicht-lokalisierten Bindung um jedes Metallatom so viele andere, als dazu Raum vorhanden ist. Damit aber erweisen sich die hier erreichten, hohen KZ. als rein *sterische* Größen, gegeben durch jene Packungsdichte der Atome, welche sich bei ihrer Raumerfüllung als die energetisch günstigste herausstellt. Wenn demgegenüber bei den Metallen der Gruppen IIb bis Vb deren KZ in manchen Fällen (so z.B. bei Zn und Cd mit der KZ 6) der $(8 - v)$-Regel von S. 23 entsprechen, so deutet dies darauf, daß sich in diesem Falle der „metallischen Valenzstruktur" offenbar bereits eine kovalente in merklichem Maße überlagert.

Auch wenn bei den Reinmetallen gleich den übrigen Elementen Atomverbände weit vorherrschen, bei welchen sämtliche Atome in völlig gleicher Weise von andern umgeben werden und sich daher *alle* Atome als unter sich *ebenbürtige* Bausteine der betreffenden Atomverbände erweisen, so gibt es immerhin einige Reinmetalle wie $\alpha$- und $\beta$-Mn, $\gamma$-Cr und $\beta$-W, wo dies *nicht* zutrifft. Ja, es unterscheiden sich in den drei ersten Fällen die Metallatome nicht allein hinsichtlich ihrer Umgebung, sondern auch derart bezüglich ihres Bindungszustandes, daß bei diesen drei Reinmetallen im Grunde nicht mehr homogene, sondern bereits heterogene Makromoleküle vorliegen, also nur noch bedingt elementare Stoffe. Streng genommen wären vielmehr dem $\beta$-Mn die Formel $Mn_2'Mn_3''$, dem $\alpha$-Mn und dem $\gamma$-Cr dagegen die Formeln $Mn_{12}'Mn_{17}''$ bzw. $Cr_{12}'Cr_7''$ zuzuschreiben, um so dem verschiedenen Charakter der nur noch scheinbar einerlei Atome Rechnung zu tragen.

Als unmittelbar konstitutionell bedingte Eigenschaften der Reinmetalle dürfen gelten: ihr auffallend *großes Absorptions-* und *Reflexionsvermögen* für gewöhnliches Licht; ihre *ausgezeichnete elektrische Leitfähigkeit*, worauf, auch wenn sie mit steigender Temperatur bezeichnenderweise abfällt, die besondere Bedeutung der Reinmetalle als *Leiterwerkstoffe* beruht (Tab. 25, S. 136). Besitzen Metalle gleichzeitig *hervorragendes Wärmeleitvermögen*, so auf der andern Seite Werte der *Wärmedehnung* mittlerer Größe (Abb. 127, S. 265). Von einem besonderen Interesse ist sodann *ihre weitgehende Plastizität* und damit ihre Befähigung zu gehöriger bleibender Verformung unter gleichzeitiger *Verfestigung*, so daß plastisch sich verformende Metalle weiterer Formänderung einen zunehmend größern Widerstand leisten. Zugleich verfügen sie über eine *beachtliche Kohäsion* nicht allein gegenüber einer Druckbeanspruchung, sondern auch, falls sie anderswie, etwa auf Zug oder Biegung sowie durch Schlag beansprucht werden. Dabei gilt jedoch: *effektive* Festigkeiten *nur* $1{-}10\,^0/_{00}$ der aus den Bindekräften berechneten sowie Scherfestigkeit der Metallkristalle $\ll$ als deren Reißfestigkeit. Daher betragen höchste Zerreißfestigkeiten von Metallen bloß um $10\,^0/_0$ jener diamantartiger Stoffe. Nicht vergessen sei umgekehrt die *gute Beständigkeit* der Metalle gegen scharfen (zumeist auch gegen oft wiederholten) *Temperaturwechsel* (sog. TWB). Neben diesen vielfachen Vorzügen der Metalle bestimmen vorab die folgenden Beschränkungen ihren Einsatz als Werkstoffe: einmal der mit steigender Temperatur sich allgemein einstellende Festigkeitsabfall und die bei gewissen Metallen bei tiefern Temperaturen bestehende Versprödung; dazu ihre oft nur geringe, chemische Beständigkeit, weshalb manche Metalle bereits an der Atmosphäre, vermehrt noch beim Angriff durch Säure-, Laugen- oder Salzlösungen und vor allem bei der Einwirkung chemischer Agentien in der Wärme einer Zersetzung (*Korrosion* im weitesten Sinne) unterliegen; siehe hierzu die S. 158, 177 und 252 folgenden weitern Ausführungen.

In diesem Sinne metallisches Verhalten zeigen Reinmetalle allerdings *einzig im festen und flüssigen*, nicht jedoch im dampfförmigen Zustand (daher sollte denn auch eher von metallischen *Zuständen* als von metallischen Stoffen gesprochen werden). Im übrigen gibt es bei einzelnen metallischen Elementen auch amorph-feste Phasen ohne eigentlich metallische Eigenschaften. Dem Übergang fest → flüssig und auch manchen Phasenwechseln im festen Zustand (*Umwandlungen* einer ersten Modifikation in eine zweite) entspricht zumeist lediglich eine Änderung des Ordnungszustandes der Metallatome (ihrer Fern-, allenfalls auch Nahordnung im Sinne des S. 18 Gesagten). In der Tat sind auch die Schmelzwärmen der Metalle relativ klein, betragen sie doch allgemein bloß 3–5% der Verdampfungswärmen. Modifikationswechsel, Schmelzen und Erstarren der Metalle können daher als vorwiegend physikalische Vorgänge gelten. Auf der andern Seite bedeuten das Sublimieren eines Metallkristalls und das Verdampfen einer Metallschmelze stets chemische Reaktionen, ist doch mit der Bildung der einatomigen oder aus VAN DER WAALS-Molekülen (wie z.B. $Hg_2$) bestehenden Metalldämpfe im Sinne der Gleichung $Me^{n+} + ne \rightarrow Me$ stets eine grundlegende Änderung des Bindungszustandes und zugleich der Verlust des metallischen Zustandes mit seinen typischen Eigenschaften verknüpft. Im übrigen entspricht es gleichfalls der erheblichen Kohäsionsenergie der meisten Metallkristalle, daß sich dieser Übergang erst bei hohen, teilweise sogar erst sehr hohen Temperaturen vollzieht. Besonders hohe Siedepunkte besitzen unter den Reinmetallen Mo, Nb, Ta, Os, Pt und W, einen auffallend niedrigen dagegen Hg, während bei Al, Ga, Pb, Li, Na, K, Rb und Cs trotz relativ niedrigen Schmelzpunkten recht hohe Siedepunkte bestehen.

Übergänge von den Reinmetallen ergeben sich in Form der *Halbmetalle* (siehe bereits S. 10 und 30) vor allem zu den diamantartigen Elementen. Dabei brauchen allerdings keineswegs alle metallischen Eigenschaften gleichzeitig verlorenzugehen, sondern können Halbmetalle in der einen oder andern Beziehung noch sehr wohl metallisches Verhalten aufweisen. Besonders beachtenswert ist hierbei das Element Sn, welches sich in seiner $\alpha$-Modifikation diamantartig, als $\beta$-Sn dagegen metallisch verhält, somit einer Umwandlung mit gleichzeitiger Änderung des Bindungszustandes der Sn-Atome unterliegt.

## § 8. Chemische Elemente als Einstoffsysteme

Ist für Elemente mit makromolekularen Atomverbänden nach dem zuvor Gesagten zwar typisch, daß sie unter normalen Zustandsbedingungen als feste Körper auftreten, aus Molekülen bestehende Elemente dagegen normalerweise als Gase, so gelingt es dennoch, die ersteren durch Erhöhung der Temperatur, die letzteren umgekehrt durch hinreichende Abkühlung aus diesem Normalzustand in andere Aggregatzustände überzuführen, erstere aus dem festen in den flüssigen und gasförmigen, letztere dagegen aus dem gasförmigen in den flüssigen und festen Zustand. Die verschiedenen Zustände, welche ein Element bei beliebiger Wahl der Zustandsbedingungen annehmen kann, gelten nach S. 17 als dessen *Phasen*, wobei für jedes Element nur *eine* gasförmige und zumeist auch lediglich *eine* flüssige Phase, dagegen nicht selten, nämlich bei allen sog. *polymorphen* Elementen, mehrere feste Phasen (mehrere sog. *Modifikationen*) existieren.

Welcher Zustand eines Elements für irgendeine Temperatur $T$ und irgendwelchen Druck $P$ den stabilen Gleichgewichtszustand darstellt, läßt sich unmittelbar dem *Zustandsdiagramm* des betreffenden Elements entnehmen: So dem in Abb. 20 wiedergebenen, daß für die Temperatur $T_1$ und den Druck $P_1$ der gas-

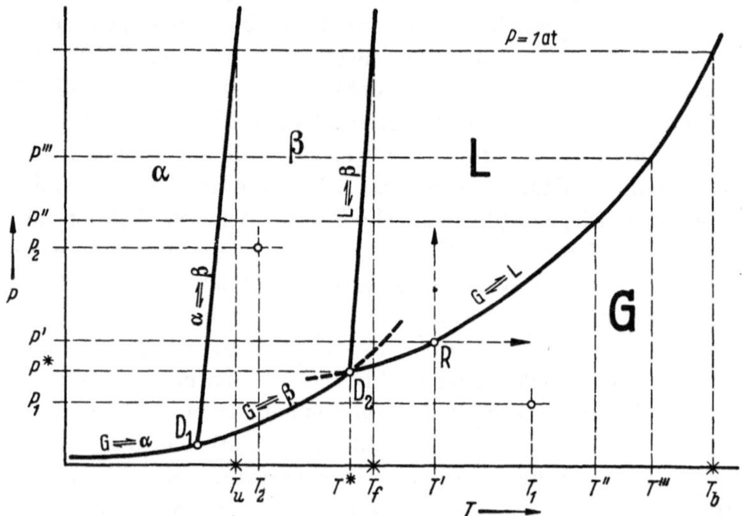


Abb. 20. Zustandsdiagramm ($T$, $P$-Diagramm) eines dimorphen, elementaren Stoffes

förmige, für die Zustandsbedingungen $T_2$ und $P_2$ dagegen der feste Zustand (und zwar als $\beta$-Modifikation) den Gleichgewichtszustand bildet. Das aber bedeutet, daß für irgendwelche, *willkürlich* gewählten Werte der beiden Zustandsvariabeln ein Element *lediglich in einem Zustand*, also *nur in einer einzigen seiner verschiedenen Phasen stabil sein kann*. Kommt hingegen ein Element bei irgendwelchen Zustandswerten in verschiedenen Phasen vor, wie etwa Kohlenstoff unter normalen Bedingungen als Diamant und Graphit, so kann *nur eine derselben stabil* sein und sollte sich daher die andere (im Falle des Kohlenstoffs der Diamant) früher oder später in diese, einzig stabile Phase umwandeln (Diamant also zu Graphit werden). Ob dies jedoch tatsächlich stattfindet oder nicht, ist eine Frage der *Haltbarkeit* nichtstabiler Zustände: Ist diese, wie im Falle des Diamanten praktisch unbeschränkt, so verhält sich eine Phase *trotz* des Ungleichgewichtszustandes, den sie darstellt, wie eine stabile und wird daher auch als *pseudostabil* (metastabil) bezeichnet (siehe hierzu später S. 225, 249 und 256).

Das Zustandsdiagramm der Abb. 20 läßt unmittelbar erkennen, wie jeder Phase eines Elements (seiner gasförmigen G, der flüssigen L und den beiden festen Modifikationen $\alpha$ und $\beta$ des als dimorph angenommenen Elements) ein bestimmtes $P, T$-Feld, ein sog. *Einphasengebiet*, entspricht. In dessen Bereich können beide Zustandsvariabeln unabhängig voneinander variiert werden, ohne daß es im Zusammenhang damit zu einer Zustandsänderung des Systems, zu einem *Phasenwechsel* kommt. Längs der Grenzlinien, in denen die verschiedenen Einphasenfelder zusammenstoßen, sind dagegen notwendigerweise *zwei* Phasen stabil. Es entspricht daher jeder dieser Zweiphasenlinien $G \rightleftharpoons L$, $G \rightleftharpoons \beta$, $L \rightleftharpoons \beta$, $G \rightleftharpoons \alpha$ und $\alpha \rightleftharpoons \beta$ ein aus zwei Phasen bestehendes, also *heterogenes* System, nämlich ein Gleichgewicht zwischen jenen zwei Phasen, deren Einphasengebiete sich in der betreffenden Zweiphasenlinie schneiden. Wird von irgendeinem Punkt R (z.B. $P'$, $T'$) auf der Zweiphasenlinie $G \rightleftharpoons L$ ausgegangen und bei gleichbleibendem Druck $P$ die Temperatur erhöht, so verschwindet die flüssige Phase und bleibt nur die gasförmige übrig, während gerade das Umgekehrte eintritt, wenn die Temperatur auf dem Wert $T'$ belassen, dagegen der Druck zunehmend erhöht wird. Soll das zwischen den beiden Phasen G und L bestehende Gleichgewicht erhalten bleiben, so muß vielmehr bei Änderung der einen Zustandsvariabeln stets auch die andere in ganz bestimmter Weise geändert werden. Es gehört also zur Temperatur $T''$ der Druck $P''$, zu $T'''$ der Druck $P'''$ usw., bedeutet doch jede Zweiphasenlinie eine eindeutige Funktion $P = P(T)$ oder umgekehrt $T = T(P)$. Statt der *zwei Freiheitsgrade $P$ und $T$*, wie sie den Einphasenfeldern mit ihren homogenen Gleichgewichten und den voneinander unabhängig variabeln Zustandsgrößen zukommen, kann im Falle der Zweiphasengleichgewichte nur noch über eine der beiden Zustandsvariabeln, nämlich $T$ *oder* $P$ frei verfügt werden. Es besitzt daher die *Zwei*phasenlinie und das ihr entsprechende Gleichgewicht lediglich noch *einen einzigen Freiheitsgrad* und heißt daher auch *monovariantes* Gleichgewicht im Gegensatz zu den *divarianten E*inphasengleichgewichten.

In den zwei Punkten $D_1$ und $D_2$, jeder gegeben durch den Schnitt von je drei Zweiphasenlinien – bei $D_1$ von $G \rightleftharpoons \alpha$, $\alpha \rightleftharpoons \beta$ und $G \rightleftharpoons \beta$, im Falle von $D_2$ von $G \rightleftharpoons \beta$, $L \rightleftharpoons \beta$ und $G \rightleftharpoons L$ –, bestehen zwei *Dreiphasen*gleichgewichte, nämlich $\alpha + \beta + G$ bzw. $\beta + L + G$, beide an bestimmte Werte von $T$ und $P$ gebunden – so das Gleichgewicht von $D_2$ an die fixe Temperatur T* und den bestimmten Druckwert $P$*. Derartige Dreiphasengleichgewichte besitzen dementsprechend *keinen Freiheitsgrad* mehr und bilden daher *nonvariante* Gleichgewichte.

Daraus aber ergibt sich:

| Art des Gleichgewichts | Anzahl stabiler Phasen ($P$) | Anzahl der Freiheitsgrade ($F$) |
|---|---|---|
| divariant (homogen) .......... | 1 | 2 |
| monovariant (heterogen) ...... | 2 | 1 |
| nonvariant (heterogen).......... | 3 | 0 |

mithin allgemein: $P = 3 - F$.

Das aber bedeutet nichts anderes als die Anwendung jenes allgemein gültigen Gesetzes, das die Zahl stabiler Phasen als Funktion der Anzahl der irgendein System aufbauenden *Bestandteile* (seiner *Komponenten*) angeben läßt, der später (S. 141) näher zu betrachtenden *Phasenregel* auf den speziellen Fall eines aus *einer* Komponente bestehenden, sog. *Einstoffsystems*.

Wird, wie es bei normalerweise nur im festen, allenfalls noch im flüssigen Zustand zugänglichen (sog. *kondensierten*) Systemen üblich ist, der Druck *nicht* variiert, sondern *konstant* zu einer Atmosphäre gewählt, damit aber ein für allemal über den einen der beiden Freiheitsgrade verfügt, so ergibt sich beim Einstoffsystem die Anzahl stabiler Phasen zu $P = 2 - F$. Für irgendeine *beliebige* Temperatur kann dann stets nur eine *einzige* Phase stabil sein und es werden *Zweiphasengleichgewichte* nunmehr lediglich bei einer eindeutig *bestimmten* Temperatur bestehen: so das Gleichgewicht $\alpha \rightleftharpoons \beta$ beim *Umwandlungspunkt* $T_u$, die Gleichgewichte $\beta \rightleftharpoons L$ und $L \rightleftharpoons G$ bei den Temperaturen $T_f$ bzw. $T_b$, dem *Schmelz-* bzw. *Siedepunkt* des betreffenden Elements (diese Fixtemperaturen bedeuten nichts anderes als die Schnittpunkte der Zweiphasenlinien $\alpha \rightleftharpoons \beta$, $\beta \rightleftharpoons L$ und $L \rightleftharpoons G$ mit der Geraden $P = 1$ at parallel zur $T$-Achse, wie aus Abb. 20 unmittelbar hervorgeht).

So wesentliche Dienste Zustandsdiagramm und Phasenregel zu leisten vermögen, so bedarf gleich nachdrücklicher Betonung, was sie ihrem Wesen nach *nicht* aussagen können:

Zunächst werden von Zustandsdiagrammen irgendwelche *instabilen* Zustände eines Systems allgemein nicht erfaßt, und zwar „unterkühlte" oder „überhitzte" Phasen so wenig wie *total instabile*. Bei den ersteren besteht das Ungleichgewicht darin, daß eine Phase noch bei $P, T$-Werten *außerhalb* des ihr entsprechenden Einphasengebiets auftritt, also jener Phasenwechsel, der sich beim Überschreiten der Zweiphasenlinie hätte einstellen sollen, ausgeblieben ist. Bei *total instabilen* Phasen dagegen – wie manchen Modifikationen gewisser Reinmetalle (so z.B. $\beta$-W, $\beta$- und $\gamma$-Cr, $\beta$-Ni u.a.m.), dann aber auch stets bei den *glasigen* Zuständen einzelner Elemente (wie von S, Se, Te, As und Sb) –, handelt es sich um Zustände eines Elements, welche, wie immer auch $P$ und $T$ gewählt werden mögen, *nie* einen Gleichgewichtszustand darstellen. Total instabile Phasen können sich daher stets nur *einseitig* (monotrop) in eine stabile umwandeln im Sinne der Gleichung $\beta \rightarrow \alpha$ im Gegensatz zu den umkehrbaren, *reversibeln* (enantiotropen) Umwandlungen $\alpha \rightleftharpoons \beta$, wie sie zwischen zwei *partiell* stabilen Modifikationen bestehen (siehe hierzu Abb. 20, welche diesem Fall entspricht).

Ferner lassen sich weder dem Zustandsdiagramm noch der Phasenregel irgendwelche Aussagen über die *Kinetik von Phasenübergängen* entnehmen, etwa mit welcher Geschwindigkeit eine nicht länger stabile Phase sich in die nunmehr stabile umwandelt, ob ein an sich fälliger Phasenwechsel tatsächlich erfolgen wird oder zufolge übermäßiger Hemmungen, die ihm entgegenstehen, überhaupt nicht stattfinden (siehe hierüber ausführlicher S. 249).

Während Verdampfen und Kondensieren, Schmelzen und Erstarren mit der Bildung erster *Keime* der neuen Phase einsetzen und diese Keime, sobald sie über hinreichende Stabilität verfügen, auf Kosten der instabil gewordenen Phase weiterwachsen, gilt dies nicht für alle Umwandlungsvorgänge im festen Zustand. Hier gibt es vielmehr neben *Keimumwandlungen* (z.B. graues $\alpha$-Sn $\rightleftharpoons$ weißes $\beta$-Sn) vorab im Falle mancher Reinmetalle (so etwa bei Co, Fe, Ti, Zr, Tl und Li) auch *Umklappumwandlungen* mit einem grundsätzlich anders gearteten Mechanismus und anderen kinetischen Gesetzen. Bestehen bei den auf Keimbildung sich gründenden Prozessen in Form von Überhitzung oder Unterkühlung häufig erhebliche Verzögerungen und spielen hier Impfeffekte eine wesentliche Rolle, so gilt dies nicht von den Umklappumwandlungen. Diese lassen sich durch Abschrecken nicht unterdrücken und verlaufen dazu mit extrem hoher Geschwindigkeit im Gegensatz zu den auf Diffusionsvorgängen beruhenden und daher stets nur träge sich abspielenden Keimumwandlungen.

Zugleich sei noch einmal betont, daß äußerlich völlig gleiche Phasenwechsel, vorab der Übergang fest $\rightleftharpoons$ Dampf und flüssig $\rightleftharpoons$ Dampf, oftmals selbst polymorphe Umwandlungen je nach den damit verbundenen Änderungen von Struktur und Bindungszustand bei verschiedenen Elementen etwas völlig Verschiedenes bedeuten können, nämlich durchaus nicht immer physikalische Prozesse, sondern vielmehr Vorgänge, die in jeder Beziehung chemischen Reaktionen ebenbürtig sind.

## § 9. Von den Eigenschaften der chemischen Elemente, insbesondere ihrer festen Phasen

Abschließend sei einmal mehr die Frage gestellt nach den im Falle der chemischen Elemente bestehenden Beziehungen zwischen ihren Eigenschaften und der Art der Atome, deren besonderen Anordnung und dem Charakter der zwischen ihnen wirksamen Bindekräfte, um damit zugleich die *Prinzipien* aufzuzeigen, nach denen *die verschiedenen Eigenschaften von Stoffen in ihrer Bedingtheit durch Zusammensetzung und Struktur der Stoffe* zu betrachten sind. Dabei erweist es sich hier und allgemein als gegeben, zwischen folgenden *Gruppen von Eigenschaften* zu unterscheiden:

I. *Aperiodische Atomeigenschaften*, welche ausschließlich oder doch mindestens weitgehend *durch die Atomart als solche* bestimmt werden und daher von der besonderen Gruppierung der Atome (darin inbegriffen ihre Vereinigung zu irgendwelchen Atomverbänden) und von den zwischen den Atomen bestehenden Kraftwirkungen unabhängig sind. Bezüglich dieser Eigenschaften ist es somit gleichgültig, ob die betreffenden Atome in einem Stoff als „freie" Atome oder aber als unter sich oder mit anderen Atomen verbunden vorkommen. Eigenschaften dieser Art zeigen überdies, wenn sie im Rahmen des periodischen Systems der Elemente betrachtet werden, keinen periodischen Gang, sondern stehen mit der Ordnungszahl in einem *einsinnigen* Zusammenhang (nehmen beispielsweise mit steigender Ordnungszahl stetig zu). An aperiodischen Atomeigenschaften gibt es *zweierlei*:

1. Als *Kerneigenschaften* jene, welche ganz oder doch zur Hauptsache durch die *Atommasse* bedingt werden und deshalb auch jenen Verfahren zugrunde liegen, welche dank irgendwelcher *Isotopieeffekte* Mischelemente in ihre reinen Atomarten zu zerlegen gestatten. So ist das Verhalten bei Diffusionsvorgängen (siehe S. 257) im wesentlichen Maße von der Atommasse abhängig, wobei leichtere Atome größere Diffusionskonstanten besitzen, wie auch unter sonst gleichen Bedingungen für die leichteren Atome bei einer gegebenen chemischen Reaktion eine größere Geschwindigkeit besteht und den leichteren Atomen in ionisiertem Zustand eine größere Wanderungsgeschwindigkeit in Lösungen und Schmelzen zukommt. Sogenannte optische Isotopieeffekte äußern sich dagegen in charakteristischen, durch eine verschiedene Atommasse bedingten Linienverschiebungen bei den Atom- und Molekülspektren.

2. Jene Eigenschaften, welche durch die *innern*, d.h. den abgeschlossenen Schalen angehörenden *Elektronen* bestimmt werden wie etwa die Wellenlänge der charakteristischen Röntgenstrahlung, indem nach dem Gesetz von MOSLEY die Wurzel aus den entsprechenden $K$-Schwingungszahlen für die einzelnen Elemente proportional deren Ordnungszahl läuft, entsprechend einer mit wachsender Kernladung zunehmend stärkeren Bindung der inneren Elektronen an den Atomkern.

II. *Periodische Atomeigenschaften*, diese bedingt durch *die Anzahl v der Valenz-elektronen* und deren besonderes Verhalten. Diese Eigenschaften zeigen daher mit steigender Ordnungszahl einen *periodischen* Gang analog demjenigen der *v*-Werte selber (siehe bereits S. 12). Neben der *Wertigkeit* der Elemente und den daraus sich ergebenden *Ladungen ihrer Ionen* gehören hierher:

bei *kovalenter* Bindung deren *Art* und *Stärke* (*einfache* oder *mehrfache* Bindungen) sowie die dadurch bestimmten *Koordinationszahlen*;

bei *metallischer* Bindung Hinweise auf die zu erwartenden *Elektronenkonzentrationen* in den Metallkristallen, nämlich die Anzahl der auf ein einzelnes Metallatom entfallenden Metallelektronen;

die *Ionisierungsenergie* der einzelnen Atome (Abb. 21) – mit den Maxima bei den Edelgasen, den Minima bei den Alkalimetallen, indem es bei den ersteren be-

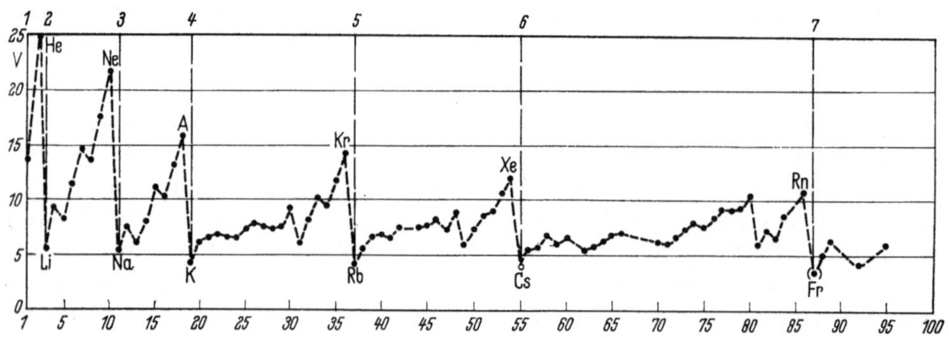


Abb. 21. Ionisierungspotentiale der chemischen Elemente, geordnet nach der Ordnungszahl *Z* – Beispiel einer periodischen Atomeigenschaft

sonders schwerhält, aus der abgeschlossenen Schale ein Elektron zu entfernen, während es bei den letzteren entsprechend leicht gelingt, das einzelne Valenz-elektron dem neutralen Atom zu entreißen;

die *Elektronenaffinität* als die bei der Anlagerung eines weiteren Elektrons an ein neutrales Atom frei werdende Energie, welche bei Atomarten mit Elektronen-konfigurationen, welche nahe vor dem Abschluß stehen (wie im Falle der Halogene und der mit O homologen Elemente), besonders hohe Werte erreicht;

die *Raumbeanspruchung* der Atome, werde sie gekennzeichnet durch den Atom-radius (Abb. 7, S. 15) oder durch das Atomvolumen, im ersten Fall Maxima bei den Alkalimetallen und Minima bei den Elementen der V. und VII. Gruppe;

ebenso die Kurve der Ionenradien mit ihren Maxima bei den Anionen $O^{2-}$, $S^{2-}$, $Se^{2-}$ und $Te^{2-}$ und Minima bei den Kationen $Cl^{7+}$, $Mn^{7+}$, $J^{7+}$.

Außerdem spiegeln aber auch manche *physikalische Eigenschaften* der Elemente eine entsprechende Periodizität wieder, insofern diese, wenn zwar nicht allein, so doch vorwiegend durch die Anzahl der Valenzelektronen oder die äußere Elektronenkonfiguration als solche bestimmt werden: dies gilt beispielsweise von der elektrischen Leitfähigkeit mit Maxima bei den Alkalimetallen und weitern, allerdings weniger ausgesprochenen bei Cu, Ag und Au, von den thermischen Aus-dehnungskoeffizienten, den magnetischen Eigenschaften und, wenn auch weniger ausgeprägt, von den Schmelz- und Siedepunkten (höchste Schmelzpunkte bei C, hier der absolut höchste mit über 3700 °C bei einem Siedepunkt über 4800 °C, sodann bei Si, V, Mo und W mit einem Schmelzpunkt bei 3410 °C und einem Siedepunkt über 5900 °C). Wie sich zeigen läßt, werden oftmals ganz ähnliche Zusammenhänge gefunden, wenn gewisse Eigenschaften statt für die Elemente für bestimmte Gruppen chemischer Verbindungen, etwa die Oxide, Hydride oder Fluoride im Rahmen des periodischen Systems verfolgt werden.

III. *Struktureigenschaften*, welche im Gegensatz zu den beiderlei Atomeigenschaften einzig oder doch überwiegend von der besonderen Anordnung der Atome abhängen, während für sie die Art der Atome selber keine oder nur eine untergeordnete Rolle spielt. Hinsichtlich der Struktureigenschaften werden sich isotype Stoffe, gleichgültig, ob von molekularer oder makromolekularer Bauart, übereinstimmend oder doch weitgehend analog verhalten. Solches gilt etwa von allen Eigenschaften, welche durch die Symmetrie der Moleküle bestimmt werden (siehe hierzu S. 68), dazu von der Spaltbarkeit, der Formenmannigfaltigkeit und dem Habitus der Kristalle (hierunter etwa die Frage, ob Kristalle isometrisch, blätterig-schuppig oder stengelig-nadelförmig-faserig ausgebildet sind). Ferner gehört hierher, ob gewisse Eigenschaften am Kristall eines Stoffes in verschiedenen Richtungen verschieden ausfallen und von welcher Art eine solche Anisotropie ist (nach Tab. 4

**Tabelle 4. Systematik der Eigenschaften kristallisierter Phasen**



sind unter diesem Gesichtspunkt drei Gruppen von Kristalleigenschaften zu unterscheiden: als Tensoren bei jeder Art von Kristallen richtungsabhängige, als Vektoren nur bei gewissen Kristallen anisotrope und endlich als Skalare bei sämtlichen Kristallen sich isotrop verhaltende Eigenschaften).

IV. *Phaseneigenschaften* sind im Gegensatz zu allen zuvor betrachteten mindestens abhängig von der besonderen Art der Atome eines Stoffes und dazu von der speziellen *Anordnung* wie dem *besondern Bindungszustand*, welchen sie in dem fraglichen Stoff besitzen. Hierunter zählen demgemäß alle jene Eigenschaften, wie sie *lediglich* der *einzelnen* Phase zukommen; sie gestatten daher die verschiedenen Phasen ein und desselben, aber auch verschiedener Stoffe, elementarer oder zusammengesetzter, voneinander zu unterscheiden. Dabei lehrt die Erfahrung, daß es an *festen* Phasen, kristallisierten oder glasig-amorphen, Eigenschaften gibt, welche als *störungsempfindliche* (gelegentlich, allerdings wenig zweckmäßig, auch strukturempfindliche genannt) durch den *besondern* Zustand der betreffenden Phase nachhaltig beeinflußt werden. Sie hängen daher wesentlich ab *vom Kristallzustand* und jeder Beeinträchtigung seiner Gitterordnung durch irgendwelche *Störungen* wie Leerstellen im Gitter, eine Substitution von Gitterbausteinen durch Fremdatome, die Einlagerung zusätzlicher Atome in Gitterlücken (Zwischengitterplätzen), örtlichen Gitterstörungen wie Versetzungen u.dgl. sowie von irgendwelchen, auch sehr geringfügigen *Verunreinigungen*. Im Gegensatz dazu sind bei den *störungsunempfindlichen* (strukturunempfindlichen) Eigenschaften dieser besondere Zustand einer festen Phase und ihre Reinheit nur von untergeordneter Bedeutung. Bei kristalliner Ausbildung irgendwelcher Stoffe fragt sich endlich, ob sich die Eigenschaften des *vielkristallinen* Materials, insbesondere von zusammenhängenden *Kristallhaufwerken*, aus dem Verhalten des *einzelnen* Kristalls unmittelbar ableiten lassen, wie dies für die *gefügeunempfindlichen* (summierbaren) Eigenschaften zutrifft. Dies gilt dagegen nicht im Falle spezifischer, da *gefügeempfindlicher* Eigenschaften, indem für diese auch Größe und Form der Kristalle, ihre besondere Anordnung, Verteilung und Verwachsung, das Ausmaß der Raumerfüllung von wesentlicher, oft gar entscheidender Bedeutung sind.

Endlich gibt es gewisse Erscheinungen, welche *ihrem Wesen nach* an die regelmäßige Gruppierung der Atome in Raumgittern gebunden sind und daher *überhaupt nur* an *Kristallen* auftreten können, in manchen Fällen gar *einzig* am *Einkristall* (also nicht auch an vielkristallinem Material). Unter diesen *Festkörpereffekten* sind technisch vor allem bedeutsam: die plastische Verformung auf dem Wege von Gleitung oder Schiebung (sog. *Kristallplastizität*), *Piezo-* und *Pyroelektrizität* (S. 114), *Ferromagnetismus* und verwandte Erscheinungen (Tabelle 25, S. 136) sowie ein *ferroelektrisches* Verhalten und endlich auch manche *Halbleiter-*Phänomene.

### Literatur

1. Umfassende Angaben über die Darstellung und Eigenschaften, physikalische und chemische, der Elemente enthalten
Gmelins Handbuch der anorganischen Chemie (derzeit in seiner 8. Auflage erscheinend),
Ullmanns Enzyklopädie der technischen Chemie (zur Zeit in 3. Auflage erscheinend);
dazu speziell Addison, W. E.: The Allotropy of Elements, 1965;
Moody, G. and J. R. D. Thomas: Noble Gases and their Compounds, 1964.

2. Tabellarische Zusammenstellungen von Eigenschaftswerten:
Landolt-Börnstein: Zahlenwerte und Funktionen aus Physik, Chemie, Astronomie, Geophysik, Technik (derzeit in 6. Auflage) seit 1950;
Hodgman, Ch. D., R. C. Weast and S. M. Selby: Handbook of Chemistry and Physics, 1964;

3. Zur Frage der Eigenschaften fester Körper (Festkörperphysik und -chemie) sei verwiesen auf
VAN BUEREN, H. G.: Imperfections in crystals, 1961;
COTTRELL, A. H.: The mechanical properties of matter, 1964;
DEKKER, A. J.: Solid State Physics, 1958;
HEDVALL, J. A.: Einführung in die Festkörperchemie, 1952;
JAWSON, M. A.: The Theory of Cohesion, 1954;
KRÖGER, F. A.: The Chemistry of imperfect Crystals, 1964;
KITTEL, C.: Introduction to Solid-State Physics, 1956;
SEEGER, A. u. a.: Moderne Probleme der Metallphysik, Bd. I u. II, 1965 und 1966.

# III. Zusammengesetzte Stoffe

## § 10. Allgemeine Merkmale zusammengesetzter Stoffe und die Mannigfaltigkeit chemischer Verbindungen

Das erste Kennzeichen *zusammengesetzter* Stoffe liegt darin, daß in ihrem Falle die chemische Analyse stets die Anwesenheit *mehrerer* chemischer Elemente feststellt. Der dem einzelnen unter ihnen zufallende Anteil wird dabei zunächst in *Gewichtsprozenten* (Gew.-%) angegeben. Ein Gehalt am Element X im Betrage von $x$ Gew.-% bedeutet dabei, daß von 100 g Substanz $x$ g auf das Element X entfallen. Um jedoch zu wissen, wieviele Atome X es beim fraglichen Stoff auf 100 beliebig herausgegriffene trifft, werden die Gew.-% in *Atomprozente* umgerechnet. Hierbei wird verfahren wie folgt: Sind die Elemente A, B, ... N von den Atomgewichten $\alpha_A$, $\alpha_B$, ... $\alpha_N$ mit $g_A$, $g_B$, ... $g_N$ Gew.-% vertreten (dabei naturgemäß $g_A + g_B + \cdots + g_N = 100$), so werden zunächst die Quotienten

$$\frac{g_A}{\alpha_A}, \frac{g_B}{\alpha_B}, \ldots \frac{g_N}{\alpha_N} \quad \text{und deren Summe} \quad \frac{g_A}{\alpha_A} + \frac{g_B}{\alpha_B} + \cdots + \frac{g_N}{\alpha_N} = \Sigma$$

gebildet und hieraus die Gehalte an den verschiedenen Elementen in At.-%, nämlich $a_A$, $a_B$, ... $a_N$ gefunden zu

$$a_A = \frac{g_A}{\alpha_A \cdot \Sigma} \cdot 100, \quad a_B = \frac{g_B}{\alpha_B \cdot \Sigma} \cdot 100, \ldots a_N = \frac{g_N}{\alpha_N \cdot \Sigma} \cdot 100,$$

wobei wiederum $a_A + a_B + \cdots + a_N = 100$.

Betragen bei einem Stoff, bestehend aus den drei Elementen A, B und C, $a_A = 20$, $a_B = 20$ und $a_C = 60$ At.-%, so heißt dies, daß von 100 Atomen je 20 Atome A und B, die restlichen dagegen Atome C sind, die *chemische „Formel"* des betreffenden Stoffes somit $A_{20}B_{20}C_{60} = ABC_3$ lautet. Auch wenn bei einer Substanz wie im vorliegenden Beispiel eine „einfache" Formel gefunden wird, als Verhältnis $A : B : C = 1 : 1 : 3$ somit ein einfach ganzzahliges, so bedeutet dies jedoch noch *keineswegs* den Beweis dafür, daß der fragliche Stoff eine chemische Verbindung aus den Atomen A, B, C darstellt und noch viel weniger dafür, es bestehe diese aus Molekülen $ABC_3$. Hierzu gilt vielmehr *lediglich* folgendes:

Ergibt sich bei *Gasen* oder *Flüssigkeiten* ein *beliebiges* Verhältnis $A : B : C \ldots = x : y : z \ldots$, so wird damit der Fall eines einheitlichen (aus einer *einzigen Verbindung* bestehenden) Stoffes eindeutig *ausgeschlossen*, während es bei einem *einfach ganzzahligen* Verhältnis $A : B : C : \ldots = m : n : p : \ldots$ an sich *möglich* ist, daß es sich um einen *reinen Stoff* aus der Verbindung $A_mB_nC_p \ldots$ handelt (indes naturgemäß auch ein eben „einfach ganzzahlig" zusammengesetztes Gemisch aus A, B, C ... vorliegen könnte). Im Gegensatz hierzu ist es bei *festen* Stoffen *sowohl bei einem beliebigen als bei einem einfach ganzzahligen Verhältnis* A : B : C: ... an sich *denkbar*, daß der betreffende Stoff eine einheitliche Verbindung $A_mB_nC_p$ ... *oder* $A_xB_yC_z$ ... darstellt (siehe hierzu S. 59).

Bereits dies läßt erkennen, daß *Kenntnis der Zusammensetzung* eines Stoffes für jede Erkundung seines Aufbaus zwar *notwendig*, indes *keineswegs ausreichend* ist, so wenig wie *übereinstimmende* Zusammensetzung zweier Stoffe – elementarer oder zusammengesetzter – bereits *Identität* der beiden Stoffe bedeutet. Vielmehr bedarf es in j*edem* Falle – und, wie sich S. 62 zeigen wird, ganz besonders bei zusammengesetzten Stoffen – noch *weiterer*, ergänzender Feststellungen, um das eigentliche Wesen eines Stoffes auch nur einigermaßen zu kennzeichnen, und sind insbesondere noch *zusätzliche Kriterien* zu erfüllen, um die Existenz einer chemischen *Verbindung* unter verschiedenen Elementen sicher nachzuweisen.

Allgemein wird von einer *chemischen Verbindung* unter *verschiedenen* Atomen, also von einer *heterogenen Verbindung* zwischen mindestens zwei Atomen A und B die Rede sein, insofern es bei diesen Atomen A und B zu einer Umordnung ihrer Elektronenkonfigurationen kommt. Wie bereits bei der Bindung gleicher Atome nach S. 22 ergibt sich gleichfalls aus einem teilweisen Elektronenübergang oder einem vollständigen Elektronenübertritt zwischen einem Atom A und einem Atom B *eine chemische Bindung* unter denselben, nunmehr naturgemäß eine *heterogene.* Entsprechend der Bildung des $H_2$-Moleküls werden auch für diese A−B-Bindung an Grenzstrukturen zunächst vor allem in Betracht kommen: die unpolare A : B mit einem gemeinsamen Elektronenpaar und polare Strukturen $A^+B^-$ oder $A^-B^+$. Im Gegensatz zu gleichen Atomen werden verschiedene Atome in der Regel eine unterschiedliche Neigung haben, bei ihrer Bindung zu einem Atomverband weitere Elektronen, jetzt Valenzelektronen eines *andern* Atoms, an sich zu ziehen. Als ein gutes Maß für diese Tendenz zur Aufnahme weiterer Elektronen, für die sog. *Elektronegativität*, hat sich der Mittelwert zwischen der Ionisierungsenergie und Elektronenaffinität erwiesen, also das Mittel zwischen dem Energieaufwand bei der Reaktion $E \rightarrow E^+ + e$ und dem Energiegewinn beim Vorgang $E + e \rightarrow E^-$. Im Sinne der S. 12 elektronegative Elemente werden große, daselbst als elektropositiv bezeichnete Elemente hingegen kleine Werte der Elektronegativität besitzen. Haben A und B *praktisch gleiche* Elektronegativitäten, ein allerdings recht seltener Fall, so kann die zwischen ihnen eintretende Bindung gleich der H−H-Bindung in erster Näherung durch die Grenzstruktur A : B allein beschrieben werden, somit ebenfalls hier als eine *reine Elektronenpaarbindung (kovalente Bindung)* unter Vernachlässigung der polaren Grenzstrukturen (des polaren Anteils der A−B-Bindung). Dieser Fall trifft weitgehend zu bei der Vereinigung eines H- und eines J-Atoms zu einem Molekül HJ im Sinne der Formel

$$\text{H} \cdot \; + \; \cdot \overset{\cdot\cdot}{\underset{\cdot\cdot}{\text{J}}} : \; \rightarrow \; \text{H} : \overset{\cdot\cdot}{\underset{\cdot\cdot}{\text{J}}} : \; ,$$

indem die H−J-Bindung in der Tat ähnlich wie die H−H-Bindung zu 95 % kovalenten Charakter und einen polaren Anteil von bloß 5 % besitzt. Sind dagegen die Elektronegativitäten von A und B *erheblich verschieden* wie im Falle eines Alkalimetalls und eines Halogens, also z.B. zwischen Cs und Cl (einem stark elektropositiven und einem ebenso elektronegativen Element), so ergibt sich gerade das Gegenteil: jetzt wird das betont elektronegative Cl das Valenzelektron des Cs bei der Bindung ganz für sich beanspruchen, demzufolge aus Cl $+ e$ ein $Cl^-$ und aus $Cs - e$ ein $Cs^+$ entstehen. Nunmehr dominiert unter den Grenzstrukturen bei weitem die polare $Cs^+Cl^-$ (diese auch als *ionische* Grenzstruktur bezeichnet). Damit aber kann die Bindung zwischen Cs und Cl angenähert als eine *rein polare* (eine reine *Ionenbindung*) gelten unter Vernachlässigung der unpolaren Grenzstruktur Cs : Cl (des kovalenten Anteils der Bindung von bloß einigen %).

Zwischen diesen beiden extremen Fällen der kovalenten Bindung A : B im HJ und der polaren $A^+B^-$ beim CsCl werden sich, von der ersteren ausgehend mit wachsender Differenz der Elektronegativitäten, alle möglichen *Übergänge* einstellen im Sinne einer *Resonanz* zwischen den beiden Grenzzuständen A : B und $A^+B^-$. Die A–B-Bindung als solche wird damit zu einer *Mischbindung*, zunächst einer kovalenten mit polarem Anteil (*kovalent-polare* Bindung), darnach mit größerem Unterschied der Elektronegativitäten zu einer polaren mit kovalentem Anteil (*polar-kovalente* Bindung). Symbolisch läßt sich dieser Sachverhalt darstellen mit A : B, wobei der unter dem Elektronenpaar stehende Pfeil die Verschiebung der beiden Valenzelektronen gegen das elektronegativere B mit seiner Tendenz zum Ion $B^-$ andeuten soll. Dabei bedeutet solche Resonanz *nicht*, es würden *nebeneinander* in der passenden Mischung kovalente Bindungen A : B und polare $A^+B^-$ vorkommen, sondern es haben *sämtliche* Bindungen zwischen A und B *gemischten* Charakter. So besitzen beispielsweise die Bindungen H–F, H–Cl, H–Br und H–J polare Anteile von 45, 17, 12 bzw. 5%, oder es ist eine Bindung Si–F zu 70%, die Bindung Si–O zu 50%, Si–Cl zu 30% polar, usw.

Auch heterogene Bindungen von *kovalentem* Charakter sind wiederum *lokalisierte* Bindungen (S. 23) und von einer *gerichteten* Wirkung. *Polare* Bindungen, welche im Gegensatz zu kovalenten *einzig* als *heterogene* Bindungen A–B und nicht als homogene A–A-Bindungen auftreten können, sind zwar ebenfalls *lokalisierte*, indes – zum Unterschied zu einer kovalenten, jedoch in Übereinstimmung mit metallischer Bindung (S. 30) – allseitig wirkende, also *ungerichtete* Bindungen. Sobald nämlich Atome infolge ihrer Ionisierung eine edelgasartige Elektronenkonfiguration erhalten, wird ihre Elektronenverteilung kugelsymmetrisch und damit ihre Wechselwirkung mit andern Ionen von der Richtung unabhängig. Gleich den Metallionen des Metallkristalls werden daher auch Ionen $A^+$ darnach trachten, sich „allseitig" mit Ionen $B^-$ zu umgeben, also gleichfalls jedes $A^+$ soviele $B^-$ um sich zu gruppieren suchen, als dazu Platz vorhanden ist. Im Gegensatz zum Metallkristall mit den einerlei Ionen $Me^{n+}$ werden die Ionen $A^+$ und $B^-$ gemäß Abb. 6 (S. 14) allgemein *unterschiedliche Größe* besitzen, so daß das Größenverhältnis der Ionen die Art ihrer Packung wesentlich mitbestimmen wird.

Nun werden aber weder Struktur noch Stabilität der Stoffe, ihr Verhalten so wenig wie ihre Eigenschaften, allein durch die Natur und Intensität (Stärke) der chemischen Bindekräfte bestimmt. So sind die Bindungen Al–F und Si–F, beide polar-kovalent, etwa gleich stark und gilt ähnliches auch von den Bindungen zwischen C und O bzw. Si und O, wenn auch die erstere weniger polar ist als die zweite. Demgegenüber liegt der Schmelzpunkt von $AlF_3$ bei 1257 °C[1], jener von $SiF_4$ da-

---

[1] Dabei geht $AlF_3$ durch Sublimation direkt in den Dampfzustand über.

gegen bei $-90\,^{\circ}$C, während der Schmelzpunkt von $SiO_2$ sich bei $1702\,^{\circ}$C, derjenige von $CO_2$ bei $-57,6\,^{\circ}$C (bei 5 at) befindet. Woher rühren derartige wesentliche Unterschiede der Stoffeigenschaften trotz verwandter Art, auf jeden Fall vergleichbarer Stärke der chemischen Bindungen?

Solche und zahlreiche weitere Verschiedenheiten ähnlich gebundener Stoffe beruhen darauf, daß bei gleichem Verhältnis A : B und analogen Bindungszuständen die Vereinigung von $m$ Atomen A und $n$ Atomen B zur Verbindung $A_mB_n$ auf recht *verschiedene* Arten erfolgen kann. Es gilt dies bereits für die einfachen Ver-

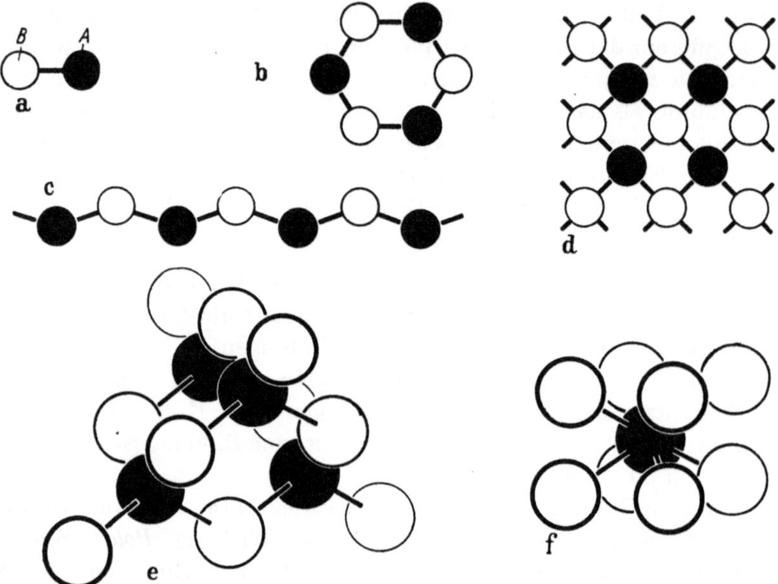

Abb. 22. *Einige Strukturmöglichkeiten von Verbindungen* AB: a) monomeres Molekül AB; b) trimeres Molekül $(AB)_3$; c) Ausschnitt aus einem eindimensionalen Makromolekül $(AB)\infty$; d) aus einem zweidimensionalen Makromolekül $(AB)\infty$; e) und f) aus dreidimensionalen Makromolekülen $(AB)\infty$

bindungen AB und $AB_2$, wofür Abb. 22 und 23 einige, bei weitem nicht alle Möglichkeiten wiedergeben. Für beiderlei Verbindungen existieren zunächst als einfachste Fälle *einkernige (monomere)* Moleküle AB und $AB_2$ (Abb. 22a und 23a) aus je einem Atom A und einem bzw. zwei B-Atomen. Für beide ist kennzeichnend, daß die Anzahl der an das Atom A gebundenen Atome B (die *Bindungszahl* von A gegenüber B, abgekürzt BZ A → B) *übereinstimmt* mit der Zahl dem Atom A nächst benachbarten B-Atome (der *Koordinationszahl* von A gegenüber B, abgekürzt KZ A → B); so sind beim Molekül AB beide Zahlen gleich 1, beim Molekül $AB_2$ dagegen gleich 2. Neben dieser ersten Möglichkeit, Moleküle AB oder $AB_2$ aufzubauen, bestehen noch manche weitere. So sind etwa statt der einkernigen Moleküle auch *mehrkernige* denkbar, beispielsweise die dreikernigen (trimeren) $(AB)_3$ bzw $(AB_2)_3$. der Abb. 22b und 23b. Diese Moleküle sind nicht bloß größer und schwerer mit ihren nunmehr 3A + 3B- bzw. 3A + 6B-Atomen, sondern es ist bei ihnen trotz gleicher BZ A → B 1 bzw. 2 die KZ A → B auf 2 bzw. 3 erhöht worden, so daß die KZ A → B *größer* als die BZ A → B. Wird das Prinzip der Vermehrung der A-Kerne in den Molekülen AB und $AB_2$ nach einer Richtung „ins Unendliche" fortgeführt, so entstehen an sich beliebig große, nurmehr willkürlich zu begrenzende *eindimensionale Makromoleküle* $(AB)_\infty$ bzw. $(AB_2)_\infty$, die *polymeren* Makrofaden- oder -kettenmoleküle der Abb. 22c bzw. 23c. Auch bei diesen erscheint die KZ $A \to B$ wieder auf 2 bzw. 3 erhöht. In entsprechender Art können Atome A in einer Ebene fortgesetzt mit B-Atomen gebunden werden, woraus sich z.B. die *zweidimensionalen Makromoleküle* $(AB)_\infty$ bzw. $(AB_2)_\infty$ der Abb. 22d und 23d ergeben, beide mit der KZ $A \to B = 4$. Werden Atome A und B gar zu *dreidimensionalen*,

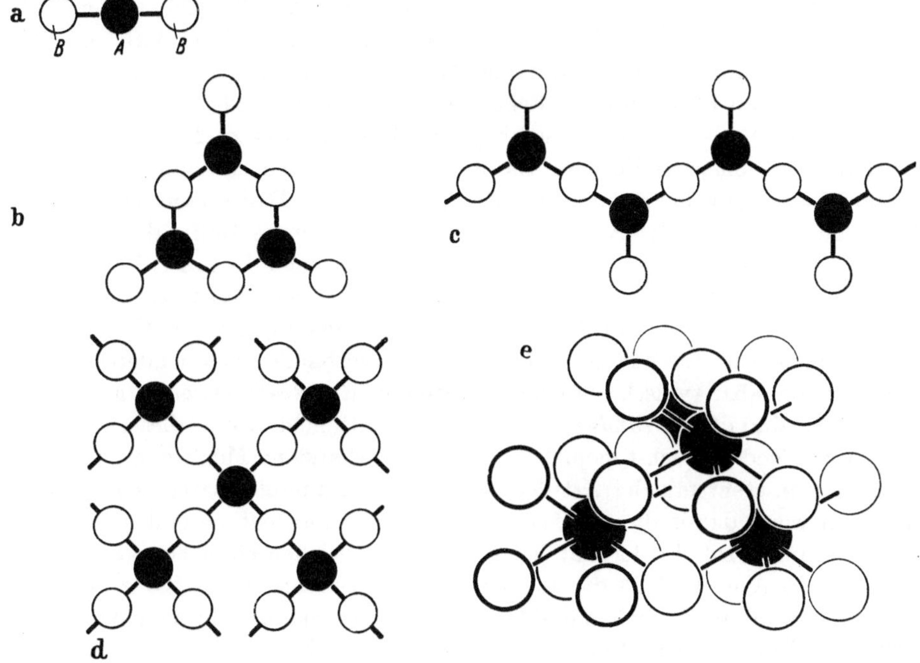

Abb. 23. *Einige Strukturmöglichkeiten von Verbindungen* $AB_2$: a) monomeres Molekül $AB_2$; b) trimeres Molekül $(AB_2)$; c) Ausschnitt aus einem eindimensionalen Makromolekül $(AB_2)\infty$; d) aus einem zweidimensionalen Makromolekül $(AB_2)\infty$; e) aus einem dreidimensionalen Makromolekül $(AB_2)\infty$

also räumlichen *Makromolekülen* vereinigt, so sind außer der KZ 4 (jetzt aber unter tetraedrischer Gruppierung der vier B um jedes A) noch höhere KZ $A \to B$, z.B. 6 und 8 denkbar; der letztere Fall veranschaulicht mit den Abb. 22f und Abb. 23e, das dreidimensionale Makromolekül $(AB)_\infty$ mit der KZ $A \to B = 4$ und tetraedrischem Koordinationsschema von B um A mit Abb. 22e.

Alle mehrkernigen Moleküle, von den dimeren bis zu den polymeren, lassen sich als Verknüpfung einer bestimmten oder beliebigen Anzahl von *Grundbausteinen* $AB_k$ (*k* die KZ $A \to B$) beschreiben, so etwa nach Abb. 22 das trimere $(AB)_3$ und das Makrokettenmolekül $(AB)_\infty$ aus Grundbausteinen $AB_3$, das netzförmige Makromolekül $(AB)_\infty$ aus Grundbausteinen $AB_4$, während die räumlichen Makromoleküle $(AB)_\infty$ aus Grundbausteinen $AB_4$ bzw. $AB_8$ bestehen. Dabei geschieht diese Verknüpfung der Grundbausteine $AB_k$ über diesen gemeinsame B-Atome in der Rolle *l*-facher *Brückenatome*, wenn *l* die KZ $B \to A$ bedeutet. So stoßen etwa in Abb. 22d in jedem B vier Grundbausteine $AB_4$ zusammen, gehört somit jedes B-Atom nur zu einem Viertel zu einem beliebig gewählten Atom A. Da

diesem jedoch vier B zunächst benachbart sind, entfallen auf ein A insgesamt
$4 \cdot 1/4 = 1$ B-Atom, wie es der Formel AB entspricht. Allgemein gelten die folgenden Beziehungen, insofern vorausgesetzt wird, daß alle A in gleicher Weise
von B umgeben werden und ebenso alle B in gleicher Weise von A:

$$\frac{KZ \quad A \to B}{KZ \quad B \to A} = BZ \quad A \to B \quad \text{und} \quad \frac{KZ \quad B \to A}{KZ \quad A \to B} = BZ \quad B \to A.$$

Dementsprechend läßt sich bei bekannter Formel der Verbindung und damit bekannter BZ $A \to B$ aus der einen KZ, etwa der KZ $A \to B$, ohne weiteres die
andere KZ, also die KZ $B \to A$ angeben. Besteht eine Verbindung $A_2B_3$ aus dreidimensionalen Makromolekülen mit den Grundbausteinen $AB_6$ (Oktaedern mit
A im Zentrum und B in den sechs Ecken), so ist in diesem Falle BZ $A \to B = 1{,}5$,
somit KZ $B \to A = 4$. Es gehört somit jedes B gleichzeitig zu 4 A-Atomen, mit
andern Worten: mit jeder Ecke des Oktaeders $AB_6$ stoßen drei weitere zusammen.
Daß die KZ durchaus nicht immer für alle Atome A oder B dieselben sein müssen,
belegen die Strukturen der Abb. 23b und c, bei welchen die Hälfte der B-Atome
gegenüber A die KZ 2 aufweist, die andere Hälfte dagegen die KZ 1. Zu jedem A
gehören in diesem Falle somit ein Atom B ganz und deren zwei je zur Hälfte, so
daß auf jedes A total $1 + 2 \cdot 1/2 = 2$ B entfallen in Einklang mit der Formel $AB_2$.

Nach alledem ist für höhere (polymere) Atomverbände, insbesondere makromolekulare, offenbar typisch, daß sie den Atomen *Koordinationszahlen* gestatten,
welche *größer* sind *als die Bindungszahlen*. Ob irgendwelche Atome diese, zunächst
in einem rein geometrisch-topologischen Sinne vorhandene Möglichkeit tatsächlich ausnützen, steht mit der Art der Bindekräfte in unmittelbarem Zusammenhang, auch wenn damit die Größe der jeweiligen Koordinationszahl noch nicht
völlig bestimmt wird. In der Tat hatte ja bereits bei den einfachen kovalenten
Bindungen $A-A$ nach S. 23 die Wertigkeit der Elemente deren KZ $A \to A$ ableiten lassen, während die hohen und höchsten KZ der Reinmetalle zum Wesen der
metallischen Bindung gehörten (S. 30). Ähnliche Beziehungen bestehen ebenfalls
bei den *heterogenen* Verbindungen: Beruhen diese auf polaren und damit ungerich-
teten Bindungen, so zeigen solche *Ionenverbindungen* die ausgeprägte Tendenz
nach Koordinationszahlen, welche die Bindungszahlen gehörig übertreffen wie 4,
6 und 8 unter Bildung von Makromolekülen mit bevorzugt dreidimensionaler, gelegentlich auch zwei- und nur selten bloß eindimensionaler Bauweise. Daß es auch
bei heterogenen Verbindungen solche mit dreidimensionalen Makromolekülen gibt,
ist zugleich die Voraussetzung dafür, daß bei derartigen Verbindungen *neben
kovalenter und polarer* Bindung sowie den entsprechenden Mischbindungen schließlich auch *metallische* Bindung bestehen kann. Noch vermehrt als bei den Elementen
vom Typus der Halbmetalle macht sich bei den entsprechenden Verbindungen ein
Übergang der metallischen Bindung nicht nur zu kovalenter, sondern auch zu
polarer geltend. Daneben bestehen gar Mischbindungen, welche neben einem
metallischen Anteil noch einen kovalenten *und* polaren umfassen.

Schließlich brauchen bei heterogenen Verbindungen durchaus nicht immer, wie
es nach den Beispielen der Abb. 22 und 23 den Anschein haben könnte, den
*heterogenen* Bindungen $A-B$ die *kürzesten* Bindungsabstände zu entsprechen. Im
Gegensatz zu den Atomverbänden der Abb. 22 und 23 gibt es vielmehr auch solche,
bei denen der Bindungsabstand $A \to B$ *nicht* mehr der ausgesprochen kürzeste ist.

So nähern sich in Abb. 24a *auch gleichartige* Atome einander auf *dieselbe* kürzeste Distanz wie verschiedenartige, so daß die Bindungsabstände A → A und B → B

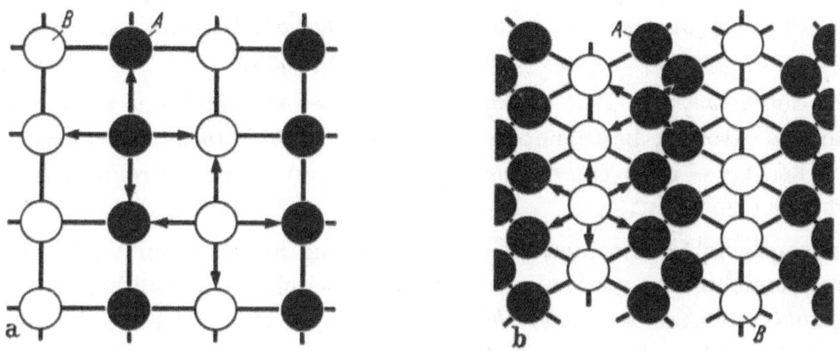

Abb. 24. *Zweidimensionale Atomverbände mit heterogenen und homogenen Bindungen:* in Abb. a Bindungsabstände A → A und B → B von gleicher Größe wie der Abstand A → B; in Abb. b dagegen der Bindungsabstand A → A der kürzeste, Abstände A → B und B → B von ähnlicher Größe

mit dem Abstand A → B übereinstimmen. Oder aber es kann gar ein Bindungsabstand unter *gleichen* Atomen der *kürzeste* werden, also etwa wie bei Abb. 24b

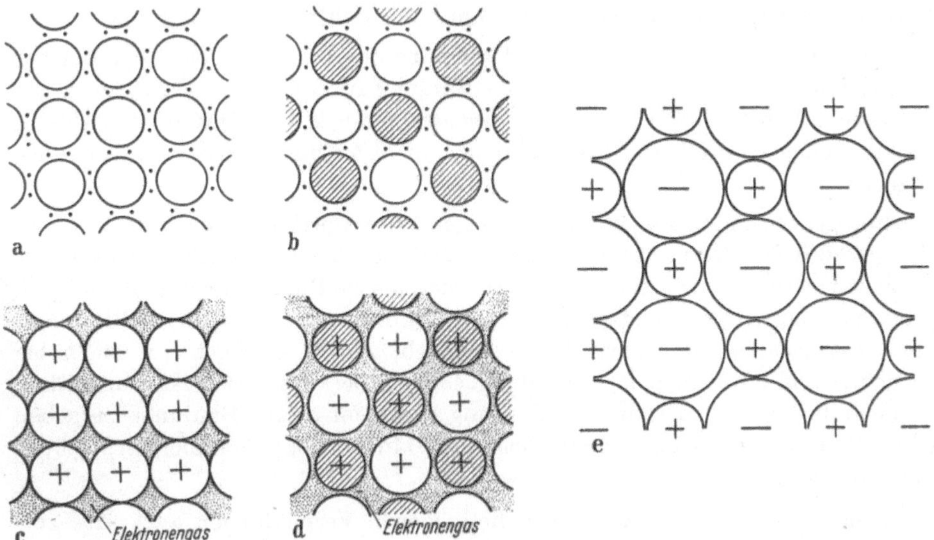


Abb. 25. *Schematische Darstellung der verschiedenen Typen von Bindekräften makromolekularer Atomverbände:* a) homogene, b) heterogene, *kovalente* Bindung (die Punkte markieren die Elektronenpaare; c) homogene d) heterogene *metallische* Bindung (schraffiert das Elektronengas); e) *polare* Bindung nur als heterogene, Bindung zwischen Ionen $A^+$ und $B^-$ möglich

A → A kleiner als A → B ausfallen (hierbei dann außerdem B → B oft ähnliche Größe besitzen wie A → B). Das aber heißt, daß am Zustandekommen *heterogener Atomverbände* – molekularer und makromolekularer – *neben heterogenen* Bindungen *auch homogene* wesentlich beteiligt sein können, sobald eigentlich chemische Bindungen *nicht nur* zwischen *verschiedenen*, sondern *auch* zwischen *gleichartigen* Atomen eingegangen werden (siehe hierzu auch Abb. 40, S. 66).

Gesamthaft ergibt sich hieraus für die *Mannigfaltigkeit chemischer Verbindungen* und der ihnen zugrunde liegenden *Bindekräfte* (Abb. 25):

Gleich den *homogenen Verbindungen* aus einerlei Atomen können ebenfalls den aus mehrerlei Atomen bestehenden *heterogenen Verbindungen molekulare* – ein- oder mehrkernige – oder *makromolekulare* – ein-, zwei- oder dreidimensionale – *Atomverbände* eigen sein;

der wesentliche Unterschied zwischen einkernig molekularen Verbänden und mehrkernig molekularen wie makromolekularen besteht darin, daß bei den ersteren *Bindungszahl* und *Koordinationszahl* einander *gleich* sind, im Falle der letzteren dagegen, insbesondere der makromolekularen, die *Koordinationszahl größer* ist als die *Bindungszahl*;

während es in homogenen Verbindungen naturgemäß *nur homogene* Bindungen geben kann, beruhen heterogene Verbindungen entweder auf *heterogenen* Bindungen *allein* oder aber auf einer Kombination *heterogener und homogener* Bindungen (strenggenommen ist selbstverständlich auch im ersteren Fall der sich ergebende Bindungsabstand A → B stets die Resultante eines oft recht komplexen *Wechselspiels anziehender und abstoßender Kräfte*, erstere etwa zwischen den A und B, letztere dagegen zwischen den A bzw. B je unter sich);

homogene Bindungen besitzen entweder betont *kovalenten* oder ebensolchen *metallischen* Charakter, wobei kovalente Bindung zur Bildung *molekularer* Atomverbände (mit KZ 1 bis 3) *oder makromolekularer* (mit KZ bis 4) führt, metallische Bindung hingegen *einzig* zu *Makromolekülen* mit KZ 6 bis 12 (letztere die maximal mögliche);

heterogene Bindungen können dagegen ausgesprochen *kovalenter, polarer* oder *metallischer* Natur sein; häufiger sind sie jedoch *Mischbindungen* wie kovalent-polare oder polar-kovalente bzw. metallische Bindungen mit einem kovalenten, polaren oder kovalent-polaren Anteil. Dabei sind bei *allen* diesen Bindungsarten *makromolekulare* Atomverbände möglich, *Moleküle* jedoch vor allem bei kovalenter und kovalent-polarer Bindung, seltener bei vermehrt polarer und schon gar nicht bei betont metallischer Bindung (kovalent-polare Bindungen ergeben KZ bis 6, polare solche bis 8, metallische bis 16 in den sog. „überdichten Packungen" nach S. 94);

außer Mischbindungen können in heterogenen Verbindungen *auch nebeneinander* verschiedene Arten von Bindekräften wirksam sein, wie es das Beispiel der Abb. 26 erläutert.

Die daraus sich ergebende *Systematik heterogener Verbindungen* – also der eigentlichen chemischen Verbindungen im herkömmlichen Sinne – vermittelt Tab. 5, welche zugleich auch die Disposition für unsere, in den §§ 13 bis 18 gegebene Betrachtung der wesentlichen Merkmale der verschiedenen Typen chemischer Verbindungen andeuten soll. Erst sie wird vollends zeigen, welche wesentliche Bedeutung es auch unter *technischen* Gesichtspunkten hat, daß *im Hin-*

*blick auf die ihnen eigenen Bindekräfte* die *makromolekularen* Verbindungen *weit mannigfaltiger* sind als die aus Molekülen bestehenden Stoffe.

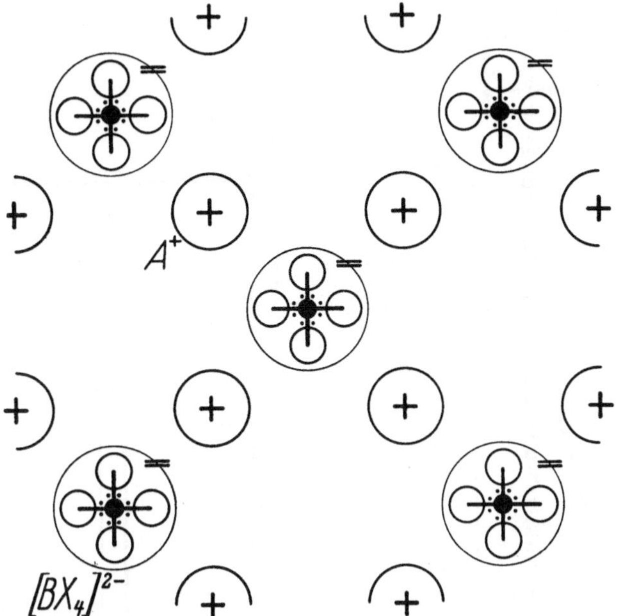



Abb. 26. *Überlagerung kovalenter und polarer Bindekräfte:* Zwischen den Ionen $A^+$ und $[BX_4]^{2-}$ polare Bindung, innerhalb der Radikale $[BX_4]^{2-}$ dagegen kovalente B—X-Bindungen – Ausschnitt aus einer zweidimensionalen makromolekularen Verbindung der Zusammensetzung $A_2[BX_4]$

## § 11. Heterogene und homogene Stoffe, der Phasenbestand heterogener Stoffe

Stoffe, welche sich auf Grund der chemischen Analyse als zusammengesetzt erweisen, können *homogen* oder *heterogen* beschaffen sein: Wiederum gilt auch bei zusammengesetzten Stoffen wie bereits bei den elementaren als in sich homogen, was in allen seinen Teilen gleichartig erscheint und daher eine *einzige Phase* bildet. Demgegenüber bestehen *heterogene* Stoffe (Abb. 27 und 28) mit ihren sich verschieden verhaltenden Teilstücken stets aus mehreren Phasen, nämlich aus mehreren festen, festen und flüssigen, festen oder flüssigen und einer gasförmigen Phase oder gar aus festen + flüssigen + einer gasförmigen. Dabei können Stoffe einer bloß makroskopischen Betrachtung sehr wohl als homogen, bei mikroskopischer Untersuchung dagegen als heterogen erscheinen. Einer *makrohomogenen* Bauweise kann somit ebensogut ein *mikroheterogenes* (Abb. 29) statt *mikrohomogenes* Verhalten entsprechen. Aber auch eine mikrohomogene Beschaffenheit muß noch keineswegs unbedingt einen *eigentlich* homogenen Charakter eines Stoffes bedeuten, kann sich dieser doch bei noch größerer Auflösung als ultramikroheterogen gebaut herausstellen. Als streng homogen und damit als im eigentlichen Sinne *einphasig* darf vielmehr nur gelten, was sich nicht allein bei makroskopischer und mikroskopischer Untersuchung, sondern gegenüber *allen* Mitteln einer Kontinuumsbetrachtung (also z.B. auch im Ultra- und Elektronenmikroskop) als in sich einheitlich gebaut erweist.

Tabelle 5. Einteilung der chemischen Verbindungen

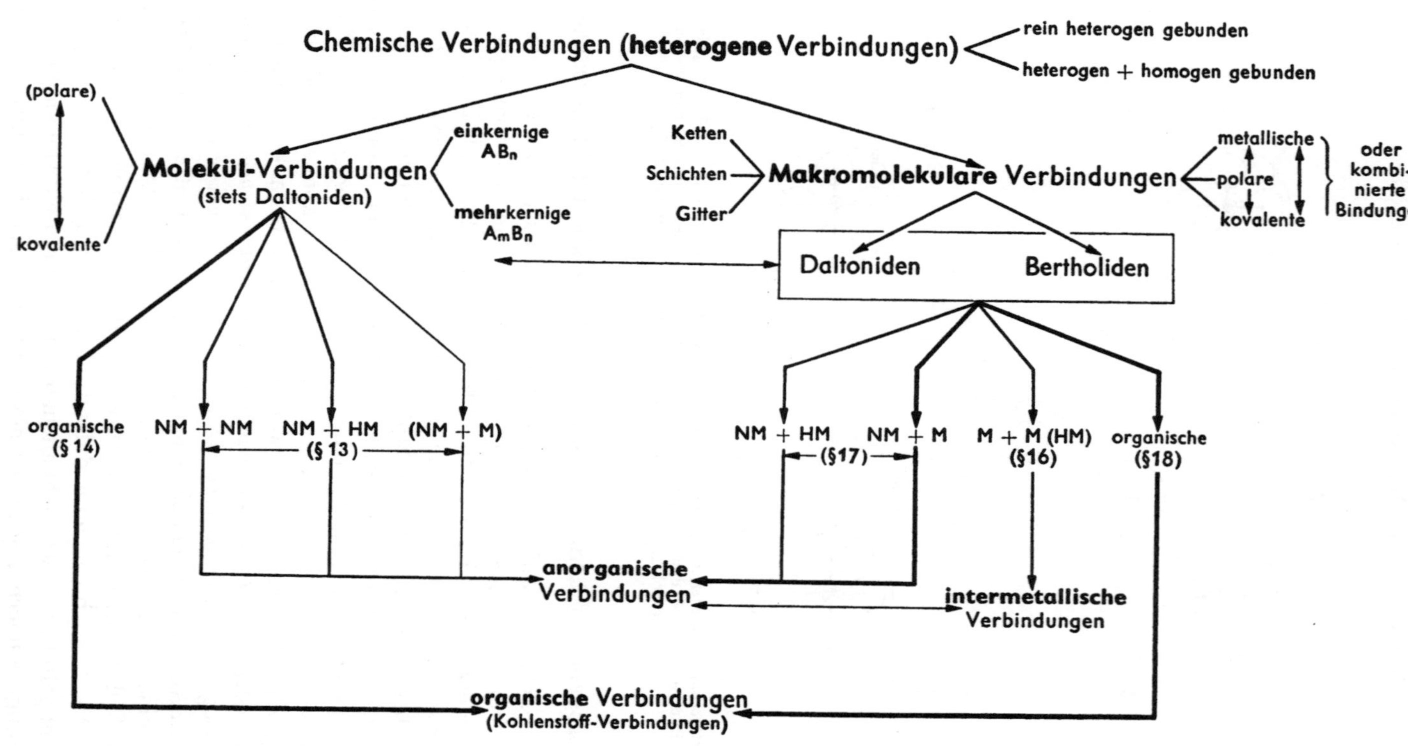

Bei der näheren Kennzeichnung jeder Art heterogener Stoffe, also jeder der oben erwähnten Phasenkombinationen, steht die Frage nach dem *Phasenbestand* eines heterogenen Stoffes im Vordergrund. In der Tat wird als erstes interessieren, aus *welchen Phasen* ein heterogener Stoff besteht und mit welchen *relativen Mengen*

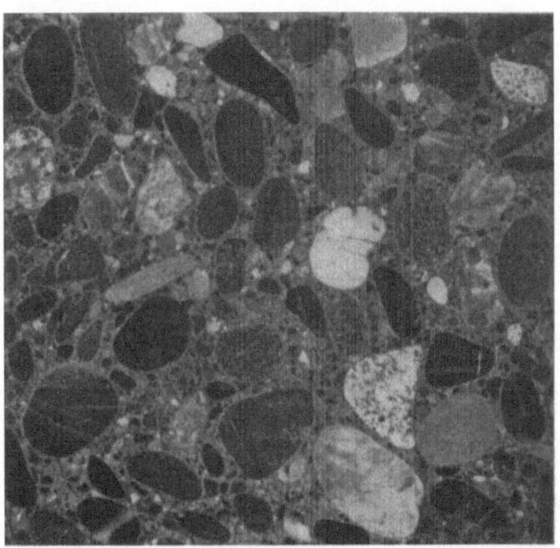

Abb. 27. Schnitt durch Beton als Beispiel eines makroheterogenen Stoffes mit Kies und Sand – den sog. Zuschlagstoffen – eingehüllt von erhärtetem Zementstein (letzterer zusammen mit dem Sand den Mörtel des Betons bildend; Zementgehalt des Betons 300 kg PC pro m³ fertiger Beton). Wiedergabe 1 : 2

die einzelnen Phasen vertreten sind. Dies verlangt häufig eine vollständige *Zerlegung* heterogener Stoffe in ihre einzelnen Phasen, was sich allgemein mit *mechanischen Trennoperationen* erreichen läßt, nämlich bereits mit Verfahren, welche den Zustand der einzelnen Phase *nicht* verändern, dementsprechend also keine

Abb. 28. Schnitt durch einen zweischichtigen Fahrbahnbelag (mit Cutback als einem bituminösen Bindemittel hergestellter Mischbelag) – weiteres Beispiel eines makroheterogenen Stoffes. Wiedergabe 2 : 3

Phasenwechsel in sich schließen (siehe hierzu Tab. 6). Eine solche Trennung in die verschiedenen Phasen ist häufig selbst im Fall heterogener Festkörper unerläßlich, obschon hier das mikroskopische Gefügebild oft wesentliche Einblicke in deren

Mikrobau gestattet. An die Trennung heterogener Stoffe in ihre verschiedenen Phasen und die Ermittlung ihrer mengenmäßigen Anteile schließt sich die eingehende Untersuchung der einzelnen Phase nach jenen Grundsätzen, wie sie nach §12 für die Kennzeichnung homogener Stoffe im einzelnen maßgebend sein werden.

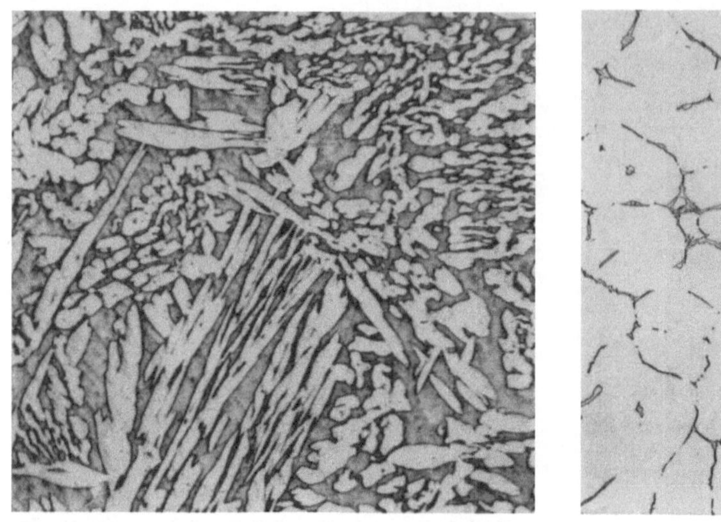
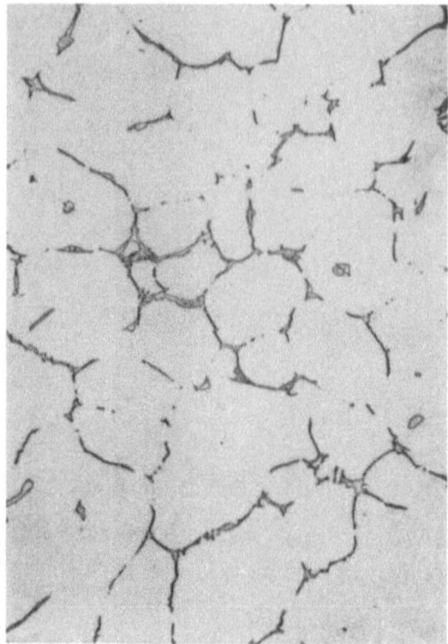

Abb. 29. *Mikroheterogene Stoffe*
Links: Mikrogefüge einer aus zwei Gefügebestandteilen bestehenden (zweiphasigen) Legierung, nämlich aus $\alpha$- und $\beta$-Kristallen bestehendes Messung – erstere (hell) Mischkristalle von Cu mit Zn im A1-Gitter, letztere (dunkel) eine intermetallische Verbindung „CuZn" in einem A2-Gitter darstellend; rechts: heterogene Legierung mit der einen Phase als Korngrenzensubstanz, Legierung von Al mit Cu und Ti (Vergrößerung 100fach)

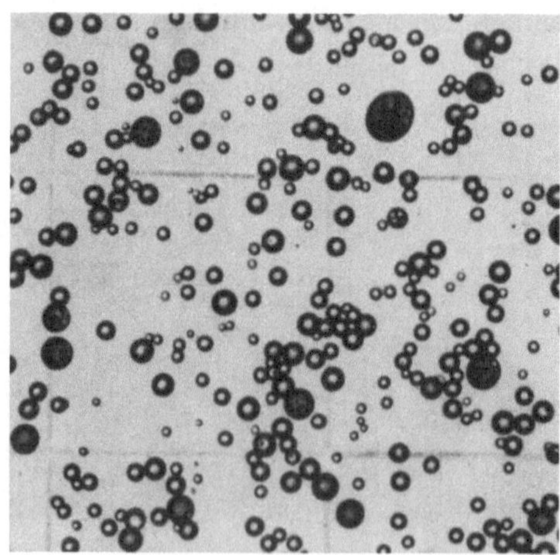

Abb. 30. *Mikrodisperses System*: Bitumenemulsion mit Bitumen als disperser Phase und Wasser als Dispersionsmittel, mittlerer Durchmesser der Bitumenteilchen $2,45 \cdot 10^{-4}$ cm (Aufnahme bei 600facher Vergrößerung).

Ihrem Wesen nach besitzen heterogene Stoffe in Form der *Phasengrenzflächen* stets innere Diskontinuitäten, welche sich bei festen Stoffen von vielkristallinem

## Tabelle 6
### Wichtige Verfahren zur Stofftrennung, insbesondere zur Zerlegung heterogener Stoffe in ihre Phasen

*Phasenkombination*

| | |
|---|---|
| fest + fest | *Sortieren*, allenfalls magnetische Trennung mit Hilfsflüssigkeit: *Waschen, Flotation, Sedimentieren, Extrahieren* (im Gegensatz dazu bedeutet Klassieren durch Sieben, Windsichten u. dgl. eine Trennung nach der Korngröße und daher nicht notwendig eine Zerlegung in verschiedene Phasen) |
| fest + flüssig | *Absetzenlassen, Abschlämmen, Dekantieren, Abpressen, Filtrieren, Zentrifugieren, Trocknen*: *Kristallisieren* elektrische Verfahren wie Elektroosmose und -dialyse |
| fest + gasförmig | *Filtrieren, elektrische Entstaubung* |
| flüssig + flüssig | *Zentrifugieren, Extrahieren*, Demulgieren; *Destillieren, Verdampfen, Ausfrieren* |
| flüssig + gasförmig | Zentrifugieren, elektrische *Entnebelung* |

Aufbau den zwischen gleichartigen Kristallen bestehenden Korngrenzen (siehe bereits S. 17) überlagern. Wie aus Abb. 31 unmittelbar hervorgeht, ist die Ausdehnung der zwischen zwei Phasen bestehenden Grenzflächen um so größer, je weitgehender die eine Phase in der anderen oder auch die beiden Phasen unterein-

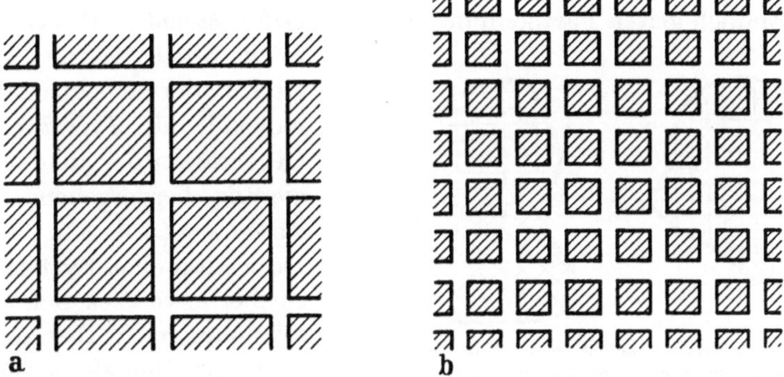


Abb. 31. Zunehmende Zerteilung eines Stoffes A (schraffiert) als disperse Phase in einem zweiten Stoff B (leer) als Dispersionsmittel ergibt eine Vergrößerung der zwischen A und B bestehenden Grenzflächen

ander zerteilt sind. Bei in diesem Sinne *dispersen Systemen* erweist sich zumeist, wenn auch nicht notwendig, eine Phase als zusammenhängend und damit als das *Dispersionsmittel*, worin die andere Phase (oder die anderen) als *disperse Phase* in Form selbständiger Einzelteilchen eingestreut erscheint (Abb. 30). Je nach dem Aggregatzustand von Dispersionsmittel und disperser Phase werden die in Tab. 7 aufgezählten *Grundtypen disperser Systeme* unterschieden. Im Hinblick auf die *Größe der dispersen Teilchen* spricht man von *makrodispersen, mikrodispersen, kolloiddispersen* und schließlich *molekulardispersen* Systemen (bei ersteren die linearen Teilchendimensionen über $10^{-2}$ cm, bei mikrodispersen Systemen zwischen $10^{-2}$ und $10^{-4}$ cm und bei den kolloiddispersen zwischen $10^{-4}$ und $10^{-7}$ cm). Sind die dispersen Teilchen einzelne Makromoleküle – in Frage kommen vor allem ein-, gelegentlich auch zweidimensionale –, so werden sich die Begriffe „kolloiddispers" und „molekulardispers" häufig decken. Dann zeigen solche Systeme, wiewohl sie hinsichtlich dem Zerteilungsgrad nach S. 56 echte Lösungen darstellen, ein Ver-

**Tabelle 7. Grundtypen disperser Systeme**

| Dispersionsmittel | disperse Phase | disperses System |
|---|---|---|
| gasförmig | flüssig<br>fest | *Nebel*<br>*Staub, Rauch* (Aërosole) |
| flüssig | gasförmig<br>flüssig<br>fest | *Schaum*<br>*Emulsion* } kolloidale   { Sphäro-<br>*Suspension* } Lösungen   { Lamellar- } Kolloide (Sole)<br>                  { Linear- } |
| fest | gasförmig<br>flüssig<br>fest | *poröser* Festkörper<br>*Gele*<br>*feste Suspensionen*   { Kristallsole<br>                  Vitreosole |

nach der mittleren Teilchengröße der dispersen Phase:

*makro*disperse ⟶ *mikro*disperse ⟶ *kolloid*disperse ⟶ *molekular*disperse Systeme
$$10^{-2}\ \text{cm} \qquad\qquad 10^{-4}\ \text{cm} \qquad\qquad 10^{-7}\ \text{cm}$$

halten, wie es für kolloidale Lösungen typisch ist. Nach der *Form* vorab fester disperser Teilchen gibt es dagegen *Sphärokolloide* mit kugeligen, *Lamellarkolloide* mit blättchen-schuppenförmigen und *Linearkolloide* mit faden-stäbchenförmigen Teilchen. Endlich gelten Partikeln mit einem *in sich kohärenten* Atomverband, sei

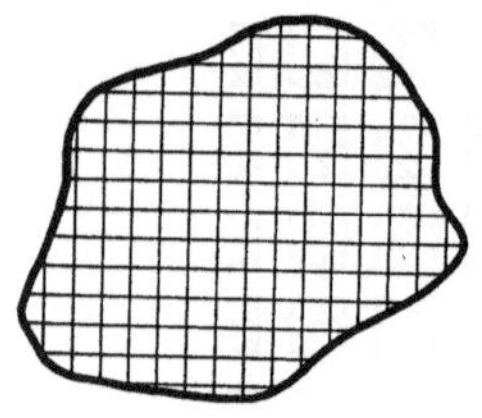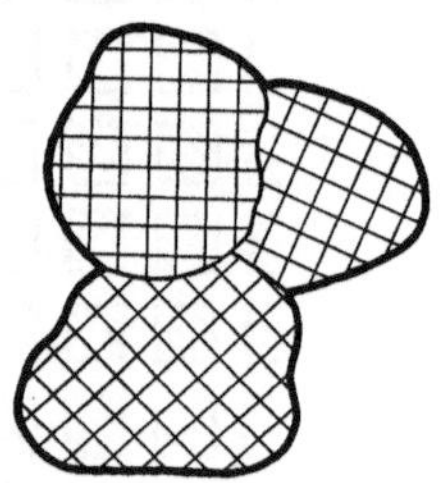

es ein Bruchstück eines Kristallgitters oder ein einzelnes Makromolekül, als *Primärteilchen* im Gegensatz zu den aus deren Aggregierung hervorgehenden *Sekundärteilchen* (Abb. 32). Je höher die Dispersität eines Systems ist, um so eher erweist es sich seiner Erscheinung nach, aber auch in seinem Verhalten als *pseudohomogen* und damit scheinbar als einphasig.

Abb. 32. Links einfaches Teilchen; rechts aus drei Primärteilchen bestehendes Sekundärteilchen

Zugleich wird auch seine vollständige Trennung in seine einzelnen Phasen mit wachsendem Dispersitätsgrad zunehmend schwieriger.

*Poröse* Festkörper wie vor allem Irdengut unter den keramischen Erzeugnissen (S. 111), Schaumstoffe organischer oder anorganischer Natur (S. 137 und 220), Sintermetalle u.dgl. (Abb. 33) werden gekennzeichnet

a) durch ihre *wahre Porosität* $P_w = 100\,(1 - r/s)\,\%$, wobei $r$ das Raumgewicht und $s$ das spezifische Gewicht des betreffenden Stoffes bedeuten,

b) durch ihre *scheinbare Porosität* $P_s$, allgemein zu ermitteln aus der Fähigkeit zur Flüssigkeits(Wasser)aufnahme, indem $P_s = (G_w - G_t)/V \cdot 100\,\%$, falls $G_w$ das Gewicht der Probe nach der Wasseraufnahme, $G_t$ jenes der trockenen Probe und $V$ deren Volumen bezeichnen – dementsprechend $P_s$ ein Maß für den Anteil an *offenen* (zugänglichen) Poren, und endlich

c) durch $P_w - P_s$ als das den *geschlossenen* Poren zufallende Volumen.

Jegliche *Phasengrenze* darf jedoch nicht als eine *absolute* Unstetigkeit von „mathematischer" Schärfe gelten: Die beiden sich in ihr berührenden Phasen zeigen vielmehr im Bereich ihrer *Grenzschichten* allgemein nicht mehr die im Innern der Phasen bestehende, vollkommene Homogenität, werden doch im Bereich einer Phasenoberfläche auf die Teilchen wesentlich andere Kräfte ausgeübt

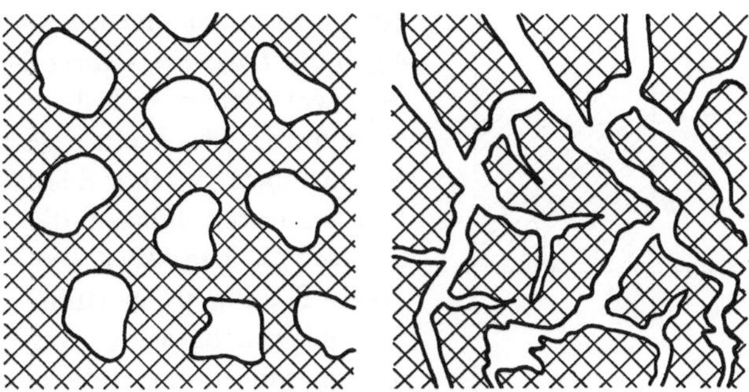

Abb. 33. Gefügetypen poröser Stoffe; links Zellstoff mit geschlossenen Poren, rechts Schaum(Schwamm)stoffe mit offenen Porenkanälen (Kapillaren)

als im Phaseninnern: So sind die Oberflächenatome eines Kristallgitters gleichsam nur an den „halben" Kristall gebunden und somit leichter beweglich als die Atome im Kristallinnern, wie auch in einer etwa $10^{-7}$ cm dicken Oberflächenzone nur noch eine bedingte Regelmäßigkeit der Gitterordnung besteht. Äußern sich diese besonderen Kräfteverhältnisse an der Oberfläche fester und flüssiger Phasen zunächst in der ihnen eigenen Oberflächen(Grenz)spannung, so dazu noch in mancherlei weiteren Erscheinungen, die alle gleichfalls mit dem besonderen Energiegehalt von Phasengrenzflächen und der ihnen daher zukommenden Aktivität zusammenhängen, wie etwa bei Adsorptionsvorgängen an festen und flüssigen Phasen (S. 267), bei der heterogenen Katalyse (S. 235), aber auch bei manchen Erscheinungen an Werkstoffkontakten (S. 264) u. a. m.

## § 12. Reine Phasen und Mischphasen

Die Zusammensetzung der *einzelnen* Phasen eines heterogenen Stoffes entscheidet zunächst darüber, welche von ihnen *elementare* (also wie alle elementaren Stoffe aus einem *einzigen* Element bestehende) darstellen, welche hingegen *zusammengesetzte* Phasen sind (also *mehrere* Elemente enthalten). An letzteren bestehen *zwei* Typen, nämlich *reine* zusammengesetzte Phasen und *Mischphasen*. Während erstere gleich den elementaren *lediglich* mit einer eindeutig *bestimmten* Zusammensetzung vorkommen, bewahren die Mischphasen ihren Charakter *auch* bei einer in gewissen Grenzen erfolgenden *Variation der chemischen Zusammensetzung*: Trotz Änderung derselben bleibt das einer Mischphase eigene, strukturelle Bauprinzip als soches erhalten, wie sich auch die Eigenschaften von Mischphasen mit *stetig* geänderter Zusammensetzung *stetig* ändern (Abb. 34 und 36). Dementsprechend bestehen Mischphasen stets über einen gewissen, größeren oder kleineren *Homogenitätsbereich*: Beispielsweise in der Abb. 34a die $\alpha$-Phase von 100–70% A und 0–30% B, die $\beta$-Phase dagegen von 40–0% A und 60–100% B, in Abb. 34b die $\alpha$-Phase von 100–80% A und 0–20% B, die $\beta$-Phase von 40–55% A und 60–45% B, während die $\gamma$- und $\delta$-Phase mit ihrer eindeutigen Zusammensetzung zu den reinen

Phasen zählen (mit einem gleichsam zu 0% entarteten Homogenitätsbereich). Abb. 34c gibt schließlich den Fall *lückenloser* Mischbarkeit zwischen A und B wieder, so daß der Homogenitätsbereich der jetzt einzig möglichen α-Phase von 100–0% A und 0–100% B reicht. Mischphasen gibt es ihrer Natur nach *dreierlei*:

An gasförmigen die *Gasgemische*, an flüssigen die *Lösungen* – diese hervorgegangen aus zwei ineinander löslichen Flüssigkeiten oder durch Lösen einer gasförmigen oder festen Phase in einer flüssigen – und endlich an festen Phasen die verschiedenen Typen von *Mischkristallen* (diese oft auch „feste Lösungen" genannt).

Zusammengesetzte *reine* Phasen bedeuten mit ihrem stets eindeutigen Verhältnis A:B:C:... die verschiedenen Erscheinungsformen zusammengesetzter *reiner Stoffe*. Es handelt sich dabei durchwegs um *chemische Verbindungen*, und zwar um solche, welche mit ihrer eindeutig gegebenen Zusammensetzung dem *Gesetz der konstanten Proportion* (dem 1. stöchiometrischen Grundgesetz) genügen. Verbindungen dieser Art heißen auch *Daltoniden* im Gegensatz zu jenen anderen Verbindungen – den *Bertholiden* –, welche, wie sich zeigen wird, keine reinen Phasen, sondern Mischphasen darstellen und daher dem Gesetz der konstanten Proportion nicht gehorchen. *Molekülverbindungen* gehören *durchwegs* zu den *Daltoniden*, indem ja bereits das einzelne Molekül eine bestimmte Anzahl Atome von jeder der am Aufbau der betreffenden Verbindung beteiligten Atomarten enthält, z.B. *m* Atome A, *n* Atome B und *p* Atome C, so daß auch für eine beliebige Anzahl solcher Moleküle A:B:C = *m*:*n*:*p* sein muß. Dagegen brauchen *makromolekulare* Verbindungen *nicht unbedingt Daltoniden* zu sein, sondern es kann sich vorab bei

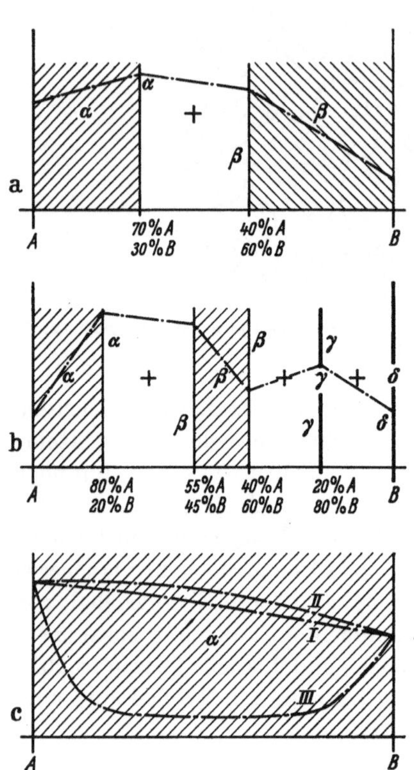

Abb. 34. *Mischphasen verschieden großer Homogenitätsbereiche*: a) beidseitig beschränkte Mischbarkeit zwischen A und B; b) A mit beschränkter Mischbarkeit für B, dazu eine intermediäre Phase β mit einem 15% betragenden Homogenitätsbereich, B ohne Mischbarkeit mit A; c) vollkommene Mischbarkeit zwischen A und B. Die strichpunktierten Kurven veranschaulichen den Verlauf der Eigenschaften in den verschiedenen Systemen A – B, wobei sich die Eigenschaften innerhalb der Mischkristalle allgemein stärker ändern als in den heterogenen Zweiphasengebieten. Im Falle vollkommener Mischbarkeit c) werden unterschieden *vermittelnde* Eigenschaften mit einer Kurve I oder II gegenüber *spezifischen* Eigenschaften gemäß Kurve III

*Festkörperverbindungen ebensogut* um solche von *bertholidem* Charakter handeln (siehe hierzu bereits Tab. 5, S. 50).

Bei allen *reinen* Stoffen, elementaren wie zusammengesetzten, erfolgen die Phasenübergänge fest ⇌ flüssig und flüssig ⇌ gasförmig, also das *Schmelzen* (Erstarren) und *Sieden* (Kondensieren) bei eindeutig *definierten* Temperaturen. Dabei ist der Nachweis eines *scharfen* Schmelz- *oder* eines scharfen Siedepunktes zwar eine notwendige Bedingung dafür, daß es sich um einen reinen Stoff handelt. Hin-

reichend ist sie jedoch noch nicht, da es auch Mischphasen (von allerdings definier-
ter Zusammensetzung) gibt, welche gleich reinen Stoffen scharf schmelzen oder
sieden. Wo immer jedoch ein scharfer Schmelzpunkt *und* ein scharfer Siedepunkt
gefunden werden, darf mit an Sicherheit grenzender Wahrscheinlichkeit auf einen
*reinen* Stoff geschlossen werden. Finden umgekehrt das Schmelzen oder das Sieden
bzw. das Schmelzen und das Sieden nicht bei einer bestimmten Temperatur, sondern *über ein* größer oder kleiner bemessenes *Temperaturintervall* statt, so steht

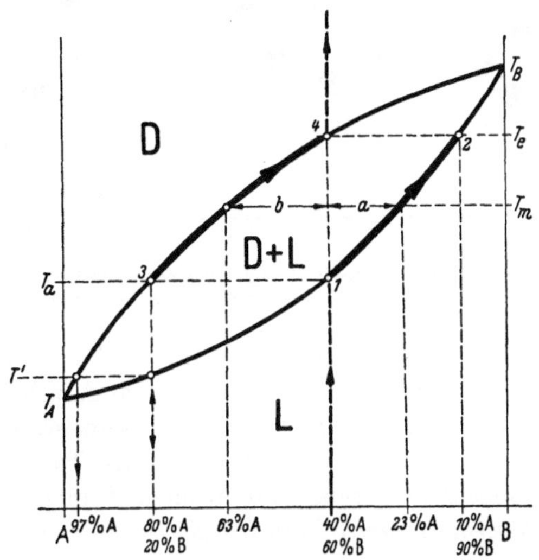


Abb. 35. *Beispiel einer thermischen Trennoperation:* Trennung einer Lösung (A, B) in ihre reinen Bestandteile A
und B durch fraktionierte Destillation

Eine Lösung von 40% A in 60% B – vollkommene Mischbarkeit der beiden Flüssigkeiten A und B vorausgesetzt – beginnt bei der Temperatur $T_a$ zu sieden, wobei der entstehende Dampf aus 80% A und 20% B besteht, also wesentlich A-*reicher* ist als die Lösung. Weitere Erwärmung führt zur Anreicherung von B in Lösung
und Dampf – im Falle der ersteren entsprechend dem Kurvenstück 1···2, im Falle des letzteren gemäß dem
Kurvenstück 3···4. Bei der Temperatur $T_e$ erreicht demnach der Dampf die ursprüngliche Zusammensetzung
der Lösung (40% A, 60% B) und ist damit *alle* Lösung in den Dampfzustand übergegangen, wobei der letzte
Rest Lösung bloß noch 10% A enthielt. Bei einer Zwischentemperatur $T_m$ sind Lösung *und* Dampf miteinander
im Gleichgewicht, und zwar Dampf mit 63% A und Lösung mit 23% A, während sich der Anteil Dampf zum
Anteil Lösung wie die Strecke $a$ zur Strecke $b$ verhält. – Bei einer *fraktionierten Destillation* wird nach Erreichen
der Temperatur $T_a$ – der *unteren Siedegrenze* des *Siedeintervalls* $T_e$ – $T_a$ – der *erst* gebildete Dampf *weggeführt*,
für sich kondensiert und so eine Lösung aus 80% A und 20% B erhalten; darnach diese *Fraktion erneut* erwärmt,
wobei diese bereits bei der Temperatur $T'$ zu sieden beginnt unter Bildung eines Dampfes aus 97% A und
bloß noch 3% B. Abtrennung und Kondensation dieses Dampfes und dessen *erneute* Erwärmung ergibt als
erstgebildeten Dampf einen praktisch *nur noch aus* A bestehenden und dessen Kondensation „reines" A

damit eindeutig fest, daß es sich bei der betreffenden Phase um eine *Mischphase*
handelt. In einem solchen Falle hat dann die zunächst entstehende Schmelze
naturgemäß eine *andere* Zusammensetzung als der dem Schmelzen anheimfallende
Mischkristall, der als erstes gebildete Dampf andere Zusammensetzung als die zu
sieden beginnende Lösung usw. (siehe hierzu Abb. 35).

Unter den Mischphasen (siehe Tab. 8) selber sind *unselbständige* und *selbständige*
zu unterscheiden: Bei den ersteren gelingt es, sie durch geeignete Änderung ihrer
Zusammensetzung auf *einfachere* Mischphasen und schließlich auf *reine Stoffe*,
elementare oder zusammengesetzte, zurückzuführen. Zu den unselbständigen
Mischphasen gehören daher alle *Gasgemische* und jede Art von *Lösungen*, indem
sich etwa ein Gemisch der beiden Gase A und B – das eine in Abb. 36 als zwei-, das

andere als einatomig angenommen – durch fortgesetzte Änderung der A- bzw. B-
Konzentration stetig in reines A- oder reines $B_2$-Gas überführen läßt und gleiches
auch im Falle irgendwelcher Lösungen zutrifft (siehe hierzu allerdings S. 59). Zu

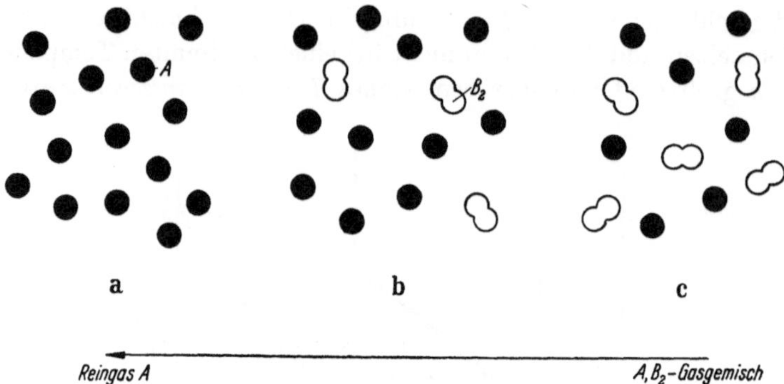



Abb. 36. Stetiger Übergang eines aus A- und $B_2$-Gas bestehenden *Gasgemisches* zum Reingas A, dementsprechend das A, $B_2$-Gemisch eine *unselbständige* Mischphase

den unselbständigen Mischphasen zählen auch die in Abb. 37 schematisch dargestellten *Mischkristalltypen*: Der erste aus dem Element A sich dadurch ergebend,
daß im A-Gitter einzelne Atome A durch Atome B ersetzt werden und so ein von
reinem A sich ableitender *Substitutionsmischkristall* (A, B) entsteht. Der zweite
beruht hingegen auf einer Einlagerung von Atomen X in Lücken des A-Gitters
und ist daher als *Einlagerungsmischkristall* (A, X) zu bewerten. Im Falle des *dop-*

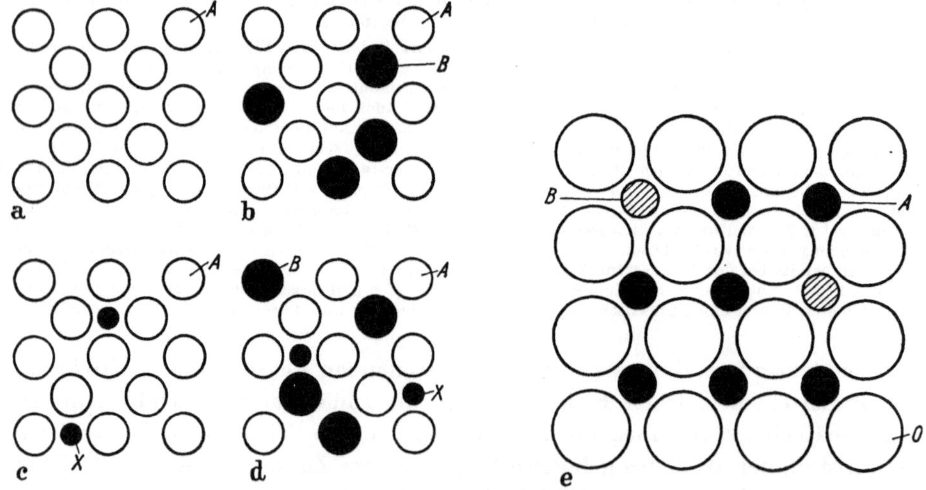



Abb. 37. *Vom Reinelement* A (Abb. a) *ausgehend als unselbständige Mischphasen mögliche Mischkristalle:*
Substitutionsmischkristalle (A, B) (Abb. b), Einlagerungsmischkristalle (A, X) (Abb. c), doppelte Misch-
kristalle (A, B, X) (Abb. d); entsprechend in Abb. e ein Substitutionsmischkristall (A, B) O als auf dem reinen
**Oxid** AO basierende Mischphase

*pelten Mischkristalls* (A, B, X) der Abb. 37d erfolgt beides gleichzeitig, indem
einerseits Atome A durch B-Atome substituiert und dazu in Gitterlücken Atome X
zusätzlich eingebaut werden. Wie es Abb. 37e veranschaulicht, lassen sich ganz

entsprechende Mischkristalle auch von irgendwelchen *Verbindungen* ableiten: so etwa ein Mischkristall eines Oxides AO, also ein Mischkristall (A, B) O dadurch, daß in der reinen Verbindung einzelne Atome (Ionen) A durch Atome (Ionen) B ersetzt werden; dann aber in einem erweiterten Sinne auch derart, daß nebeneinander die gekoppelten Substitutionen A → B und O → P erfolgen, also sowohl Kationen A als Anionen O durch B bzw. P ersetzt werden unter Bildung eines Mischkristalls (A, B) (O, P) (siehe im einzelnen S. 105).

Eine Trennung unselbständiger Mischphasen in die reinen Phasen – eines Gasgemisches in die in ihm enthaltenen reinen Gase, einer Lösung in reine flüssige Phasen usw. – geschieht zumeist auf dem Wege einer *thermischen Fraktionierung*, nämlich mittels thermischer Trennverfahren wie fraktioniertes Kristallisieren, Destillieren oder Kondensieren. Stets mit einem doppelten Phasenwechsel wie z. B. flüssig → Dampf und hernach Dampf → flüssig verbunden, führen sie allerdings nur zum Erfolg, falls sich diese Phasenübergänge über ein Temperatur*intervall* (Siede- oder Schmelzintervall) vollziehen (siehe hierzu Abb. 35, S. 57). Außerdem lassen sich vorab Gasgemische mittels selektiver Adsorption oder ebensolcher Absorption (S. 264), neuerdings auch unter Verwendung sog. Kristallfilter (Molekularsiebe) trennen, wozu sich insbesondere gewisse Silicate und Kunstharze mit locker gebauten Strukturen eignen.

Demgegenüber bestehen vorab bei Festkörperverbindungen auch Mischphasen, bei welchen eine Änderung ihrer Zusammensetzung im Sinne einer Verminderung ihrer Bestandteile bei einer bestimmten Zusammensetzung auf eine diskontinuierliche Änderung ihrer Struktur und damit auf einen Phasenwechsel führt. Die Existenz solcher *selbständiger Mischkristalle* ist daher notwendig an die Anwesenheit *verschiedener* Atome gebunden. Deshalb gelingt es hier so wenig, vom einfachen Stoff ausgehend in stetiger Weise die Mischphase mit ihren verschiedenen Zusammensetzungen zu erhalten, als umgekehrt von dieser aus ohne einen Phasenwechsel zum einfacher gebauten Stoff zu gelangen. Auch der solchen selbständigen Mischphasen eigene Homogenitätsbereich beruht wiederum auf Mischkristallbildung. Im Falle einer Verbindung aus A und B von der Zusammensetzung $A_m B_n$, welche im Homogenitätsgebiet der Mischphase liegen möge – etwa der $\beta$-Phase der Abb. 34 b mit der „idealen" Zusammensetzung AB –, kann *der Gehalt an* A nach Abb. 38 erhöht werden durch:

a) eine Substitution von B-Atomen durch Atome A (*Substitutionsmischkristall zugunsten von A*);

b) durch den Einbau zusätzlicher A-Atome in Lücken der $A_m B_n$-Struktur (*Additionsmischkristall zugunsten von A*) oder

c) durch einen Ausfall von B-Atomen in der $A_m B_n$-Struktur, indem im B-Gitter einzelne Plätze leer bleiben unter Bildung einer entsprechenden Anzahl von Gitterlücken (Leerstellen) (*Subtraktionsmischkristall zu Lasten von B und damit zugunsten von A*).

In analoger Weise kann statt des A- *der* B-*Gehalt* der Mischphase erhöht werden, nämlich

a) durch eine Substitution von Atomen A durch Atome B (Substitutionsmischkristalle zugunsten von B);

b) durch zusätzliche Einlagerung von Atomen B, also Einlagerungsmischkristalle zugunsten von B, und endlich

 Lehre der Stoffe

## Tabelle 8. Phänomenologische Einteilung der Stoffe

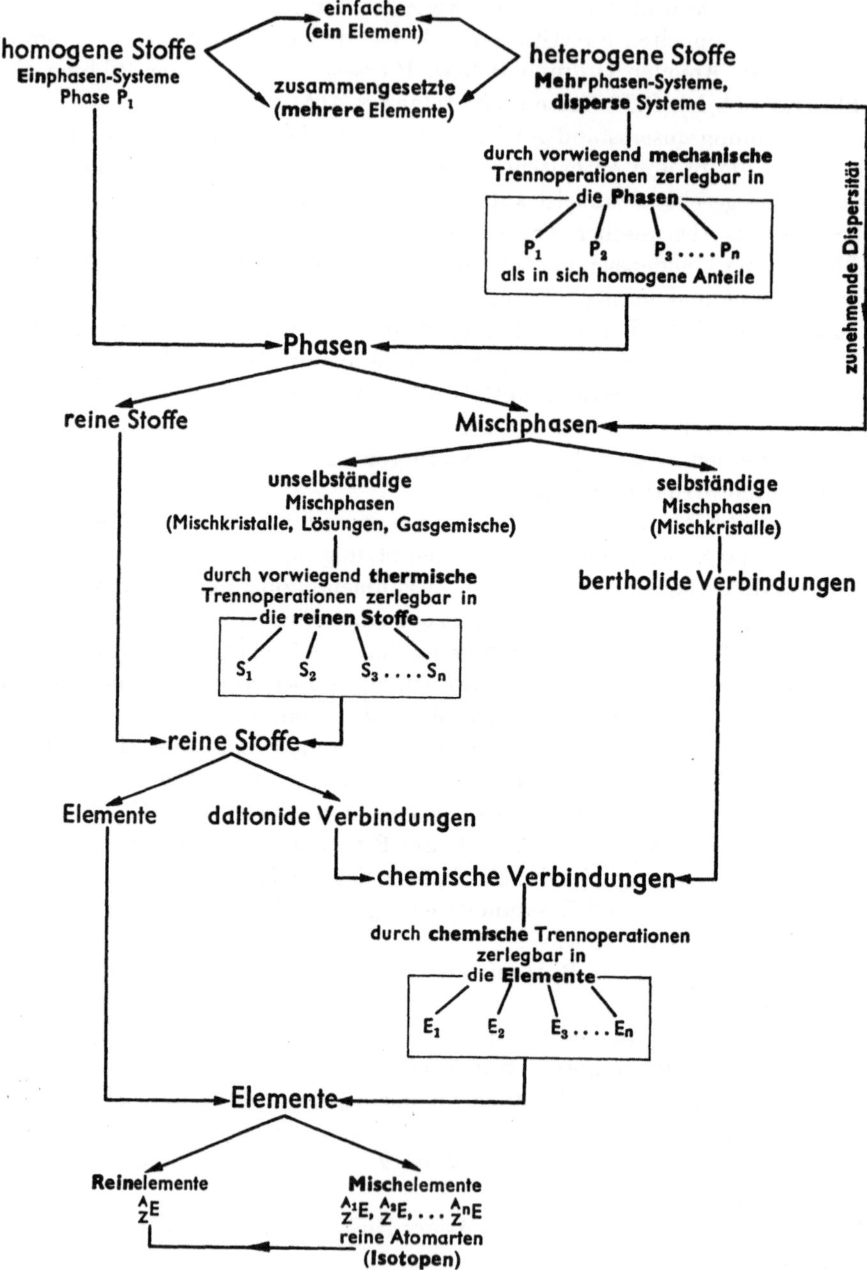

c) durch Ausfall von Atomen A in der $A_m B_n$-Struktur, Subtraktionsmischkristalle zu Lasten von A oder umgekehrt zugunsten von B.

Selbständige Mischphasen bedeuten daher stets intermediäre, neue *Verbindungen* zwischen den sie aufbauenden Bestandteilen. Ihrer nicht mehr eindeutig

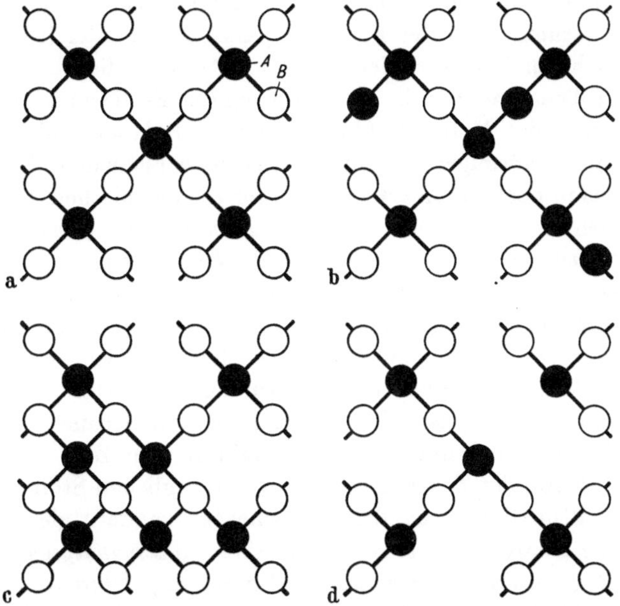


Abb. 38. *Substitutions-, Additions- und Subtraktionsmischkristalle einer Verbindung* $AB_2$ (Abb. a), und zwar in Abb. b Substitutionsmischkristall zugunsten von A, in Abb. c Additionsmischkristall zugunsten von A und in Abb. d Subtraktionsmischkristall zugunsten von A

gegebenen Zusammensetzung entsprechend gehören sie durchwegs zu den *Bertholiden* und gehorchen als solche weder dem Gesetz der konstanten noch jenem der multipeln Proportionen (siehe S. 56).

Tab. 8 faßt unsere Betrachtung des phänomenologischen Aufbaus der Stoffe zusammen und zeigt zugleich, wie verschieden der Aufwand zur erschöpfenden Kennzeichnung eines Materials sein wird, je nachdem, ob es sich um eine reine Substanz, eine Mischphase oder einen heterogenen Stoff handelt. Stets werden daran zwar *chemische Analysen* wesentlichen Anteil haben, nämlich um so mehr, je eher diesen nicht bloß der Nachweis der vorhandenen Elemente gelingt, sondern sie die Anwesenheit bestimmter *Atomgruppen* (Radikale wie z.B. die anorganischen $CO_3^{2-}$, $NO_3^-$, $SO_4^{2-}$, $PO_4^{3-}$, $NH_4^+$ usw. bzw. die S. 82 erwähnten, organischen) oder gar einzelner *Verbindungen* festzustellen erlauben (so etwa im Falle von *Gasanalysen*, welche die Bestandteile eines Gasgemisches – also die in diesem enthaltenen Molekülsorten – ermitteln sollen; bei der Analyse von Stählen, falls sie unter getrennter Bestimmung des als Graphit bzw. als Carbid vorhandenen Kohlenstoffs erfolgen; bei der Untersuchung hydraulischer Bindemittel (S. 114), wo eine gesonderte Bestimmung des sog. „freien Kalks", sei es in Form von CaO oder Ca(OH)$_2$, interessieren kann usw.). Sobald jedoch über diese Aufnahme des Atomund Phasenbestandes eines Stoffes hinausgehend eine nähere Untersuchung der *einzelnen* Verbindung angestrebt wird, ist eine vorbereitende Zerlegung heterogener Materialien in ihre einzelnen Phasen und darnach von allfälligen Mischphasen in ihre reinen Stoffe unumgänglich, um diese in der Folge *einzeln* näher zu kennzeichnen.

Für die Zuverlässigkeit jeglicher Art *chemischer Analysen* ist die *einwandfreie Entnahme* der dieser zugrunde gelegten *Proben* erste Voraussetzung, und zwar ohne Rücksicht darauf, ob in der Folge die ganze Probe oder, wie es zur Regel geschieht, lediglich ein Bruchteil derselben der Analyse dienen soll. Wenn sich bereits für die Probenahme und die Aufarbeitung der Probe zum Analysenmuster je nach der Natur eines Materials (Aggregatzustand, Homogenitätsgrad, Korngröße stückiger-pulverförmiger Massen usw.) recht verschiedene Verfahren empfehlen, so gilt dies in noch vermehrtem Maße für die chemischen Analysen selber. Bei diesen werden Bestimmungen bald *gewichtsanalytisch* (gravimetrisch), *gasvolumetrisch*, *titrimetrisch* (maßanalytisch), bald *kolorimetrisch* erfolgen. Oder es finden statt dessen *spektroskopische* Verfahren Anwendung, sei es im Bereich des sichtbaren oder ultravioletten Lichts, der Röntgen- oder Infrarotstrahlen. Außerdem werden immer wieder auch *elektrochemische* Methoden wie z.B. elektrolytische oder polarographische herangezogen, dazu auf einer selektiven Adsorption beruhende, *chromatographische* usw. In andern Fällen wiederum wird erst die geschickte Kombination mehrerer Analysenverfahren zum Ziele führen. All dies hängt nicht nur ab von der Zusammensetzung des fraglichen Stoffes (der Art und dem Mengenverhältnis der vorhandenen Elemente), sondern gleichfalls von der Menge des für die Analyse verfügbaren Materials. *Makroanalysen* benötigen allgemein 1 bis 0,1 g, *Mikroanalysen* um 0,001 g = 1 mg, *Ultramikroanalysen* hingegen bloß etwa 0,001 mg. Auf der andern Seite kann mittels *Mikrosonden* auf spektroskopischem Wege die Zusammensetzung einzelner Partikeln bzw. Flächenelemente bis zu linearen Abmessungen von nur $10^{-4}$ cm ermittelt werden.

Stets ist nicht nur bedeutsam, welche Genauigkeit das Analysenergebnis aufweisen soll, sondern auch die Zeit, in welcher es vorzuliegen hat. So sind *Schiedsanalysen* allgemein exakter, erfordern aber auch zumeist einen größern Zeitaufwand als die rascher ausführbaren, indes weniger genauen, heute mehr und mehr vollautomatisch erfolgenden *Betriebsanalysen*.

Als Resultat chemischer Analysen *metallischer* Stoffe werden allgemein die Gehalte der einzelnen Elemente in Gew.-% aufgeführt. Ebenso wird auch im Falle der auf einer Verbrennung beruhenden *Elementaranalyse* vorab *organischer* Stoffe verfahren. Die Zusammensetzung *wässeriger Lösungen* oder erst zur Analyse in diese Form gebrachter Stoffe wird durch Aufzählen der nachgewiesenen Ionen (z.B. $Na^+$, $K^+$, $Ca^{2+}$, $Cl^-$, $NO_3^-$, $SO_4^{2-}$), jene von keramischen Materialien und anorganischen Bindemitteln (S. 114) dagegen durch ihre Gehalte an den verschiedenen Oxiden (etwa $SiO_2$, $Al_2O_3$, $MgO$, $CaO$) gekennzeichnet. Die mit der einzelnen Analysenmethode erreichbare Präzision hängt ab von dem besonderen Arbeitsverfahren und dem Geschick des Analytikers, oft aber ebensosehr auch von der Höhe des Anteils am fraglichen Element wie der Art und Menge der Begleitelemente.

Wie bereits S. 42 betont, wird eine chemische Analyse nur zur Ausnahme einen Stoff erschöpfend charakterisieren. Allein schon die Feststellung des Phasenbestandes heterogener Materialien verlangt häufig *zusätzliche* Untersuchungen wie vor allem *mikroskopisch-kristalloptische, röntgenographische, thermoanalytische* u. dgl. So gestattet z. B. die Analyse eines Gemisches aus den Salzen NaCl und KBr lediglich die Aussage, daß $Na^+$- und $K^+$- sowie $Cl^-$- und $Br^-$-Ionen vorhanden sind und in welchem Verhältnis dies zutrifft, nicht jedoch den sicheren Entscheid darüber, zu *welchen* Salzen diese Ionen tatsächlich vereinigt sind, indem etwa statt NaCl + KBr ebensogut NaBr + KCl, ein Gemenge aus drei oder gar aus allen vier Salzen vorliegen könnte. Aber auch bei Anwendung *aller* nur denkbaren, physikalischen und chemischen Methoden läßt sich die Zusammensetzung komplizierter Stoffgemische – natürlicher und künstlich hergestellter, insbesondere solcher aus organischen Verbindungen bestehender – oft nur unvollständig aufklären. Vorab die Natur geringfügiger, häufig jedoch für das Verhalten recht bedeutsamer Beimengungen und Zusätze (siehe auch S. 263) bleibt gerne vollends im Dunkeln.

Allgemein dienen chemische Analysen nicht bloß dazu, die *Zusammensetzung* gegebener Stoffe festzustellen, sondern ebenso dem Nachweis von Art und Ausmaß irgendwelcher *stofflicher Veränderungen* und damit auch dem Studium des Ablaufs *chemischer Reaktionen* (s. S. 232). Gewiß bilden sie auch für den Ingenieur zunächst eines der wichtigsten Mittel zur *Lieferungskontrolle* von Stoffen jeglicher Art, wobei sich die hierfür ausgeführten Analysen allerdings häufig auf die *kritischen* Bestandteile beschränken, nämlich jene, welche als „vorteilhafte" in einem gewissen Mindestgehalt anwesend sein sollen, und (oder) jene anderen, die als „schädliche" einen bestimmten Maximalgehalt nicht übersteigen dürfen – letzteres etwa, wenn bei Stählen der P + S-Gehalt weniger als 0,1 Gew.-% zu betragen hat oder für Portlandzemente (S. 185) die „unlöslichen Bestandteile", der Glühverlust, der MgO- und $SO_3$-Gehalt unterhalb gewisser Grenzwerte liegen sollen (derlei Festsetzungen Gegenstand von Gütenormen, Spezifikationen u. dgl.). Ebenso wird der Ingenieur immer wieder chemische Analysen beiziehen, falls sich Bau- und Werkstoffe irgendwie anomal verhalten oder nachträglich verändert haben, an ihnen irgendwelche Zerstörungserscheinungen auftreten u. a. m., um derart allenfalls eingetretene Veränderungen an den Stoffen festzustellen oder Natur und Ursache zerstörender Prozesse aufzuklären. Chemische Analysen sind sodann im Sinne einer vorbeugenden Maßnahme stets dann am Platze, falls Bau- und Werkstoffe in einem Milieu eingesetzt werden sollen, welches eine gewisse Aggressivität gegenüber den fraglichen Materialien erwarten läßt. Dann ist eine besonders sorgfältige chemische Überprüfung etwa des Baugrundes, von Wasser oder der Atmosphäre geboten, um die optimale Wahl der Baustoffe treffen zu können oder *zum voraus* die zum Schutz des Bauwerks erforderlichen Maßnahmen zu ergreifen.

### Literatur zu Fragen der chemischen Bindung und Stereochemie

PAULING, L.: Die Natur der chemischen Bindung, 1964;
SEEL, F.: Atombau und chemische Bindung, 1961;
HARTMANN, H.: Die Theorie der chemischen Bindung auf quantentheoretischer Grundlage, 1964;
KETELAAR, J. A. A.: Chemische Konstitution, 1964;
NIGGLI, P.: Grundlagen der Stereochemie, 1945;
WIBERG, E.: Die chemische Affinität, 1965;
WELLS, A. F.: Structural Inorganic Chemistry, 1962;
GRAY, H. B.: Electrons and chemical bonding, 1964;

dazu für die Struktur der *Werkstoffe* im besondern:

BRANDENBERGER, E.: Grundlagen der Werkstoffchemie, 1947;
ZWIKKER, C.: Physical Properties of Solid Materials, 1965.

### Literatur zur analytischen Chemie

*Lehrbücher*

TREADWELL, F. P. u. W. D.: Kurzes Lehrbuch der analytischen Chemie, 1948;
TREADWELL, W.: Physico-chemische Grundlagen und Tabellen zur qualitativen Analyse, 1960;
SEEL, F.: Grundlagen der analytischen Chemie, 1963;

*Handbücher*

FRESENIUS, W. u. G. JANDER: Handbuch der analytischen Chemie (in 2 Teilen: qualitative Nachweisverfahren – bisher 12 Bände – und quantitative Bestimmungs- und Trennungsmethoden – bisher 15 Bände), seit 1940–1953;
HECHT, F. u. M. K. ZACHERL: Handbuch der mikrochemischen Methoden, seit 1954;

*Spezielle Methoden der chemischen Analyse*

BRODE, W. R.: Chemical Spectroscopy, 1943;
HARRISON, G. R., R. C. LORD and J. R. LOOFBOUROW: Practical Spectroscopy, 1948;
HARVEY, CH. E.: Spectrochemical Procedures, 1949;
AHRENS, L. H.: Spectrochemical Analysis, 1961;
BRANDENBERGER, E. u. W. EPPRECHT: Röntgenographische Chemie, 1960;
NEFF, H.: Grundlagen und Anwendung der Röntgen-Feinstruktur-Analyse, 1962;
BRÜGEL, W.: Einführung in die Ultrarotspektroskopie, 1962;
HEYROVSKY, J.: Polarographie, 1960;
MAYER-KAUPP, H.: Anleitungen für die chemische Laboratoriumspraxis (Einzeldarstellungen), seit 1948;
CRAMER, F.: Papierchromatographie, 1958;
FEIGL, F.: Tüpfelanalyse, 1960;
HERRMANN, R. u. C. TH. ALKEMADE: Flammenphotometrie, 1960;
KORTÜM, G.: Kolorimetrie, Photometrie und Spektrometrie, 1955;

*Spezielle Gebiete der analytischen Chemie*

PROSKE, O., H. BLUMENTHAL u. F. ENSSLIN: Analyse der Metalle (Band I: Schiedsverfahren, Band II: Betriebsanalyse, Band III: Probenahme), 1949–1961;
Handbuch für das Eisenhüttenlaboratorium, Chemikerausschuß des Vereins Deutscher Eisenhüttenleute (4 Bände), 1939–1955;
American Society for Testing Materials: Methods for Chemical Analysis of Metals, 1964;
JEAN, M.: Précis d'Analyse Chimique des Aciers et des Fontes, 1949;
LUNDELL, G. E. F., J. I. HOFFMAN and H. A. BRIGHT: Chemical Analysis of Iron and Steel, 1946;
STAUDINGER, H.: Anleitung zur organischen qualitativen Analyse, 7. Auflage in Vorbereitung;
BAUER, H. u. H. MOLL: Die organische Analyse, 1960;
HUMMEL, D.: Kunststoff-, Lack- und Gummianalyse, 1958;
ULRICH, H. M.: Handbuch der chemischen Untersuchung der Textilfaserstoffe (4 Bände), seit 1954;

Über die zur Lieferungskontrolle mancher Baustoffe dienenden, chemischen Untersuchungsverfahren siehe auch

SIEBEL, E.: Handbuch der Werkstoffprüfung (2. Auflage, 5 Bände), seit 1955, sodann auch einzelne der S. 116 angegebenen Werke.

### Literatur zur Kolloidchemie

KUHN, A.: Kolloidchemisches Taschenbuch, 1960;
STAUFF, J.: Kolloidchemie, 1960;

KRUYT, H. R.: Colloid Science (Volume I u. II), 1963;
MELDAU, R.: Handbuch der Staubtechnik (Bd. I u. II), 1956/58;
OLPHEN, H.: An introduction to clay colloid chemistry, 1963.

# Molekülverbindungen

## § 13. Anorganische Molekülverbindungen

Einer außerordentlich großen Zahl organischer Molekülverbindungen (siehe § 14) stehen nur *verhältnismäßig wenige anorganische* gegenüber, allgemein die folgenden Gruppen:

1. Aus der Verbindung von *Nichtmetallen unter sich* hervorgehende, so vorab:

Wasserstoffverbindungen *(Hydride)* wie $HF$, $HCl$, $HBr$, $HJ$, $H_2O$, $H_2O_2$, $H_2S$, $NH_3$ und $N_2H_4$ (Hydrazin),

Sauerstoffverbindungen wie z. B. die sieben *Oxide* des Stickstoffs $N_2O$, $NO$, $N_2O_3$, $NO_2$, $N_2O_4$, $N_2O_5$ und $NO_3$, unter jenen des Schwefels vor allem $SO_2$ und $SO_3$, die Halogenoxide $F_2O$, $F_2O_2$, $Cl_2O$, $ClO_2$, $Cl_2O_6$, $Cl_2O_7$, $Br_2O$, $Br_3O_8$, $BrO_2$, $J_2O_4$ und $J_2O_5$ sowie einzelne Edelgasoxide,

dazu *Halogenide* wie $NF_3$, $NCl_3$ und $NJ_3$, $S_2F_2$, $SF_4$ und $SF_6$, $S_2Cl_2$, $SCl_2$ und $SCl_4$, dann aber auch Verbindungen der Halogene unter sich (wie $ClF$, $JBr$ u. a. m.) und gewisse Edelgasfluoride,

ferner *höhere* Verbindungen wie etwa $NH_2OH$ (Hydroxylamin), $ONF$, $O_2NF$ und $O_3NF$ (Nitrosylfluorid, Nitrylfluorid und Nitroxylfluorid), $ClO_2F$, $SOCl_2$, $SO_2Cl_2$ usw.

2. Verbindungen von *Nichtmetallen mit den „Halbmetallen"* B, C, Si, P, As, Se und Te (siehe bereits S. 10) und dazu mit einigen, diesen nahestehenden Metallen wie z. B. Ge, Sn, seltener auch Pb, Ga, Sb und Ti; hierher gehören wiederum

*Hydride*: zunächst die einfachen wie $H_2Se$, $H_2Te$, $PH_3$, $AsH_3$, $SbH_3$, $CH_4$, $SiH_4$, $GeH_4$, $SnH_4$ usw., dann aber auch komplexer gebaute, so vor allem im Falle des Kohlenstoffs (siehe hierzu unter § 14), des Si als die sog. Silane vom allgemeinen Formeltypus $H_3Si-(SiH_2)_n-SiH_3$ und des B als Borane;

*Oxide* wie vor allem $P_2O_3$, $PO_2$ und $P_2O_5$, $CO$, $CO_2$ und (als Kohlensuboxid) $C_3O_2$, usw.

*Halogenide* wie $BF_3$, $AsF_3$, $PF_3$ und $PF_5$, $CF_4$, $SiF_4$, $GeF_4$, $SnF_4$, $TiF_4$, $SeF_4$, $TeF_4$ sowie $SeF_6$ und $TeF_6$ wie auch manche analogen Cl- und Br-Verbindungen, dazu aber gleichfalls höhere Verbindungen wie Oxyhalogenide, so etwa $COCl_2$ (Phosgen), $POCl_3$, $SeO_2F_2$ und $SeOF_2$.

3. *Verbindungen einzelner Metalle mit gewissen Nichtmetallen*: hierbei besteht jedoch eine ausgesprochene Selektion darin, daß *nur ausgesuchte Kombinationen von Metallen und Nichtmetallen* – nämlich solche mit hoher Bindungszahl Me → X – statt der sonst allgemein auftretenden, makromolekularen Verbindungen Molekülverbindungen ergeben, so z. B. die *Oxide* $Mn_2O_7$, $Re_2O_7$, $OsO_4$, $RuO_4$, die *Fluoride* $VF_5$, $MoF_6$, $WF_6$, $UF_6$, $ReF_6$ und $OsF_8$ (?), sodann die Metall*carbonyle* $Fe(CO)_5$, $Fe_2(CO)_9$ u. a., $Cr(CO)_6$, $Ni(CO)_4$, hingegen $Co_2(CO)_8$ usw., dazu einzelne daraus sich ableitende, komplexere Verbindungen – z. B. $Co(CO)_3NO$.[1]

---

[1] Im Sinne eines Überganges von Molekülverbindungen zu Salzen (S. 100) sind manche weiteren Halogenide wie $BeCl_2$ und $AlCl_3$ (im Gegensatz zu $BeF_2$ und $AlF_3$), ferner $GaCl_3$ und $HgCl_2$ relativ leichtflüchtige Stoffe mit Siedepunkten unter 500, zum Teil gar unter 300 °C.

Dabei liegen den anorganischen Molekülverbindungen, wie bereits aus den Formeln der aufgezählten Beispiele hervorgeht, weit bevorzugt *einkernige* Moleküle vom Typus $AB_n$ mit $n = 1$ bis $6$ (möglicherweise bis 8) zugrunde, wobei die $n$ Atome B das zentrale Atom A zumeist hochsymmetrisch umgeben, wie es

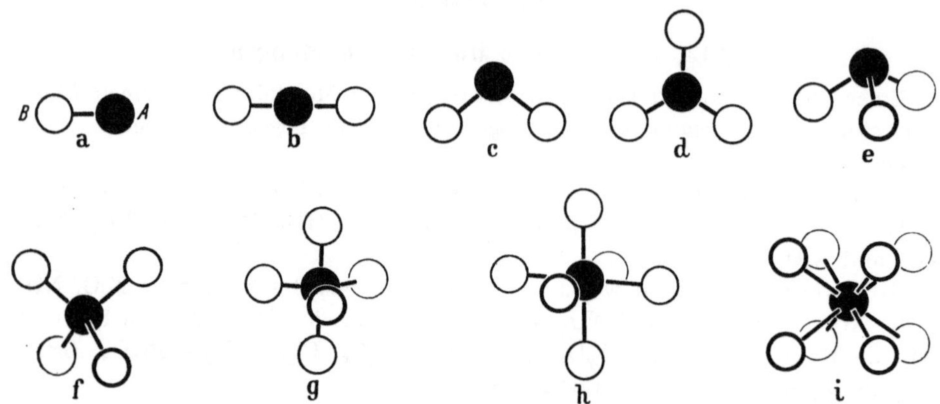


Abb. 39. *Heterogene Moleküle*

a) Moleküle AB (HF, CO usw.): b) gerade Moleküle $AB_2$ wie $CO_2$, $N_2O$, $CS_2$, $HgCl_2$; c) gewinkelte Moleküle $AB_2$ (z.B. $H_2O$, $SO_2$, $Cl_2O$, $ClO_2$); d) planare Moleküle $AB_3$ wie $BF_3$, $BCl_3$ und $SO_3$; e) pyramidale Moleküle $AB_3$ ($NH_3$, $PF_3$, $SbCl_3$, $AsJ_3$); f) tetraedrische Moleküle $AB_4$ wie $CH_4$, $SiF_4$, $GeCl_4$, im Gegensatz zum quadratischen $XeF_4$; g) Moleküle $AB_5$ nach Art einer „Doppelpyramide" (z.B. $PF_5$, $MoCl_5$, $PbCl_5$); h) oktaedrische Moleküle $AB_6$ wie $SF_6$, $TeF_6$ und $Mo(CO)_6$ sowie i) hexaedrische Moleküle $AB_8$ wie $OsF_8$ (?)

Abb. 39 im einzelnen belegt. Aber auch bei den entschieden selteneren, *mehrkernigen* Molekülen $A_mB_n$ mit ihren insgesamt $m$ Koordinationszentren brauchen nicht notwendig homogene A—A-Bindungen aufzutreten: Solches gilt zwar von den Silanen mit ihren Si—Si-Bindungen, vom $H_2O_2$ mit der Strukturformel H—O—O—H und damit einer O—O-Bindung, vom Hydrazin mit seiner N—N-Bindung, den Polyschwefelwasserstoffen mit S—S-Bindungen und einigen weiteren Fällen. Nicht jedoch mindestens bei einem Teil der Borane, indem etwa $B_2H_6$,

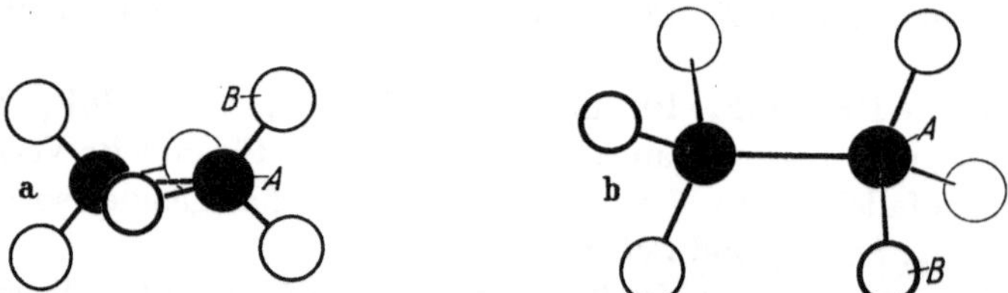


Abb. 40. Moleküle $A_2B_6$, das Molekül links nur heterogene A—B-Bindungen besitzend, das Molekül rechts dagegen neben A—B-Bindungen eine homogene A—A-Bindung; die Struktur solcher Moleküle wird zumeist mit *ebenen* Strukturformeln beschrieben, nämlich mit den Formeln

$$\begin{array}{ccc} B & & B & & B \\ {>}A{<} & & {>}A{<} & \\ B & & B & & B \end{array} \qquad \text{und} \qquad \begin{array}{c} B \quad B \\ | \quad | \\ B—A—A—B \\ | \quad | \\ B \quad B \end{array}$$

aber auch $Al_2Cl_6$ aus Molekülen nach Art der Abb. 40a bestehen, also *ausschließlich* mit heterogenen Bindungen B—H bzw. Al—Cl im Gegensatz zum Molekül $C_2H_6$ der Abb. 40b mit seinen C—C- und C—H-Bindungen. Mehrkernige Moleküle lassen sich naturgemäß als Verknüpfung von $m$ Gruppen *(Radikalen)* $AB_p$ ($p$ die

KZ von A → B) zu einem in sich chemisch abgesättigten Gebilde auffassen. Bestehen lediglich heterogene Bindungen A−B, so sind diese Radikale *geschlossen* und erfolgt deren Vereinigung zum mehrkernigen Molekül ausschließlich über gemeinsame B in der Rolle von *Brückenatomen* zwischen zwei oder mehreren $AB_p$-Radikalen (diese dann mit einer zur Ladung der B gleichsinnigen Überschußladung, also etwa im Sinne von $(AlCl_4)^-$ beim Beispiel der Abb. 40a). Radikale, welche dagegen homogene A−A-Bindungen eingehen, sind demgegenüber *offen* wie z.B. $H'-O-$, $H_3C-$ und $H_2N-$ und verfügen über eine unabgesättigte A-Valenz. Während es bei mehrkernigen *anorganischen* Molekülen in gleichem Maße *geschlossene und offene* Radikale gibt, sind bei den *organischen* Molekülen *offene* Radikale, vorab solche mit Kohlenstoff als Zentralatom A, weit häufiger (siehe S. 82).

Gleich sämtlichen Molekülverbindungen gehören auch die anorganischen ausnahmslos zu den *Daltoniden* und erfüllen als solche die Gesetze der klassischen Stöchiometrie (S. 56). Sodann liegt es nach dem S. 42 Gesagten auf der Hand, daß nur *relativ wenige* anorganische Moleküle auf *kovalenten* Bindekräften zwischen ihren Atomen beruhen, sondern *kovalent-polare Bindungen* bei weitem *vorherrschen* werden. In dem Maße, wie der polare Anteil einer solchen Bindung zunimmt, wird die ihr innewohnende *Bindungsenergie* größer und steigt zugleich die der betreffenden Molekülverbindung eigene Bildungswärme (S. 24) − so etwa von bloß 3 kcal/Mol beim weitgehend kovalent gebundenen HJ auf 128 kcal/Mol im Falle des HF mit dem nahezu 50% betragenden polaren Anteil der H−F-Bindung. Wird die Bindung anorganischer Moleküle schematisch auf Elektronenpaare zurückgeführt, so sind ebenfalls bei diesen Molekülen wie bereits im Falle der homogenen jene die stabileren, bei welchen sich eine *größere* Zahl von Valenzelektronen an der Bildung von Elektronenpaaren beteiligt. Daher ist $CH_4$ mit sämtlichen Valenzelektronen in *bindender* Funktion stabiler als $NH_3$ mit einem Paar *einsamer* Elektronen und besteht hier die Tendenz, die einsamen gleichfalls zu bindenden zu machen durch den Übergang von $NH_3$ zu $(NH_4)^+$ − dieses allerdings nicht mehr ein sich neutrales Molekül, sondern ein *Radikal* mit einer positiven Überschußladung, wie aus den nachstehenden Elektronenformeln unmittelbar erhellt

$$\begin{array}{ccc} \overset{\text{H}}{\underset{\ddot{\text{H}}}{\text{H}:\overset{\cdot\cdot}{\text{C}}:\text{H}}} & \overset{\text{H}}{\underset{\ddot{\text{H}}}{\text{H}:\overset{\cdot\cdot}{\text{N}}:\text{H}}} + \text{H}^+ \longrightarrow \left(\overset{\text{H}}{\underset{\ddot{\text{H}}}{\text{H}:\overset{\cdot\cdot}{\text{N}}:\text{H}}}\right)^{+}. \end{array}$$

Oder es hat $SO_3$ die Neigung, das Radikal $(SO_4)^{2-}$ zu bilden, im Sinne der Formeln

$$\overset{\cdot\cdot}{\underset{\cdot\cdot}{:}}\overset{\cdot\cdot}{\text{O}}:\overset{\cdot\cdot}{\text{S}}:\overset{\cdot\cdot}{\text{O}}:\ +\ :\overset{\cdot\cdot}{\text{O}}:^{2-}\ \longrightarrow\ \left(:\overset{\cdot\cdot}{\text{O}}:\overset{\cdot\cdot}{\text{S}}:\overset{\cdot\cdot}{\text{O}}:\right)^{2-}.$$

In Molekülen bestehende, *homogene* Bindungen wie O−O-, N−N-, S−S-Bindungen u.a.m. besitzen entsprechend ihrem *betont kovalenten* Charakter allgemein eine besonders kleine Stabilität, was den betreffenden Verbindungen wie z.B. $H_2O_2$, eine *besondere Reaktionsfähigkeit* verleiht. Statt dessen sind C−C-Bindungen auffallend stabil, wie im § 14 des näheren dargelegt werden soll.

Bei einem polaren Anteil einer A$-$B-Bindung in einem Molekül AB können die Schwerpunkte dessen positiver und negativer Ladung nicht länger zusammenfallen. Damit aber erweisen sich solche Moleküle notwendig als *permanente* elektrische *Dipole* (ein Dipol auch hier, wie bereits S. 15 charakterisiert als ein System aus zwei gleich großen Ladungen $e$ von verschiedenem Vorzeichen im konstanten oder variabeln Abstand $l$, dabei das Dipolmoment $\mu = e \cdot l$ ein Maß für die „Stärke" eines Dipols). Unabhängig davon, ob den Bindungen von Molekülen irgendwelcher Zusammensetzung ein größerer oder kleinerer polarer Anteil eigen ist, werden Moleküle bestimmter Symmetrie – nämlich Moleküle vom Typus b), d), f), g), h) und i) der Abb. 39 (S. 66) im Gegensatz zu den Molekülen von der Art c) und e) wie den bereits betrachteten Molekülen AB gemäß a) – als Ganzes *keine* permanenten Dipole abgeben. Gewiß kommt der einzelnen A$-$B-Bindung je nach ihrem polaren Anteil ein gewisses Moment zu. Im Gleichgewichtszustand bzw. im zeitlichen Mittel wird jedoch infolge der symmetrischen Anordnung der Bindungen das Gesamtmoment Null resultieren. Daneben erfahren indes Moleküle *jeder* Bauweise (wie nach S. 15 – ja auch die einzelnen Atome) in einem äußern elektrischen Feld eine ihrer *Polarisierbarkeit* entsprechende, *innere Deformation*. Infolgedessen werden sie zu *induzierten Dipolen* (permanente demgemäß verstärkt) und orientieren sich als solche in bestimmter Weise bezüglich des angelegten Feldes.

Auf Grund hiervon gibt es daher *zwei Typen* VAN DER WAALSscher *Kräfte* im Sinne *intermolekularer* Wechselwirkungen, nämlich: die *stets* bestehenden und zumeist bedeutsamern *Dispersionskräfte*, auf welche bereits S. 20 und 25 verwiesen wurde, und dazu die *auf Induktion und Orientierung von Dipolen* beruhenden Kräfte, welche bei Molekülen, die ohnehin Träger permanenter Dipolmomente sind, besonders ins Gewicht fallen werden. So etwa bei den folgenden Molekülen mit einem speziell großen Dipolmoment: $H_2O$, $H_2O_2$, $SO_2$, $NH_3$, $SbCl_3$, HCl und HF (in der Tat beruht bei $H_2O$ die „VAN DER WAALSsche Anziehungsenergie" bloß zu 20% auf Dispersionskräften im Gegensatz zu $NH_3$ und HCl, bei welchen Dispersionskräfte 50 bzw. 80% der „VAN DER WAALSschen Energie" ausmachen).

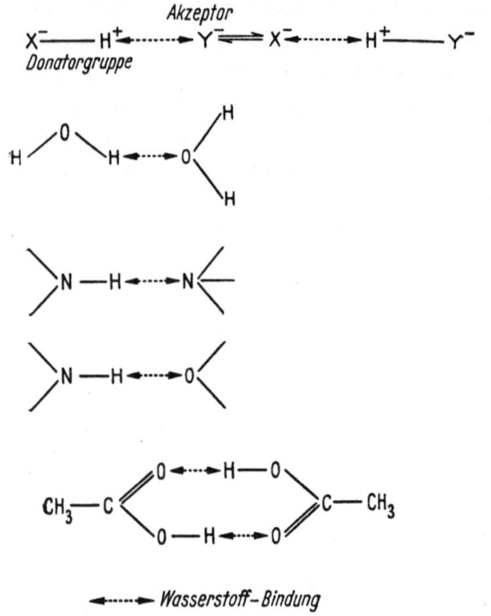

Endlich ist zu beachten, daß bei gewissen Molekülen in Form von *Wasserstoffbindungen* intermolekulare Wechselwirkungen bestehen, welche mit einer Bindungsenergie von 5 bis 8 kcal/Mol bereits zu den eigentlichen chemischen Bindungen überleiten: So kann im Sinne der Beispiele der Abb. 41 eine X$-$H-Bindung bei hinreichend stark polarem Charakter $X^- - H^+$ und entsprechend



Abb. 41

großem Dipolmoment auf das Y-Atom eines benachbarten Moleküls eine derart
starke, elektrostatische Anziehung ausüben, daß sich die Atome X und Y einander bis auf ihre Ionenradien nähern und dazu eine Verschiebung des $H^+$ der
X−H-Bindung (als sog. *Donator*gruppe) über die Brücke zum Y-Atom (als *Akzep-
tor*) stattfinden kann. Über die Bedeutung von Wasserstoffbindungen unter Makromolekülen siehe S. 132.

*Art und Größe der* VAN DER WAALS*schen Kräfte* bestimmen vor allem die einer
Molekülverbindung eigene, größere oder kleinere *Flüchtigkeit* wie alle ihre sog.
*Kohäsionseigenschaften*, also Siede- und Schmelzpunkt, Verdampfungs- und
Schmelzwärme, Dichte, Härte und Festigkeit des Kristalls wie innere Reibung
und Oberflächenspannung der flüssigen Phase. Sie alle werden im einzelnen Fall
um so kleiner ausfallen, je geringer die intermolekularen Kraftwirkungen. Dabei
gilt auch im Falle der anorganischen Molekülverbindungen, daß die Verdampfungswärmen eine bis zwei Größenordnungen kleiner sind als die Bildungswärmen
(erstere allgemein im Bereich von 1 bis 10 kcal/Mol, letztere hingegen zwischen
10 und über 100 kcal/Mol gelegen, während die Schmelzwärmen häufig zwischen
10 und 25% der Verdampfungswärmen ausmachen). Weil die Dispersionskräfte
allgemein mit der Anzahl der Elektronen eines Moleküls zunehmen und diese
wiederum mit der Größe und dem Gewicht der Moleküle ansteigt, besitzen Molekülverbindungen mit hohem Molekulargewicht zumeist höhere Siedepunkte als
solche von kleinerem Molekulargewicht – eine Regel, welche bereits auch im Falle
der homogenen Molekülverbindungen und selbst bei den Edelgasen erfüllt war.
Verbindungen aus Molekülen vom Charakter permanenter Dipole und entsprechend verstärkten VAN DER WAALSschen Anziehungskräften sieden bei höherer
Temperatur als solche aus Molekülen ohne permanentes Dipolmoment ($CF_4$ und $F_2$
mit dem Dipolmoment Null besitzen die Siedepunkte $-161$ und $-187$ °C gegenüber $NF_3$ und $OF_2$, welche als Dipolmoleküle bereits bei $-129$ bzw. $-145$ °C
sieden). Wo jedoch Wasserstoffbindungen besonders starke, intermolekulare Kraftwirkungen hervorrufen, ergeben sich gar anomal hohe Schmelz- und Siedepunkte –
so vor allem im Falle des Wassers, dann aber auch bei HF, $NH_3$, HCN und verwandten Verbindungen. Gleichfalls die außergewöhnlich hohe Dielektrizitäts-
konstante von 80 des Wassers (übrigens auch die ebenfalls mehr als 40 betragenden
von $H_2O_2$, flüssigem HF und HCN) beruhen auf der hier vorhandenen Möglichkeit,
Wasserstoffbindungen einzugehen. Die Struktur des Eises (Abb. 42) mit seinen
O−H···O-Bindungen nach dem Schema der Abb. 41 und einer Resonanz zwischen
den Grenzzuständen $OH_4^{2+}$, $OH_3^+$, $OH_2$, $OH^-$ und $O^{2-}$ belegt im übrigen augenfällig, wie auch bei den anorganischen Molekülverbindungen in Analogie zu den
homogenen (S. 29) *stetige* Übergänge zu einer *makromolekularen* Bauweise bestehen.
Wo sich dagegen unter der Wirkung intermolekularer Kräfte höhere VAN DER
WAALS-Moleküle bilden – in Parallele zu den $O_2$···$O_2$-Molekülen von S. 25, ist
darin gleichsam ein erster Keim zum *Molekülkristall* mit seiner nunmehr gitter-
artig geordneten Gruppierung der Moleküle (Abb. 43) zu sehen. Moleküle mit
wesentlichen Kraftfeldern sind endlich befähigt, als solche mit anderen Stoffen
*höhere* Verbindungen, sog. *Einlagerungs-* oder *Anlagerungsverbindungen* einzugehen: beispielsweise Wasser unter Bildung von *Hydraten*, $NH_3$ von *Ammoniakaten*
usw. (allgemein sog. *Solvaten*), wobei es vor allem die kleineren, positiv geladenen
Ionen sind, welche auf die Dipolmoleküle derart wesentliche Kräfte ausüben, daß

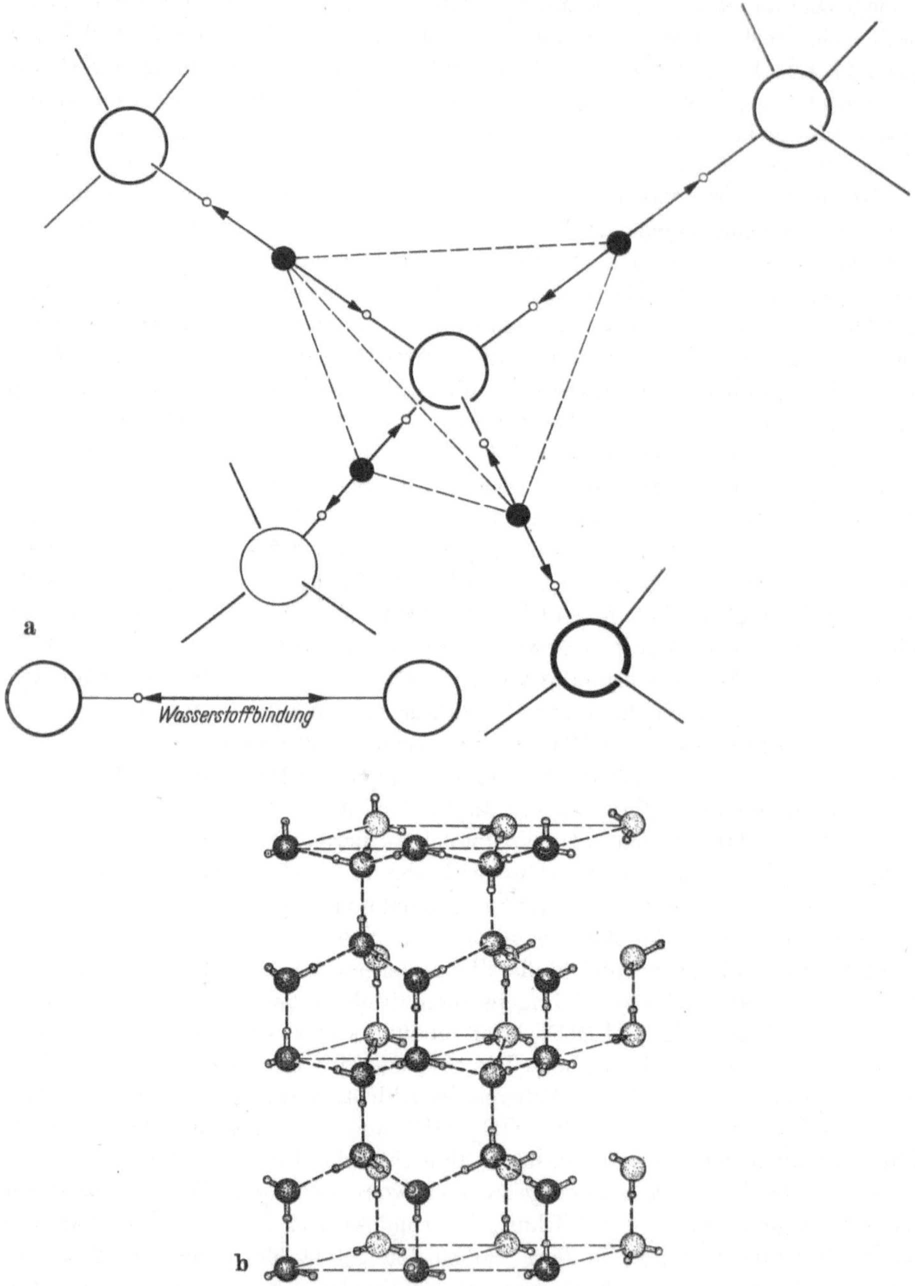


Abb. 42. Vergleich der $SiO_2$- mit der Eis-Struktur (Abb. 42a). Bei der $SiO_2$-Struktur befinden sich die Sauerstoffatome (kleine volle Kreise) in der Mitte zwischen zwei Si-Atomen (große leere Kreise), woraus ein *makromolekularer* Atomverband resultiert aus $SiO_4$-Tetraedern, welche sich in jeder Ecke paarweise berühren (KZ Si → O somit = 4, KZ O → Si = 2). Im Eiskristall besetzen dagegen O-Atome die Lagen der großen leeren Kreise, während die H-Atome derart zwischen den mit kleinen leeren Kreisen markierten Positionen oszillieren (im Sinne einer Wasserstoffbindung $O \cdots HO \rightleftharpoons OH \cdots O$, S. 68), daß im zeitlichen Mittel auf jedes O-Atom zwei H-Atome entsprechend einem *Molekül* $H_2O$ entfallen. Im Sinne einer „Momentaufnahme" ergibt sich damit für den Eiskristall etwa das Strukturbild nach Abb. 42b

es zu einer chemischen Bindung – etwa der $H_2O$-Moleküle an $Mg^{2+}$ im Sinne von $[Mg^{2+}(H_2O)_6]$ – kommt (siehe S. 110). Bei *Einschluß-* oder *Käfigverbindungen (Clathraten)* sind dagegen Moleküle, heterogene oder homogene, allenfalls auch Edelgasatome, in Hohlräumen makromolekularer Atomverbände, vorab dreidimensionaler, eingeschlossen oder aber in einem den Käfig bildenden Gerüst anderer, zumeist über Wasserstoffbrücken miteinander verknüpfter Moleküle.

Sind derart auch für die anorganischen Molekülverbindungen allgemein jene Merkmale typisch, wie sie bereits S. 24 als Kennzeichen homogener Molekülverbindungen aufgezählt wurden, so bestimmen diese zugleich, wozu und in welcher Form sie *in der Technik* Anwendung finden. Einige Hinweise hierüber siehe S. 90. Werden bestimmte *Reihen von Verbindungen,* etwa der Fluoride oder Oxide, vergleichend betrachtet, so ergeben sich im Gang der Eigenschaften stets dann *ausgesprochene Unstetigkeiten,* wo in einer solchen Reihe nicht länger Moleküle bestehen, sondern an deren Stelle *makromolekulare* Verbindungen treten. Dies wird vor allem eintreten, wenn bei *vermehrt polarer* Bindung

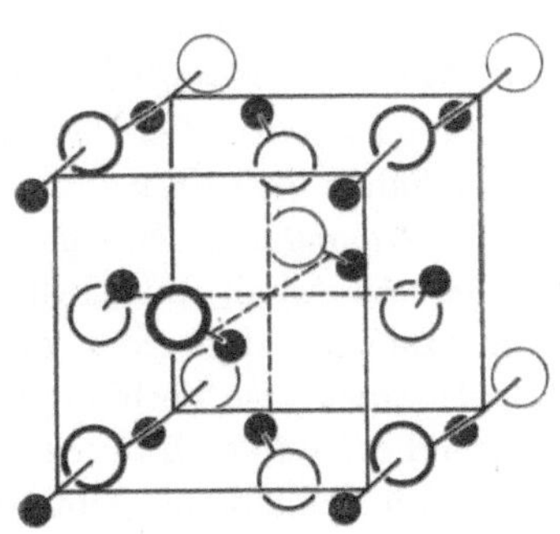

Abb. 43. Ausschnitt aus einem Molekülkristall mit den Molekülen AB in raumgitterartiger Anordnung, wobei die Molekülschwerpunkte die Punkte eines flächenzentrierten Würfelgitters besetzen

*höhere* Koordinationszahlen angestrebt werden, die Bindungszahl dagegen wie bei der Mehrzahl anorganischer Verbindungen klein ist. Solche Makromoleküle (etwa die Ionenkristalle nach S. 109) werden erst bei hohen und höchsten Temperaturen in Moleküle (etwa in „Ionenmoleküle" $A^+B^-$) zerfallen, indes unter merklicher Änderung des Bindungsabstandes $A \rightarrow B$ (im Falle von NaCl z. B. von 2,814 auf 2,361 Å). Noch häufiger jedoch wird der Zusammenbruch eines Makromoleküls dessen Aufspaltung in „einfachere" Moleküle bedeuten.

### Literatur zur anorganischen Chemie

#### *Lehrbücher*

STAUDINGER, H. u. G. RIENAECKER: Tabellen für die allgemeine und anorganische Chemie, 1947;

JANDER, G. u. H. SPANDAU: Kurzes Lehrbuch der anorganischen Chemie, 1960;

HOFMANN, K. A., U. HOFMANN u. W. RÜDORFF: Anorganische Chemie, 1963;

HOLLEMANN, A. F. u. E. WIBERG: Lehrbuch der anorganischen Chemie, 1964;

REMY, H.: Lehrbuch der anorganischen Chemie (2 Bände), 1965;

BRAUER, G.: Handbuch der präparativen anorganischen Chemie (2 Bände), 1960/62;

dazu als *Sammelwerk* der gesamten anorganischen Chemie

GMELINS Handbuch der anorganischen Chemie (derzeit in 8. Auflage);

ferner über *Molekülverbindungen* überhaupt

STUART, H. A.: Die Struktur des freien Moleküls (Band I von „Die Physik des Hochpolymeren"), 1952.

SUTTON, L. E.: Chemische Bindung und Molekülstruktur, 1961;

RYSCHKEWITSCH, E.: Chemical bonding and the geometry of molecules, 1963.

## § 14. Organische Molekülverbindungen

Daß die Anzahl der heute bekannten, organischen Verbindungen nahezu eine halbe Million beträgt gegenüber bloß rund 40000 anorganischen Verbindungen, muß zunächst um so mehr überraschen, als sich am Aufbau der organischen Stoffe nur relativ *wenige* Elemente beteiligen. So bestehen die mehr als 1000 verschiedenen *Kohlenwasserstoffe* einzig aus C und H, die große Mehrheit der sich hiervon unmittelbar ableitenden Verbindungen lediglich aus C, H, O und N. In manchen weitern Fällen enthalten organische Verbindungen statt oder neben O und N an weitern *Heteroatomen* Halogene und S, seltener P, As und Sb neben einzelnen Metallen wie Alkali- und Erdalkalimetalle, ferner Zn, Cd, Hg, Al, V, Pb, Fe, Cr u.a.m. Demgemäß werden außer den Kohlenwasserstoffen etwa unterschieden: *Sauerstofforganische* Verbindungen, welche neben C und H noch O enthalten, entsprechend *Stickstoff-, Halogen-, Schwefel-* und endlich *Metallorganische* Verbindungen mit an Kohlenstoff gebundenen Metallatomen, worüber Tab. 10 (S. 84) eine Übersicht vermittelt. Die außerordentliche Mannigfaltigkeit organischer Verbindungen besteht sowohl bei den *synthetisch* hergestellten als bei den in Lebewesen aller Art als sog. *Naturstoffe* vorkommenden mit den Kohlehydraten (hierunter auch Cellulose und Stärke), den Abkömmlingen des $CH_2=C(CH_3)-CH=CH_2$ (Isopren), den Fetten und fettartigen Stoffen sowie den Eiweißstoffen (Proteinen) als Hauptvertretern.

Für die dank immer neuer Synthesen nach wie vor sich mehrende Vielfalt organischer Körper ist zunächst eine Tatsache maßgebend: die Befähigung des *Kohlenstoffs*, wie kein zweites Element nicht bloß im elementaren Zustand als Diamant und Graphit (S. 26), sondern *auch* in seinen *Verbindungen* mit *andern* Elementen neben heterogenen Bindungen wie C—H, C—O, C—N usw. *auch homogene* C—C-*Bindungen* einzugehen. Dabei sind die beiderlei Bindungsabstände, also die Entfernungen C → X und C → C einander recht ähnlich und einzig die C → H-Bindung mit 1,10 Å deutlich kürzer. Weil auch die Bindungen von C-Atomen untereinander bemerkenswert stabil sind, können nicht nur wenige, sondern *auch zahlreiche* C-*Atome* zu *größern*, in sich teils homogen, teils heterogen gebundenen *Molekülen* zusammentreten (siehe bereits das Beispiel der Abb. 40b, S. 66). Wie sich hieraus gar ein stetiger Übergang zu den makromolekularen organischen Verbindungen eröffnet, wird S. 116 dargelegt.

Unabhängig davon, ob sich C-Atome mit ihresgleichen oder mit andern Atomen verbinden, besteht wie schon beim Diamantkristall gleichfalls bei den organischen Verbindungen das Bestreben, mit jedem C-Atom *vier einfache Bindungen* einzugehen unter *tetraedrischer* Gruppierung der vier Nachbaratome, wie es Abb. 44 für den einfachen Fall eines Moleküls $C_4H_{10}$ veranschaulicht. An Stelle räumlicher Modellformeln verwendet die organische Chemie seit jeher ebene *Strukturformeln*, seien es Elektronen- oder Valenzformeln, im vorliegenden Beispiel von der Form

$$\begin{array}{c} \mathrm{H\ \ H\ \ H\ \ H} \\[-2pt] \mathrm{\cdot\cdot\ \ \cdot\cdot\ \ \cdot\cdot\ \ \cdot\cdot} \\[-4pt] \mathrm{H\!:\!C\!:\!C\!:\!C\!:\!C\!:\!H} \\[-4pt] \mathrm{\cdot\cdot\ \ \cdot\cdot\ \ \cdot\cdot\ \ \cdot\cdot} \\[-2pt] \mathrm{H\ \ H\ \ H\ \ H} \end{array} \qquad \text{bzw.} \qquad \begin{array}{c} \mathrm{H\ \ \ H\ \ \ H\ \ \ H} \\ |\ \ \ \ |\ \ \ \ |\ \ \ \ | \\ \mathrm{H\!-\!C\!-\!C\!-\!C\!-\!C\!-\!H} \\ |\ \ \ \ |\ \ \ \ |\ \ \ \ | \\ \mathrm{H\ \ \ H\ \ \ H\ \ \ H} \end{array}$$

oder zur Radikalformel gekürzt $CH_3-CH_2-CH_2-CH_3$, um damit die Struktur des Moleküls als ein Gebilde aus zwei rand(end)ständigen *Radikalen* $CH_3-$ und zwei dazwischen liegenden Radikalen $-CH_2-$ zu symbolisieren.

*Einfache Bindungen* beiderlei Art, also C–C- und C–X-Bindungen, lassen sich naturgemäß auch im Falle organischer Moleküle mit Elektronenformeln C : C bzw. C : H, C : F, C : O usw. nur in erster Annäherung beschreiben. Ebenfalls in allen diesen Fällen wird damit nur die *eine*, nämlich *rein kovalente* Grenzstruktur (S. 22) wiedergegeben und der mit jeder dieser Bindungen stets gekoppelte, polare Anteil vernachlässigt. Mag dieser bei der homogenen C–C-Bindung am wenigsten ins Gewicht fallen (er beträgt immerhin auch in diesem Falle um 5%), so hat er dagegen an den C–X-Bindungen wesentlicheren Anteil, sei es im Sinne von C⋮X, falls X wie bei einer C⋮F-Bindung elektronegativer ist als C, von C⋮X, wenn C elektronegativer als X (letzteres also elektropositiver als C wie im Falle einer C⋮H-Bindung).

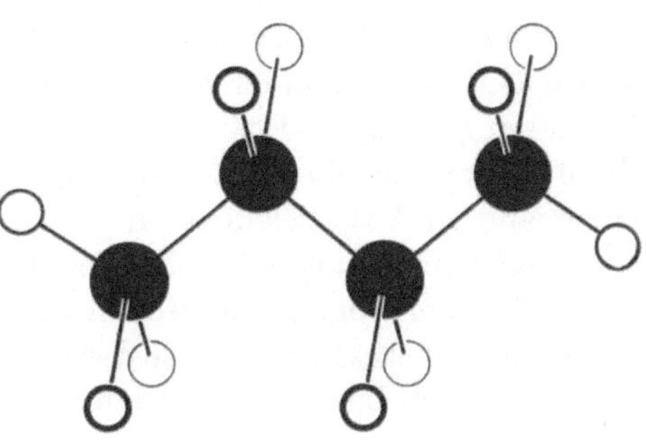

Abb. 44. Modell des normal-Butan, $n$-$C_4H_{10}$

Valenzelektronen der Kohlenstoffatome, welche in diesem Sinne als Träger einfacher C–C-Bindungen oder Teilhaber an C–X-Bindungen einfachen Elektronenpaare angehören (in solchen lokalisiert sind), werden als $\sigma$-Elektronen bezeichnet, die auf ihnen beruhenden Bindungen entsprechend als $\sigma$-Bindungen. Gehen von einem C-Atom vier einfache Bindungen aus, so werden diese durch die abstoßenden Kräfte unter den Elektronen in einen größtmöglichen Abstand voneinander gedrängt. Dies ist dann der Fall, wenn die Achsen der vier Bindungen sich nach dem Tetraederschema orientieren, also derart wie die Verbindungslinien vom Zentrum eines Tetraeders nach dessen vier Ecken (Abb. 45).

Zur Mannigfaltigkeit der organischen Verbindungen trägt weiter bei, daß solchen nicht bloß einfache, sondern *auch mehrfache* Bindungen zugrunde liegen können, und zwar wiederum sowohl homogene als heterogene wie C=C- und C≡C-Bindungen, C=O-, C=S-, C=N- und C≡N-Bindungen, aber auch N=N-Bindungen. Für diese mehrfachen Bindungen sind verglichen mit den entsprechenden Einfachbindungen die Bindungsabstände kleiner und die ihnen innewohnenden Bindungsenergien demgemäß größer.

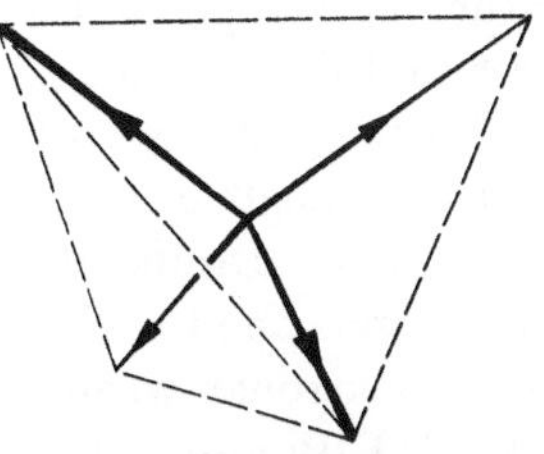

Abb. 45. Tetraedrische Anordnung der Bindungsachsen der vier $\sigma$-Bindungen eines gesättigten C-Atoms (vgl. damit Abb. 13, S. 26)

Beträgt der Bindungsabstand C → C für die einfache C–C-Bindung 1,54 Å, also praktisch gleichviel wie der kürzeste Atomabstand im Diamantkristall, so im Falle der Doppelbindung C=C nur 1,34 und für die Dreifachbindung C≡C lediglich 1,20 Å. Entsprechendes gilt auch von den heterogenen Bindungen, indem etwa die Distanz C → N für die einfache C–N-Bindung bei 1,42, für die doppelte Bindung bei 1,31 und die dreifache bei 1,18 Å liegt. Die Energie der C=C-Bin-

dung ist dagegen das 1,5fache, jene der C≡C-Bindung das 2fache der einer
C–C-Bindung eigenen Energie (siehe auch S. 208).

Doppelbindungen werden indessen durch Elektronenformeln wie C :: C, C :: O
usw. über Gebühr schematisiert, auch wenn solche Formeln der Oktettregel von
S. 23 gemäß ausfallen. Tatsächlich sind die vier an einer C=C-Bindung beteiligten
Valenzelektronen einander nicht gleichwertig, sondern verhalten sich von diesen
bloß deren zwei wie $\sigma$-Elektronen und ergeben damit auch im Falle der Doppelbindung zunächst eine C : C-Bindung mit einem einfachen Elektronenpaar. Die
beiden andern Valenzelektronen befinden sich dagegen in einem grundsätzlich
andersartigen Bindungszustand. Diesem gemäß kommt durch diese beiden weitern
Elektronen, den sog. $\pi$-Elektronen eine zweite Bindung ($\pi$-Bindung) zustande,
welche sich außerhalb der Achse der $\sigma$-Bindung, nämlich ober- und unterhalb derselben (Abb. 46) befindet. Darnach besteht eine C=C-Bindung aus zwei ungleich-

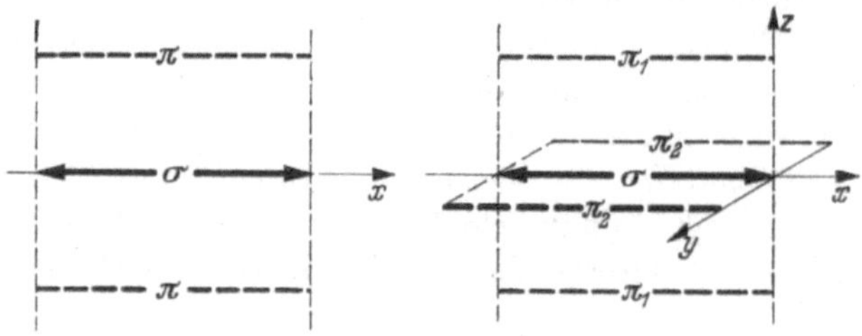

Abb. 46. Schematische Darstellung der einer C=C-Bindung (links) und einer C≡C-Bindung (rechts) zugrunde
liegenden $\sigma$- und $\pi$-Bindungen. In beiden Fällen liegt die Bindungsachse der $\sigma$-Bindung parallel zur $x$-Achse.
Im Falle der Doppelbindung ist damit eine $\pi$-Bindung (gestrichelt) oberhalb und unterhalb der $x$-Achse kombiniert, im Falle der Dreifachbindung dagegen zwei $\pi$-Bindungen, die eine in der Ebene $x$, $y$, die andere in der
dazu senkrechten Ebene $x$, $z$

artigen Bindungen, nämlich einer $\sigma$- und einer $\pi$-Bindung, an welchen sich je zwei
der insgesamt vier Valenzelektronen beteiligen. Es hängt mit dieser besondern
Natur der Doppelbindung zusammen, daß diese sich als eine *starre* Bindung erweist und daher keine Verdrehung der beiden C-Atome um die Achse der $\sigma$-Bin-
dung mehr gestattet, wie dies im Falle der einfachen C–C-Bindung als einer *frei
drehbaren* möglich ist.

Bei einer Dreifachbindung unter Kohlenstoffatomen, also der Bindung C≡C
gilt entsprechend nicht einfach C ::: C, sondern sind von den nunmehr sechs
Valenzelektronen wieder nur deren zwei $\sigma$-Elektronen und damit wie zuvor Träger
einer C : C-Bindung. Die vier übrigen sind dagegen $\pi$-Elektronen und ergeben in
paarweiser Wechselwirkung zwei wiederum außerhalb der Achse der $\sigma$-Bindung
liegende $\pi$-Bindungen, die eine ober- und unterhalb, die andere vor und hinter
der $\sigma$-Bindung (Abb. 46). Eine C≡C-Bindung bedeutet demnach die Kombination einer $\sigma$-Bindung mit zwei $\pi$-Bindungen, erstere mit zwei $\sigma$-, letztere beide
mit je zwei, total somit vier $\pi$-Elektronen, das Ganze wiederum eine *starre* Bindung.

Werden zwei C=C-Bindungen und eine einfache C–C-Bindung miteinander zu
einer *konjugierten* Doppelbindung C=C–C=C kombiniert, wie sie etwa dem Kohlenwasserstoff $CH_2$=CH–CH=$CH_2$ (Butadien) eigen ist, so führt *Resonanz* unter
den drei Bindungen dazu, daß sich die zu den Doppelbindungen gehörenden $\pi$-
Bindungen nicht mehr allein zwischen dem ersten und zweiten C-Atom bzw. zwi-

schen dem dritten und vierten geltend machen, sondern unter allen vier C-Atomen, also auch zwischen dem zweiten und dritten. Mit andern Worten: es sind daher die beiden randständigen Doppelbindungen nicht mehr reine C=C-Bindungen, noch bleibt die zentrale Einfachbindung eine reine C--C-Bindung. Als Resonanzeffekt, auch *Mesomerie* genannt, kommt es vielmehr zu einer Ausbreitung der beiden $\pi$-Bindungen über alle C-Atome, wodurch die zentrale Bindung verstärkt, die endständigen Bindungen geschwächt werden. So haben infolge eines solchen Valenzausgleiches beim Butadien die beiden Außenbindungen C=C nur noch zu 81 % den Charakter von Doppelbindungen (sind somit bloß noch Bindungen der „Stärke" 1,8), während die innere C–C-Bindung zu 18 % eine Doppelbindung wird, also gleichsam eine Bindung von der „Stärke" 1,4. Analoges kann sich einstellen, falls C-Atome sich nicht linear zu einer Kette aufgereiht gruppieren, sondern zu Ringen vereinigen und nunmehr im Verband eines solchen Ringes einfache Bindungen mit Doppelbindungen abwechseln wie im Falle des Benzols ($C_6H_6$) gemäß Abb. 47.

Von den insgesamt 18 Valenzelektronen, welche sich an den sechs Kohlenstoffbindungen beteiligen, sind gleichfalls hier bloß deren 12 als $\sigma$-Elektronen in C : C-Bindungen lokalisiert. Die übrigen sechs wirken dagegen als $\pi$-Elektronen derart, wie wenn sie unter- und oberhalb

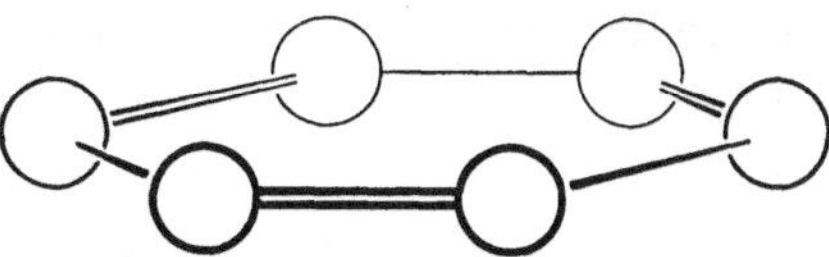

Abb. 47. Kohlenstoffgerüst des Benzols, $C_6H_6$

des $C_6$-Ringes gleichmäßig über den ganzen Ring verteilt wären. Indem die $\pi$-Elektronen mit ihrer Oszillation bald an die Bindungen 1, 3 und 5, bald an die Bindungen 2, 4 und 6 des Ringes beitragen, befindet sich jede derselben im Zustande ständiger Resonanz zwischen einer C–C- und C=C-Bindung, damit aber im zeitlichen Mittel im Zustand einer Bindung der „Stärke" $1^1/_2$. Dann aber sind alle sechs Kohlenstoffbindungen des $C_6$-Ringes unter sich gleichwertig in Übereinstimmung mit der Tatsache, daß der Ring eben und regulär gebaut ist (Abb. 47), wobei der Bindungsabstand C → C innerhalb des Ringes 1,41 Å beträgt, also weniger als bei einer Einfach- und mehr als bei einer Doppelbindung. In den beiden Beispielen, aber auch sonst lassen sich derartige Verhältnisse chemischer Bindung wie bereits S. 26 durch die *Grenzstrukturen* beschreiben, zwischen welchen *Resonanz (Mesomerie)* besteht, so daß die wirkliche Elektronenverteilung im zeitlichen Mittel irgendwo zwischen den Elektronengruppierungen der beiden (oder auch mehr) Grenzstrukturen liegt. Die entsprechenden Formeln lauten für Butadien und Benzol (↔ das als *Mesomeriezeichen* verwendete Symbol):

Jeder derartige Resonanzeffekt ist mit einer Energieabgabe verbunden *(Mesomerieenergie)*. Im Falle des Benzols verleiht sie dessen $C_6$-Ring eine besondere Stabilität, weshalb Moleküle mit solchen Sechserringen (*aromatische* Verbindungen) ähnlich reaktionsträge sind wie Moleküle, welche einzig C—C-Bindungen enthalten (siehe S. 84). Beim Butadien ergibt sich gerade das Umgekehrte, indem konjugierte C=C-Bindungen wesentlich reaktionsfähiger sind als *isolierte* Doppelbindungen zwischen zwei oder mehr Einfachbindungen. Kann den $\pi$-Elektronen längs der Kohlenstoffbindungen eine *freie Beweglichkeit* vergleichbar derjenigen der Metallelektronen (S. 31) zugeschrieben werden, so wird diese Beweglichkeit der $\pi$-Elektronen durch zwei unmittelbar aufeinander folgende C—C-, aber auch C=C-Bindungen (*kumulierte* Bindungen) unterbrochen. Gelten $\pi$-Bindungen dementsprechend gleich der metallischen Bindung als *nichtlokalisiert*, so brauchen sie nicht immer wie beim Benzol alle C-Atome zu erfassen, sondern kann sich ihre Wirkung sehr wohl auf einen Teil der Kohlenstoffatome und damit des Moleküls beschränken.

Insgesamt können demnach in organischen Verbindungen Kohlenstoffatome an weitere C-Atome oder an andere Atome gebunden sein wie folgt

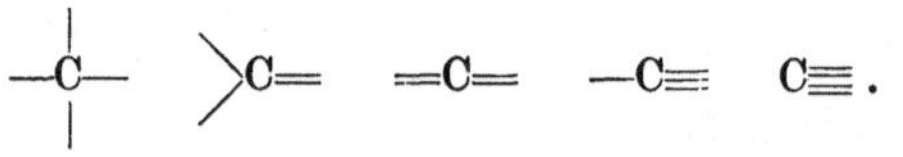

$$-\overset{\mid}{\underset{\mid}{C}}- \qquad {>}C{=} \qquad {=}C{=} \qquad -C{\equiv} \qquad C{\equiv} \ .$$

Neben diesen „reinen" Bindungen werden sich nach dem Gesagten infolge einer Mesomerie vor allem ergeben

aus $\quad -C\mkern-6mu\ll \; \rightleftharpoons \; -C\mkern-6mu\ll \quad$ eine Bindung $\quad -C\mkern-6mu\ll$

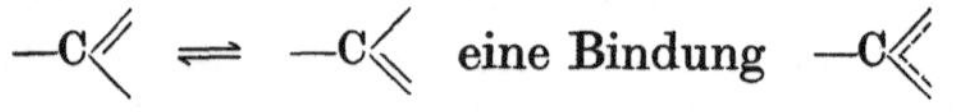

oder aus $\quad -C\mkern-6mu\ll \; \rightleftharpoons \; -C\mkern-6mu\ll \; \rightleftharpoons \; =C\mkern-6mu\ll \quad$ die Bindung $\quad =C\mkern-6mu\ll$

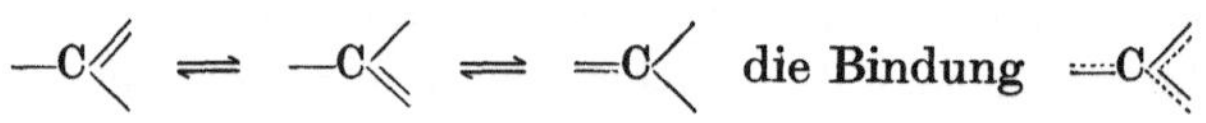

(ersteres als 1,5 fach-Bindung beim Benzol und seinen Derivaten, letzteres als 1,33 fach-Bindung nicht bloß beim Graphit – S. 27 –, sondern ebenfalls beim Radikal $(CO_3)^{2-}$ der Carbonate nach S. 107). Während in den einen Fällen wie beispielsweise bei den Molekülen $C_2H_6$, $C_2H_4$ und $C_2H_2$ mit den Strukturformeln

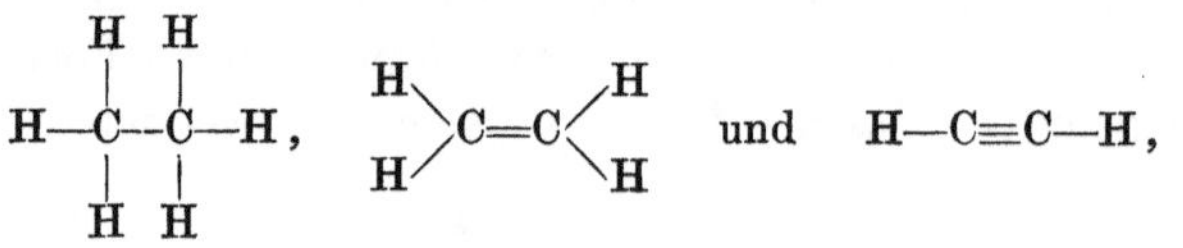

$$\underset{\displaystyle \overset{\mid}{\underset{H\ \ H}{\phantom{.}}}}{\overset{\displaystyle \overset{H\ \ H}{\mid}}{H-C-C-H}}, \qquad \overset{H}{\underset{H}{>}}C{=}C\overset{H}{\underset{H}{<}} \qquad \text{und} \qquad H-C{\equiv}C-H,$$

aber auch beim $C_6H_6$ und $C_6H_{12}$ (Abb. 49) sämtliche Kohlenstoffatome gleichartig gebunden sind, ist deren Bindung in andern, vor allem höhern Verbindungen *nicht länger einheitlich*; so sind bereits beim $C_3H_8 = CH_3-CH_2-CH_3$ die randständigen C-Atome anders gebunden als das zentrale.

Schon die wenigen, bisher betrachteten Beispiele organischer Moleküle belegen, wie die Anordnung der C-Atome offenbar *das Gerüst dieser Moleküle* bestimmt. Enthält dieses neben Kohlenstoffatomen noch andere, so wird von *Heteroverbindungen* (Heteromolekülen) gesprochen (Abb. 48f) im Gegensatz zu den

*Homoverbindungen* (Homomolekülen) mit einem allein aus C-Atomen bestehenden
Gerüst. So oder so sind Moleküle *mit offenem Gerüst* zu unterscheiden gegenüber
jenen, welchen ein *ringförmiges Gerüst* eigen ist. Im erstern Falle, bei den Molekülen der *aliphatischen Verbindungen* gibt es *gerade (normale)* neben ein- oder

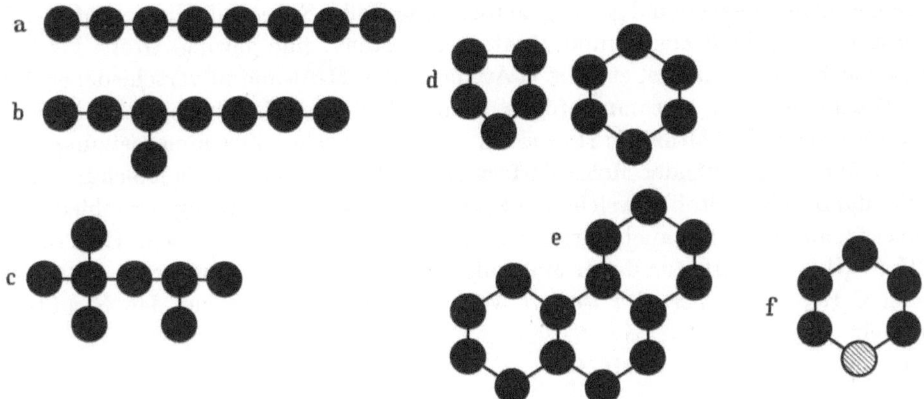

Abb. 48. *Schematische Darstellung der Haupttypen von Kohlenstoffgerüsten organischer Verbindungen:*
a) gerade unverzweigte C-Kette; b) gerade, einfach verzweigte C-Kette; c) gerade, doppelt verzweigte C-Kette
d) einfacher, homozyklischer 5- und 6-Ring; e) System aus drei $C_6$-Ringen; f) heterozyklischer 6-Ring

beidseitig *verzweigten* Kettengerüsten (Abb. 48a gegenüber Abb. 48b und c). Die
den *zyklischen Verbindungen* zugrunde liegenden ringförmigen Moleküle können
*einfache* Ringe aus 3 bis 40 Atomen aufweisen, wobei Ringe aus 5 und vor allem
aus 6 Atomen besonders verbreitet sind (Abb. 48d), oder aber *Mehrfachringe* (zu
Ringsystemen kondensierte Ringe) gemäß Abb. 48e. Neben „*ebenen*" Ringen wie
der Sechserring des Benzols bestehen auch räumlich gebaute, so immer dann,
wenn ein Ring nur C—C-Bindungen enthält wie im Falle des $C_6H_{12}$ der Abb. 49.

Unabhängig von der Art des Mole-
külgerüsts gelten organische Verbindungen, aliphatische und zyklische, als
*gesättigt*, insofern sie *nur einfache* C—C-
Bindungen aufweisen, dagegen als *un-
gesättigt*, wenn neben einfachen Bindungen oder seltener gar ausschließlich
C=C- und (oder) C≡C-Bindungen auftreten. Zusammengefaßt ergibt sich
darnach die in Tab. 9 gegebene erste
Systematik organischer Molekülverbin-

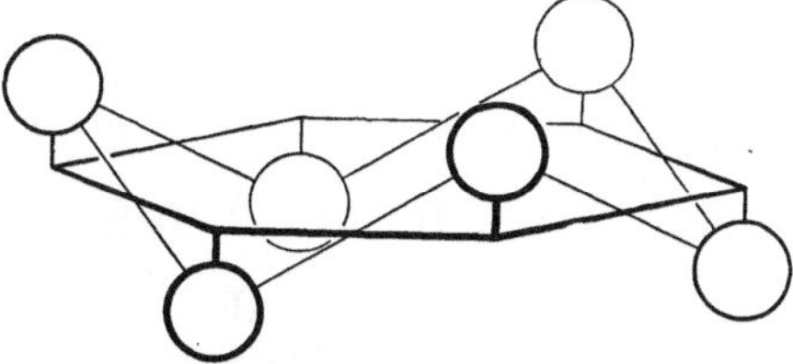

Abb. 49. Kohlenstoffgerüst des Cyclohexans, $C_6H_{12}$,
in der sog. Sesselform. – Beispiel einer gesättigten
zyklischen Verbindung (eines Cycloalkans)

dungen. Bei sehr großen Molekülen verliert sie naturgemäß an Eindeutigkeit,
so etwa, wenn an einem ausgedehnten Kettensystem ein einzelner Ring ange-
hängt erscheint oder an ein Ringsystem Seitenketten beachtlicher Länge anschließen. Wenn im übrigen die vom Benzol sich ableitenden, *aromatischen* Verbindungen als eine Sondergruppe von den übrigen homozyklischen abgetrennt
werden, so deshalb, weil sich die Benzolabkömmlinge trotz ihres ungesättigten
Charakters vielfach wie gesättigte Verbindungen verhalten (siehe S. 84).

Alles bisher Gesagte vermag indes die große Vielfalt organischer Stoffe noch nicht vollends zu begründen, indem daran ein weiterer Umstand, die mannigfachen Erscheinungen einer *Isomerie* wesentlichen Anteil haben. Besteht diese zwar auch bei gewissen anorganischen Molekülverbindungen, so spielt sie erst bei den erheblich größern organischen Molekülen eine entscheidende, die Vielzahl der Verbindungen noch einmal gehörig ausweitende Rolle. Sobald nämlich ein Molekül, selbst wenn es bloß aus C- und H-Atomen besteht, eine gewisse Größe besitzt, lassen sich dessen Atome, etwa $m$ C-Atome und $n$ H-Atome in verschiedener Art zu Molekülen $C_m H_n$ zusammenfügen. Dann aber sind als verschiedene *Isomere* beim gleichen Verhältnis $C : H = m : n$, also bei gleicher Zusammensetzung und daher übereinstimmender Molekularformel *verschiedenartig gebaute* Moleküle möglich, damit aber Stoffe, welche trotz gleicher Zusammensetzung verschiedenen Molekülbau und daher auch unterschiedliche Eigenschaften aufweisen. Gibt es bei $CH_4$, $C_2H_6$ und $C_3H_8$ für deren Moleküle nur eine einzige Bauweise, so bestehen beim $C_4H_{10}$ zwei *unter sich isomere* Verbindungen entsprechend den Strukturformeln

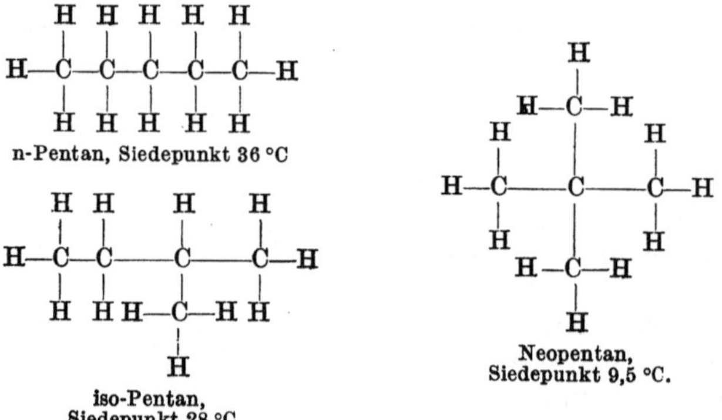

beim $C_5H_{12}$ *drei* Isomere von der Bauweise

Während bei den an erster Stelle stehenden, sog. *normal* (n)-Verbindungen die C-Atome im Sinne der Abb. 44 eine *Zickzack*-Kette (üblicherweise „*gerade*" Kette genannt) bilden, besitzen alle andern, damit isomeren Verbindungen *verzweigte* Kettengerüste aus C-Atomen. Oder es kann das Molekül des n-Pentans aus zwei endständigen $CH_3$-Gruppen und drei dazwischen eingebauten $CH_2$-Gruppen zusammengesetzt werden, das Neopentan hingegen aus vier $CH_3$-Gruppen und einem zentralen C-Atom. Betrifft in dieser Weise die Erscheinung der Isomerie *das Molekülgerüst* als solches, so daß die verschiedenen Isomeren sich voneinander durch eine verschiedene Struktur *(Konstitution)* unterscheiden, so handelt es sich um

**Tabelle 9. Zur Systematik organischer Molekülverbindungen**

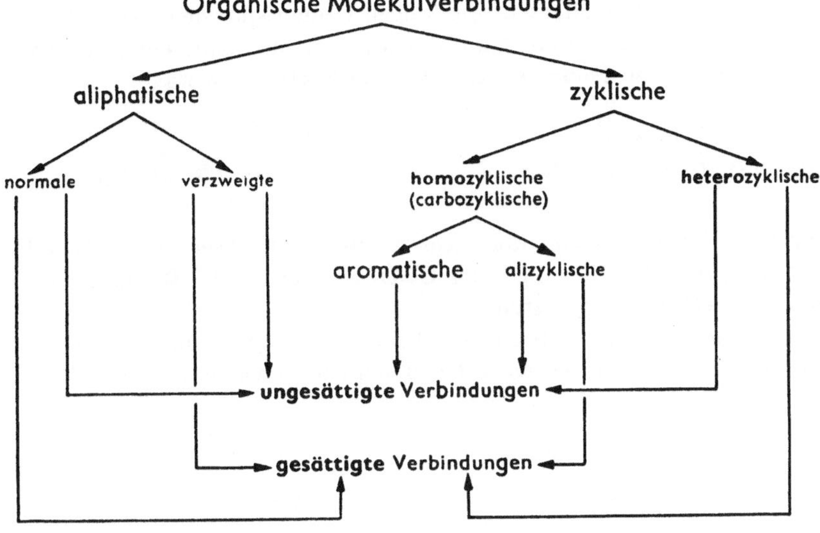


den Fall einer *Strukturisomerie*. Die mögliche Anzahl verschiedener Strukturisomerer nimmt mit größer werdendem Atombestand der Moleküle rasch zu: gehören zum Kohlenwasserstoff $C_9H_{20}$ schon 35 verschiedene Isomere, so existieren im Falle von $C_{30}H_{62}$ bereits deren $4 \cdot 10^9$, bei $C_{40}H_{82}$ gar mehr als $10^{13}$. Nicht weniger mannigfaltig sind die Möglichkeiten einer Strukturisomerie bei ungesättigten Verbindungen, und zwar deshalb, weil hier sehr bald neben mehreren Isomeren vom *aliphatischen* Typ auch solche *zyklischer* Bauweise auftreten. So bestehen bei $C_3H_6$ und $C_4H_8$ als einfachsten Beispielen an aliphatisch ungesättigten und zyklisch gesättigten Verbindungen die folgenden Strukturisomeren

$$CH_2{=}CH{-}CH_3 \quad \text{und} \quad H_2C{-}{-}CH_2 \text{ (mit } \overset{H_2}{C} \text{ darüber), } $$

Propylen (Propen)  —  Cyclopropan

$$CH_3{-}CH_2{-}CH{=}CH_2$$

n-Buten-1

$$CH_3{-}CH{=}CH{-}CH_3$$

n-Buten-2

$$\overset{H_3C}{\underset{H_3C}{>}}C{=}CH_2$$

Isobuten

und

$$\begin{array}{ccc} H_2C & {-}{-} & CH_2 \\ | & & | \\ H_2C & {-}{-} & CH_2 \end{array}$$

Cyclobutan.

Gehört zum Wesen der Strukturisomerie, daß sich die Isomeren jedes für sich rein herstellen (isolieren) lassen, so daß z.B. im einen Fall die Verbindung in der n-Form vorliegt, im andern Fall in der iso-Form, so gilt dies nicht mehr im Falle einer *Tautomerie (Desmotropie)*. Sind nämlich zwei Isomere $I_1$ und $I_2$ von ähnlicher Beständigkeit, so wird sich $I_1$ stets in einem gewissen Ausmaß in $I_2$ umwandeln und umgekehrt $I_2$ im gleichen Betrag in $I_1$. Tautomere Stoffe bestehen darnach im Gegensatz zur überwiegenden Mehrzahl „normaler“ Verbindungen *immer* aus *zwei* unter sich isomeren Molekülarten und zeigen dementsprechend etwa bei Reaktionen stets das Verhalten *beider*, unter sich in einem chemischen Gleichgewicht (siehe S. 223) stehenden Isomeren. Ein Beispiel hierfür ist etwa

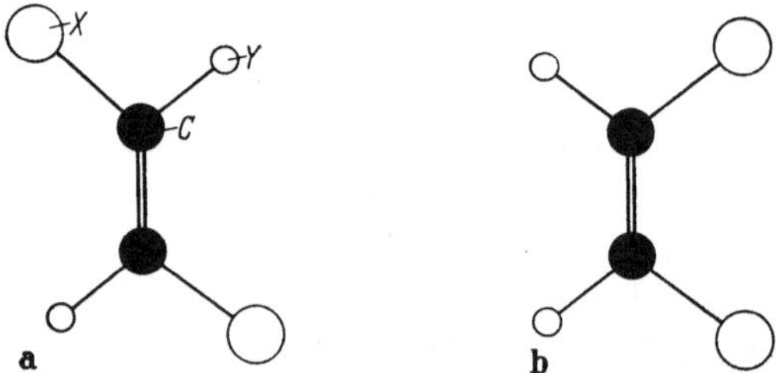

wobei hier der Übergang von der *Keto-* in die *Enol-*Form in der Wanderung eines H-Atoms, der Überführung einer C=O- in eine C–OH-Bindung und einer C–C- in eine C=C-Bindung besteht.

Isomerieerscheinungen – nunmehr solche von der Art einer *Stereoisomerie* – sind aber auch möglich und in der Tat vielfach nachgewiesen zwischen Molekülen

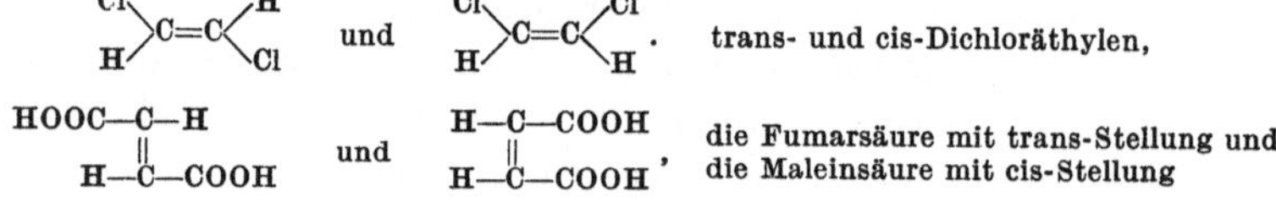


Abb. 50. Trans-, cis-Isomerie im Falle der Verbindung XY C = C YX, links die trans-, rechts die cis-Form. Beispiele dieser Art von Stereoisomerie sind

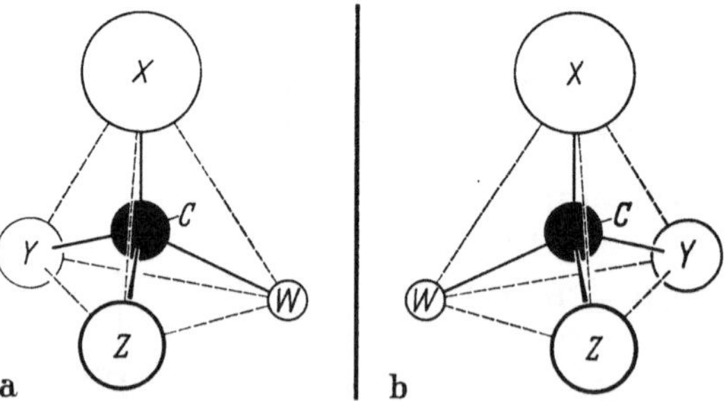


und          und     trans- und cis-Dichloräthylen,

die Fumarsäure mit trans-Stellung und die Maleinsäure mit cis-Stellung



Abb. 51. Im Falle einer Spiegelbildisomerie gruppieren sich um ein sog. asymmetrisches C-Atom die vier verschiedenen Substituenten W, X, Y und Z zu einem *Links-* oder zu einem *Rechts-*Molekül, die sich zueinander gleich der linken zur rechten Hand wie Bild und Spiegelbild verhalten (die Vertikale markiert die Spiegelebene, welche das Links- in das Rechtsmolekül oder umgekehrt das Rechtsmolekül in das Linksmolekül überführt). Ein Beispiel für diese Art von Stereoisomerie ist die Milchsäure mit W = H, X = COOH, Y = OH und Z = CH₃, also die Verbindung (CH₃) ĊH(OH) (COOH) (fett das zentrale, asymmetrische Kohlenstoffatom)

mit *gleicher* Konstitution, also denselben Bauelementen (Radikalen). Sie beruhen darauf, daß in manchen Fällen die *nämlichen* Bauelemente in unter sich verschiedener Lagebeziehung zum Molekül zusammengefügt erscheinen. Die dann bestehenden verschiedenen *Konfigurationen,* wie etwa die in Abb. 50 und 51 zusammengestellten Beispiele, führen wiederum zu Stoffen mit verschiedenen Eigenschaften und damit zu den verschiedenen Stereoisomeren wie einer cis- und trans-Form, von Spiegelbildisomeren u. dgl.

Als Hinweis auf Stereoisomerien *aromatischer* Verbindungen mögen die Isomeren erwähnt werden, welche sich beim Benzol ergeben, falls im Molekül $C_6H_6$ zwei bzw. drei H-Atome durch andere Atome oder Atomgruppen substituiert werden unter Bildung der Verbindungen $C_6H_4X_2$ bzw. $C_6H_3X_3$, in unserem Beispiel $C_6H_4(OH)_2$ und $C_6H_3(OH)_3$:

|  |  |  |
|:---:|:---:|:---:|
| ortho<br>(Brenzkatechin) | meta<br>(Resorcin) | para<br>(Hydrochinon) |
| vicinal<br>(Pyrogallol) | asymmetrisch<br>(Oxyhydrochinon) | symmetrisch<br>(Phloroglucin). |

Wie sich bereits Moleküle verschiedener Struktur gelegentlich leicht ineinander umwandeln können, so daß sie lediglich als tautomeres Gemisch $I_1 \leftrightharpoons I_2$ auftreten, gibt es ebenfalls Stereoisomere, welche, wenn nicht ständig, so doch leicht ineinander übergehen. Entsprechend der freien Drehbarkeit der C—C-Bindung gilt dies

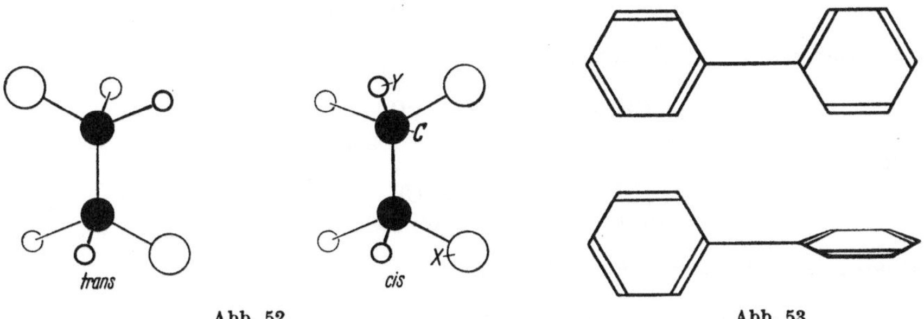


Abb. 52 Abb. 53

Abb. 52. Trans- und cis-Konformation von $XH_2C—CH_2X$ mit freier Drehbarkeit der beiden $CH_2X$-Radikale um die einfache C—C-Bindung

Abb. 53. Strukturformel des Diphenyls und die Kohlenstoffgerüste der beiden Konformationen mit parallel und quer gestellten $C_6$-Ringen

etwa vom cis- und trans-Isomeren $XH_2C—CH_2X$ der Abb. 52 als Beispiel einer *Rotationsisomerie.* Aber auch zu der in Abb. 49 dargestellten Konfiguration des $C_6H_{12}$ (Sesselform) besteht eine weitere als sog. Wannenform, wie auch das Diphenyl in den beiden Konfigurationen mit parallel und quer gestellten $C_6$-Ringen auftreten kann (Abb. 53). Solche durch bloße Verdrehung von Molekülteilen mehr oder weniger leicht ineinander überführbare Formen eines Moleküls werden als dessen *Konformationen* (seine verschiedenen Konstellationen) bezeichnet. Die Häufig-

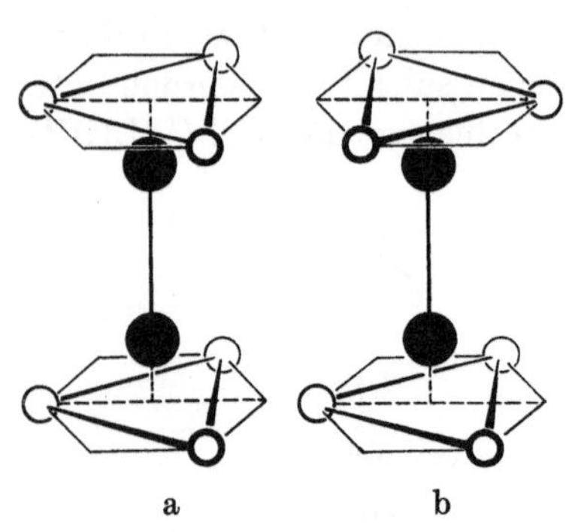

keit, mit welcher gegebene Moleküle die eine oder andere Konformation annehmen, wird naturgemäß dadurch bestimmt, welche der an sich möglichen Konformationen energetisch begünstigt ist. So ist beim $CH_3-CH_3$ die *gestaffelte* Konformation $K_1$ der Abb. 54b mit größtmöglichen Abständen unter den H-Atomen deutlich bevorzugt gegenüber der *ekliptischen* Anordnung $K_2$ der Abb. 54a; es liegt daher das zwischen den beiden Konformationen bestehende Gleichgewicht $K_1 \rightleftharpoons K_2$ deutlich zugunsten von $K_1$. Noch extremer gilt dies im Falle des $C_6H_{12}$, wo auf $10^6$ Moleküle mit der Sesselform nur ein einziges trifft, welches sich in der Wannenform befindet.

Abb. 54. Rechts die gestaffelte, links die ekliptische Konformation des Moleküls $CH_3-CH_3$

In Anwendung des bereits S. 66 über den Bauplan mehrkerniger Moleküle schlechthin Gesagten werden auch organische Moleküle zunächst in *Radikale* zerlegt und diese als *die unmittelbaren Bausteine der Moleküle* betrachtet, wobei die Zentralatome der Radikale ihrerseits das Gerüst des Moleküls im Sinne von S. 76 bilden. Im Falle der Kohlenwasserstoffe gibt es darnach die Radikale

$$CH_3-, \qquad -CH_2-, \qquad -CH-;$$
$$\text{Methyl-,} \qquad \text{Methylen-,} \qquad \text{Methingruppe}$$

dazu aus diesen einfachen Radikalen zusammengesetzte wie

$$CH_3-CH_2-, \qquad CH_3-CH_2-CH_2-,$$
$$\text{Äthyl-,} \qquad\qquad \text{Propylgruppe,}$$

aber auch

$$CH_2{=}CH-, \qquad CH_2{=}CH-CH_2-$$
$$\text{Vinyl-,} \qquad\qquad \text{Allylgruppe}$$

usw.; sodann die vom Benzol sich ableitende

$$C_6H_5-, \qquad C_6H_5-CH_2-, \qquad C_{10}H_7-$$
$$\text{Phenyl-,} \qquad \text{Benzyl-,} \qquad\qquad \text{Naphthylgruppe}$$

usw. Enthält hingegen das Gerüst eines Moleküls Heteroatome wie etwa in den beiden Fällen

$$CH_3-CH_2-CH_2-O-CH_2-CH_2-CH_3,$$

so lassen sich solche Moleküle in einem rein geometrischen Sinne wiederum in die Radikale $-O-CH_2-O-$ bzw. $CH_3-$, $-CH_2-$ und $-CH_2-C-$ mit je einem C-

Atom zerlegen und aus diesen unter Verknüpfung über gemeinsame O-Atome das Molekül aufbauen. Statt dessen ist es in der organischen Chemie üblich, die Moleküle in jene Gruppen von Atomen aufzuteilen, welche als sog. *funktionelle Atomgruppen* ausgetauscht werden. Demgemäß werden in den vorgenannten Beispielen die Atomgruppen $CH_3-$, $-CH_2-$ und $-O-$ unterschieden und damit mancherlei Analogien zwischen organischen Molekülen augenfällig. So etwa zwischen dem ersten Beispiel und dem Cyclohexan der Abb. 49, insofern die drei O-Atome durch weitere $CH_2$-Gruppen ersetzt werden, zwischen dem zweiten Beispiel und dem Paraffin $n$-Heptan $C_7H_{16}$ bei einer gleichartigen Substitution des O-Atoms durch $CH_2$. Randständige Heteroatome werden hingegen dem betreffenden C-Radikal zugerechnet, so daß demgemäß etwa $\begin{array}{c}\diagup\\\diagdown\end{array}C{=}O$, $-C\begin{array}{c}\diagup OH\\\diagdown O\end{array}$ oder $-C\begin{array}{c}\diagup NH_2\\\diagdown O\end{array}$ als Baueinheiten gelten.

Manche organische Radikale können auch für sich als *selbständige Moleküle* bestehen, so etwa das *freie Radikal*

$$
\begin{array}{c}
C_6H_5\\
|\\
C_6H_5-C-\\
|\\
C_6H_5
\end{array}
$$

Triphenylmethyl,

naturgemäß mit der Tendenz zur Reaktion (Dimerisation)

$$2(C_6H_5)_3C \longrightarrow (C_6H_5)_3C-C(C_6H_5)_3,$$

indes in gewissen Fällen dennoch von einer beachtlichen Haltbarkeit, so daß sich freie Radikale in Lösungen oder im festen Zustand längere Zeit erhalten können.

Endlich dient die Zerlegung organischer Moleküle in Radikale seit jeher der *Systematik organischer Verbindungen* unter Zusammenfassung derselben in eine verhältnismäßig kleine Zahl *homologer Reihen*. Sämtliche Glieder einer solchen gehorchen dem nämlichen Strukturprinzip und zeigen daher ein ähnliches chemisches Verhalten, während die meisten ihrer physikalischen Eigenschaften sich von Glied zu Glied einer Reihe sprunghaft ändern, sei es im gleichen Sinn oder aber gesetzmäßig alternierend (Glieder mit gerader Anzahl von C-Atomen durchwegs höhere Schmelzpunkte, Glieder mit ungerader Zahl von C-Atomen niedrigere Schmelzpunkte). Allgemein gilt, daß sich das Glied $n + 1$ einer gegebenen homologen Reihe vom vorangehenden $n \cdot$ Glied durch eine weitere $CH_2$-Gruppe unterscheidet, so etwa bei den Paraffinen $C_6H_{12}$ gegenüber $C_5H_{10}$, bei den Olefinen $C_5H_{10}$ gegenüber $C_4H_8$, aber auch im Falle der Benzolhomologen das Äthylbenzol $C_6H_5-CH_3-CH_2$ gegenüber dem Methylbenzol (Toluol) $C_6H_5-CH_3$. Siehe hierzu die Zusammenstellung der Tab. 10.

Was nach S. 24 und 69 schon für die Eigenschaften homogener und anorganischer Molekülverbindungen maßgebend war, gilt auch für das Verhalten der Stoffe vom Typus organischer Molekülverbindungen. Einmal mehr bestimmen auch bei diesen Art und Intensität der intermolekularen Kräfte die Kohäsionseigenschaften, insbesondere die Lage von Schmelz- und Siedepunkt. Größere und daher schwerere Moleküle ergeben darnach infolge zunehmend größerer Dispersionskräfte erneut fortgesetzt ansteigende Schmelz- und Siedepunkte wie erhöhte Viskosität der flüssigen Phase unter vergleichbaren Bedingungen. Einmal mehr bestimmt sodann die Symmetrie der Moleküle, ob diese Träger permanenter Dipolmomente sein können und daher verstärkte VAN DER WAALSsche Kräfte aufweisen. Ist dies der Fall, so werden die Dipolmomente auch organischer Moleküle um so größer ausfallen, je größer der polare Anteil der einem Molekül eigenen Bindungen. Unter isomeren Verbindungen können die einen – etwa die cis-, ortho- und meta- sowie vicinal- und asymmetrische Form – Dipolmoleküle sein, die andern – beispielsweise die trans-, para- und symmetrische Form – dagegen nicht. Aber auch verschiedene Konformationen werden sich in dieser Beziehung voneinander oft unterscheiden, wie ein Vergleich der beiden Moleküle der Abb. 52 unmittelbar erkennen läßt. In der Tat ist dem $ClH_2C—CH_2Cl$ ein merkliches Dipolmoment eigen, hervorgerufen durch die in der cis-Konformation befindlichen Moleküle.

Hinsichtlich der Stabilität organischer Molekülverbindungen und damit ebenfalls in bezug auf ihre chemische Beständigkeit sind gesättigte Körper irgendwelcher Art ungesättigten stets überlegen. Dabei ist allerdings wiederum zu beachten, daß sich in dieser Beziehung aromatische Verbindungen trotz ihrer Doppelbindungen im $C_6$-Ring weitgehend wie gesättigte verhalten (S. 77). Die Gegenwart gewisser Radikale oder Substituenten vermag endlich bei ganzen Stoffklassen *spezifische* Eigenschaften hervorzurufen, hierunter auch solche von einer hervorragenden technischen Bedeutung. So wird durch den Einbau von Halogenen an Stelle von Wasserstoff die Brennbarkeit organischer Stoffe oft gehörig herabgesetzt (S. 91 und 138), oder es ist u.a. die Gruppe —N=N— der Träger charakteristischer Färbungen (bei den sog. Azofarbstoffen), während das Radikal—$NO_2$ manchen Nitroverbindungen den Charakter von Explosivstoffen (S. 213) verleiht.

### Tabelle 10. Haupttypen organischer Molekülverbindungen

I. **Kohlenwasserstoffe,** *Grundverbindungen aus C und H* mit den folgenden wichtigen *homologen Reihen*

1. **Paraffine (Alkane),** $C_nH_{2n+2}$, *nur* mit C—C-Bindungen

normale          $CH_4$          $CH_3—CH_3$          $CH_3—CH_2—CH_3$     $CH_3—CH_2—CH_2—CH_3,\ldots$
*(n-Paraffine)*          + $CH_2$          + $CH_2$          + $CH_2$
    Methan   Äthan    Propan     n-Butan

mit *primären* H—C— und *sekundären* —C— Kohlenstoffatomen

verzweigte *(iso-Paraffine)* z.B. $CH_3—C—CH_3$ mit $CH_3$

iso-Butan

zusätzlich mit *tertiären* H—C— bzw. auch *quartären* —C— Kohlenstoffatomen

**2. Cycloalkane,** $C_nH_{2n}$, *nur* C—C-Bindungen

Ringe aus —$CH_2$— wie z.B.

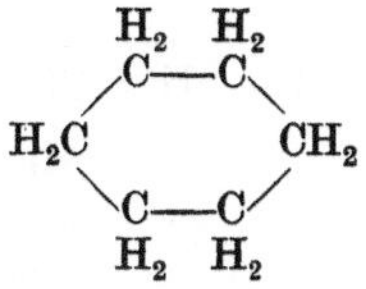

$$\begin{array}{c}
H_2\ \ H_2\\
C—C\\
H_2C\qquad\qquad CH_2\\
C—C\\
H_2\ \ H_2
\end{array}$$

Cyclohexan

**3. Mono-Olefine (-Alkene),** $C_nH_{2n}$, mit einer C=C-Bindung

$$CH_2{=}CH_2 \qquad CH_2{=}CH{-}CH_3 \qquad CH_2{=}CH{-}CH_2{-}CH_3\,,\ldots$$

Äthylen        Propylen        n-Butylen

**4. Poly-Olefine (-Alkene),** mit zwei und mehr C=C-Bindungen

**Di-ene** mit *zwei* C=C-Bindungen, z.B. $CH_2{=}CH{-}CH{=}CH_2$

Butadien

**Tri-ene** mit *drei* C=C-Bindungen, z.B. $CH_2{=}CH{-}CH{=}CH{-}CH{=}CH_2$;

dabei nach der Verteilung der C=C- und der C—C-Bindungen

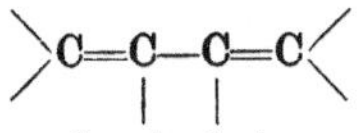

$$\underset{konjugierte}{\rangle C{=}C{-}C{=}C\langle}\qquad
\underset{kumulierte}{\rangle C{=}C{=}C\langle}\qquad
\underset{isolierte}{\rangle C{=}C{-}C{-}C{=}C\langle}\qquad
\text{Doppelbindungen}$$

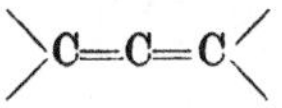

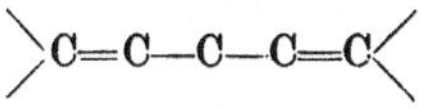

**5. Acetylene (Alkine),** mit C≡C-Bindungen

$$CH{\equiv}CH \qquad CH{\equiv}C{-}CH_3\,,\cdots$$

Acetylen

**6. Benzolhomologe,** mit einem Benzolkern

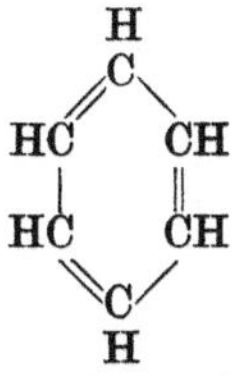

Benzol 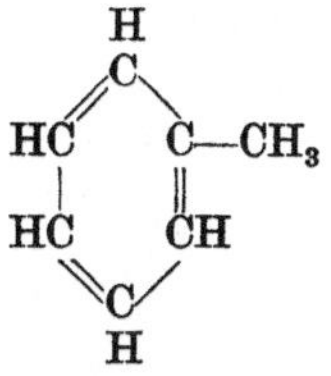       Toluol 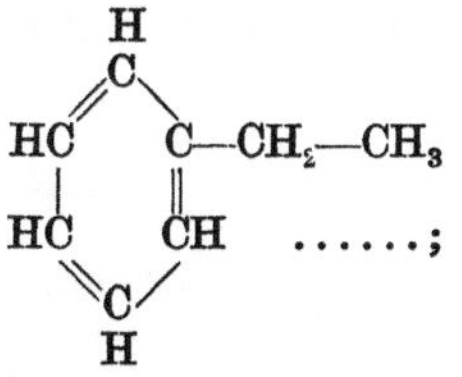       Äthylenbenzol 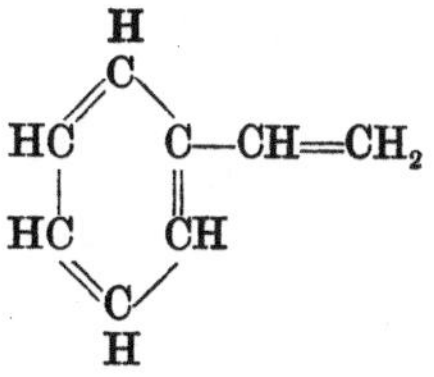       Styrol

**7. Naphthalinhomologe,** mit einem Ringsystem aus zwei Benzolkernen

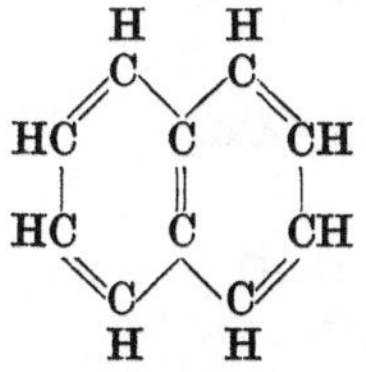

Naphthalin 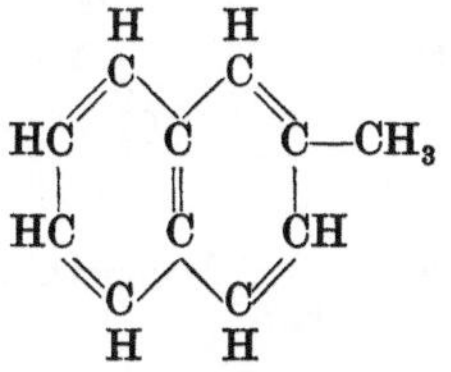       Methylnaphthalin

**II. Sauerstofforganische Verbindungen,** neben C und H *noch* O enthaltend

**1. Hydroxyverbindungen** mit OH-Gruppen

     a) *Alkohole*, mit OH-Gruppe an *gesättigtem* Kohlenstoffatom, und zwar

        *primäre*       *sekundäre*       *tertiäre*    Alkohole

   mit —$CH_2OH$       $\rangle CHOH$       —$\overset{\displaystyle |}{\underset{\displaystyle |}{C}}OH$    Gruppe,

|  |  |  |  |  |
|---|---|---|---|---|
| bzw. *einwertige* | *zwei*wertige | *drei*wertige | *vier*wertige | Alkohole |
| mit einer | zwei | drei | vier | OH-Gruppen |

wie $CH_3OH$      $HO—CH_2—CH_2—OH$      $CH_2—OH$      $C(CH_2—OH)_4$

    Methanol       Äthylenglykol       |      Pentaerythrit

$CH_3—CH_2—OH$               $CH—OH$

    Äthanol                 |

                               $CH_2—OH$

    Monoalkohole                Glycerin

                           Polyalkohole

Neben diesen *gesättigten* Alkoholen gibt es auch *ungesättigte* wie z.B.

$CH_2{=}CH—CH_2—OH$
    Allylalkohol

Hieraus durch Ersatz des H-Atoms der OH-Gruppe durch $R^1$: *Äther*

z.B. $CH_3—OH \rightarrow CH_3—O—CH_3$; $C_2H_5—OH \rightarrow C_2H_5—O—CH_3$, $C_2H_5—O—C_2H_5$, ...
     Dimethyläther                                Diäthyläther

mit Säuren, organischen oder anorganischen: *Ester*

z.B. $CH_3COOCH_3$; $(CH_3)_3PO_4$, $(CH_3)_2SO_4$, $(CH_3)HSO_4$, ...

b) *Enole*, mit OH-Gruppe an *ungesättigtem* Kohlenstoffatom

z.B. Phenole mit der OH-Gruppe an Benzolkern

$C_6H_5(OH)$       $C_6H_4(OH)_2$       $C_6H_3(OH)_3$
   Mono-           Di-           Tri-Phenol

**2. Oxoverbindungen,** mit der Gruppe $>C{=}O$

a) *primäre*, sog. *Aldehyde*, mit der Gruppe $\overset{R}{\underset{H}{>}}C{=}O$

z.B.    $\overset{H}{\underset{H}{>}}C{=}O$      $\overset{H}{\underset{H_3C}{>}}C{=}O$      $\overset{H}{\underset{H_5C_6}{>}}C{=}O$
     Formaldehyd      Acetaldehyd      Benzaldehyd

b) *sekundäre*, sog. *Ketone*, mit der Gruppe $\overset{R}{\underset{R'}{>}}C{=}O$

z.B.    $\overset{H_3C}{\underset{H_3C}{>}}C{=}O$      $\overset{CH_3—CH_2}{\underset{CH_3}{>}}C{=}O$      $\overset{CH_2—CH_2}{\underset{CH_2—CH_2}{>}}C{=}O$
     Aceton

c) *Ketene*, mit der Gruppe $\overset{R}{\underset{R'}{>}}C{=}C{=}O$, wie $CH_2{=}C{=}O$
                                          Keten

**3. Carbonsäuren,** mit der Gruppe $—C{\overset{\displaystyle O}{\underset{\displaystyle OH}{<}}}$

a) *Monocarbonsäuren* (einwertige) mit *einer* COOH-Gruppe

wie $H—COOH$      $CH_3—COOH$      $CH_3—CH_2—COOH$, ...;      $C_6H_5—COOH$
   Ameisensäure      Essigsäure        Propionsäure        Benzoesäure

---

[1] R und R' bedeuten irgendwelche Radikale; solche der Paraffinreihe heißen *Alkyl-*, der Olefinreihe *Alkylen*reste, der aromatischen Kohlenwasserstoffe dagegen *Aryl*reste oder auch einfach Alkyle, Alkylene bzw. Aryle usw.

### Fettsäuren

b) *Polycarbonsäuren* (*mehr*wertige) mit *mehreren* COOH-Gruppen

z. B. $HOOC-COOH$   $HOOC-CH_2-COOH$   $HOOC-CH_2-CH_2-COOH$, ...;
　　　Oxalsäure　　　　　　Malonsäure　　　　　　　　Bernsteinsäure

$C_6H_4(COOH)_2$
Phthalsäure

Statt der zuvor aufgezählten *gesättigten* Säuren gibt es auch *ungesättigte* wie z. B.
$CH_2=CH-COOH$ als einwertige, $HOOC-CH=CH-COOH$ als zweiwertige usw.
　　　　　　　　　　　　　　　　　　　　　Maleinsäure

Hieraus mit Alkoholen durch Veresterung: *Ester*

z. B. $CH_3-COOH + CH_3-CH_2OH \rightleftharpoons CH_3-COO-CH_2-CH_3 + H_2O$

mit Laugen durch Neutralisation (Verseifung): *Salze*

z. B. $CH_3-COOH + NaOH \rightarrow (CH_3COO)Na + H_2O$, Salze vor allem mit Li, Na, K,
Ca, Ba, Pb = *Seifen*

### 4. Derivate des Kohlendioxids $CO_2$

z. B. aus $O=C=O \rightarrow O=C\begin{smallmatrix} Cl \\ Cl \end{smallmatrix}$,   $O=C=NH$,   $S=C=S$,   $O=C\begin{smallmatrix} NH_2 \\ NH_2 \end{smallmatrix}$
　　　　　　　　　　　Phosgen　　　Isocyansäure　　Schwefel-　　　Harnstoff
　　　　　　　　　　　　　　　　　　　　　　　　kohlenstoff

## III. Stickstofforganische Verbindungen, neben C und H *stets noch* N, dazu allenfalls auch O enthaltend

1. **Amine,** mit den Gruppen　　$-NH_2$　　　　$\diagdown NH \diagup$　　　　$-N\diagdown$
(NH$_3$-Derivate)

　　　　　　　　　　　　　　*primäre*　　　　　*sekundäre*　　　*tertiäre* Amine,

z. B.　　$CH_3-NH_2$　　　$\begin{smallmatrix} CH_3 \\ CH_3 \end{smallmatrix} NH$　　　$(CH_3)_3N$

$C_6H_5-NH_2$　　　$(C_6H_5)_2-NH$　　　$(C_6H_5)_3N$
Anilin

2. **Verbindungen mit N—N-Bindungen**
Derivate des Hydrazins $H_2N-NH_2$ wie $(C_6H_5)HN-NH_2$, $(C_6H_5)HN-NH(C_6H_5)$, ···
mit einer *einfachen* N—N-Bindung

Diazoverbindungen mit *Mehrfach*bindungen unter N-Atomen

3. **Nitrosoverbindungen,** mit der Gruppe $-NO$
4. **Nitroverbindungen,** mit der Gruppe $-NO_2$
　　　　z. B.　　$CH_3-NO_2$,　　$C_6H_5(NO_2)$　　$C_6H_4(NO_2)_2$　　$C_6H_3(NO_2)_3$
　　　　　　　　　　　　　　　　　Mono-　　　　　Di-　　　　Tri-nitrobenzol

5. **Nitrile,** mit der Gruppe $-C\equiv N$, u. a.
　　　　wie　　$H-C\equiv N$　　　$N\equiv C-OH$
　　　　　　　　Blausäure　　　　　Cyansäure

## IV. Schwefelorganische Verbindungen, S enthaltende organische Verbindungen

1. **Mercaptane** und **Thiophenole** mit der Gruppe $-SH$, diese bei den erstern an einen
Alkyl-, ... rest gebunden, bei den letztern an ein aromatisches Radikal; Verknüpfung
mehrerer $-SH$-Gruppen gibt höhere Verbindungen *mit S—S-Bindungen*, z. B. aus
$R-SH + HS-R \rightarrow R-S-S-R$ (Dialkyl-disulfid);

**Thioäther** mit der Gruppe $-S-$, z. B. $CH_3-S-CH_3$
2. **Sulfinsäuren** mit der Gruppe $-SO_2H$
3. **Sulfonsäuren** mit der Gruppe $-SO_3H$

**V. Halogenorganische Verbindungen,** vor allem durch Ersatz von H, *einem* oder *mehreren*, durch F, Cl, Br oder J

   **1. Alkyl-, Alkenyl-, ... halogenide R—Hal**

     z.B. $CH_3Cl$, $CH_2Cl_2$, $CHCl_3$,    $CCl_4$,    $CF_2Cl_2$,   $Cl_3C$—$CH_2Cl$, ... Halogen-Paraffine
                  Chloroform  Tetra-
                        chlorkohlenstoff

     $CF_2{=}CF_2$,  $CH_2{=}CHCl$,  $CH_2{=}CCl_2$, ...           Halogen-Olefine
               Vinylchlorid

     $HC{\equiv}CCl$,       $ClC{\equiv}CCl$                  Halogen-Acetylene

   **2. Arylhalogenide,** mit Bindung des Halogens an einen Benzolkern

     z.B. $C_6H_5Cl$,       $C_6H_4Cl_2$,      $C_6H_3Cl_3$, ...
        Mono-          Di-        Tri-chlorbenzol

**VI. Halbmetallorganische Verbindungen,** vor allem mit Si, B und P, wobei Si *an Stelle von* C treten, dazu auch B + N *an Stelle von zwei* C, usw.

    Derart aus $CH_3$—$CH_3 \to CH_3$—$SiH_3$, $C(CH_3)_4 \to Si(CH_3)_4$, $CH_3OH \to SiH_3OH$ usw.
    oder aus $C_6H_6$ bzw. $C_6H_3(CH_3)_3$

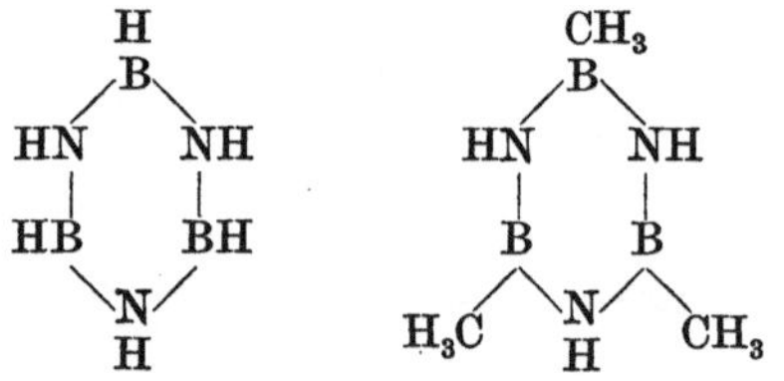

$$
\begin{array}{ccc}
\text{H} & \qquad\qquad & \text{CH}_3 \\
\text{B} & & \text{B} \\
\text{HN}\quad\text{NH} & & \text{HN}\quad\text{NH} \\
\text{HB}\quad\text{BH} & & \text{B}\quad\text{B} \\
\text{N} & & \text{H}_3\text{C}\quad\text{N}\quad\text{CH}_3 \\
\text{H} & & \text{H}
\end{array}
$$

**VII. Metallorganische Verbindungen,** mit *direkt* an Kohlenstoff gebundenen *Metallatomen* vom allgemeinen Typus Me—R

    wie etwa Na—$C_2H_5$, $Pb(CH_3)_4$ und $Pb(C_2H_5)_4$, $Al(CH_2$—$CH_2$—$CH_3)_3$, ... Alkylverbin-
                  Bleitetra-                           dungen
                     methyl          äthyl

    oder Li—$C_6H_5$, $Fe(C_5H_5)_2$, $Cr(C_6H_6)_2$, ...
            Ferrocen   Dibenzolchrom

    „*Sandwich-Verbindungen*" mit Me-Atom zwischen C-Ringen

## Die Kennzeichnung von Molekülverbindungen

Bei der Aufgabe, reine Stoffe vom Charakter von Molekülverbindungen – anorganischen oder organischen – zu kennzeichnen, verfährt der Chemiker allgemein in folgender Weise:

1. Zunächst gibt er sich Rechenschaft darüber, daß es sich bei der fraglichen Substanz tatsächlich um einen *reinen* Stoff handelt, was er gemäß S. 56 mit dem Nachweis eines scharfen Schmelz- *und* Siedepunktes als erwiesen betrachtet.

2. Aus der anschließend durchgeführten chemischen *Analyse* (siehe S. 61) ergeben sich die in der Verbindung enthaltenen Elemente A, B, C, ... und deren mengenmäßiger Anteile in Gew.-%. Aus diesen folgt durch Division durch die Atomgewichte von A, B, C, ... unmittelbar das Verhältnis $A : B : C : ... = m : n : p : ...$ und damit die *Bruttoformel* der Verbindung als $(A_mB_nC_p...)_x$, wobei $m, n, p, ...$ stets relativ kleine ganze Zahlen darstellen, entsprechend der Tatsache, daß aus Molekülen bestehende Verbindungen ausnahmslos zu den Daltoniden (S. 56) gehören. Beispiel: Ergebnis der Analyse C 40,0 Gew.-%, H 6,7 Gew.-%, O 53,3 Gew.-%, somit $C : H : O = 40,0/12,000 : 6,7/1,008 : 53,3/15,999 = 3,33 : 6,66 : 3,33 = 1 : 2 : 1$, Bruttoformel demzufolge $(CH_2O)_x$.

3. Der Ermittlung des Wertes von $x$ (auch dieser wiederum notwendig eine ganze Zahl), also dem Entscheid darüber, ob in unserem Beispiel Moleküle $(CH_2O)$, $(C_2H_4O_2)$, $(C_3H_6O_3)$, ... vorliegen, dient die *Molekulargewichtsbestimmung*, nämlich die Bestimmung des relativen Gewichts M eines Moleküls, wenn wiederum, wie bereits S. 6, dem Sauerstoffatom das Gewicht 15,9994 zugeschrieben wird. Während M gleich den Atomgewichten eine dimensionslose Zahl bedeutet, werden unter dem *Mol* oder *Grammolekül* der Verbindung M Gramm derselben verstanden und ergibt sich das absolute Gewicht eines einzelnen Moleküls analog

S. 7 zu $M/0{,}6023 \cdot 10^{24}$ g $= 1{,}66$ M $\cdot 10^{-24}$ g. Methoden zur Molekulargewichtsbestimmung bei *niedrigmolekularen* Verbindungen (allgemein Verbindungen mit M unter 1000): aus der Gas-(Dampf-)dichte unter Anwendung des Gesetzes von AVOGADRO, aus der Dampfdruckerniedrigung geeigneter Lösungen sowie vor allem aus deren Gefrierpunktserniedrigung. Kenntnis des Molekulargewichts gestattet die Bestimmung von $x$ und damit die Aufstellung der *Molekularformel* der Verbindung. Beispiel: Im Falle der oben betrachteten Verbindung $(CH_2O)_x$ wird M $= 60$ gefunden; das aber heißt unmittelbar $x = 2$, indem für $x$ $= 1$ M $= 12 + 2 \cdot 1 + 16 = 30$ wäre.

4. Mit der Molekularformel ist erst der *Atombestand* der Moleküle bekannt, indessen noch nichts über die näheren Beziehungen, welche unter den Atomen eines Moleküls bestehen und dessen besondere *Struktur* bestimmen. Um die Konstitution der Moleküle aufzuklären, werden an der fraglichen Substanz in größerer oder kleinerer Anzahl (je nach der Größe und der Bauweise des Moleküls) charakteristische *Abbau-* und *Umbaureaktionen* vorgenommen. Im Anschluß an dieses, zunächst rein „analytische" Vorgehen wird in umgekehrter Weise die *Synthese* des interessierenden Stoffes durchgeführt, wobei dieser derart aus einfacheren Stoffen aufgebaut wird, wie es der gefundenen (oder doch für wahrscheinlich gehaltenen) Strukturformel entspricht. Identität des synthetisch gewonnenen Produkts mit dem Ausgangsstoff bildet schließlich den endgültigen Beweis für die gelungene *Konstitutionsaufklärung*.

Handelt es sich um die bloße *Identifikation* einer unbekannten Molekülverbindung, so genügt hierzu die Ermittlung der Molekularformel, insofern (wie im Falle der meisten anorganischen Verbindungen) Isomerieerscheinungen irgendwelcher Art (S. 78) ausgeschlossen sind. Sobald jedoch die Möglichkeit dazu besteht, sind an der fraglichen Substanz noch einzelne physikalische Konstanten (Schmelzpunkt, Siedepunkt, Lichtbrechung usw.) zu bestimmen, um gestützt darauf angeben zu können, *welche* der möglichen *isomeren Verbindungen* vorliegt. Bei festen, polymorphen Molekülverbindungen endlich ist eine ergänzende Bestimmung der Symmetrie der Kristalle erforderlich, insofern die *Modifikation* interessiert, in welcher die Verbindung vorliegt.

5. Soll über das stereochemische Bild der Strukturformel hinausgehend der eigentliche Bau von Molekülen abgeklärt, also etwa zwischen den Molekülformen b und c bzw. d und e der Abb. 39, S. 66, entschieden werden, so kommen hierfür vor allem physikalische Messungen in Frage, wie sie der Bestimmung von Dipolmomenten dienen, auf spektroskopischen Untersuchungen oder Interferenzversuchen mit Röntgen- oder Elektronen(Kathoden)strahlen beruhen. Einzelne gestatten überdies *absolute* Dimensionen der Moleküle experimentell zu ermitteln, also z.B. die absolute Größe der Bindungsabstände und der „Valenzwinkel" (Winkel zwischen den Verbindungsgeraden unter den Atomschwerpunkten), dazu die innere Dynamik von Molekülen zu untersuchen u. dgl. mehr.

### Literatur zur organischen Chemie

#### *Lehrbücher*


DIELS, O.: Einführung in die organische Chemie, 1964;

FIESER, L. F. u. M. FIESER: Lehrbuch der organischen Chemie, 1960;

HOPFF, H.: Grundriß der organischen Chemie, 1956;

HOLLEMAN, A. F. u. F. RICHTER: Lehrbuch der organischen Chemie, 1961;

KARRER, P.: Lehrbuch der organischen Chemie, 1959;

KLAGES, F.: Lehrbuch der organischen Chemie (3 Bände), 1959;

ROBERTS, J. D. and M. C. CASERIO: Basic Principles of Organic Chemistry, 1964;

HOUBEN, J. u. TH. WEYL: Methoden der organischen Chemie, 1952;

HÜCKEL, W.: Theoretische Grundlagen der organischen Chemie, (2 Bände), 1956/57;

STAAB, H. A.: Einführung in die theoretische organische Chemie, 1960;

WHELAND, G. W.: Resonance in Organic Chemistry, 1955;

und dazu das *Sammelwerk*

BEILSTEIN: Handbuch der organischen Chemie (derzeit in 5. Auflage, herausgegeben vom Beilstein-Institut, Frankfurt a.M.).

### § 15. Molekülverbindungen im technischen Einsatz

Nach allem in den §§ 13 und 14 über Molekülverbindungen, anorganische und organische, Gesagten können sich solche *nicht als Konstruktionsmaterialien* der Technik eignen; dennoch gibt es manche Molekülverbindungen, welche *andern technischen* Zwecken dienen. Zunächst geschieht es überall dort, wo immer Gase oder Flüssigkeiten mit ihrer geringen Konsistenz und ihrer dementsprechend leichten „Formbarkeit" und großen „Beweglichkeit" als *Transport-* und *Formungsmedien* herangezogen werden. So werden feste Stoffe vielfach in Gasen, zumeist einfach in Luft, zu feinem Staub dispergiert, darin in Schwebe gehalten und das Ganze nach Art der Staubfließverfahren umgewälzt und transportiert. In andern Fällen werden feste Stoffe, gelegentlich auch flüssige in einer Flüssigkeit fein zerteilt und darnach diese Suspensionen (Emulsionen) bald injiziert, aufgespritzt oder aufgestrichen, bald durch Vergießen, Spritzen oder Pressen in die gewünschte Form gebracht. Statt dessen können feste Stoffe in geeigneten flüssigen *Lösungsmitteln* gelöst werden, um darnach diese Lösungen ähnlich zu verarbeiten wie zuvor. So oder so soll sich in der Folge aus einer Suspension oder Lösung durch Absetzen oder Ausscheidung der feste Stoff unter gleichzeitiger Verdunstung des flüssigen rückbilden, nunmehr aber in besonderer Verteilung, als Film bzw. Überzug oder als Körper gegebener Form (an Beispielen hierfür siehe die im § 43 zu betrachtenden Anstrichstoffe oder die S. 189 geschilderte Formgebung keramischer Werkstoffe). Außerdem werden manchen festen Stoffen flüssige Molekülverbindungen auch beigemischt, dann allerdings meist nur in geringer Menge, damit sie *dauernd* darin verbleiben, um gewisse Eigenschaften des festen Stoffes passend zu beeinflussen, denselben z.B. schmiegsamer, allgemein leichter verformbar zu machen. Eine solche, vor allem durch Zugabe flüssiger organischer Verbindungen erfolgende *Weichmachung* spielt bei gewissen Kunststoffen (S. 137), dazu ebenfalls bei bituminösen Massen eine erhebliche Rolle.

Außer zum Transport von Stoffen dienen Gase und Flüssigkeiten aus Molekülverbindungen nicht weniger der *Energieübertragung*, sei es, um *mechanische* Energie aufzufangen oder zu übertragen, oder handle es sich darum, *Wärme* zu übertragen, auszutauschen oder abzuführen. So sind etwa Molekülverbindungen wie $NH_3$, $CO_2$, $SO_2$, $CH_3Cl$, $CF_2Cl_2$ und $CF_3Cl$ neben $H_2O$ die gebräuchlichsten *Kältemittel*, während Glycerin, Trikresylphosphat, Diphenyl u. a. sich in besonderer Weise zur *Wärmeübertragung* eignen, sodann als *Bremsflüssigkeiten*, in *Stoßdämpfern* und *Pumpen* in Form ausgesuchter Öle Gemische von Kohlenwasserstoffen Anwendung finden.

In andern Fällen wiederum sollen Gase oder Flüssigkeiten *den Kontakt zwischen festen Stoffen*, vorab metallischen, verhindern. Zum Zwecke der Isolation gegen einen Durchgang von elektrischem Strom wird aus der Tatsache Nutzen gezogen, daß Molekülverbindungen nur eine minimale elektrische Leitfähigkeit aufweisen, und werden hierzu jene ausgewählten Verbindungen verwendet, welche nach Tab. 25 (S. 136) *den gasförmigen und flüssigen Isolierstoffen der Elektrotechnik* zugrunde liegen. Um eine mechanische Berührung zwischen mindestens partiell bewegten Teilen zu vermeiden, bedarf es jener flüssigen oder halbfesten, allenfalls auch gasförmigen Molekülverbindungen, aus welchen nach S. 279 die mannigfachen *Schmiermittel* bestehen.

Nicht selten können solche und ähnliche Aufgaben sehr wohl mit natürlichen, unmittelbar verfügbaren Molekülverbindungen, in reiner Form oder als Gemisch vorhandenen, erfüllt werden, so in zahlreichen Fällen unter Verwendung von *Luft* (als natürlichem Gasgemisch aus 78,09 Vol.-% $N_2$, 20,95 Vol.-% $O_2$, etwas $CO_2$ und Spuren von $H_2$ und der Edelgase) sowie des *Wassers*, sei es in seiner natürlichen Form oder, wie es die Regel bedeutet, nach einer geeigneten Aufbereitung (siehe § 28, S. 194). Der Einsatz anderer *besonderer* Molekülverbindungen, aus Naturstoffen gewonnener oder eigens hergestellter, ist dagegen notwendig im Kontakt mit Stoffen, welche bereits bei gewöhnlicher Temperatur vorab mit dem Sauerstoff der Luft oder mit $H_2O$ chemische Reaktionen eingehen. Gleiches ist sodann geboten, wenn besondere Ansprüche etwa an das Wärmeaufnahmevermögen oder die elektrische Isolation gestellt werden, um beispielsweise mit einer möglichst kleinen Stoffmenge (Schichtdicke) die notwendige Wirkung zu erzielen. Chemisch *inertes* Verhalten, also geringste Neigung zu chemischen Reaktionen wird Molekülverbindungen *besonderer Stabilität* eigen sein, worauf die Verwendung von $N_2$ oder gar der Edelgase als qualifizierten *Schutzgasen* auch bei erhöhter Temperatur beruht. Aus ähnlichen Gründen kommen unter den flüssigen elektrischen Isolierstoffen als *Transformatorenöle* bevorzugt Gemische *gesättigter* Kohlenwasserstoffe (paraffinischer oder zyklisch gebauter, naphthenischer) zum Einsatz (als sog. Mineralöle werden auch diese nach S. 201 dem Erdöl entnommen; dabei bestehen diese Öle üblicherweise aus Kohlenwasserstoffen mit ungefähr 20 C-Atomen und sollen unter

diesen möglichst wenige tertiäre C-Atome, also $\rangle$CH—Gruppen, vorkommen, da

solche mit Sauerstoff bevorzugt reagieren unter Verharzung des Öls und Bildung organischer Säuren). Wie allen, so haftet auch diesen an sich zwar reaktionsträgen Kohlenwasserstoffen der schwerwiegende Nachteil an, brennbar zu sein. Nicht, auf jeden Fall nurmehr schwer brennbar sind demgegenüber *synthetische* Transformatorenöle aus chlorierten oder fluorierten, vorwiegend aromatischen Kohlenwasserstoffen wie z. B. Pentachlordiphenyl oder Trichlorbenzol (letzteres als $C_6H_3Cl_3$ aus Benzol zu erhalten durch Ersatz von drei H- durch drei Cl-Atome). *Halogenverbindungen* wie $CF_4$, $CCl_4$, $CF_2Cl_2$, dazu auch $SF_6$, sodann ebenfalls die *Halogene* selber besitzen gleicherweise eine ausgezeichnete Stellung unter den gasförmigen Isolierstoffen, indem sie die höchsten Durchschlagspannungen ergeben, welche sich bei Gasen erzielen lassen. Für die Spannung des elektrischen Durchschlages durch ein Gas ist nämlich nicht allein das Ionisierungspotential seiner Atome (Moleküle) nach S. 38 maßgebend. Noch bedeutsamer ist vielmehr deren *Elektronenaffinität*, also die Neigung der Atome, im Sinne der Reaktion $A + e \rightarrow A^-$ freie Elektronen, wie sie bei Gasentladungen entstehen, einzufangen und damit die zunehmende Ionisation des Gases durch Elektronenstoß zu unterbinden.

Im Gegensatz zu dieser technischen Anwendung von Molekülverbindungen *als solcher* nutzt die Technik in großem Maßstab und mannigfacher Art die ihnen zumeist eigentümliche *Befähigung zu chemischen Reaktionen*. Sie tut es keineswegs bloß im Rahmen der chemischen Industrie, sondern oftmals auch bei der Verarbeitung von Werkstoffen und der Erzeugung von Energie auf dem Wege chemischer Reaktionen. Davon wird später noch ausführlich die Rede sein.

# Makromolekulare chemische Verbindungen

An sich unbegrenzte, ihrem Wesen nach wiederum beliebige Größe erreichende, *heterogene* Atomverbände – also *makromolekulare* Verbände aus *mehrerlei* Atomen – ergeben sich nach Tab. 5 (S. 50) in *drei* Fällen:

Zunächst *immer* dann, wenn sich in ein und demselben Atomverband *mehrere* Sorten von *Metallatomen* vereinigen, wie bei den *Substitutionsmischkristallen der Reinmetalle* und den *intermetallischen Verbindungen* (§ 16),

ferner zur großen Regel bei der Verbindung von *Metallen und Nichtmetallen*, also beim *Gros der anorganischen Verbindungen* (§ 17) und

schließlich bei den *makromolekularen organischen Verbindungen* (§ 18).

Makromolekulare Verbindungen aller drei Kategorien liegen *den Bau- und Werkstoffen jeder Art* zugrunde, indem *einzig* Stoffe von einer *makromolekularen* Bauweise – die bereits in § 6 und § 7 betrachteten, elementaren und die in der Folge zu behandelnden, zusammengesetzten – im Gegensatz zu den Molekülverbindungen über die für irgendwelche Konstruktionsmaterialien *notwendige Kohäsion* verfügen. Die für eine zutreffende Beurteilung von Werkstoffen in chemischer Beziehung notwendigen Grundlagen kann daher allein *die Chemie makromolekularer Stoffe* liefern, von welcher im folgenden die Rede sein wird.

## § 16. Substitutionsmischkristalle der Reinmetalle und intermetallische Verbindungen

Beide, *die Substitutionsmischkristalle der Reinmetalle* (siehe hierzu bereits S. 58) und *die intermetallischen Verbindungen* (Kristallarten) gehören mit ihren mehrerlei Atomarten und ihrem noch völlig oder doch noch weitgehend metallischen Verhalten nach der in Tab. 11 gegebenen *Einteilung der metallischen Stoffe* zu den *Legierungen*; ja es bilden unter diesen die Substitutionsmischkristalle der Reinmetalle Fe, Al, Cu, Ni, Mg, Zn, Sn und Pb gar die technisch wichtigsten Vertreter.

Ob sich vom Reinmetall A als *Grund(Basis)metall* der Legierung ausgehend durch Zugabe eines oder mehrerer anderer Metalle B, C, ... als *legierende Bestandteile* in Form *binärer* Substitutionsmischkristalle (A, B) oder *ternärer* (A, B, C) usw. in einem größeren oder kleineren Ausmaß (über einen größeren oder kleineren *Homogenitätsbereich*) *homogene* Legierungen – also solche aus einerlei Kristallen, nämlich den Mischkristallen (A, B) oder (A, B, C) usw. – ergeben, wird durch die zwischen den Reinmetallen A und B oder A, B und C bestehende *Mischbarkeit* bestimmt. Unter sich *vollkommen* mischbaren, lückenlose Mischkristallreihen A ... (A, B) ... B bildenden Reinmetallen stehen solche mit beidseitig oder einseitig *beschränkter* Mischbarkeit und schließlich völlig *unmischbare* Reinmetalle gegenüber. Das Ausmaß der (oft stark temperaturabhängigen) Mischbarkeit zweier Reinmetalle A und B wird allgemein nicht nur bestimmt durch Gleichheit oder doch Analogie der Kristallstruktur der Reinmetalle A und B und die innerhalb gewisser Grenzen übereinstimmende Raumbeanspruchung der A- und B-Atome, sondern außerdem durch die Wertigkeit der beiderlei Atome und die zwischen diesen bestehenden, chemischen Wechselwirkungen (Affinitätsbeziehungen, siehe S. 230). Substitutionsmischkristalle der Reinmetalle dürfen nämlich nicht einfach als „feste Lösungen" mit einer bloßen Durchmischung von zwei oder mehr Atom-

**Tabelle 11. Systematik metallischer Stoffe**

# Metallische Stoffe

**Reinmetalle** (nur einerlei Atome)

**Legierungen** (mehrerlei Atome) → binäre, ternäre, quaternäre, …

**homogene Legierungen** (einphasige Leg.) aus einer einzigen Kristallart

**heterogene Legierungen** (mehrphasige Leg.) aus mehreren Kristallarten → primär heterogen, sekundär heterogen

ohne Überstruktur ⇅ mit Überstruktur → unter Wechsel des Gitters, im gleichen Gitter

**Substitutions-mischkristall** eines Reinmetalls — **Einlagerungs-mischkristall** eines Reinmetalls → **doppelter Mischkristall** eines Reinmetalls

**intermediäre Phase** (intermetallische Verbindung)

Daltoniden Formel → valenzgerecht, nicht valenzgerecht

Bertholiden → geordnet, ungeordnet

lückenlos mischbar → ohne / mit Entmischung bei tieferen Temperaturen

beidseitig — einseitig **beschränkt** mischbar → ohne / mit Ausscheidung bei tieferen Temperaturen → ohne / mit **Aushärtung**

Zintl- — Hägg-Phasen — Laves- — Hume-Rothery-

arten gelten, sondern es haben mindestens in vielen Fällen an ihrem Zustandekommen Anziehungskräfte chemischer Natur wesentlichen Anteil. Wenn nach Abb. 37b (S. 58) einem Substitutionsmischkristall (A, B) zwar das gleiche Kristall-

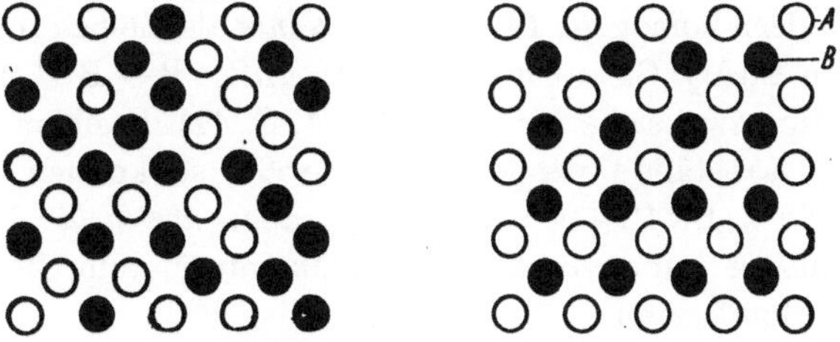


Abb. 55. Links ungeordneter, rechts zur Überstruktur geordneter Substitutionsmischkristall

gitter zugrunde liegt wie dem Reinmetall A, so sind jedoch im Mischkristallgitter (vorab bei tieferen Temperaturen) die zweierlei Atome A und B keineswegs vollkommen ungeordnet verteilt, sondern es besteht stets wenigstens eine gewisse *Nahordnung* (siehe bereits S.18), in einzelnen Fällen gar eine *Fernordnung* zu einer sog. *Überstruktur* gemäß Abb. 55. Schließlich brauchen die in solchen Substitutionsmischkristallen wirksamen Bindekräfte unter den Metallatomen nicht mehr wie bei den Reinmetallen überwiegend metallischer Natur zu sein. Einer metallischen „Grundbindung" können sich vielmehr anders geartete, vor allem polare Bindekräfte überlagern.

Jene Fälle von Substitutionsmischkristallen, bei denen der Übergang „ungeordnet" → „geordnet" mit einem Wechsel des Kristallgitters verbunden ist und daher der geordnete Mischkristall ein *anderes* Gitter besitzt als der ungeordnete, leiten über zu den *intermetallischen Verbindungen.* Aber auch da, wo sich solche unmittelbar aus der Schmelze bilden, besitzen sie stets eine grundsätzlich andere Bauweise als die entsprechenden Reinmetalle und setzt ihre Existenz notwendig die Anwesenheit *mehrerer* Arten von Metallatomen voraus. Infolge dessen ist hier der Übergang von der Legierung zum Reinmetall stets mit einem Phasenwechsel verbunden und spielt er sich nicht wie im Falle „Substitutionsmischkristall (A, B) → Reinmetall A" in ein und derselben Phase ab (siehe bereits S. 58).

Gemäß den in Tab. 11 vermerkten Kriterien gibt es unter den intermetallischen Verbindungen solche mit *geordneter,* andere mit *ungeordneter* Atomverteilung, sodann solche vom Typus von *Bertholiden* (mit Homogenitätsbereichen bis zu über 20 At.-% unter Bildung von Substitutions-, Subtraktions- oder Additionsmischkristallen nach S. 59) und von *Daltoniden,* unter diesen solche mit „valenzgerechter", den normalen Wertigkeiten entsprechender Formel (wie $Mg_2Si$, $Mg_2Sn$, $Mg_3Sb_2$, $Mg_3Bi_2$, $Na_3Bi$, $Li_3Sb$, $PbS$, $AlSb$ usw.) neben anderen mit zwar gleichfalls eindeutiger, indes nicht valenzmäßiger Formel (wie $AgLi_3$, $CaAl_2$, $BaMg_4$, $CuMg_2$, $Mg_2Ni$, $Ni_3Ti$ u. a. m.).

An wesentlichen konstitutionellen Merkmalen *intermetallischer Verbindungen* sind vor allem zu beachten:

1. die bei zahlreichen Verbindungen *unter sich,* aber auch *mit* gewissen *Reinmetallen* bestehende *Isotypie.* Im letzteren Fall äußert sich diese darin, daß bei intermetallischen Verbindungen mit einer sog. „*Elementarstruktur*" die mehrerlei Atome gleich angeordnet sind wie die einerlei Atome eines Reinmetalls – also z. B. bei $TiZn_3$ wie im Al, $CuZn$ wie im $\alpha$-Fe, $AuHg_3$ wie im Mg, $Mg_{17}Al_{12}$ wie im $\alpha$-Mn, $Cu_5Si$ wie im $\beta$-Mn, $FeCr$ wie im $\beta$-U usw.;

2. die Größenbeziehungen unter den verschiedenen *Bindungsabständen* A → B, A → A und B → B, indem durchaus nicht immer die heterogenen Bindungen die kürzesten sind, sondern homogene Bindungen *kleiner* als die heterogenen ausfallen können (so z. B. in $CuAl_2$: Cu → Cu < Cu → Al, $AlB_2$: B → B < Al → B, $Cu_2Mg$: Cu → Cu < Cu → Mg usw.; siehe bereits Abb. 24, S. 47). Besitzen homogene und heterogene Bindungsabstände vergleichbare Größe, so können Koordinationszahlen über 12 wie z. B. 12 + 4 = 16, damit aber *überdichte* Packungen von Metallatomen resultieren und vor allem deshalb intermetallische Verbindungen (sog. LAVES-*Phasen*) auftreten;

3. die einer intermetallischen Verbindung eigene *Elektronenkonzentration* $c_E$, indem diese, wenn zwar keineswegs für alle, so doch für eine wichtige Gruppe intermetallischer Kristallarten, nämlich die sog. *Elektronenverbindungen* (HUME-ROTHERY-*Phasen*) das wesentliche Merkmal bildet: Dabei im Falle von $\beta$-Strukturen wie $CuZn$, $Cu_3Al$, $Cu_5Sn$ $c_E = 3:2 = 1{,}5$, bei $\gamma$-Strukturen wie $Cu_5Zn_8$, $Cu_9Al_4$, $Cu_{31}Sn_8$ $c_E = 21:13 = 1{,}62$ und bei $\varepsilon$-Strukturen wie $CuZn_3$, $FeZn_7$, $Au_5Al_3$

$c_E = 7 : 4 = 1{,}75$ (Cu, Ag, Au als ein-, Be, Mg, Zn, Cd, Hg als zwei-, Al, In, Ga als drei-, Si, Ge, Sn, Pb als vier- und P, As, Sb und Bi als fünfwertig, dagegen Mn, Fe, Co, Ni und die Pt-Metalle als nullwertig zu betrachten);

4. die Art der intermetallischen Verbindungen eigenen *Bindekräfte*, wofür keineswegs ausschließlich metallische Bindung in Betracht kommt, sondern diese einen wesentlichen polaren oder kovalenten Anteil, allenfalls gar beiderlei, aufweisen kann. Der erstere Fall ist typisch für die sog. ZINTL-*Phasen* und erklärt den stetigen Übergang von dieser Gruppe intermetallischer Verbindungen zu den salzartigen Stoffen.

Legieren bewirkt und bezweckt mancherlei *Änderungen* an den *Eigenschaften*, welche nach S. 32 die *Reinmetalle* kennzeichnen. An solchen *Legierungseffekten*, besonders ausgeprägt im Bereich einer Bildung homogener Mischkristalle (siehe bereits Abb. 34, S. 56), gibt es vorteilhafte und nachteilige: günstig ist allgemein die infolge eines Legierens eintretende *Hebung von Festigkeit und Härte*, wie sich Legierungen außerdem zumeist bei bleibender Formänderung *stärker verfestigen* als die entsprechenden Reinmetalle. Nachteilig wirkt sich dagegen aus, daß gleichzeitig damit die Verformbarkeit *(Zähigkeit)* zurückgeht (immerhin gibt es seltene Fälle, da durch ein Legieren Festigkeit *und* Zähigkeit beide zugleich verbessert werden). Sodann bedingt ein Legieren einen *Verlust an elektrischer Leitfähigkeit*, weshalb *Leiterwerkstoffe* tunlichst niedrig legiert werden, hochlegierte Metalle dagegen bereits als *Widerstandswerkstoffe* (Tab. 25, S. 136) taugen[1]. Des weitern wird durch ein passendes Legieren die *Vergießbarkeit* von Metallen oft gehörig erleichtert, deren *Formgebung* auf anderem Wege dagegen erschwert. Besondere Effekte bestehen bei polymorphen Reinmetallen mit der Möglichkeit, die Hochtemperaturmodifikation durch geeignetes Legieren bis auf und unter Raumtemperatur zu stabilisieren, Umwandlungsvorgänge zu unterdrücken usw. Hinsichtlich der *Korrosionsbeständigkeit* gibt es beiderlei Fälle: Legierungen, welche sich durch eine *höhere* Beständigkeit gegen Korrosion auszeichnen und darin das entsprechende Reinmetall wesentlich übertreffen, aber auch Legierungen, welche entschieden *korrosionsanfälliger* sind als ihr Basismetall. *Intermetallische Verbindungen* zeigen oftmals *nicht mehr eigentlich metallisches* Verhalten; so sind sie zumeist zwar hart, aber ausgesprochen spröde, dazu oft bereits *Halbleiter* – eben darin jedoch von einem zunehmenden technischen Interesse.

### Literatur zur Metallkunde und über metallische Werkstoffe

MASING, G. u. K. LÜCKE: Lehrbuch der allgemeinen Metallkunde, 1966;
BRANDENBERGER, E.: Allgemeine Metallkunde, 1952;
HANSEN, M.: Der Aufbau der Zweistoff-Legierungen, 1936;
HUME-ROTHERY, W.: Electrons, Atoms, Metals and Alloys, 1948;
RAYNOR, G. V.: An Introduction to the Electron Theory of Metals, 1947;
HUME-ROTHERY, W., J. W. CHRISTIAN and W. B. PEARSON: Metallurgical Equilibrium Diagrams, 1952;
LUMSDEN, J.: Thermodynamics of Alloys, 1952;
CHALMERS, B.: Physical Metallurgy, 1959;

---

[1] Schichtwiderstände können auch durch Aufdampfen im Vakuum oder Kathodenzerstäubung reiner Metalle wie Au, Pt, Os, Ir, W u. a. oder ihrer Legierungen hergestellt werden, wobei in diesen Fällen die verminderte elektrische Leitfähigkeit auf dem extremen Fehlbau derart erzeugter dünner Metallschichten beruht (siehe bereits S. 33).

SMALLMAN, R. E.: Modern Physical Metallurgy, 1963;
COTTRELL, A. H.: The Mechanical Properties of Matter, 1964;
CAHN, R. W.: Physical Metallurgy, 1965;
SCHUBERT, K.: Kristallstrukturen zweikomponentiger Phasen, 1964;

VOGT, E.: Physikalische Eigenschaften der Metalle, Band I, 1958;
Werkstoff-Handbuch Stahl und Eisen, 1965;
Werkstoff-Handbuch Nichteisenmetalle (2 Bände), 1960;
ASM Metals Handbook, Vol. I, II, 1961;

BICKEL, E.†: Die metallischen Werkstoffe des Maschinenbaues, 1964;
ROLL, F.: Handbuch der Gießerei-Technik, Band I–IV, 1959 ff.;
HORSTMANN, D.: Das Zustandsschaubild Eisen–Kohlenstoff und die Grundlagen der Wärme-
behandlung der Eisen-Kohlenstoff-Legierungen, 1961;
WEVER, F. u. P. ROSE: Atlas zur Wärmebehandlung der Stähle, 1954/58;
HOUDREMONT, E.: Handbuch der Sonderstahlkunde, 1956;
RAPATZ, F.: Die Edelstähle, 1962;
PIWOWARSKY, E.: Hochwertiges Gußeisen (Grauguß), 1961;
ALTENPOHL, D.: Aluminium und Aluminiumlegierungen, 1965;
ROBERTS, C. SH.: Magnesium and its Alloys, 1960;
HOFMANN, W.: Blei und Bleilegierungen, 1962;
BURCKHARDT, A.: Technologie der Zinklegierungen, 1937;
WAEHLERT, M.: Nickel-Handbuch, 1939;
RAUB, E.: Die Edelmetalle und ihre Legierungen, 1966;
KIEFFER, R. u. H. BRAUN: Vanadin, Niob, Tantal, 1963;
ARCHER, R. S., J. Z. BRIGGS and C. M. LOEB, jr.: Molybdän, 1951;
KIEFFER, R. u. F. BENESOVSKY: Hartmetalle, 1965;
HAMMEL, CL. A.: Rare metals handbook, 1961;
SCHREITER, W.: Seltene Metalle (3 Bände), 1960–62;

ZINKE, O.: Widerstände, Kondensatoren, Spulen und ihre Werkstoffe, 1965;
STANLEY, J. K.: Electrical and magnetic properties of metals, 1963;
KOCH, K. M. u. R. REINBACH: Einführung in die Physik der Leiterwerkstoffe, 1960;
KEIL, A.: Werkstoffe für elektrische Kontakte, 1960;
JELLINGHAUS, W. u. K. M. KOCH: Einführung in die Physik der magnetischen Werkstoffe,
1957;
PAWLEK, F.: Magnetische Werkstoffe, 1952;

LINTNER, K. u. E. SCHMID: Werkstoffe des Reaktorbaues mit besonderer Berücksichtigung
der Metalle, 1962;
GEBHARDT, E. u. H. D. SEGHEZZI: Reaktorwerkstoffe, Teil 1: Metallische Werkstoffe, 1964;
EPPRECHT, W.: Werkstoffkunde der Kerntechnik, 1961.

## § 17. Anorganische makromolekulare Verbindungen

Ein erster, wenn allerdings auch eher seltener Fall einer Vereinigung von
Metall- und Nichtmetallatomen zu einem gemeinsamen, makromolekularen Atomverband besteht bei den *Einlagerungsmischkristallen* mancher Reinmetalle. Sie
ergeben sich aus den letzteren nach Abb. 37 c (S. 58) dadurch, daß gewisse Nicht-
metallatome wie vor allem H-, C- und N-, seltener auch O-Atome in Lücken (auf
*Zwischengitterplätzen*) des Metallgitters eingebaut werden. Da eine solche Einlagerung infolge der damit verbundenen Deformation des Metallgitters um die einzelne Einlagerungsstelle (ausgenommen den Fall eines Einbaus der kleinen H-
Atome) durchwegs nur in beschränktem Umfang möglich ist, besitzen Einlagerungsmischkristalle der Reinmetalle stets nur kleine Homogenitätsbereiche –
nämlich solche, die häufig nur einige Promille, höchstens wenige Prozent betragen.

Sie bewahren daher noch einen weitgehend metallischen Charakter und bilden nach Tab. 11 (S. 93) einen *weiteren* Typ von *Legierungen*. Gleiches gilt von *doppelten Mischkristallen* der Reinmetalle, bei denen gemäß Abb. 37d (S. 58) gleichzeitig Atomsubstitution und -einlagerung besteht, dennoch aber gleich wie bei den einfachen Mischkristallen ein stetiger Übergang vom reinen Metall zum höher oder niedriger legierten, z.B. von reinem Fe zum „mehrfach" legierten Stahl (Fe, Cr, Ni, C) stattfindet.

Zumeist kommt es jedoch bei der Verbindung von Metallatomen mit Nichtmetallatomen zur Bildung makromolekularer Atomverbände mit einer völlig *neuartigen* Bauweise und grundlegend *anderen* Bindungszuständen der beiderlei Atome. Damit aber entstehen Stoffe, welche gegenüber dem betreffenden Reinmetall neue selbständige Phasen, nämlich *eigentliche chemische Verbindungen zwischen Metallen und Nichtmetallen* darstellen. Immerhin besteht ebenfalls hier als sog. *Einlagerungsverbindungen* (Hägg-*Phasen*), auch diese wiederum bevorzugt mit H, C und N eingegangen und noch von *halbmetallischem* Verhalten, ein Übergang zwischen Einlagerungsmischkristall und echter chemischer Verbindung. So sind bei ihnen die Metallatome oft noch in derselbenWeise angeordnet wie in den Strukturen der Reinmetalle (also vor allem im A 1-, A 2- oder A 3-Typ nach S. 31) oder wenigstens in damit nahe verwandter Weise.

Demgegenüber sind unter den *eigentlichen, anorganischen Verbindungen* zu unterscheiden:

1. *einfache Verbindungen* wie *Oxide, Halogenide, Sulfide, Nitride, Phosphide* usw., falls sich wie etwa in $Li_2O$, $MgO$, $Al_2O_3$, $SiO_2$, $WO_3$, in $NaCl$, $BeF_2$, $SbBr_3$ oder in $K_2S$, $CaS$, in $AlN$ oder $Mg_3P_2$ usw. *einerlei* Metallatome mit Sauerstoff-, Halogen-, Stickstoff-, Phosphor- oder noch anderen Atomen mit elektronegativem Verhalten (S. 12) verbinden,

2. *zusammengesetzte* (höhere) *Verbindungen* (auch *Doppel-* bzw. *Mehrfachverbindungen* genannt), bei welchen

a) entweder mindestens *zweierlei Metalle* (allgemeiner *zwei elektropositive* Elemente im Sinne von S. 12) sich mit *einem Nichtmetall* zu einer selbständigen Phase vereinigen wie z.B. im Falle von $MgAl_2O_4$, $Be_2SiO_4$, $AlPO_4$, $MgTiO_3$, $PbCrO_4$, $K_2CO_3$, $CaSO_4$, $Na_3PO_4$, $KMnO_4$, $Mg(NO_3)_2$, $NaClO_4$, $KBrO_3$, aber auch bei $KMgF_3$, $K_2PtCl_6$, $KHF_2$ u.a.m., oder

b) gleiches zwischen einerlei oder mehrerlei Metallen (elektropositiven Elementen) mit *mehreren* Nichtmetallen (elektronegativen Elementen) geschieht, woraus sich im einfachsten Falle Verbindungen wie z.B. $Zn(OH)Cl$, $Mg_2OCl_2$, $Mg_5(CO_3)_4$ $(OH)_2$ u.dgl. ergeben –

dabei sind die Formeln derart zusammengesetzter Verbindungen stets auf solche einfacher rückführbar, indem an Stelle von $MgAl_2O_4$ auch $MgO \cdot Al_2O_3$ geschrieben werden kann, statt $2\,Na_3PO_4$ auch $3\,Na_2O \cdot P_2O_5$, usw.

Unbesehen darum, ob zwischen den elektropositiven und den elektronegativen Bestandteilen einer Verbindung (also etwa zwischen den Mg- und Al-Atomen auf der einen und den O-Atomen auf der anderen Seite) im Sinne des S. 43 Gesagten weitgehend polare Bindekräfte bestehen oder aber eine teils polare, teils kovalente Mischbindung vorliegt, werden im folgenden die sich elektropositiv verhaltenden Elemente einer Verbindung kurzweg als *Kationen*, die Elemente mit elektronegativem Charakter dagegen als *Anionen* bezeichnet und deren Wertigkeiten entsprechend den (S. 13) eingeführten Wertigkeitszahlen angesetzt. So soll im Falle des $K_2SO_4$ nachstehend einfach von den „Kationen" $K^+$ und $S^{6+}$ gegenüber den „Anionen" $O^{2-}$ die Rede sein, beim $NaClO_4$ von den „Kationen" $Na^+$ und $Cl^{7+}$ und den „Anionen" $O^{2-}$.

Sowohl bei den einfachen als bei den zusammengesetzten Verbindungen liegen den makromolekular gebauten, *anorganischen* Verbindungen bevorzugt *dreidimensional gitterhafte* Verbände aus den Metall- und Nichtmetallatomen (bzw. den entsprechenden Ionen) zugrunde, während solche von bloß zweidimensional schichtartiger Bauweise bereits seltener und Atomverbände mit eindimensional kettenförmigem Aufbau noch spärlicher anzutreffen sind. Schichtbau zeigen vor allem gewisse Silicate wie zahlreiche Tonmineralien und die Glimmer, worauf ihre ausgezeichnete Spaltbarkeit beruht, dazu auch ein oft bestehendes Quellvermögen durch Einbau von $H_2O$-Molekülen zwischen die schichtförmigen Atomverbände; des weiteren liegen manchen Hydroxiden wie $Ca(OH)_2$ – siehe S. 187 – und gewissen Sulfiden wie etwa $MoS_2$ Schichtstrukturen zugrunde. Kettenartige Atomverbände sind dagegen beispielsweise typisch für die Asbeste und bedingen deren faserige Ausbildung (vergleiche hierzu Tabelle 21, S. 122).

Im Falle der *einfachen Verbindungen* ist dies die unmittelbare Folge der Tatsache, daß die von den Metallen gegenüber den Nichtmetallen betätigten Koordinationszahlen 3 bis 8 die allgemein eher niedrigen Bindungszahlen (diese bevorzugt zwischen 1 und 3 gelegen) stets *wesentlich* übertreffen. Dabei gilt, daß die KZ der Kationen A gegenüber den Anionen X um so größer ausfallen, je größer der Bindungsabstand $A \rightarrow X$. Dazu gruppieren sich die 3 bis 8 Anionen stets hochsymmetrisch um die Kationen und ergeben damit auch hier wieder die regelmäßigen Grundbausteine $(AX_2)$, $(AX_3)$, $(AX_4)$, $(AX_6)$ und $(AX_8)$ vom Charakter regulärer Polyeder, wie sie bereits in Abb. 39 (S. 66) dargestellt wurden. Entsprechend der Beziehung $KZ\ X \rightarrow A = KZ\ A \rightarrow X/BZ\ A \rightarrow X = p$ muß gleichfalls bei den anorganischen Verbindungen vom hier betrachteten Typus jedes Anion wiederum $p$-faches Brückenatom zwischen $p$ Grundbausteinen $(AX_n)$ sein, wie es im

### Tabelle 12. Struktur einiger einfacher Sauerstoffverbindungen

**Oxide AO:** $\qquad\qquad$ $BZ\ A \rightarrow O = 1$

| | | | | |
|---|---|---|---|---|
| Molekül | CO (Abb. 39 u. 43) | $KZ\ A \rightarrow O = 1$ | $KZ\ O \rightarrow A\ 1$ | $C \rightarrow O = 1{,}1\ Å$ |
| makromolekular | BeO (Abb. 22e) | $KZ\ A \rightarrow O = 4$ | $KZ\ O \rightarrow A\ 4$ | $Be \rightarrow O = 1{,}7\ Å$ |
| | MgO (Abb. 58) | $KZ\ A \rightarrow O = 6$ | $KZ\ O \rightarrow A\ 6$ | $Mg \rightarrow O = 2{,}1\ Å$ |
| | CaO (Abb. 58) | $KZ\ A \rightarrow O = 6$ | $KZ\ O \rightarrow A\ 6$ | $Ca \rightarrow O = 2{,}4\ Å$ |

**Oxide $A_2O_3$:** $\qquad\qquad$ $BZ\ A \rightarrow O = 1{,}5$

| | | | | |
|---|---|---|---|---|
| makromolekular | $Al_2O_3$ | $KZ\ A \rightarrow O = 6$ | $KZ\ O \rightarrow A\ 4$ | $Al \rightarrow O = 1{,}9\ Å$ |
| | $Fe_2O_3$ | $KZ\ A \rightarrow O = 6$ | $KZ\ O \rightarrow A\ 4$ | $Fe \rightarrow O = 2{,}1\ Å$ |

**Oxide $AO_2$:** $\qquad\qquad$ $BZ\ A \rightarrow O = 2$

| | | | | |
|---|---|---|---|---|
| Molekül | $CO_2$ (Abb. 39) | $KZ\ A \rightarrow O = 2$ | $KZ\ O \rightarrow A\ 1$ | $C \rightarrow O = 1{,}15\ Å$ |
| makromolekular | $SiO_2$ (Abb. 42a) | $KZ\ A \rightarrow O = 4$ | $KZ\ O \rightarrow A\ 2$ | $Si \rightarrow O = 1{,}7\ Å$ |
| | $TiO_2$ | $KZ\ A \rightarrow O = 6$ | $KZ\ O \rightarrow A\ 3$ | $Ti \rightarrow O = 2{,}0\ Å$ |
| | $SnO_2$ | $KZ\ A \rightarrow O = 6$ | $KZ\ O \rightarrow A\ 3$ | $Sn \rightarrow O = 2{,}1\ Å$ |
| | $ZrO_2$ (Abb. 23e) | $KZ\ A \rightarrow O = 8$ | $KZ\ O \rightarrow A\ 4$ | $Zr \rightarrow O = 2{,}1\ Å$ |

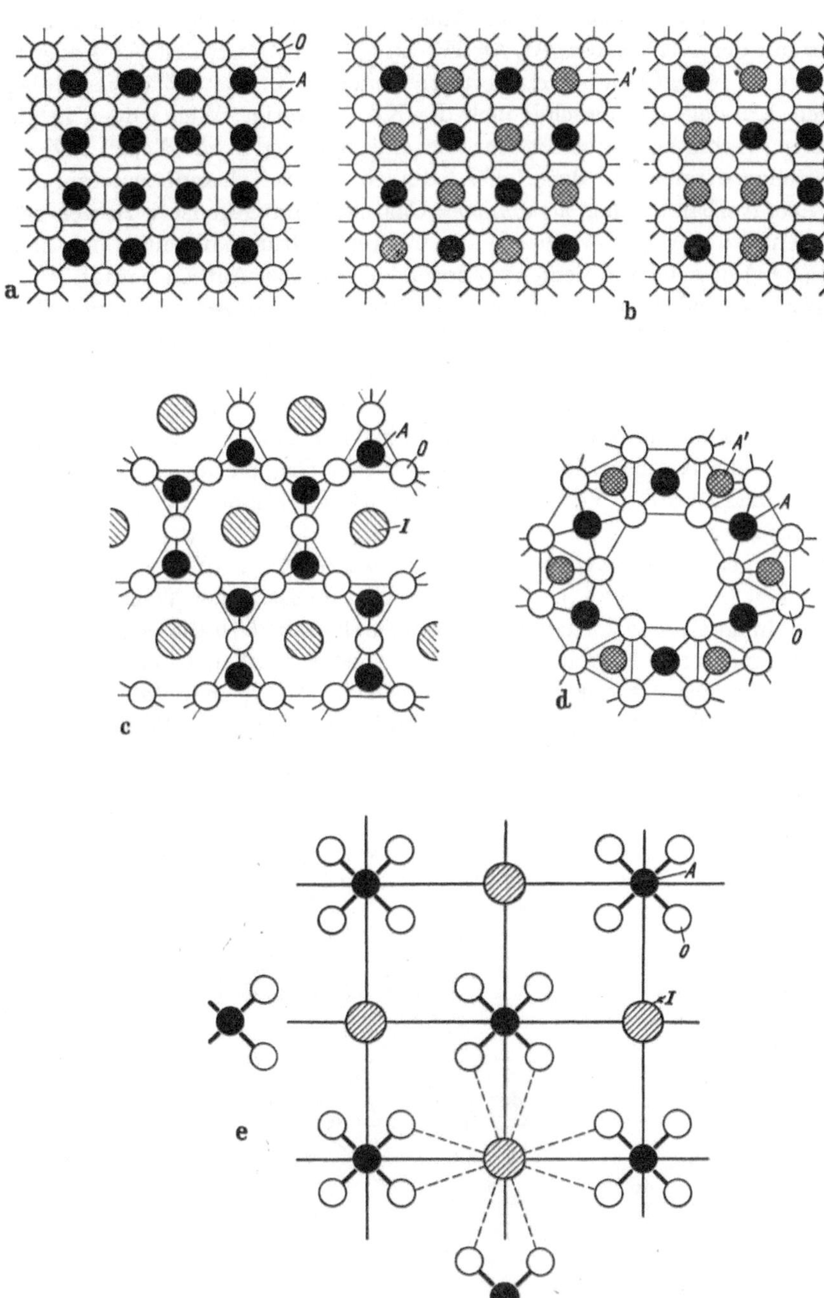

Abb. 56. *Struktur zusammengesetzter makromolekularer Sauerstoffverbindungen:* a) einfaches Oxid AO; b) daraus durch die Substitution A → A' sich ergebendes, zusammengesetztes Oxid mit geordneter bzw. ungeordneter Kationverteilung; c) die inaktiven Kationen I in einen monomikten makromolekularen A, O-Verband (Makroradikal) eingelagert; d) polymikt gebautes Doppeloxid mit einem Verband aus Grundbausteinen (A'O₃) und (AO₄); e) Radikale (AO₄) ergeben erst zusammen mit den inaktiven Kationen I die makromolekulare Verbindung (AO₄) I

7*

einzelnen Tab. 12 erläutert. Dabei können allerdings eine Reihe von Kationen – und zwar auch gegenüber dem gleichen Anion – mit *verschiedener* KZ auftreten: So z.B. Bor mit den KZ 3 und 4, Al, As, Fe, Li, Mg und Zn mit den KZ 4 oder 6, während etwa Si nur gegenüber einwertigen Anionen $X^-$ die KZ 6, gegenüber zweiwertigen $X^{2-}$ dagegen ausschließlich die KZ 4 betätigt. Weil jedoch in ein und derselben Verbindung zumeist nur die eine der beiden möglichen KZ erscheint, bestehen dennoch in der Regel lediglich einerlei Grundbausteine und erhält der Atomverband daher *monomikten* Charakter im Gegensatz zu den selteneren Fällen, wo der A,X-Verband aus mehrerlei Grundbausteinen wie z.B. $(AX_4)$ und $(AX_6)$ besteht und dementsprechend *polymikten* Aufbau besitzt.

Demgegenüber sind die strukturellen Verhältnisse der *zusammengesetzten Verbindungen* weit mannigfaltiger. So gibt es (siehe Tab. 13 und 14) im Falle der mehrerlei Kationen enthaltenden allgemein folgende Typen (Abb. 56):

I. Noch spielen sämtliche Kationen trotz ihrer verschiedenen Art nach wie vor die Rolle aktiver Koordinationszentren gegenüber den Anionen X, so daß diese gleich wie zuvor die Kationen in hochsymmetrischer Gruppierung umgeben. An solchen zusammengesetzten Verbindungen mit *allen* Kationen A′, A″, ... als *aktiven Kationen* bestehen:

1. Verbindungen mit *monomikter* Bauweise, also A′, A″, ... X-Verbänden aus Grundbausteinen $(A'X_n)$, $(A''X_n)$, ..., welche sich zumeist in der Weise aus einfachen Verbindungen ergeben, daß in diesen gemäß Abb. 56b die einerlei Kationen A durch mehrerlei Kationen A′, A″, ... ersetzt werden, beim $SiO_2$ z. B. $Si_2^{4+} \rightarrow Al^{3+}P^{5+}$, woraus das mit $SiO_2 = Si_2O_4$ isotype $AlPO_4$ entsteht, oder sich durch den Ersatz $Al_2^{3+} \rightarrow Mg^{2+}Ti^{4+}$ bzw. $Li^+Nb^{5+}$ aus $Al_2O_3$ die Verbindungen $MgTiO_3$ bzw. $LiNbO_3$ herleiten, durch die Substitutionen $Ti_2^{4+} \rightarrow Cr^{3+}Ta^{5+}$ bzw. $Ti_3^{4+} \rightarrow Zn^{2+}Sb_2^{5+}$ aus $TiO_2$ die Verbindungen $CrTaO_4$ bzw. $ZnSb_2O_6$ usw. (siehe

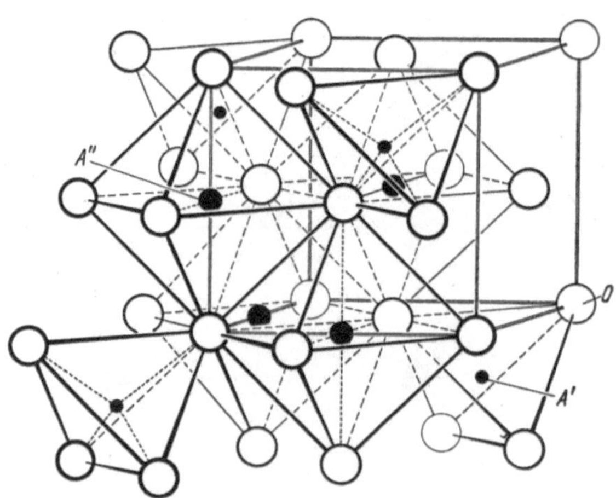


Abb. 57. Ausschnitt aus der Struktur eines Spinells, einen polymikten Verband aus $(A'O_4)$-Tetraedern und $(A''O_6)$-Oktaedern darstellend, wobei die $O^{2-}$-Ionen für sich nach Art einer dichtesten Kugelpackung angeordnet sind

hierzu auch S.105). Enge Beziehungen bestehen naturgemäß zwischen zusammengesetzten Verbindungen dieser Art mit den von einfachen Verbindungen sich ableitenden Mischkristallen, wie sie S. 104 besprochen werden.

2. Verbindungen, denen entsprechend dem Schema der Abb. 56d *polymikte* A′, A″, ... X-Verbände [vorab solche aus den Grundbausteinen $(A′X_4)$ und $(A″X_6)$] zugrunde liegen, wie etwa die mannigfaltige Gruppe der Doppeloxide $A′A″_2O_4$ vom Typus der *Spinelle*, wobei Zn, Cd, Ga, In und Ge bevorzugt als A′, Ni, Cr, Ti und Sn dagegen zumeist als A″ auftreten, während Mg, Al, Fe, Co, Mn und Cu wahlweise als Kationen A′ oder A″, also mit tetraedischer oder oktaedrischer O-Umgebung (Abb. 57) angetroffen werden.

II. In anderen Fällen dagegen zeigen die mindestens zweierlei Kationen ein deutlich verschiedenes Verhalten, indem *nur* noch die *einen* mit den Anionen X hochsymmetrische Grundbausteine $(AX_n)$ bilden und daher als *aktive* Kationen zu gelten haben. Die andern werden als sog. *inaktive Kationen* I von den X nicht mehr notwendig hochsymmetrisch umgeben, so daß sie gegenüber X zumeist keine eindeutig fixierbaren KZ mehr besitzen, wie auch der mittlere Bindungsabstand I—X deutlich größer ausfällt als die Entfernung A—X.

**Tabelle 13. Strukturelle Einteilung zusammengesetzter Oxide**

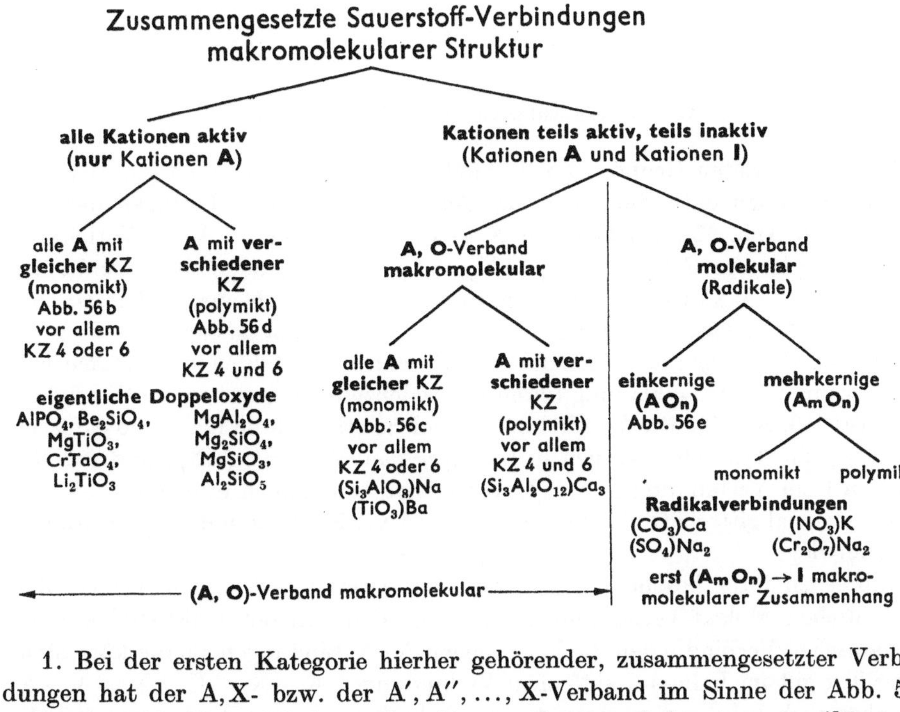

**Zusammengesetzte Sauerstoff-Verbindungen makromolekularer Struktur**

| alle Kationen aktiv (nur Kationen **A**) | | Kationen teils aktiv, teils inaktiv (Kationen **A** und Kationen **I**) | |
|---|---|---|---|
| alle **A** mit gleicher KZ (monomikt) Abb. 56b vor allem KZ 4 oder 6 | **A** mit verschiedener KZ (polymikt) Abb. 56d vor allem KZ 4 und 6 | **A, O**-Verband makromolekular | **A, O**-Verband molekular (Radikale) |
| **eigentliche Doppeloxyde** $AlPO_4$, $Be_2SiO_4$, $MgTiO_3$, $CrTaO_4$, $Li_2TiO_3$ | $MgAl_2O_4$, $Mg_2SiO_4$, $MgSiO_3$, $Al_2SiO_5$ | alle **A** mit gleicher KZ (monomikt) Abb. 56c vor allem KZ 4 oder 6 $(Si_3AlO_8)Na$ $(TiO_3)Ba$ / **A** mit verschiedener KZ (polymikt) vor allem KZ 4 und 6 $(Si_3Al_2O_{12})Ca_3$ | einkernige $(AO_n)$ Abb. 56e / mehrkernige $(A_mO_n)$ — monomikt / polymikt **Radikalverbindungen** $(CO_3)Ca$   $(NO_3)K$ $(SO_4)Na_2$   $(Cr_2O_7)Na_2$ erst $(A_mO_n) \rightarrow$ I makromolekularer Zusammenhang |

←———— (**A, O**)-Verband makromolekular ————→

1. Bei der ersten Kategorie hierher gehörender, zusammengesetzter Verbindungen hat der A,X- bzw. der A′, A″, ..., X-Verband im Sinne der Abb. 56c nach wie vor *makromolekularen* Charakter, und zwar wiederum *monomikten* oder *polymikten*, je nachdem, ob die aktiven Kationen *gleiche* oder *verschiedene* KZ betätigen. Jetzt ist dieses Makromolekül jedoch *nicht* mehr in sich *abgesättigt*, sondern es erfährt seine Neutralisierung erst dadurch, daß in geeigneten Lücken des makromolekularen Verbandes die inaktiven Kationen I eingebaut werden. So sind im $BaTiO_3$ nach Abb. 58 die Ti die aktiven, die Ba dagegen die inaktiven, sekundär eingebauten Kationen. Entsprechend der KZ Ti → O = 6 ergeben sich zunächst oktaedrische Grundbausteine $(TiO_6)$ und hieraus mit allen O als zweifachen Brük-

kenatomen der unabgesättigte, dreidimensionale Verband, das *Makroradikal* $(Ti^{4+}O_3^{2-})_\infty = (TiO_3)_\infty^{2-}$. Dieses wird seinerseits durch die ihm sekundär eingelagerten $Ba^{2+}$ neutralisiert, wobei der Abstand $Ba \rightarrow O$ 2,82 Å beträgt gegenüber der deutlich kleinern Entfernung $Ti \rightarrow O$ von 2,00 Å.

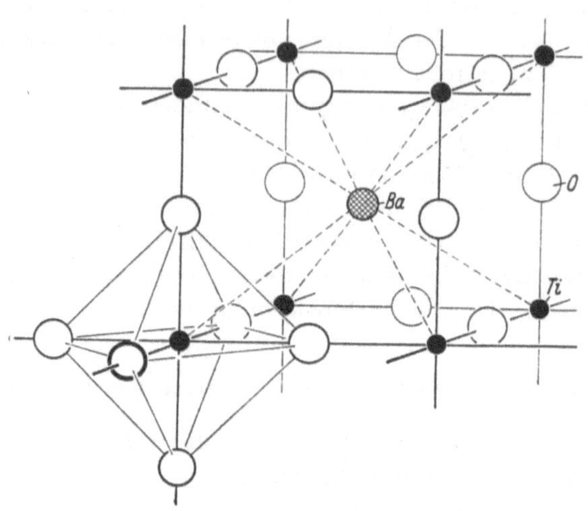


Abb. 58. Ausschnitt aus der Struktur von Ba(TiO₃)

2. Bei der zweiten Gruppe von Verbindungen, welche gleichzeitig aktive und inaktive Kationen enthalten, den sog. *Radikalverbindungen*, bestehen dagegen entsprechend Abb. 56e *molekulare* A, X-*Verbände* (seltener A', A'', X-Verbände), und zwar *einkernige* Gruppen $AX_2$, $AX_3$, $AX_4$ oder $AX_6$ oder aber *mehrkernige* wie z.B. $A_2X_7$, $A_3X_9$ usw., zumeist *monomikte*, gelegentlich auch *polymikte*. Sie sind den in Abb. 39 dargestellten Molekülen völlig analog gebaut, jedoch *nicht* mehr in sich *abgesättigt* und bilden daher statt neutraler Gebilde nunmehr *Radikale* mit einer ihrer Überschußladung (ihren Restvalenzen) entsprechenden Wertigkeit (siehe Tab. 16, S. 107). Die Verbindung als solche erhält ihren makromolekularen Charakter erst dadurch, daß sich in *beliebiger* Zahl *Radikale* $(AX_n)$ und *inaktive Kationen* I zur Verbindung $(AX_n)_m I_p$ vereinigen, wobei auch in diesem Falle die dreidimensional gitterhafte Verknüpfung der $(AX_n)$-Radikale mit den I-Kationen weit überwiegt.

Unbesehen ihrer besonderen Konstitution erweisen sich gleich wie bei den anorganischen Molekülverbindungen auch bei den meisten makromolekularen anorganischen Verbindungen die heterogenen A—X-Bindungen als die kürzesten. In der Tat gilt im Falle der einfachen Verbindungen $A \rightarrow X < X \rightarrow X \leqq A \rightarrow A$, sind aber auch bei den zusammengesetzten die heterogenen Bindungen $A' \rightarrow X$, $A'' \rightarrow X, \ldots$, ja sogar $I \rightarrow X$ kleiner als $X \rightarrow X$. Eine Ausnahme hiervon besteht lediglich, falls $X_n$-Gruppen wie z.B. $S_2$-, $C_2$- oder $O_2$-Gruppen in $FeS_2$, $CaC_2$, $BaO_2$ (und anderen Superoxiden) auftreten, wobei dann innerhalb dieser *homogenen Radikale* $X_n$ die Entfernung $X \rightarrow X$ allgemein den Abstand $A \rightarrow X$ unterschreitet [solche homogenen Radikale im übrigen das Analogon zu den homogenen Molekülen $A_n$ der Abb. 12, S. 21]. Dazu gibt es aber auch heterogene Radikale mit *homogenen* und heterogenen Bindungen wie z.B. $(O_3S—SO_3)$, $(O_2S—SO_2)$, $(O_3S—S—$

**Tabelle 14. Kristallchemische Kennzeichen der hauptsächlichen Kationen anorganischer makromolekularer Verbindungen**

| Kationen | Ionenradius für KZ 6 in Å | bevorzugte KZ gegen O | Mittlerer Abstand gegen O in Å |
|---|---|---|---|
| *Aktive Kationen* | | | |
| Bor $B^{3+}$ | (0,20) | 3; 4 | 1,5 |
| Phosphor $P^{5+}$ | 0,3–0,4 | 4 | 1,65 |
| Beryllium $Be^{2+}$ | 0,34 | 4 | 1,7 |
| Silicium $Si^{4+}$ | 0,39 | 4 | 1,7 |
| Arsen $As^{5+}$ | (0,47) | 4; 6 | 1,95 |
| Aluminium $Al^{3+}$ | 0,57 | 6; 4 | 1,9 |
| Eisen $Fe^{3+}$ | 0,67 | 6; 4 | 2,1 |
| Antimon $Sb^{5+}$ | (0,62) | 6 | 2,1 |
| Titan $Ti^{4+}$ | 0,64 | 6 | 2,0 |
| $Ti^{3+}$ | 0,69 | | |
| Lithium $Li^+$ | 0,78 | 6; 4 | 2,05 |
| Magnesium $Mg^{2+}$ | 0,78 | 6; 4 | 2,1 |
| Eisen $Fe^{2+}$ | 0,83 | 6 | 2,1 |
| Zink $Zn^{2+}$ | 0,83 | 6; 4 | 1,9 |
| Mangan $Mn^{2+}$ | 0,91 | 6 | 2,05 |
| *Aktive Kationen/inaktive Kationen* | | | |
| Zirkon $Zr^{4+}$ | 0,87 | 6; i | 2,1 |
| Natrium $Na^+$ | 0,98 | 6; i | 2,35 |
| *Inaktive (nur zur Ausnahme aktive) Kationen* | | | |
| Yttrium $Y^{3+}$ | 1,06 | i | 2,3 |
| Calcium $Ca^{2+}$ | 1,06 | i | 2,4 |
| Thorium $Th^{4+}$ | 1,10 | i | 2,4 |
| Cer $Ce^{3+}$ | 1,18 | i | 2,6 |
| Strontium $Sr^{2+}$ | 1,27 | i | 2,6 |
| Blei $Pb^{2+}$ | 1,32 | i | 2,4 |
| Kalium $K^+$ | 1,33 | i | 2,75 |
| Barium $Ba^{2+}$ | 1,43 | i | 2,75 |
| Caesium $Cs^+$ | 1,65 | i | 3,1 |

Die Abstände gegenüber (OH) und F stimmen praktisch mit denen gegenüber O überein.
i = nicht durch hohe Symmetrie ausgezeichnete, daher unregelmäßige Sauerstoff-Umgebung.

$SO_3$) usw. Bei Verbindungen mit heterogenen Radikalen $(AX_n)$ oder auch mehrkernigen $(A_mX_n)$ kann schließlich $X \to X$ innerhalb des einzelnen Radikals der Entfernung zwischen nächsten X-Atomen benachbarter Radikale recht nahekommen, so daß die X unter sich oft einen gitterhaften Verband, nicht selten gar nach Art einer dichtesten Kugelpackung, bilden (siehe dazu auch Abb. 57).

Wie bereits bei den Elementen und den Molekülverbindungen besitzt auch *nicht jede* makromolekulare, anorganische Verbindung ihren *eigenen* Bauplan,

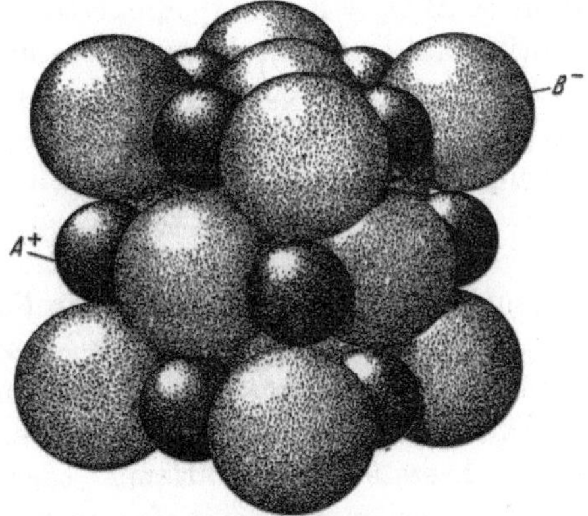


Abb. 59. Ausschnitt aus der Struktur des NaCl und damit isotyper Verbindungen AB

sondern stehen hier besonders zahlreiche Verbindungen unter sich im Verhältnis der *Isotypie*: So gehören an die 150 Verbindungen – darunter beispielsweise NaCl, MgO, CaS, TiN, ZrC, LiH – zu dem in Abb. 59 wiedergegebenen NaCl-*Typ*. Es sind daher in allen diesen Fällen die beiderlei Atome ebenso zu einem gitterhaften Atomverband gefügt, wie es für die $Na^+$- und $Cl^-$-Ionen im NaCl-Kristall zutrifft, wobei die Bindungsabstände bei jeder Verbindung allerdings individuelle Werte besitzen, so etwa Na → Cl 2,81, Mg → O dagegen 2,11 und Ti → N 2,20 Å betragen. Oder es ist über 100 Verbindungen vom Formeltypus $AX_2$ eine Atomanordnung nach Art der Abb. 23e (S. 45), eine sog. $CaF_2$-*Struktur* eigen, so neben $CaF_2$ auch $SrCl_2$, $CeO_2$, $ZrO_2$, aber ebenso $OK_2$, $CBe_2$, $TeLi_2$, $SiMg_2$ (letztere zwei bereits zu den intermetallischen Verbindungen gehörend). Aber auch zahlreiche zusammengesetzte Verbindungen erweisen sich als unter sich isotyp, so etwa

$BaTiO_3$, $YAlO_3$, $KMgF_3$ und $CsCdCl_3$ sowie $KBiTi_2O_6$, $Li_2MgTiO_6$, $Pb_2MgWO_6$,     $Pb_3NiNb_2O_5$, ...

$Mg_2SiO_4$, $Al_2BeO_4$, $Na_2BeF_4$ und $LiMnPO_4$,

$Al_2MgO_4$, $Fe_3O_4$, $Cr_2MnS_4$ und $K_2Cd(CN)_4$,

$CaWO_4$, $BaMoO_4$, $NaJO_4$, $KOsO_3N$ und $CsCrO_3F$,

$Be_2SiO_4$, $Li_2MoO_4$, $Li_2BeF_4$ und auch $Ge_3N_4$,

$(Si_3Al_2O_{12})Ca_3$ und $(Fe_9O_{12})Y_3$, aber ebenfalls $(Al_2(OH)_{12})Ca_3$ unter Ausfall von     60% der aktiven Kationen.

Entsprechendes gilt aber auch bei Radikalverbindungen, indem hier etwa

$NaNO_3$, $CaCO_3$ und $InBO_3$,

$KNO_3$, $BaCO_3$ und $LaBO_3$,

$KMnO_4$, $KBF_4$, $TlClO_4$, $BaSO_4$ und $BaPO_3F$,

$CaCrO_4$, $YPO_4$ und $ZrSiO_4$

Beispiele von Gruppen unter sich isotyper Verbindungen darstellen.

Auf der anderen Seite besteht eine beträchtliche Zahl der hierher gehörenden, anorganischen Verbindungen in mehreren Modifikationen, und erlangt daher wiederum die Erscheinung der *Polymorphie* besondere Bedeutung: So gibt es von $SiO_2$ drei partiell stabile Modifikationen entsprechend ,,Quarz $\rightleftharpoons$ Tridymit $\rightleftharpoons$ Cristobalit" und bei $ZrO_2$ deren zwei, während $Al_2O_3$ neben einer total stabilen Modifikation ($\alpha$-$Al_2O_3$ = Korund) mindestens vier total instabile besitzt, $TiO_2$ außer als Rutil (total stabil) noch als Anatas und Brookit (beide total instabil) auftritt. Aber auch zahlreiche zusammengesetzte Verbindungen (z. B. $BaTiO_3$, $Ca_2SiO_4$, $Al_2SiO_5$, $MgSiO_3$, $CaCO_3$ und viele weitere) gehören zu den polymorphen Stoffen.

Nicht weniger vielfältig sind endlich die bei anorganischen Verbindungen mit makromolekularer Bauweise möglichen *Mischkristalle*: So sehr auch diese den bereits S. 58 geschilderten Prinzipien gehorchen, so ist jedoch ihre Mannigfaltigkeit insofern noch weit größer als im Falle der Metalle (S. 93, weil neben einfacher Atomsubstitution auch ein *gekoppelter* Kationen- *oder* gar ein ebensolcher Kationen-Anionen-Ersatz stattfinden kann. Dazu sind bei Additionsmischkristallen ein zusätzlicher Einbau von Kationen *oder* Anionen, bei Subtraktionsmischkristallen Leerstellen im Kationen- *oder* Anionengitter möglich, wie es Tab. 15 im einzelnen erläutert. Bei einfacher Kationen- oder Anionensubstitution (siehe bereits Abb. 37e, S. 58) genügt es dabei nicht, daß die sich ersetzenden Ionen lediglich gleiche Wertigkeit besitzen, sondern es müssen diese *außerdem* ähnliche Raumbeanspruchung aufweisen (Differenz ihrer Ionenradien allgemein nicht mehr als 15%). Eine solche weitgehende Übereinstimmung der Bindungsabstände gegenüber den Anionen X (oder allgemeiner der Ionenradien) ist aber auch notwendige

Voraussetzung dafür, daß sich irgendwelche Ionen – als unter sich *diadoch* – an einem gekoppelten Atomersatz beteiligen können (also etwa $Li^+$ und $Ti^{4+}$ beide $Mg^{2+}$ ersetzen können oder sich $Al^{3+}$ sowohl durch $Si^{4+}$ als durch $Mg^{2+}$ substituieren läßt, insofern es in einer Struktur mit seinen beiden KZ 4 und 6 vertreten ist). Genau so wie S. 92 bei den Reinmetallen muß auch im Falle der hier betrachteten Verbindungen zwischen *vollkommen mischbaren*, also lückenlosen Mischkristallreihen wie $MgO \ldots (Mg,Ni)O \ldots NiO$ oder $Fe_2O_3 \ldots (Fe,Cr)_2O_3 \ldots Cr_2O_3$ und lediglich *beschränkt* mischbaren Verbindungen wie $NiO$ und $MnO$, $Al_2O_3$ und $Fe_2O_3$ unterschieden werden. Sodann darf ebenfalls hier (wie schon S. 94) von einer zusammengesetzten (intermediären) Verbindung *nur* die Rede sein, wenn diese eine *andere* Struktur als die zugehörigen einfachen Verbindungen besitzt und daher diesen gegenüber als selbständige Phase zu gelten hat. Ein Mischkristall $(Mg,Ni)O$ mit 50 Mol.-% $MgO$ und ebensoviel $NiO$, also von der „Formel $MgO$

**Tabelle 15. Mischkristalltypen bei makromolekularen Sauerstoffverbindungen**

I. Mit *Atomsubstitution (Substitutionsmischkristalle)*:

   1. *Einfacher* Ersatz unter *gleichwertigen* Kationen wie z.B. bei:
     den zweiwertigen $Mg^{2+} \to Co^{2+}$, $Mg^{2+} \to Ni^{2+}$, $Ca^{2+} \to Cd^{2+}$, $Co^{2+} \to Mn^{2+}$, $Ba^{2+} \to Sr^{2+}$,
     den dreiwertigen $Fe^{3+} \to Cr^{3+}$, $Al^{3+} \to Fe^{3+}$, $Mn^{3+} \to Fe^{3+}$,
     den vierwertigen $Ti^{4+} \to Sn^{4+}$, $Ti^{4+} \to Zr^{4+}$, $Zr^{4+} \to Th^{4+}$, $Th^{4+} \to Ce^{4+}$;

   2. *Einfacher* Ersatz unter *gleichwertigen* Anionen wie etwa:
     $(OH)^- \to F^-$, $O^{2-} \to S^{2-}$ (in Gläsern);

   3. *Gekoppelter Kationen*-Ersatz (unter Erhaltung der *Summe* der Wertigkeiten) wie in den Fällen:
     $Al_2^{3+} \to Si^{4+}Mg^{2+}$, $Al_2^{3+} \to Ti^{4+}Mg^{2+}$, $Mg_2^{2+} \to Al^{3+}Na^+$, $Mg_2^{2+} \to Al^{3+}Li^+$, $Mg_3^{2+} \to Ti^{4+}Li^{2+}$, $Mg_2^{2+} \to Fe^{3+}Na^+$, $Si^{4+}Na^+ \to Al_2^{3+}Ca^{2+}$ usw.;

   4. *Gekoppelter Kationen-Anionen*-Ersatz (unter Erhaltung der *Differenz* der Wertigkeiten), z.B.:
     $Si^{4+}O^{2-} \to Al^{3+}(OH)^-$, $Al^{3+}O^{2-} \to Mg^{2+}F^-$ oder $Mg^{2+}(OH)^-$ usw.

II. Unter Bildung von *Leerstellen (Subtraktionsmischkristalle)*:

   1. von *Leerstellen im Anionengitter* zufolge eines Ersatzes *höher*wertiger Kationen durch *niedriger*wertige, z.B.:
     $Ce^{4+} \to La^{3+}$, dabei im $CeO_2$ auf zwei durch $La^{3+}$ ersetzte $Ce^{4+}$ ein O ausfallend im Sinne $Ce_2^{4+}O^{2-} \to La_2^{3+}$,
     $Bi^+ \to Pb^{2+}$, hier im $Bi_2O_3$ pro zwei durch $Pb^{2+}$ substituierte $Bi^{3+}$ eine Lücke im O-Gitter entsprechend $Bi_2^{3+}O^{2-} \to Pb_2^{2+}$;

   2. von *Leerstellen im Kationengitter* als Folge des Ersatzes *niedriger*wertiger Kationen durch *höher*wertige, z.B.:
     $Mg_3^{2+} \to Al_2^{3+}$, damit sich beim $\gamma$-$Al_2O_3$ eine Spinellstruktur mit einem Kationenmanko von $1/9$ ergebend,
     $Fe_3^{2+} \to Fe_2^{3+}$, im FeO auf drei durch $Fe^{3+}$ substituierte $Fe^{2+}$ eine Leerstelle im Kationengitter.

III. Unter *zusätzlichem Einbau* von Atomen in Gitterlücken *(Additionsmischkristalle)*:

   1. Einbau zusätzlicher *Kationen* wie bei
     $Zr^{4+} \to Mg_2^{2+}$, dabei pro durch $Mg^{2+}$ ersetztes $Zr^{4+}$ ein zusätzliches $Mg^{2+}$ eingelagert;

   2. Einbau zusätzlicher *Anionen*, z.B. bei
     $Ca^{2+} \to Y^{3+}$, indem pro $Ca^{2+} \to Y^{3+}$ ein zusätzliches $F^-$ eingelagert wird, also $Ca^{2+} \to Y^{3+}F^-$.

Selbstverständlich können die verschiedenen Möglichkeiten auch miteinander *kombiniert* auftreten, etwa *nebeneinander* einfacher + gekoppelter Atomersatz und dazu noch eine Bildung von Leerstellen im Kationengitter bestehen.

$\cdot$ NiO" bildet daher keine zusammengesetzte Verbindung im Gegensatz zu den Doppeloxiden $MgO \cdot TiO_2$, $MgO \cdot Al_2O_3$, $2\,MgO \cdot SiO_2$ oder noch „höheren" Doppelverbindungen (sog. *Doppelsalzen*) wie $CaCO_3 \cdot MgCO_3$, $KCl \cdot MgCl_2$, $K_2SO_4 \cdot 2\,MgSO_4$, usw. Allgemein unterscheidet der Chemiker zwischen Mischkristallen, intermediären Verbindungen und einem Gemenge, indem er für die drei Fälle die Formeln $(A,A')X$, $AX \cdot A'X$ oder $AX + A'X$ verwendet. Mit den mannigfachen Möglichkeiten einer Mischkristallbildung hängt endlich zusammen, daß manche (und zwar auch einfache) makromolekulare, anorganische Verbindungen zu den *Bertholiden* gehören, also – analog zu vielen intermetallischen Verbindungen – größere oder kleinere Homogenitätsbereiche besitzen: So ist z.B. dem FeO statt der straffen Zusammensetzung 50 At.-% Fe und 50 At.-% O zufolge einer verschieden großen Anzahl von Leerstellen im Fe-Gitter gemäß der Substitution „$3\,Fe^{2+} \rightarrow 2\,Fe^{3+}$ + Leerstelle" ein Homogenitätsbereich von 45,5 bis 49 At.-% Fe und entsprechend 54,5 bis 51 At.-% O eigen[1], den Oxiden TiO, $Ti_2O_3$ und $TiO_2$ solche zwischen $TiO_{0,6}$ und $TiO_{1,25}$, von $Ti_2O_{2,92}$ bis $Ti_2O_{3,12}$ und von $TiO_{1,90}$ bis $TiO_{2,00}$. Neben FeO, NiO, $Cu_2O$ und $Bi_2O_3$ u.a. mit einem Manko an Kationen ist für andere wie z.B. ZnO, CdO und $TiO_2$ ein Kationenüberschuß (oder ein Anionendefizit) charakteristisch. Diese Fehlordnung reiner Oxide kann durch Bildung von Substitutionsmischkristallen verstärkt oder herabgesetzt werden: So wird bei Kationenüberschuß die Fehlordnung (die Anzahl zusätzlicher Kationen) erhöht (vermindert) bei niedriger (höher)wertigen Substituenten und gilt gerade das Umgekehrte für die Leerstellen im Falle eines Kationendefizits; siehe hierzu auch S. 259.

Daß auch im Bereich der anorganischen makromolekularen Stoffe sich isotype Verbindungen trotz ihrer übereinstimmenden Atomanordnung in ihren Eigenschaften wesentlich voneinander unterscheiden können, hängt erneut damit zusammen, daß sich der gleiche Strukturtyp trotz recht verschieden gearteter Bindekräfte ergeben kann. An solchen kommen bei den anorganischen Verbindungen makromolekularer Bauweise in Frage: *weitgehend polare* Bindungen nach S. 43, daran anschließend *polar-kovalente* bzw. *kovalent-polare Misch*bindungen bis zu *vorwiegend kovalenten* Bindekräften im Sinne von S. 22 und endlich daraus mögliche Überlagerungen. Letzteres etwa in der Weise, daß bei Radikalverbindungen die A—X-Bindungen (wie die S—O-Bindungen im $SO_4^{2-}$, die C—O-Bindungen im $CO_3^{2-}$-Radikal usw., siehe S. 49, 67 und 76) einigermaßen Elektronenpaarbindungen darstellen, während zwischen den Radikalen $(AX_n)$ und den inaktiven Kationen I rein oder doch bevorzugt polare Kraftwirkungen bestehen. Ob bei einer polar-kovalenten Mischbindung der polare oder kovalente Anteil vorherrscht, läßt sich gleich wie S. 42 an Hand der Elektronegativitäten beider Partner beurteilen: So ergibt sich beispielsweise für die Si—O-Bindung ein polarer Anteil von rund 50%, während dieser bei der Al—O-Bindung um 60, bei der Si—F- bzw. Al—F-Bindung um 70 bzw. 80% beträgt. Maximale Polarität besteht dabei für die Kombination von Alkali- oder Erdalkalimetallen mit den Nichtmetallen der VI. und VII. Gruppe des periodischen Systems. Über die Namengebung bei anorganischen Verbindungen aller Art nach der Natur des *elektronegativen* Partners siehe Tab. 16.

---

[1] Demgegenüber besitzt $FeCl_3$ einen nur sehr kleinen Homogenitätsbereich, nämlich zwischen $FeCl_{3,0000}$ und $FeCl_{2,9975}$, wie einfache Halogenide überhaupt weit seltener größere Abweichungen von der stöchiometrischen Zusammensetzung aufweisen als Oxide.

| | „$C^{4-}$"<br>Carbide | $N^{3-}$<br>Nitride | $O^{2-}$<br>**Oxide** | $F^{-}$<br>**Fluoride** |
|---|---|---|---|---|
| $B^{3+}$<br>Borate<br>mehrkernige Radikale<br>oder makromolekulare<br>B,O-Verbände | $C^{4+}$<br>$(CO_3)^{2-}$ **Carbonate** | $N^{+}$<br>$(NO)^{-}$ Hyponitrite<br>$N^{3+}$<br>$(NO_2)^{-}$ **Nitrite**<br>$N^{5+}$<br>$(NO_3)^{-}$ **Nitrate** | | |
| | „$Si^{4-}$"<br>Silicide | $P^{3-}$<br>Phosphide | $S^{2-}$<br>Sulfide | $Cl^{-}$<br>**Chloride** |
| | $Si^{4+}$<br>nur selten<br>$(SiO_3)^{2-}$ Meta-<br>$(Si_2O_7)^{6-}$ Pyro-<br>$(SiO_4)^{4-}$ Ortho-<br>zur Hauptsache<br>makromolekulare<br>Si,O-Verbände<br>*Silicate* | $P^{+}$<br>$(PO_2)^{3-}$ Hypophosphite<br>$P^{3+}$<br>$(PO_3)^{3-}$ Phosphite<br>$P^{4+}$<br>$(P_2O_6)^{4-}$ Subphosphate<br>$P^{5+}$<br>$(PO_3)^{-}_x$ Meta-<br>(makromolekular)<br>$(P_2O_7)^{4-}$ Pyro-<br>$(PO_4)^{3-}$ Ortho-<br>*Phosphate* | $S^{2+}$<br>$(SO_2)^{2-}$ Sulfoxylate<br>$S^{3+}$<br>$(S_2O_4)^{2-}$ Hyposulfite<br>$S^{4+}$<br>$(S_2O_2)^{2-}$ Thiosulfite<br>$(SO_3)^{2-}$ Sulfite<br>$S^{5+}$<br>$(S_2O_6)^{2-}$ Dithionate<br>$S^{6+}$<br>$(S_2O_3)^{2-}$ Thiosulfate<br>$(S_2O_7)^{2-}$ Pyrosulfate<br>$(SO_4)^{2-}$ **Sulfate** | $Cl^{+}$<br>$(ClO)^{-}$ Hypochlorite<br>$Cl^{3+}$<br>$(ClO_2)^{-}$ Chlorite<br>$Cl^{5+}$<br>$(ClO_3)^{-}$ **Chlorate**<br>$Cl^{7+}$<br>$(ClO_4)^{-}$ **Perchlorate** |
| | | $As^{3-}$<br>Arsenide | $Se^{2-}$<br>Selenide | Br<br>Bromide |
| $Cr^{6+}$   $Mn^{6+}$<br>$(CrO_4)^{2-}$ Chromate   $(MnO_4)^{2-}$ Manganate<br>$(Cr_2O_7)^{2-}$ Dichromate   $Mn^{7+}$<br>$(MnO_4)^{-}$ Permanganate | | $As^{5+}$<br>$(AsO_4)^{3-}$ Arsenate | $Se^{4+}$<br>$(SeO_3)^{2-}$ Selenite<br>$Se^{6+}$<br>$(SeO_4)^{2-}$ Selenate | $Br^{5+}$<br>$(BrO_3)^{-}$ Bromate |
| | | | $Te^{2-}$<br>Telluride | $J^{-}$<br>Jodide |

Tabelle 16.
**Bezeichnung wichtiger anorganischer Verbindungen nach dem elektronegativen Partner**

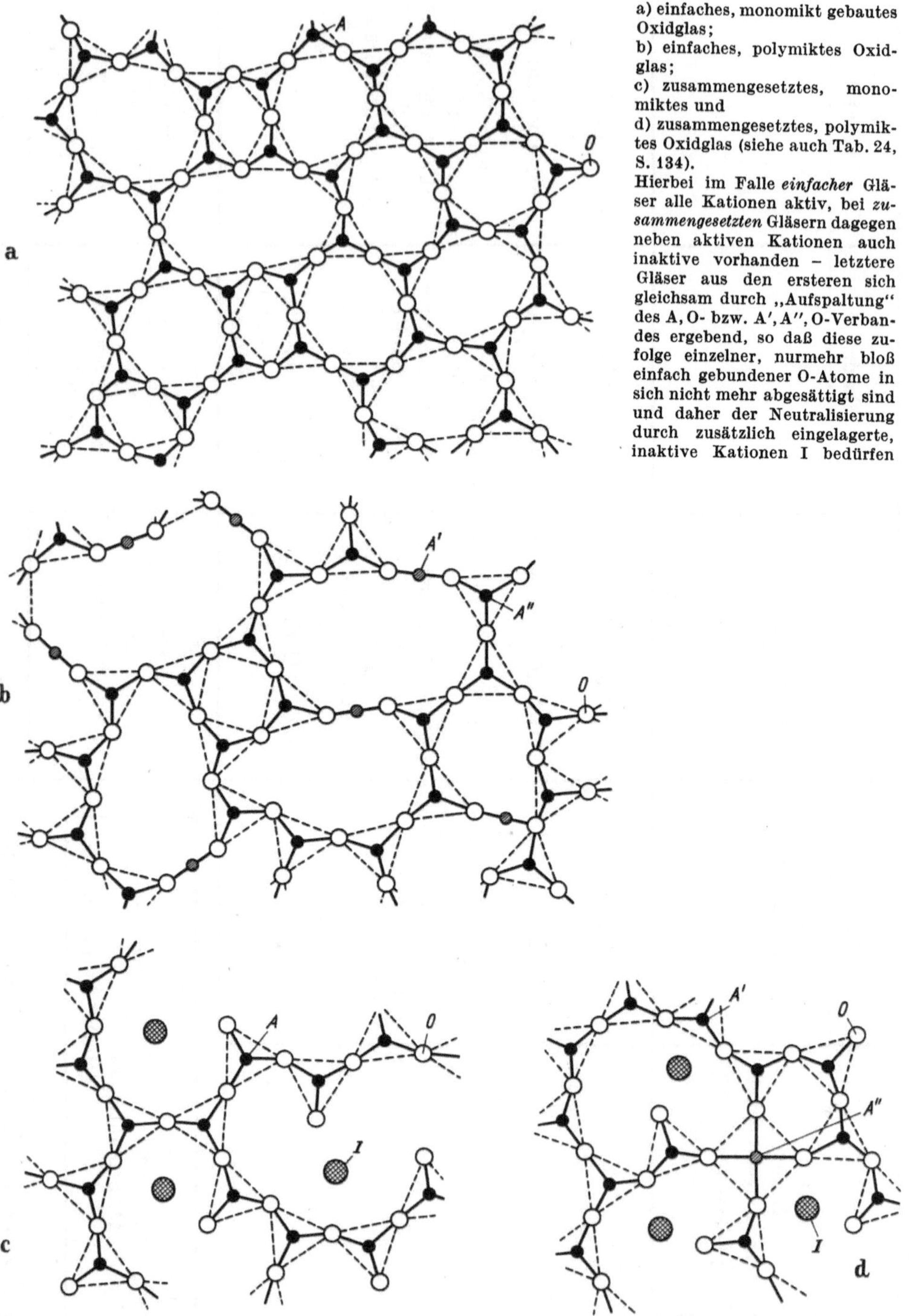



a) einfaches, monomikt gebautes Oxidglas;
b) einfaches, polymiktes Oxidglas;
c) zusammengesetztes, monomiktes und
d) zusammengesetztes, polymiktes Oxidglas (siehe auch Tab. 24, S. 134).
Hierbei im Falle *einfacher* Gläser alle Kationen aktiv, bei *zusammengesetzten* Gläsern dagegen neben aktiven Kationen auch inaktive vorhanden – letztere Gläser aus den ersteren sich gleichsam durch ,,Aufspaltung" des A, O- bzw. A', A'', O-Verbandes ergebend, so daß diese zufolge einzelner, nurmehr bloß einfach gebundener O-Atome in sich nicht mehr abgesättigt sind und daher der Neutralisierung durch zusätzlich eingelagerte, inaktive Kationen I bedürfen

Abb. 60. *Zur Struktur der Oxidgläser*

Mit diesem Übergang kovalenter Bindungen zu polaren (zugleich von einer gerichteten zu einer allseitig wirkenden Bindung) steht sodann im Zusammenhang, daß gewisse anorganische Verbindungen statt im kristallinen Zustand auch als echt amorphe *Gläser* auftreten können. Bei den hierher gehörenden, vor allem bedeutsamen *Oxidgläsern* – einfachen oder zusammengesetzten – erscheinen die $(AO_n)$-Gruppen nicht mehr in streng periodischer und symmetrischer Wiederholung über gemeinsame O-Atome zum A,O-Verband vereinigt. Statt dessen wird die Verknüpfung der $(AO_n)$-Polyeder über O-Brücken völlig regellos vollzogen, so daß ein statistisch-ungeordneter A,O-Verband entsteht (Abb. 60). Damit geht aber das, was den Kristall an Symmetrie auszeichnete, mindestens bis auf die unmittelbare O-Nachbarschaft der aktiven Kationen A verloren und beschränkt sich deren „koordinierende Wirkung" auf die ihnen nächst benachbarten O-Atome. Nun ist aber ein solcher Abbau der kristallinen Ordnung als einer regelmäßig-periodischen Gruppierung der Atome keineswegs bei jedem A,O-Verband möglich, vielmehr einzig bei solchen mit *frei* verknüpften (gegeneinander frei drehbaren) $AO_n$-Gruppen. Bei infolge Kanten- oder gar Flächenberührung der $AO_n$-Polyeder *starrer* Verknüpfung derselben – wie z.B. im Falle der Abb. 57 – ist einzig die kristalline Bauweise denkbar, nicht jedoch auch eine unregelmäßig-statistische, nur pseudokristalline (siehe im Hinblick auf die Analogie mit frei drehbaren und starren Bindungen zwischen C-Atomen auch S. 74). Eine Übersicht über die Gesamtheit *glasiger Zustände der Materie* findet sich in Tab. 24 auf S. 134.

### Salze – Keramische Werkstoffe und anorganische Bindemittel

Eine erste Gruppe makromolekularer anorganischer Verbindungen von zwar recht variabler Zusammensetzung, aber dennoch von einem weitgehend ähnlichen Verhalten bilden jene Stoffe, welche im eigentlichen Sinne als *Salze* zu gelten haben. Als *Ionenverbindungen* mit *rein polarer* Bindung von einer mit der Ladung der Ionen zunehmenden Stärke besitzen die Salze an wesentlichen Merkmalen:

1. zunächst *Schmelzpunkte*, welche allgemein wohl deutlich höher liegen als jene der Molekülverbindungen – so z.B. bei 800 °C im Falle von NaCl, 857 °C bei KF, 765 °C bei $CaCl_2$, 339 °C bei $KNO_3$ usw. –, indes noch nicht jene wesentlich höhern Werte erreichen, wie sie für eigentlich feuerfeste Stoffe Voraussetzung sind. Entsprechendes ist von andern Kohäsionseigenschaften zu sagen, so von *Härte* und *Festigkeit* der Salze, welche gewiß größer sind als bei Molekülkristallen, aber deutlich geringer als bei keramischen Materialien. Diesen gegenüber unterscheiden sich die Salze außerdem durch eine schon bei Raumtemperatur bestehende, beschränkte Plastizität;

2. ein zwar beachtliches *Isoliervermögen gegenüber Elektrizität* bei normalen und tieferen Temperaturen, nicht jedoch auch in der Wärme, indem bei höheren Temperaturen bereits der feste Salzkristall und dann vor allem die Salzschmelze den elektrischen Strom gut leiten und damit ihre *Elektrolyse* (S. 154) gestatten;

3. die allgemein *erhebliche Löslichkeit in Wasser*, wobei mit der Lösung eines Salzes stets die Überwindung der polaren Bindekräfte durch die starken Kraftwirkungen der $H_2O$-Dipole (S. 68) verbunden ist, also ein Zerfall des Salzes in seine freien Ionen entsprechend der Reaktion $AX \rightarrow A^+ + X^-$ bzw. $(AX_n)I \rightarrow (AX_n)^-$ $+ I^+$ unter gleichzeitiger *Hydratation* der Ionen im Sinne der Abb. 61. Bei den

sich so ergebenden Wasserhüllen der Ionen kann die Bindung der $H_2O$-Dipole an ein Ion derart intensiv ausfallen, daß bei neuerlicher Kristallisation des Salzes statt der $A^+$ und $I^+$ hydratisierte Ionen wie z.B. $Mg(H_2O)_6^{2+}$, $Cd(H_2O)_4^{2+}$ usw. in den makromolekularen Atomverband des Salzkristalls eingebaut werden, so daß

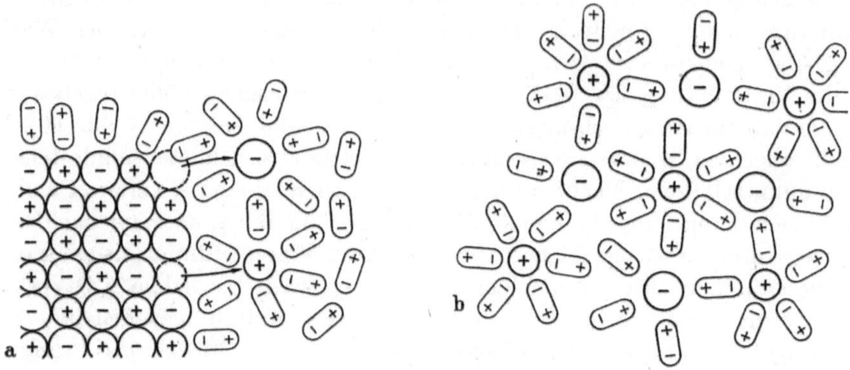


Abb. 61. a) Lösung eines Salzkristalls in Wasser unter Hydratation der Ionen und b) Ausbildung einer Anionensphäre um die Kationen und einer Kationensphäre um die Anionen in der Salzlösung

an Stelle des wasserfreien (anhydren) Salzes nunmehr ein *Hydrat* (siehe bereits S. 70) desselben (wie z.B. $MgCl_2 \cdot 6H_2O$, $CdCl_2 \cdot 4H_2O$, $CuSO_4 \cdot 5H_2O$, $CuSO_4 \cdot 3H_2O$ und $CuSO_4 \cdot H_2O$, $FeSO_4 \cdot 7H_2O$, $KAl(SO_4)_2 \cdot 12H_2O$ – ein Vertreter der Alaune – usw.) entsteht. Solches *Kristall-* oder *Hydratwasser* – sei es an die Kationen gebundenes Kationen- oder zwischen die beiderlei Ionen eingebautes An-

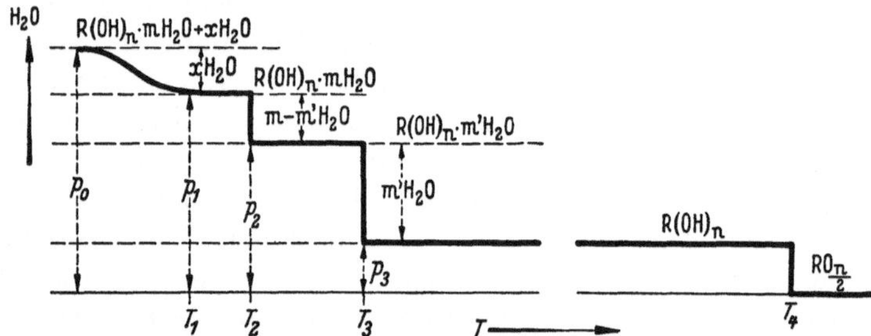


Abb. 62. *Thermische Entwässerungskurve eines Festkörpers* $R(OH)_n \cdot mH_2O + xH_2O$: Bis zur Temperatur $T_1$ stetige Abgabe von *Feuchtigkeit* (Kapillarwasser, Tropfenwasser) + *Adsorptions-* und *Gelwasser* (letzteres auch *zeolithisches* Wasser genannt); bei der Temperatur $T_2$ Entweichen eines ersten, bei $T_3$ des zweiten Anteils an *Hydrat (Kristall)wasser* (so bei $T_2$ z.B. aus einem Hexahydrat ein Dihydrat entstehend); bei $T_4$ endlich Abgabe des *Hydroxylgruppen bildenden Wassers* = Entwässerung des Hydroxids $R(OH)_n$ zum Oxid $RO_{n/2}$ entsprechend $R(OH)_n \rightarrow RO_{n/2} + n/2\,H_2O$ (dabei beträgt $T_1$ allgemein um 100 °C, liegen $T_2$ und $T_3$ zumeist unter 200 °C, $T_4$ dagegen um 500, gelegentlich auch gegen 1000 °C und darüber)

ionen-Kationen-Wasser – unterscheidet sich in charakteristischer Weise von anderem, in festen Stoffen möglicherweise vorhandenem Wasser, wie im einzelnen der Abb. 62 zu entnehmen ist.

Ein hervorragendes *werkstoffliches* Interesse haben dagegen anorganische makromolekulare Verbindungen mit *polar-kovalenten bis kovalenten* Bindekräften, indem Stoffe solcher Art die Bestandteile keramischer Materialien oder anorganischer Bindemittel bilden. Charakteristische Merkmale der *keramischen Stoffe* im weite-

**Tabelle 17. Die Haupttypen keramischer Werkstoffe**

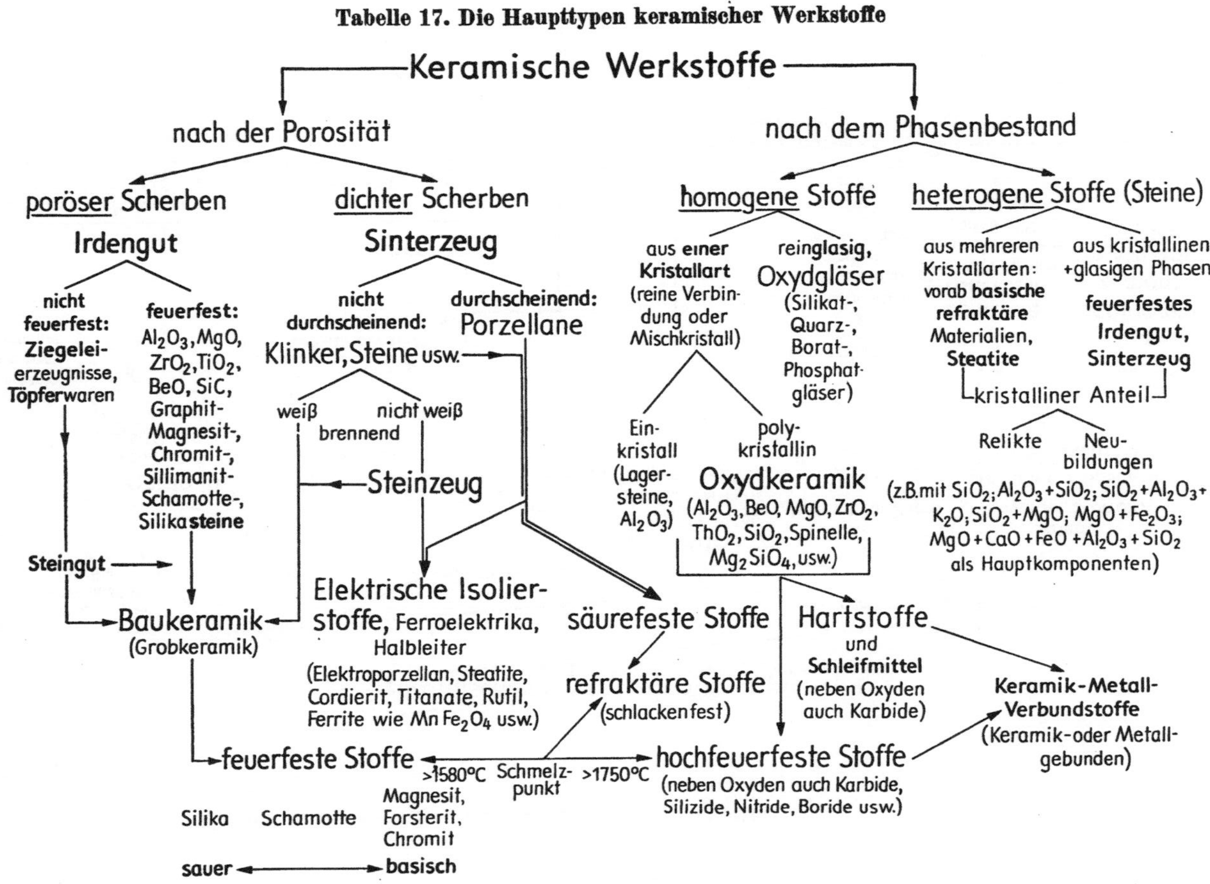


sten Sinne (siehe hierzu die Übersicht der Tab. 17) sind allgemein die folgenden, woraus sich zugleich mancherlei Beziehungen zu den diamantartigen Elementen[1] nach S. 25 ergeben:

1. *hohe Schmelzpunkte*, so daß zu ihnen jene Stoffe gehören, welche mit Schmelzpunkten über 1580 °C als *feuerfest*, mit solchen über 1750 °C als *hochfeuerfest* gelten

---

[1] Beispielsweise zwischen Diamant und der mit ihm isotypen Modifikation von Bornitrid (BN), die praktisch gleiche Härte besitzt wie Diamant, dazu jedoch eine weit bessere Hitzebeständigkeit.

**Tabelle 18. Die wichtigsten anorganischen Bindemittel**

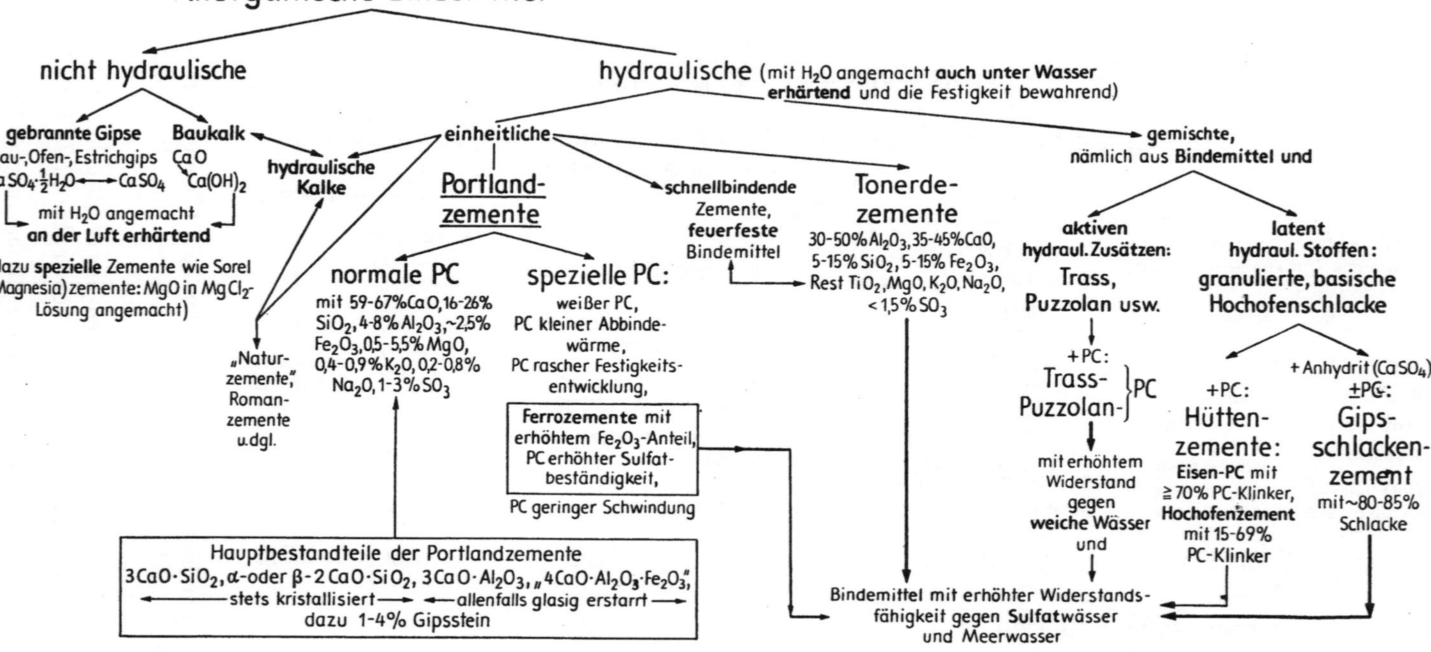

und dazu bei höheren Temperaturen noch eine beachtliche Druckfestigkeit (und zwar auch gegenüber länger dauernder Beanspruchung auf Druck) aufweisen. Dabei unterscheiden sich die zulässigen höchsten Gebrauchstemperaturen von den Schmelzpunkten selber in recht individueller Weise: Fällen, da ein Einsatz bis auf 50 °C unterhalb des Schmelzpunktes möglich ist, stehen andere gegenüber, wo eine dem Schmelzen vorangehende Erweichung den Gebrauch nur bis zu Temperaturen gestattet, welche 300 °C und mehr unterhalb des Schmelzpunktes liegen;

2. eine beachtliche, oft gar außergewöhnliche *Härte* mit entsprechend großem Widerstand gegen Abnützung und Verschleiß, weshalb *Hart-* und *Abrasivstoffe* eine weitere Sondergruppe keramischer Materialien bilden. Im Gegensatz zur hohen Einkristall-Festigkeit ist zwar die *Druck*festigkeit *vielkristalliner* Keramik oft noch erheblich, weniger dagegen deren Zug- und Biegefestigkeit. Außerdem ist Keramik mit ihrem betont *spröden* Verhalten und ihrer geringen Verformbarkeit recht empfindlich gegen Schlag und Stoß. Auch die für das Verhalten bei schroffer Abkühlung maßgebende *Temperatur-Wechselbeständigkeit* variiert in weiten Grenzen (so ist sie z.B. erfreulich gut bei BeO und $SiO_2$-Glas, ferner bei Cordierit (ein Mg-Al-Silicat) oder Li-Silicate enthaltenden Massen, mäßig hingegen etwa bei MgO und kristallisiertem $SiO_2$). Hinsichtlich der *Wärmedehnung* besitzt Keramik unter allen Werkstoffen (Abb. 127, S. 265) die *kleinsten*, in einzelnen Fällen (Li-Al-Silicate) gar negative oder praktisch bei Null liegende Ausdehnungskoeffizienten;

3. die bei keramischen Materialien zur Regel bestehende Eigenart, bei gewöhnlicher Temperatur den elektrischen Strom nicht zu leiten und dieses *Isolationsvermögen gegen Elektrizität* auch bei *höheren* Temperaturen (1000 °C und mehr) zu bewahren, insofern keramische Stoffe (wie $Al_2O_3$, CaO und MgO) *nur aktive* Kationen enthalten. Dann beruht eine bei noch höheren Temperaturen einsetzende, elektrische Leitfähigkeit auf der Abspaltung und Wanderung von Elektronen im Gegensatz zu Verbindungen mit inaktiven Kationen. Diese unterliegen nämlich bereits bei wesentlich niedrigeren Temperaturen einer Wanderung im elektrischen Feld, so daß sich bei solchen Stoffen (wie etwa Porzellan) bereits in der Gegend um 500 °C ein merklicher Abfall des elektrischen Widerstandes ergeben kann. Auf der andern Seite lassen sich aus gewissen Oxiden – einfachen wie etwa $Fe_2O_3$ oder NiO bzw. mehrfachen wie z.B. manchen Doppeloxiden MeO · $Fe_2O_3$, sog. *Ferriten* – durch eine geeignete Fehlordnung (S. 259) auch *Halbleiter* herstellen. Weitere keramische Stoffe, so vorweg Carbide, Silicide, Nitride und Boride (vorab von Si, Ti, Zr, V und Ta) können mit ihrer bereits merklichen elektrischen Leitfähigkeit gar als *Widerstandswerkstoffe* dienen. Andere Sonderprodukte der *Elektrotechnik* verfügen über einzigartige *dielektrische* und *magnetische* Eigenschaften, weshalb sie als Baustoffe für Kondensatoren und Spulen eine hervorragende Rolle spielen: so besitzen $BaTiO_3$ und verwandte Doppeloxide (etwa mit Sr und Pb an Stelle von Ba, von Zr an Stelle von Ti) als sog. HDK-Massen extrem hohe, mehr als 10000 betragende Dielektrizitätskonstanten und zeigen zugleich ein *ferroelektrisches* Verhalten. Oder es sind den aus $MgSiO_3$ + $Mg_2SiO_4$ bestehenden Sondersteatiten, dem Quarzglas wie $Mg_2TiO_4$ u.a. besonders kleine dielektrische Verluste eigen. Während es bloß wenige Oxide [$CrO_2$, EuO, (La, Sr)$MnO_3$] gibt, welche gleich Fe, Co, Ni und Gd ferromagnetisch sind, existieren zahlreiche Doppeloxide mit $Fe_2O_3$, nämlich etwa die Ferrite vom Typus MeO · $Fe_2O_3$, MeO · 6 $Fe_2O_3$ und 3 $Y_2O_3$ · 5 $Fe_2O_3$, mit einem *ferrimagnetischen* Verhalten. Deren Sonderheit

liegt darin, daß sich bei ihnen als Isolatoren oder Halbleitern ferromagnetische Eigenschaften mit einem sehr hohen elektrischen Widerstand verbinden. Mit Quarz ($SiO_2$) an der Spitze gestatten endlich Kristalle, welche infolge ihrer besondern Symmetrie polare Achsen aufweisen und damit die Erscheinung der *Piezoelektrizität*, als sog. Schwing(Piezo)kristalle die Überführung elektrischer Schwingungen in mechanische oder das Umgekehrte. Siehe zu alledem die in den Tab. 17 und 25 (S. 111 und 136) gegebene, naturgemäß nur summarische Übersicht;

4. die bei manchen keramischen Stoffen, wenn auch zumeist nur beim Einkristall oder im glasigen Zustand (S. 109), bestehenden einzigartigen *optischen Eigenschaften* wie z. B. ausgezeichnete Transparenz bei hoher Lichtbrechung, allenfalls auch ebensolcher Doppelbrechung;

5. nicht nur *in Wasser* völlig *unlöslich* zu sein, sondern als sog. *refraktäre* Stoffe eine nahezu universelle *Beständigkeit gegen irgendwelche chemische Angriffe* bei normaler und auch erhöhter Temperatur zu besitzen, indem nur einige wenige Chemikalien (wie HF, heiße $H_3PO_4$ und stark alkalische Schmelzen) sie anzugreifen vermögen.

Auch an keramischen Materialien sind in der Technik zunächst neben althergebrachten Kunstprodukten (wie Porzellan) manche Naturstoffe wie Diamant, Glimmer, Korund, Quarz, Asbest u. dgl. verwendet worden. In neuerer Zeit treten mehr und mehr *synthetische* Erzeugnisse an ihre Stelle, seien es künstlich gezüchtete Kristalle derselben Art wie der seinerzeit der Natur entnommenen oder aber damit verwandte mit noch bessern Eigenschaften, bald infolge besonderer Reinheit, bald dank geeigneter Zusätze, einem spezifischen Fehlbau, einer Fernordnung der Kationen u. dgl. (siehe hierzu S. 104 und 259)[1].

Für die Bestandteile *anorganischer Bindemittel* (siehe Tab. 18) ist demgegenüber kennzeichnend, daß sie allgemein mit Wasser oder $CO_2$ der Luft chemische Reaktionen (die *Abbindereaktionen* nach S. 153, 160, 187) eingehen, wobei die sich innert nützlicher Frist bildenden Reaktionsprodukte über eine erhebliche Bindekraft und Festigkeit verfügen und diese im Falle *hydraulischer* Bindemittel auch bei dauernder Berührung mit Wasser bewahren. Neben in dieser Weise unmittelbar reagierenden (abbindenden) Stoffen gibt es andere wie glasig erstarrte (sog. granulierte) hochbasische Hochofenschlacken, welche zu Anregung ihres Abbindevermögens des Zusatzes anderer Stoffe [z. B. $Ca(OH)_2$ oder anderer Alkalien bzw. von Sulfaten wie Gips ($CaSO_4 \cdot 2H_2O$), Anhydrit ($CaSO_4$) oder Alkalisulfaten] bedürfen und daher als *latent hydraulische* Stoffe bezeichnet werden. *Aktiv hydraulische Zusätze* wie Traß, Puzzolan u. dgl. unterliegen schließlich ihrerseits keinen Abbindereaktionen, sondern sind statt dessen zu *Sekundär*reaktionen mit den Abbindeprodukten eigentlicher Bindemittel befähigt, wie dies S. 223 näher geschildert werden soll.

### Von der Kennzeichnung makromolekularer Verbindungen

Gleich wie bei den Molekülverbindungen nimmt auch die Kennzeichnung makromolekularer anorganischer Verbindungen ihren Ausgang bei der Ermittlung

---

[1] Schwierigkeiten bereitet dagegen nach wie vor die Synthese künstlicher Asbestfasern, insbesondere solcher vom Chrysotiltyp.

der Bruttoformel nach S. 88. Hauptinstrument jeder weiteren Erkundung ihrer Konstitution sind jedoch nicht länger eine Bestimmung des Molekulargewichts und eine Strukturaufklärung mittels charakteristischer chemischer Reaktionen, sondern die *unmittelbare Bestimmung der Struktur* der Verbindungen, wie sie sich am erfolgreichsten an Hand der *Röntgeninterferenzen ihrer Kristalle* durchführen läßt. Auf diesem Wege lassen sich am kristallisierten Makromolekül wesentliche Strukturmerkmale direkt ermitteln wie beispielsweise Koordinationszahlen und -schema, die absoluten Bindungsabstände, die Natur irgendwelcher Mischkristalle (S. 58 und 59), eine bei diesen vorhandene Fernordnung usw. Wird von einer *einfach* zusammengesetzten (reinen) Verbindung AB ausgegangen, so fragt sich zunächst, ob es sich dabei um eine solche vom Typus eines *Daltoniden* oder *Bertholiden* (S. 56) handelt, welcher *Homogenitätsbereich* ihr im letzteren Fall zukommt und auf welcher *Art von Mischkristallen* dieser beruht (siehe hierzu bereits S. 59, dann aber auch S. 105). Hernach gilt es abzuklären, in welchem Umfang die beiderlei Atome A und B durch *andere Kationen* A', A'', … bzw. andere Anionen B', B'', … ersetzt werden können und ob neben solchen *einfachen* Atomsubstitutionen – aus der einfachen Verbindung AB etwa den Mischkristall (A, A', A'') (B, B', B'') ergebend – auch *gekoppelter* Atomersatz im Sinne des S. 104 Gesagten möglich ist. Der derart abgrenzbare Bereich eines Strukturtyps, innerhalb dessen eine stetige Variation der chemischen Zusammensetzung und damit auch der physikalischen Eigenschaften möglich ist, bildet dann *das Existenzfeld einer gegebenen Kristallart.* Für die *Kristallart* MgO ergibt sich etwa das Schema

$$
\begin{array}{c}
(Mg, Mn)O \\
\uparrow \qquad (Mg, Co)O \longrightarrow CoO \\
\nearrow \qquad\quad \downarrow \qquad\qquad \downarrow \\
\leftarrow FeO \!-\!\! (Mg, Fe)O \!-\!\! MgO \rightarrow (Mg, Co, Ni)O \rightarrow (Ni, Co)O \rightarrow \\
\searrow \qquad\quad \uparrow \qquad\qquad \uparrow \\
(Mg, Ni)O \longrightarrow NiO \rightarrow \\
(Li, Fe, Mg)O \longleftrightarrow (Li, Ti, Mg)O \\
\swarrow \qquad\qquad\qquad\qquad \searrow \\
LiFeO_2 \longrightarrow (Li\ Fe, Ti, Mg)O \longleftarrow Li_2TiO_3
\end{array}
$$

Noch vermehrt als im Falle von Molekülverbindungen gestatten die Ergebnisse chemischer Analysen makromolekularer Stoffe *keinerlei unmittelbare* Aussagen über deren Konstitution. So sind mit einer Formel $ABO_3$ völlig verschieden gebaute, makromolekulare Verbindungen denkbar: beispielsweise $MgTiO_3$ mit Mg und Ti als aktiven Kationen, beide mit der KZ 6 gegen Sauerstoff; $MgSiO_3$ mit Mg und Si als aktiven Kationen, nunmehr aber die Si mit der KZ 4, die Mg mit der KZ 6 gegenüber O; $KMgF_3$, worin bloß noch die Mg aktive Kationen darstellen, und zwar mit der KZ 6 gegen F, so daß sich ein Makroradikal $(MgF_3)_\infty^-$ ergibt, welches durch die inaktiven $K^+$ seine Absättigung erfährt; endlich $KNO_3$, bei welchem einzig die $N^{5+}$ aktive Kationen sind mit der KZ 3 gegenüber O, so daß Radikale $(NO_3)^-$ bestehen und erst diese sich mit den $K^+$ zu einem makromolekularen, und zwar gitterartigen Anionen-Kationen-Verband vereinigen.

Liegen gar Gemische aus *mehreren* festen – allenfalls kristallisierten und glasigen – Phasen vor, wie es bei den keramischen Werkstoffen und den anorganischen Bindemitteln die Regel bedeutet, so hat die sichere Erkundung ihres Aufbaues mit der – hier zumeist mikroskopisch oder röntgenographisch erfolgenden – Kennzeichnung des Phasenbestandes (siehe bereits S. 51) einzusetzen. Eine bloße Be-

rechnung des Mineralbestandes solcher heterogener Stoffe aus deren chemischer
Analyse wird stets um so unsicherer ausfallen, je mannigfaltiger die zwischen den
einzelnen Phasen möglichen chemischen Reaktionen sind und je eher sich an Stelle
von stabilen Zuständen irgendwelche Ungleichgewichte, beispielsweise mit glasigen statt kristallinen Phasen, ergeben können (dies ist zu beachten, wenn z.B. aus
den Analysenwerten von Portlandzementen deren Mineralbestand etwa nach
Bogue berechnet wird, wobei der so errechnete Gehalt an verschiedenen Klinkermineralien – siehe Tab. 18, S. 112 – durchaus nicht mit dem tatsächlich bestehenden übereinzustimmen braucht).

Die Aufklärung der Konstitution *organischer* Makromoleküle bedarf dagegen
oftmals ihrer eigenen Verfahren, so insbesondere dann, wenn makromolekulare
organische Verbindungen nicht in kristalliner, sondern bloß amorpher Form vorliegen. Einige Hinweise hierzu siehe S. 128.

### Literatur über Keramik und anorganische Bindemittel


Radczewski, O. E.: Die Rohstoffe der Keramik, 1966;
Singer, F. u. S. S. Singer: Industrielle Keramik, Bd. 1 ff., seit 1964;
Eitel, W.: Physikalische Chemie der Silikate, 1941;
Salmang, H.: Die physikalischen und chemischen Grundlagen der Keramik, 1954;
Norton, F. H.: Elements of Ceramics, 1952;
Budnikow, P. P.: Technologie der keramischen Erzeugnisse, 1953;
Levin, E. M., Robbins, C. R. and H. F. Macmurdie: Phase Diagrams for Ceramists, 1964;
Rasch, H.: Der Schamottestein, 1940;
Norton, F. H.: Refractories, 1949;
Campbell, I. E.: High-Temperature Technology, 1956;
Lawrence, W. G. in T. J. Gray: The defect solid State, 1957;
Butterworth, B.: Bricks and modern Research, 1948;
Salmang, H.: Die Glasfabrikation. Physikalische und chemische Grundlagen, 1957;
Morey, G. W.: The Properties of Glass, 1954;
Harders, F. u. S. Kienow: Feuerfestkunde, 1960;
Kieffer, R. u. F. Benesovsky: Hartstoffe, 1963;
Trojer, F.: Die oxydischen Kristallphasen der anorganischen Industrieprodukte, 1963;
Mackenzie, J.D.: Modern Aspects of the Vitreous State, 1964;

Hecht, A.: Elektrokeramik – Werkstoffe, Herstellung, Prüfung, Anwendungen, 1959;
Espe, W.: Werkstoffkunde der Hochvakuumtechnik, Bd. I–III, 1960–1961;
Stäger, H.: Werkstoffkunde der elektrotechnischen Isolierstoffe, 1955;
Smit, J. and H. P. J. Wijn: Ferrites, 1959;
Madelung, O.: Halbleiter (Handbuch der Physik, Band 20), 1957;
Suchet, J. P.: Chimie physique des semiconducteurs, 1962;
Smith, R. A.: Semiconductors, 1959;

Bogue, R. H.: The Chemistry of Portland Cement, 1955;
Kühl, H.: Zementchemie (Band I–III), 1952;
Lea, F. M. and C. H. Desch: The Chemistry of Cement and Concrete, 1956;
Taylor, H. F.W.: The Chemistry of Cements, Vol. I, II, 1964;
Lafuma, H.: Liants Hydrauliques. Properiétés, Choix, Conditions d'emploi, 1965;
Keil, F.: Hochofenschlacke, 1963.


## § 18. Organische makromolekulare Verbindungen

Wie bereits S. 72 angedeutet, besteht bei den organischen Stoffen von den
niedrigmolekularen Verbindungen mit Molekülen aus wenigen bis gegen $10^3$ Atomen ein stetiger Übergang zu den *makromolekular* gebauten *(hochmolekularen)*,

deren Makromoleküle allgemein mehr als $10^3$, nämlich oft bis $10^9$ und mehr Atome umfassen. In der Tat kann etwa in der homologen Reihe der normalen Paraffine (S. 84) durch schrittweisen Einbau weiterer $CH_2$-Gruppen zu immer größeren Molekülen gelangt werden (so beispielsweise zu solchen mit mehr als $10^5$ $CH_2$-Radikalen, wie sie dem Kunststoff Polyäthylen zugrunde liegen). Deren Struktur läßt sich mit der Formel

$$CH_3{-}CH_2{-}CH_2{-} \cdots {-}CH_2{-}CH_2{-}CH_2{-} \cdots {-}CH_2{-}CH_2{-}CH_2{-}CH_2{-} \cdots {-}CH_2{-}CH_2{-}CH$$

oder auch bloß als

$$\cdots CH_2{-}CH_2{-}CH_2{-}CH_2{-} \cdots = ({-}CH_2{-})_x \text{ mit } x \text{ um } 10^4 \text{ bis } 10^5$$

beschreiben. Die beiden endständigen $CH_3$-Gruppen – die beiden *Endgruppen* des Makromoleküls – treten naturgemäß um so weniger in Erscheinung, je größer die Anzahl der $CH_2$-Radikale im „Innern" des Makromoleküls. Da sich dieses als das Ergebnis einer Verknüpfung „beliebig" vieler $-CH_2-$-Gruppen auffassen läßt, haben diese (in Analogie zum bereits S. 82 Gesagten) als die *Grundbausteine* des Makromoleküls zu gelten. Entsprechend der Tatsache, daß jeder dieser Grundbausteine seinerseits mit zwei anderen $CH_2$-Gruppen verknüpft erscheint, werden

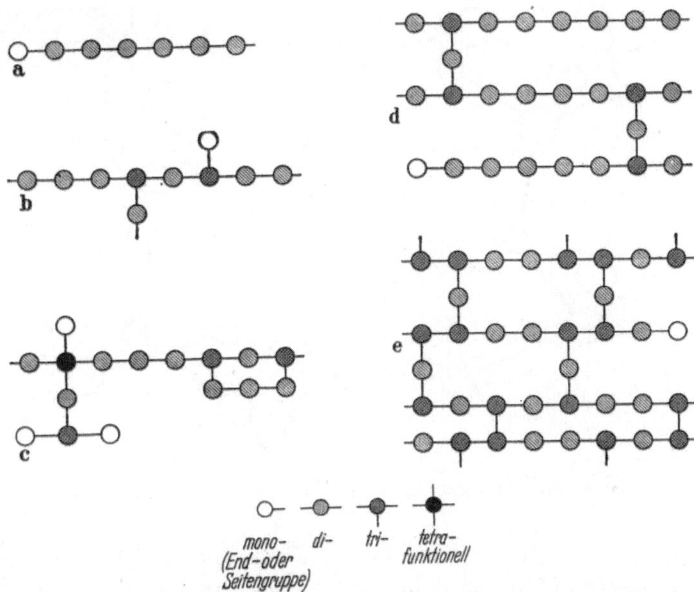


Abb. 63. *Bauelemente makromolekularer organischer Verbindungen:* a) unverzweigtes, lineares Makromolekül mit Endgruppe; b) lineares Makromolekül mit beidseitigen, einfachen Verzweigungen; c) lineares Makromolekül mit mehrfachen Verzweigungen und Seitenring; d) leicht vernetzte, lineare Makromoleküle; e) stark vernetzte, lineare Makromoleküle = Übergang zum dreidimensionalen Makromolekül

diese als *difunktionell* (auch als Grundbausteine mit *zwei* Verknüpfungsstellen) bezeichnet. Wo immer Makromoleküle wie das zuvor betrachtete aus einer Vereinigung ausschließlich difunktioneller Einheiten (allgemein aus Grundbausteinen mit bloß zwei zur Reaktion mit anderen fähigen Gruppen) entstehen, müssen sie notwendig *lineare* (eindimensionale) Bauweise besitzen und daher sog. *Makrofaden-*

*(ketten)moleküle* darstellen. *Homoketten* ist dabei wie im vorgenannten Polyäthylen und bereits S. 26 erwähnten Fadenschwefel, aber auch vielen weitern, linearen Makromolekülen ein Kettengerüst aus einerlei Atomen eigen, *Heteroketten* wie z. B. —CF$_2$—S—CF$_2$—S— ··· oder ···—CH$_2$—O—CH$_2$—O— ··· und ···—Si(CH$_3$)$_2$—O——Si(CH$_3$)$_2$—O— ··· dagegen ein Gerüst aus mehrerlei Atomen (etwa C und S, C und O usw.).

Andere Strukturen der Makromoleküle ergeben sich indes, sobald ein Teil oder gar sämtliche Grundbausteine über *mehr als zwei* (also wenigstens über drei) Verknüpfungsstellen verfügen (Tab. 19). Nunmehr sind statt streng linear gebauter

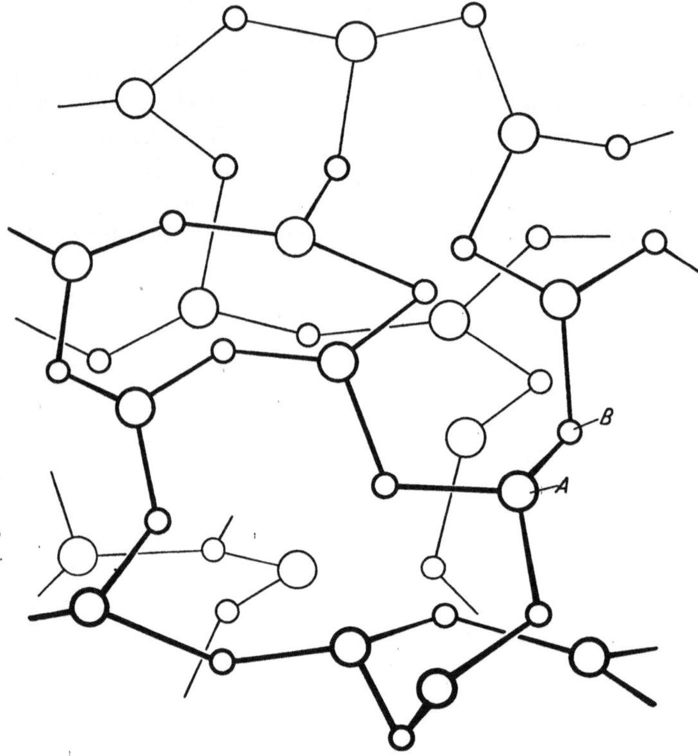


Abb. 64. Dreidimensionales polymiktes Makromolekül aus tri- und difunktionellen Grundbausteinen A und B

Makromoleküle (Abb. 63a) auch solche *mit Verzweigungen* (Abb. 63b und c) möglich, sodann *vernetzte* (Abb. 63d) und schließlich gar eigentlich *dreidimensionale*, also *räumlich* gebaute Makromoleküle, siehe Abb. 63e und 64[1]. Dabei bestimmt die Anzahl tri- oder noch höherfunktioneller Grundbausteine im ersten Fall Zahl und Art der Verzweigungen (einseitige oder beidseitige, einfache oder mehrfache, mit oder ohne Ringschluß), im zweiten Fall den Grad der Vernetzung (leicht oder stark vernetzte Makrofadenmoleküle). Zunehmende Vernetzung führt endlich in stetiger Weise zu echt dreidimensionalen Makromolekülen. Daß es *keine zwei-*

---

[1] Umgekehrt ergeben *mono*funktionelle Grundbausteine entweder niedrigmolekulare Verbindungen wie etwa R— + —R′ → R—R′, R— + —R′— + —R ← R—R′—R u. dgl. oder sie bilden die Endgruppen von Makromolekülen im Sinne der Abb. 63.

dimensionalen (also schicht- oder gar netzförmige) organischen Makromoleküle gibt, beruht letztlich auf dem tetraedrischen und damit *räumlichen* Koordinationsschema des C-Atoms (siehe bereits Abb. 45, S. 73). Völlig ausgeschlossen sind solche Makromoleküle allerdings nicht, sondern lassen sich denken als aromatische *Poly*ringsysteme in Erweiterung dessen, was Abb. 48e für kleine Moleküle andeutet. Alles in allem besteht darnach in dieser Beziehung ein *grundlegender Unterschied zwischen den anorganischen und organischen Makromolekülen*: Dominieren bei den erstern *räumlich-dreidimensionale* von *kristalliner* (regelmäßig-periodischer) Bauweise gegenüber wenigen zweidimensionalen und noch selteneren eindimensionalen, so sind *organische* Makromoleküle bevorzugt *eindimensional*, bereits weniger häufig dreidimensional gebaut, die eindimensionalen kristallin *oder* pseudokristallin, die dreidimensionalen *stets nur* pseudokristallin gebaut (dabei können eindimensionalen Makromolekülen statt einfachen Ketten naturgemäß auch Doppel- oder Mehrfachketten zugrunde liegen, also *band*förmige Atomverbände, wie sie sog. *Leiterpolymeren* eigen sind nach Art der S. 138 beispielhaft erwähnten).

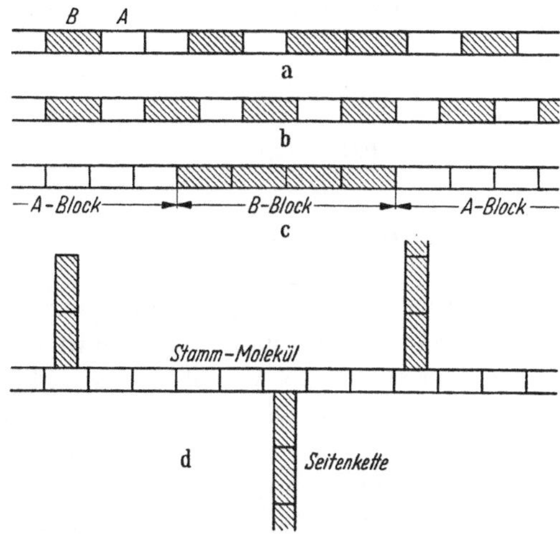



**Abb. 65.** *Mischpolymere verschiedener Struktur:* a) mit unregelmäßiger, b) mit regelmäßiger Verteilung (Sequenz) der beiderlei Grundbausteine A und B; c) mit Bildung von „Blöcken" aus A- oder B-Grundbausteinen und d) mit den A-Grundbausteinen in der Stammkette und darauf „aufgepfropften" Seitenketten aus B-Grundbausteinen

Wie bereits S. 100 ist auch im Falle organischer Makromoleküle wiederum zwischen *monomikten* und *polymikten*, also aus einerlei oder aus mehrerlei Grundbausteinen bestehenden zu unterscheiden. Dabei gibt es nach Abb. 65 vorab in Form der sog. *Mischpolymeren* (Copolymeren), in manchem das Analogon zu den S. 104 betrachteten Mischkristallen makromolekularer anorganischer Verbindungen, oftmals Stoffe mit besonders interessanten Eigenschaften: einmal besonders schmiegsame, wie man sagt, *innerlich weichgemachte*, besser verarbeitbare und leichter bedruckbare bzw. färbbare, weniger bzw. erst bei höhern Temperaturen depolymerisierende (S. 123), u.a.m. Umfassen Copolymere in der Regel bloß zwei Arten von Grundbausteinen, so werden in *Terpolymeren* deren drei in einem Makromolekül vereinigt, so beispielsweise —$CH_2$—$CH(C_6H_5)$— mit —$CH_2$—$CH{=}CH$—$CH_2$— und —$CH_2$—$CH(CN)$—.

                    Lehre der Stoffe

**Tabelle 19. Einige Beispiele mono-, di-, tri- und tetrafunktioneller Grundbausteine**

monofunktionell (Endgruppen); $CH_3\rightarrow$

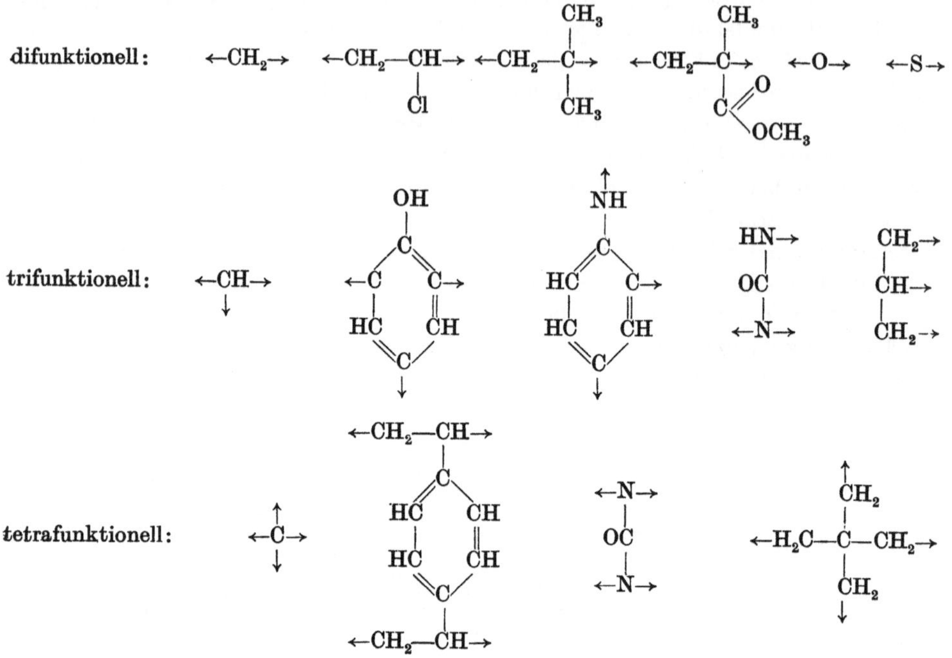

difunktionell: $\leftarrow CH_2\rightarrow$   $\leftarrow CH_2\!-\!CH\rightarrow$   $\leftarrow CH_2\!-\!C\rightarrow$   $\leftarrow CH_2\!-\!C\rightarrow$   $\leftarrow O\rightarrow$   $\leftarrow S\rightarrow$

(mit Seitengruppen: $CH_3$, Cl, $CH_3$; $C\!\!<^{O}_{OCH_3}$)

trifunktionell: $\leftarrow CH\rightarrow$ (mit weiteren Struktureinheiten: Phenolring mit OH, Pyridinring mit NH, $HN\!-\!CO\!-\!N$, $CH_2\!-\!CH\!-\!CH_2$)

tetrafunktionell: $\leftarrow C\rightarrow$ (mit weiteren Struktureinheiten: aromatischer Ring, $N\!-\!OC\!-\!N$, $H_2C\!-\!C(CH_2)_2\!-\!CH_2$)

Makromolekulare organische Verbindungen sind demzufolge in mehrfacher Beziehung allgemein recht *unheitlich* gebaut: Einmal enthalten ihre Makromoleküle nahezu stets eine recht verschiedene Anzahl von Grundbausteinen und sind daher von entsprechend verschiedener *Größe*. Im Gegensatz zu den Molekülverbindungen läßt sich ihnen infolgedessen kein exakt definiertes, sondern bloß ein *mittleres* Molekulargewicht oder ein durchschnittlicher *Polymerisationsgrad* – Anzahl der im Mittel auf ein Makromolekül entfallenden Grundbausteine – zuschreiben. Noch besser wird diese einem makromolekularen Stoff eigene *Polymolekularität* mit einer *Häufigkeits-* bzw. *Massenverteilungskurve* gekennzeichnet. Neben dieser Variabilität der Größe der Makromoleküle besteht eine nicht geringere Vielfalt ihrer *Konstitution* und damit eine zumeist gehörige *chemische Uneinheitlichkeit*. So können bereits in einfachen Fällen die Art und die Anzahl der Verzweigungen (Seitenketten) linearer Makromoleküle in weiten Grenzen variieren. Bei polymikten Makromolekülen können die verschiedenen Grundbausteine in einem Makromolekül regelmäßig oder unregelmäßig verteilt sein. In andern Fällen bilden sich Blöcke aus A- und solche aus B-Gruppen, oder es finden sich die einen Bauelemente bevorzugt in den Seitenketten, die andern zur Hauptsache in der Stammkette, wie es im einzelnen Abb. 65 erläutert. Zu alledem können sich in dieser Beziehung verschiedene Makromoleküle, etwa die kürzeren Makrofadenmoleküle gegenüber den längern, voneinander wesentlich unterscheiden.

Analog zu den organischen Molekülverbindungen ist auch bei den makromolekular gebauten zwischen *gesättigten* und *ungesättigten* zu unterscheiden: So bestehen bei den letzteren beispielsweise zwischen einzelnen C-Atomen im Gerüst des Makromoleküls *Doppelbindungen* – das Merkmal der den meisten *Kautschuken*, natürlichen und synthetischen, zugrunde liegenden Makromoleküle mit ihren in Tab. 20 aufgeführten Grundbausteinen, sodann der *ungesättigten*, linearen *Polyester* (siehe hierzu Tab. 22) wie etwa bei dem aus $OH-CH_2-CH_2-OH$ und

Äthylenglykol

$HOOC-CH=CH-COOH$ sich ergebenden linearen Polyester mit dem Grundbau-

Maleinsäure

stein $-[CH_2-CH_2-O-OC-CH=CH-CO-O]-_n$. In anderen Fällen wiederum be-

**Tabelle 20. Wichtige Kautschuktypen**

**Naturkautschuk**
(cis-Polyisopren)

$$-[CH_2-\underset{\underset{}{|}}{\overset{\overset{CH_3}{|}}{C}}=CH-CH_2]-_n$$

$\longrightarrow$ *Chlorkautschuk* (siehe Tab. 22, S. 124)

**Synthetische Kautschuke:**

1. *Buna*  $-[CH_2-CH=CH-CH_2]-_n$

2. *Polyisopren*  $-[CH_2-\overset{\overset{CH_3}{|}}{C}=CH-CH_2]-_n$

3. Buna S (GR–S), *Styrolkautschuk*  $-[CH_2-CH=CH-CH_2-CH_2-\underset{\underset{C_6H_5}{|}}{CH}]-_n$
(Butadien: Styrol = 6:1)

4. Perbunan, *Nitrilkautschuk*  $-[CH_2-CH=CH-CH_2-CH_2-\underset{\underset{CN}{|}}{CH}]-_n$

5. *Neopren*  $-[CH_2-\underset{}{\overset{\overset{Cl}{|}}{C}}=CH-CH_2]-_n$

6. *Butylkautschuk*  $-[\underset{\underset{CH_3}{|}}{\overset{\overset{CH_3}{|}}{C}}-CH_2]-_n \cdots -[CH_2-\overset{\overset{CH_3}{|}}{C}=CH-CH_2]-_{0,01-0,03\,n}$

Polyisobutylen + 1–3% Isopren

7. *Silikonkautschuke*

Gegenüber Naturkautschuk zeichnen sich 1, 3 und 4 durch ihre Beständigkeit gegen Mineralöle und Treibstoffe sowie bessere Wärmefestigkeit aus, 5 außerdem durch Beständigkeit gegen Öl, Sauerstoff, Ozon und Licht sowie gegen Hitze und Entflammung, 6 durch sehr hohe Sauerstoff-, Ozon-, Wärme- und Chemikalienbeständigkeit bei allerdings erheblichem kalten Fluß, 7 zudem durch deutlich höhere Wärmebeständigkeit sowie wasserabstoßende Wirkung. Bei den *Mischkautschuken* 3 und vor allem 6 wird durch den Einbau abgesättigter Grundbausteine die Anzahl der $-C=C-$-Bindungen vermindert, so daß nach vollzogener Vulkanisation (S. 150) im sog. *Vulkanisat* nurmehr wenige, wenn nicht überhaupt keine Doppelbindungen mehr vorhanden sind. Im Gegensatz dazu bestehen solche bei den *übrigen Kautschuken* auch noch *nach* der Vulkanisation in reichlicher Zahl, da bei der Vulkanisationsreaktion bei weitem nicht alle umgesetzt werden. Diese damit dem Vulkanisat *noch immer eigenen* Doppelbindungen sind die Ansatzstellen zu einem Angriff solcher Kautschuke durch Sauerstoff, Ozon und ultraviolettes Licht und damit die Ursache einer *verminderten Alterungsbeständigkeit*.

**Tabelle 21. Übersicht über die Faserstoffe**

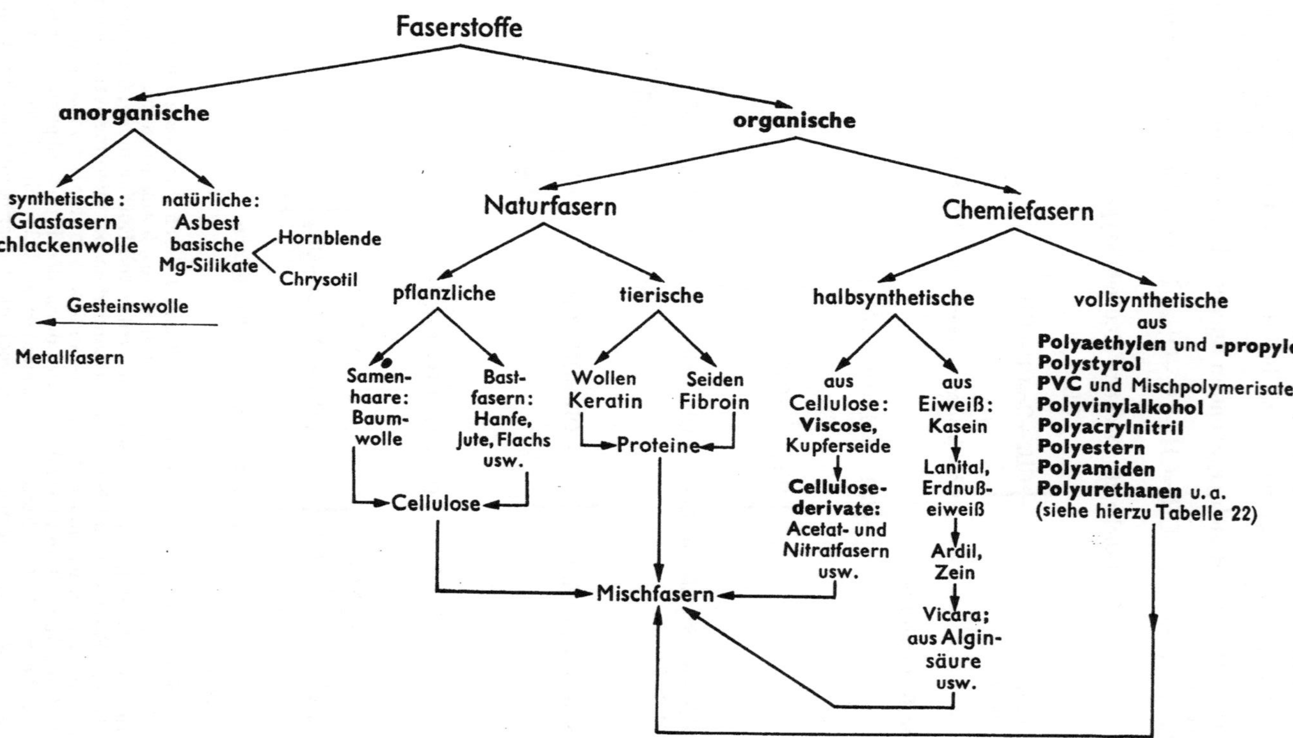

sitzen Makromoleküle *unabgesättigte* oder sonstwie reaktionsfähige *End-* oder *Seiten*gruppen, diese allerdings oft erst das Resultat vorgängiger Substitutionsreaktionen.

Gleich den ungesättigten Molekülen sind auch unabgesättigte Makromoleküle weit eher zu chemischen Reaktionen befähigt als gesättigte: Dabei können sich die darauf beruhenden Umsetzungen auf eine Umwandlung der einzelnen reaktionsfähigen Gruppe beschränken, also keine Veränderung am Gerüst des Makromoleküls nach sich ziehen – Vorgänge, wie sie vor allem bei der Verarbeitung hochmolekularer Naturstoffe zu halbsynthetischen Kunststoffen (siehe Tab. 22, S. 124) eine Rolle spielen. In anderen Fällen führen dagegen chemische Reaktionen an zunächst freien oder nur lose verknüpften, unabgesättigten Makrofadenmolekülen zu deren zunehmenden *Vernetzung* – sei es über *Brücken*bindungen zwischen denselben oder über reaktionsfähige *End*gruppen im Sinne der Abb. 71a und b. In anderen Fällen wiederum ergibt sich aus derlei Reaktionen eine fortschreitende „Verwachsung" bereits vorgebildeter, dreidimensionaler Makromoleküle.

Unter anderen Bedingungen kann es statt dessen zu einer Aufspaltung *(Depolymerisation)* der Makromoleküle und damit zu deren Abbau zu kleineren oder gar zu niedrigmolekularen Stoffen kommen. Zu derartigen grundlegenden Veränderungen makromolekularer Verbindungen genügen um so kleinere, nämlich oft unter 1 % liegende Mengen spaltender Reagentien, je größer die einem Abbau anheimfallenden Makromoleküle sind. Auch wenn sich in dieser Hinsicht makromolekulare Verbindungen nicht von niedrigmolekularen unterscheiden, besteht bei ersteren doch eine allgemein größere Empfindlichkeit. So können mechanische (vor allem scherende) Einwirkungen wie Mahlen u.dgl., ferner Ultraschall oder auch eine nur mäßige Erwärmung einen teilweisen, oftmals gar weitgehenden Zerfall der Makromoleküle bewirken.

Ihrem Ursprung und ihrer Herstellung nach lassen sich die makromolekularen organischen Verbindungen einteilen in

a) *Naturstoffe* pflanzlicher oder tierischer Herkunft von der Art der in Tab. 21 als *Naturfasern* beispielhaft aufgeführten;

b) aus solchen natürlichen Produkten zumeist unter chemischem Umbau hergestellte, *halbsynthetische Kunststoffe,* wobei diese trotz der erfolgten Umsetzungen nach wie vor makromolekularen Bau besitzen (siehe auch hierzu Tab. 21 sowie Teil A der Tabelle 22), und

c) *vollsynthetische,* nämlich unmittelbar aus reaktionsfähigen niedermolekularen Verbindungen gewonnene *Kunststoffe* [hierfür als Ausgangsstoffe vor allem in Frage kommend Acetylen $HC{\equiv}CH$ (gewonnen aus $CaC_2$, dieses nach S. 163 hergestellt aus Kohle bzw. Koks und Kalkstein), Äthylen $H_2C{=}CH_2$ (aus Alkohol oder Erdöl, S. 201), Butadien $CH_2{=}CH{-}CH{=}CH_2$ (aus Alkohol oder Erdöl-Kohlenwasserstoffen), Phenol $C_6H_5OH$ und Kresol $C_6H_4OHCH_3$ (aus dem nach S. 200 bei der Verkokung von Kohlen anfallenden Teer oder aus Erdöl-Kohlenwasserstoffen) sowie Formaldehyd $CH_2O$, dieser zumeist erhalten aus $CH_3OH$ (Methanol), das seinerseits nach S. 147 aus $H_2 + CO$ hergestellt wird]. Von der großen Mannigfaltigkeit vorab dieser letzteren Gruppe makromolekularer Verbindungen gibt Teil B der Tab. 22 lediglich eine kleine Auswahl und nennt zugleich, welche von ihnen üblicherweise *Polymerisate, Polyaddukte* oder *Polykondensate*

**Tabelle 22. Einige wichtige Kunststofftypen**

# A. Halbsynthetische Kunststoffe und Kautschuke

### I. Aus **Cellulose** ($C_6H_{10}O_5$)

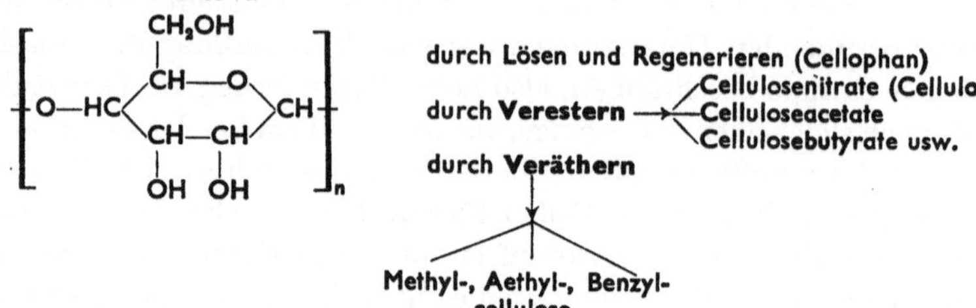

durch Lösen und Regenerieren (Cellophan)

durch **Verestern** $\longrightarrow$ 
- Cellulosenitrate (Cellulo
- Celluloseacetate
- Cellulosebutyrate usw.

durch **Veräthern**

Methyl-, Aethyl-, Benzyl-cellulose

### II. Aus **Eiweiß-Stoffen** (Kasein)

+ Formaldehyd $\longrightarrow$ Kunsthorn, Kaseinwolle (Lanital)

### III. Aus Latex $\longrightarrow$ **Naturkautschuk**

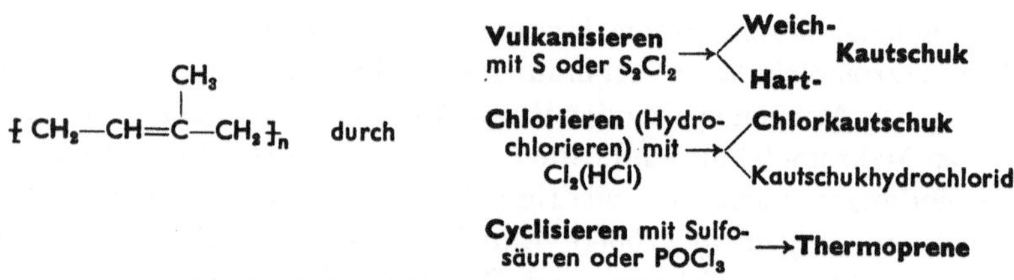

$\{ CH_2{-}CH{=}C{-}CH_2 \}_n$   durch

**Vulkanisieren** mit S oder $S_2Cl_2$ $\longrightarrow$ 
- **Weich-** Kautschuk
- **Hart-**

**Chlorieren** (Hydro-chlorieren) mit $\longrightarrow$ Cl$_2$(HCl)
- Chlorkautschuk
- Kautschukhydrochlorid

**Cyclisieren** mit Sulfo-säuren oder POCl$_3$ $\longrightarrow$ **Thermoprene**

(siehe über Kautschuke im besondern Tabelle 20)

### IV. Aus trocknenden, natürlichen Ölen

z. B. Leinöl $\longrightarrow$ Linoxyn u. dgl. (Linoleum, Ölfarbenanstriche)

# B. Vollsynthetische Kunststoffe

### I. Mit **eindimensionalen** Makromolekülen

#### 1. Polymerisate

aus $CH_2{=}CH_2$ bzw. $CF_2{=}CF_2$:   $\{CH_2\}_n$ bzw. $\{CF_2\}_n$

                   **Polyaethylen**    **Polytetrafluor-aethylen (Teflon)**

aus $CH_2{=}CH(CH_3)$:   $\{CH_2{-}CH(CH_3)\}_n$

            **Polypropylen**

aus Vinylverbindungen $CH_2{=}CH$:   $\{CH_2{-}CH\}_n$

            X           X

            **Polyvinyle**

mit X=—Cl **Polyvinylchlorid (PVC)**, —OH **Polyvinylalkohol,**
—$C_6H_5$ **Polystyrol,** —CN **Polyacrylnitril** usw.

aus $CH_2{=}C\langle{}^{CH_3}_{CH_3}$ :   $\left[ CH_2{-}\underset{CH_3}{\overset{CH_3}{C}} \right]_n$

            **Polyisobutylen**

aus $CH_2{=}O$:   $\{CH_2{-}O\}_n$

       **Polyformaldehyd**

Tabelle 22 (Fortsetzung)

## 2. Polykondensate

### a) Ketten mit **Esterbindungen**

aus { gesättigter / ungesättigter } Dikarbonsäure     $H{-}OOC{-}R{-}COO{-}H$

$+$     $+$

{ gesättigter / ungesättigter } Dialkohol     $HO{-}R'{-}OH$

$\{O{-}OC{-}R{-}CO{-}O{-}R'\}_n$    { ungesättigte / gesättigte }    **lineare Polyester**

z. B. $HOOC{-}CH_2{-}CH_2{-}COOH + HO{-}CH_2{-}CH_2{-}OH \longrightarrow$

Bernsteinsäure     Aethylenglykol

$\{O{-}OC{-}CH_2{-}CH_2{-}CO{-}O{-}CH_2{-}CH_2\}_n$

Hierher gehören auch die Polycarbonate, z.B.

$$\left\{ O{-}C_6H_4{-}\underset{\underset{CH_3}{|}}{\overset{\overset{CH_3}{|}}{C}}{-}C_6H_4{-}O{-}\underset{O}{\overset{}{C}} \right\}_n$$

### b) Ketten mit **N-Bindungen** —N—

z. B. $\{N{-}CH_2\}_n$     „Anilinharze", Aminoplaste

(Strukturformel: Phenylring mit $C$, $HC$, $CH$, $HC$, $CH$, $C$, $H$)

### c) Ketten mit **Amidbindungen** —NH—CO—

z. B. aus Diaminen     $+$     Dikarbonsäuren

$\cdots\{H{-}\overset{H}{N}{-}R{-}\overset{H}{N}{-}H\} + \{HO{-}OC{-}R'{-}CO{-}OH\} \longrightarrow$

$\{HN{-}R{-}NH{-}OC{-}R'{-}CO\}_n$    **Polyamide**

z. B. $\{HN{-}(CH_2)_6{-}NH{-}OC{-}(CH_2)_4{-}CO\}_n$

### d) Ketten mit $-C-S-S-$ -**Bindungen**

z. B. $\{CH_2{-}CH_2{-}\underset{S}{\overset{}{S}}{-}\underset{S}{\overset{}{S}}{-}\}_n$ Thioplaste

### e) Ketten mit $-O-Si-O-$ -**Bindungen**

z. B. $\left\{O{-}\underset{\underset{CH_3}{|}}{\overset{\overset{CH_3}{|}}{Si}}{-}\right\}_n$     lineare Silikone

## 3. Polyaddukte

aus Diisocyanaten     $+$     Dialkoholen

$OCN{-}R{-}NCO + HO{-}R'{-}OH \longrightarrow$

$\{OC{-}NH{-}R{-}NH{-}CO{-}O{-}R'{-}O\}_n$,    **lineare Polyurethane**

z. B. $\{OC{-}NH{-}(CH_2)_6{-}NH{-}CO{-}O{-}(CH_2)_4{-}O\}_n$

**Tabelle 22** (Fortsetzung)

## II. Mit **dreidimensionalen** Makromolekülen

### 1. Polykondensate

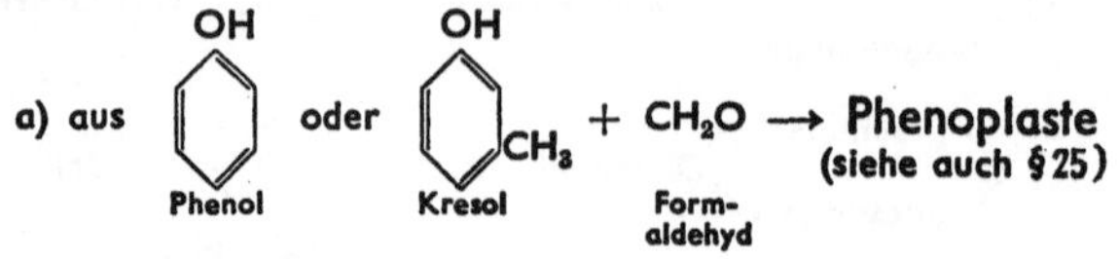

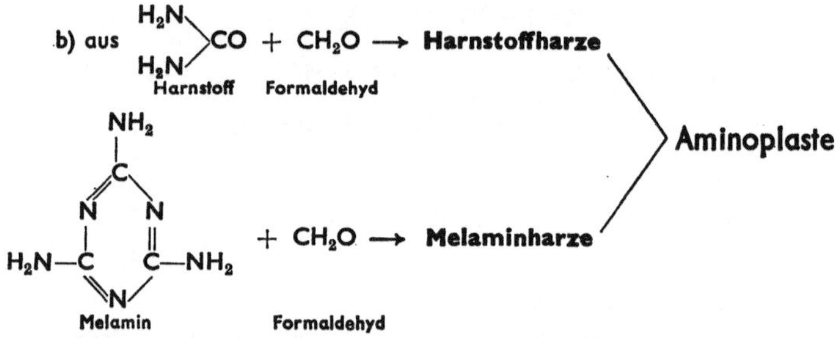

a) aus [Phenol] oder [Kresol] $CH_3$ + $CH_2O$ → **Phenoplaste** (siehe auch §25)

Phenol      Kresol      Formaldehyd

b) aus [Harnstoff] $H_2N$–CO–$H_2N$ + $CH_2O$ → **Harnstoffharze**

Harnstoff      Formaldehyd

[Melamin] + $CH_2O$ → **Melaminharze**

Melamin      Formaldehyd

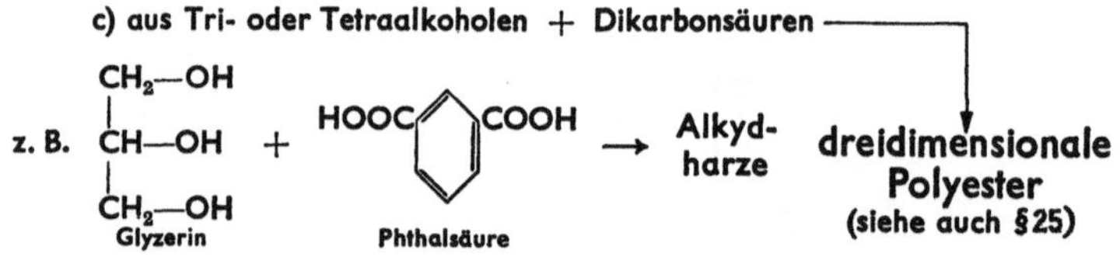

**Aminoplaste**

c) aus Tri- oder Tetraalkoholen + Dikarbonsäuren

z. B.

$CH_2$–OH
$CH$–OH
$CH_2$–OH
Glyzerin

+ [HOOC ... COOH] → **Alkydharze**

Phthalsäure

**dreidimensionale Polyester** (siehe auch §25)

d) mit –Si–O-Bindungen      **dreidimensionale Silikone**

### 2. Polyaddukte

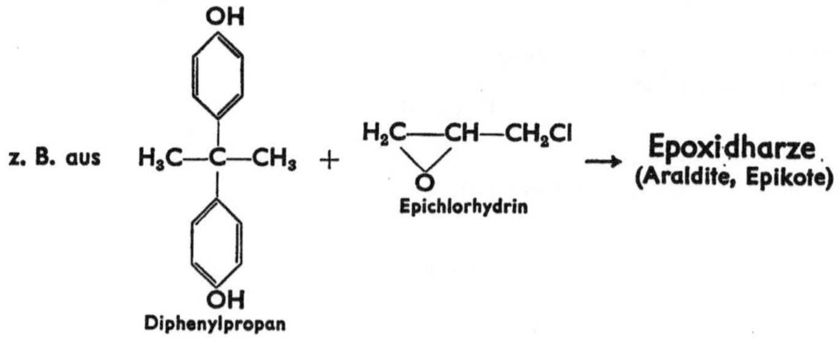

z. B. aus $H_3C$–C–$CH_3$ + $H_2C$–CH–$CH_2Cl$ → **Epoxidharze** (Araldite, Epikote)

Diphenylpropan      Epichlorhydrin

### 3. Polymerisate

sind, je nachdem, ob ihre Synthese auf dem Wege einer Polymerisation (S. 147), Polyaddition (S. 148) oder Polykondensation (S. 164) erfolgt. Dabei gelingt es allerdings, gewisse makromolekulare Verbindungen auf *verschiedenen* Wegen, etwa durch Polymerisation oder Polykondensation bei naturgemäß verschiedener Wahl der Ausgangsstoffe zu erhalten. Aber auch an der Bildung dreidimensionaler Makromoleküle können *zwei* verschiedene Prozesse beteiligt sein, indem z.B. als erstes durch Polykondensation Makrofadenmoleküle entstehen, um diese in der Folge mittels einer Polymerisation zum räumlichen Makromolekül zu vernetzen (S. 151).

Wenn auch der Mehrheit der Kunststoffe und Kautschuke ein hochmolekularer Aufbau eigen ist, so dennoch nicht allen, indem gewissen, durchaus typischen Kunststoffen keine eigentlichen Makromoleküle, sondern Moleküle mit bloß 10 bis $10^3$ Atomen zugrunde liegen – also Verbindungen, welche eine Zwischenstellung zwischen echt makromolekularen und niedrigmolekularen Stoffen einnehmen.

Für die *Systematik*, aber auch zur Beurteilung des Verhaltens hochmolekularer organischer Verbindungen (siehe hierzu auch Tab. 23) sind neben der besonderen *Natur der Grundbausteine* und der *Art ihrer Verknüpfung* zum Makromolekül vor allem bedeutsam:

1. die *Struktur der makromolekularen Atomverbände* – also die Frage, ob im Einzelfall *freie eindimensionale* Makromoleküle, mehr oder weniger stark *vernetzte*

Abb. 66. *Wiederverarbeitung eines Thermoplasten* (Polyvinylchlorid): rechts PVC-Abfälle (farblose und gefärbte) links die daraus durch erneutes Verpressen in der Wärme hergestellte Folie

Makrofadenmoleküle oder eigentlich *drei*dimensionale Makromoleküle vorliegen. So sind z.B. Stoffe aus linearen Makromolekülen mit oder ohne Verzweigungen in gewissen organischen Lösungsmitteln wie Kohlenwasserstoffen, Estern, Ketonen und Alkoholen (siehe auch S. 271) *löslich*, zerfallen in diesen somit unter Überwindung der intermolekularen Kraftwirkungen in die einzelnen Makrofadenmoleküle. Bei mäßiger Vernetzung findet hingegen lediglich ein Aufquellen statt und sind endlich Verbindungen mit stark vernetzten Makrofadenmolekülen oder gar echt *dreidimensionalen* Makromolekülen völlig *unlöslich*. Oder aber es erfahren Verbindungen mit linearen und verzweigten Makromolekülen bei Erwärmung als

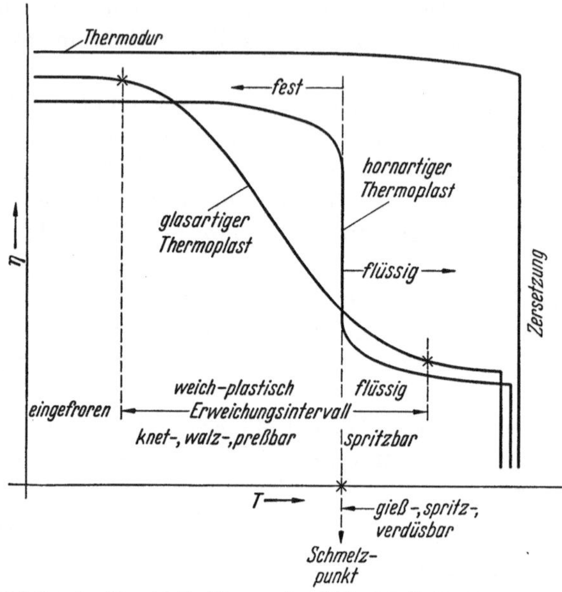


Abb. 67. *Zum Wärmeverhalten der Kunststoffe:* Temperaturabhängigkeit der Konsistenz $\eta$ von Thermoplasten und Thermoduren

sog. *Thermoplaste* eine allmählich fortschreitende Erweichung oder unterliegen einem mehr oder weniger scharfen Schmelzen. *Kunstharze*, denen räumliche Makromoleküle zugrunde liegen, fallen dagegen als *Thermodure* in der Wärme einer chemischen Zersetzung anheim, *ohne* zuvor durch Erweichen oder Schmelzen ihre Starrheit wesentlich einzubüßen (siehe hierzu Abb. 67). Dementsprechend sind Thermoplasten einer nahezu beliebig oft wiederholbaren *(reversibeln)* Formgebung zugänglich, wie sie auch die optimale Ausnützung von Abfällen gestatten. Eine Formgebung von Thermoduren muß statt dessen gleichzeitig mit der Bildung des dreidimensionalen Makromoleküls erfolgen und ist daher nur einmal möglich (also *irreversibel*) (S. 165).

2. Die *Größe* der Makromoleküle, also der einer Verbindung eigene *Polymerisationsgrad*, welcher in gewissen Fällen auf chemischem Wege bestimmt werden kann (so etwa im Falle streng linear gebauter Makrofadenmoleküle durch Ermittlung der Anzahl Endgruppen pro Gewichtseinheit oder aber, falls eine Verbindung ohne Veränderung ihrer Makromoleküle in Lösung gebracht werden kann, mittels physikalischer Verfahren, sei es an Hand des osmotischen Druckes, mit der Ultrazentrifuge oder auf Grund von Viskositätsmessungen an geeigneten Lösungen).

Auch wenn das typische Verhalten organischer Makromoleküle an ein *bestimmtes M*indestmolekulargewicht (eine bestimmte Mindestmolekülgröße) gebunden erscheint, ist der Gang verschiedener Eigenschaften mit dem Molekular-

gewicht bei verschiedenen Verbindungen recht *unterschiedlich*: einzelne Gütewerte nehmen mit steigendem Molekulargewicht stetig zu, andere erreichen einen
Grenzwert, während dritte nur wenig vom Molekulargewicht abhängen. Es kann
aber auch sehr wohl eine bestimmte Eigenschaft bei den einen Polymeren mit
wachsendem Molekulargewicht eine Zunahme, bei andern Polymeren dagegen
einen Abfall zeigen. Sodann gibt es Fälle, da der Schmelzpunkt des Produkts
mit zahlreichen kurzen Verzweigungen um 50 °C tiefer liegt als desjenigen, welches
bloß sehr wenig verzweigte Makrofadenmoleküle aufweist.

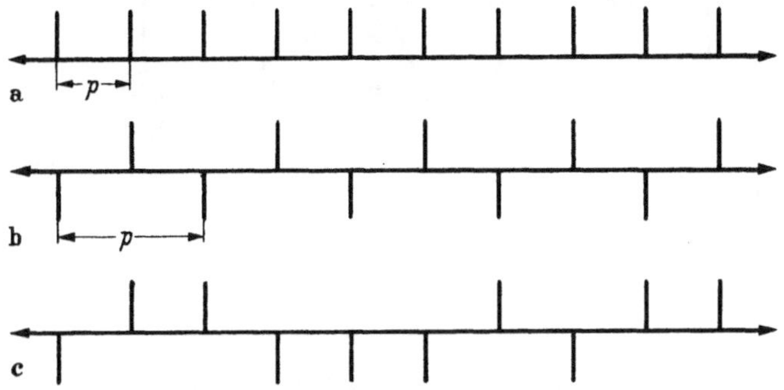

Abb. 68. Schematische Darstellung der Konfigurationen eines Makrofadenmoleküls mit verschiedener Anordnung der Seitenketten, a) die isotaktische Konfiguration, b) die syndiotaktische und c) die ataktische. Die
Konfigurationen a) und b) sind periodisch-regelmäßig gebaut, indem sich im Abstand $p$ Seitenketten gleicher
Orientierung wiederholen, im Falle b) im Sinne einer zweizähligen Schraubenachse in der Achse des Makromoleküls

3. Die *innere Ordnung der Makromoleküle* im Hinblick auf die *gegenseitige Anordnung der Seitengruppen* (Seitenketten) *in den einzelnen Grundbausteinen* (die
sog. *Konfiguration* eines Makromoleküls). *Symmetrischen* (periodisch-regelmäßigen)
Anordnungen wie der *isotaktischen* (mit *einseitig* regelmäßiger Stellung der Seitengruppen nach Abb. 68a) und der *syndiotaktischen* (mit *alternierend* regelmäßiger
Position der Seitengruppen, Abb. 68 b) steht die *asymmetrische, ataktische* Konfiguration der Abb. 68 c gegenüber mit ihrer sta-
tistisch-unregelmäßigen Stellung der Seitengruppen in den aufeinanderfolgenden Grundbausteinen. Je nachdem, ob alle Makromoleküle gleiche Konfiguration haben oder nebeneinander solche verschiedener Konfiguration
auftreten, also etwa iso- und ataktisch gebaute Makromoleküle, wird von *sterisch reinen*
oder *sterisch gemischten* Produkten gesprochen.
Während letztere und auch rein ataktische in
der Regel nur im *amorphen* Zustand (als *organische Gläser*) vorkommen, sind iso- und
syndiotaktische Makromoleküle *zur Kristallisation* befähigt und damit zu mancherlei Misch-

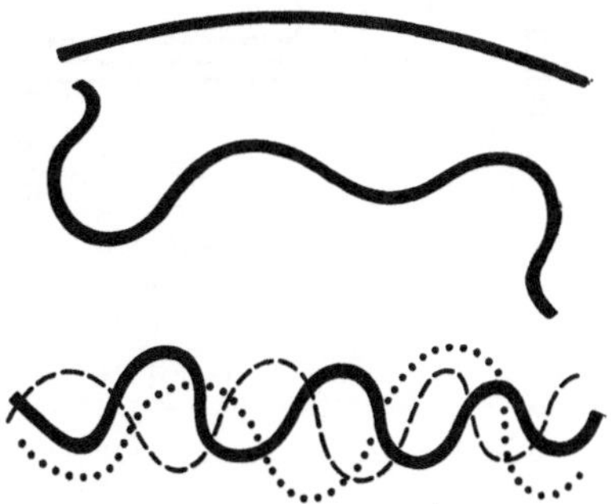

Abb. 69. Gestaltfestigkeit linearer
Makromoleküle

und Übergangszuständen zwischen amorpher und kristalliner Ausbildung (S. 135) –
all dies naturgemäß wiederum bedeutsam für die Eigenschaften dieser Stoffe und
deren Variationsbreite.

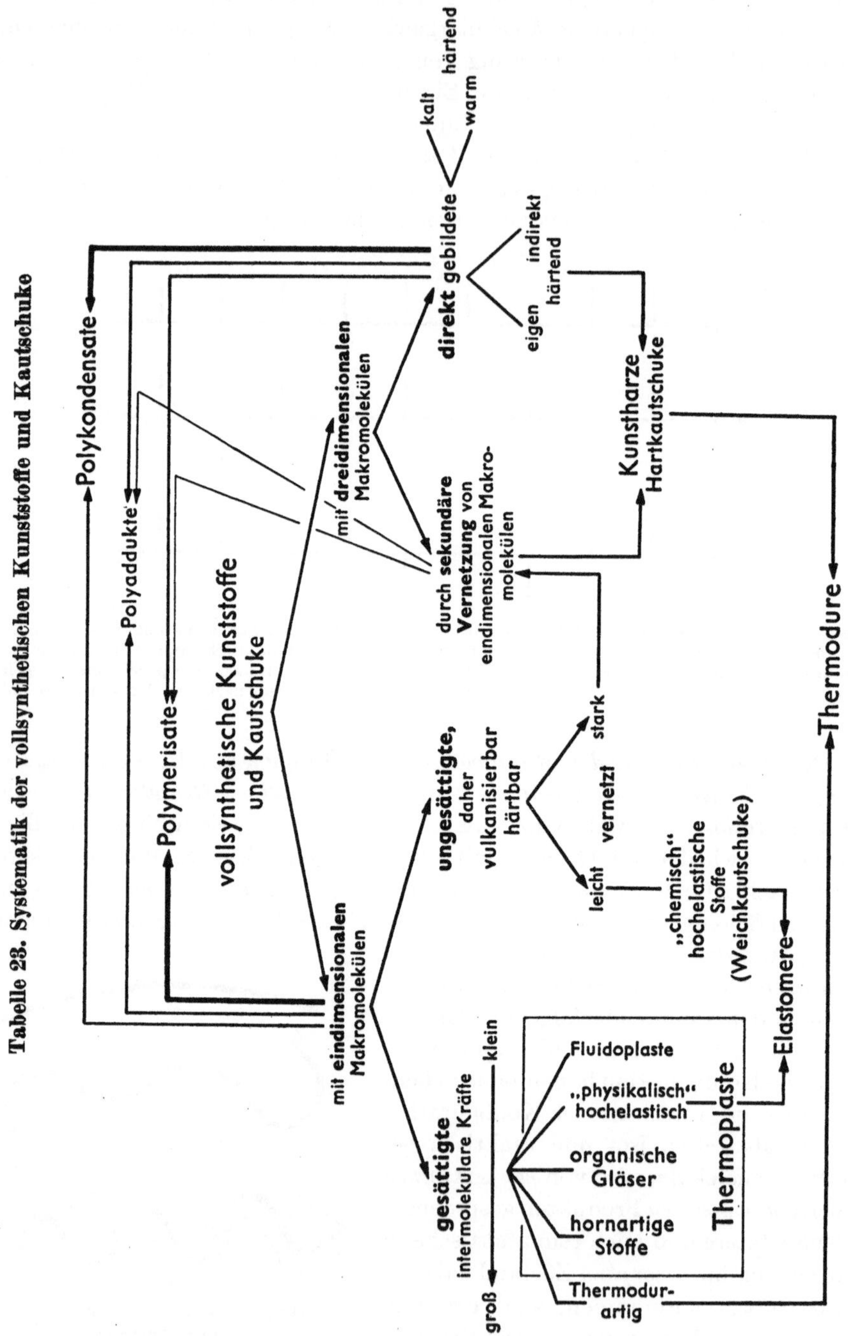



4. Die den Makromolekülen, vorab den eindimensionalen, eigene *innere Beweglichkeit*, wobei diese die Folge einer freien Drehbarkeit der C—C-Bindungen darstellt, übrigens auch anderer Einfachbindungen, so daß Heteroketten im allge-

meinen noch eine höhere Beweglichkeit zeigen als solche aus C-Atomen allein. Hieraus ergibt sich die mit der Konfiguration der Makromoleküle in enger Beziehung stehende *Konformation* derselben, die ihnen eigentümliche „*Gestaltfestigkeit*". Neben linearen Makromolekülen von der Art relativ starrer Stäbchen gibt es solche, die einem Wollfaden gleichen mit zufällig fixierter („eingefrorener") oder gar zeitlich ständig etwas wechselnder Gestalt („statistischer Knäuel") (Abb. 69), während dritte nach Art einer Schraube gebaut sind (so etwa von der Zähligkeit 3 beim isotaktischen Polystyrol). Oder es beruht die *Hochelastizität* gewisser makromolekularer organischer Verbindungen, der sog. *Elastomere* (Tab. 20) mit den *Kautschuken* als Hauptvertretern darauf, daß deren Makromoleküle als Ganzes betrachtet zwar fixierte Lagen einnehmen, zugleich jedoch über eine beträchtliche *innere* Beweglichkeit verfügen. Dieser hochelastische Zustand, mit welchem die Möglichkeit zu elastischen Formänderungen bis zu 700 und mehr Prozent verbunden sein kann (Abb. 70), ergibt sich im Fall der natürlichen und synthetischen

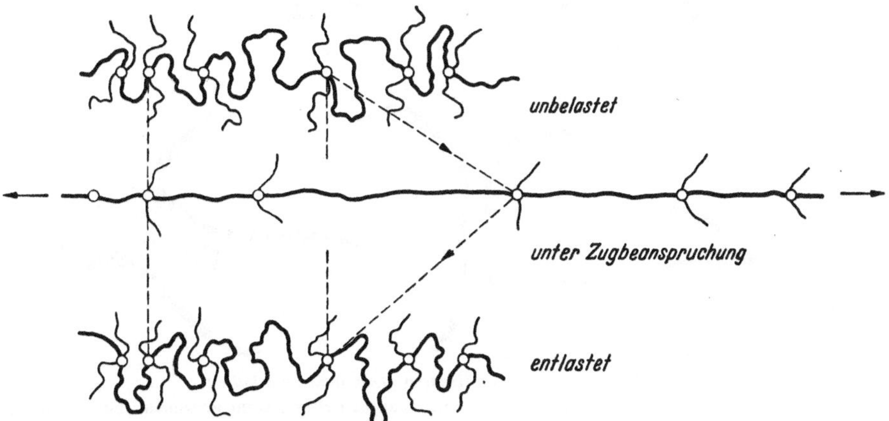


Abb. 70. *Verformungsmechanismus hochelastischer Stoffe:* oben der unbelastete Ausgangszustand, in der Mitte unter Zugbeanspruchung, unten nach Entlastung (die Punkte markieren die Haftstellen unter den Makrofadenmolekülen)

Kautschuke (siehe Tab. 20, S. 121) als „*chemisch hochelastischen*" Stoffen zufolge mäßiger Vernetzung der linearen Makromoleküle z.B. über S-Brücken durch *Vulkanisation* (S. 150 und 166). Bei den „*physikalisch hochelastischen*" (wie etwa Polyisobutylen) beruht er dagegen auf lokal besonders starken intermolekularen Kraftwirkungen, Verschlaufungen der Makrofadenmolekülen u.dgl., woraus wiederum örtliche *Haftstellen* zwischen den linearen Makromolekülen resultieren (siehe hierzu im einzelnen Abb. 71). Abgesehen von gewissen abgesättigten Makrofadenmolekülen, welche, auch ohne Doppelbindungen zu besitzen, durch sekundäre chemische Reaktionen eine Vernetzung gestatten, können andere, nur Einfachbindungen aufweisende Stoffe wie vor allem Polyäthylen unter der Wirkung energiereicher Strahlen vernetzt werden im Sinne des Schemas

$$
\begin{array}{ccc}
\begin{aligned}
&-CH_2-CH_2-CH_2-CH_2-CH_2-\\
&-CH_2-CH_2-CH_2-CH_3-CH_3-
\end{aligned}
& \rightarrow &
\begin{aligned}
&-CH_2-CH_2-CH-CH_2-CH_2-\\
&\qquad\qquad\qquad\ |\\
&-CH_2-CH_2-CH-CH_2-CH_2-
\end{aligned}
\ + H_2\,.
\end{array}
$$

5. Die Art und Intensität der *zwischen* den Makromolekülen wirksamen, sekundären Kräfte, wobei diese *intermolekularen Kraftwirkungen* vorab das Verhalten von Verbindungen aus Makrofadenmolekülen entscheidend mitbestimmen: So

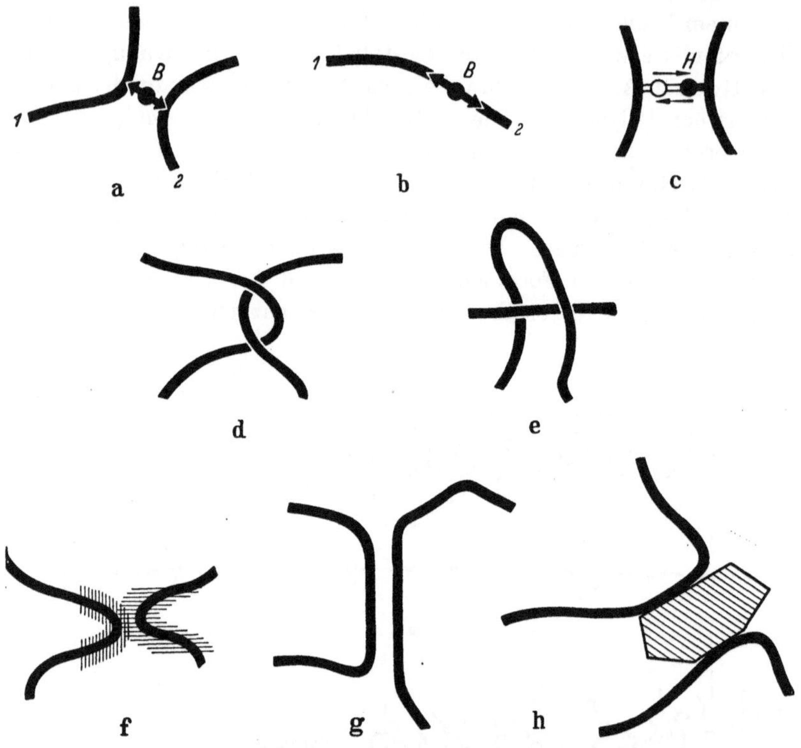

Abb. 71. *Haftstellen zwischen linearen Makrofadenmolekülen:*

„*Chemische*" Haftung: a) zwischen die Makromoleküle eingebautes Brückenatom B, welches mit den beiden Makromolekülen 1 und 2 in chemischer Bindung steht; b) entsprechende, chemische Vernetzung zweier Makrofadenmoleküle durch ein über reaktionsfähige Endgruppen eingebautes Brückenatom B; c) Wasserstoffbindung zwischen zwei Makrofadenmolekülen

„*Physikalische*" Haftung: d) und e) Verschlaufung und Verhängung von Makrofadenmolekülen; f) Haftstelle zufolge lokal besonders starker, „intermolekularer" Kraftwirkung; g) Haftung dank Parallelrichtung der Makrofadenmoleküle nach Art eines „Kristallkeims"; h) Haftung durch Zusatz von Teilchen (schraffiert) mit aktiver Oberfläche wie Ruß, hochdispersem $SiO_2$ usw.

zunächst die *Wärmestabilität*, also die Temperatur, bei welcher die *Erweichung der Thermoplasten* wie z.B. der Polyvinylverbindungen oder das „*Schmelzen*" hornartiger Kunststoffe, also etwa von Polyäthylen, Polytetrafluoräthylen, Polyamiden u.dgl., einsetzt, beim Abkühlen umgekehrt die „Erstarrung" (das Einfrieren) und anschließend eine zunehmende *Versprödung* eintreten (Abb. 67 und 72). Außerdem beruht aber auch auf unterschiedlichen intermolekularen Kräften, weshalb Stoffe, wiewohl sie alle aus linearen Makromolekülen bestehen, bei Raumtemperatur derart *unterschiedliche Konsistenz* besitzen, daß alle Übergänge von zähviskosen Flüssigkeiten *(Fluidoplasten)* über weiche und hochelastische zu zähen und schließlich glasartig-starren Festkörpern auftreten (Tab. 23). Besonders erhebliche intermolekulare Wechselwirkungen ergeben sich gleichfalls bei makromolekularen Verbindungen infolge *polarer* Gruppen (Seitenketten) mit erheblichem Dipolmoment wie auch insbesondere dort, wo zwischen Makromolekülen *Wasserstoffbindungen* (siehe bereits S. 68) eingegangen werden, wie vorab bei den Polyamiden entsprechend dem Schema

$$\uparrow \text{ H-Bindung}$$

Abb. 72. *Gebrauchs- und Verarbeitungsintervall thermoplastischer Stoffe:* ersteres, zwischen $T_2$ und $T_1$ gelegen, soll den Bereich der beim Einsatz auftretenden Temperaturen $t_{max}$ bis $t_{min}$ vollständig überdecken, die untere Grenze des Verarbeitungsintervalls, also die Temperatur $T_3$ möglichst tief, die obere Grenze $T_4$ hinreichend hoch liegen

6. Der *Ordnungszustand unter den Makromolekülen*, insbesondere eindimensionalen, *als solchen*, welcher aus naheliegenden Gründen mit deren Konfiguration und Konformation eng zusammenhängt. So ist den *organischen Gläsern* (siehe dazu Tab. 24, S. 134) eine völlig regellose Anordnung der zumeist ataktisch gebauten und dazu vielfach verschlauften Makrofadenmoleküle (Abb. 73a) eigen. Geeignete Maßnahmen, zunächst ein iso- oder syndiotaktischer Bau der Makromoleküle, gestatten, an Stelle dieses *vollkommen amorphen* Zustandes einen mindestens *teilweise kri-*

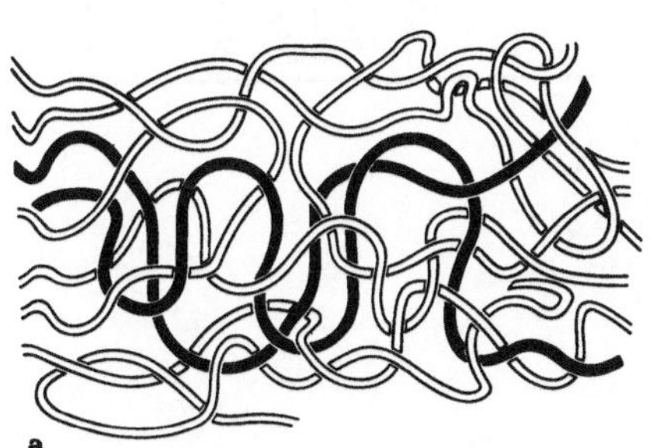

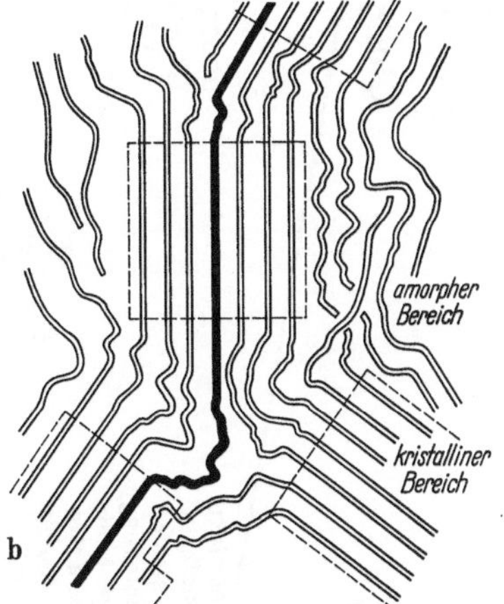


Abb. 73. *Ordnungszustand der Makrofadenmoleküle:* a) in organischen Gläsern und verwandten Kunststoffen; b) in hornartigen Kunststoffen wie z. B. in Polyäthylen und Polytetrafluoräthylen

*stallinen* herbeizuführen und damit den Übergang vom Glas mit seinem bei Erwärmung *thermoplastischen* Verhalten zum *hornartigen* Material mit einem

**Tabelle 24. Haupttypen echt amorpher (glasartiger) Stoffe**

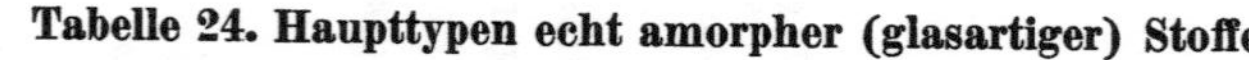

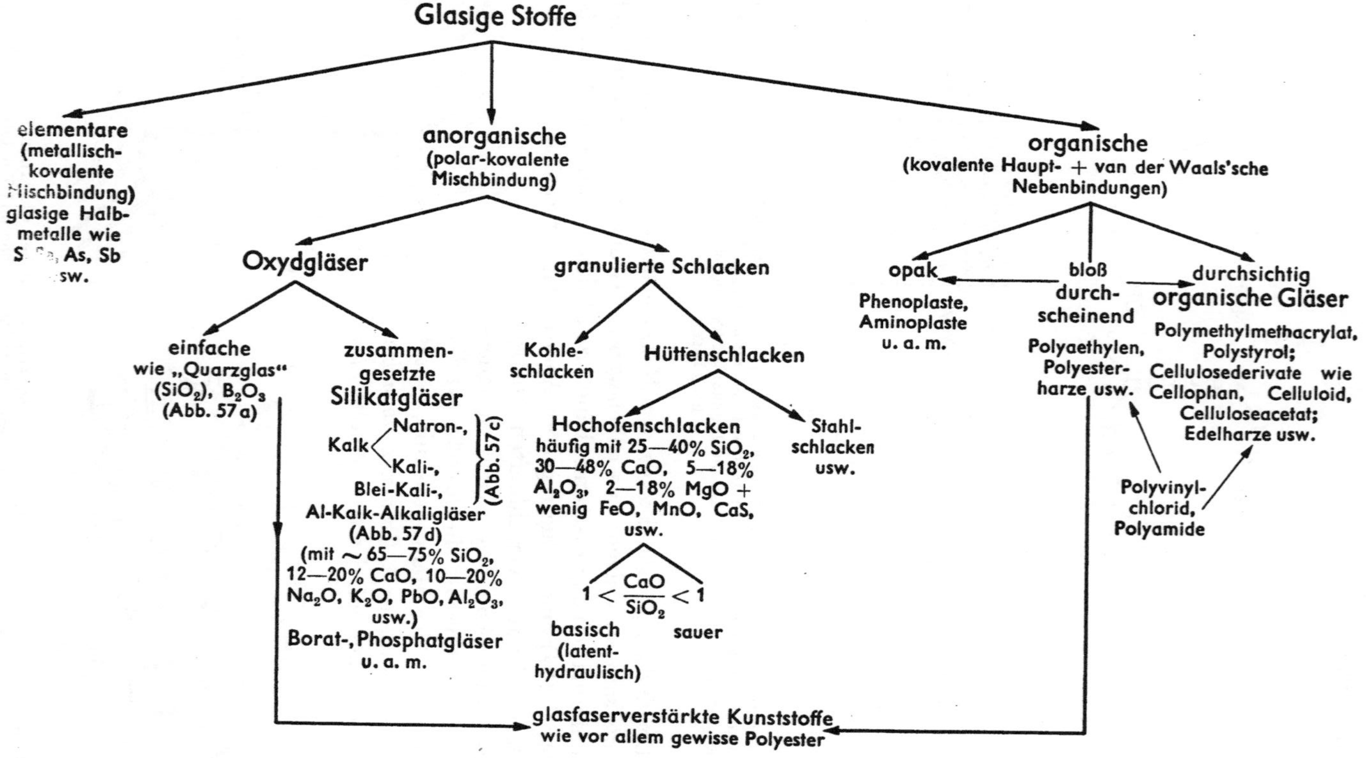

eigentlichen Schmelzen (siehe Abb. 67, S. 128). In der Tat besitzen hornartige Stoffe oftmals eine *gemischt kristallin-amorphe* Ausbildung, wobei nach Abb. 73b die linearen Makromoleküle in den kristallisierten Bezirken zum regelmäßig struierten Kettenbündel im Sinne der Abb.16 von S. 29 orientiert sind. Dabei kann der Anteil an amorph-ungeordneten und kristallisiert-geordneten Bereichen recht verschieden ausfallen (der höchstmögliche Grad der Kristallinität ist allerdings von Verbindung zu Verbindung verschieden, so bei isotaktischem Polypropylen bei ungefähr 80%, bei ebensolchem Polystyrol dagegen bloß um 50%). Neben der in Abb. 73b schematisch dargestellten Anordnung von Makrofadenmolekülen zu sog. Fransenmizellen bestehen noch andere Wege, solche Moleküle regelmäßig-periodisch zu gruppieren (so beispielsweise unter Faltung der Molekülketten nach Abb. 74). Weitgehende oder partielle Kristallisation linearer Makromoleküle hat eine Erhöhung der Dichte, von Wärmebeständigkeit, Festigkeit (Steifheit) und Härte zur Folge, gleichzeitig aber auch eine Versprödung und eine verminderte Transparenz, so daß nur weitgehend amorphe Qualitäten völlig durchsichtig sind,

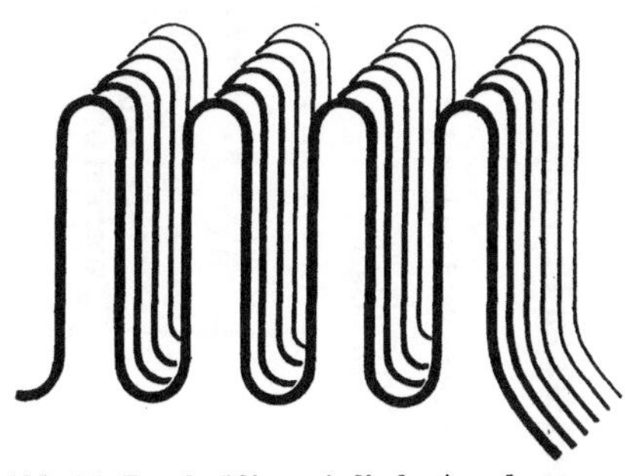

Abb. 74. Regelmäßig-periodische Anordnung von Makrofadenmolekülen unter Faltung derselben, woraus sich wiederum kristalline Bereiche neben amorphen ergeben

teilweise kristallisierte bloß noch durchscheinend. *Hochelastische* Stoffe „kristallisieren" in ähnlicher Weise oft erst unter Zugbeanspruchung oder bei extrem tiefen Temperaturen. Eine *noch höhere Orientierung* kann hier wie dort darin bestehen, daß sich kristalline Gebiete als Ganzes gesetzmäßig zu einer *Textur* orientieren.

Abb. 75. Mikrogefüge eines Polyamids (sog. Sphärolithstruktur mit Anordnung der Kristallite zu radialstrahligen, kugelförmig-polyedrischen Gebilden, welche sich ihrerseits zu einem lückenlosen Haufwerk vereinigen) (nach KAHLE)

Dazu kommt endlich, daß auch makromolekularen organischen Verbindungen ein spezifisches *Mikrogefüge*, etwa in typischen Sphärolithen sich äußernd, innewohnen kann (Abb. 75).

## Tabelle 25. Die Werkstoffe der Elektrotechnik im Überblick

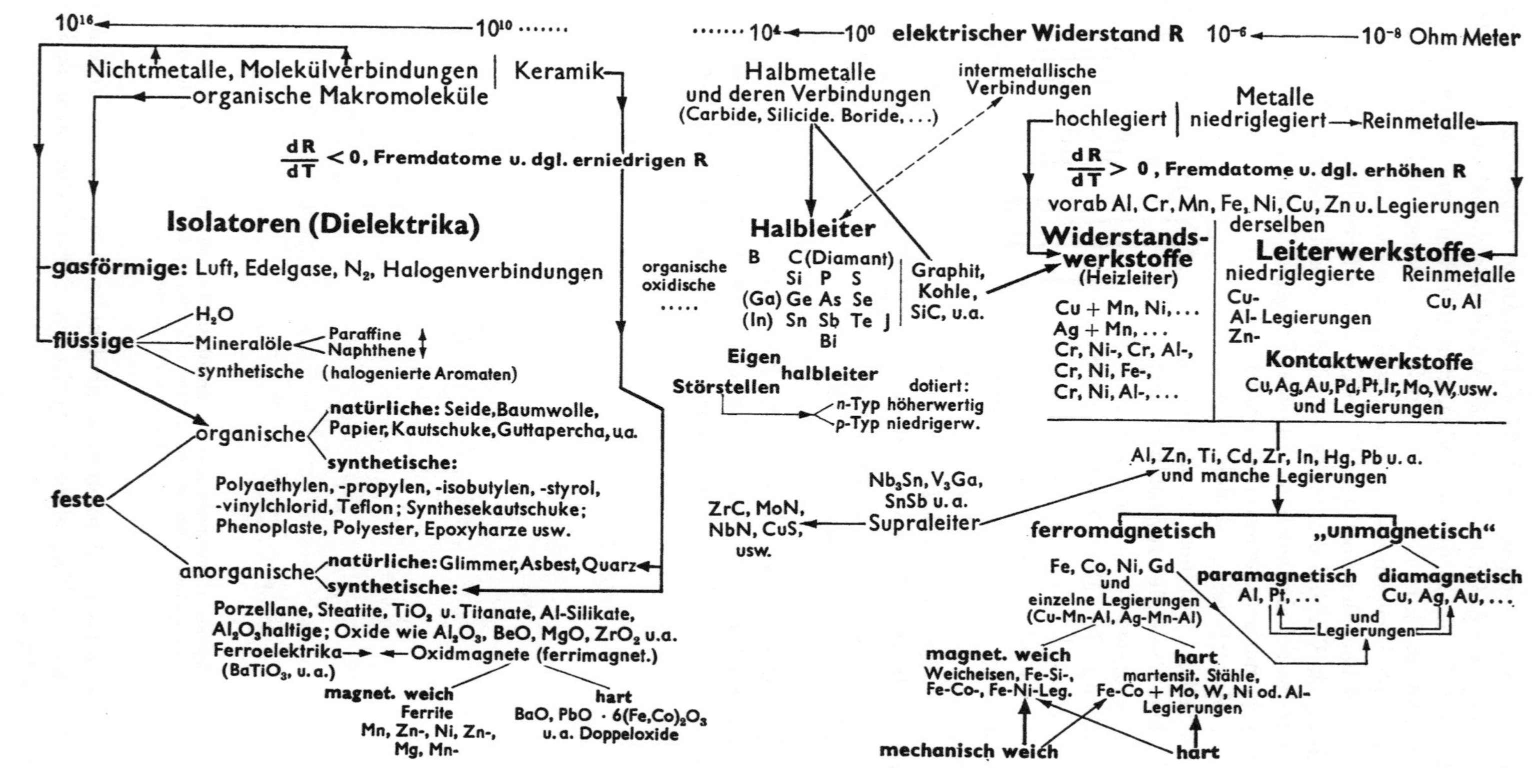

Alle zuvor geschilderten Erscheinungen sind aus naheliegenden Gründen im Falle der Verbindungen mit *eindimensionalen* Makromolekülen in besonderer Vielfalt anzutreffen. Demgegenüber besitzen *dreidimensionale* organische Makromoleküle offenbar bevorzugt Zustände *geringerer* Ordnung und sind daher überwiegend *rein amorphe* Stoffe, in eben dieser Beziehung aber noch weit weniger erforscht als jene mit linearen Makromolekülen.

Wenn sich nach alledem organische makromolekulare Verbindungen vor allem in mechanischer Beziehung, dazu aber auch hinsichtlich anderer Eigenschaften wie Lichtdurchlässigkeit (Transparenz, siehe Tab. 24) mit allen Übergängen vom durchsichtigen bis zum opaken Stoff, der Neigung zur Wasseraufnahme – diese bei Polytetrafluoräthylen und auch Polyäthylen sehr gering, bei Polyamiden und manchen Cellulosederivaten recht erheblich – wie auch ihrer Beständigkeit gegenüber dem Angriff organischer Lösungsmittel (siehe bereits S. 128 und Tab. 20, S. 121) recht verschieden verhalten, so dürfen demgegenüber als ihre *allgemeinen Kennzeichen* gelten:

1. *geringes spezifisches Gewicht*, allgemein zwischen 0,9 (geringster Wert bei Polypropylen, dann Polyäthylen) und 1,5, nur zur Ausnahme – vorab bei Fluorkunststoffen – gegen 2,3 ansteigend, so daß organische *Schaumstoffe* (Schwamm- oder Zellkörper) extrem niedrige Raumgewichte wie 5 kg/m³ gestatten;

2. *hervorragendes elektrisches Isoliervermögen* neben andern, mehr individuell gearteten, *dielektrischen Sondereigenschaften* (siehe Tab. 25, S. 136), weshalb hochmolekulare organische Verbindungen nicht von ungefähr eine weitere, wichtige Gruppe *fester elektrotechnischer Isolierstoffe* bilden – unter diesen beispielsweise bemerkenswert Polystyrol, Polyisobutylen und Polytetrafluoräthylen mit geringen dielektrischen Verlusten, Polystyrol und Polyäthylen mit Dielektrizitätskonstanten von bloß 2–3 (den niedrigsten bei festen Isolierstoffen), dazu auch solche mit Halbleiter-Eigenschaften usw.;

3. eine *sehr weitgehende Anpassungsfähigkeit ihrer Eigenschaften* – insbesondere der *mechanischen* – an die besondern Bedürfnisse bei *beachtlicher Einfachheit der Formgebung und Applikation* vom Bauwerk (Rohrleitungen, Bedachungen, usw.) bis zum Anstrichfilm (S. 270) nach den verschiedenartigsten, vorab auch zur Herstellung von Massenartikeln geeigneten Verfahren. Es gilt dies in einzigartigem Maße von den Kunststoffen mit eindimensionalen Makromolekülen, wo die Formgebung *nach oder gleichzeitig* mit der Bildung des Makromoleküls vorgenommen werden kann im Gegensatz zu den Kunstharzen und Vulkanisaten, welche *stets zusammen mit der Härtung bzw. Vulkanisation* in die gewünschte Form zu bringen sind und darnach nicht mehr umgeformt werden können (S. 165). Zur großen stofflichen Vielfalt makromolekularer organischer Verbindungen und dem weiten Spielraum ihrer Zustände innermolekularer, zwischenmolekularer und höherer Ordnung gesellt sich eine weitgehende Verträglichkeit, gelegentlich auch Reaktionsfähigkeit mit zahlreichen Zusätzen wie *Füllstoffen, Weichmachern* (intermolekular wirkende, *äußere* Weichmachung im Gegensatz zur intramolekular erfolgenden, *innern* Weichmachung von S. 119), *Härtungsmitteln, Stabilisatoren* (gegen vorzeitiges Altern unter Versprödern, Vergilben u.dgl. durch Licht, Wärme und $O_2$ bzw. $O_3$), sodann *Pigmenten* und der *Armierung* dienenden Mitteln (unter den

letztern vor allem Glas-, neuerdings auch Metallfasern bedeutsam geworden bei den *faserverstärkten* Kunststoffen);

4. *gute chemische Beständigkeit* vor allem gegenüber Säuren und Laugen, worin gewisse Polyvinylchloridqualitäten und Polytetrafluoräthylen sich besonders auszeichnen; Kunstharze widerstehen überdies gleichfalls dem Angriff organischer Lösungsmittel, während andere Kunststoffe und Kautschuke von solchen angegriffen werden können (siehe bereits S. 128, dazu aber auch S. 121).

5. Demgegenüber ist *die Wärmebeständigkeit* (thermische Stabilität) auch der hochmolekularen organischen Stoffe allgemein verhältnismäßig *gering*, sei es, daß sie wie die *Thermoplaste* bereits zwischen 60 und 100 °C oder doch um 150–180 °C merklich erweichen, als *hornartige Stoffe* zwischen 100 und 300 °C zu schmelzen anfangen oder als *Kunstharze* allgemein zwischen 200 und 250 °C einer chemischen Zersetzung anheimfallen (Dauergebrauchstemperaturen daher allgemein zwischen 60 °C und höchstens 300 °C). Zugleich ist *die Wärmeleitfähigkeit* allgemein gering, damit die Gefahr einer Wärmestauung groß; die *Wärmedehnung* liegt wesentlich über derjenigen anderer Werkstoffkategorien (siehe S. 265). Selbstverständlich ist seit jeher versucht worden, das thermische Verhalten der Kunststoffe zu verbessern: Einbau geeigneter Substituenten ergab eine Wärmebeständigkeit von Thermoplasten bis um 170 °C, Ersatz von C durch Si in den Siliconen bis gegen 300 °C bei allerdings geringer Beständigkeit gegen $H_2O$-Dampf; erfolgreicher war die Substitution von H durch Fluor, am weitesten führte bisher der Einbau von Ringen in die Makrofadenmoleküle bis zur völligen Aromatisierung derselben wie im nachstehenden Beispiel

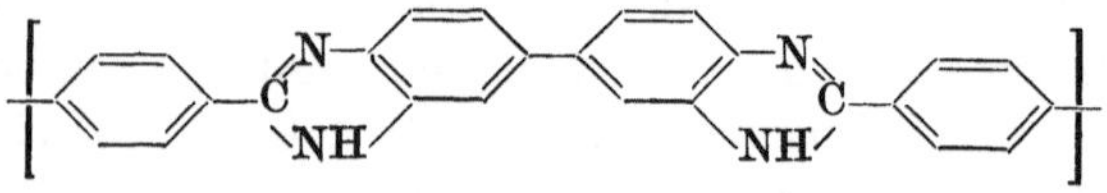

(an der Luft beständig bis 300 °C, unter Stickstoff bis 600 °C). Höchste Wärmestabilität besitzt derzeit das Produkt, gleichsam ein Ausschnitt aus einem Netz der C-Atome des Graphitkristalls mit teilweisem Ersatz von C durch N,

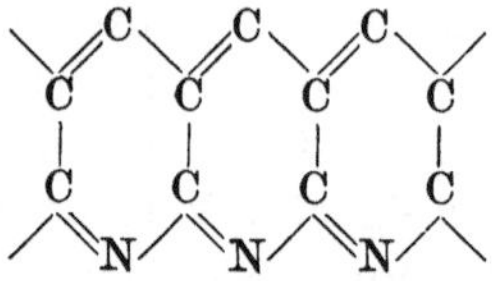

Werden abschließend Kunststoffe mit eindimensionalen Makromolekülen verglichen mit Kunstharzen, so sind die letztern den erstern überlegen hinsichtlich der mechanischen Gütewerte wie der thermischen und chemischen Beständigkeit. Zugleich besitzen sie geringere Wärmedehnung, ist indes ihre Formgebung bei Polymerisaten recht beschränkt, variabler bei Polykondensaten und -addukten, ohne indes die Vielfalt einer Formgebung zu erreichen, wie sie die Thermoplasten auszeichnet. Neben *brennbaren*, entflammenden Kunststoffen und Kautschuken gibt es auch bloß *schwer brennbare*, ja gar *unbrennbare*, lediglich veraschende. Entscheidend ist hierfür nicht, wie ihre Makromoleküle gebaut sind, sondern wie deren chemische Zusammensetzung geartet ist, indem vorab ein Halogenieren, etwa der Ersatz von H durch Cl aus dem brennbaren $-CH_2-CH_2-CH_2-$ das weitgehend unbrennbare $-CH_2-CHCl-CH_2-CHCl-$ ergibt.

### Literatur über Kunststoffe und Kautschuke


*Kunststoffe – Grundlagen und Übersichtsdarstellungen*

STAUDINGER, H.: Organische Kolloidchemie, 1950;
HOUWINK, R.: Chemie und Technologie der Kunststoffe, 2 Bände, 1954 u. 1956;
RUNGE, F.: Einführung in die Chemie und Technologie der Kunststoffe, 1959;
SCHULZ, G.: Die Kunststoffe, 1959;
NITSCHE, R. und K. A. WOLF: Kunststoffe,
    Band I: Struktur und physikalisches Verhalten der Kunststoffe,
    Band II: Praktische Kunststoffprüfung, 1961/62;
HOLZMÜLLER, W. und K. ALTENBURG: Physik der Kunststoffe, 1961;
WANDEBERG, E.: Kunststoffe, ihre Verwendung in Industrie und Technik, 1959;
SCHWABE, A. und H. SAECHTLING: Bauen mit Kunststoffen, 1960;
CHARLESBY, A.: Atomic Radiation and Polymers, 1959;
SAECHTLING, H. und W. ZEBROWSKI: Kunststoff-Taschenbuch, 1959;
STOECKHERT, K.: Kunststoff-Lexikon, 1958;
WITTFOHT, A. M.: Kunststofftechnisches Wörterbuch, 1956.

*Kunststoffe – Einzeldarstellungen*

HAIM, G. und E. ROTTNER: Thermoplastische Kunststoffe, Band I: Polyäthylen, 1960;
KAINER, F.: Polyvinylchlorid und Vinylchlorid-Mischpolymerisate, 1965;
OHLINGER, H.: Polystyrol (2 Teile), 1955;
GÜTERBOCK, H.: Polyisobutylen und Isobutylen-Mischpolymerisate, 1959;
HOPFF, H.: Die Polyamide, 1954;
BJORKSTEN, I.: Polyester and their Applications, 1959;
SCHEIBER, J.: Chemie und Technologie der künstlichen Harze, 1961;
HULTZSCH, K.: Chemie der Phenolharze, 1956;
LEE, H. and K. NEVILLE: Epoxy Resins, 1957;
HAGEN, H.: Glasfaserverstärkte Kunststoffe, 1961;
JORDAN, O.: Kunststoffklebstoffe und ihre Anwendung, 1959;
NOLL, W.: Chemie und Technologie der Silicone, 1960.

*Kautschuke*

LE BRAS, J.: Grundlagen der Wissenschaft und Technologie des Kautschuks, 1956;
BOSTRÖM, S.: Kautschuk-Handbuch, 1959;
VANDERBILT: Rubber Handbook, 1958;
BARRON, H.: Modern synthetic Rubbers, 1957;
TRELOAR, L. R. G.: The Physics of Rubber Elasticity, 1958;
MORTON, N.: Introduction to Rubber Technology, 1959;
GENIN, G. et B. MORRISSON: Encyclopédie Technologique de l'Industrie du Caoutchouc, 1960.

*Textilfasern*

RATH, K.: Lehrbuch der Textilchemie, 1962;
PRESTON, J. M.: Fibre Science, 1953;
HILL, R.: Fasern aus synthetischen Polymeren, 1956;
ALEXANDER, P. und R. F. HUDSON: Wool, its Chemistry and Physics, 1954.

Sodann für die Anwendung in der *Elektrotechnik* und zum *Korrosionsschutz*:

STAGER, H.: Werkstoffkunde der elektrotechnischen Ioslierstoffe, 1955;
KRANNICH, W.: Kunststoffe im technischen Korrosionsschutz, 1943.


## § 19. Zustandsänderungen an Verbindungen, Mehrstoffsysteme

Wie bereits im Falle der homogenen Verbindungen (siehe S. 27 und 33) sind auch bei den eigentlichen chemischen Verbindungen irgendwelche *Phasenübergänge* – unter diesen vor allem bedeutsam ein Wechsel des Aggregatzustandes – durchaus *nicht* immer rein *physikalische* Vorgänge, wie dies den Vorstellungen der klassischen Chemie entsprochen hatte. Dies gilt vielmehr wiederum *einzig* von den *Molekül*verbindungen, keineswegs jedoch auch in jedem Falle makromolekularer Verbindungen: So insbesondere dort *nicht*, wo solche mit ihren dreidimensionalen Atomverbänden – regelmäßig oder unregelmäßig gebauten – *heterogene Festkörperverbindungen* (Kristallverbindungen) darstellen und damit *einzig* im *festen* Zustand existieren können.

An *Festkörperverbindungen* sind im einzelnen *drei* verschiedene Typen zu unterscheiden:

a) als eigentliche Kristallverbindungen jene, welche wie z.B. MgO und $Al_2O_3$ nach S. 109 *lediglich* in *kristallisierter* Form auftreten können;

b) jene andern, die umgekehrt *einzig* in *amorpher* Form vorkommen wie die Kunstharze und ataktisch gebaute Linearpolymere, und

c) als dritte diejenigen, welche im *kristallisierten und amorphen* Zustand existieren mit Se und $SiO_2$, iso- und syndiotaktisch gebauten Makrofadenmolekülen als typischen Beispielen (dabei erscheinen die beiden Zustände bald eher getrennt, bald zu einem gemischt amorph-kristallinen Stoff vereinigt).

In allen diesen Fällen ist, vorab mit dem Verdampfen und Lösen stets die Überwindung von *Haupt*bindekräften verknüpft, so etwa von Na-Cl-Bindungen, wenn der NaCl-Kristall beim Lösen in Wasser nach S. 110 in $Na^+$- und $Cl^-$-Ionen zerfällt, von Si—O-Bindungen, falls ein $SiO_2$-Kristall unter Abspaltung von $SiO_2$-Molekülen verdampft und dabei die KZ Si $\rightarrow$ O von 4 auf 2 herabgesetzt wird usw. Derartige, notwendig mit einem Zerfall des makromolekularen Atomverbandes verbundene Prozesse haben, wiewohl mit ihnen keinerlei stofflicher Umsatz verknüpft, *als chemische Reaktionen* zu gelten (siehe auch S. 144). Eine besondere Mannigfaltigkeit der Verhältnisse besteht aus naheliegenden Gründen stets bei makromolekularen Verbindungen mit *ein*- oder *zwei*dimensionen Atomverbänden. So bedeutet z.B. das Lösen eines Thermoplasten (S. 128) ein rein physikalisches Geschehen, solange den Makromolekülen als solchen keinerlei Änderungen widerfahren. Dagegen ist es ein kombiniert physikalischer und chemischer Vorgang, sobald mit dem Lösen des makromolekularen Stoffes eine Reduktion seines Polymerisationsgrades gekoppelt ist, indem zur Aufteilung in die freien Makrofadenmoleküle noch eine Spaltung (Depolymerisation) derselben hinzukommt (siehe dazu S. 123).

Werden *daltonide* Verbindungen (z.B. eine solche der Bruttoformel AB) Zustandsänderungen unterworfen, welche zu irgendwelchen festen, flüssigen oder dampfförmigen Phasen führen, wobei diese jedoch nach wie vor sämtliche *gleiche* Zusammensetzung besitzen (also in unserem Beispiel durchweg aus 50 At.-% A und 50 At.-% B bestehen sollen), so lassen sich *alle* diese Phasen aus einem *einzigen* Bestandteil (nämlich aus der Verbindung AB) aufbauen. Damit kann die Gesamtheit dieser Zustände der Verbindung AB nach den S. 33 geschilderten Grundsätzen als ein *Einstoffsystem* behandelt werden. Dementsprechend läßt sich unter *diesen* Umständen für die Verbindung AB ein Zustandsdiagramm aufstellen völlig analog demjenigen eines chemischen Elements nach Abb. 20 (S. 34). Ob dabei im Zusammenhang mit einzelnen Phasenübergängen „innere Umwandlungen" erfolgen, z.B. polymere Moleküle $(AB)_n$ oder gar makromolekulare Atomverbände $(AB)_\infty$ in einfache Moleküle AB zerfallen, möglicherweise gar eine Zersetzung von AB in Atome A und B oder in Ionen $A^+$ und $B^-$ im Sinne der Gleichungen $AB \rightarrow A + B$ bzw. $AB \rightarrow A^+ + B^-$ statthat, spielt dabei *keine* Rolle, indem alle diese homogenen Reaktionen (S. 144) an der *konstanten* Zusammensetzung *jeder* Phase aus 50 At.-% A und 50 At.-% B nichts ändern. Anders dagegen, falls sich auf dem Wege einer heterogenen chemischen Reaktion (S. 144) aus einer Phase der Zusammensetzung AB *mehrere* Phasen *verschiedener* Zusammensetzung bilden: Beispielsweise festes AB beim Erhitzen nicht eine gleich zusammengesetzte Schmelze liefert, sondern in festes A und flüssiges oder gasförmiges B zerfällt, damit aber aus einer ersten Phase *zwei* Phasen *verschiedener* Zusammensetzung entstehen. Um alle, *nunmehr* auftretenden Phasen aufbauen zu können, ist mit dem einzigen Bestandteil AB nicht mehr auszukommen, sondern es sind statt dessen die *zwei* Bestandteile A und B erforderlich. Jetzt muß die Verbindung AB notwendig im Rahmen des *Zweistoffsystems* A—B betrachtet werden.

Bildet in diesem Sinne beispielsweise $H_2O$ ein *Einstoff*system, ebenso aber auch $NH_4Cl$, indem dieses bei der Verdampfung zwar in $NH_3$ und $HCl$ zerfällt, der Dampf aber dennoch die Zusammensetzung „$NH_4Cl$" behält, so sind demgegenüber $CO_2$ und $CaCO_3$ als *Zweistoff*systeme zu behandeln, sobald deren Zerfall in zwei verschieden zusammengesetzte Phasen – festen Kohlenstoff und gasförmiges $O_2$ bzw. festes $CaO$ und $CO_2$-Gas – berücksichtigt wird. Oder es können die Oxidpaare $CaO$ und $SiO_2$ oder $MgO$ und $Al_2O_3$ mit allen unter ihnen möglichen „Doppeloxiden" solange als Zweistoffsysteme gelten, als von einem Zerfall der Oxide in festes Metall und gasförmigen Sauerstoff abgesehen wird (dementsprechend werden die keramisch und zementchemisch interessierenden Systeme zumeist als solche „Oxidsysteme" dargestellt im Gegensatz zu den metallurgisch und metallkundlich bedeutsamen mit den Elementen als Bestandteilen). Siehe auch S. 246, Abb. 113 und die ihr beigegebene Erläuterung, was in einem höheren System ein selbständiges Teilsystem darstellt.

Im Falle *bertholider* Verbindungen muß dagegen infolge deren variabeln Zusammensetzung selbst bei der Betrachtung einer *einzigen* Phase von vornherein auf das höhere System gegriffen, also z.B. $FeO$ notwendig im Rahmen des Zweistoffsystems Fe—O (Abb. 76) betrachtet werden. Gleiches ergibt sich naturgemäß ebenso zwingend, wenn nicht länger einzig nach den Zustandsänderungen von $H_2O$, sondern nach *allen*, zwischen $H_2$ und $O_2$ *überhaupt* denkbaren Phasen mit beliebigem Verhältnis H : O gefragt wird.

Die Aussage der *Phasenregel* über die *maximale* Anzahl $P$ miteinander *im Gleichgewicht befindlicher Phasen* lautet für ein aus insgesamt $K$ *Bestandteilen aufgebautes System* in Verallgemeinerung des bereits S. 35 Gesagten $P = K + 2 - F$, wobei $F$ wiederum die Anzahl der *Freiheitsgrade* bedeutet. Wenn dabei $P$ stets die *höchstmögliche* Zahl miteinander koexistierender, *stabiler* Phasen angibt (die Anzahl der *tatsächlich* vorhandenen kann sehr wohl auch $< P$ sein), so bedeutet anderseits $K$ die Anzahl der *eben* benötigten Bestandteile, um alle *in Betracht kommenden* Phasen aufzubauen: In dieser Weise ist z.B. $CaSO_4$—$H_2O$ so lange als ein Zweistoffsystem zu betrachten, als der heterogene Zerfall von $CaSO_4$ in festes $CaO$ und gasförmiges $SO_3$ ausgeschlossen wird, indem dieser notwendig den Übergang zum höheren Dreistoffsystem $CaO$—$SO_3$—$H_2O$ verlangt. Das aber heißt, daß bei beliebiger Temperatur und ebensolchem Druck ein „$K$ Stoffsystem" im allgemeinen höchstens $K$ Phasen bilden wird und läßt zugleich, wie sich in § 38 zeigen wird, beurteilen, welche Änderungen sich an diesen $K$ Phasen einstellen (oder doch ergeben sollten), falls das System unter andere Bedingungen kommt. *Zustandsdiagramme* von Zweistoffsystemen bedürfen entsprechend den jetzt bestehenden, drei

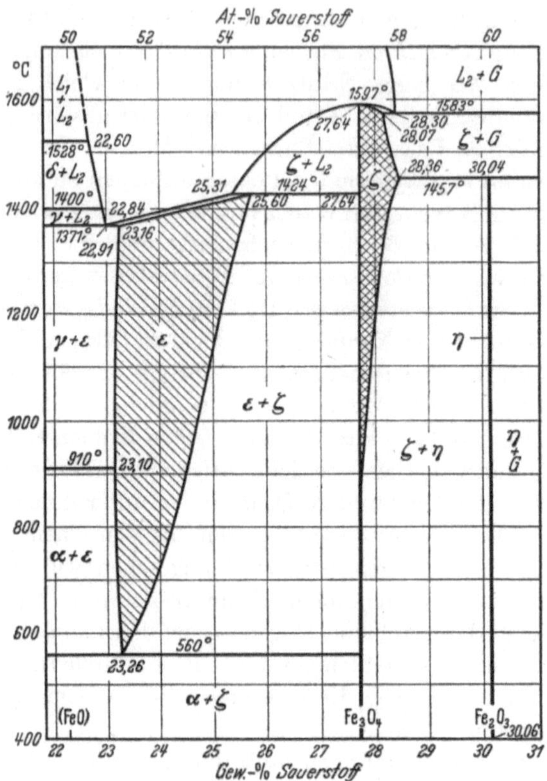



Abb. 76. Temperaturkonzentrationsdiagramm des Systems Fe–O

Variabeln $T$, $P$ und dem Konzentrationsverhältnis A : B der Darstellung im Raum, wobei jedoch, falls nur die Beziehungen unter den festen und flüssigen (sog. *kondensierten*) Phasen interessieren, zumeist bloß der Schnitt $P = 1$ at, also ein *T-Konzentrationsdiagramm* für den konstanten Druck einer Atmosphäre betrachtet wird (Beispiele hierzu siehe Abb. 34, [S. 56], Abb. 35 [S. 57] und Abb. 76).

# B. Lehre der chemischen Reaktionen

## I. Phänomenologie chemischer Reaktionen

### § 20. Allgemeine Tatsachen

Vielfache Erfahrung lehrt, daß die Tendenz chemischer Elemente, sich miteinander zu verbinden, außerordentlich verschieden ist, zwischen den einzelnen Elementen somit, wie der Chemiker von alters her sagt, eine recht unterschiedliche *Affinität* besteht. Nicht weniger verschieden ist auf der anderen Seite die Stabilität der derart entstandenen, chemischen Verbindungen und damit deren Neigung, wieder in die Elemente zu zerfallen. Wo immer chemische Reaktionen stattfinden, bedeutet dies im Sinne des bereits S. 21 Gesagten, daß zwischen Atomen chemische Bindekräfte wirksam und zugleich bereits bestehende Bindungen gelöst werden. So werden im Falle einer Reaktion $A_2 + B_2 \rightarrow 2\,AB$ unter Energiezufuhr die bestehenden A—A- bzw. B—B-Bindungen gespalten und kommen unter Energiegewinn die neuen Bindungen A—B zustande. Sind die beiden Teilvorgänge miteinander derart gekoppelt, daß die neuen A—B-Bindungen bereits wirksam werden, bevor die alten A—A- und B—B-Bindungen vollständig gelöst sind, werden Reaktionen als *gleitende Umsetzungen* bezeichnet. Den ihnen eigenen *Übergangszustand* mit den noch in Spaltung bzw. bereits im Entstehen begriffenen Bindungen nennt man recht anschaulich einen *Reaktionsknäuel*.

Weil die Grenze zwischen stärkeren und schwächeren Kraftwirkungen unter Atomen, Haupt- und Nebenbindungen oder gar chemischen und physikalischen Wechselwirkungen durchaus fließend ist (siehe hierzu S. 140 und 262), begegnet jeder Versuch, zwischen chemischen Reaktionen und physikalischen Vorgängen eindeutig trennen zu wollen, mancherlei Schwierigkeiten. Dazu können phänomenologisch einheitlichen Vorgängen sehr wohl *beiderlei*, physikalische und chemische Teilprozesse zugrunde liegen. Aber auch *chemisch-technische Verfahren* sind zumeist komplexe Folgen physikalischer und chemischer Teiloperationen, sei es, daß diese simultan stattfinden oder einem bestimmten Programm folgen. Nur nebenbei sei bemerkt, daß in der chemischen Technik alle die eigentliche chemische Reaktion *vorbereitenden* Operationen (Reinigen und Bereitstellung von Rohstoffen, Zerkleinern und Vermischen der Ausgangsstoffe, usw.) und hernach die Reaktionsprodukte *aufarbeitenden* Prozesse – vorab in Trennen von Stoffgemischen und Formgebung bestehend –, dazu der *Transport von Stoffen und Energie* wie auch die *Energieübertragung* oft größere Aufwendungen und Einrichtungen erheischen als die Durchführung der chemischen Umsetzung selber. Bei alledem spielt aus naheliegenden Gründen die Zusammenarbeit zwischen Ingenieuren und Chemikern ein ausschlaggebende Rolle.

Ihre konventionelle Beschreibung (nie aber ihre Erklärung oder gar innere Begründung) erfahren chemische Reaktionen durch *chemische Gleichungen*, welche auch unmittelbar die für den Stoffumsatz einer Reaktion gültige *Massen*-(allenfalls *Volum*)-Beziehung angeben lassen: So etwa im Falle der Gleichung $CH_4 + 2O_2 \rightarrow CO_2 + 2H_2O$, daß 16 g $CH_4$ durch Verbindung mit 64 g $O_2$ zu 44 g $CO_2$ und 36 g $H_2O$ oder (hinreichend hohe Temperatur vorausgesetzt) 1 l Methan unter Verbrauch von 2 l $O_2$ zu 3 l $CO_2 + H_2O$ verbrennt.

Außerdem gestatten chemische Gleichungen im Sinne folgender *Reaktionstypen* zwischen *Additions-*, *Dissoziations*(Zerfalls)- und *Substitutions*(Austausch)-*reaktionen* zu unterscheiden:

$$A + B \rightarrow AB \text{ als Addition,}$$

umgekehrt $AB \rightarrow A + B$ als Dissoziation

und $AB + C \rightarrow A + BC$, $AB + CD \rightarrow AD + CB$ usw. als Substitutionen.

Nicht in allen Fällen sind chemische Reaktionen in der Weise mit einem stofflichen Umsatz verbunden, daß Ausgangsstoffe und Produkte verschiedene Zusammensetzung aufweisen. Chemische Vorgänge können vielmehr auch *ohne* einen solchen *Stoffumsatz* stattfinden, so daß Ausgangsstoff und Produkt *gleiche Zusammensetzung* besitzen, indes *verschiedene Konstitution* und entsprechend verschiedene Eigenschaften. Dies gilt vorerst bei allen Reaktionen an *elementaren* Stoffen, also etwa bei $H + H \rightarrow H_2$ oder umgekehrt $H_2 \rightarrow H + H$, bei der Umwandlung von Fadenschwefel in gewöhnlichen, also der Reaktion $S_\infty \rightarrow S_8$, bei der Bildung von Ozon aus Sauerstoff $3O_2 \rightarrow 2O_3$, des weitern bei der Umwandlung von Diamant in Graphit, von $\beta$-Sn in $\alpha$-Sn, usw. (S. 26 und 33). Entsprechende Reaktionen sind aber auch unter *gleichen Molekülen* möglich; so beispielsweise, wenn sich $p$ Moleküle $A_mB_n$ zu einem „höhern" Molekül $(A_mB_n)_p$ vereinigen wie bei den *Trimerisationen* ($p$ in diesem Falle somit gleich 3)

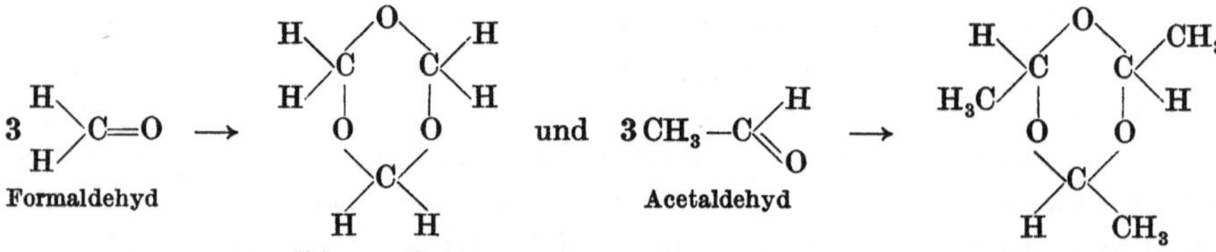

$$3\ H_2C{=}O \rightarrow \text{Trioxymethylen} \quad \text{und} \quad 3\ CH_3{-}CHO \rightarrow \text{Paraldehyd.}$$

Formaldehyd      Trioxymethylen      Acetaldehyd      Paraldehyd.

Als im eigentlichen Sinne *innermolekulare* Reaktionen, also *in ein und demselben Molekül* sich abspielende, sind Umwandlungen eines ersten Strukturisomeren in ein zweites zu betrachten (S. 78), so die mit der Umlagerung einer Doppelbindung und einem Stellungswechsel eines H-Atoms verbundenen Reaktionen

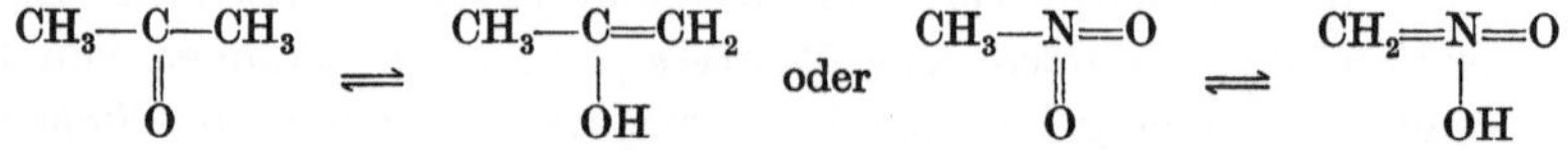

$$CH_3{-}\underset{O}{\overset{\|}{C}}{-}CH_3 \rightleftharpoons CH_3{-}\underset{OH}{\overset{|}{C}}{=}CH_2 \quad \text{oder} \quad CH_3{-}\underset{O}{\overset{\|}{N}}{=}O \rightleftharpoons CH_2{=}\underset{OH}{\overset{|}{N}}{=}O$$

Keto-Form      Enol-Form      n-Form      Aci-Form.

Unabhängig davon werden *homogene* Reaktionen, welche in einer *einzigen* Phase – einem Gasgemisch, einer Lösung oder Schmelze – stattfinden, *heterogenen* Reaktionen, an denen *mehrere* Phasen beteiligt sind (so z.B. im Falle von 2 Fe

$+ 3\,O_2 \rightarrow 2\,Fe_2O_3$ zwei feste und eine gasförmige), gegenübergestellt. Dabei sind für den, der sich vorab für jene Reaktionen interessiert, welche der Erzeugung von Werkstoffen dienen oder sich – gewollt oder unbeabsichtigt – an solchen ergeben, die heterogenen Reaktionen von einer besonderen Bedeutung. Homogene Reaktionen brauchen sich, vorab im Falle ihrer technischen Durchführung im Chemiebetrieb nicht notwendig in einem „homogenen System" abzuspielen. Dies wird nur dann zutreffen, falls sich gleich den *Reaktionsteilnehmern* auch alle *Begleitstoffe* wie Katalysatoren (S. 235), Brennstoffe (S. 209), inerte Begleitstoffe (z. B. als Transport- und Reaktionsmedium dienende), usw. im gasförmigen oder flüssigen Zustand befinden, so daß die gesamte *Reaktionsmasse* (= Reaktionsteilnehmer + Begleitstoffe aller Art) *homogen* ist. Demgegenüber wird die Reaktionsmasse *heterogen* beschaffen sein: einmal bei *allen heterogenen Reaktionen*; dann aber auch bei einer heterogenen Katalyse homogener Reaktionen, wenn in einen Gasraum feste oder flüssige Brennstoffe als Staub oder Nebel eingeblasen werden, u. dgl. Umfaßt eine heterogene Reaktionsmasse einen gasförmigen Anteil G und einen flüssigen Fl, so sind an Verfahren und Einrichtungen zu unterscheiden: erste, bei welchen Fl sich in Ruhe befindet und G in Bewegung, zweite mit gerade umgekehrten Verhältnissen und dritte, bei welchen Fl *und* G in Bewegung sind, sei es in gleichsinniger oder einander entgegengesetzter. Bei Reaktionsmassen aus einem Gas G und einem oder mehreren festen Stoffen F können letztere zur ruhenden Schicht geschüttet werden, um diese von G durchströmen zu lassen, oder aber es wandert F unter der Wirkung der Schwerkraft durch einen mit G gefüllten oder von G durchströmten Raum; in andern Fällen endlich wird F als feiner Staub im Gas G in Schwebe gehalten bzw. mit dem Gasstrom oder diesem entgegen bewegt.

Nicht weniger geläufig ist, daß es chemische Vorgänge gibt, welche *vollständig (einseitig)* verlaufen, also etwa zu einem vollständigen Umsatz von A und B zu AB führen, wie Kohle bei hinreichendem Luftzutritt vollständig verbrennt, während andere zum Halten kommen, bevor sich A und B vollständig zu AB umgesetzt haben (*unvollständige* Reaktionen). Unter den letzteren wiederum bestehen solche, welche sich durch eine geeignete Änderung der Temperatur, allenfalls auch des Druckes erneut in Gang bringen, ja gar soweit treiben lassen, daß – mindestens in den Grenzen der Nachweisbarkeit – alles A und B zu AB gebunden erscheint, so daß die Reaktion je nach den Bedingungen, unter denen sie stattfindet, unvollständig oder vollständig verläuft.

Ebenso entspricht es unmittelbarer Anschauung, daß mit gewissen chemischen Vorgängen – nämlich den sog. *exothermen* Reaktionen – eine erhebliche Wärmeentwicklung verbunden ist, bei anderen jedoch im Zusammenhang mit dem Stoffumsatz umgekehrt Wärme gebunden wird (*endotherme* Reaktionen). Indes kann chemische Energie nicht nur in Wärme oder Wärme in chemische Energie umgewandelt werden, sondern es können chemische Vorgänge auch so erfolgen, daß dazu (wie beim galvanischen Element) elektrische oder (wie im Falle des Explosionsmotors) noch mechanische Energie frei wird, der chemische Prozeß in dieser Weise auch *Arbeit* (der Sammelbegriff für mechanische und elektrische Energie im Gegensatz zur Energieform Wärme) zu leisten imstande ist (*exergonische* Reaktionen). Demgegenüber verlaufen *endergonische* Reaktionen nur so lange, als von außen her Arbeit aufgewendet (z. B. im Falle einer Elektrolyse elektrische Energie zugeführt) wird. So erweisen sich die den chemischen Reaktionen eigenen, stofflichen Umsetzungen stets *mit Energieänderungen* verbunden, sei es, daß chemische Energie (als eine Form *innerer Energie*) in Wärme, mechanische, elektrische oder Lichtenergie umgewandelt oder diese umgekehrt in chemische Energie übergeführt werden.

Weiterhin existieren chemische Reaktionen, welche sich als *freiwillige* gleichsam *von selber* abspielen und nicht aufhalten lassen, während andere eines äußeren Eingriffs (z.B. eines elektrischen Funkens) bedürfen, um ausgelöst zu werden (*aktivierbare* Reaktionen). Dritte dagegen lassen sich nur durch eine *ständige* äußere Einwirkung erzwingen und werden daher unverzüglich rückläufig, sobald diese Einwirkung von außen her aufhört (*unselbständige*, erzwungene Reaktionen).

Endlich weiß jedermann um die außerordentlich verschiedene *Geschwindigkeit*, mit welcher chemische Reaktionen verlaufen können: Extrem trägen, kaum nachweisbar stattfindenden stehen in Explosionen und Detonationen (S. 213) Vorgänge mit schlagartiger Stoffumwandlung gegenüber. Zwar gelingt es, durch Änderung der Temperatur die Geschwindigkeit chemischer Vorgänge zu beeinflussen – in der Regel durch Temperaturerhöhung zu vergrößern, durch Senkung der Temperatur zu vermindern –, indes bleibt die Frage nach weiteren Möglichkeiten der Beschleunigung erwünschter oder der Verzögerung abträglicher, chemischer Reaktionen dennoch von einem besonderen Interesse.

Waren chemische Reaktionen lange Zeit der *einzige* Weg, um aus gegebenen Stoffen andere zu erhalten, so gelingt dies heute in zunehmendem Maße ebenfalls mit den in Atomreaktoren stattfindenden *Atomumwandlungen*, wobei diese *Kernreaktionen* jedoch nicht auf einer Umgestaltung der äußeren Elektronenkonfiguration der Atome, sondern der Atomkerne (S. 6) beruhen, indes wiederum nach Art einer Addition, Dissoziation oder Substitution verlaufen, wie z.B. die Reaktionen

$$^{4}_{2}\mathrm{He} + {}^{14}_{7}\mathrm{N} \rightarrow {}^{18}_{9}\mathrm{F} \text{ und weiter } {}^{18}_{9}\mathrm{F} \rightarrow {}^{17}_{8}\mathrm{O} + {}^{1}_{1}\mathrm{H} \text{ (Proton)}$$

oder $^{235}_{92}\mathrm{U} + \mathrm{Neutron} \rightarrow {}^{236}_{92}\mathrm{U}$ und weiter etwa $^{236}_{92}\mathrm{U} \rightarrow {}^{90}_{38}\mathrm{Sr} + {}^{143}_{54}\mathrm{Xe} + 3\,\mathrm{Neutronen}$

– letzteres die in vielen Atomreaktoren in Form einer Kettenreaktion durch Neutroneneinfang erfolgende Spaltung der Uranatome. Alles Folgende soll sich jedoch auf „klassische" chemische Reaktionen, also auf Stoffumwandlungen beschränken, welche lediglich auf Änderungen der äußern Elektronenhülle der Atome zurückgehen.

**Literatur über chemische Reaktionen und Verfahren wie zur chemischen Technologie**

Als *Grundlage* neben den S. 16 genannten Lehrbüchern:

KORTÜM, G.: Einführung in die chemische Thermodynamik, 1960;

sodann

HENGLEIN, F. A.: Grundriß der chemischen Technik, 1963;
BRÖTZ, WALTER: Grundriß der chemischen Reaktionstechnik, 1958;
GRASSMANN, P.: Physikalische Grundlagen der Chemie-Ingenieur-Technik, 1961;
LEVENSPIEL, O.: Chemical Reaction Engineering, 1962;
CORCORAN, W. H. and W. N. LACEY: Introduction to Chemical Engineering Problems, 1960;
LOUCIN, M.: Les opérations unitaires du Génie Chimique, 1961;
LARIAN, M. G.: Fundamentals of Chemical Engineering Operations, 1960;
McCABE, W. L. and J. SMITH: Unit Operations of Chemical Engineering, 1964;

Rumford, F.: Chemical Engineering Materials, 1960;
Ost, H. und B. Rassow: Lehrbuch der chemischen Technologie, 1955;
Winnacker, K. und L. Küchler: Chemische Technologie (5 Bände), 1958–1962.

Als *Nachschlagewerke* zur ersten Orientierung:
Roempp, H.: Chemie-Lexikon (4 Bände), 1966;
Blücher, H.: Auskunftsbuch für die chemische Industrie, 1954.

*Sammelwerke*

Ullmanns Enzyklopädie der technischen Chemie (derzeit in 3. Auflage);
Kirk, R. E. and D. F. Othmer: Encyclopedia of Chemical Technology (18 Bände), 1947–1963.

## § 21. Additionsreaktionen

*Additionsreaktionen* liegen zunächst jeglicher Bildung chemischer Verbindungen aus Elementen zugrunde – so beispielsweise technisch wichtigen Synthesen wie der sog. „Luftverbrennung" bei Temperaturen um 3000 °C gemäß $N_2 + O_2 \rightarrow 2NO$, der Bildung von Chlorwasserstoff (Salzsäure) $H_2 + Cl_2 \rightarrow 2HCl$, von Ammoniak $N_2 + 3H_2 \rightarrow 2NH_3$ usw. –; ferner der Entstehung zusammengesetzter *(höherer)* Verbindungen aus einfachen *(binären)* – wie etwa $CaO + SO_3 \rightarrow CaSO_4$, $HNO_3 + NH_3 \rightarrow NH_4NO_3$, der Vereinigung von CO und $2H_2$ zu Methanol $CH_3OH$.

Die Befähigung zu Additionsreaktionen ist sodann das besondere Merkmal *ungesättigter organischer* Verbindungen, niedrig- oder auch makromolekularer. Ein Beispiel hierfür die Addition $CH_2{=}CH_2 + Cl_2 \rightarrow H_2ClC{-}CClH_2$, wobei die ungesättigte Verbindung zugleich in eine gesättigte übergeht. Wurde bereits zuvor auf Additionsreaktionen zwischen *gleichen* Atomen und Molekülen hingewiesen, so spielen solche eine besondere Rolle bei der Bildung *makromolekularer* Stoffe aus den entsprechenden *monomeren* Verbindungen auf dem Wege einer *Polymerisation*, einer ersten Möglichkeit zur Synthese von Kunststoffen. Das einfachste Beispiel hierfür ist die Überführung des Äthylens in Polyäthylen, also der Vorgang

$$CH_2{=}CH_2 \rightarrow \cdots {-}CH_2{-}CH_2{-}CH_2{-} \cdots {-}CH_2{-}CH_2{-}CH_2{-}CH_2{-}CH_2{-} \cdots ,$$

wobei auch hier wieder dem ungesättigten Monomeren ein abgesättigtes Polymerisat gegenübersteht. Statt auf einer C=C-Bindung kann eine Polymerisation auch auf andern Doppelbindungen beruhen, so im folgenden Falle auf einer C=O-Bindung

$$\begin{array}{ccc}
H & H & \\
| & | & \\
H_2C{=}O \rightarrow \cdots {-}C{-}O{-}C{-}O{-} \cdots & \cdots {-}O{-}C{-}O{-}C{-}O{-}C{-} \cdots , \\
| & | & \\
H & H &
\end{array}$$

Formaldehyd               Polyoxymethylen = Polyformaldehyd.

Dritte, allerdings seltenere Polymerisationsvorgänge gehen schließlich unter Aufspaltung gesättigter, indes ringförmiger Monomermoleküle vor sich

$$\underset{\text{Äthylenoxid}}{H_2C\overset{\displaystyle O}{-\!\!\!-\!\!\!-}CH_2} \rightarrow {-}CH_2{-}O{-}CH_2{-} \quad \text{und hieraus}$$

$$\cdots {-}CH_2{-}O{-}CH_2{-}CH_2{-}O{-}CH_2{-} \cdots \quad \cdots {-}CH_2{-}O{-}CH_2{-}CH_2{-}O{-} \cdots .$$

Besteht in allen diesen Fällen *einfacher* Polymerisationen kein Stoffumsatz, so gilt dies nicht länger im Falle von *Mischpolymerisationen*, bei welchen sich auf dem Wege einer gemeinsamen Polymerisation *mehrerlei* Moleküle zu gemischten Makromolekülen, sog. *Copolymeren* (siehe bereits S. 119) vereinigen, wie z. B. Styrol und Vinylchlorid $CH_2=CH(C_6H_5) + CH_2=CHCl$ zu

$$\cdots -CH_2-CH(C_6H_5)-CH_2-CHCl-CH_2-CHCl-CH_2-CHCl-CH_2-CH(C_6H_5)-\cdots .$$

Enthält die zu polymerisierende, niedrigmolekulare Verbindung (oder doch einer der an einer Mischpolymerisation beteiligten Ausgangsstoffe) dagegen *mehr* als *eine* Doppelbindung, so führt der Polymerisationsvorgang notwendig zu *unabgesättigten* Makromolekülen: So beispielsweise bei der Herstellung des synthetischen *Kautschuks* Buna aus Butadien $CH_2=CH-CH=CH_2 \rightarrow \cdots -CH_2-CH=CH$ $-CH_2-CH_2-CH=CH-CH_2- \cdots$ (Tab. 20, S. 121). Stets besteht dann die Möglichkeit einer *sekundären Vernetzung* der zunächst freien linearen Makromoleküle entsprechend S. 118 und 123. Mehr oder weniger stark *vernetzte* Verbände aus linearen Makromolekülen oder gar eigentlich dreidimensionale können aber auch *unmittelbar* durch Polymerisation erhalten werden, falls statt *di*funktioneller Moleküle solche mit *drei* oder noch mehr Verknüpfungsstellen polymerisiert werden, wobei im Falle einer Copolymerisation ein größerer oder kleinerer Anteil an höher funktionellen Molekülen jeden erwünschten Vernetzungsgrad herbeiführen läßt (*primäre* Vernetzung).

Im Gegensatz zur Polymerisation werden jene Reaktionen niedrigmolekularer Verbindungen zu makromolekularen – wiederum ein- oder dreidimensional gebauter – als *Polyadditionen* bezeichnet, bei welchen der Zusammenbau der niedrigmolekularen Bestandteile mit einem Austausch von Atomen unter den Grundbausteinen – vor allem von H-Atomen – verbunden ist, wie z. B. im Falle der Reaktion zwischen Diisocyanaten $OCN-R-NCO$ mit Dialkoholen $HO-R'-OH$ entsprechend einer zweiseitigen Verknüpfung zum linearen Makromolekül gemäß

$$\cdots + OCN-R-NCO + HO-R'-OH + OCN-R-NCO + HO-R'-OH + \cdots$$
$$\cdots -OC-NH-R-NH-CO-O-R'-O-OC-NH-R-NH-CO-O-R'-O- \cdots .$$

Zugleich unterscheiden sich die beiden Arten einer additiven Verbindung kleiner Moleküle zu Makromolekülen in ihrem zeitlichen Ablauf (in ihrer Kinetik), und zwar deshalb, weil *Polymerisationen* zu den spontan verlaufenden *Kettenreaktionen* gehören, *Polyadditionen* dagegen *Stufenreaktionen* darstellen und damit die Einhaltung bestimmter „Zwischenstufen" im Reaktionsverlauf gestatten.

So nimmt ein Polymerisationsvorgang seinen Ausgang in der Überführung eines einzelnen, monomeren Moleküls M auf einen höheren Energiezustand, wobei diese *Aktivierung* von M zu M* (im Falle eines Äthylenderivats schematisch darzustellen mit den Formeln $CHR=CH_2 \rightarrow CHR-CH_2-$) in verschiedener Weise erfolgen kann:

a) auf physikalischem Wege wie durch eine Bestrahlung mit hinreichend kurzwelligem Licht (S. 219) oder

b) auf chemischer Grundlage durch Zugabe eines *Initiators* $R_2$ wie z. B. Benzoylperoxid $C_6H_5COO-OOCC_6H_5$, welcher beim Erwärmen gemäß $R_2 \rightarrow 2R^*$ in

energiereiche und damit reaktionsfähige Radikale R*, im vorigen Beispiel in
$C_6H_5COO$* zerfällt, welche ihrerseits ein Molekül M zu aktivieren vermögen im
Sinne der Addition R* + M → RM* (sog. *Radikal*polymerisation). Gleiches gelingt auch durch Verwendung von Substanzen, welche Kationen oder Anionen zu
bilden vermögen, durch deren Addition ein M-Molekül gleichfalls aktiviert werden
kann (*Kationen*- bzw. *Anionen*polymerisation).

Sobald ein derartiger „Keim" zu einem Makromolekül – also etwa RM* –
gebildet wird, ist der Start zu dessen *Wachstum* gegeben, indem RM* + M →
→ RMM* ergibt, nämlich die Aktivierung des ersten M auf das angelagerte zweite
M überspringt, darnach RMM* + M zu RMMM* reagiert, dieses mit weiteren M
zu RMMMM* usw., bis durch diesen *rasch* verlaufenden Wachstumsprozeß schließlich das Makromolekül RMMMM ⋯ MMMM ⋯ MMMM* entstanden ist. Dessen
Wachstum kommt zu Ende, sobald die von M zu M sich fortpflanzende Aktivierung durch eine *Abbruchreaktion* aufgehoben wird, wofür u.a. in Frage kommen:
eine Rekombination zweier wachsender Makromoleküle unter sich, eine Wechselwirkung mit der Wand, ein „Aktivitätsverlust" des Radikals M* durch Ketten-
übertragung oder auch eine *Telemerisation*, indem das wachsende Makromolekül
irgendwelche *andere*, im Reaktionsraum anwesende Moleküle (wie z.B. $CCl_4$,
$CHCl_3$, $CH_3OH$, HCN) zu spalten vermag. Die sich hieraus ergebenden Radikale
(etwa $CCl_3$— + Cl—) können zu Endgruppen des im Wachstum begriffenen Makromoleküls werden und damit dessen Fortgang abbrechen, oder aber es starten diese
reaktionsfreudigen Radikale ihrerseits eine neue Kette. Dementsprechend liegen
jedem Polymerisationsvorgang wie jeder Kettenreaktion (S. 234) *drei Teilprozesse* zugrunde, nämlich a) der in der Aktivierung bestehende *Kettenstart*, b) darnach die das Wachstum des Makromoleküls ergebende *Reaktionskette* (mit den M*
als sog. Kettenträgern) und c) die ungelenkte oder passend gesteuerte Abbruchreaktion *(Kettenabbruch)*. Dabei bedarf die endotherme Aktivierung eines oder
einzelner M zu M* stets einer beträchtlichen Energie, während alle spätern Teilschritte der Reaktionskette allgemein mit einer erheblichen Wärmeentwicklung
verbunden sind. Immer hat jedoch der Akt der Aktivierung M → M*, falls er gelingt, den spontanen Umsatz einer großen Zahl von Molekülen M zum Makromolekül —M—M—M—M—M—M—M— zur Folge.

Demgegenüber geschieht bei einem durch *Polyaddition* entstehenden Makromolekül *jeder* Reaktionsschritt – also der Übergang vom Monomeren zum Dimeren
als erster, der Übergang vom Dimeren zum Trimeren als zweiter Schritt usw. –
mit ähnlichem Energieaufwand und ähnlicher Geschwindigkeit. Mit diesem Verlauf nach Art einer *Stufenreaktion* lassen sich daher Polyadditionen in irgendeinem Stadium unterbrechen und erst in einem beliebigen späteren Zeitpunkt
wieder weiterführen. Polyadditionsprodukte werden daher vom Hersteller dem
Verbraucher häufig nicht im endgültigen (fertig reagierten) Zustand, sondern in
jenem *Zwischenstadium* geliefert, welches sich für die Weiterverarbeitung optimal
eignet, so daß der zweite Teil der Polyaddition erst mit der Applikation des
betreffenden Produktes selber vollzogen wird (siehe hierzu auch S. 165).

Wie in anderen Fällen der durch eine Additionsreaktion bewirkte, chemische
Einbau *zusätzlicher* Elemente (Radikale oder Moleküle), selbst wenn er auch nur
in einem recht geringen Ausmaß stattfindet, vorab auf die Eigenschaften fester

Stoffe von erheblicher, ja entscheidender Wirkung sein kann, belegen mancherlei Verfahren einer *Zwischen- oder Nachbehandlung von Werkstoffen*: so gewisse Arten einer *inneren Weichmachung* von Kunststoffen (S. 119), einer *Vulkanisation* thermoplastischer Stoffe, einzelne *Härtungsprozesse* bei den verschiedensten Stoffkategorien, das in einem leichten Anoxydieren bestehende *Blasen von Bitumen* zum Zwecke, die Temperatur ihrer Erweichung zu erhöhen, ohne eine übermäßige Versprödung in der Kälte in Kauf nehmen zu müssen u. a. m.

*Vulkanisationsvorgänge* bestehen zumeist in einer Reaktion zwischen Stoffen aus unabgesättigten und deshalb noch reaktionsfähigen *(vulkanisierbaren)* Makrofadenmolekülen mit dem als Vulkanisationsmittel dienenden Zusatz, wobei die Atome (Moleküle) M des letzteren mit je zwei benachbarten Makromolekülen chemische Bindungen eingehen, wie es im einzelnen das nachstehende Schema für den Fall der Überführung von C=C-Bindungen zweier Makromoleküle in eine C—C- und eine C—M-Bindung von Makromolekül zu Makromolekül, also die Bildung einer die beiden Makrofadenmoleküle verbindenden „C—M—C"-Brücke, erläutert:

$$
\begin{array}{c}
-CH_2-CH=CH-CH_2- \\
-CH_2-CH=CH-CH_2-
\end{array}
\;+\; M \;\longrightarrow\;
\begin{array}{c}
-CH_2-CH-CH-CH_2- \\
\diagdown\;\;\diagup \\
M \\
\diagup\;\;\diagdown \\
-CH_2-CH-CH-CH_2-\,.
\end{array}
$$

Mit der daraus sich ergebenden, zunächst nur lockeren *Vernetzung* linearer Makromoleküle gelingt es, thermoplastische Stoffe in den Zustand *hochelastischer* Stoffe (und zwar „chemisch hochelastischer" nach S. 131) zu bringen. Weitertreiben der Vernetzung bis zu einer eigentlichen Vergitterung läßt dagegen die Makromoleküle in einen weitgehend starren Verband, vergleichbar dem dreidimensionalen Makromolekül eines Thermoduren, zwingen.

Beispiel einer nach Art einer Additionsreaktion verlaufenden Vulkanisation ist das *Heißvulkanisieren* natürlicher oder synthetischer *Kautschuke* (S. 121) unter Verwendung von Schwefel als Vulkanisationsmittel, während deren *Kaltvulkanisation* auf einer Austauschreaktion beruht. Im Falle des *Heiß*vulkanisierens *natürlicher* Kautschuke werden dem *Rohkautschuk*, wie er durch Aufarbeitung des aus dem Saft der Gummibäume gewonnenen *Latex* erhalten wird, neben Schwefel eine ganze Reihe weiterer Stoffe wie Vulkanisationsbeschleuniger, dazu ZnO, PbO, MgO u. a. als Aktivatoren, Paraffin, Stearinsäure, Bitumen u. dgl. als Weichmacher, ferner zahlreiche Füllstoffe wie Ruß (bis zu 25 und mehr Prozent), ZnO, Kreide, Talk, neuerdings vermehrt auch $SiO_2$, dazu allenfalls noch Farbstoffe beigemischt, um hernach das Ganze zum Zwecke der Vulkanisation und der zumeist *gleichzeitigen* Formgebung bis zu einer Stunde auf 130 bis 140 °C zu halten. Neben der Dauer der Vulkanisation und ihrer Temperatur werden die Intensität der Vernetzung der Kautschukmoleküle und damit die Eigenschaften des Vulkanisats vor allem durch dessen Gehalt an gebundenem Schwefel bestimmt: *Weichkautschuke* mit allgemein 4 bis 5, auf alle Fälle weniger als 8% Schwefel zeichnen sich vor allem aus durch ihre, in einer elastischen Dehnbarkeit bis 1000% sich äußernden *Hochelastizität* bei gegenüber dem Rohkautschuk deutlich verbesserter Reißfestigkeit und Weiterreißzahl wie ebensolcher Luft- und Chemikalienbeständigkeit. Eine Bindung von 25 bis über 40% S führt zu den zwar eine noch wesentlich höhere Reißfestigkeit, indes bloß noch geringe Dehnbarkeit besitzenden *Hartkautschuken*.

In mancher Beziehung analog zur Vulkanisation der Kautschuke verläuft die *Härtung der Polyesterharze.* Hierbei wird den durch Polykondensation mehrwertiger, ungesättigter Carbonsäuren mit mehrwertigen Alkoholen erhaltenen, ungesättigten linearen Polyestern (S. 121) eine geeignet reaktionsfähige Verbindung wie vor allem

$$CH_2{=}CH(C_6H_5), \quad CH_2{=}C\!\!\begin{array}{l}CH_3\\COOCH_3\end{array}, \quad \begin{array}{c}HC{-\!\!-\!\!-}CH\\ \| \qquad \| \\ HC \qquad CH\\ \diagdown C \diagup \\ H_2 \end{array} \quad oder \quad \begin{array}{c} H\\ C\\ H_2C \diagup \diagdown CH\\ | \qquad | \\ H_2C \qquad CH_2\\ \diagdown C \diagup \\ H_2 \end{array}$$

Styrol       Methylmethacrylat     Cyclopentadien     Cyclohexen

beigegeben und kommt es durch Einbau derselben als Brücke zwischen die Makrofadenmoleküle des linearen Polyesters wiederum zu deren Vernetzung. Die dadurch bewirkte Härtung der Polyester läßt sich (im Gegensatz zu derjenigen anderer Kunstharze wie etwa der Phenoplaste) unter *gewöhnlichem Luftdruck* bei *Zimmertemperatur* durchführen. Hierzu ist das Gemisch aus linearem Polyester und vernetzender Verbindung lediglich mit einem geeigneten Katalysator (S. 235) zu versehen und in die gewünschte Form zu gießen, worauf sich innerhalb weniger Stunden ein harter unlöslicher Gußkörper bildet (sog. *Gießharze* im Gegensatz zu den *Preßharzen,* deren Härtung in der Wärme unter Druck geschieht).

Additionsreaktionen dienen ferner dazu, die *Aggressivität von Gasen,* Dämpfen oder Lösungen gegenüber manchen Baustoffen, vorab metallischen, zu beheben, indem beispielsweise $SO_3$-haltigen Verbrennungsgasen (S. 210) $NH_3$ oder MgO zugesetzt wird, um mit den Reaktionen $SO_3 + 2\,NH_3 + H_2O \rightarrow (NH_4)_2SO_4$ bzw. $SO_3 + MgO \rightarrow MgSO_4$ die Überführung von $SO_3$ bzw. $H_2SO_4$ in unschädliche Sulfate zu bewirken.

Der Natur des einen, gelegentlich aber auch beider an einer Additionsreaktion beteiligten Partner entsprechend haben manche unter ihnen bestimmte, allerdings durchaus nicht immer auf Additionsvorgänge allein beschränkte Namen erhalten: So wird etwa von einer *Hydrierung, Halogenierung* u. dgl. gesprochen, je nachdem, ob eine Anlagerung von Wasserstoff oder Halogenen erfolgt, bedeutet eine *Alkylierung* allgemein den Einbau einer Alkylgruppe, z. B. die Vereinigung eines Olefins mit einem Isoparaffin oder auch mit einem Aromaten usw.

## § 22. Oxydation und Reduktion als Teilvorgänge der Redoxprozesse

Der einst die Verbindung mit Sauerstoff umschreibende Begriff der *Oxydation* wird heute mehr und mehr in einem anderen (im Gegensatz zu früher mehr elektrochemisch orientierten) Sinne verwendet: So bedeutet nicht länger eine Reaktion, welche in der Verbindung eines Elementes mit Sauerstoff und damit in der Bildung eines Oxids besteht, als Ganzes einen Oxydationsvorgang, sondern gilt im Rahmen *irgendwelcher* chemischer Reaktionen stets *jener Teil*vorgang als *Oxydation,* welcher eine *Erhöhung der Ladung* der (als Ionen gedachten) Atome eines Elementes bewirkt. Andererseits wird der korrespondierende *Teil*vorgang, der umgekehrt eine *Erniedrigung der Ladung* der (wiederum als Ionen gedachten) Atome eines anderen Elementes zur Folge hat, als eine *Reduktion* betrachtet. Dementsprechend erfährt im Falle der „klassischen" Oxydation $2\,Cu + O_2 \rightarrow 2\,CuO = 2\,Cu^{2+}O^{2-}$ das Kupfer eine Oxydation, indem neutrale Cu-Atome in $Cu^{2+}$-Ionen übergehen, der Sauerstoff aber gleichzeitig eine Reduktion entsprechend dem Übergang vom neutralen O-Atom zum Ion $O^{2-}$, was naturgemäß eine Verminderung der Ladung um zwei Einheiten bedeutet (allgemein werden dabei die Verbindungen ausnahmslos als rein polar betrachtet und *darin* den Elementen ihre „Ionenwertigkeiten" zugeschrieben, im elementaren Zustand dagegen die Wertigkeit 0, so daß in unserm Beispiel die Wertigkeit des Cu von 0 auf $+2$ steigt, jene des Sauerstoffs von 0 auf $-2$ abnimmt). *Oxydation und Reduktion* sind daher *stets miteinander gekoppelt*, indem der *eine* Reaktionspartner oxydiert und der *andere* zugleich reduziert wird, weshalb der Gesamtvorgang sinngemäß als *Redoxprozeß* bezeichnet wird. Der selber die Reduktion erfahrende und damit die Oxydation des anderen Elementes ermöglichende Partner wird *Oxydationsmittel*, der seinerseits einer Oxydation unterliegende und damit die Reduktion des anderen Elementes bewirkende dagegen *Reduktionsmittel* genannt. Auf den Vorgang $H_2 + Cl_2 \rightarrow 2\,HCl = 2\,H^+Cl^-$ angewendet, heißt das: Entsprechend $H \rightarrow H^+$ wird Wasserstoff oxydiert, entsprechend $Cl \rightarrow Cl^-$ Chlor reduziert, ist somit ersterer das Reduktions- und letzteres das Oxydationsmittel. Endlich läßt sich in Umkehr des zuvor Gesagten jede *Oxydation* auch als *Entfernung von Elektronen* aus der Elektronenkonfiguration eines Atoms beschreiben, während eine *Reduktion* stets mit dem *Einbau weiterer Elektronen* verknüpft ist. In der Tat vermindert sich bei der Reaktion $2\,Ag + Cl_2 \rightarrow 2\,AgCl = 2\,Ag^+Cl^-$ zufolge $Ag \rightarrow Ag^+$ die Anzahl der Elektronen eines Ag von 47 auf 46, wird dagegen entsprechend dem Übergang $Cl \rightarrow Cl^-$ jene eines Cl von 17 auf 18 erhöht.

Als *Oxydoreduktion*, oftmals auch *Disproportionierung* genannt, gelten Vorgänge, in deren Verlauf ein Element aus einer ersten Wertigkeitsstufe $w_1$ die *verschiedenen* Wertigkeiten $w_2$ und $w_3$ annimmt, wobei $w_2 > w_1$ und $w_3 < w_1$, dazu naturgemäß $w_2 + w_3 = 2\,w_1$ sind. Ein Beispiel hierfür die Reaktion $3\,NO_2 + H_2O \rightarrow 2\,HNO_3 + NO$ mit $w_1 = 4$, $w_2 = 5$ und $w_3 = 2$ oder der Vorgang $Cl_2 + H_2O \rightarrow HClO + HCl$ mit $w_1 = 0$, $w_2 = 1$ und $w_3 = -1$.

Nicht alle Additionsreaktionen, geschweige denn chemischen Vorgänge überhaupt, sind jedoch mit derartigen Änderungen der Wertigkeit der an ihnen beteiligten Atome verbunden und damit die Kombination einer Oxydation und Reduktion zu einem Redoxprozeß im soeben umschriebenen Sinn. Ist dies zwar bei der Bildung binärer Verbindungen aus den Elementen die weit überwiegende Regel, so gilt es vor allem nicht, falls aus einfachen Verbindungen *zusammengesetzte* entstehen: Beispielsweise bewahren bei der Reaktion $CaO + SO_3 \rightarrow CaSO_4$ alle Elemente Ca, S und O ihre Wertigkeiten, gilt das gleiche, wenn sich $MgF_2$ und $SiF_4$ zum „Doppelfluorid" $MgF_2 \cdot SiF_4 = MgSiF_6$ vereinigen oder $2\,MgO + SiO_2$, $3\,CaO + SiO_2$ bzw. $3\,CaO + Al_2O_3$ zu den „Doppeloxiden" $Mg_2SiO_4$ (Mg-Silicat), $Ca_3SiO_5$ (Tricalciumsilicat) bzw. $Ca_3Al_2O_6$ (Tricalciumaluminat), aber auch bei der bereits früher betrachteten Bildung von $NH_4^+$ aus $NH_3$, wie dies bei der Additionsreaktion $NH_3 + HCl \rightarrow (NH_4)Cl$ geschieht. Allen diesen und zahlreichen weiteren, zu sog. *Komplexverbindungen* führenden *Komplexreaktionen* ist vielmehr eigentümlich, daß sich im Zusammenhang mit chemischen Reaktionen *ohne* eine Änderung der Wertigkeit der beteiligten Elemente *die Koordinationsverhältnisse unter ihren Atomen ändern*: Im Falle der Addition $CaO + SO_3 \rightarrow CaSO_4$ werden die $Ca^{2+}$ aus aktiven Kationen im CaO (mit der KZ 6 gegenüber O, S. 98) im $CaSO_4$ zu inaktiven Kationen, unter gleichzeitiger Erhöhung der KZ $S \rightarrow O$ von 3 auf 4, was nach S. 67 auch dem S eine abgeschlossene Elektronenkonfiguration verschafft im Sinne der allerdings reichlich schematisierten Darstellung

$$Ca\!:\!\ddot{O}\!:\; + \quad \ddot{S} \underset{\displaystyle :\!\ddot{O}\!:\;\;:\!\ddot{O}\!:}{\phantom{X}} \longrightarrow \quad Ca^{2+} \left[\; :\!\ddot{O}\!:\!\ddot{S}\!:\!\ddot{O}\!: \atop {:\!\ddot{O}\!: \atop :\!\ddot{O}\!:} \right]^{2-}.$$

Wie sich die Reaktion von $HCl$ und $NH_3$ zu $(NH_4)Cl$ auf die Tendenz, ein einsames Elektronenpaar in ein bindendes umzuwandeln, zurückführen und daraus die sich ergebende Erhöhung der KZ $N \rightarrow H$ von 3 auf 4 verstehen läßt, ist gleichfalls bereits S. 67 dargelegt worden. – Schließlich können die reagierenden Partner gar Wertigkeit *und* KZ ihrer Elemente beibehalten, aber etwa die beiderlei Grundbausteine $(AO_m)$ und $(A'O_n)$ im polymikten Atomverband eines Doppeloxides *anders* verknüpft sein als in den monomikten Verbänden der einfachen Oxide (S. 100) – so beispielsweise bei den Reaktionen von $MgO$ mit $SiO_2$, $TiO_2$ und $Al_2O_3$ zu Doppeloxiden wie den soeben und bereits früher genannten.

## § 23. Dissoziationsreaktionen

Dissoziationsvorgänge bedeuten allgemein die Umkehr von Additionsreaktionen, technisch interessante Verfahren jedoch nicht selten eine *Kombination* von Zersetzung und Addition:

So liegen etwa dem bei Temperaturen zwischen 120 und 200 °C erfolgenden Kochen von natürlichem Gipsstein (im wesentlichen $CaSO_4 \cdot 2\,H_2O$, Calciumsulfatdihydrat) zu *Bau-* und *Ofengips* und dem Brennen von Gips bei 900 bis 1000 °C zu *Estrichgips* die in einer *Dehydratisierung* bestehenden Dissoziationsreaktionen zugrunde:

$2\,CaSO_4 \cdot 2\,H_2O \rightarrow 2\,CaSO_4 \cdot 1/2\,H_2O + 3\,H_2O$ zum sog. „Halb- oder *Hemihydrat*"[1], dem Hauptbestandteil der Baugipse, und weiter $2\,CaSO_4 \cdot 1/2\,H_2O \rightarrow 2\,\gamma\text{-}CaSO_4 + H_2O$ ($\gamma\text{-}CaSO_4$ – im Gegensatz zum natürlichen Anhydrit[2] auch „*löslicher Anhydrit*" genannt – ist der Hauptbestandteil der Estrichgipse, während Ofengipse in wechselnden Verhältnissen $CaSO_4 \cdot 1/2\,H_2O$ und $\gamma\text{-}CaSO_4$ enthalten). Beim Anmachen mit Wasser und Erhärten an der Luft spielen sich dagegen unter Lösung im Anmachwasser und Ausfällung der neu gebildeten Produkte die umgekehrten Additionsvorgänge *(Hydratisierungen)* ab, nämlich die *Abbindereaktionen*

$$2\,\gamma\text{-}CaSO_4 + H_2O \rightarrow 2\,CaSO_4 \cdot 1/2\,H_2O \text{ und (oder)}$$
$$2\,CaSO_4 \cdot 1/2\,H_2O + 3\,H_2O \rightarrow 2\,CaSO_4 \cdot 2\,H_2O,$$

---

[1] Vom Halbhydrat bestehen eine sog. $\alpha$- und $\beta$-Form (nicht Modifikationen), die sich voneinander einzig durch die verschiedene morphologische Ausbildung der $CaSO_4 \cdot 1/2\,H_2O$-Kristalle und deren Aggregate unterscheiden, worauf gewisse Unterschiede beim Abbinden und Erhärten der beiden Halbhydratformen zurückgehen.

[2] $CaSO_4$ ist trimorph; dabei mit $\gamma\text{-}CaSO_4$ oder Anhydrit III die lösliche Modifikation, mit $a\text{-}CaSO_4$ oder Anhydrit I den natürlichen, unlöslichen Anhydrit bezeichnet.

so daß der abgebundene (und zugleich erhärtende) Gips wieder aus Calciumsulfat-dihydrat besteht.

Beim Brennen des Kalksteins (zur Hauptsache Calcit, $CaCO_3$) erfolgt hingegen unter Anwendung von Temperaturen bis gegen 1100 °C eine Dissoziation des Carbonats zum Oxid ($CaCO_3 \rightarrow CaO + CO_2$), beim Löschen des so gewonnenen *gebrannten Kalks* (CaO) mit Wasser hingegen die Addition $CaO + H_2O \rightarrow CaO \cdot H_2O$ oder richtiger (S. 110) $Ca(OH)_2$ zu *gelöschtem Kalk* (noch immer fälschlicherweise oft „Kalkhydrat" genannt).

In diesen Zusammenhang gehört auch das *Kracken der Erdöle* und die daran anschließende Verarbeitung ungesättigter Verbindungen durch Polymerisation u.dgl. zu makromolekularen (aber auch andern) Stoffen, also etwa das Vorgehen, zunächst durch Erhitzen auf 700 bis 800 °C $CH_3{-}CH_2{-}CH_3$ in $CH_2{=}CH_2 + CH_4$ – allgemein ein Paraffin $C_n$ in ein Paraffin $C_m$ und ein Olefin $C_{n-m}$ – zu spalten, um daraufhin $CH_2{=}CH_2$ weiter zu verarbeiten, beispielsweise zu Polyäthylen zu polymerisieren.

Eine Zersetzung von Verbindungen durch irgendwelche Dissoziationsvorgänge – sei es der unmittelbaren Rohstoffe oder daraus erhaltener Umwandlungsprodukte, sei es für sich allein oder in Kombination mit anderen Prozessen – spielt aus naheliegenden Gründen bei der *Gewinnung der Elemente* eine besondere Rolle. Geschieht dabei der Zerfall einer Verbindung unter dem Einfluß einer bloßen Erhitzung – so wie bei allen zuvor betrachteten Beispielen, dazu aber auch bei der Zersetzung von $TiCl_4$ zu Ti und $Cl_2$, der Carbonyle $Ni(CO)_4$ oder $Fe(CO)_5$ zu CO und Ni bzw. Fe (sog. *Carbonyleisen*, ausgezeichnet durch besondere, um 99,3, ja bei 99,98 % liegende Reinheit) –, so handelt es sich um *thermische* Dissoziationen (auch *Pyrolysen* oder *Thermolysen* genannt) im Gegensatz zu einer *elektrolytischen*, nämlich unter Anwendung elektrischer Energie erfolgenden Zersetzung, wie sie im Nachstehenden näher betrachtet sei.

## § 24. Elektrolytische Dissoziation und Elektrolyse

Eine elektrolytische Dissoziation besteht überall da, wo beim Lösen (zumeist in $H_2O$) oder beim Schmelzen Verbindungen gemäß der bereits S. 109 betrachteten Gleichung $AB \rightarrow A^+ + B^-$ in Ionen zerfallen oder Ionen erst durch eine Reaktion mit dem Lösungsmittel entstehen. Damit wird in beiden Fällen eine Zerlegung von AB in die Elemente A und B auf dem Wege einer *Elektrolyse* möglich.

Solche Dissoziation in Ionen ist nicht nur den Salzen eigen, sondern das wesentliche Kennzeichen der *Elektrolyte* überhaupt, entsprechend der ihnen eigenen Fähigkeit, den elektrischen Strom durch Ionentransport zu leiten, wobei sich an der Ein- und Austrittsstelle des Stromes, den beiden Elektroden, charakteristische stoffliche Umwandlungen, die sog. *Elektrodenreaktionen* – primäre und sekundäre – abspielen.

Bei den *eigentlichen (echten)* Elektrolyten – so vor allem bei den S. 109 betrachteten *Salzen* – sind die Ionen $A^+$ und $B^-$ *bereits im Kristall vorhanden* und beruht die Möglichkeit einer elektrolytischen Zerlegung in die Elemente A und B vor allem auf der im erhitzten Kristall und noch vermehrt in der Schmelze erhöhten Ionenbeweglichkeit, bei der Salzlösung außerdem auf den zwischen den Ionen und den Dipolen des Lösungsmittels in Form einer *Solvatation* (S. 69) bestehenden Wechselwirkungen. Demgegenüber ergibt sich bei den *latenten* (potentiellen) Elektrolyten, wozu vor allem die *Säuren* und *Basen* gehören, eine Dissoziation in Ionen *erst* auf Grund einer *chemischen Reaktion mit dem Lösungsmittel*, so etwa im Falle von HCl mit $H_2O$ oder $NH_3$ derart, daß sich zunächst durch Addition $HCl + H_2O \rightarrow (OH_3)Cl$ bzw. $HCl + NH_3 \rightarrow (NH_4)Cl$ bilden und *erst diese* ihrerseits in die Ionen $H_3O^+$ (Hydroniumion) und $Cl^-$ bzw. $NH_4^+$ (Ammoniumion) und $Cl^-$ dissoziieren. Dementsprechend haben allgemein Stoffe wie HCl, $H_2SO_4$ usw., welche $H^+$-Ionen *abzugeben* vermögen, als *Säuren*, Stoffe mit der Fähigkeit, $H^+$-Ionen *aufzunehmen*, wie $NH_3$ dagegen als *Basen* zu gelten[1]. Oder in noch allgemeinerer Fassung: *Säuren* sind Stoffe mit der Befähigung, *Protonen* bzw. beliebige andere *Kationen abzuspalten* oder *Elektronen* bzw. beliebige *Anionen anzulagern*, während *Basen* gerade umgekehrt, *Protonen* bzw. beliebige andere *Kationen anlagern* oder *Elektronen* bzw. beliebige *Anionen abspalten* können.

Für deren *wässerige* Lösungen ist typisch, daß sie im Falle der Säuren einen Überschuß an $H_3O^+$-, im Falle der Basen dagegen an $OH^-$-Ionen enthalten. Säuren bedürfen deshalb zur Bildung eines Elektrolyten eines basischen, Basen umgekehrt eines sauren Lösungsmittels, wobei die zwischen Lösungsmittel und gelöstem Stoff bestehenden, chemischen Beziehungen bestimmen, ob es zur Bildung eines *starken* oder *schwachen*, nämlich *vollständig* oder *nur teilweise* in Ionen zerfallenden *Elektrolyten* kommt: So ergeben in Medien, die stärker sauer sind als $H_2O$, auch jene Laugen, die in Wasser nur schwach dissoziieren, starke Elektrolyte. Umgekehrt werden in $NH_3$ – einem basischeren Lösungsmittel als Wasser – die in Wasser nur schwachen, organischen Säuren zu starken Elektrolyten, reagieren mit HCl oder $H_2SO_4$ auch Alkohole als Basen usw.

Je nach der Zahl Protonen, welche eine Säure abgeben kann, werden *einbasische Säuren* wie HCl, HF, $HNO_3$ usw. und *mehrbasische*, etwa die zweibasische $H_2SO_4$ und dreibasische $H_3PO_4$ unterschieden, analog *ein-* und *mehrprotonige Basen* – so das einprotonige $NH_3$ gegenüber zweiprotonigem $N_2H_4$ (Hydracin), indem $H_2N{-}NH_2$ unter Bildung des Ions $(NH_3{-}NH_3)^{2+}$ zwei $H^+$ aufzunehmen vermag. Mehrbasische Säuren dissoziieren stufenweise, wobei eine Säure $H_3R$ das erste H-Atom unter Zerfall in $H^+ + H_2R^-$ leichter abgibt als das zweite, dieses jedoch entsprechend $H_2R^- \rightarrow H^+ + HR^{2-}$ eher als das dritte. Auf der andern Seite ergeben solche Säuren auch Salze, die als sog. *Hydrogensalze* (saure Salze) noch H-Atome enthalten, wie z.B. $NaHSO_4$, $Na_2HPO_4$ und $NaH_2PO_4$.

*Amphotere* Stoffe sind endlich zur Reaktion als Säure (Protonendonator) oder als Base (Protonenakzeptor) befähigt; beispielsweise das Wasser selber, je nachdem, ob es hier zur Additionsreaktion $H_2O + H^+ \rightarrow H_3O^+$ oder zur Dissoziation $H_2O \rightarrow OH^- + H^+$ kommt. Basieren auf den Oxiden der Alkali- und Erdalkalimetalle ausgesprochene Basen wie NaOH, $Mg(OH)_2$, auf den Nichtmetallen und ihren Oxiden nach Tab. 16 (S. 107) ebensolche Säuren (wie HCl, HClO, $HClO_2$, $HClO_3$ und $HClO_4$), so ist den Oxiden der „Zwischenelemente" oft ein amphoteres Verhalten eigen, indem sie mit starken Basen *wie Säuren* (z.B. $ZnO \cdot H_2O$ wie

---

[1] Wird demgegenüber von *sauren* und *basischen Oxiden*, möglicherweise gar im Sinne der Tab. 24 (S. 134) von basischen und sauren Stoffen gesprochen, so beruht dies auf der nahen Beziehung zwischen chemischen Reaktionen wie $Ca(OH)_2 + H_2SO_4 \rightarrow CaSO_4 + 2H_2O$ und $CaO + SO_3 \rightarrow CaSO_4$. Darnach gilt dann das analog zur Base $Ca(OH)_2$ sich verhaltende CaO als basisches, das entsprechend der Säure $H_2SO_4$ reagierende $SO_3$ als saures Oxid.

$H_2ZnO_2$) reagieren, mit starken Säuren hingegen *wie Basen* ($ZnO \cdot H_2O$ wie $Zn(OH)_2$, so daß mit HCl das Salz $ZnCl_2$ entsteht, mit NaOH statt dessen das Zinkat $Na_2ZnO_2$). – Im übrigen gestatten außer Wasser auch manche *anderen Lösungsmittel* wie $NH_3$, $NH_2$—$NH_2$, HF und $SO_2$ die Bildung von Elektrolyten.

Auf der elektrolytischen Dissoziation beruhen vor allem

1. im Schmelzfluß oder in wässeriger Lösung durchgeführte, *metallurgische* und *chemisch-technische Elektrolysen* zur Gewinnung zahlreicher Elemente, aber auch mancher Verbindungen. So werden an *Metallen* bevorzugt oder gar ausschließlich durch *Elektrolyse im Schmelzfluß* gewonnen:

Al [aus $Al_2O_3$, welches durch Aufschließen mit NaOH oder $Na_2CO_3$ aus Bauxit mit 55 bis 60% $Al_2O_3$ oder durch saure Verfahren aus Ton erhalten und in einem Bad von Kryolith ($Na_3AlF_6$) als Flußmittel gelöst wird, so daß die Elektrolyse bereits bei Temperaturen um 950 °C durchgeführt werden kann]; Be; Mg (bei 670 bis 730 °C) aus $MgCl_2$-Schmelzen, diese gewonnen durch Aufarbeitung von natürlichen, $MgCl_2$ enthaltenden Salzen oder durch Überführung von $MgCO_3$ mit $Cl_2$ in $MgCl_2$ (S. 184); Ca; Cer-Mischmetall; Alkalimetalle (so z. B. Na durch die Elektrolyse von NaCl oder NaOH bei 620

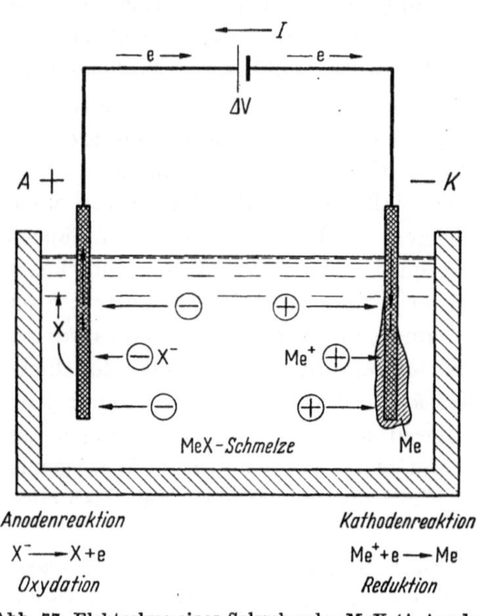


Abb. 77. Elektrolyse einer Salzschmelze MeX (A Anode, K Kathode)

bzw. 310 bis 330 °C). Allgemein findet dabei nach Abb. 77 an der negativen Elektrode (der *Kathode*) die Entladung der positiven Metallionen, an der positiven Elektrode (der *Anode*) dagegen die Neutralisierung der Anionen statt, entsprechend den Gleichungen:

$$Me^{n+} + ne \rightarrow Me$$

für die *Kathodenreaktion* vom Charakter einer *Reduktion* und

$$X^{m-} \rightarrow X + me$$

für die *Anodenreaktion*, ihrerseits eine *Oxydation*,

so daß sich der Gesamtvorgang als Redoxprozeß $Me_mX_n \rightarrow m\,Me + n\,X$ beschreiben läßt, beispielsweise die Elektrolyse einer NaCl-Schmelze zur Gewinnung von Natrium und Chlor als $2NaCl \rightarrow 2Na + Cl_2$, jene einer KF-Schmelze – angesichts der extremen Elektronegativität des Fluors der *einzige* Weg zu dessen Darstellung – als $2KF \rightarrow 2K + F_2$.

Durch Elektrolyse *wässeriger Lösungen*, insbesondere von Sulfaten, werden beispielsweise Zn, Cd, Cu, Sn, Mn, Ag, Au und Pt erhalten, Fe durch die elektrolytische Zersetzung von Chloridlösungen. Die Elektrolyse von Wasser selber gestattet, $O_2$ und $H_2$ zu gewinnen, jene wässeriger Alkalichloridlösungen die Herstellung der Alkalien NaOH und KOH unter gleichzeitiger Erzeugung von $Cl_2$ und $H_2$. In diesem Falle findet nämlich an der Kathode eine *Sekundärreaktion* $2\,Na + 2\,H_2O \rightarrow 2\,NaOH + H_2$ statt und lautet der Gesamtprozeß somit $2\,NaCl + 2\,H_2O \rightarrow 2\,NaOH + H_2 + Cl_2$. Analog wie hier an der Kathode Wasserstoff entsteht, kann sich in anderen Fällen an der Anode Sauerstoff bilden: So bei der Elektrolyse von NaOH infolge der sekundären Reaktion $4\,OH^- + 4e \rightarrow 2\,H_2O + O_2$, so daß der ganze Vorgang einfach eine Zerlegung des Wassers in seine Elemente bedeutet. – Endlich gehören auch jene elektrochemischen Reduktions- und Oxydationsverfahren (siehe auch S. 177) hierher, wie sie der Herstellung mancher sauerstoffreicher Salze dienen (so der Chlorate und Perchlorate $XClO_3$ und $XClO_4$, von Persulfaten $X_2S_2O_8$ und Permanganaten $XMnO_4$ – siehe auch Tab. 16 (S. 107) –, dann aber auch von Verbindungen wie $H_2O_2$, Wasserstoffsuperoxid u. a. m.).

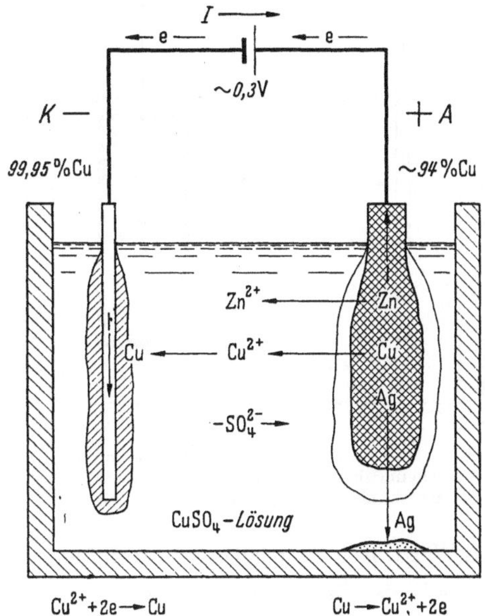


Abb. 78. Raffination von Rohkupfer zu Elektrolytkupfer

2. Die Aufarbeitung der zunächst gewonnenen (S. 160), allgemein noch erheblich verunreinigten Rohmetalle zu *Rein-* und *Reinstmetallen*, wobei im Falle einer solchen *Raffination* eines Rohmetalles zum *Elektrolytmetall* ersteres als Anode geschaltet in Lösung geht, während letzteres mit einer Reinheit von zumeist über 99,95 % an der Kathode abgeschieden wird (Abb. 78) – ein Verfahren, wie es bei Cu (90% des in der Welt verwendeten Kupfers ist Elektrolytkupfer), Cd, Pb, Sn, Zn, Fe, Au, Ag und weiteren Metallen eine wesentliche Rolle spielt. Entsprechendes gilt auch im Falle des Aluminiums, wo durch Raffination, und zwar wiederum statt auf nassem Wege in Form einer *Schmelzfluß*-Elektrolyse als Raffinal und Superraffinal reine und reinste Qualitäten mit 99,99 bis 99,999 % Al erzeugt werden.

3. Die *Galvanotechnik (Elektroplattierung)* zur Herstellung von metallischen, mittelbar auch oxidischen Überzügen auf Metallen, um damit deren Oberfläche insbesondere vor Korrosion (S. 177) zu schützen, eine dekorative Wirkung zu erreichen oder aber Metalloberflächen besondere mechanische Eigenschaften zu verleihen. Dabei wird der zu galvanisierende Gegenstand, nachdem dessen Oberfläche mit mechanischen Mitteln wie Schleifen, Bürsten und Polieren oder auf chemischem Wege (Abbeizen) eine gründliche Reinigung erfahren hat und darnach mit organischen Lösungsmitteln oder heißen alkalischen Lösungen entfettet wurde, nach Abb.79 als Kathode geschaltet und darauf aus Lösungen einfacher Salze (vor allem von Chloriden und Sulfaten), von Komplexsalzen (wie Doppelcyaniden, Fluoboraten, Pyrophosphaten) oder aus Lösungen von Salzgemischen zumeist unter Anwendung von Gleichstrom konstanter Stärke ein Überzug aus einem Reinmetall oder einer Legierung abgeschieden: so zum Zwecke des Korro-

sionsschutzes, vor allem Überzüge aus Pb, Cd, Cr, Fe, Ni, Ag, Sn und Zn. Dabei sind nach dem S. 178 zu Sagenden Überzüge aus Metallen, welche *unedler* sind *als das Grundmetall*, zu bevorzugen. Überzüge aus Cr, Cu, Ag und Au dienen zur dekorativen Verschönerung, solche aus Pb, In und Cu dagegen, um z. B. der Lauffläche von Gleitlagern oder den Preßflächen von Dichtungen ein besonders günstiges Verhalten zu geben, während mittels einer Hartverchromung eine Oberfläche besondere Härte und Verschleißfestigkeit erhalten soll. Statt einheitlicher Überzüge werden auch mehrschichtige – so etwa eine Zwischenschicht aus Ni abgedeckt mit einem Cr-Überzug – hergestellt, an Stelle von Überzügen aus reinen Metallen auch solche aus Legierungen vom Typus Pb-Cu, Pb-In, Cu-Cd, Cu-Zn (Messinge), Cu-Sn (Bronzen) usw.

4. Endlich auch gewisse *Schäden* an vergrabenen metallischen Rohrleitungen, Behältern u. dgl. Dabei kommt diese sog. *elektrolytische Korrosion* an Metallen dadurch zustande, daß nach Abb. 80 elektrischer Gleichstrom seinen normalen Weg durch Fahrleitung und Schienen verläßt, indem er zufolge schlechten Kontakts an den Schienenstößen als vagabundierender Strom ($v$ in Abb. 80) durch den feuchten und damit hinreichend leitenden Boden die Rohrleitung erreicht, dieser als Rohrstrom eine Strecke weit folgt, um an anderer Stelle wiederum durch den

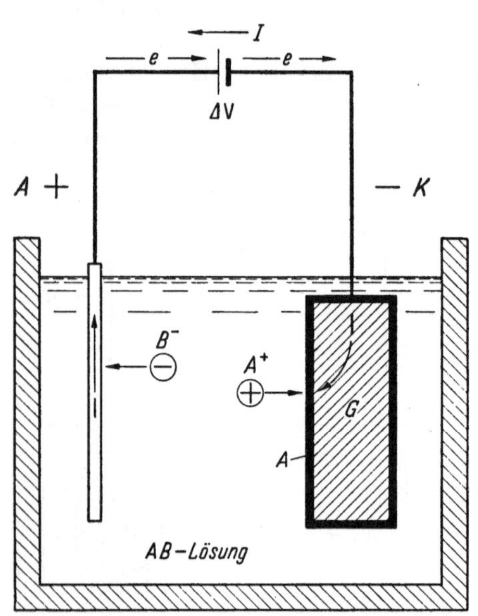


Abb. 79. Galvanisieren eines Metalls G (Grundmetall) mit einem unedlern Metall A als Überzugsmetall unter Elektrolyse einer wäßrigen Lösung von AB-Salz

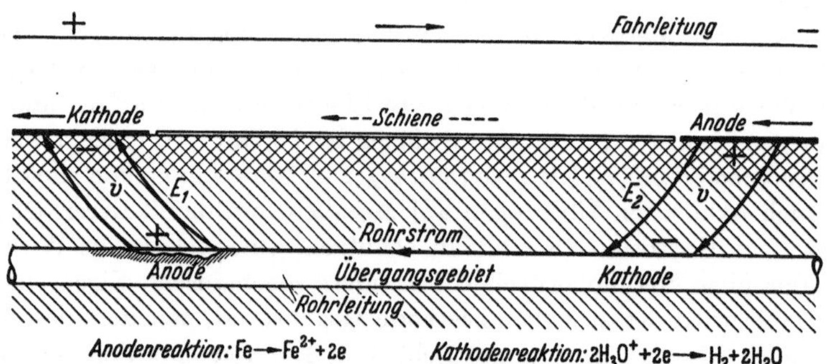


Abb. 80. Elektrolytische Korrosion einer Rohrleitung zufolge der von den Schienen austretenden Fremdströme

Boden in die Schienen abzufließen. Auf diese Weise entstehen zwei elektrolytische Zellen: eine erste $E_1$ mit der Schiene als Kathode und dem Rohr als Anode, eine zweite $E_2$, bei welcher umgekehrt das Rohr als Kathode und die Schiene als Anode wirkt. In beiden Fällen ergibt sich an der (positiven) Anode eine Bildung von Metallionen und damit ein Metallabtrag – im einzelnen genau so wie im Falle der anodischen Auflösung des Rohmetalls bei der Raffination nach S. 157. Selbstverständlich fällt der in der Zelle $E_2$ eintretende Schaden an der Schiene nicht ins Gewicht gegenüber der im Bereich der Zelle $E_1$ am eingegrabenen Rohr erfolgenden, direkter Feststellung entzogenen Korrosion. Wie eben *derselbe* Vorgang in zweckmäßiger Abwandlung absichtlich durchgeführt wird, um metallische Objekte *vor Korrosion zu schützen*, siehe S. 183 als *elektrolytische* Variante des sog. *kathodischen Schutzes.*

Für den bei Elektrolysen irgendwelcher Art bestehenden, elektrochemischen *Strom-Stoff-Umsatz* gilt nach den beiden *Gesetzen von* FARADAY:

1. *Die Masse der abgeschiedenen Stoffe* ist der durch den Elektrolyten transportierten Ladung *(Elektrizitätsmenge)*, bei konstanter Stromstärke somit dem Produkt „Stromstärke × Stromdurchflußzeit" *proportional*, und

2. durch die *gleiche Elektrizitätsmenge* abgeschiedene Massen *verschiedener* Stoffe verhalten sich wie deren *Äquivalentgewichte* (S. 13), also etwa im Falle zweier Elemente $E_1$ und $E_2$ von den Atomgewichten $A_1$ und $A_2$ und den Wertigkeiten $v_1$ und $v_2$ wie $A_1/v_1 : A_2/v_2$.

Daher wird zur elektrolytischen Erzeugung von einem Grammäquivalent irgendeines Elementes stets die *gleiche* Elektrizitätsmenge, nämlich 96494 Coulomb oder 1 Farad (1 F) benötigt. 1 F entspricht naturgemäß jener Elektrizitätsmenge, die zur Neutralisierung von $6{,}023 \cdot 10^{23}$ $Me^+$-Ionen zu Me-Atomen notwendig ist und stellt somit die Ladung von $6{,}023 \cdot 10^{23}$ Elektronen dar. Deshalb können mit einem Farad bloß $1/2 \cdot 6{,}023 \cdot 10^{23}$ $Me^{2+}$, nur $1/3 \cdot 6{,}023 \cdot 10^{23}$ $Me^{3+}$ zu neutralen Atomen entladen werden (ist andererseits die Ladung $e$ eines Elektrons bekannt, so läßt sich aus F die AVOGADROsche Zahl $N$ unmittelbar berechnen als $F/e$).

Weiteres wesentliches Merkmal jeder Elektrolyse ist sodann die Spannung, welche zu ihrer Durchführung zwischen den Elektroden anzulegen ist, indem zwar zur Zerlegung je eines Grammoleküls aller Salze vom Typus $A^+B^-$ wohl durchwegs die gleiche Elektrizitätsmenge, nämlich je 1 F, gebraucht wird, dazu jedoch ganz verschiedene Spannungen notwendig sind. Dementsprechend stellen die sog. *Zersetzungsspannungen* (S. 173) und damit auch die für eine Elektrolyse erforderliche *Zersetzungsenergie* bzw. *-arbeit* individuelle Stoffgrößen dar, die sich im übrigen nach S. 230 besonders dazu eignen werden, die Stabilität der Stoffe zu beurteilen.

### Literatur zur Elektrochemie

Neben den S. 16 genannten Lehrbüchern der physikalischen Chemie an besondern der Elektrochemie:

KÖRTÜM, G.: Lehrbuch der Elektrochemie, 1957;
FALKENHAGEN, H.: Elektrolyte, 1953;
DROSSBACH, P.: Elektrochemie geschmolzener Salze, 1938;
BILLITER, J.: Die technische Elektrolyse der Nichtmetalle, 1956;
FISCHER, H.: Elektrolytische Abscheidung und Elektrokristallisation von Metallen, 1954;
EGER, G.: Handbuch der technischen Elektrochemie, seit 1955;
VETTER, K. J.: Elektrochemische Kinetik, 1961;

BILLITER, J.: Galvanotechnik, 1957;
DETTNER, H. W. und J. v. ELZE: Handbuch der Galvanotechnik (3 Bände), seit 1963;
MACHU, W.: Moderne Galvanotechnik, 1954;
YOUNG, L.: Anodic Oxide Films, 1961.

## § 25. Substitutionsreaktionen

Mit dem ihnen eigenen Austausch von Elementen – so etwa dem Übertritt des Sauerstoffes von $H_2O$ zum Kohlenstoff unter Bildung von CO und $H_2$ im Falle der Reaktion $H_2O + C \rightarrow H_2 + CO$ – sind Substitutionsreaktionen von nicht geringerer Vielfalt als die bisher betrachteten Reaktionstypen. Ließ die Existenz einer Reaktion $2H_2 + O_2 \rightarrow 2H_2O$ in einem (allerdings nur grob) qualitativen Sinn die Neigung der beiden Elemente zur Bildung einer Verbindung erkennen, so gestatten demgegenüber Austauschreaktionen wie die vorige eine Aussage über die Beziehung unter *drei* Elementen: So im vorliegenden Falle, daß Sauerstoff offenbar *eher* die Tendenz hat, sich mit Kohlenstoff als mit Wasserstoff zu verbinden, weshalb dieser durch jenen aus dem Oxid *verdrängt* wird.

Eine Reihe von Substitutionsreaktionen tragen seit alters her besondere Bezeichnungen, die auch heute noch gerne gebraucht werden, wiewohl sie teilweise einer inneren Begründung entbehren: So wird die oben betrachtete Reaktion zwischen $H_2O$ und C dahin umschrieben, es habe durch den Kohlenstoff eine „*Reduktion*" des $H_2O$ zu $H_2$ stattgefunden (siehe hierzu jedoch S. 151), oder die doppelte Umsetzung „Säure + Lauge → Salz + $H_2O$" eine *Neutralisation* genannt, ihre Umkehr – also die Spaltung eines Salzes durch Wasser in Säure und Base – dagegen eine *Hydrolyse*. Einer Neutralisation entspricht etwa der Vorgang $Ca(OH)_2 + H_2CO_3 \rightarrow CaCO_3 + 2H_2O$, wie er sich bei der Erhärtung von Kalkmörtel unter Mitwirkung von Kohlensäure und Wasserdampf der Luft als *Carbonatisierung* des gelöschten Kalkes zu $CaCO_3$ abspielt. Einer Hydrolyse unterliegen dagegen vorab Salze starker Säuren und schwacher Basen unter Bildung einer sauer reagierenden Lösung (entsprechend $NH_4Cl + H_2O \rightarrow NH_4OH + HCl$). Salze starker Basen und schwacher Säuren ergeben infolge ihrer Hydrolyse dagegen alkalische Lösungen, so z.B. im Falle von Na-Acetat: $Na(CH_3COO) + H_2O \rightarrow Na(OH) + H(CH_3COO)$ (siehe auch S. 241). Weiterhin gilt die Vereinigung einer Säure mit einem Alkohol unter Abspaltung von $H_2O$, also etwa die Reaktion $CH_3COOH + OHC_2H_5 \rightarrow CH_3COOC_2H_5 + H_2O$ oder jene zwischen Glycerin und $HNO_3$ zu Nitroglycerin (einem der wichtigsten Explosivstoffe, S. 216) entsprechend $3HNO_3 + C_3H_5(OH)_3 \rightarrow C_3H_5(NO_3)_3 + 3H_2O$ als eine *Veresterung*, im ersten Beispiel unter Bildung des Esters Äthylacetat, beim zweiten des Salpetersäureesters des Glycerins. Der Gegenvorgang, also die Zersetzung eines Esters durch $H_2O$ in Säure und Alkohol, bedeutet hingegen eine *Verseifung* [wird die Spaltung des Esters statt mit $H_2O$ mit Alkalilaugen vorgenommen, so entsteht zwar wiederum der Alkohol, an Stelle der Säure dagegen deren Alkalisalz, beispielsweise $CH_3COOC_2H_5 + NaOH \rightarrow Na(CH_3COO) + C_2H_5OH$; siehe sodann S. 279].

Die besondere Bedeutung der Substitutionsreaktionen liegt jedoch vorab in folgendem:

Zunächst bieten Austauschreaktionen vom Typus $AB + C \rightarrow A + BC$ eine weitere Möglichkeit zur *Gewinnung der Elemente*: So im obigen Beispiel $H_2O + C \rightarrow H_2 + CO$ einen zweiten Weg zur Erzeugung von Wasserstoff, dann aber vor allem bei zahlreichen *metallurgischen Prozessen*, um natürliche *Erze* – zumeist Oxide oder Sulfide (Selenide, Arsenide, Antimonide), seltener auch Carbonate (Cu, Pb, Zn, Fe) oder Silicate (Li, Be, Cu, Zn) – in Metalle überzuführen (siehe Tab. 26). Im Falle oxidischer Erze, aber auch bei den aus sulfidischen Erzen durch

**Tabelle 26. Zur Metallurgie des Eisens und der Stähle**

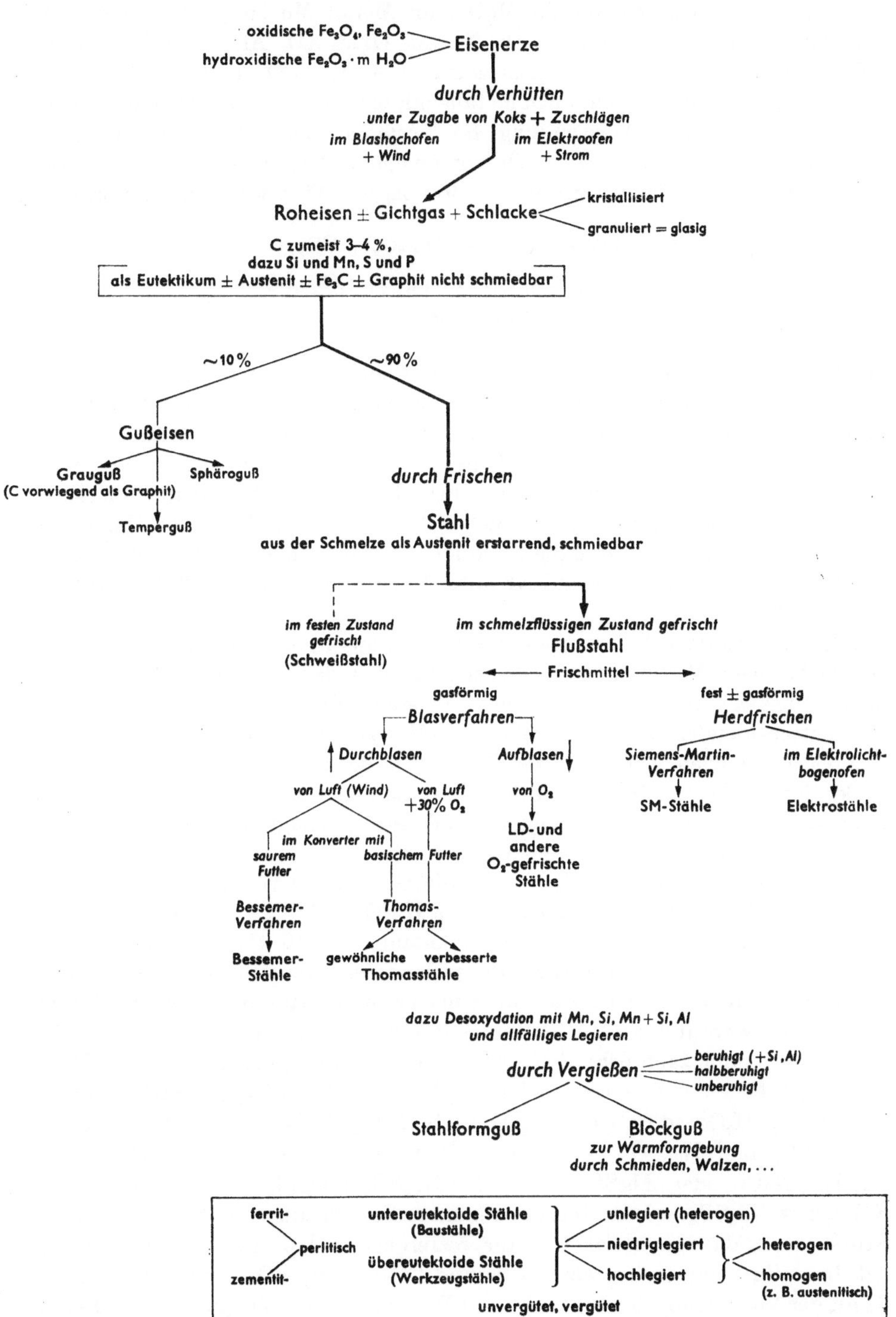

Rösten erhaltenen Oxiden handelt es sich allgemein darum, entsprechend MeO $+ X \rightarrow Me + XO$ das Metalloxid MeO zum Metall Me zu „reduzieren" unter „Oxydation" des Reduktionsmittels X zum Oxid XO. Als *„Reduktionsmittel"* finden dabei C (Koks) bzw. daraus gemäß $C + O_2 \rightarrow CO_2$ und $CO_2 + C \rightarrow 2\,CO$ gebildetes CO, sodann $H_2$ und auch Metalle mit einer besondern Neigung zur Oxidbildung wie Al und Na Verwendung. So beruht *die Verhüttung der Eisenerze zu Roheisen* (carbonatischer Erze nach vorgängigem Rösten des $FeCO_3$ zu Eisenoxiden) auf den bei Temperaturen von 400 bis 800 °C stattfindenden Vorgängen

$$3\,Fe_2O_3 + CO \rightarrow 2\,Fe_3O_4 + CO_2,$$

$$Fe_3O_4 + CO \rightarrow 3\,FeO + CO_2 \text{ und}$$

$$FeO + CO \rightarrow Fe + CO_2.$$

Durch analoge gemeinsame Erhitzung und Reduktion mit Koks werden, sei es ganz oder doch teilweise, manche weitere Metalle gewonnen wie vor allem Ni, Pb, Cu, Co, Bi, Sn und Zn. Andere Metalle wiederum – beispielsweise Si, Ti, V und Mo – werden auf aluminothermischem Wege *(Thermitverfahren)* erhalten, indem hier Aluminium als Reduktionsmittel dient und die damit stattfindende Austauschreaktion im Falle von Si lautet: $3\,SiO_2 + 4\,Al \rightarrow 3\,Si + 2\,Al_2O_3$. Die Herstellung von U, Ti und B gelingt durch die „Reduktion" ihrer Chloride bei Weißglut durch Na-Dämpfe, jene von W, Ta und Nb auch durch eine „Reduktion" der Oxide mit Wasserstoff.

Alsdann gestatten Substitutionsreaktionen, aus irgendwelchen Verbindungen *unmittelbar* neue Verbindungen herzustellen, *ohne* dazu den Weg über die entsprechenden *elementaren* Stoffe gehen zu müssen. Diese Tatsache ist insofern von einer entscheidenden Bedeutung, als ja *die Mehrheit der natürlichen Rohstoffe Verbindungen* darstellen, während freie Elemente in der Natur nur selten vorkommen (außer den Edelgasen, $H_2$, $O_2$ und $N_2$ in der Luft und den sog. Edelmetallen sind es zur Hauptsache einzig Schwefel und Kohlenstoff). Einige Beispiele für derartige, technisch wichtige Umsetzungen sind:

die Herstellung mancher *Säuren,* so die Gewinnung von Salzsäure aus NaCl und Schwefelsäure entsprechend $2\,NaCl + H_2SO_4 \rightarrow 2\,HCl + Na_2SO_4$, von Phosphorsäure aus Phosphaten und Schwefelsäure gemäß $Ca_3(PO_4)_2 + 3\,H_2SO_4 \rightarrow 2\,H_3PO_4 + 3\,CaSO_4$ – beides auch Beispiele dafür, wie sich aus dem Salz einer ersten Säure diese durch Umsatz mit einer zweiten, stärkeren Säure verdrängen und damit erstere freisetzen läßt; ferner in teilweiser Umkehr dazu:

die Gewinnung zahlreicher *Salze* wie etwa von $NaNO_3$ aus $Na_2CO_3 + 2\,HNO_3 \rightarrow 2\,NaNO_3 + H_2O + CO_2$ oder analog $Ca(NO_3)_2$ aus $CaCO_3 + 2\,HNO_3$; sodann $Ca(H_2PO_4)_2 \cdot H_2O$ und $CaSO_4 \cdot 2\,H_2O$ aus $Ca_3(PO_4)_2$, $H_2SO_4$ und $H_2O$ oder $Na_3PO_4$ aus $H_3PO_4$ und $Na_2CO_3$. Dazu aber auch Reaktionen wie $NaNO_3 + KCl \rightarrow KNO_3 + NaCl$ oder $MgSO_4 + 2\,NaCl \rightarrow Na_2SO_4 + MgCl_2$ zur Herstellung von $KNO_3$ bzw. $Na_2SO_4$. – Dabei beruhen letztere Substitutionsreaktionen unter zwei Salzen, sog. *Fällungsreaktionen* unter reziproken Salzpaaren, allgemein darauf, daß beim Zusammengeben einer AB- und CD-Lösung (z.B. $AgNO_3 + KCl$) und damit der Vereinigung der Ionen $A^+$ und $B^-$ sowie $C^+$ und $D^-$ (in unserem Beispiel $Ag^+ + NO_3^-$ und $K^+ + Cl^-$) sich aus $A^+$ und $D^-$ ein Salz AD (in unserem Fall AgCl) von besonders geringer Löslichkeit in Wasser bildet, AD auf alle Fälle wesentlich geringere Löslichkeit besitzt als AB, CD und CB (AgNO$_3$, KCl und KNO$_3$), so daß reines AD ausfällt, während CB in Lösung bleibt.

Weiterhin gehören etwa hierher:

Die bedeutsame Reaktion zur Bildung von *Calciumcarbid* CaC$_2$ aus CaO und Koks im *elektrothermischen* Verfahren bei 1700 bis 2000 °C entsprechend CaO + 3C → CaC$_2$ + CO (hierbei dient die elektrische Energie lediglich dazu, die notwendige Reaktionswärme zu liefern, im Gegensatz zu den eigentlich elektrochemischen Verfahren, bei welchem wie im Falle der Elektrolysen die elektrische Energie die Stoffumsetzungen selber hervorruft oder doch beeinflußt und unmittelbar in chemische Energie umgewandelt wird) und der daran anschließenden Zersetzung des CaC$_2$ mit Wasser zu Acetylen nach CaC$_2$ + 2 H$_2$O → C$_2$H$_2$ + Ca(OH)$_2$. Als Synthese einer Verbindung, die sich zu zahlreichen weitern *organischen* Stoffen verarbeiten läßt, ist dieser Prozeß der Acetylengewinnung deshalb von einer einzigartigen Bedeutung, weil er eine Brücke von den anorganischen Stoffen zu den organischen bildet (siehe bereits S. 123);

das FISCHER-TROPSCH-Verfahren zur Herstellung *synthetischer Benzine* aus Koks, wobei zunächst aus Wasserdampf über weißglühendem Koks (aus C + H$_2$O) sog. *Wassergas*, nämlich CO + H$_2$, gebildet wird, um daraufhin nach Zugabe von weiterem H$_2$ und Verwendung von Co- oder Ni-Katalysatoren (S. 235) im Sinne folgender Gleichungen Olefin- und Paraffingemische zu erhalten: n CO + 2 n H$_2$ → C$_n$H$_{2n}$ + n H$_2$O und n CO + (2 n + 1) H$_2$ → C$_n$H$_{2n+2}$ + n H$_2$O (im Gegensatz dazu wird beim BERGIUS-Verfahren bei geeigneten Drucken und Temperaturen, nämlich z. B. 470 °C und 250 at, ebenfalls unter Verwendung von Katalysatoren, Wasserstoff direkt an pulverisierte Kohle angelagert und diese damit im Sinne einer „Addition" zu Gemischen aus Paraffinen und Olefinen „verflüssigt").

Endlich dienen Substitutionsreaktionen in besonderer Mannigfaltigkeit der Herstellung *organischer Zwischenprodukte*, nämlich aller jener Erzeugnisse, welche die Ausgangsstoffe für die Synthese organischer Farbstoffe und pharmazeutischer Produkte, von Explosivstoffen, Riechstoffen u. a. m. bilden. Diese Zwischenprodukte werden allgemein erhalten durch Reaktionen *anorganischer* Stoffe wie Säuren, Halogenen, NH$_3$ usw. a) mit *aromatischen Kohlenwasserstoffen* des Steinkohlenteers (S. 200), b) *aliphatischen Verbindungen* des Holzteers (S. 205), c) dem Erdöl entstammenden Grundstoffen oder endlich d) aus anorganischer Materie (wie vor allem Kalkstein und Koks) hergestellten. Ihre Bedeutung liegt vor allem darin, daß diese Zwischenprodukte *reaktionsfähiger* sind als die ihnen zugrunde liegenden Kohlenwasserstoffe und deshalb eher die Verarbeitung zu höheren Verbindungen, den eigentlichen Produkten der organisch-chemischen Industrie gestatten. Beispiele von Austauschreaktionen, wie sie solchen Synthesen organischer Zwischenprodukte dienen, sind:

als eine *Nitrierung* die Behandlung mit HNO$_3$ bzw. mit einem Gemisch HNO$_3$ + H$_2$SO$_4$ unter Substitution eines H-Atoms durch eine NO$_2$-Gruppe und Abspaltung von H$_2$O; die anschließende „Reduktion" der so gebildeten Nitrogruppe zu einer Aminogruppe durch H$_2$, wobei wiederum H$_2$O abgespalten wird;

eine *Sulfonierung* mit H$_2$SO$_4$;

*Amidierung* mit NH$_3$ im Sinne von ROH + NH$_3$ → R · NH$_2$ + H$_2$O;

*Halogenierung* entsprechend RH + Cl$_2$ → RCl + HCl;

*„Oxydationen"* mit den verschiedensten Oxydationsmitteln [so etwa Naphthalin $C_{10}H_8$ zu Phthalsäureanhydrid $C_6H_4(CO_2)O$];

neben manchen weiteren auch *Kondensationen*, bei welchen allgemein aus zwei oder mehr einfachen Molekülen unter Abspaltung von $H_2O$ u. dgl. größere Moleküle gebildet werden (dementsprechend gehören auch *Veresterung* und *Ätherbildung* – beispielsweise $2C_2H_5OH \rightarrow C_2H_5OC_2H_5 + H_2O$ – wie auch die Bildung von Säureanhydriden nach $RCOOH + R'COOH \rightarrow \begin{smallmatrix}RCO\\R'CO\end{smallmatrix}\!\!>\!\!O + H_2O$ und verwandte Vorgänge zu den Kondensationen).

Werden im Gegensatz dazu Moleküle mit zwei oder mehr Reaktionsstellen kondensiert, so können gleich wie im Falle von Polymerisation und Polyaddition (S. 147) aus niedrigmolekularen Stoffen *makromolekulare* entstehen, und zwar wiederum solche mit eindimensionalen Makromolekülen bei bloß difunktionellen Ausgangsstoffen, mit dreidimensionalen dagegen, falls mindestens ein Teil der kondensierenden Moleküle mehr als zwei Verknüpfungsstellen besitzt. Derartige – nunmehr als *Polykondensationen* bezeichnete – Substitutionsreaktionen ergeben die dritte Möglichkeit zur Synthese von Kunststoffen und Kautschuken. Hierbei ist jedoch die Entstehung des makromolekularen Stoffes stets mit der *gleichzeitigen* Bildung einer *niedrigmolekularen* Verbindung wie vor allem $H_2O$, seltener auch HCl u. a. verbunden. Gleich wie die Polyaddition sind auch Polykondensationsvorgänge Stufenreaktionen. Sie gestatten daher wie jene die Einhaltung beliebiger Zwischenstufen auf dem Wege zur eigentlich makromolekularen Verbindung und damit das Wachstum der Makromoleküle einmal oder mehrfach derart zu unterbrechen und wieder fortzusetzen, wie es der technischen Anwendung von Polykondensaten am besten entspricht. Nicht immer brauchen sich Polykondensationen direkt abzuspielen wie die Herstellung von *Polyamiden* mit linearen Makromolekülen aus Dicarbonsäuren und Diaminen entsprechend Tab. 22 (S. 124) oder die Synthese von *Polyestern* aus mehrbasischen Säuren und mehrwertigen Alkoholen, sei es von eindimensionalen (daher löslichen und „schmelzbaren") gemäß

$$\cdots\!-\!R\!-\!R'\!-\!R\!-\!R'\!-\!R\!-\!R'\!-\!R\!-\!R'\!-\!R\!-\!R'\!-\!R\!-\!R'\!-\cdots$$

– R der Säure-, R' der Alkoholrest im Sinne der Tab. 22, Teil B (S. 124) und des S. 121 Gesagten – bzw. dreidimensionalen, dementsprechend unlöslichen und „unschmelzbaren" im Sinne des Schemas

$$\begin{array}{c}
\mid\\
-R\!-\!R'\!-\!R\!-\!R'\!-\\
\mid\\
R\\
\mid\\
R'\!-\!R\!-\!R'\!-\!R\!-\!R'\!-\\
\mid \qquad\quad \mid\\
R \qquad\quad R\\
\mid \qquad\quad \mid\\
R'\!-\!R\!-\!R'\!-\!R\!-\!R'\!-\\
\mid \qquad\qquad\quad \mid\\
R
\end{array}$$

mit nunmehr trifunktionellem —R'—, indes nach wie vor difunktionellem —R— (siehe auch Abb. 64, S. 118).

Statt dessen kann es – so vor allem bei den mit *Formaldehyd* möglichen Polykondensationen – zunächst zu einer *einfachen* Additionsreaktion zwischen den
beiden niedrigmolekularen Verbindungen kommen und erst eine *sekundäre*, fortgesetzte Kondensation der Moleküle dieses Additionsproduktes zum *makromolekularen* Stoffe führen. So reagieren z. B. Phenol und Formaldehyd vorerst zu einer
sog. Methylolverbindung

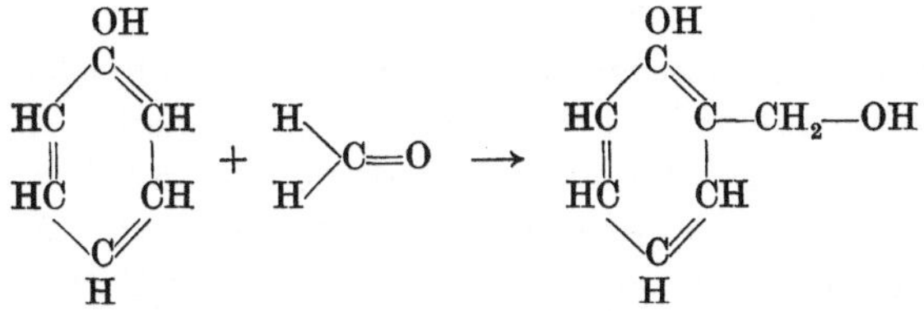

$$
\begin{array}{ccc}
& \text{OH} & \\
& | & \\
\underset{\text{HC}}{} \quad \underset{\text{CH}}{} & + \quad \underset{\text{H}}{}\!\!>\!\!\text{C}\!=\!\text{O} \quad \rightarrow & \underset{\text{HC}}{} \quad \underset{\text{C}}{}\!-\!\text{CH}_2\!-\!\text{OH}
\end{array}
$$

und folgt erst hernach die (indirekte) Polykondensation zum *Phenoplasten*, wobei
unter Abspaltung von $H_2O$ bzw. $H_2O + CH_2O$ zwischen den trifunktionellen
Grundbausteinen „difunktionelle Brücken" wie $-CH_2-$ und $-CH_2-O-CH_2-$
(nämlich Methylen- und Dimethylenätherbrücken) entstehen. Alles in allem ergibt sich wieder ein räumliches Makromolekül polymikter Bauweise (Abb. 64;
S. 118) mit den Grundbausteinen

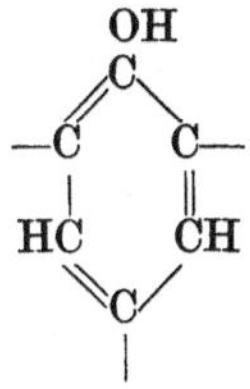

$$
\begin{array}{ccc}
& \text{OH} & \\
-\text{C} \quad \text{C}- & \text{und} & -\text{CH}_2-,\ \ -\text{CH}_2-\text{O}-\text{CH}_2-,\ \ \text{usw.} \\
\text{HC} \quad \text{CH} & &
\end{array}
$$

Falls, sei es durch Polymerisation, Polyaddition oder Polykondensation, *unmittelbar* dreidimensionale Makromoleküle und dementsprechend aus den niedrigmolekularen Stoffen direkt *Thermodure* (siehe hierzu bereits S. 128) entstehen, haben
die deren Bildung zugrunde liegenden Reaktionen den Charakter einer *irreversibel*
verlaufenden *Härtung*. Je nachdem, ob diese von selber oder nur in Gegenwart
bestimmter Zusätze (sog. Härter oder *Härtungsmittel*) stattfindet, wird von *direkt*
(eigen) oder bloß *indirekt* härtbaren Produkten gesprochen, von *kalt-* und *warm-
härtenden* dagegen je nachdem, ob die Härtung bereits bei Raumtemperatur eintritt oder erst in der Wärme erfolgt (indirekt kalthärtend bedeutet somit, daß
unter Beigabe eines Härtungsmittels die Härtung schon bei Raumtemperatur
einsetzt). Werden dagegen Thermodure auf dem Weg über lineare Makromoleküle
und deren anschließende Vernetzung zum engmaschigen Verband der Makrofadenmoleküle erhalten, so handelt es sich wie im Falle der Hartkautschuke und gehär-
teter Polyesterharze (S. 150 und 151) um eine *sekundäre Härtung*.

Wo immer Kunststoffen und Kautschuken derlei *dreidimensionale* Makromoleküle eigen sind – direkt entstandene oder mittelbar gebildete –, werden spanlose
Formgebung durch Pressen, Gießen u. dgl., ja deren Applikation schlechthin stets
*gleichzeitig* mit der Bildung des dreidimensionalen Makromoleküls erfolgen, indem
Produkte dieser Art, einmal im Endzustand (ausgehärteten Zustand[1]) angelangt,

---

[1] Dieser oft auch als *Resit*-Zustand bezeichnet, während *Resol* bzw. *Resitol* noch lösliche
bzw. quellbare Stadien einer *Vor*härtung bedeuten, so daß die Formgebung durch Pressen in
der Wärme oft mit dem Übergang Resitol → Resit verbunden ist.

sich nicht mehr lösen, noch in einen Zustand wesentlicher Verformbarkeit bringen
lassen, sondern einzig noch einer spanabhebenden Formgebung zugänglich sind.
Indem wie das Brennen keramischer Stoffe (S. 189) auch das Härten derartiger
Kunststoffe und Kautschuke nicht nur deren Eigenschaften, sondern auch die
Abmessungen daraus gefertigter Erzeugnisse bestimmt, erlangt gleichfalls hier das
Ausmaß der mit dem Härten verbundenen Volumänderungen – allgemein wieder-
um ein *Schwinden* – besondere Bedeutung.

Zu den Substitutionsreaktionen gehören aber auch zahlreiche Prozesse, welche
einer *Veredelung* der unmittelbar erhaltenen, vollsynthetischen Kunststoffe zu
technisch besonders interessanten Produkten dienen, dann aber vor allem der *Aufarbeitung* makromolekularer *Naturprodukte* zu *halbsynthetischen Kunststoffen*, Letzteres etwa im Falle einer Veresterung der Cellulose mit $HNO_3$, $CH_3COOH$ und
Buttersäure ($CH_3CH_2CH_2COOH$) zu Cellulosenitraten (Celluloid), Celluloseace-
taten und Cellulosebutyraten, einer Verätherung von Cellulose zu Methyl-, Äthyl-,
Benzylcellulose usw., der Umsetzung von Casein mit Formaldehyd zu Galalith
(Kunsthorn), der Chlorierung von Naturkautschuk zu Chlorkautschuk usw. (Tab. 22,
Teil A, S. 124). – Als Austauschreaktion, wie sie zur Zwischen- oder Nachbehand-
lung organischer Werkstoffe herangezogen und häufig mit deren Formgebung oder
Verbindung kombiniert werden, sei beispielhaft die *Kaltvulkanisation der Kaut-
schuke* erwähnt. Dazu werden diese zu ihrer Vulkanisation im Sinne des S. 150
Gesagten einige Minuten in 2- bis 4%-Lösungen von $S_2Cl_2$ (Schwefelchlorür) in
$CS_2$ (Schwefelkohlenstoff), Benzol oder Benzin getaucht und daraufhin zur Neutralisation der gleichzeitig entstehenden Salzsäure in einer $NH_3$-Atmosphäre nach-
behandelt.

Auf Austauschreaktionen beruhen weiterhin manche Verfahren zur Herstellung
*künstlicher Schutzschichten auf Metalloberflächen*, die wiederum vorab dem Korrosionsschutz dienen und im einfachsten Falle auf einer Umsetzung des zu behandelnden Metalls mit dem Behandlungsmittel unter Bildung einer auf der Metalloberfläche gut haftenden Deckschicht aus dem Reaktionsprodukt beruhen. So
etwa, wenn auf Mg, mit HF-Lösungen behandelt, eine Deckschicht aus $MgF_2$
entsteht oder sich bei der Behandlung von Zn mit Alkalichromatlösungen auf der
Zinkoberfläche eine Zn-Chromatschicht bildet. Demgegenüber hat beispielsweise
beim *Phosphatieren* von Eisen und Aluminium die Reaktion zwischen der Phosphorsäure und dem zu phosphatierenden Metall die Ausfällung im Phosphatie-
rungsmittel gelöster, andersartiger Phosphate zur Folge, so daß letztere zu überwiegenden Teilen die Deckschicht ergeben – diese besteht hier daher nicht aus Fe-
oder Al-Phosphat, sondern hauptsächlich aus Zn- bzw. Mn-Phosphat. Daneben
gibt es allerdings auch Überzüge, welche aus einfachen Additionsreaktionen hervorgehen und zumeist eine Verstärkung auf der Metalloberfläche *natürlich* vorgebildeter Oxidschichten (der sog. *natürlichen Deckschichten*) bezwecken, wie das
Brünieren des Eisens, die verschiedenen Verfahren zur Verstärkung der natürlichen Oxidhaut auf Aluminium und seinen Legierungen, sei es durch kochendes
Wasser oder eine Dampfbehandlung, unter Anwendung bestimmter Salzlösungen
(z.B. solcher aus $Na_2CO_3$ — $Na_2CrO_4$ oder $Na_2Cr_2O_7$) oder endlich auf dem Wege
einer *anodischen Oxydation* wie beim „Eloxieren" (Eloxalverfahren). Im letzteren
Falle wird der zu behandelnde Aluminiumgegenstand als (positive) Anode in eine

verdünnte Schwefelsäure-, Oxalsäure- oder Chromsäurelösung gehängt und diese Lösung mit Gleich- (seltener Wechsel)strom elektrolysiert, wobei sich zufolge der an der Al-Oberfläche stattfindenden $O_2$-Entwicklung daselbst eine 0,01 bis 0,2 mm dicke Schicht aus weitgehend amorphem Aluminiumoxid und -hydroxiden bildet im Gegensatz zu dem eine Dicke von höchstens 0,0001 mm aufweisenden, natürlichen Oxidfilm. Neben der guten Haftung solcher Überzüge am Grundmetall und ihrer beachtlichen chemischen und mechanischen Widerstandsfähigkeit ist deren Feinporosität von einer besonderen Bedeutung. In der Tat bestimmt diese, welche Nachbehandlungen zur Abdichtung der Oxidschicht (z.B. ein Versiegeln mit Wasserglas oder ein Lackieren) notwendig und möglich sind, dazu aber auch die Färbbarkeit der Überzüge und damit der betreffenden Metallgegenstände selber. Dabei beruhen die durch besondere Licht- und Wetterbeständigkeit sich auszeichnenden, anorganischen Färbungen anodisch oxydierter Al-Oberflächen erneut auf doppelten Umsetzungen unter Bildung unlöslicher Farbpigmente.

Ebenso wie im Falle der Metalle wird unter gegebenen Umständen auch bei manchen *anderen Baustoffen* eine *Nachbehandlung der Oberfläche* vorgenommen in der Absicht, damit die Widerstandsfähigkeit von Bauwerken, insbesondere gegen korrosive Angriffe zu erhöhen. Ebenfalls hier wird häufig von Austauschreaktionen zwischen Baustoff und Behandlungsmittel unter Bildung von Reaktionsprodukten hinreichender Schutzwirkung Gebrauch gemacht. So bereits, wenn frischer *Beton*, allenfalls bevor er unter Wasser gesetzt wird, einer länger oder kürzer bemessenen Periode der *Lufterhärtung* unterworfen wird, um damit an der Betonoberfläche eine Carbonatisierung des beim Abbinden des Portlandzementes entstandenen $Ca(OH)_2$ (S. 187) durch $CO_2$ und $H_2O$ zu $CaCO_3$ herbeizuführen. Oder es wird durch eine Nachbehandlung der Betonoberfläche mit „Kieselfluorwasserstoffsäure" $H_2SiF_6$ oder noch häufiger mit Lösungen ihres Mg-, Zn-, Al- oder Pb-Salzes die Umwandlung von $Ca(OH)_2$ und auch von $CaCO_3$ in chemisch beständigere und zugleich härtere Verbindungen wie $CaF_2$ und $SiO_2$, dazu bei Verwendung einer $MgSiF_6$-Lösung auch in $MgF_2$ angestrebt. Während ein solches *Fluatieren* mit $MgSiF_6$ vor allem eine „Härtung" einer allerdings nur relativ dünnen Oberflächenschicht erreichen läßt, soll die Verwendung von $ZnSiF_6$ oder $Al_2(SiF_6)_3$ vor allem eine Abdichtung der Oberfläche, jene von $PbSiF_6$ einen gewissen Säureschutz des Betons ergeben.

Gleich wie S. 152 die Additionsreaktionen lassen sich auch doppelte Umsetzungen nach den mit ihnen verbundenen, recht verschieden tiefgreifenden Änderungen von Bindungszustand und Koordinationsverhältnissen der beteiligten Atome betrachten. So besehen erscheint z.B. die Substitutionsreaktion $FeO + CO \rightarrow Fe + CO_2$ wieder als eine gekoppelte Oxydation-Reduktion, wobei Fe von $Fe^{2+}$ zu Fe reduziert und C von $C^{2+}$ zu $C^{4+}$ oxydiert wird, während der Sauerstoff in der Rolle des elektronegativen Partners verbleibt – eine Auffassung, die, wie sich gleich zeigen wird, bei den galvanischen Reaktionen ihre unmittelbare Bestätigung erfährt.

## § 26. Galvanische Vorgänge als elektrochemische Substitutionsreaktionen

Zu den Substitutionsreaktionen gehören auch *elektrochemische* Reaktionen, nämlich jene, die sich in *galvanischen Elementen* abspielen und mit der ihnen eigenen Umwandlung chemischer Energie in elektrische die Umkehr der Elektrolyse bedeuten. So findet beispielsweise nach Abb. 81 im DANIELL-Element an der (hier negativen) Anode unter Auflösung *(Oxydation)* des Zinks die Reaktion $Zn \rightarrow Zn^{2+} + 2e$ statt, an der (nunmehr positiven) Kathode dagegen eine Abschei-

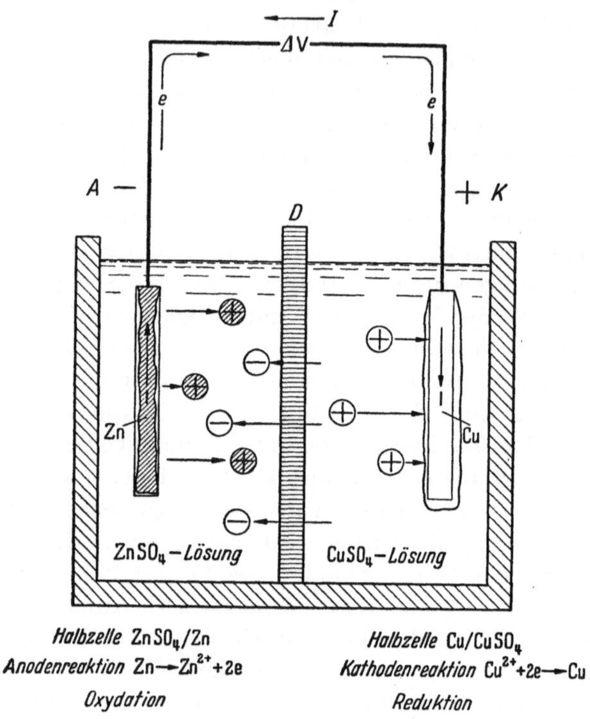


Abb. 81. DANIELL-Element, bestehend aus einer „Cu/CuSO₄“- und einer „Zn/ZnSO₄“-Halbzelle

dung *(Reduktion)* von Kupfer entsprechend $Cu^{2+} + 2e \rightarrow Cu$, also insgesamt der Umsatz $Cu^{2+} + Zn \rightarrow Cu + Zn^{2+}$ – auch dies wieder die Koppelung einer Oxydation mit einer Reduktion zu einem *Redoxvorgang*. Zugleich ist diese Entladung der $Cu^{2+}$- und Bildung von $Zn^{2+}$-Ionen verbunden: a) mit einem Stromfluß vom Cu nach dem Zn (also einem Elektronentransport vom Zn zum Cu) entsprechend einer Potentialdifferenz *(elektromotorischen Kraft)* zwischen der positiven Cu- und negativen Zn-Elektrode; b) mit einer Wanderung von $SO_4^{2-}$-Ionen durch das Diaphragma $D$ aus der „Cu/CuSO₄“-Halbzelle nach der „Zn/ZnSO₄“-Halbzelle und endlich c) mit einer geringen Erwärmung des ganzen Systems (siehe hierzu S. 229). Die im DANIELL-Element „Cu/CuSO₄/ZnSO₄/Zn“ erfolgende Substitution von $Cu^{2+}$- durch $Zn^{2+}$-Ionen besagt offenbar, daß Zn größere Tendenz hat, in den Zustand freier Ionen zu gelangen als Cu, weshalb Zn als das *unedlere* und Cu als das *edlere* der beiden Metalle gilt (dementsprechend wird ersteres als Reduktionsmittel oxydiert, letzteres als Oxydationsmittel reduziert). Während die Anode beim galvanischen Element die negative, bei der Elektrolyse die positive Elektrode, die Kathode umgekehrt beim galvanischen Element die positive und bei der Elektrolyse die negative Elektrode darstellt, findet dagegen an der *Anode durchwegs* eine *Oxydation* – bestehend in der Bildung von Kationen oder in der Entladung von

Anionen –, an der *K*athode dagegen *stets* eine *R*eduktion statt – sei es als Entladung von Kationen oder als Bildung von Anionen.

Dieselbe Verdrängung der Ionen des edleren Metalls durch jene des unedleren ergibt sich ebenfalls zwischen Zink und der Lösung eines Kupfersalzes allein, wobei auch unter diesen Umständen wiederum Zn als Reduktionsmittel unter Bildung von $Zn^{2+}$-Ionen in Lösung geht (oxydiert wird), während Kupfer als Oxydations-

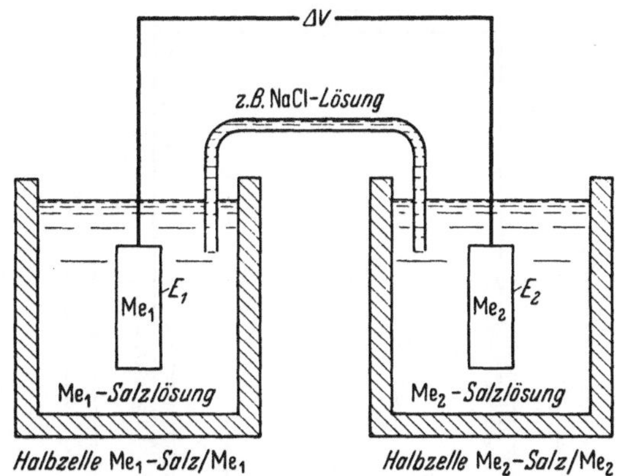


Abb. 82. Galvanisches Element aus den Halbzellen „Me₂/Me₂-Salz" und „Me₁/Me₁-Salz" mit den Einzelpotentialen $E_2$ und $E_1$, woraus sich die elektromotorische Kraft (E.M.K.) des Elements $\Delta V = E_2 - E_1$ ergibt

mittel abgeschieden (reduziert) wird im Sinne von $CuSO_4 + Zn \rightarrow Cu + ZnSO_4$, tatsächlich jedoch $Cu^{2+} + SO_4^{2+} + Zn \rightarrow Cu + SO_4^{2-} + Zn^{2+}$, also wie zuvor $Cu^{2+} + Zn \rightarrow Cu + Zn^{2+}$. Im übrigen ist diese Reaktion ebenfalls zur Herstellung metallischer Überzüge geeignet, insofern das Überzugsmetall edler sein soll als das Grundmetall (sog. *stromlose Metallisierung* nach dem *Tauchverfahren*, welche allerdings nur relativ dünne Überzüge erzeugen läßt wie z.B. solche aus Au auf Cu, von Cu und Ni auf Fe, Zn auf Al; siehe auch S. 157).

Darin, daß bei dieser zweiten Führung der Reaktion $Cu^{2+} + Zn \rightarrow Cu + Zn^{2+}$ lediglich Wärme erzeugt wird, zeigt sich zugleich, daß eine chemische Reaktion der hier betrachteten Art *nur* dann elektrische Arbeit gewinnen läßt, falls sich die gesamte Umsetzung in eine *räumlich* voneinander *getrennte Anoden-* und *Kathoden-reaktion* aufteilen läßt. Dieser *getrennte* Ablauf als elektrochemische *(galvanische)* Reaktion gestattet zudem, in einfacher Weise ein unmittelbares *Maß* zu gewinnen für die Neigung der Elemente, in den Zustand freier Ionen oder aus diesem in den elementaren überzugehen. Dazu wird die Potentialdifferenz $E$ zwischen den Elektroden eines galvanischen Elements „Me₁/Me₁-Salz/Me₂-Salz/Me₂" in die zwei *Einzelpotentiale $E_1$ und $E_2$* zerlegt: $E_1$ das Potential in der Grenzfläche zwischen dem Metall Me₁ und der Lösung von Me₁-Salz, $E_2$ jenes zwischen dem Metall Me₂ und der Me₂-Salzlösung. Weil aber jede dieser *Halbzellen* ein Reduktionsmittel und ein Oxydationsmittel enthält – die Halbzelle „Cu/Cu²⁺" z.B. Cu als Reduktions- und die Lösung mit den $Cu^{2+}$-Ionen als Oxydationsmittel – orientieren diese Einzelpotentiale offenbar darüber, wie leicht das Reduktionsmittel unter Elektronenabgabe oxydiert und damit in das Oxydationsmittel übergeführt wird.

Einzelpotentiale wie $E_1$ und $E_2$ sind jedoch direkter Messung nicht unmittelbar zugänglich, indem sich lediglich die zwischen verschiedenen Metallen bestehenden Potential*differenzen* einfach bestimmen lassen. Diese sind ihrerseits abhängig von der Natur der beiden Metalle wie von der Konzentration und auch der Art der Salzlösungen (dazu auch von Temperatur und Druck, was hier jedoch nicht weiter

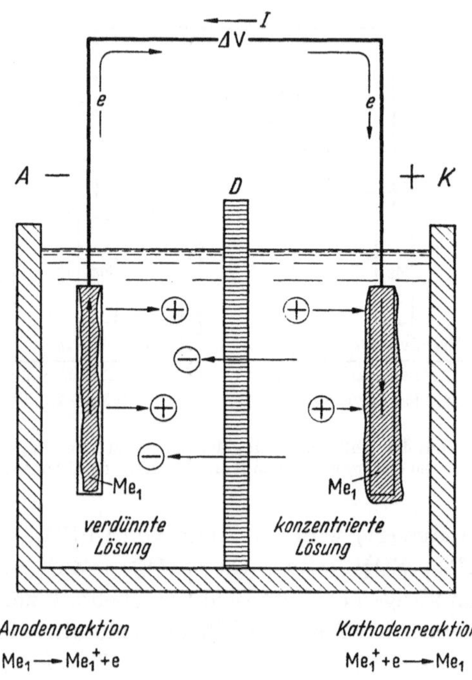


Abb. 83. Konzentrationselement mit $\Delta V = -\dfrac{RT}{zF} \ln \dfrac{c_2}{c_1}$ bzw. $-\dfrac{RT}{zF} \ln \dfrac{\alpha_2}{\alpha_1}$, somit für $z = 1$ und $t = 25\ °C$, $\Delta V = -0{,}058 \log c_2/c_1$, wobei bedeuten $T$ die absolute Temperatur, $R$ die Gaskonstante, $z$ die Wertigkeit der maßgebenden Ionen, $F$ 1 Farad, $c_2$ und $c_1$ die Konzentration der beiden Lösungen ($\alpha_2$ und $\alpha_1$ deren Aktivitäten)

interessieren soll). Zufolge dieser *Konzentrationsabhängigkeit* (siehe Tab. 27, S. 172) ergibt sich in der Tat eine elektromotorische Kraft auch dann, wenn zwei Halbzellen „Me$_1$/Me$_1$-Salz" mit verschieden konzentrierten Salzlösungen zu einem sog. *Konzentrationselement* kombiniert werden (Abb. 83).

Wie in manchen anderen Fällen *konzentrationsabhängiger* Größen läßt sich auch die Beziehung zwischen dem Potential eines galvanischen Elements und der Konzentration der Salzlösungen in einfacher und *allgemein* gültiger Form nur darstellen, wenn an Stelle der analytisch bestimmten *(effektiven)* Konzentrationen $c$ die *Aktivitäten (scheinbare* Konzentrationen) $a = fc$ eingeführt werden. Die empirisch zu ermittelnden *Aktivitätskoeffizienten* $f$ – diese stets $<1$ und auch ihrerseits konzentrationsabhängig – geben an, welcher Anteil der fraglichen Teilchen (hier der Metallionen Me$_1^+$ bzw. Me$_2^+$) „ideal" wirksam ist, nämlich so, wie wenn unter den Teilchen keinerlei Wechselwirkungen beständen, die Ionen sich somit wie *freie* Einzelladungen verhalten würden (siehe bereits S. 110)[1]. Ein *relativer* Vergleich der Einzelpotentiale hat sich daher nicht auf Salzlösungen bestimmter Konzentrationen, sondern auf solche einer vorgeschriebenen Aktivität zu beziehen. Aus naheliegenden Gründen werden zur Festlegung der sog. *Normalpotentiale* Salzlösungen mit $a = 1$, also der Konzentration $1/f$ gewählt und gilt eine Halbzelle „Me$_1$/Me$_1$-Salz", deren Salzlösung eben die Aktivität 1 hat, als *Normalelektrode* des Metalls Me$_1$ (kurzweg Me$_1$-*Normalelektrode* genannt). Sodann wird dem Potential der *Normalwasserstoffelektrode* – nämlich jener Halbzelle, bei welcher als einer

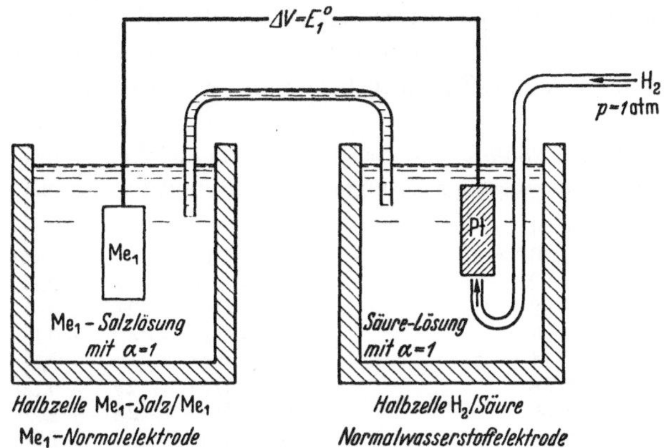


Abb. 84. Galvanisches Element aus einer Halbzelle mit Normalwasserstoffelektrode und einer Halbzelle mit einer Me$_1$-Normalelektrode; dementsprechend $\Delta V$ gleich dem Normalpotential $E_1^0$ von Me$_1$

sog. *Gaselektrode* ein mit Wasserstoff vom Druck $p = 1$ at umspültes Platinblech (als unangreifbare Elektrode) in eine Säurelösung mit der H$_3$O$^+$-Aktivität 1 taucht – unter *willkürlicher* Festsetzung des H$_2$-*Normalpotentials* $E_0^H$ der Wert *Null* zugeordnet. Das aber heißt: es gilt die zwischen einer H$_2$-Normalelektrode und einer Me$_1$-Normalelektrode bestehende Potential*differenz* als Me$_1$-*Normalpotential* $E_0^1$ (Abb. 84).

Metalle und Nichtmetalle nach steigenden Normalpotentialen geordnet ergeben die sog. *Spannungsreihen* (Tab. 27) – neben dem periodischen System der Elemente die wichtigste Hilfe, um sich über die chemischen Beziehungen unter den Elementen ein *erstes* Urteil zu bilden und zugleich zu einer exakteren Fassung des zunächst ja rein deskriptiven Begriffs der Affinität zwischen chemischen Elementen zu gelangen.

So resultieren aus den *Spannungsreihen* vor allem die folgenden Aussagen:

1. *Metalle* haben eine um so *größere* Neigung, in den Ionenzustand überzugehen, und verfügen dementsprechend über eine um so *größere Reaktionsfähigkeit*, je *niedriger* ihr Normalpotential ist;

*Nichtmetalle* sind umgekehrt um so *reaktionsfähiger*, je *höher* ihr Normalpotential. – Daraus aber folgt weiter:

---

[1] Oder *allgemeiner* gesagt: Es enthält der Aktivitätskoeffizient $f$ alle durch das nichtideale Verhalten von Mischphasen bedingten Abweichungen von den für ideale Mischphasen geltenden Gesetzen, weshalb $f$ naturgemäß von Druck, Temperatur und der Zusammensetzung einer Mischung abhängt.

2. Ein Metall $Me_1$ vermag alle jene Metalle Me aus Lösungen ihrer Salze im Sinne einer Substitution $Me_1 + Me^+ \rightarrow Me_1^+ + Me$ zu *verdrängen*, die zufolge ihrer *größeren* Normalpotentiale in der Spannungsreihe unter $Me_1$ stehen, und im besonderen: Metalle mit *negativen* Normalpotentialen sollten, in die Lösung einer Säure getaucht, als sog. *unedle Metalle* unter Wasserstoffentwicklung in Lösung gehen, indem ihre Ionen die $H_3O^+$ verdrängen, entsprechend $2Me + 2H_3O^+ \rightarrow 2Me^+ + H_2 + 2H_2O$. Wenn dies *nicht* immer der Fall ist – beispielsweise Cr, Ni und Pb entgegen dieser Erwartung durch verdünnte Säuren nicht angegriffen werden –, so nicht allein, weil sich die Spannungsreihe der Metalle auf die *Normal*potentiale und damit auf bestimmte Konzentrationen (Aktivitäten) der Lösungen (sowie die Temperatur von 25 °C) bezieht, sondern vor allem, weil alle Aussagen auf Grund von Spannungsreihen jenen Zustand betreffen, der als Gleichgewicht erreicht

**Tabelle 27. Spannungsreihen der Metalle und Nichtmetalle**
Gültig für wässerige Lösungen bei 25 °C und 1 at Druck[1]

*Metalle* (Kationenbildung)

| | | | | | | |
|---|---|---|---|---|---|---|
| Li | $\rightarrow Li^+$ | $+ e$ | $-3,00$ Volt | $H_2$ | $\rightarrow 2H^+ \quad + 2e$ | $\pm 0,00$ Volt |
| Cs | $\rightarrow Cs^+$ | $+ e$ | $-2,92$ | Sn | $\rightarrow Sn^{4+} + 4e$ | $+0,05$ |
| K | $\rightarrow K^+$ | $+ e$ | $-2,92$ | Cu | $\rightarrow Cu^{2+} + 2e$ | $+0,34$ |
| Ca | $\rightarrow Ca^{2+}$ | $+ 2e$ | $-2,84$ | Cu | $\rightarrow Cu^+ \quad + e$ | $+0,52$ |
| Na | $\rightarrow Na^+$ | $+ e$ | $-2,71$ | Ag | $\rightarrow Ag^+ \quad + e$ | $+0,80$ |
| Mg | $\rightarrow Mg^{2+}$ | $+ 2e$ | $-2,38$ | Hg | $\rightarrow Hg^{2+} + 2e$ | $+0,80$ |
| Al | $\rightarrow Al^{3+}$ | $+ 3e$ | $-1,66$ | Pt | $\rightarrow Pt^{2+} + 2e$ | $+1,2$ |
| Mn | $\rightarrow Mn^{2+}$ | $+ 2e$ | $-1,05$ | Au | $\rightarrow Au^+ \quad + e$ | $+1,7$ |
| Zn | $\rightarrow Zn^{2+}$ | $+ 2e$ | $-0,76$ | | | |
| Cr | $\rightarrow Cr^{2+}$ | $+ 2e$ | $-0,56$ | | | |
| Fe | $\rightarrow Fe^{2+}$ | $+ 2e$ | $-0,44$ | *Nichtmetalle* (Anionenbildung) | | |
| Cd | $\rightarrow Cd^{2+}$ | $+ 2e$ | $-0,40$ | $S^{2-}$ | $\rightarrow [S] \quad + 2e$ | $-0,51$ Volt |
| Co | $\rightarrow Co^{2+}$ | $+ 2e$ | $-0,28$ | $4OH$ | $\rightarrow O_2 + 2H_2O + 4e$ | $+0,40$ |
| Ni | $\rightarrow Ni^{2+}$ | $+ 2e$ | $-0,24$ | $2J^-$ | $\rightarrow [J_2] \quad + 2e$ | $+0,54$ |
| Sn | $\rightarrow Sn^{2+}$ | $+ 2e$ | $-0,14$ | $2Br^-$ | $\rightarrow (Br_2) + 2e$ | $+1,07$ |
| Pb | $\rightarrow Pb^{2+}$ | $+ 2e$ | $-0,13$ | $2Cl^-$ | $\rightarrow Cl_2 \quad + 2e$ | $+1,36$ |
| Fe | $\rightarrow Fe^{3+}$ | $+ 3e$ | $-0,04$ | $2F^-$ | $\rightarrow F_2 \quad + 2e$ | $+2,85$ |

Taucht ein Metall nicht in eine Lösung seiner Ionen der Aktivität 1, so beträgt sein Potential gegenüber einer Normalwasserstoffelektrode nicht länger $E_0^{Me}$, sondern

$$E = E_0^{Me} + \frac{RT}{zF} \ln \alpha_{Me^{z+}} = E_0^{Me} + \frac{RT}{zF} \ln f \cdot c_{Me^{z+}} \quad \text{bzw. einfach} \quad E_0^{Me} + \frac{RT}{zF} \ln c_{Me^{z+}},$$

indem gelegentlich zwischen *Normal*potentialen $E_0^{Me}$, bezogen auf die Ionen*konzentration* 1, und *Standard*potentialen $E_0^{Me}$, bezogen auf die Ionen*aktivität* 1, unterschieden wird (Unterschiede zwischen beiden allerdings oft weniger als 0,01 Volt betragend). Dabei bedeuten $R$ wie immer die Gaskonstante, $T$ die absolute Temperatur, $F$ 1 Farad und $z$ die Wertigkeit der entstehenden Ionen, so daß für $t = 25$ °C gilt

$$E = E_0^{Me} + \frac{0,058}{z} \log \alpha_{Me^{z+}}, \text{ also etwa im Falle von Eisen}$$

$$E_{Fe} = -0,44 + 0,029 \log \alpha_{Fe^{2+}} \text{ Volt,}$$

woraus sich z. B. ergibt, daß $E_{Fe}$ im Falle einer 0,1 bzw. 0,001 n-Lösung $-0,47$ bzw. $-0,53$ Volt beträgt;
für die Abhängigkeit der Potentiale von $H_2$ bzw. $O_2$ vom $p_H$-Wert (S. 240) der Lösung bestehen die Beziehungen

$$E_{F_2} = -0,058\, p_H \quad \text{bzw.} \quad E_{O_2} = 1,23 - 0,058\, p_H \text{ Volt.}$$

---

[1] Letzteres für den Fall von Gaselektroden. Im übrigen ist zu beachten, daß die Wahl des Vorzeichens der $E_0$-Werte auf reiner Konvention beruht und in der Tat oft auch umgekehrt erfolgt, womit die unedeln Metalle positive, die edlen Metalle und Halogene negative $E_0$ erhalten.

werden *sollte* – nie aber darauf, ob dieser tatsächlich erhalten wird und mit welcher Geschwindigkeit dies geschieht. Während der Austausch unter Metallionen allgemein keiner Verzögerung unterliegt und sich hier in der Tat einigermaßen ereignet, was die Spannungsreihe der Metalle erwarten läßt, sind bei den Vorgängen $H_3O^+ + e \rightarrow H + H_2O$ und $2H \rightarrow H_2$, aber auch anderen, mit Gasentwicklung verbundenen Elektrodenreaktionen, oft erhebliche Hemmungen zu überwinden, so daß die Gasentwicklung gar nicht oder nur sehr langsam stattfindet.

3. Abgesehen von solchen Fällen läßt sich die Spannungsreihe der Metalle auch als eine „*Verdrängungsreihe*" der Metalle auffassen, wobei die Befähigung zur Oxydation und damit die Stärke als Reduktionsmittel von Li zu Au abnimmt.

Im umgekehrten Sinn *verdrängt* ein *Nichtmetall* $X_1$ alle jene Nichtmetalle X aus dem Ionenzustand entsprechend $X_1 + X^- \rightarrow X_1^- + X$, die mit ihren *kleineren* Normalpotentialen in der Spannungsreihe (Verdrängungsreihe) der Nichtmetalle *über* $X_1$ stehen. Entsprechend nimmt die Befähigung zur Oxydation und damit die Stärke als Reduktionsmittel bei den Nichtmetallen von $F_2$ zu S ab.

Außerdem gestatten die Normalpotentiale, die bei *Normalelementen* (also bei galvanischen Elementen mit Normalelektroden) bestehenden, *elektromotorischen Kräfte* unmittelbar anzugeben, so etwa für den Fall eines normalen DANIELL-Elementes zu $E_0^{Cu} - E_0^{Zn} = 0{,}34\ V - (-0{,}76\ V) = 1{,}10\ V$, eines normalen Elementes „Fe/Fe$^{2+}$-Salz/Ag$^+$-Salz/Ag" mit dem Umsatz $Fe + 2Ag^+ \rightarrow Fe^{2+} + 2Ag$ zu $E_0^{Ag} - E_0^{Fe} = 0{,}80\ V - (-0{,}44\ V) = 1{,}24\ V$, aber auch für Elemente mit Nichtmetall-Normalelektroden, so für ein Normalelement mit der Reaktion $Cl_2 + 2Br^- \rightarrow Br_2 + 2Cl^-$ ein Potential von $1{,}36\ V - 1{,}07\ V = 0{,}29\ V$ ergebend.

Während die in den galvanischen Elementen sich abspielenden Austauschreaktionen nach S. 145 zu den Arbeit liefernden, also *exergonischen* Prozessen gehören, sind ihr Gegenstück, die bei der entsprechenden Elektrolyse erfolgenden Zersetzungsreaktionen stets unter Aufwand von Arbeit erzwungene, nämlich mit der Umwandlung von elektrischer in chemische Energie verbundene, also *endergonische* Vorgänge. In beiden Fällen ist dabei der maßgebende Betrag an elektrischer Energie (ein Sonderfall der allgemein als *Reaktionsarbeit* bezeichneten Größe, siehe S. 229) proportional der elektromotorischen Kraft des galvanischen Elements bzw. der zur Elektrolyse notwendigen *Zersetzungsspannung* – erstere bei der in Tab. 27 getroffenen Vorzeichenwahl genau genommen stets negativ, letztere dagegen immer positiv ausfallend. So ergibt sich für die Reaktion in einem „normalen" DANIELL-Element durch Addition der Gleichungen der beiden Teilvorgänge $Cu^{2+} + 2e \rightarrow Cu$ mit $-E_0^{Cu} = -0{,}34\ V$ und $Zn \rightarrow Zn^{2+} + 2e$ mit $E_0^{Zn} = -0{,}76\ V$: $Cu^{2+} + Zn \rightarrow Cu + Zn^{2+}$ und $\Delta E = -0{,}34 - 0{,}76 = -1{,}10\ V$ und auf der andern Seite im Falle der Elektrolyse einer einaktiven CuCl$_2$-Lösung durch Addition der Teilgleichungen $Cu^{2+} + 2e \rightarrow Cu$ mit $-E_0^{Cu} = -0{,}34\ V$ und $2Cl^- \rightarrow Cl_2 + 2e$ mit $E_0^{Cl} = 1{,}36\ V$ der Totalumsatz $Cu^{2+} + 2Cl^- \rightarrow Cu + Cl_2$ mit $\Delta E = -0{,}34 + 1{,}36 = 1{,}02\ V$ als Zersetzungsspannung.

Entsprechend diesen Beziehungen zwischen den beiderlei Arten elektrochemischer Vorgänge lassen denn auch die Spannungsreihen – in völliger Analogie zur Berechnung der Potentiale galvanischer Normalelemente – in Fällen, da bei einer Elektrolyse *verschiedene* Anoden- und Kathodenreaktionen denkbar sind, entscheiden, *welche* unter ihnen den geringsten Aufwand an elektrischer Energie erfordert und daher tatsächlich stattfinden sollte.

Abgesehen von irgendwelchen Hemmungen werden nämlich dem Stoffumsatz einer Elektrolyse jene Anoden- und Kathodenreaktion zugrunde liegen, bei welcher Anode und Kathode die relativ *kleinsten* Potentiale erfordern. Hierbei muß allerdings die Möglichkeit von Sekundärreaktionen (S. 157) im Auge behalten werden, insbesondere jene an $H_2O$ selber: sei es, daß entsprechend $2\,H_2O + 2e \rightarrow 2\,OH^- + H_2$ Wasser zu $OH^-$-Ionen reduziert wird oder unter $O_2$-Entwicklung eine Oxydation von $H_2O$ zu $H_3O^+$-Ionen erfolgt nach $6\,H_2O \rightarrow 4\,H_3O^+ + O_2 + 4e$. Die Potentiale der entsprechenden $H_2$- und $O_2$-Elektroden betragen dabei im Falle einer neutralen (statt normalen bzw. einaktiven) Lösung für $H_2 + 2\,OH^- \rightarrow H_2O + 2e - 0{,}41$ V, im Falle von $6\,H_2O \rightarrow 4\,H_3O^+ + O_2 + 4e + 0{,}82$ V. Für das Beispiel der Elektrolyse einer normalen $NiJ_2$-Lösung unter Verwendung von Platinelektroden ergibt sich somit:

mögliche Kathodenreaktionen und ihre Elektrodenpotentiale:

$$Ni^{2+} + 2e \rightarrow Ni \text{ mit } E_1 = 0{,}24 \text{ V}, \tag{1}$$

$$2\,H_2O + 2e \rightarrow 2\,OH^- + H_2 \text{ mit } E_2 = 0{,}41 \text{ V}, \tag{2}$$

so daß es, da $E_1 < E_2$, an der Kathode zur Abscheidung von Nickel und nicht zur $H_2$-Entwicklung kommen wird;

mögliche Anodenreaktionen und deren Elektrodenpotentiale:

$$2\,J^- \rightarrow J_2 + 2e \text{ mit } E_3 = 0{,}54 \text{ V}, \tag{3}$$

$$6\,H_2O \rightarrow 4\,H_3O^+ + O_2 + 4e \text{ mit } E_4 = 0{,}82 \text{ V}, \tag{4}$$

und endlich die anodische Auflösung der Pt-Elektrode, also

$$Pt \rightarrow Pt^{2+} + 2e \text{ mit } E_5 = 1{,}20 \text{ V}; \tag{5}$$

entsprechend $E_3 < E_4 < E_5$ wird an der Anode Jod abgeschieden und lautet somit der gesamte Umsatz als Kombination von (1) + (3)

$$NiJ_2 \rightarrow Ni + J_2.$$

Indes bewirken die bereits S. 173 erwähnten *Hemmungen* der Gasentwicklung, daß Elektrolysen unter Bildung eines Gases, so vorab von $O_2$ und $H_2$, nicht bei der theoretisch zu erwartenden Zersetzungsspannung $V_0$ einsetzen, sondern erst bei einer wesentlich höheren Spannung $V_h$ (dabei ist $V_h - V_0$ als sog. *Überspannung* auch abhängig von dem als Elektrode verwendeten Metall und dessen Oberflächenbeschaffenheit sowie von der Stromdichte Ampere/cm²). Besonders hohe Überspannungen bestehen z.B. für Wasserstoff bei Verwendung von Elektroden aus Zn, Cd und Hg. Darauf beruht denn auch die Möglichkeit, entgegen den Folgerungen aus der Spannungsreihe der Metalle unedle Metalle wie Cd, Fe und Zn durch Elektrolyse schwach saurer Lösungen zu gewinnen, indem zwar wohl $V_0^H <$ als $V_0^{Me}$ der genannten Metalle, umgekehrt aber zufolge der großen $H_2$-Überspannung $V_h^{Me}$ der Metalle $< V_h^H$, weshalb die genannten Metalle kathodisch abgeschieden werden, bevor eine $H_2$-Entwicklung möglich ist.

Entsprechend Abb. 85 lassen sich galvanische Elemente ferner derart aufbauen, daß die Anode im Verlaufe des Strom-Stoff-Umsatzes *nicht* angegriffen wird, die Austauschreaktion sich vielmehr *lediglich* zwischen den *beiden Salzlösungen* abspielt: So im Falle der Kombination einer ersten Halbzelle mit $SnCl_2$- und einer zweiten mit $FeCl_3$-Lösung entsprechend einer Anodenreaktion $Sn^{2+} \rightarrow Sn^{4+} + 2e$ und der Kathodenreaktion $2Fe^{3+} + 2e \rightarrow 2Fe^{2+}$, insgesamt also $Sn^{2+} + 2Fe^{3+} \rightarrow Sn^{4+} + 2Fe^{2+}$, wobei auch mit diesem Redoxprozeß unter je

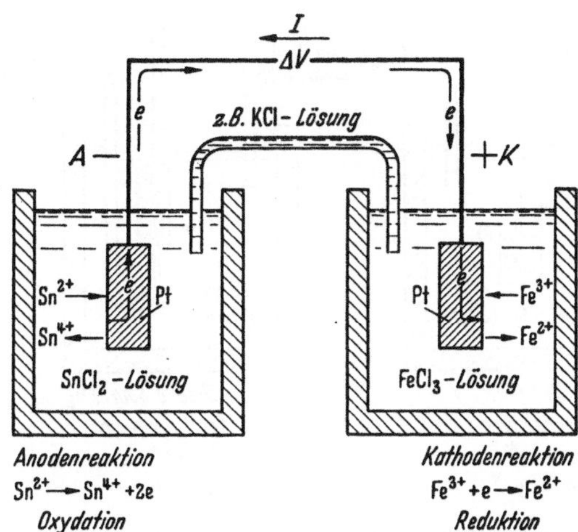


Abb. 85. Galvanisches Element aus den Halbzellen „Pt/FeCl₃" und „Pt/SnCl₂"

zweierlei Ionen des *gleichen* Elements ein Elektronentransport von der Anode zur Kathode verbunden ist, ferner eine Kathoden → Anoden-Wanderung der $Cl^-$ aus der $FeCl_3$-Lösung durch die KCl-„Salzbrücke" nach der $SnCl_2$-Lösung und eine Anoden → Kathoden-Wanderung aller Kationen (also der $Fe^{2+}$- und $Fe^{3+}$-, der $Sn^{2+}$- und $Sn^{4+}$- sowie der $K^+$-Ionen). Abb. 86 veranschaulicht endlich ein galvanisches Element aus einer *Redox*halbzelle, bei welcher eine Pt-Elektrode in eine Lösung mit $Fe^{2+}$- *und* $Fe^{3+}$-Ionen taucht (in ein sog. *Redoxsystem*, allgemein aus Verbindungen des *gleichen* Elements *verschiedener* Wertigkeitsstufen bestehend, in unserem Fall aus einer Lösung eines Ferro- und Ferrisalzes, z.B. $FeCl_2$ und $FeCl_3$), in Kombination mit einer Wasserstoffhalbzelle. Gesamthaft ergibt sich hierbei die galvanische Reaktion $2Fe^{3+} + H_2 + 2H_2O \rightarrow 2Fe^{2+} + 2H_3O^+$, also die Reduktion $Fe^{3+} \rightarrow Fe^{2+}$ in der Redox- und die Oxydation $H_2 \rightarrow H_3O^+$ in der Wasserstoffhalbzelle.

Eine besondere technische Bedeutung haben als *Akkumulatoren* jene galvanischen Elemente erlangt, bei welchen sich die galvanische Reaktion als stromliefernder Prozeß bei der Entladung durch anschließende Elektrolyse (das Aufladen) vollständig *rückgängig* machen läßt. Interessant sind dabei jene Fälle, da hierzu nur ein einziger Elektrolyt gebraucht wird, wobei sich dieser nicht unbedingt an den Reaktionen beteiligen muß, außerdem weder Gase entwickelt noch verbraucht werden und endlich sowohl die Ausgangsstoffe als die Reaktionsprodukte in der Elektrolytlösung schwer löslich sind. Beispiele solcher *reversibler (Sekundär)*Elemente [im Gegensatz zu den *irreversibeln*, nur eine Entladung gestattenden *(Pri-*

*mär)*Elementen] sind: der *Bleiakkumulator*, an dessen *positiven* Platten bei der Entladung als Kathodenreaktion die Reduktion $PbO_2 + SO_4^{2-} + 4H_3O^+ + 2\,e \rightarrow PbSO_4 + 6H_2O$ stattfindet, bei der Aufladung als Anodenreaktion die Oxydation $PbSO_4 + 6H_2O \rightarrow PbO_2 + SO_4^{2-} + 4H_3O^+ + 2e$, während an seinen *negativen*

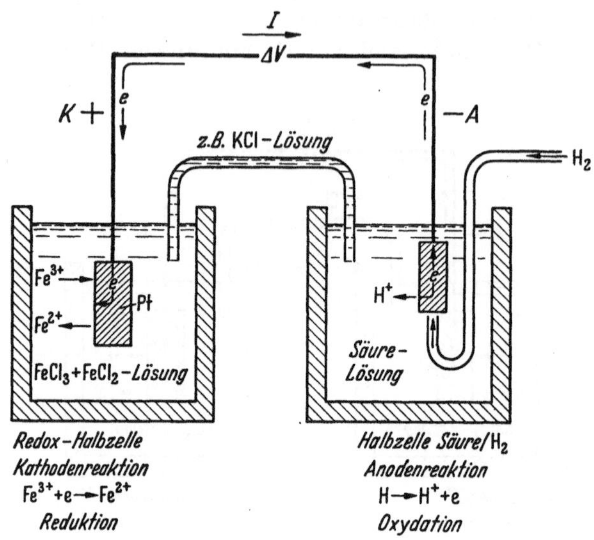


Abb. 86. Galvanisches Element aus einer Wasserstoff- und einer Redoxhalbzelle

Platten bei der Entladung als Anodenreaktion die Oxydation $Pb + SO_4^{2-} \rightarrow PbSO_4 + 2e$, bei der Aufladung als Kathodenreaktion die Reduktion $PbSO_4 + 2e \rightarrow Pb + SO_4^{2-}$ erfolgt (demgemäß wird bei der Entladung Schwefelsäure verbraucht, bei der Aufladung umgekehrt wieder zurückgebildet). In eine Gleichung zusammengefaßt gilt somit

$$PbO_2 + 2H_2SO_4 + Pb \underset{\text{Aufladung}}{\overset{\text{Entladung}}{\rightleftharpoons}} PbSO_4 + 2H_2O + PbSO_4.$$

Für den EDISON*(Stahl)-Akkumulator* lautet die entsprechende Gleichung

$$2\,Ni(OH)_3 + Fe \underset{\text{Aufladung}}{\overset{\text{Entladung}}{\rightleftharpoons}} 2\,Ni(OH)_2 + Fe(OH)_2,$$

wobei das hier als Elektrolyt verwendete KOH sich an den Reaktionen nicht beteiligt, sondern nur dem Stromtransport dient; dasselbe trifft zu vom *Silber-Zink-Akkumulator* mit den Reaktionen

$$Ag_2O_2 + H_2O + 2\,Zn \underset{\text{Aufladung}}{\overset{\text{Entladung}}{\rightleftharpoons}} 2\,Ag + ZnO + Zn(OH)_2.$$

*Brennstoffelemente* haben schließlich zum Zweck, *die Verbrennung von Brennstoffen* (S. 208) *als galvanische Reaktion* ablaufen zu lassen, um derart mit praktisch verdoppeltem Wirkungsgrad chemische Energie *direkt* in elektrische überzuführen (statt wie im Falle der Dampfturbine oder des Dieselmotors auf dem Umweg von Wärme und mechanischer Energie). Hierzu ist wiederum erforderlich, daß sich Oxydation und Reduktion an getrennten Orten abspielen, bei der Verbrennung von $H_2$ zu $H_2O$, also $2H_2 + O_2 \rightarrow 2H_2O$, an der Anode die Oxydation $H_2 \rightarrow$ $2H^+ + 2e$ und an der Kathode die Reduktion $O_2 + 4e \rightarrow 2O^{2-}$. Kalte Brennstoffelemente verwenden als Stromträger von der Kathode zur Anode wässerige Elektrolytlösungen (z.B. eine KOH-Lösung), heiße Elemente dagegen Salzschmelzen und arbeiten daher bei erhöhten Temperaturen wie 700 °C u.dgl. Im letzteren Fall wird beispielsweise Luft und $CO_2$ an die Kathode geleitet, um daselbst gemäß $2CO_2 + O_2 + 4e \rightarrow 2CO_3^{2-}$ zu reagieren. Diese Carbonationen wandern hernach durch eine Schmelze aus $Na_2CO_3$ und $Li_2CO_3$ und werden an der Anode zu $CO_2$ umgesetzt, sei es nach $CO_3^{2-} + CO \rightarrow 2CO_2 + 2e$ oder aber $CO_3^{2-}$ $+ H_2 \rightarrow CO_2 + H_2O + 2e$, je nachdem, ob als Brennstoff $CO$ oder $H_2$ verwendet wird.

Aber auch im Falle von Elektrolysen – hierin noch einmal die Reziprozität der beiden elektrochemischen Vorgänge sich äußernd – lassen sich an der Anode nicht nur Metalle oder $H_2$ und an der Kathode Nichtmetalle abscheiden, sondern ebensogut in Lösung befindliche Stoffe an der Anode oxydieren oder an der Kathode reduzieren. Dabei müssen die betreffenden Stoffe zu einer solchen *elektrolytischen Oxydation* oder *Reduktion* ihrerseits durchaus nicht in Ionen dissoziieren, sondern genügt es, wenn sie in einer Elektrolytlösung hinreichend löslich sind.

Verdrängungsreaktionen von der Art derjenigen, wie sie in galvanischen Elementen zur Gewinnung elektrischer Energie, sodann zur experimentellen Bestimmung wichtiger thermodynamischer Größen (S. 230) durchgeführt werden, können sich an Metalloberflächen oft auch völlig *unbeabsichtigt* ergeben. Infolge der mit ihnen verbundenen, *stets* an der *Anode* erfolgenden Bildung von Metallionen führen sie zu einem örtlichen *Metallabtrag* und damit zu jenen Korrosionserscheinungen, wie sie als *galvanische Korrosion* beim Kontakt von Metallen mit irgendwelchen *Elektrolytlösungen* als *Korrosionsmittel* eine besondere Rolle spielen. Allgemein beruhen diese, unter der Gesamtheit aller *Korrosionsarten* (elektrolytische, galvanische und chemische Korrosion; erstere siehe bereits S. 158, letztere S. 259) wichtigsten Korrosionsprozesse darauf, daß anodisch und kathodisch wirkende Bereiche einer Metalloberfläche, welche unter sich in leitender Verbindung stehen, zusammen mit der als Korrosionsmittel tätigen Elektrolytlösung ein galvanisches Element ergeben (Abb. 91, S.181): Sei es ein makroskopisch dimensioniertes – beispielsweise ein sog. *Kontaktelement*, wenn zwei elektrochemisch sich verschieden verhaltende Metalle miteinander in unmittelbarem Kontakt stehen, – oder ein *Lokalelement*, falls die Gebiete der Metalloberfläche mit verschiedenem Potential gegenüber der sie berührenden Elektrolytlösung bloß mikroskopisch oder noch kleiner bemessen sind. Für die bei solchen Elementen sich ergebenden Potentialdifferenzen sind jedoch häufig nicht die Normalpotentiale (S. 171) maßgebend, sondern jene, welche sich unter Berücksichtigung der gleichzeitigen Anwesenheit *anderer* Ionen und Lösungsmittel, von Passivierungs- und Polarisationserscheinungen u.dgl. (siehe Tab. 28 und bereits auch S.172) ergeben. Gelegentlich kann es demzufolge zu einer eigentlichen *Potentialumkehr* kommen: So im Falle einer NaCl-Lösung unter Zn und Al, Cd und Fe; ferner verhält sich beispielsweise auch bei der Kombination Fe/Sn (verzinntes Eisen, Weißblech) in Berührung mit Fruchtsäuren Sn unedler als Fe. Je nach der besonderen Ursache, welche zwischen verschiedenen Stellen der Oberfläche eine Potentialdifferenz hervorruft, werden

**Tabelle 28. Änderungen der Potentiale einiger Metalle in Gegenwart andersartiger Ionen**
(nach G. W. AKIMOW)

| | 3% NaCl-Lösung | | 3% NaCl + 0,1% $H_2O_2$ | | Normal-potential |
|---|---|---|---|---|---|
| | $a$ | $e$ | $a$ | $e$ | |
| Ag | + 0,24 | + 0,20 | + 0,23 | + 0,23 | + 0,80 |
| Cu | + 0,02 | + 0,05 | + 0,20 | + 0,05 | + 0,34 |
| Sn | − 0,25 | − 0,25 | − 0,08 | + 0,1 | − 0,14 |
| Pb | − 0,39 | − 0,26 | − 0,35 | − 0,24 | − 0,13 |
| Ni | − 0,13 | − 0,02 | + 0,2 | + 0,05 | − 0,24 |
| →Cd | − 0,58 | − 0,52 | + 0,50 | − 0,50 | − 0,40 |
| →Fe | − 0,34 | − 0,50 | − 0,25 | − 0,50 | − 0,44 |
| Cr | − 0,02 | + 0,23 | + 0,40 | + 0,60 | − 0,56 |
| →Zn | − 0,83 | − 0,83 | − 0,77 | − 0,77 | − 0,76 |
| →Al | − 0,63 | − 0,63 | − 0,52 | − 0,52 | − 1,66 |
| Mg | − 1,45 | − | − 1,4 | − | − 2,38 |

$a$ Anfangswert, $e$ Endwert; alle Werte in Volt.

im Sinne von Tab. 29 *äußere* und *innere* Lokalelemente unterschieden (dabei ist zu beachten, daß sich auch an homogenen Legierungen, ja sogar an Reinmetallen Lokalelemente ergeben können, also selbst hier die galvanische Korrosion nicht notwendig des Kontaktes mit einen anderen Metall bedarf). Die im Einzelfall sich ergebende *Korrosionsform*, also

a) ein gleichmäßiger *Flächenabtrag* (dieser einfach zu kennzeichnen durch den pro Zeit- und Flächeneinheit eintretenden Gewichtsverlust oder die pro Zeiteinheit resultierende Querschnittsabnahme)[1],

b) *Lochfraß* in Form lokaler Anfressungen (als Grübchen, Graben oder Spalten) bis zu eigentlichen Durchlöcherungen (Abb. 87) oder endlich

c) eine bevorzugt den Kornrändern folgende, *interkristalline* Korrosion unter Bildung eines Netzwerkes oberflächlicher Risse (Abb. 88)

wird vor allem bestimmt durch das *Größenverhältnis* der anodisch und kathodisch wirkenden Teile der Metalloberfläche, im Falle der Lokalelemente außerdem durch deren *Verteilung* in der Kontaktfläche Metall/Korrosionsmittel. So bewirkt eine galvanische Korrosion

einen allgemeinen und gleichmäßigen *Flächenabtrag* bei *groß*flächiger *Anode* und wenig ausgedehnter Kathode (Abb. 89a; Beispiel: Lücke oder Verletzung in einem metallischen Überzug, welcher − wie etwa Zn auf Fe − unedler ist als das Grundmetall); dazu auch, wenn sich an der Metalloberfläche zahlreiche, indes unregelmäßig verteilte (sog. „statistische") Lokalelemente bilden (Beispiel: Grauguß, falls sich an dessen Oberfläche in − räumlich und zeitlich − unregelmäßiger Verteilung zahlreiche kleine Lokalelemente mit Ferrit als Anode, Perlit und Graphit als Kathode ergeben).

---

[1] So wurden beispielsweise bei Versuchen mit vielen unlegierten Stählen als häufigste Rostungsgeschwindigkeiten in Landluft 0,03 mm/Jahr, in Stadtluft 0,05 mm/Jahr und in Industrieluft über 0,07 mm/Jahr beobachtet und erwies sich die Korrosion in trockener Atmosphäre am geringsten, im feuchten Tropenklima 10- bis 20mal, an der Meeresküste 30- bis 90mal und in der durch die Verbrennungsprodukte des Schwefels, $CO_2$ u. dgl. stark verunreinigten Industrieatmosphäre 100- bis 300mal größer. Während die Walzhaut zunächst eine gewisse Schutzwirkung ausübt, scheint sie im Laufe der Zeit die Rostung oft eher zu begünstigen.

*Lochfraß* entsteht dagegen bei *klein* bemessener *Anodenfläche* und großer Kathode (Abb. 89b; Beispiele: Lücke oder Verletzung in metallischem Überzug, welcher – wie etwa Cu oder Sn auf Fe – edler ist als das Grundmetall; örtlich behin-

Abb. 87. Lochfraß

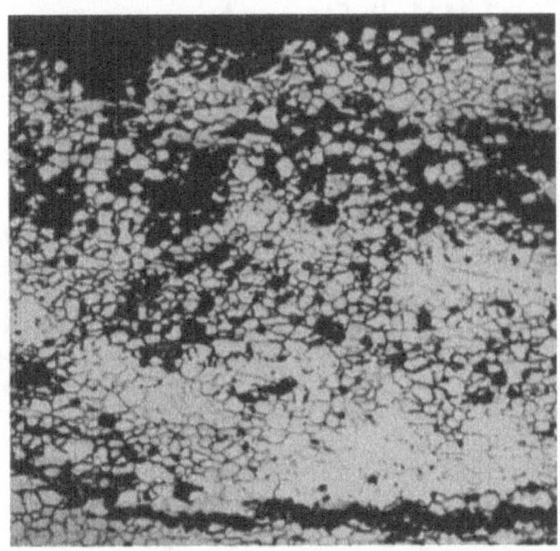

Abb. 88. Interkristalline Korrosion bis zur förmlichen Auflösung des Kornverbandes eines Metalls

derte Belüftung, indem lokal erschwerter oder fehlender $O_2$-Zutritt die betreffenden Oberflächenelemente gegenüber der allgemein gut belüfteten Metalloberfläche „verunedelt", erstere somit zur Anode, die letztere dagegen zur Kathode werden – siehe hierzu ausführlicher S. 191).

*Interkristalline Korrosion* ergibt sich endlich vor allem, wenn in Berührung mit der Elektrolytlösung die Umgebung der Korngrenzen relativ zum Korninneren geringeres Potential annimmt und damit entlang der Korngrenzen wiederum

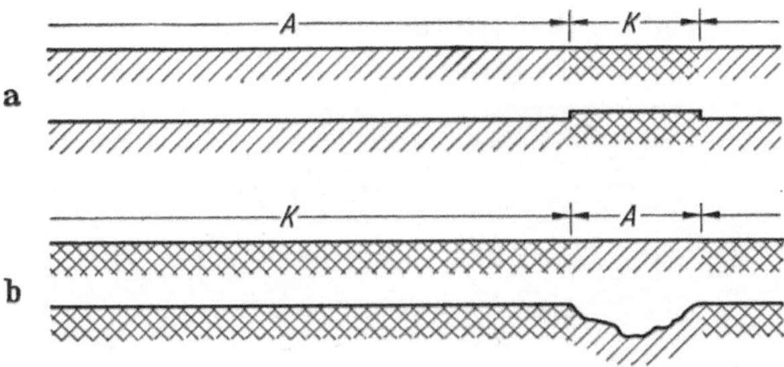

Abb. 89. a) Gleichmäßiger Flächenabtrag bei großem, anodisch wirkendem Gebiet A und kleinem, kathodisch wirkendem Bereich K; b) Lochfraß bei kleinem, anodisch wirkendem Gebiet A und großem, kathodisch wirkendem Bereich K

schmale Lokalanoden entstehen, während das ausgedehnte Kristallinnere die Lokalkathoden abgibt (Abb. 90; Beispiele hierzu: zufolge Übersättigung an einem oder mehreren Legierungsbestandteilen instabile Legierungen, bei welchen im Zusammenhang mit ihrer Aushärtung – häufigster Fall von Al- und Mg-Legierungen – oder einer thermischen Einwirkung – Schweißen legierter Stähle! – eine *inhomogene* Ausscheidung angelaufen ist, so daß die Kornränder gegenüber dem Korninnern eine Verarmung an Legierungsbestandteilen und damit kleineres Potential als das Korninnere aufweisen; die Erscheinung der sog. *Laugensprödigkeit*

12*

**Tabelle 29**

## Galvanische Korrosionselemente

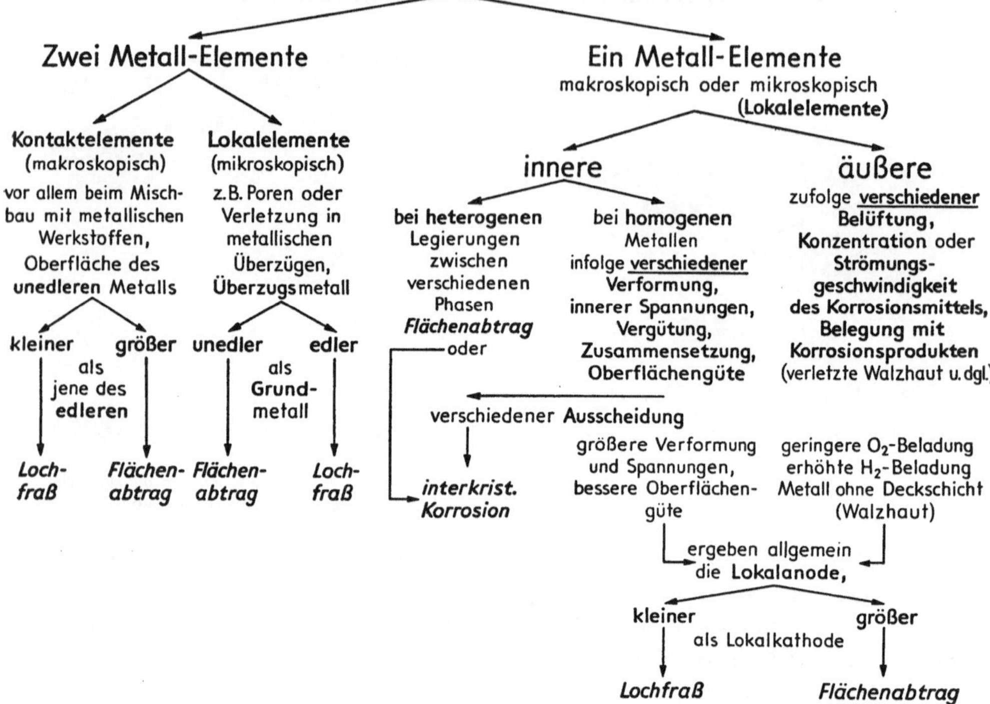



ferritischer Stähle, falls solche unter der Wirkung wässeriger NaOH-Lösungen
und gleichzeitiger mechanischer Beanspruchung bei bestimmten Temperaturen
einer spezifischen Versprödung der „Korngrenzen" unterliegen).

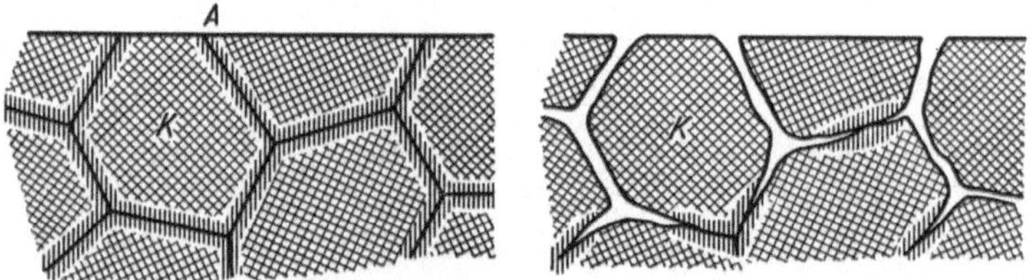



Abb. 90. Interkristalline Korrosion zufolge der gegenüber dem Korninnern K anodisch wirkenden Kornrändern A (einfach schraffiert anodische, gekreuzt schraffiert kathodische Bereiche)

Korrosion braucht indes nicht notwendig eine Phase *als Ganzes* zu betreffen
(*nach Kristallarten selektive* Korrosion wie beispielsweise im Falle der „Spongiose"
des Gußeisens, bei der das anodisch wirkende Eisen herausgelöst wird, das Werkstück nach Art einer *Pseudomorphose* seine Form noch bewahrt, jedoch seine
Festigkeit nahezu vollkommen einbüßt), sondern kann sich auch bloß auf einen
einzelnen Legierungsbestandteil beziehen, so etwa, wenn aus α-Messing als (Cu,
Zn)-Mischkristall einzig Zn entfernt und Cu als „entzinktes" Messing zurückbleibt,
damit aber mindestens der äußeren Erscheinung nach eine *nach Atomarten selektive*
Korrosion vorliegt.

Der einfachste Fall solcher galvanischer Korrosionsvorgänge besteht allgemein bei den *Korrosionen vom Wasserstofftypus*, nämlich jenen, wo nach Abb. 91 mit dem anodischen Metallabtrag eine $H_2$-Entwicklung an der Kathode gekoppelt ist. Damit aber folgt aus der Kombination der Anodenreaktion $Me \rightarrow Me^+ + e$ mit der Kathodenreaktion $2H_3O^+ + 2e \rightarrow 2H + 2H_2O \rightarrow H_2 + 2H_2O$ der totale Umsatz $2Me + 2H_3O^+ \rightarrow 2Me^+ + H_2 + 2H_2O$ – also die gleiche Austauschreaktion wie im

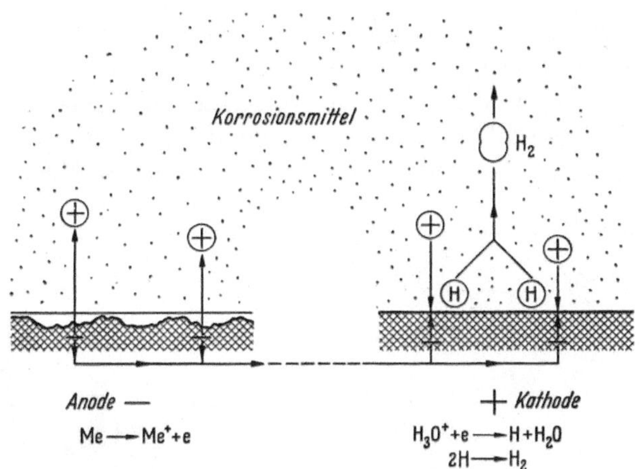


Abb. 91. Element bei einer Korrosion nach dem $H_2$-Typ

Falle der Auflösung unedler Metalle in der Lösung einer Säure (S. 155). Eine Korrosion dieser Art ergibt sich in der Tat, wenn Eisen mit hinreichend sauren Lösungen – nämlich mit $p_H$-Werten (siehe S. 240) allgemein unter 4 – in Berührung kommt, also z.B. mit Salzsäure entsprechend $Fe + 2HCl \rightarrow FeCl_2 + H_2$ reagiert. Entgegen den Erwartungen auf Grund der Spannungsreihe jedoch beispielsweise *nicht* zwischen Salpetersäurelösungen und Chrom oder Aluminium, zwischen Schwefelsäure und Blei usw. Dabei ist es nicht so sehr das bereits S. 174 erwähnte Phänomen einer gehemmten $H_2$-Entwicklung, welches diese auffallende Beständigkeit einzelner Metalle gegenüber bestimmten Säurelösungen zur Folge hat. Wesentlicher ist vielmehr der Umstand, daß gewisse Metalle bereits in Berührung mit Luftsauerstoff Oxiddeckschichten besonderer chemischer Widerstandsfähigkeit und Schutzwirkung (S. 255) bilden, welche in Berührung mit stark oxydierenden Säurelösungen noch verstärkt oder mit einer Schicht eines aus der Reaktion zwischen Säure und Metall entstehenden *Korrosionsproduktes* überzogen werden – letzteres trifft zu im Falle von Pb und $H_2SO_4$ dank der Bildung von schwerlöslichem $PbSO_4$, „Nachoxydation" der Deckschicht durch $HNO_3$ besteht dagegen bei Al und Cr. – Wie sehr diese *natürlichen Deckschichten* auf der Oberfläche eines Metalls – bald rein oxidische, bald aus Oxiden, Hydroxiden und auch Carbonaten bestehende – das Korrosionsverhalten der Metalle beeinflussen, belegt besonders eindrücklich, daß sich beim Angriff durch *alkalische* Lösungen oftmals gerade die *Umkehr* dessen einstellt, was im Falle *saurer* Lösungen Gültigkeit hatte: Jetzt erweist sich etwa Eisen als weitgehend korrosionsbeständig, während Aluminium durch alkalische Lösungen in besonderem Maße angegriffen wird, und zwar nach Auflösung seiner natürlichen Oxidhaut durch die Alkalien im Sinne der Reaktion $2\,Al + 2\,NaOH + 6\,H_2O \rightarrow 2\,NaAl(OH)_4 + 3\,H_2$ – also wiederum nach Art einer Korrosion vom Wasserstofftypus. Darauf beruht ebenso der treffliche Rostschutz, den die alkalische Betonhülle (mit $p_H$-Werten um 12) auf die Armierung des Eisen-(Stahl)betons ausübt, während Al und Pb im Kontakt mit Mörtel und Beton wesentlicher Korrosion unterliegen (siehe dazu auch Tab. 31, S. 199), so Aluminium wiederum gemäß $2\,Al + Ca(OH)_2 + 2\,H_2O \rightarrow Ca(AlO_2)_2 + 3\,H_2$ und ähnlichen Reaktionen.

An *Schutzmaßnahmen* gegen galvanische Korrosion an *gemischten Metallkonstruktionen* empfiehlt sich zunächst, Kontakte von Metallen mit übermäßig verschiedenen Lösungspotentialen, so z.B. von Aluminium mit Schwermetallen wie Kupfer oder Messing tunlichst zu vermeiden, und zwar insbesondere solche, welche *große* Flächen *edleren* Metalls mit *kleinen* aus *unedlerem* Metall verbinden. Wo

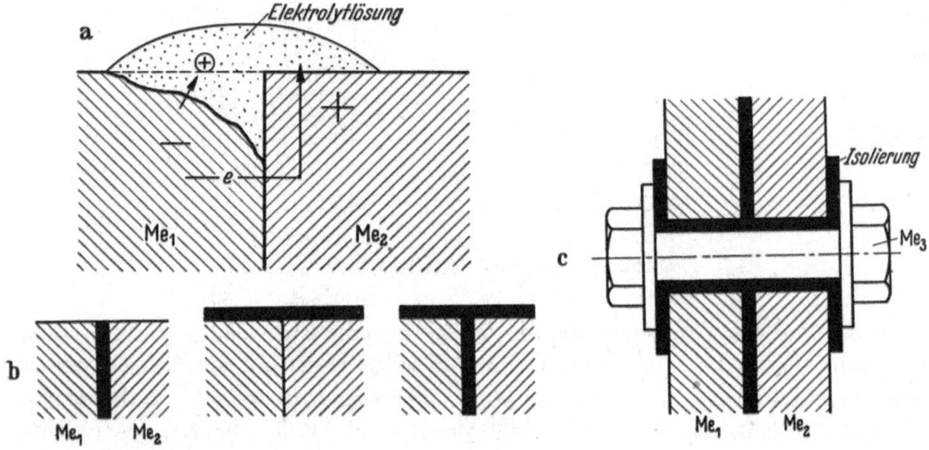


Abb. 92. a) Kontaktelement zwischen den beiden Metallen Me₁ und Me₂; b) einfache Schutzmaßnahmen: Isolation der Kontaktfläche Me₁/Me₂, Überzug über beiden Metallen oder auch Kombination beider Vorkehren; c) vollkommene Isolierung einer Schraubenverbindung zweier Metalle

dies nicht oder nur teilweise möglich, sind am *Metallkontakt selber* vorzukehren: Eine Isolation der beiden Metalle im Sinne der Abb. 92 mit geeigneten Dichtungsmaterialien wie Kunststoffen, Kautschuken, Fiber, Leder, Asbest, anodisch oxydierten Al-Folien usw., ein isolierender Anstrich (aus Bitumen, Lacken u.dgl.) oder ein Überzug der Kontakt-, allenfalls auch der Oberfläche selber (hierfür auch Überzüge aus Metallen, die unedler sind als das unedlere Kontaktmetall, in Frage kommend) oder die Anwendung geeigneter Zusätze, sog. *Inhibitoren*, zu der als *Korrosionsmittel* wirkenden Flüssigkeit. Dies geschieht vor allem im Falle von Kühl-, Brems- und Heizflüssigkeiten, um damit die Bildung einer Schutzschicht zu provozieren, natürliche Deckschichten besser abzudichten, die $H_2$-Entwicklung zu hemmen usw. (S. 280).

Alle vorgenannten Maßnahmen wie auch sämtliche Anstriche (S. 270), Überzüge und Verkleidungen zur Verhütung einer Korrosion bilden in ihrer Gesamtheit, was als *passiver Korrosionsschutz* betrachtet wird. Demgegenüber sorgt ein *aktiver Schutz gegen Korrosion*, auch *kathodischer Schutz* genannt, durch geeignete *elektrische* Vorkehren dafür, daß das zu schützende Objekt zur Kathode wird, um dasselbe derart einem anodischen Angriff zu entziehen. So, wie die Korrosion selber nach S. 158 auf elektrolytischen, nach S. 177 hingegen auf galvanischen Reaktionen beruhen kann, läßt sich ebenfalls die mit dem kathodischen Schutz angestrebte *Kathodisierung des Schutzobjektes* entweder auf dem Wege einer Elektrolyse oder durch ein galvanisches System erreichen. Im erstern Fall wird das Objekt durch eine Gleichstromquelle negativ aufgeladen und damit zur Kathode einer Elektrolysierzelle, während ein Stück Altmetall als positiver Pol die Anode abgibt und im Laufe der Zeit der (an sich belanglosen) anodischen Auflösung anheimfällt (Abb. 93a). Erfolgt der kathodische Schutz statt dessen auf galvanischem Wege, so wird nach Abb. 93b das Objekt mit einem Metall von hinreichend

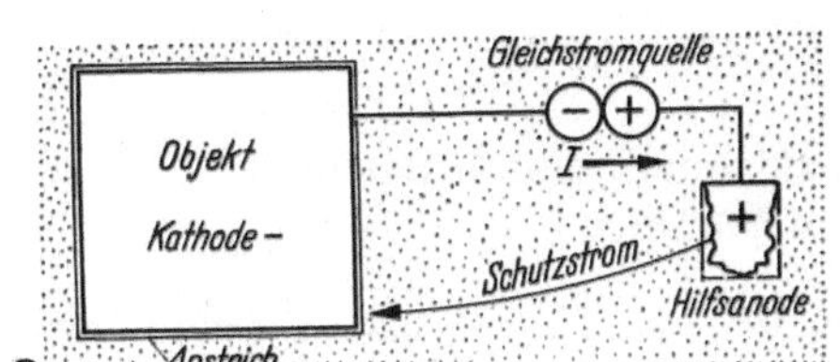

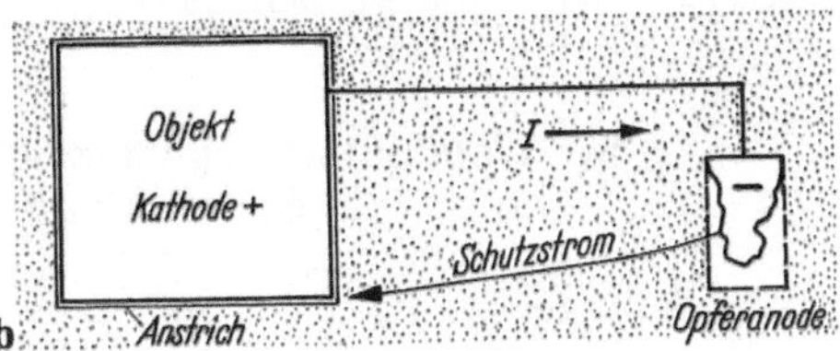


Abb. 93. Schematische Darstellung der Verfahren zum kathodischen Schutz von Objekten aus Stahl: a) Kathodisierung des Objekts auf elektrolytischem Wege, b) dasselbe mit einem galvanischen System.

unedelm Charakter, bei Stahl zumeist Mg, etwa legiert mit 6% Al oder 3% Zn, leitend verbunden, so daß im dadurch geschaffenen galvanischen Element das Objekt zur nunmehr positiven Kathode wird, das „Hilfsmetall" zur negativen Anode und damit wiederum zum Träger des Abtrages (daher auch als „Opferanode" bezeichnet). Ob elektrolytisch oder galvanisch erzeugt, liegt solcher kathodischer Schutz vor allem nahe bei metallischen Objekten, welche der ständigen visuellen Kontrolle auf eine allfällige Korrosion entzogen sind, also etwa im Falle eingegrabener oder eingemauerter Rohrleitungen, Behälter (Tanks) u.dgl. Dabei behalte man allerdings zweierlei stets im Auge: einmal, daß aktiver Korrosionsschutz nie an Stelle von passivem treten soll, sondern *beide zusammen* in sinngemäßer Kombination die beste und zugleich wirtschaftlichste Lösung ergeben; sodann, daß die Kathodisierung eines bestimmten Objekts andere ihm benachbarte zu Anoden machen kann und diese damit einem verstärkten korrosiven Angriff aussetzen.

### Literatur zu Korrosion und Korrosionsschutz

*Metallische Werkstoffe*


Evans, U. R.: The Corrosion and Oxidation of Metals, 1960;
Uhlig, H. H.: Corrosion Handbook, 1948;
Uhlig, H. H.: Corrosion and Corrosion Control, an Introduction to Corrosion Science and Engineering, 1963;
Shreir, L. L.: Corrosion (2 Bände), 1963;
Tödt, F.: Korrosion und Korrosionsschutz, 1961;
Ritter, F.: Korrosionstabellen metallischer Werkstoffe, 1952;
Rabald, E. und D. Behrens: Dechema-Werkstofftabellen, 1953/54;
Klas, H. und H. Steinrath: Die Korrosion des Eisens und ihre Verhütung, 1956;
LaQue, F. L. and H. R. Copson: Corrosion Resistance of Metals and Alloys, 1963;

Morgan, J. H.: Cathodic Protection, 1959;
Burns, R. M. and W. W. Bradley: Protective Coatings for Metals, 1955.

*Andere Werkstoffe*

Ritter, F.: Korrosionstabellen nichtmetallischer Werkstoffe, 1956;
Falcke, K.: Kleines Handbuch des Säureschutzbaues, 1966;
Rick, A. W.: Taschenbuch des chemischen Bautenschutzes, 1956;
Graf, O.: Die Eigenschaften des Betons, 1950;
Kleinlogel, A.: Einflüsse auf Beton und Stahlbeton, 1950;
Graf, O. und H. Goebel: Verhütung von Bauschäden, 1954;
Rabald, E.: Werkstoffe in „Ullmanns Enzyklopädie der technischen Chemie", Band I, 1951;
Waeser, B.: Kunststoffe als Schutz gegen Korrosion, 1963;
Kollmann, F.: Technologie des Holzes und der Holzwerkstoffe (in Band II: Holzschutz und Oberflächenbehandlung), 1951–1955.

## § 27. Kombinierte chemische Reaktionen, einige Beispiele der anorganischen Chemie

Weit häufiger als die bisher bevorzugt betrachteten *Einzelreaktionen* sind *kombinierte* chemische Prozesse, sei es, daß sich zwei oder mehr Reaktionen gleichzeitig abspielen – bald völlig unabhängig voneinander, bald sich gegenseitig beeinflussend – oder aber einer ersten Reaktion weitere folgen, dabei die Produkte der ersten Reaktion die Ausgangsstoffe zur zweiten ergeben usw. Während in den einen Fällen sich solche *Reaktionsfolgen* eindeutig in die Einzelprozesse zerlegen lassen, gelingt dies unter anderen Umständen höchstens mittelbar, oft überhaupt nur im Sinne reichlich hypothetischer Annahmen.

Einige bedeutsame chemisch-technische Verfahren mögen als erste Beispiele dienen: So zunächst das heute zur Herstellung von Soda ($Na_2CO_3$) nahezu ausschließlich verwendete Solvay-*Verfahren* mit den Teilprozessen:

als Reaktion I durch Einleiten von $NH_3$ und hernach von $CO_2$ in eine wässerige NaCl-Lösung: $NaCl + NH_3 + CO_2 + H_2O = NaCl + NH_4(HCO_3) \rightarrow Na(HCO_3) + NH_4Cl$,

darnach unter Erhitzen (Calcinieren) des $Na(HCO_3)$ als Reaktion II: $2Na(HCO_3) \rightarrow Na_2CO_3 + H_2O + CO_2$ und schließlich

als Reaktion III die doppelte Umsetzung $2NH_4Cl + Ca(OH)_2 \rightarrow 2NH_4OH + CaCl_2 \rightarrow 2NH_3 + 2H_2O + CaCl_2$ (nämlich das Verdrängen der Base eines Salzes durch dessen Reaktion mit einer stärkeren Base). Weil so Reaktion III das zur Reaktion I benötigte $NH_3$ zurückgewinnen läßt und mit Reaktion II dasselbe für einen Teil des bei Reaktion I verwendeten $CO_2$ geschieht, kann das Verfahren *im Kreislauf* geführt werden, wobei (abgesehen von Verlusten) $NH_3$ *nur Zwischenreaktionen* und nicht einer endgültigen Umsetzung unterliegt. Dies ist ein unter wirtschaftlichen Gesichtspunkten vorab im Falle von *Gross*-Synthesen sehr bedeutsamer Umstand, sobald für Nebenprodukte keine lohnende Verwendung besteht. – Ganz ähnlich wird bei der bereits S. 156 gestreiften Herstellung von Magnesium verfahren, wo als Reaktion I im elektrischen Ofen in Gegenwart von Kohle $MgCO_3$ im Chlorstrom in $MgCl_2$ übergeführt und daraufhin als Reaktion II $MgCl_2$ durch Schmelzelektrolyse in Mg und $Cl_2$ zerlegt wird, so daß hier $Cl_2$, indem es nur „vorübergehend" an Mg gebunden wird, im Kreislauf geführt werden kann. Siehe hierzu auch das S. 236 über die Zwischenreaktionskatalyse Gesagte.

Andererseits zeigt die Fabrikation der *Zemente*, insbesondere jene der *Portland-zemente* (S. 112), wie beim fortschreitenden Erhitzen eines Stoffgemisches – in unserem Falle beim Brennen des durch Vermischen und Feinmahlen von Kalk-stein und Ton (oder doch tonartiger Rohstoffe wie Mergel u.dgl.) erhaltenen Roh-mehls oder des daraus durch Wasserzusatz hergestellten Rohschlamms zum Zementklinker – sich *nebeneinander und nacheinander* die verschiedensten che-mischen Reaktionen abspielen können: So im Anschluß an das bloße Trocknen als erstes die Dehydratation der wasserhaltigen Tonbestandteile (allgemein basi-sche Alumosilicathydrate vom Typus „$m$ SiO$_2$ · $n$ Al$_2$O$_3$(Fe$_2$O$_3$) · ($p + p'$)H$_2$O" mit $p'$H$_2$O in kristallwasserartiger-zeolithischer Bindung, $p$ H$_2$O hingegen als OH-Gruppen), welcher über 500 °C ein Zerfall der entwässerten Tonsubstanz in ein hochdisperses Gemisch von weitgehend amorphem und damit besonders reak-tionsfähigem SiO$_2$ und Al$_2$O$_3$ folgt. Bei ungefähr 800 °C setzen die Dissoziation der Carbonate, vor allem des CaCO$_3$ in CaO + CO$_2$ ein, zugleich aber auch die ersten Additionsreaktionen zwischen CaO und Al$_2$O$_3$ zu CaO · Al$_2$O$_3$ und ebenso mit SiO$_2$ zu CaO · SiO$_2$ usw., darnach „Sekundäradditionen" zwischen diesen Erstpro-dukten und CaO, indem sich beispielsweise oberhalb 950 °C der erste, *endgültige* Klinkerbestandteil 2 CaO · SiO$_2$ (Dicalciumsilicat) einerseits in der direkten Reak-tion 2 CaO + SiO$_2$, nicht weniger aber auch aus CaO · SiO$_2$ + CaO bildet. Zwei weitere Klinkermineralien, nämlich 3 CaO · Al$_2$O$_3$ (Tricalciumaluminat) und „4 CaO · Al$_2$O$_3$ · Fe$_2$O$_3$" (sog. Brownmillerit[1]), entstehen dagegen erst bei Tempe-raturen oberhalb 1250 °C, um (im Gegensatz zu 2 CaO · SiO$_2$) bei wenig höherer Temperatur in den *schmelzflüssigen* Zustand überzugehen. Als Hauptbestandteil des Portlandzements[2] (oft 50% und mehr desselben ausmachend) ergibt sich schließlich erst über 1260 °C das Tricalciumsilicat 3 CaO · SiO$_2$, weshalb die obere Brenntemperatur der Portlandzemente allgemein bei 1450 °C liegt. Je nach der Geschwindigkeit, mit welcher in der Folge der derart entstandene *Zementklinker* abgekühlt wird, erstarrt die schmelzflüssige Phase der Aluminate, welche zugleich die untergeordneten Komponenten MgO, Na$_2$O, K$_2$O, TiO$_2$, Cr$_2$O$_3$ usw. enthält, entweder zu einer glasartigen Masse oder in Kristallen, woraus sich das in Abb. 94 wiedergegebene Gefüge des Klinkers der Portlandzemente erklärt. Durch Fein-mahlen der in Erbsen- bis Faustgröße anfallenden Klinkerkörner unter Beigabe einer begrenzten Menge *Gipsstein* zur Regelung (allgemein Erhöhung) der zum Abbinden (S. 187) benötigten Zeit werden schließlich die *Portlandzemente* selber erhalten.

Indem bereits relativ geringfügige Verschiebungen in der chemischen Zusam-mensetzung des Rohmehls sehr erhebliche Änderungen im Phasenbestand des Klinkers zur Folge haben, muß sich der Chemismus des Rohmehls in relativ engen Grenzen halten und insbesondere dessen CaO-Gehalt derart bemessen werden, daß

---

[1] Dabei handelt es sich *nicht* um eine *eigentliche* intermediäre Phase, sondern um ein Glied aus der *Mischkristallreihe* 2 CaO · (Al, Fe)$_2$O$_3$ = 2 CaO · Al$_2$O$_3$ ... 2 CaO · Fe$_2$O$_3$ mit einer Zu-sammensetzung zwischen 4 CaO · Al$_2$O$_3$ · Fe$_2$O$_3$ und 6 CaO · 2 Al$_2$O$_3$ · Fe$_2$O$_3$. – Auch die übrigen Klinkerbestandteile zeigen oft Abweichungen von der „idealen" Zusammensetzung, indem z.B. 3 CaO · SiO$_2$ noch etwas Al$_2$O$_3$ und MgO, 2 CaO · SiO$_2$ neben einem CaO-Überschuß FeO und MnO, 3 CaO · Al$_2$O$_3$ vor allem Fe$_2$O$_3$ und Brownmillerit zusätzlich MgO enthalten können.

[2] In der Zementchemie werden für SiO$_2$, Al$_2$O$_3$, Fe$_2$O$_3$, CaO usw. oft die Abkürzungen S, A, F, C usw. und dementsprechend für die Klinkerbestandteile die Formeln C$_3$S, C$_2$S, C$_3$A und „C$_4$AF" verwendet.

er auf der einen Seite die Bildung der erforderlichen Menge $3\,CaO \cdot SiO_2$ gewährleistet, andererseits aber auch nicht ein schädlicher Gehalt von *nicht* an $SiO_2$, $Al_2O_3$ oder $Fe_2O_3$ gebundenem CaO (sog. *freiem* Kalk) resultiert. Durch bewußtes

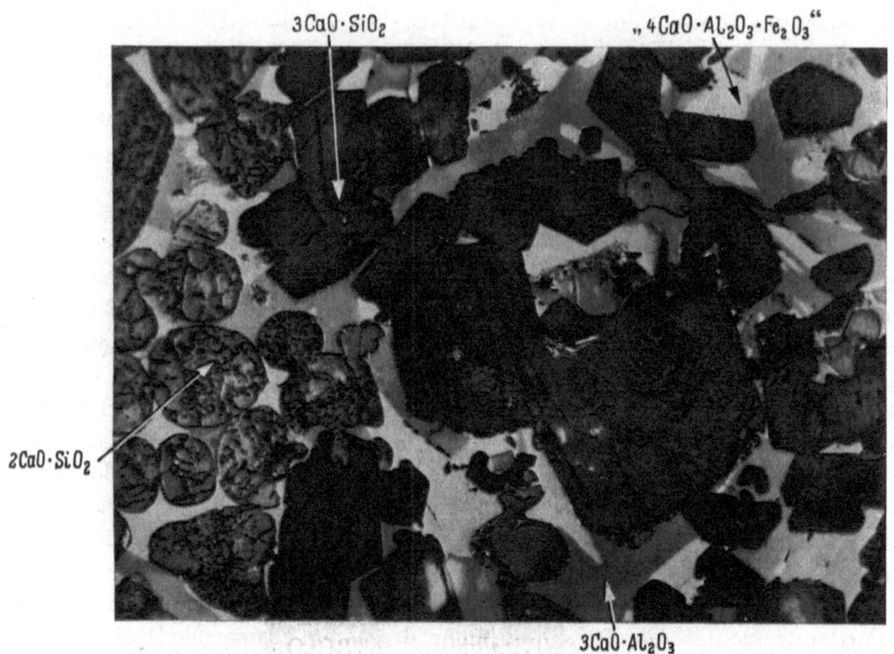


Abb. 94. Mikrogefüge eines Portlandzementklinkers (500fach vergrößert) mit $3\,CaO \cdot SiO_2$, $2\,CaO \cdot SiO_2$, $3\,CaO \cdot Al_2O_3$ und „$4\,CaO \cdot Al_2O_3 \cdot Fe_2O_3$" (Brownmillerit) als Klinkermineralien; dabei die beiden letzteren im vorliegenden Beispiel weitgehend kristallin erstarrt, während sie in anderen Fällen zufolge Ausbildung das sog. „Zementglas" ergeben

Abweichen von der „Idealzusammensetzung" der Portlandzemente (S. 112) ergeben sich die bereits in Tab. 18 (S. 112) erwähnten, *spezialisierten Portlandzemente*, so beispielsweise durch erhöhten $Fe_2O_3$- und gleichzeitig erniedrigten $Al_2O_3$-Gehalt die verschiedenen *Ferrozemente*.

Entgegen den Portlandzementen, bei welchen die beiden Kalksilicate $\alpha$- oder $\alpha'$-$2\,CaO \cdot SiO_2{}^1$ und $3\,CaO \cdot SiO_2$ durch Reaktionen im festen Zustand (sog. *Pulverreaktionen* nach S. 243) entstehen – allerdings in Gegenwart der von den Aluminaten gebildeten, schmelzflüssigen Phase –, werden andere Zemente unter vollständigem Erschmelzen der Rohmischung erhalten, so oft die aus Bauxit und Kalkstein fabrizierten, vorwiegend aus Ca-Aluminaten und $2\,CaO \cdot SiO_2$ oder Gehlenit (= $2\,CaO \cdot Al_2O_3 \cdot SiO_2$) bestehenden *Tonerdezemente*, dementsprechend auch Schmelzzemente genannt. *Gemischte* Zemente endlich – siehe auch hierzu Tab. 18, S. 112 – werden durch gemeinsames Vermahlen von Portlandzementklinker mit geeignet zusammengesetzter, glasig erstarrter Hochofenschlacke als *latent-hydraulischem* Stoff oder mit natürlichen Produkten wie Puzzolanen, Traß usw. (sog. *aktiv hydraulischen Zusätzen*, S. 114 und 222) hergestellt.

---

[1] Hieraus beim Abkühlen des Klinkers bei etwa 670 °C durch polymorphe Umwandlung $\beta$-$2\,CaO \cdot SiO_2$ entstehend.

Ebenso mannigfaltig wie die Reaktionen beim Zementbrennen sind die beim *Anmachen* der Zemente mit Wasser sich ergebenden, worauf das *Abbinden* und anschließende *Erhärten* der Zemente, damit aber ihre Rolle als *Bindemittel von Beton und Mörteln* beruht. Dabei ist die Reaktionsgeschwindigkeit der einzelnen Klinkerbestandteile mit $H_2O$ recht verschieden, am größten beim $3\,CaO \cdot Al_2O_3$ und am kleinsten beim $\beta$-$2\,CaO \cdot SiO_2$. Kommt es in den einen Fällen mindestens unter bestimmten Umständen, so etwa beim $3\,CaO \cdot Al_2O_3$, zu einer bloßen Wasseranlagerung *(Hydratisierung)* wie bei den Baugipsen (S. 153), so zur überwiegenden Regel zu einer mit einem Zerfall der Klinkerverbindungen verknüpften *Hydro-*

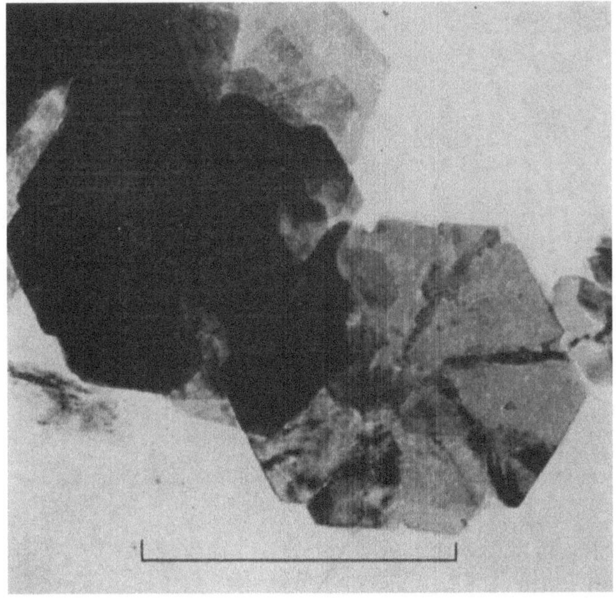

Abb. 95. Elektronenmikroskopische Aufnahme von $Ca(OH)_2$-Kristallen, entstanden beim Abbinden von Portlandzement (nach H. F. W. TAYLOR)

*lyse* (S. 160). In diesem Sinne werden die Kalksilicate $3\,CaO \cdot SiO_2$ und $\beta$-$2\,CaO \cdot SiO_2$ in Kalksilicathydrate (sog. *Tobermorite* von der allgemeinen Formel $x\,CaO \cdot SiO_2 \cdot y\,H_2O$, häufig ungefähr $3\,CaO \cdot 2\,SiO_2 \cdot 3\,H_2O$) und $Ca(OH)_2$ zerlegt. Letzteres, beim Tricalciumsilicat die Hälfte des ursprünglichen CaO-Gehalts umfassend, beim Dicalciumsilicat dagegen nur einen Viertel, erscheint als gut ausgebildete Mikrokristalle (Abb. 95) und bestimmt vor allem die *stark alkalische* Reaktion des abgebundenen Portlandzements. Die Kalksilicathydrate bilden dagegen ein Gel aus extrem feinen, vorwiegend nadelförmigen, oft auch zu Blättchen aggregierten Kristallen (Abb. 96) und sind der Hauptträger der Festigkeit, welche ein Portlandzement im Laufe der Zeit entwickelt. Im übrigen kommt es beim Abbinden eines Portlandzements nicht nur zu einer komplexen Überlagerung der an den einzelnen Klinkerkomponenten eintretenden Einzelreaktionen. Diese werden vielmehr zugleich durch den zur Regelung der Abbindezeit stets zugegebenen Gips direkt oder doch mittelbar beeinflußt: So ergibt sich beim Abbinden sehr bald eine Übersättigung des Zementbreis an $CaSO_4$ und dem aus den Kalksilicaten entstehenden $Ca(OH)_2$. Weiterhin folgen Reaktionen zwischen Gips und in Lösung gegangenem Ca-Aluminat zu Ca-*Sulfoaluminathydraten*, wobei bevorzugt die schwer lösliche (höhere) Verbindung, der sog. *Ettringit* mit der Formel $3\,CaO \cdot Al_2O_3 \cdot 3\,CaSO_4 \cdot 32\,H_2O = 3\,Ca(OH)_2 \cdot 2\,Al(OH)_3 \cdot 3\,CaSO_4 \cdot 26\,H_2O$ ausgeschieden wird. Weiterhin gelöstes Ca-Aluminat scheint sich daraufhin mit Ettringit zu einem gipsärmeren (niedrigeren) Sulfoaluminathydrat $3\,CaO \cdot Al_2O_3 \cdot CaSO_4 \cdot 12\,H_2O = 3\,Ca(OH)_2 \cdot 2\,Al(OH)_3 \cdot CaSO_4 \cdot 6\,H_2O$ umzusetzen oder aber früher oder später

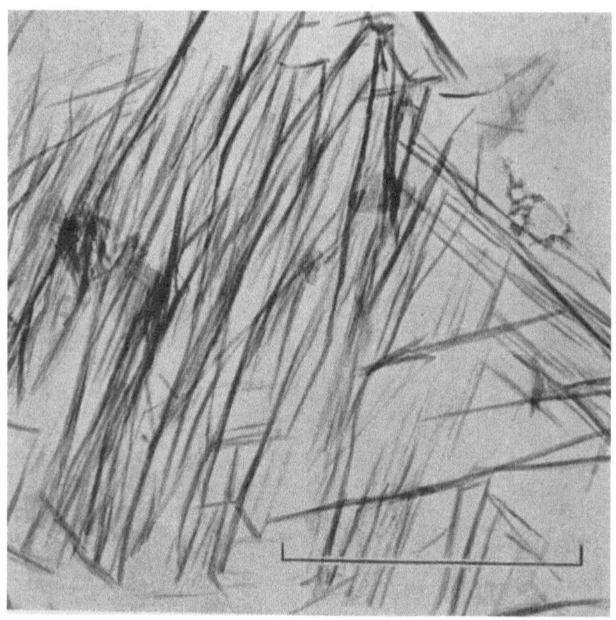

Abb. 96. Tobermoritfasern, der Hauptbestandteil des Kalksilicathydratgels, wie es sich bei der Hydrolyse der Kalksilicate bildet (elektronenmikroskopische Aufnahme nach H. F. W. TAYLOR)

die Bildung selbständiger Ca-*Aluminathydrate* (wie etwa $4\,CaO \cdot Al_2O_3 \cdot 13\,H_2O = 4\,Ca(OH)_2 \cdot 2\,Al(OH)_3 \cdot 6\,H_2O$) zu bewirken. Zugleich schreitet die Reaktion des $3\,CaO \cdot SiO_2$, wenn zwar auch langsamer als jene des $3\,CaO \cdot Al_2O_3$ oder des Zementglases, so doch mit vergleichbarer Geschwindigkeit fort. Deutlich träger reagiert dagegen das Dicalciumsilicat $\beta$-$2\,CaO \cdot SiO_2$[1].

Wenn sich auf diese Weise durch Abbinden des flüssigen Zementbreis innerhalb einiger Stunden derart eine *gemeinsames*, gelartiges Reaktionsprodukt, der

---

[1] Demgegenüber besitzt das bei sehr langsamem Abkühlen des Klinkers ab 525 °C durch polymorphe Umwandlung aus dem $\beta$-$2\,CaO \cdot SiO_2$ unter erheblicher Volumenzunahme und daher Zerrieseln des Klinkers entstehende $\gamma$-$2\,CaO \cdot SiO_2$ praktisch kein Abbinde- und Erhärtungsvermögen, weshalb die Abkühlung des Klinkers so zu erfolgen hat, daß diese unerwünschte Umwandlung unterdrückt wird, insofern nicht bereits ein Überschuß an CaO die $\beta$-Modifikation hinreichend stabilisiert. – Im übrigen ist auch $3\,CaO \cdot SiO_2$ nur zwischen 1200 und 1900 °C stabil, verläuft indes ebenfalls der Zerfall $3\,CaO \cdot SiO_2 \rightarrow 2\,CaO \cdot SiO_2 + CaO$ derart träge, daß er bei den technisch üblichen Abkühlungsgeschwindigkeiten unterbleibt.

zunächst noch wenig feste und daher mechanischer Beanspruchung gegenüber hochempfindliche *Zementleim* bildet, so entsteht hieraus erst durch langsam fortschreitende Erhärtung im Laufe von Wochen und Monaten der feste und dauerhafte *Zementstein*. An alledem sind nicht nur die ersten Abbindereaktionen beteiligt, welche vorab bei den Ca-Silicaten oft zu einer vorerst nur unvollständigen (nämlich bloß oberflächlichen) Umsetzung führen, sondern noch manche andere Vorgänge wie vor allem Adsorptions- und Diffusionsprozesse der verschiedensten Art. Sie entscheiden weitgehend darüber, in welcher Zeit die Klinkerbestandteile vollständig reagiert haben und die dadurch bewirkte, fortschreitende Festigkeitsentwicklung des mehr und mehr erhärtenden Zementsteins ihrem Endwert zustrebt. – Sodann läßt sich das eigentliche Abbinden der Zemente durch gewisse Zusätze beschleunigen oder verzögern, ja eventuell überhaupt oder doch weitgehend unterbinden. Dabei spielt jedoch nicht allein die chemische Natur derartiger *Abbinderegler*, sondern auch deren Mahlfeinheit und Menge sowie die Eigenart eines Zements selber eine Rolle. So hat der Gipszusatz der Portlandzemente den allzu frühen Beginn ihres Abbindens zu verhindern und werden diese in der Tat von *Langsam-* zu *Schnellbindern*, falls sich aus irgendwelchen Gründen (Verwendung von $\alpha$-CaSO$_4$ statt CaSO$_4 \cdot 2H_2O$, teilweise oder vollständige Entwässerung des letzteren beim Zementmahlen usw.) im Anmachwasser nicht eine genügend hohe Konzentration an SO$_4^{2-}$-Ionen ergibt. *Abbindeverzögerer* für Portlandzemente sind außerdem Al$_2$(SO$_4$)$_3$, Alaune, Gelatine sowie gewisse Chloride, insofern solche nur in geringer Menge zugegeben werden. Als *Abbindebeschleuniger* wirken dagegen vorab K$_2$CO$_3$, Na$_2$CO$_3$ und NaOH sowie in genügender Menge beigesetzte Chloride und Nitrate wie CaCl$_2$, MgCl$_2$, Ca(NO$_3$)$_2$. Diese letztern bilden daher wesentliche Bestandteile sog. *Frostschutzmittel* für das Betonieren bei niedrigeren Temperaturen (dabei jedoch beachten, daß derlei Zusätze, vor allem chloridhaltige, in der Folge schwerwiegende Korrosionsschäden an der Armierung von Eisenbeton bewirken können! – siehe auch S. 223). Als eigentliche *Zementzerstörer* für Portlandzemente haben schließlich Zucker, Borax und Humus zu gelten.

Nicht weniger vielfältig sind die beim Brennen mancher *keramischer* Erzeugnisse (Tab. 17, S. 111) sich abspielenden, chemischen Reaktionen. Allgemein beruht die *keramische Technik* darauf, die Rohstoffe durch geeignete Aufbereitung – Mahlen, Sieben, Mischen usw. – und Zugabe von Wasser in einen leicht formbaren (bildsamen) Zustand zu bringen. Daraufhin wird die *plastische* Rohmasse je nach ihrer Konsistenz durch Pressen, Kneten, Abdrehen, Schleudern oder Gießen zu den gewünschten Formen verarbeitet, um diese zunächst bei normaler oder wenig erhöhter Temperatur einer *Trocknung* zu unterwerfen. Dabei erlangen die Formlinge, entsprechend ihrem ursprünglichen Wassergehalt mehr oder weniger stark schwindend, eine gewisse Festigkeit (Trockenfestigkeit), büßen aber zugleich ihre Plastizität ein (die Trockenschwindung fällt dahin, falls das Verpressen in bloß „halbfeuchter" Konsistenz stattfindet). Ihre endgültigen Eigenschaften – vorab ihre Festigkeit, Härte und chemische Widerstandsfähigkeit (siehe bereits S. 113) –, aber auch ihre definitiven Abmessungen erhalten keramische Produkte jedoch erst beim nachfolgenden *Brennen* – allgemein bei 800 bis 1500 °C erfolgend – auf Grund der dann stattfindenden, chemischen Reaktionen. Diese sind, wenn zwar nicht notwendig, so doch häufig mit einem teilweisen Schmelzen der Masse, stets indes mit einem erneuten Schwinden, der bis zu 20% und mehr betragenden *Brenn(Feuer)schwindung* verbunden (Abb. 97).

Erfolgt bei den *keramischen* Erzeugnissen derart *die Formgebung stets vor der Stoffbildung*, so liegt eben hierin ein wesentlicher Gegensatz zu allen andern Werk-

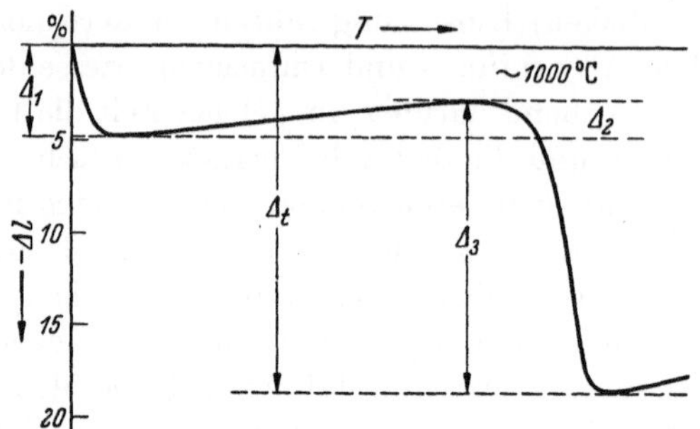



Abb. 97. *Volumänderungen bei der Herstellung keramischer Werkstoffe:* $\Delta_1$ = lineare Trockenschwindung, $\Delta_2$ = Wärmeausdehnung, $\Delta_3$ = lineare Brennschwindung, $\Delta t$ = totale Längenänderung

stoffkategorien. In der Tat gilt bei *metallischen* Werkstoffen zur überwiegenden Regel gerade das Umgekehrte, indem hier *die Stoffbildung der Formgebung vorangeht*. Ist letzteres auch bei *Kunststoffen* mit *linearen* Makromolekülen das Normale,

Abb. 98. Porzellanisolator, links im getrockneten, rechts im gebrannten Zustand (Brennschwindung in der Längsachse über 10% betragend)

so haben dagegen bei *Kunstharzen* stets, bei *Kautschuken* auf jeden Fall als Regel die beiden Vorgänge, *Bildung des endgültigen Stoffes und Formgebung, gleichzeitig* zu erfolgen.

Der Herstellung der *Porzellane* dienen Rohmischungen aus Kaolin [einem Tonmineral von der allgemeinen Formel $Al_2O_3 \cdot 2\,SiO_2 \cdot 2\,H_2O = Si_2O_5(OH)_4Al_2$]

$+$ Feldspat [$(Si_3AlO_8)Na$ oder $(Si_3AlO_8)K$] $+$ Quarz, und umfaßt hier das zumeist in mehreren Etappen erfolgende Brennen: als sog. Schmauchen die vollständige Entfernung des zur Plastifizierung der Rohmischung zugegebenen Wassers, die Dehydratisierung des Kaolins unter Zerfall in amorphes $SiO_2$ und $Al_2O_3$, eine Reaktion dieser Oxide zu Mullit (,,$3\,Al_2O_3 \cdot 2\,SiO_2$'') als neue Kristallart unter gleichzeitigem Erweichen und Schmelzen des Feldspats. Zugleich tritt diese schmelzflüssige Phase mit den noch festen (vorab mit dem Quarz) in Reaktion und erhält damit ihre endgültige Zusammensetzung. Bei der nachfolgenden, allgemein sehr langsam stattfindenden Abkühlung erstarrt die Schmelze zu Glas, weshalb das fertige Porzellan aus einer glasigen Grundmasse, durchsetzt mit Relikten von Quarzkristallen und neu entstandenen Mullitkriställchen besteht.

In anderen Fällen – so vorab bei der Herstellung *anorganischer Gläser* – kommt es analog wie bei Tonerdezementen zu einem *vollständigen* Schmelzen der Rohmischung (bei einem Natronkalkglas zumeist einer Mischung aus Kalkstein, Quarzsand und Soda). Auch hier werden jedoch zuvor im festen Zustand eine Reihe von Reaktionsstufen durchlaufen und erfolgt in diesem Falle die Formgebung durch Verblasen, Gießen oder maschinelles ,,Ziehen'' und Verwalzen der Glasschmelze.

Aber auch der Zerstörung von Werkstoffen liegen häufig nicht einfache Reaktionen wie die S. 158 und 181 betrachteten, sondern wesentlich kompliziertere, aus verschiedenen Teilreaktionen bestehende Vorgänge zugrunde. Dies gilt vor allem bei einer unter Mitwirkung des *Luftsauerstoffes* stattfindenden, *galvanischen Korrosion* – kurzweg *Sauerstoffkorrosionstyp* genannt[1] –, wie sie etwa beim Rosten von Eisen in Berührung mit reinem Wasser bzw. schwach sauren oder neutralen Elektrolytlösungen stattfindet, falls diese oder jene einen gewissen $O_2$-Gehalt aufweisen. Allgemein erfolgt zwar die summarisch mit $4\,Fe + 3\,O_2 + 2\,H_2O \rightarrow 4\,FeOOH$ zu beschreibende *Verrostung* des Eisens angesichts des nur geringen Lösungsvermögens von $O_2$ in $H_2O$ (nämlich bloß 0,001 Gew.-%) wesentlich langsamer als die Auflösung von Eisen in Säuren unter $H_2$-Entwicklung (S. 181). Indes schreitet die Rostbildung ihrerseits fort, da der dabei verbrauchte Sauerstoff durch das Korrosionsmittel aus der Luft laufend ersetzt wird. Auch diese Art von Korrosion läßt sich wiederum auf die Bildung von *Lokalelementen* im Sinne des S. 177 Gesagten zurückführen (Abb. 99), wobei nunmehr blanke Stellen der Eisenoberfläche (allgemein solche mit geringerer $O_2$-Beladung) die Lokalanoden, Bereiche mit erhöhter $O_2$-Konzentration, allenfalls gar mit einer Oxidhaut bedeckte, die Lokalkathoden abgeben. An der Lokalanode kommt es wieder zur Bildung von $Fe^{2+}$-Ionen gemäß

---

[1] Der hier betrachtete $O_2$-Typ und der bereits S. 181 erörterte $H_2$-Typ sind *nicht* die *einzig möglichen* Korrosionstypen. Außer diesen gibt es vielmehr noch manche weitere und sind etwa der $SO_2$- und NO-Typ praktisch bedeutsam (dabei besteht auch in diesen beiden Fällen die Anodenreaktion im Vorgang $Me \rightarrow Me^+ + e$, die Kathodenreaktion dagegen in den Reduktionen $SO_4^{2-} + 4\,H_3O^+ + 2e \rightarrow SO_2 + 6\,H_2O$ bzw. $NO_3^- + 4\,H_3O^+ + 3e \rightarrow NO + 6\,H_2O$). Bei einem weitern Typ, dem Angriff eines Metalls durch die Lösung eines seiner Salze, also z.B. von Fe durch eine $FeCl_3$-Lösung handelt es sich um den Vorgang $Fe \rightarrow Fe^{2+} + 2e$ an der Anode und die Reaktion $Fe^{3+} + e \rightarrow Fe^{2+}$ an der Kathode, als Ganzes somit um den Vorgang $Fe + 2\,FeCl_3 \rightarrow 3\,FeCl_2$. Ist letztere Korrosion weder mit einem Gasverbrauch noch einer Gasentwicklung verbunden, so der $O_2$-Typ mit Gas*verbrauch*, der $H_2$-, $SO_2$- und NO-Typ mit Gas*entwicklung*.

$Fe \rightarrow Fe^{2+} + 2e$ und damit zum Metallabtrag, an der Lokalkathode dagegen statt einer $H_2$-Entwicklung zur Reaktion $2H_2O + O_2 + 4e \rightarrow 4OH^-$, alles in allem somit zur Entstehung von Ferrohydroxid entsprechend $2Fe + O_2 + 2H_2O \rightarrow 2Fe(OH)_2$, dieses auch „weißer" Rost genannt. Auf diese ersten Teilprozesse folgt unvermittelt die Oxydation $4Fe(OH)_2 + O_2 \rightarrow 4FeOOH + 2H_2O$, wobei auch diese Überführung des Ferrohydrox.ds in Ferrihydroxid $FeOOH = Fe_2O_3 \cdot H_2O$ sich erneut

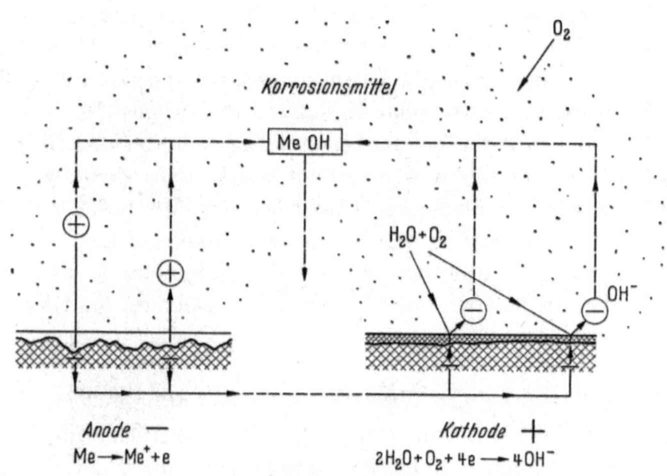


Abb. 99. Lokalelement bei der Korrosion von Eisen durch Sauerstoff enthaltendes Wasser
(Korrosion vom $O_2$-Typ)

unter Mitwirkung des im Wasser gelösten Sauerstoffs abspielt. Solcher „brauner" *Rost*, mit seinem lockeren Gefüge *ohne* eigentliche Schutzwirkung gegenüber dem Eisen, kann im übrigen auch durch direkte Einwirkung des Sauerstoffs auf die Eisenoberfläche und sekundäre Hydratisierung des zunächst gebildeten $Fe_2O_3$ entstehen [neben „weißem" und „braunem" Rost gibt es schließlich noch den „schwarzen", aus $Fe_3O_4$ bestehenden, der sich vorab bei Dampfeinwirkung unter höheren Temperaturen gemäß $3Fe + 4H_2O \rightarrow Fe_3O_4 + 4H_2$ bildet, während $Fe_3O_4 \cdot H_2O = Fe_3O_3(OH)_2$ entsteht, wenn ungenügende $O_2$-Zufuhr nur eine unvollständige Oxydation des $Fe(OH)_2$ zu $FeOOH$ gestattet].

Korrosionsvorgänge vom Sauerstofftyp ergeben sich allgemein, falls sich der Wasserstoff nicht gasförmig entwickeln kann, sei es, daß die angreifende Elektrolytlösung dazu nicht hinreichend sauer oder das korrodierende Metall nicht unedel genug ist. Dementsprechend gehören die an den besonders häufig verwendeten Metallen Eisen, Zink und Blei durch *neutrale, schwach saure* und *schwach alkalische* Lösungen hervorgerufenen Korrosionserscheinungen hierher, somit auch jene, die sich an den genannten Metallen in Berührung mit natürlichen Wässern (S. 199) ergeben. Lokalelemente der zuvor geschilderten Art (sog. *Belüftungselemente*) werden im Kontakt mit belüfteten Lösungen vor allem auftreten, falls sich in Vertiefungen, Rissen oder Spalten, dann aber auch bei Überdeckungen von Metallen (z.B. unter Schrauben- und Nietköpfen) oder uneinheitlicher Bedeckung mit Korrosionsprodukten oder Fremdstoffen, endlich bei jedem Wassertropfen auf oder doch nahe der Metalloberfläche (Abb. 100) Unterschiede der $O_2$-Konzentration ausbilden. Stets wird die im Verlauf einer derartigen Korrosion abgetragene Metallmenge durch die an die Metalloberfläche gelangende Sauerstoffmenge gesteuert, weshalb der Materialverlust hier im Gegensatz zur Wasserstoffkorrosion nicht so sehr durch die Zusammensetzung des Metalls bestimmt wird, sondern vornehmlich durch die Beschaffenheit des Korrosionsmittels, insbesondere seinen $O_2$-Gehalt und die Möglichkeit zu dessen dauernder Erneuerung.

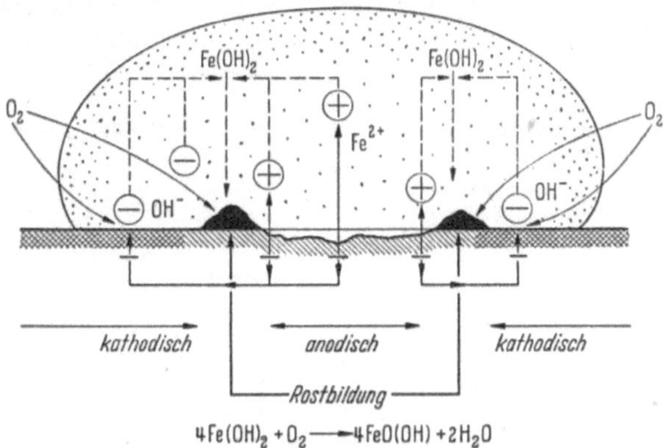


Abb. 100. Tropfenkorrosion mit zentraler Anode, peripherer Kathode und dem zwischen beiden entstehenden Rostring

Korrosionsprozesse dieser Art leiten schließlich über zu jenen, die dem *atmosphärischen Angriff* mancherlei Werkstoffe vor allem in Industriegebieten und Städten zugrunde liegen, entsprechend dem hier durch Rauchgase u. dgl. erhöhten $SO_2$-, $SO_3$- oder $H_2S$-Gehalt der Atmosphäre (siehe auch S. 210). Indem sich mit Wasser (Feuchtigkeit) $H_2SO_3$ und $H_2SO_4$ bilden, kommt es bei Metallen zu Zerstörung der natürlichen Deckschichten und fortgesetztem Angriff, da bevorzugt leicht lösliche Korrosionsprodukte ohne Schutzwirkung entstehen, während bei Beton $H_2SO_4$ vor allem mit $Ca(OH)_2$ zu Gips reagiert und sich daraus ein Gipstreiben (S. 222) ergibt.

Zusammen mit dem bereits S. 181 Gesagten zeigt all dies, weshalb sich die *Korrosionsbeständigkeit* irgendwelcher Stoffe stets nur in bezug auf die Einwirkung eines *bestimmten Korrosionsmittels* gegebener Eigenschaften (Konzentration, Gasgehalt usw.) *unter bestimmten äußeren Umständen* (Temperatur, Strömungsgeschwindigkeit u. dgl.) beurteilen läßt. Dabei ist zunächst wesentlich, wie sich die auf einem Metall in Berührung mit der Atmosphäre gebildeten, natürlichen Deckschichten verhalten. Die Beständigkeit des betreffenden Metalls selber spielt erst eine Rolle, falls seine Deckschicht nicht genügend dicht und undurchlässig ist oder durch das Korrosionsmittel zerstört wird. Umgekehrt kann aber auch dann, wenn demzufolge das Metall einer Korrosion anheimfällt, diese recht bald zum Stillstand kommen, insofern ein Korrosionsprodukt entsteht, das auf dem Metall eine kompakte, gut haftende und undurchlässige Schutzschicht hinreichender Beständigkeit bildet. Tabelle 30 läßt im Sinne dessen erkennen, wie es gegenüber dem Angriff durch ein bestimmtes Korrosionsmittel *drei* Möglichkeiten *korrosionsbeständiger Metalle* gibt, nämlich a) *korrosionspassive*, durch ihre natürlichen Deckschichten geschützte, b) *korrosionsstabile*, gegenüber dem fraglichen Korrosions-

**Tabelle 30. Zur Frage der Korrosionsbeständigkeit der Metalle**

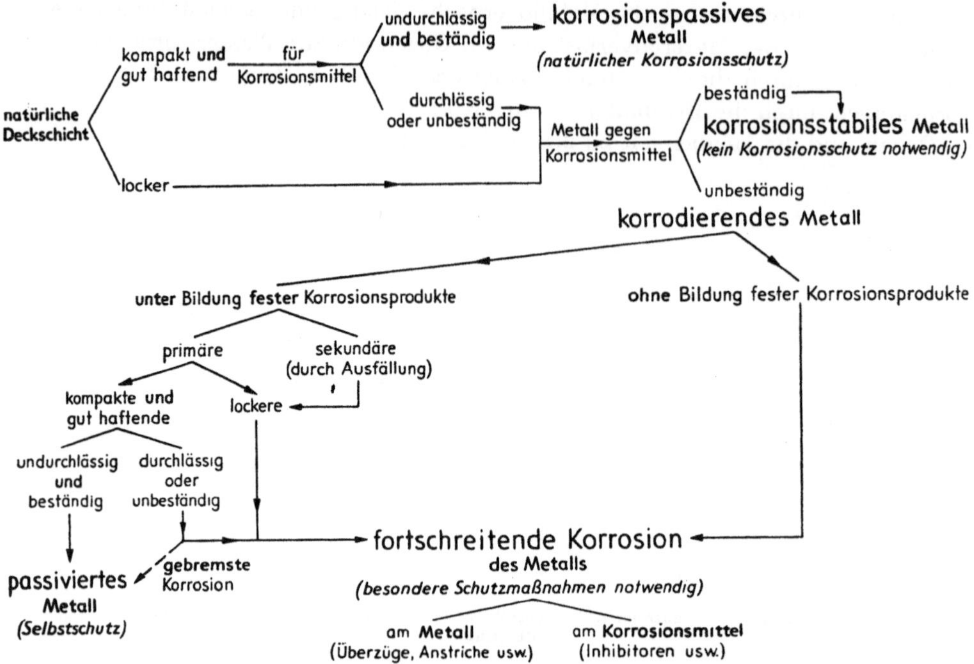


mittel *an sich* beständige und c) *passivierte*, deren Beständigkeit auf der Schutzwirkung durch das *neu* entstehende Korrosionsprodukt beruht, sei es, daß dieses eine zerstörte natürliche Deckschicht ersetzt, eine lockere natürliche Deckschicht abdichtet usw. (siehe hierzu bereits S. 181 und vor allem das nach S. 253 und S. 259 für die Verzunderung der Metalle Geltende). Bei alledem darf allerdings nicht übersehen werden, daß oftmals *zusätzliche* Umstände den Verlauf einer Korrosion, gelegentlich sogar die Korrosionsform, nachhaltig beeinflussen können. Es gilt dies in einem besonderen Maße, wenn metallische Werkstoffe sich *unter mechanischer Spannung* befinden, sei es ihnen anhaftenden inneren Spannungen oder äußerlich aufgebrachten, oder einer *Wechselbeanspruchung* unterliegen. Solche *Spannungsrißkorrosion* oder *Korrosionsermüdung* kann nicht bloß zu einem verstärkten Angriff führen, sondern selbst dort eine Korrosion ergeben, wo eine solche *ohne* gleichzeitige mechanische Beanspruchung *nicht* auftritt, sodann *inter*kristalline Korrosion an Stelle der sonst intrakristallinen zur Folge haben. In andern Fällen wiederum bewirkt die Korrosion ihrerseits unerwünschte Veränderungen des mechanischen Verhaltens metallischer Werkstoffe wie deren Versprödung. Eine solche *Korrosionsversprödung* tritt etwa ein, wenn bei Korrosionen vom $H_2$-Typ Wasserstoffatome in das Metall übertreten, sei es allgemein oder bevorzugt längs der Korngrenzen in die Kornränder.

## § 28. Wasseraufbereitung

Aber auch da, wo *natürliches Wasser* nach § 15 technischer Anwendung zugeführt werden soll, so insbesondere der Speisung von Dampfanlagen, der Wärmeübertragung oder Kühlung, als Wasch- oder Lösungsmittel usw., bedarf dieses der gehörigen *Aufbereitung*, um den oft sehr erheblichen Anforderungen, die an seine Reinheit gestellt werden, zu genügen. Natürliches Wasser jeder Art – so selbst das Regenwasser, vermehrt jegliches Quell- und Grundwasser oder gar Oberflächenwasser wie Fluß-, See- und Meerwasser –, enthält nämlich stets zahlreiche, recht verschiedenartige *Verunreinigungen*: Einmal im Wasser *suspendierte* oder *emulgierte* Fremdteilchen anorganischer oder organischer Natur, dazu im Wasser *eigentlich gelöste* Stoffe – unter diesen vor allem die als Moleküle im Wasser vorhandenen *Gase* $O_2$, $N_2$ und $CO_2$, allenfalls auch $NH_3$ oder $H_2S$, dazu in die Ionen $Ca^{2+}$, $Mg^{2+}$, $Na^+$, $K^+$, $Fe^{2+}$, $Mn^{2+}$, $H_3O^+$ und $CO_3^{2-}$, $HCO_3^-$, $SO_4^{2-}$, $NO_3^-$, $Cl^-$, $PO_4^{3-}$, $OH^-$ dissoziierte *Elektrolyte* – sowie weitere, im Wasser teilweise echt, teilweise bloß kolloidal gelöste Stoffe wie Kieselsäureverbindungen, gewisse Oxide und Hydroxide (etwa solche von Eisen und Mangan) und organische Stoffe. Zur Beurteilung des besonderen Charakters eines natürlichen Wassers sind daher maßgebend:

a) sein *Gasgehalt* (dieser ist stets an Ort und Stelle zu ermitteln und hat mindestens eine Bestimmung des $O_2$- und $CO_2$-Gehalts zu umfassen);

b) der $p_H$-*Wert* (S. 240), um gestützt darauf, beurteilen zu können, ob ein natürliches Wasser eine saure, neutrale oder alkalische Lösung darstellt;

c) *Abdampf-* und *Glührückstand* – ersterer der Rückstand nach vollständigem Eindampfen, letzterer der nach Glühen des ersteren verbleibende Rest, wobei neben der Menge des Rückstandes auch seine Zusammensetzung interessieren kann;

d) die *Härte* des Wassers als ein Maß für seinen Gehalt an Erdalkalisalzen (den sog. *Härtebildnern*), wobei die *temporäre* (oder Carbonat-) Härte $H_t$ den Gehalt an $Ca(HCO_3)_2 + Mg(HCO_3)_2$ betrifft, die *permanente* (oder Nichtcarbonat-) Härte $H_p$, dagegen den Gehalt an Ca- + Mg-Sulfat, -Nitrat, -Chlorid, -Silicaten usw. ($H_t + H_p = $ *Gesamthärte* des Wassers; alle Härten werden gekennzeichnet durch sog. *Härtegrade*, wobei sich als deren Einheit mehr und mehr die französischen Härtegrade f.H. entsprechend der Definition 1 °f.H. = 10 mg $CaCO_3$/l eingebürgert haben).

Welche Maßnahmen zur Aufbereitung eines Wassers im Einzelfall notwendig sind, wird neben seiner besonderen Natur und Herkunft weitgehend durch den ihm zugedachten Verwendungszweck bestimmt. Stets handelt es sich darum, aus dem fraglichen Wasser alle jene Beimengungen zu entfernen oder doch unwirksam zu machen, welche in der Folge störende Ablagerungen oder Ausscheidungen, irgendwelche Korrosionsschäden, ein Schäumen oder Spucken des Wassers u.dgl. ergeben könnten. Dementsprechend wird die Wasseraufbereitung je nach Bedarf verschieden weit getrieben: So im Falle moderner Hochdruckkessel bis zum von Salzen und Gasen praktisch vollständig befreiten Wasser, zur Speisung von Dampfkesseln mit niedrigeren (bis gegen 50 atü reichenden) Betriebsdrucken dagegen oft bloß in der Weise, daß die Erdalkalisalze aus dem Wasser nur teilweise entfernt, im übrigen lediglich in leichter lösliche und daher nicht kesselsteinbildende Na-Salze umgewandelt werden.

An *Einzeloperationen* kommen nach Entfernung „grober" Verunreinigungen durch Absetzenlassen (Klären) und Filtrieren in Frage:

1. Eine *Enthärtung* des Wassers mit dem Zweck, die im Wasser gelösten Ca- und Mg-Salze durch Ausfällen zu beseitigen oder in besser lösliche Salze (wie

vorab Alkalisalze) überzuführen, um dadurch an Kessel- und Rohrwandungen die Bildung von Kesselstein mit den daraus sich ergebenden Wärmeverlusten, Wärmestauungen und Blechschäden zu verhindern; hierzu dienen:

a) eine *thermische* Enthärtung *(Vorenthärtung)*, bei welcher es durch Erhitzen des Wassers zur Reaktion $Ca(HCO_3)_2 \rightarrow CaCO_3 + CO_2 + H_2O$ kommt und damit bereits ein namhafter Teil der temporären Härte durch Abscheidung der Bicarbonate als Carbonate unter gleichzeitiger Verflüchtigung der Kohlensäure beseitigt wird;

b) im gleichen Sinne, indes noch entschiedener wirkt ein Ausfällen der Bicarbonate mittels $Ca(OH)_2$, insbesondere nach Vorwärmen des Wassers, entsprechend $Ca(HCO_3)_2 + Ca(OH)_2 \rightarrow 2\,CaCO_3 + 2\,H_2O$ (dieses *Fällungsverfahren mit Ätzkalk* bildet eine der zahlreichen Möglichkeiten einer *chemischen Enthärtung*), während sich bei Anwendung von $Ca(OH)_2$ *und* $Na_2CO_3$ bzw. NaOH unter geeigneten Bedingungen gleichzeitig eine nahezu vollständige Entfernung auch der permanenten Härte erreichen läßt (so etwa auf Grund der doppelten Umsetzung $CaSO_4 + Na_2CO_3 \rightarrow CaCO_3 + Na_2SO_4$, also der Überführung des Ca-Salzes in ein schwerer lösliches und damit ausfallendes Ca-Salz unter gleichzeitiger Bildung eines Na-Salzes). Um jedoch eine Enthärtung bis auf wenige Zentelgrade f.H. zu erzielen, ist eine *Nachenthärtung* mit noch wirksameren Zusätzen erforderlich. Dazu dient vor allem eine Behandlung des Wassers mit $Na_3PO_4$, wobei sich dieses mit den noch vorhandenen Ca- und Mg-Salzen zu besonders schwer löslichen Ca- bzw. Mg-Phosphaten umsetzt unter gleichzeitiger Bildung der entsprechenden Na-Salze;

c) eine *Enthärtung mittels Basenaustauschern*, wozu statt der früher gerne gebrauchten, natürlichen oder künstlichen Silicate vom Zeolithtypus (der sog. Permutite) heute vor allem Austauschermassen aus Kunstharzen verwendet werden mit der Eigenart, aus dem sie durchfließenden Wasser dessen $Ca^{2+}$- und $Mg^{2+}$-Ionen gegen $Na^+$-Ionen auszutauschen und damit eine Enthärtung bis auf 0,1 °f.H. herbeizuführen. Dabei ist dieses Verfahren jedoch im Falle von Kesselspeisewasser nur zu einer Nachenthärtung geeignet, da eine alleinige Enthärtung mit Basenaustauschern einen unzulässig hohen Gehalt an Na-Salzen und freier $CO_2$ ergäbe (ein Gesichtspunkt, der auch bei allen übrigen Verfahren, welche eine Enthärtung durch „Umwandlung" statt Ausfällung und daher keine Verminderung des Salzgehalts des Wassers bewirken, zu beachten ist).

2. Eine *Totalentsalzung* (Entmineralisierung) des Wassers – ehemals einzig durch dessen Destillation, heute gleichfalls mittels Ionenaustauschern zu erreichen – beruht darauf, daß das Wasser beim Durchfließen eines mit $H^+$ beladenen Kunstharzes (Kationenaustauschers) unter Umwandlung seiner Salze in Säuren eine *Entbasung* erfährt (so etwa im Sinne der Reaktion Ca-Salz + $H^+$-Harz $\rightarrow$ Ca-Harz + Säure), daraufhin oder gleichzeitig durch einen Anionenaustauscher, nämlich ein mit $OH^-$ beladenes Kunstharz, eine *Entsäuerung* entsprechend Säure $HX + OH^-$-Harz $\rightarrow$ X-Harz + $H_2O$ (dabei sind alle diese Austauschermassen wie auch die zuvor erwähnten leicht zu regenerieren – die Kationenaustauscher z.B. durch Behandlung mit HCl, die Anionenaustauscher etwa mit NaOH). Derart mit geeigneten Austauscherharzen *total* entsalztes Wasser ist zugleich frei von Kieselsäureverbindungen, während bloß enthärtetes Wasser noch einer besonderen *Entkieselung* – sei es auf chemischem Wege oder mittels einer Überdosierung an $Na_3PO_4$ – bedarf, um die Bildung der besonders gefürchteten, silicatischen Kessel-

steine zu verhindern. Ebenso ermöglicht die Entmineralisierung auch eine vollständige Entfernung der Kohlensäure, nicht aber eine Befreiung des Wassers von anderen Gasen, insbesondere nicht von Sauerstoff.

3. Eine *Entgasung* des Wassers ist aber vor allem notwendig angesichts der stark korrodierenden Wirkung, welche bereits geringe Mengen von im Wasser gelöstem $O_2$ und $CO_2$ auf blankes Eisen ausüben. Sie erfolgt durch Erhitzung des Wassers unmittelbar vor seinem Gebrauch; dazu, falls der Gehalt an $CO_2$ und $O_2$ unter 0,02 mg/l liegen soll, durch eine Restentgasung auf chemischem Wege, nämlich mit $Na_2SO_3$ oder Hydracin ($H_2N—NH_2$) bzw. mit NaOH oder $NH_3$, um damit noch letzte Reste von Sauerstoff bzw. Kohlensäure zu binden.

Wenn sich die Technik einst vorwiegend mit der Frage der Aufbereitung des natürlichen Wassers für ihre Zwecke befassen konnte, so stellt sich ihr je länger desto dringender die Aufgabe, *Abwässer* irgendwelcher Art zu *reinigen*. Wasser, das in Industrie und Gewerbe, aber auch im Haushalt verwendet wird, erleidet dabei nahezu stets eine größere oder kleiner Verschmutzung. Die Reinhaltung des natürlichen Wassers erfordert daher, die Menge irgendwelcher Abwässer auf das unbedingt Notwendige zu beschränken wie die auch dann noch anfallenden zuverlässig zu reinigen, bevor sie in irgendwelche Gewässer geleitet werden oder mit dem Grundwasser in Berührung kommen können. Besondere Aufmerksamkeit erheischt dabei die vollständige Entfernung eigentlich schädlicher Verunreinigungen wie von Säuren und Laugen, Cyaniden, Chlor und Salzen von Schwermetallen (wie z.B. von Cr und Cu), dazu von Ölen, Benzin, Teer und weitern organischen Stoffen, aber auch anderer wie etwa von Chloriden, welche, einmal ins Wasser gelangt, daraus mit tragbaren Mitteln nicht mehr entfernt werden können. Der *Abwasserreinigung* dienen neben mechanischen Verfahren (Sieben, Filtrieren, Absetzen u.dgl.) manche chemischen Prozesse, sei es um Abwässer zu neutralisieren oder aus diesen durch Ausfällen, Adsorption, Absorption oder Extraktion Verunreinigungen zu entfernen. Außerdem finden *biologische* Reinigungsverfahren verbreitete Anwendung, um beim sog. Belebtschlammverfahren den Abwasserschlamm durch Bakterien und andere Kleinlebewesen in ähnlicher Weise ,,verarbeiten zu lassen'', wie dies bei der natürlichen Selbstreinigung der Gewässer geschieht.

Kenntnis der besonderen Eigenart eines Wassers im Sinne des S. 195 Gesagten ist ferner notwendig zur sicheren Beurteilung seiner *Aggressivität* gegenüber irgendwelchen Baustoffen, so vor allem gegenüber Beton, Stahl und Eisen, Leichtmetallen usw. Dabei ist der Gehalt eines Wassers an $CO_2$ (an sog. *freier* Kohlensäure im Gegensatz zu der als $HCO_3^-$ bzw. als $CO_3^{2-}$ auftretenden, *halbgebundenen* bzw. *gebundenen* Kohlensäure) stets in Beziehung zur temporären Härte $H_t$ des fraglichen Wassers zu betrachten. Beträgt dessen Gehalt an freier $CO_2$ $p$ mg $CO_2$/l, so wird hiervon ein bestimmter Teil ($q$ mg $CO_2$/l) als sog. *stabilisierende (zugehörige freie)* Kohlensäure benötigt, um die der temporären Härte entsprechende $HCO_3^-$-Konzentration, also die Bicarbonate (Hydrogencarbonate) in Lösung zu halten (siehe hierzu S. 248). Aber auch die restlichen $p — q$ mg $CO_2$/l, nämlich freie $CO_2$ — stabilisierende $CO_2$ = *überschüssig freie* $CO_2$ (auch *rostschutzverhindernde* $CO_2$ genannt, da sie die Bildung rostschützender Deckschichten auf blankem Eisen verhindert) können *nicht vollständig* in $HCO_3^-$ übergeführt werden, beispielsweise durch ,,Auflösen'' von $CaCO_3$ zu $Ca(HCO_3)_2$ entsprechend $CaCO_3 + CO_2 + H_2O$

$= CaCO_3 + H_2CO_3 \rightarrow Ca(HCO_3)_2$. Jede solche Erhöhung von $H_t$ verlangt nämlich notwendig eine entsprechend größere Menge an stabilisierender $CO_2$, so daß *nur ein Teil* der überschüssig freien $CO_2$ als sog. *aggressive (kalklösende)* Kohlensäure Kalk angreifen kann, und sich insgesamt das Schema der Abb. 101 ergibt. Dementsprechend bedingt beispielsweise ein gleicher Gehalt an freier Kohlensäure bei einem harten und weichen Wasser im Falle des letzteren eine weit größere Aggres-

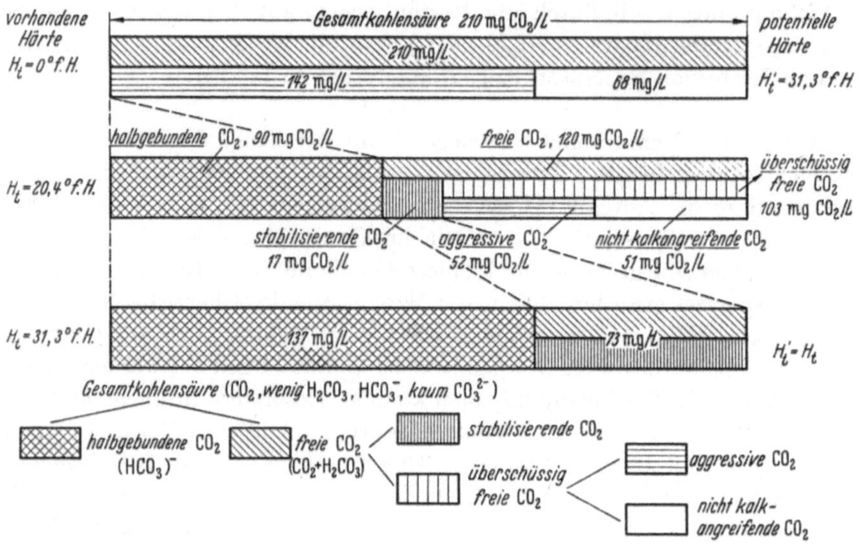



Abb. 101. Zur Beurteilung des $CO_2$-Gehalts von Wasser hinsichtlich dessen Aggressivität

sivität gegenüber Beton. Sie hat eine *Auslaugung des Betons* entsprechend der Umwandlung von $Ca(OH)_2$ und $CaCO_3$, allmählich auch der Ca-Silicat- und -Aluminathydrate in lösliches $Ca(HCO_3)_2$ zur Folge, was im Laufe der Zeit ein zunehmendes Undichtwerden des Betons durch Kalkverlust bewirkt[1]. Einige weitere Hinweise zu Fragen der *Aggressivität von Kaltwasser* siehe Tab. 31.

Hinsichtlich der Qualität des zur Verarbeitung anorganischer Bindemittel dienenden *Anmachwassers* gelten als Regeln, daß solches zunächst klar, farb- und geruchslos sein soll und beim Schütteln keinen bleibenden Schaum ergeben darf; es sodann keine organischen Verunreinigungen wie Humusstoffe u. dgl. und Sulfide enthalten soll, außerdem höchstens 1000 mg $SO_4^{2-}$/l an Sulfaten und im Falle von armiertem Beton maximal 100 mg $Cl^-$/l an Chloriden. Deshalb bedürfen vorab Abwässer oder durch solche verunreinigtes Wasser, ferner Moor- und Sumpfwasser der einläßlichen Prüfung auf ihre Tauglichkeit als Anmachwasser. Während Portlandzemente auch mit Meerwasser angemacht werden können, kommt hierfür im Falle der Tonerdezemente lediglich Süßwasser in Frage. Endlich ist zu beachten,

---

[1] Allgemein sind *Säurelösungen* mit $p_H$-Werten (S. 240) $< 6$ zufolge ihrer „*kalklösenden*" Wirkung betonschädlich, starke Säuren wie $H_2SO_4$ naturgemäß schädlicher als schwache wie z.B. Huminsäuren oder $H_2S$ (bei letzterem besteht allerdings die Gefahr, bei Luftzutritt $H_2SO_4$ oder Sulfate zu bilden). Ähnlich wie Säuren führen auch Lösungen der meisten *Ammoniumsalze* zu einer Zerstörung des Betons durch Kalkauslaugung.

daß das *gleiche* Wasser, welches sich als Anmachwasser durchaus eignet, nach Absatz V. der Tabelle 31 betonaggressiv sein kann, also später, wenn es von außen her auf den fertigen Beton einwirkt, diesen nachhaltig zu schädigen vermag.

**Tabelle 31. Wichtige Kriterien zur Beurteilung der Aggressivität von Kaltwasser**

I. Damit es auf Eisen zur Bildung einer Deckschicht kommt, darf *keine überschüssige freie* $CO_2$ (rostschutzverhindernde $CO_2$!) vorhanden sein und soll, damit diese Schicht innert nützlicher Frist entsteht, die *Carbonathärte* – vorab bei langsam fließendem Wasser – *mindestens* 4 °f.H. betragen. Sodann soll der *Sauerstoff*gehalt des Wassers bei langsam fließendem Wasser mindestens bei 6 mg $O_2$/l liegen, indes das Lösungsvermögen des Wassers für $O_2$ unter den in Frage kommenden Bedingungen nicht übersteigen.

II. Der *Chlorid*gehalt darf bei weichem Wasser 50 mg Cl/l nicht überschreiten, wie sich Chloride gegenüber zahlreichen Werk- und Baustoffen als *besonders aggressiv* erweisen und die Ursache zahlreicher Korrosionsschäden an metallischen Werkstoffen sind.

III. *Zinkhaltige* Werkstoffe und Verzinkungen werden insbesondere durch *Nitrate* und *Nitrite* enthaltendes Wasser gefährdet, falls mehr als 20 mg $NO_3$ + $NO_2$/l vorhanden sind.

IV. Abgesehen von kupferhaltigen Werkstoffen kann ein Gehalt an *Ammoniumsalzen* bis zu 20 mg $NH_4^+$/l zugelassen werden; in Berührung mit *Kupfer und Kupferlegierungen* darf das Wasser in Gegenwart von $O_2$ *keine* Ammoniumsalze enthalten.

V. Als *zement(beton)aggressiv* hat ein Wasser zu gelten, falls es einen $p_H$-Wert $< 6$ besitzt oder seine Gesamthärte *unter* 6 °f.H. liegt oder, vorab bei geringer Härte, einen *merklichen* Gehalt an *aggressiver* $CO_2$ (allgemein mehr als 5 mg $CO_2$/l) aufweist oder aber sein *Sulfatgehalt über* 300 mg $SO_4$/l beträgt bzw. die Anwesenheit von *Sulfiden* festgestellt wird[1].

---

Aggressivität *anderer* Stoffe gegenüber *Beton* mit PC

| *kein* Angriff | *deutlicher* Angriff | *gefährlicher* Angriff | *extrem schädlich* |
|---|---|---|---|
| Alkalien | Abgase | Huminsäuren ◄——— | Mineralsäuren |
| hartes ◄— weiches ◄——— | destilliertes Wasser | Moorwasser $CO_2$-reiches Wasser | Gipswasser Meerwasser $H_2S$-Wasser |
| Kochsalz- ◄ Salpeter- | ◄——— | | Sulfat-Lösungen und Lösungen von Mg-Salzen und manchen $NH_4$-Salzen |
| Benzin Benzol Bitumen | Dieselöl Heizöl Teer | | pflanzliche Öle und Fette, tierische Fette |

Anderseits greifen Kalk- und Zementmörtel sowie Beton *ihrerseits* Aluminium und Al-Legierungen wie Blei und Verbleiungen, aber auch Glasfasern merklich an, während Gips nur gegenüber Zink und auch Eisen eine nennenswerte Aggressivität besitzt. *Chloride* in Beton-Zusatzmitteln (S. 189 und 223) können dagegen an Eisen und Stahl (bei > 200 mg Cl/l) Aluminium und Al-Legierungen sowie Zink und Verzinkungen starke, bei Kupfer und Cu-Legierungen (beispielsweise Messing) immerhin merkliche korrosive Angriffe ausüben. Demgegenüber besteht bei *bituminösen Bindemitteln* allgemein keine korrosive Gefährdung von Metallen. Dagegen kann aus Beton oder Mörteln ausgelaugtes $Ca(OH)_2$ auf bituminöse Stoffe nachteilige Wirkungen haben.

**Literatur zur chemischen Untersuchung und Aufbereitung von Wasser**

Deutsche Einheitsverfahren zur Wasser-, Abwasser- und Schlammuntersuchung (1. bis 3. Lieferung), 1963;

„Vom Wasser", Jahrbuch für Wasserchemie und Wasserreinigungstechnik, bis Bd. XXXI, 1964;

---

[1] Entsprechend wird PC-Beton auch in Berührung mit sauren Böden ($p_H < 6$, kalkfreie oder doch sehr kalkarme Böden) und Torfböden mit reichlich austauschbaren Humussäuren ausgelaugt, während sulfatreiche (meist gipshaltige) Böden mit mehr als 0,2 Gew.-% $SO_3$ in der Trockensubstanz ein Gipstreiben ergeben.

Analysenverfahren für den Kraftwerksbetrieb, herausgegeben v. d. Vereinigung von Groß-
  kesselbesitzern e.V., 1962;
Normenblätter der Schweiz. Normenvereinigung (SNV-Gruppe Nr. 107, Wasserchemie), ein-
  zelne Blätter bis 1964;
Die amerikanischen Einheitsverfahren zur Untersuchung von Wasser und Abwasser (deutsche
  Übersetzung), 1951;
ALEKIN, O. A.: Grundlagen der Wasserchemie, 1962;
SPLITTGERBER und ULRICH: Wasseraufbereitung im Dampfkraftbetrieb, 1963;
FREIER, R.: Kesselspeisewasser, Kühlwasser, Technologie-Betriebsanalyse, 1963;
HELFFERICH, F.: Ionenaustauscher, 1959;
SIERP, F.: Die gewerblichen und industriellen Abwässer, 1959;
Abwasser-Abfall-Abgas, Dechema Monographien Bd. 52, 1964.


## § 29. Aufarbeitung und Veredelung organischer Naturstoffe

Gleichfalls bei der Aufarbeitung und Veredelung *organischer Naturstoffe* – fos-
siler wie Erdöl und Kohle oder der lebenden Natur entnommener wie z.B. Holz,
Zucker, Stärke, Harze, tierischer und pflanzlicher Fette und Öle, Milch u. a. eiweiß-
haltiger Stoffe – handelt es sich durchwegs um umfangreiche, über zahlreiche
Etappen verlaufende, chemische und physikalische Trenn-, Reinigungs- und Um-
wandlungsprozesse, indem alle diese natürlichen Rohstoffe komplex gebaute Gemische und Lösungen (echte oder kolloide) zahlreicher, zumeist erst teilweise
bekannter Verbindungen darstellen.

So enthalten *Steinkohlen* allgemein $\leq 5\%$ Wasser und $\leq 10\%$ Asche und besteht ihre eigentliche *Reinkohle* aus rund 80 bis 90% C, 3 bis 6% H, 2 bis über
10% O, 1 bis 2% N und in der Regel um 1% S. Bei der *Verkokung der Steinkohle* –
über ihre Rolle als Brennstoff siehe S. 208 – findet in den Kokereien und Gaswerken nach grundsätzlich gleichen Verfahren unter Erwärmung auf üblicherweise 900 bis 1000 °C eine *Entgasung* (trockene Destillation) statt. Dabei wird die
Kohle nach Durchlaufen eines plastischen Zustandes („Schmelzen") und Wieder-
erstarren in *Koks* umgewandelt, während aus den dabei gleichzeitig entweichen-
den, flüchtigen Bestandteilen *Teer, Benzol, Ammoniak, Gas* und *Wasser* abgeschieden werden – hierbei aus 1000 t Steinkohle je nach dem Gehalt der eingesetzten
Kohle an flüchtigen Bestandteilen 650 bis gegen 800 t Koks (Reinkoks mit 97% C,
je 0,5% H und O sowie je 1% N und S), rund 30 bis 40 t Rohteer, 10 t Rohbenzol,
10 t $(NH_4)_2SO_4$ und über 300000 Nm³ Rohgas anfallend. Für die Verwendung
des letzteren als *Stadtgas* werden in den Gaswerken dem Kohlendestillationsgas
soviel Rauchgenerator- und Wassergas beigemischt, daß sich der gewünschte Heizwert ergibt. Hierbei wird das Wassergas oft in unmittelbarem Anschluß an die
Entgasung der Steinkohle hergestellt, indem der glühende Koks mit Wasserdampf
zur Reaktion $C + H_2O \rightarrow CO + H_2$ gebracht wird und damit eine Gasausbeute
von mehr als 700000 Nm³/1000 t Steinkohlen erreicht.

Alle zuvor erwähnten Nebenerzeugnisse bedürfen ihrerseits erneuter Reinigung und Aufarbeitung, um daraus zahlreiche wertvolle Ausgangsstoffe für die
organisch-chemische Industrie zu erhalten. So ist z.B. der Rohteer *(Steinkohlenteer)* noch immer ein verwickeltes Gemisch mehrerer Hundert einfacherer und
komplizierterer, organischer Verbindungen, nämlich der verschiedenartigsten
Kohlenwasserstoffe – gesättigter und ungesättigter, aliphatischer und aromatischer –, aber auch zahlreicher O-, S- und N-haltiger Körper. Destillation des Roh-

teers gestattet zunächst seine Trennung in *Pech* (als Destillationsrückstand) und *Teeröle*, nämlich die vier Ölfraktionen Leichtöl (Siedebereich bis 180 °C), Mittelöl (180 bis 230 °C), Schweröl (230 bis 270 °C) und Anthracenöl (über 270 °C).

Aus Pech und Teerölen, vornehmlich Anthracen-, Mittel- und Schwerölen wird hernach die Hauptmasse der *Straßenteere* hergestellt, sei es um diese als Bindemittel

a) unmittelbar zu Oberflächenbehandlungen, Tränkungen und Mischbelägen zu verwenden,

b) zur Kombination der besonderen Vorzüge von Teer und Bitumen – nämlich der größeren Dünnflüssigkeit und des besseren Benetzungsvermögens des Teers mit der höheren Klebekraft des Bitumens – zu *Bitumen-Teer-* oder *Teer-Bitumen-Mischungen*[1] zu verarbeiten (erstere mit z.B. 85% Teer + 15% Bitumen dienen ebenfalls für Oberflächenbehandlungen und Tränkungen, dazu zur Herstellung von Mischmakadam; letztere aus 70 bis 80% Bitumen + 30 bis 20% Teer werden dagegen bevorzugt beim Bau dichter, hohlraumfreier Straßenbeläge und -decken bei der Teerasphaltbeton-Bauweise), oder endlich

c) in geeigneten organischen Lösungsmitteln wie Teerölen oder Petroleumderivaten gelöst den sog. *Kaltteer* zu liefern – dieser ist im Gegensatz zum Straßenteer und den BT- wie TB-Mischungen, welche zu ihrer Verarbeitung einer Erwärmung auf 85 bis 125 °C (Teere und BT-Mischungen im Tanksprengwagen bis gegen 140 °C) bedürfen, ohne nachträgliches Aufwärmen unmittelbar verwendungsbereit und daher in erster Linie zu Oberflächenbehandlungen und Tränkungen in der kühleren Jahreszeit, zur Herstellung bituminöser Beläge im Kaltmischverfahren sowie zu Reparaturarbeiten geeignet.

Steinkohlenteerpech und Steinkohlenteeröle werden außerdem für mancherlei Produkte wie für Lacke als Korrosionsschutzmittel, Teeröle – vorab Anthracenöl und Schweröl – zur Herstellung von Imprägnierölen für die Holzkonservierung verwendet. Dabei wird vor allem bei den ersteren erneut aus der guten Netz- und Deckkraft, der hervorragenden Witterungsbeständigkeit und ebensolchen Resistenz gegenüber zahlreichen chemischen Agentien, verbunden mit einer beachtlichen Verschleißfestigkeit Nutzen gezogen, wie sie im übrigen neben derlei Teerprodukten auch analoge Bitumenerzeugnisse (S. 204) – beiderlei Fabrikate kurzweg *bituminöse Bindemittel* bzw. *Anstriche* genannt – auszeichnen (Tab. 32, S. 202).

Nicht weniger komplizierte Stoffgemische als die Kohlen sind die *Roherdöle*, welche – bei einer mittleren Elementarzusammensetzung von 83 bis 88% C und 11 bis 15% H neben selten mehr als 0,5% O und 1% S sowie meist weniger als 0,1% N – zu weit überwiegenden Teilen aus einer Vielzahl meist gesättigter Kohlenwasserstoffe bestehen, nämlich Paraffinen (normalen und Isoparaffinen), Naphthenen und Aromaten (S. 91). Diese sind je nach Provenienz des Erdöls in wechselnden relativen Anteilen vorhanden und dazu bald mehr mit niedrigen (leichter flüchtigen), bald eher mit höheren (schwerer flüchtigen) Gliedern vertreten. Die

---

[1] Demgegenüber ist bei einer getrennten Verwendung von Produkten auf Teer- und Bitumenbasis deren Berührung zu vermeiden, da sich im Kontakt der beiderlei Erzeugnisse in der Weise eine unerwünschte *Fluxwirkung* ergeben kann, daß Teeröle das Bitumen erweichen und seine Klebekraft beeinträchtigen.

**Tabelle 32. Haupttypen bituminöser Bindemittel und ihre Verarbeitung**

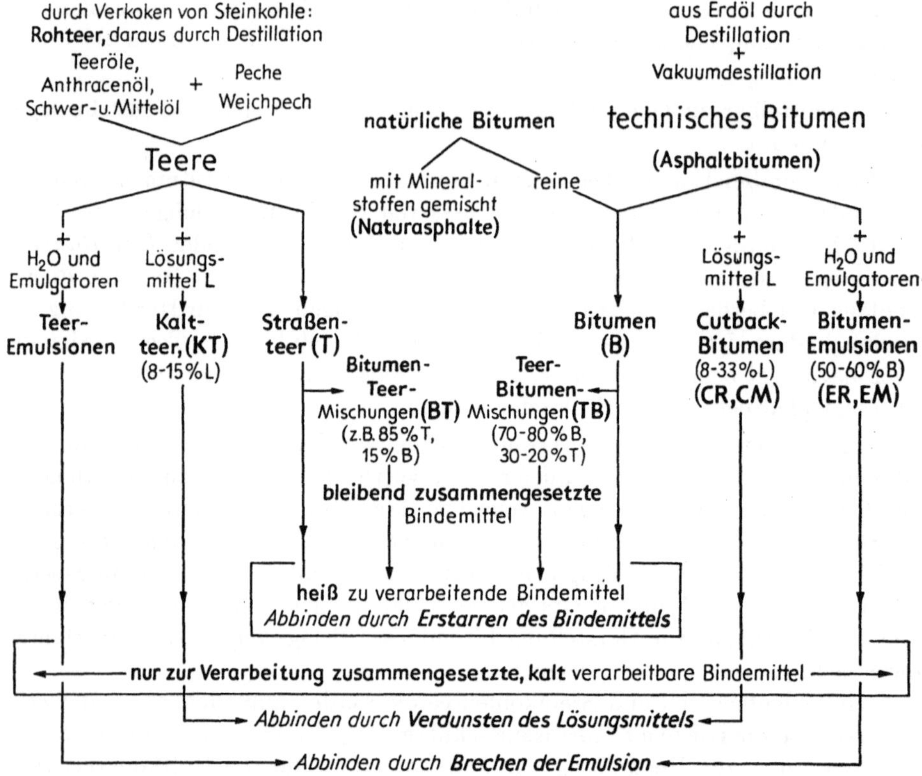



*Raffination* des rohen Erdöls dient in erster Linie der Gewinnung der bekannten Produkte wie

*Erdgas* als Brennstoff und Chemiegrundstoff,

*Benzin* als Treibstoff für Ottomotoren von Automobilen und Flugzeugen, gleichfalls als Chemiegrundstoff, ferner als Ausgangsmaterial zur Herstellung von Stadtgas (siehe auch S. 200) sowie zu andern technischen Zwecken wie als Lösungs-, Verdünnungsmittel u. dgl.

*Petrol* als Brenn- und Leuchtstoff wie als Treibstoff für Traktoren sowie Strahl- und Turbinentriebwerke von Flugzeugen,

*Gasöl* als Treibstoff für schnellaufende (Straßen-)Dieselmotoren,

*Heizöle* (S. 209),

zahlreiche Sorten von *Schmierstoffen* (S. 279) und *Isolierölen* – allgemein der sog. *Mineralöl*produkte im Gegensatz zu den auf tierischen oder pflanzlichen Ölen und Fetten basierenden Erzeugnissen,

*Bitumen* (Asphaltbitumen) und der hieraus sich ableitenden Produkte (S. 204),

*Paraffin* für Kerzen und als Imprägniermittel (beispielsweise der Zündhölzer, von Papier usw.).

**Tabelle 33. Schema der Aufarbeitung des Erdöls durch Destillation**

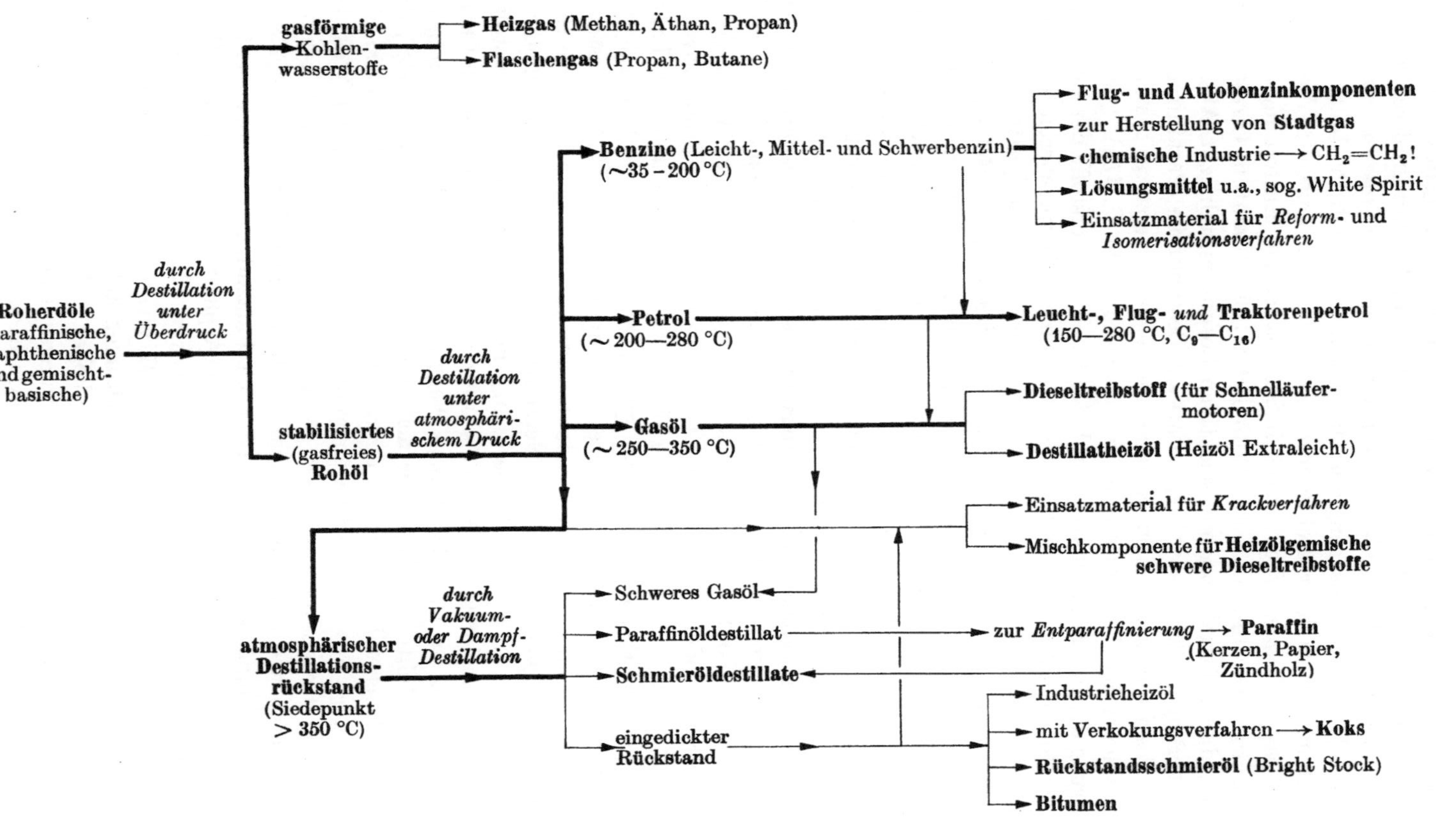

Diese Aufarbeitung beruht zunächst auf einer Trennung des Rohöls in verschiedene *Fraktionen* von bestimmtem Siedebereich und damit größerer oder kleinerer Flüchtigkeit (siehe hierzu Tab. 33) auf dem Wege einer *fraktionierten Destillation*. Darauf folgt zur Verbesserung der Qualität dieser ersten Produkte deren weitere Veredelung mittels der verschiedensten, hier nur anzudeutenden Verfahren:

auf *physikalischem* Wege: durch Kristallisation zur Entfernung störender und gleichzeitiger Gewinnung fester Erdölbestandteile (Paraffin, Ceresin und Petrolatum), durch Extraktion mit selektiven Lösungsmitteln zur Abtrennung bzw. Anreicherung der Aromaten, asphaltartiger Bestandteile, Paraffin usw.;

als *chemische* Prozesse: ein *Kracken* und *Reformen*; ersteres besteht in der Spaltung höherer Kohlenwasserstoffe in einfachere (siehe S. 154), letzteres in einer Änderung der inneren Struktur vorab der Kohlenwasserstoffe der Benzinfraktion. Beide erfolgen entweder durch bloßes Erhitzen auf Temperaturen von zumeist 450 bis 550 °C oder unter gleichzeitiger Anwendung von Katalysatoren (S. 235) und werden darnach als *thermisches* oder *katalytisches* Kracken (Reformen) bezeichnet. In Ergänzung moderner Reformverfahren, welche bereits eine gezielte Umwandlung, nämlich vor allem die „Aromatisierung" von Naphthenen wie auch Paraffinen, gestatten, wird für gewisse Zwecke heute gleichfalls eine *Isomerisierung* – so die Umwandlung normaler Paraffine in verzweigte – angewandt. Den Abschluß bildet eine Nachbehandlung, um vorab Farbe, Säure- und Schwefelgehalt, Geruch und Stabilität der einzelnen Produkte zu verbessern, wozu wiederum physikalische und (oder) chemische Verfahren herangezogen werden. Neben allen diesen Trenn-, Umwandlungs- und Reinigungsprozessen erlangt schließlich auch die *Synthese* besonders wertvoller oder gar neuartiger Kohlenwasserstoffe aus Erdölderivaten (vornehmlich aus den ungesättigten, aber ebenfalls gesättigten Anteilen der Fabrikgase) ständig größere Bedeutung. So um qualitativ besonders hochwertige Produkte wie z.B. besonders klopffeste Flugbenzinkomponenten (S. 217) herzustellen oder aber zu interessanten Zwischenprodukten für die chemische Industrie (beispielsweise dem Ausgangsmaterial für Netzmittel) zu gelangen. Abgesehen von den Erdölprodukten im engeren Sinne dienen heute Erdöl-Kohlenwasserstoffe überdies in rasch zunehmendem Maße als Ausgangsstoffe der organischen Chemie, indem sich daraus auf wirtschaftlichem Wege viele, zum Teil bislang nur schwer zugängliche Produkte, niedrig- oder makromolekulare, herstellen lassen; die Zahl solcher „Petrochemicals" beträgt denn heute bereits weit mehr als 500.

Das je nach Art des Destillationsprozesses von verschiedener Weichheit anfallende, im Gegensatz zum Teer geruchlose und zugleich spezifisch leichtere *Bitumen* kann wiederum unmittelbar als *Bindemittel* (Tab. 32, S. 202) zu Oberflächenbehandlungen, Tränkungen oder Mischmakadam, vor allem aber für dichte, hohlraumarme Straßenbeläge und -decken (Asphaltbeton), ebenso als Bestandteil von Anstrichstoffen (S. 271), Kitten, Fugenvergußmassen u.dgl. verwendet werden. Es bedarf jedoch einer Erhitzung auf die zu seiner allmählichen Verflüssigung nötige Temperatur, welche für Straßenbitumen üblicher Härtegrade zwischen 140 und 160 °C, für härtere Qualitäten auch höher, indes stets unter 200 °C liegt. Ein Lösen von Bitumen in organischen Lösungsmitteln wie Erdöldestillaten, Teerölen usw. zu *Cutback-Bitumen* (kurzweg Cutback, häufig auch Verschnittbitumen genannt) gestattet eine Verarbeitung bei wesentlich niedrigerer Temperatur (auch diese wieder vor allem für Oberflächenbehandlungen, Tränkungen, Mischbeläge und für lagerfähiges Flickmaterial u.dgl.). *Bitumenemulsionen* endlich werden durch Emulgieren von Bitumen in Wasser (siehe bereits S. 52) unter Beigabe geeigneter Stabilisatoren (Emulgatoren) erhalten – alkalische und saure, kationische Emulsionen wie auch Tonemulsionen. Bitumenemulsionen erlauben nicht nur analog dem Kaltteer oder den Teeremulsionen eine Kaltverarbeitung und eine besonders feine und gleichmäßige Verteilung des bituminösen Bindemittels, sondern vor allem auch eine Anwendung auf feuchter Unterlage bzw. mit feuchtem Gesteinsmaterial als Zuschlag in Straßenbau und Bautenschutz. – Über Mischungen von Bitumen mit Teer siehe bereits S. 201, über Bitumenanstriche (Bitumenlacke u.dgl.) S. 271.

Besonders mannigfaltig sind sodann die chemisch-technischen Verfahren, welche einer Verarbeitung des *Holzes* dienen, dessen Trockensubstanz als Hauptbestandteile 20 bis 30 % Lignin und 70 bis 80 % Holocellulosen, nämlich 25 bis 50 % Reincellulose (Tab. 22 A, S. 124) und 20 bis 35 % niedrigermolekulare Hemicellulosen enthält. Neben *mechanischer* Zerkleinerung zu Holzmehl als Füllstoff oder zu Holzschliff für die Herstellung anspruchsloserer *Papier*qualitäten sowie einer *Extraktion* zur Abtrennung der im Holz enthaltenen Gerbstoffe und Harze (erstere für die Lederindustrie, letztere vor allem als Grundstoffe für Lacke, aber auch halbsynthetische Kunststoffe) kommen an chemischen Prozessen in Frage:

eine *Verkokung* zur Herstellung von Holzkohle, Essigsäure und Methanol,

eine *Vergasung* zu Brenn- oder Treibstoff,

eine *Verkochung* zur Gewinnung von Zellstoff und *Cellulose* – den Ausgangsstoffen der Papierindustrie, zum Teil auch mancher Explosivstoffe (S. 216) wie der zahlreichen halbsynthetischen Kunststoffe auf Cellulosebasis (S. 123)

und endlich als sog. *Holzverzuckerung* eine Hydrolyse unter Bildung von Zukkern und Lignin.

### Literatur über Kokerei und Gasindustrie

SIMMERSBACH, O. und G. SCHNEIDER: Grundlagen der Kokschemie, 1930;
GROSSKINSKY, O.: Handbuch des Kokereiwesens (2 Bände), 1955, 1958;
Wörterbuch der Kokereitechnik, 1945;
BRÜCKNER, H.: Handbuch der Gasindustrie (in Einzeldarstellungen), seit 1943;
WINTER, H.: Taschenbuch für Gaswerke, Kokereien, Schwelereien und Teerdestillationen, 1930;
Taschenbuch für das Gas- und Wasserfach, 3 Teile, 1961–1964;

### Literatur zur Aufarbeitung des Erdöls

RUF, H.: Kleine Technologie des Erdöls, 1963;
UMSTÄTTER, H.: Der Petroleum-Ingenieur, 1951;
NELSON, W.: Petroleum Refinery Engineering, 1958;
ASTLE, M. J.: Petrochemie, 1959;
GOLDSTEIN, R. F.: The Petroleum Chemicals Industry, 1958;
HENGSTEBECK, R. J.: Petroleum Processing, 1959;
Institute of Petroleum: Modern Petroleum Technology, 1962;
KIRSCHBAUM, E.: Destillier- und Rektifiziertechnik, 1960;
KALICHEVSKY, V. A. und K. A. KOBE: Petroleum Refining with Chemicals, 1956;
und dazu das Sammelwerk: The Science of Petroleum, 1938–1955, sowie
KOBE, K. A. und J. J. McKETTA: Advances in Petroleum Chemistry and Refining (Jahresübersichten ab 1958).

### Literatur über bituminöse Bindemittel und ihre Anwendung


WINKLER, H. J. V.: Der Steinkohlenteer und seine Aufarbeitung, 1951;
NÜSSEL, H.: Bitumen, 1958;
ZAKAR, P.: Bitumen, 1964;
HOIBERG, A. J.: Bituminous Materials, seit 1964;
Abraham, H.: Asphalts and allied Substances (5 Bände), 1961–1963;
DURIEZ, M.: Liants hydrocarbonés, 1954;
Bitumen- und Asphalt-Taschenbuch, 1964;
RICK, A. W.: Dachpappe, 1963.
GEORGY, W.: Die Baustoffe Bitumen und Teer und ihre Verwendung im Bauwesen, 1963;
WALTHER, H.: Bituminöse Stoffe im Bauwesen, 1962;
OBERACH, J.: Teer- und Asphaltstraßenbau, 1950;
SACHSE, H.: Der moderne Straßendeckenbau, 1964;
ROSE, D.: Bitumen im Wasserbau, 1963;
LUFSKY, K.: Bauwerksabdichtung, 1961.


### Literatur zur Holztechnologie


KOLLMANN, F.: Technologie des Holzes und der Holzwerkstoffe (2 Bände), 1951–1955;
KÜRSCHNER, K.: Chemie des Holzes, 1962;
KOLLMANN, F.: Holzspanwerkstoffe, 1965.


## § 30. Chemische Reaktionen als Energiequellen: wärmeliefernde Reaktionen, Brennstoffe

Einzelne chemische Reaktionen, bei welchen im Sinne des bereits S. 145 Gesagten chemische Energie in andere umgewandelt wird, interessieren nicht wegen des mit ihnen verbundenen Stoffumsatzes an sich, sondern um der Wärme oder Arbeit willen, die sich mit ihnen gewinnen läßt. Für solche, lediglich als *Energiequellen* dienende Reaktionen kommen naturgemäß einzig *exotherme* und *exergonische* Prozesse in Betracht und unter diesen wiederum in erster Linie jene, welche pro Masseneinheit eine möglichst große Menge Wärme oder Arbeit erzeugen lassen.

Unter diesem Gesichtspunkt, aber auch ganz allgemein werden daher chemische Gleichungen in dem Sinne zu einer *Energiebilanz* (einer *thermochemischen* Gleichung) der betreffenden Reaktion erweitert, daß ihnen die mit der fraglichen Reaktion verbundene *Wärmetönung (Reaktionswärme)* beigeschrieben wird. Auf diese Weise wird bei *exothermen* Vorgängen angegeben, welche *Wärmemenge frei* wird, falls bei der Reaktion die *gesamte* chemische Energie in Wärme umgewandelt wird, bei *endothermen* Vorgängen der *Aufwand an Wärme*, falls *nur solche* die Mehrung der chemischen Energie ergeben soll. So besagt im Falle der exotherm verlaufenden Verbrennung von CO mit $O_2$ zu $CO_2$ die Gleichung $2 CO + O_2 \rightarrow 2 CO_2 - 135{,}2$ kcal, daß durch die Verbindung von 56 g CO mit 32 g $O_2$ zu 88 g $CO_2$ eine Wärmemenge von 135,2 kcal freigesetzt wird, falls von den beiden Ausgangsstoffen CO und $O_2$ unter Normalbedingungen (0 °C und 760 mm Druck) ausgegangen und nach deren vollständigem Umsatz zu $CO_2$ auch dieses wieder auf Normalbedingungen gebracht wird (dabei wird allgemein jene Wärmetönung angegeben, welche sich bei der Reaktion unter konstantem *Druck* ergibt und sich von derjenigen der Reaktion unter konstantem *Volumen* etwas unterscheidet, nämlich in positivem oder negativem Sinn, je nachdem ob die Reaktion unter Volumkontraktion oder -zunahme verläuft).

Umgekehrt heißt $CaCO_3 \to CaO + CO_2 + 45$ kcal, daß beim Kalkbrennen die endotherme Zersetzung von 100 g $CaCO_3$ in 56 g CaO und 44 g $CO_2$ eines Wärmeaufwandes von 45 kcal bedarf. Somit werden chemischen Reaktionen mit Wärme*abgabe*, also den *exothermen* Reaktionen *negative*, den mit Wärme*aufnahme* verbundenen, *endo*thermen Reaktionen hingegen *positive Wärmetönungen* zugeschrieben, womit Wärmetönung *und* Reaktionswärme *gleiches* (und nicht, wie früher üblich, verschiedenes) Vorzeichen erhalten. Lautet die thermochemische Gleichung für die Bildung von AB, also für $A + B \to AB - Q$ kcal, so jene für die Gegenreaktion, also den Zerfall von AB, naturgemäß $AB \to A + B + Q$ kcal (d.h. es ist nunmehr derselbe Betrag an Wärme aufzuwenden, welcher zuvor aus der chemischen Reaktion gewonnen wurde). Die Größenordnung der in thermochemischen Gleichungen auftretenden – also sich stets auf ein g-Atom bzw. -Molekül (Mol) beziehenden – Wärmetönungen liegt allgemein im Bereich zwischen 10 und 1000 kcal, was im Falle exothermer Reaktionen einer Wärmeproduktion bis zu 10 kcal/g entspricht [im Gegensatz zu den üblichen physikalischen Vorgängen mit einer Wärmeabgabe um 0,01 bis 1 kcal/g, während kernphysikalische Prozesse (Kernreaktionen) eine Energieproduktion von $10^7$ bis $10^8$ kcal/g gestatten; siehe auch Tab. 34, S. 209].

Falls unter Anwendung von Calorimetern eine direkte Messung einer Wärmetönung nicht gelingt, gestattet der *Satz der konstanten Wärmesummen* von HESS die mittelbare Berechnung von Reaktionswärmen, indem die Wärmetönung einer Reaktion nicht vom Weg abhängt, auf welchem irgendwelche Stoffe in gegebene andere übergeführt werden; beispielsweise folgt aus

$$C + O_2 \to CO_2 - 94,2 \text{ kcal und}$$

$$2CO + O_2 \to 2CO_2 - 135,2 \text{ kcal}$$

durch Multiplikation der ersten Gleichung mit 2 und Subtraktion der zweiten Gleichung von der ersten $2C + O_2 - 2CO = -188,4 + 135,2$ kcal, also

$$2C + O_2 \to 2CO - 53,2 \text{ kcal.}$$

Im Sinne dessen kann es für den Ablauf chemischer Vorgänge entscheidend sein, ob in einem gegebenen Falle die Möglichkeit der *Koppelung* einer endothermen Reaktion mit einer stark exothermen besteht, so daß für den gesamten Umsatz eine negative Wärmebilanz resultiert. So ist die Reaktion $2Cl_2 + O_2 + 2H_2O \to 4HClO$ endotherm, $Cl_2 + H_2 \to 2HCl$ dagegen stark exotherm, so daß die *gekoppelte Reaktion* $Cl_2 + H_2O \to HClO + HCl$ als Ganzes exotherm verläuft.

Als *Bildungswärme* einer Verbindung AB gilt die mit deren Bildung *aus den Elementen* A und B verbundene Wärmetönung, also jene der Reaktion $A + B \to AB$, wobei Bildungswärmen zumeist für 25 °C und 1 at angegeben werden. *Stoffe* mit negativer Bildungswärme heißen entsprechend dem zuvor Festgesetzten *exotherme*, solche mit positiver Bildungswärme (wie z.B. Acetylen gemäß $2C + H_2 \to C_2H_2 + 54,3$ kcal) *endotherme*. Überdies ist die Bildungswärme abhängig vom Aggregatzustand, in welchem die betreffende Verbindung erhalten werden soll; so beträgt sie beispielsweise für Wasserdampf $-57,4$ kcal, für flüssiges $H_2O$ hingegen $-68,4$ kcal. Aus den Bildungswärmen lassen sich naturgemäß auch Wärmetönungen chemischer Reaktionen berechnen, so für $2Ag + 2HCl \to 2AgCl$

$+ H_2$ zu $(0 + 2 \cdot 21{,}89) - (2 \cdot 30{,}15 + 0) = -16{,}52$ kcal, indem die Bildungswärme von flüssigem HCl 21,89, jene von festem AgCl 30,15 kcal beträgt.

Im Falle der einfachen Reaktion $A + B \to AB \pm Q$ ist die Größe $Q$ zugleich ein Maß für die der Bindung von Atomen A und B zur Verbindung AB innewohnenden Energie (die sog. *Bindungsenergie* der Verbindung AB, nämlich die bei der Entstehung von AB aus den *freien* Atomen A und B frei werdende oder hierfür aufzuwendende Energie). Dies gilt jedoch nicht auch bei komplexer verlaufenden Reaktionen wie z.B. $A_2 + B_2 \to 2\,AB$. Jetzt ist die Bindungsenergie von AB vielmehr gegeben durch die Summe der Wärmetönungen $Q'$, $Q''$ und $Q$ der drei Vorgänge $A_2 \to 2\,A + Q'$, $B_2 \to 2\,B + Q''$ und $A_2 + B_2 \to 2\,AB + Q$. In der Tat ist jetzt die Bildungswärme der Verbindung AB *nur* die *Differenz* der Bindungsenergie von AB und derjenigen von $A_2$ und $B_2$.

Beispiel: *Bildungswärme* von $H_2O$ nach $H_2 + 1/2\,O_2 \to H_2O - 57{,}8$ kcal (1), Bildungswärme (und zugleich Bindungsenergie) von $H_2$ und $O_2$: $2\,H \to H_2 - 103{,}0$ kcal (2) bzw. $2\,O \to O_2 - 117{,}0$ kcal (3); die *Bindungsenergie* von $H_2O$ entspricht dagegen der Reaktion $2\,H + O \to H_2O$, welcher Vorgang sich aus Addition der drei Gleichungen (1), (2) und (3) nach Multiplikation der letzteren mit 1/2 ergibt, so daß als Bindungsenergie von $H_2O - 57{,}8 - 103{,}0 - 1/2 \cdot 117{,}0$ kcal $= -219{,}3$ kcal erhalten wird.

Weil sich die Bindungsenergie einer Verbindung stets auf deren Entstehung aus *freien* Atomen bezieht, muß schließlich bei Reaktionen, an denen *feste* Elemente beteiligt sind, die zu deren Überführung in den Dampfzustand mit freien Atomen notwendige Energie (also deren Verdampfungs(Sublimations)wärme) mitberücksichtigt werden. So ergibt sich etwa die Bindungsenergie $X$ von festem NaCl im Sinne der Gleichung $Na + Cl \to NaCl_{fest} - X$ durch Addition der Gleichungen $Na_{fest} + 1/2\,Cl_2 \to NaCl_{fest} - 98$ kcal, $Na_{Dampf} \to Na_{fest} - 25$ kcal und 1/2 $(2\,Cl \to Cl_2 - 57$ kcal$)$ zu $-98 - 25 - 28{,}5$ kcal $= -151{,}5$ kcal. Im Gegensatz zur Bindungsenergie gilt bei Ionenverbindungen jener Energiebetrag, welcher ihrer Bildung aus *freien Ionen* entspricht, als deren *Gitterenergie* und beträgt diese z.B. im Falle von NaCl $-183$ kcal. Aber auch der *einzelnen* chemischen Bindung, etwa der H—H-, C—C-, C=C-, C—H- oder C=O-*Bindung*, läßt sich ein bestimmter, ihr eigener Energiebetrag zuordnen, wobei zumeist jener gewählt wird, der $6{,}023 \cdot 10^{23}$ solcher Bindungen entspricht und für H—H 104,2 kcal, C—C 83,1 kcal, C=C 147 kcal, C—H 98,8 kcal und C=O um 170 kcal ausmacht.

Der Erzeugung von Wärme auf dem Wege chemischer Reaktionen dienen vor allem *Verbrennungsprozesse*, wobei der dazu benötigte Sauerstoff zumeist in Form von Luft[1] angewandt wird und die Verbrennung sich oberhalb einer gewissen Temperatur (dem sog. Brennpunkt) selber erhalten soll. An Brennstoffen (siehe Tab. 34) werden vor allem gebraucht:

a) *feste* wie die *natürlichen* Brennmaterialien *Holz*, *Torf*, *Braun-* und *Steinkohlen* oder daraus hergestellte Veredelungsprodukte – z.B. mechanisch durch Brikettierung geformte oder aber auch durch trockene Destillation (Verkokung

---

[1] Dabei gilt die zur vollständigen Verbrennung eines Brennstoffes mindestens notwendige und eben hinreichende Luftmenge als dessen *Luftbedarf bei der Verbrennung*; dieser berechnet sich zu 4,31 $(2{,}667\,g_C + 8\,g_H + g_S - g_O)$ kg Luft/kg Brennstoff, wenn $g_C$, $g_H$, $g_S$ bzw. $g_O$ den Gehalt an C, H, S bzw. O in Gew.-% bedeuten.

## Tabelle 34. Die wichtigsten Brennstoffe

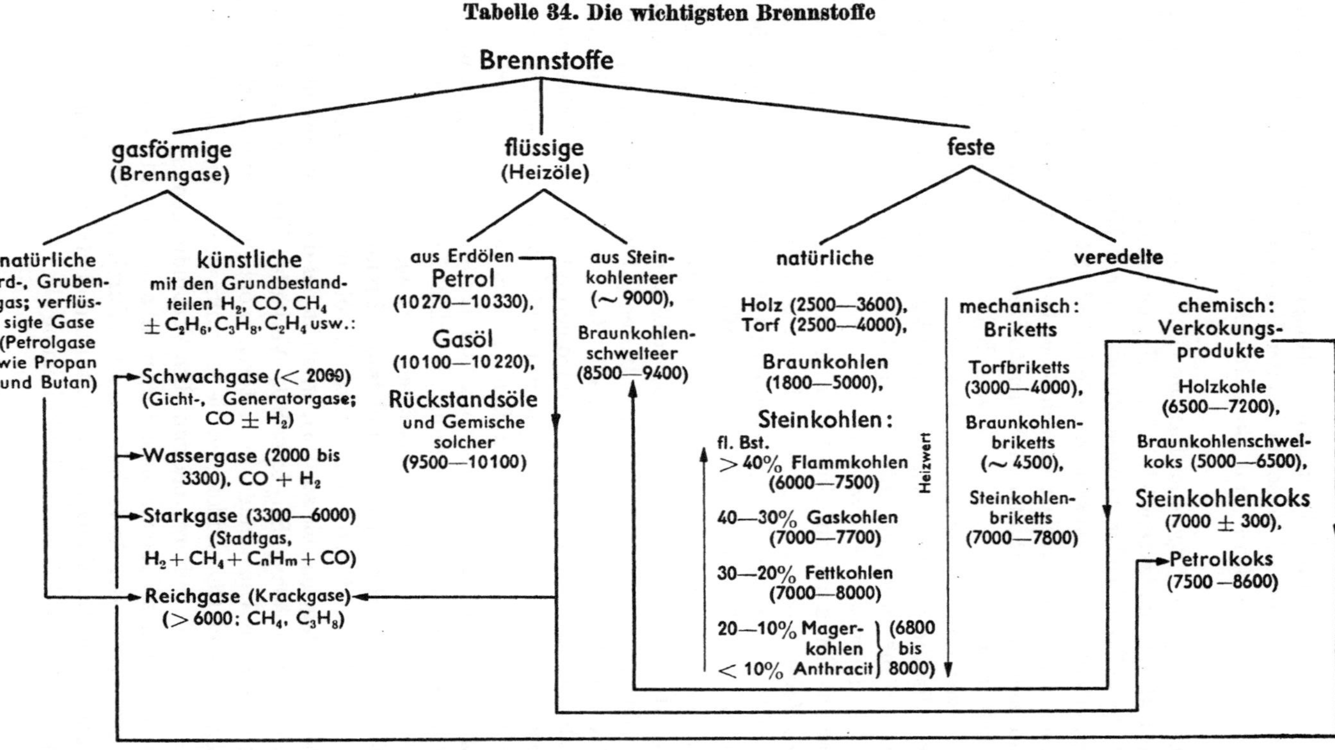


Demgegenüber liefern „Kernbrennstoffe" für Atomreaktoren wie U, Pu, Th oder Verbindungen derselben — z. B. $UO_2$, $UO_2(SO_4)$, $UO_2(NO_3)_2$ — bei ihrer Spaltung $10^{10}$ — $10^{11}$ kcal/kg, entspricht darnach 1 kg U rund $2,5 \cdot 10^6$ kg Kohle.

(Zahlen in Klammern bedeuten mittlere **Heizwerte** in kcal, bei gasförmigen Brennstoffen pro $Nm^3$, bei flüssigen und festen pro kg; fl. Bst. = flüchtige Bestandteile In %).

nach S. 200) chemisch verwandelte wie *Holzkohle, Torfkoks, Braunkohlenschwel-koks* und *Steinkohlenkoks* –,

b) an *flüssigen* vor allem die bei der Aufarbeitung des Erdöls (S. 203) anfallen-den *Petrole, Gas-* und *Rückstandsöle* sowie aus der Verkokung oder Verschwelung von Kohlen hervorgehende *Stein-* und *Braunkohlenteer*produkte ähnlichen Cha-rakters,

c) schließlich als sog. *Brenngase* gasförmige Stoffe, auch diese teils natürlich auftretend (wie z. B. das im wesentlichen aus $CH_4$ bestehende Erdgas), teils aus festen oder flüssigen Brennstoffen hergestellt oder durch Mischung bzw. chemi-sche Reaktionen erhaltene *Gasgemische*, wie die in Tab. 34 aufgeführten[1].

In allen diesen Fällen interessiert zunächst der C- *und* H-*Gehalt* eines Brenn-stoffes, während alle darin enthaltenen Sauerstoffverbindungen (wie vor allem $H_2O$) und $O_2$ selber ähnlich der Asche als sog. Ballastbestandteile einen Brenn-stoff mindestens verdünnen. Sodann der *Heizwert*, nämlich jene Anzahl kcal, welche bei der vollständigen Verbrennung von 1 kg eines festen oder flüssigen Brennstoffes bzw. 1 m³ Brenngas unter Normalbedingungen (1 Nm³ Brenngas) frei werden. Die stets größere *Verbrennungswärme* – ehedem als oberer Heizwert bezeichnet – bezieht sich dabei auf eine Verbrennung zu *flüssigem* $H_2O$, der tech-nisch wichtigere *Heizwert* – früher unterer Heizwert genannt – hingegen auf eine Verbrennung zu $CO_2$ und *Wasserdampf*. Letzterer ist dementsprechend um die bei der Kondensation des Wasserdampfes erzeugte Wärmemenge – nämlich rund 600 kcal/kg $H_2O$-Dampf – kleiner. Nach dem zuvor Gesagten äußert sich bei gleichem C- und H-Gehalt im Heizwert naturgemäß auch die besondere Art der im Einzelfall vorliegenden C, H-Verbindungen. In der Tat wird die Wärmeproduk-tion um so höher ausfallen, je größer z. B. die Bildungswärmen der in einem Brennstoff enthaltenen Kohlenwasserstoffe sind (so beträgt denn die Verbrennungs-wärme von Acetylen in der Tat 311,5 kcal gegenüber bloß 210,8 kcal beim Methan).

Eine solche Verwendung von Brennstoffen zur Erzeugung von Wärme, aber auch die S. 213 zu betrachtende Verbrennung von Treibstoffen in irgendwelchen Motoren liefert in der Regel als Verbrennungsprodukte nicht allein $CO_2$ und $H_2O$. Daneben können sich vielmehr auch unerwünschte, ja eigentlich schädliche Stoffe bilden. Weil die Mehrzahl der flüssigen und festen Brennstoffe in zwar geringer Menge auch Schwefel enthält (so etwa leichte Heizöle im allgemeinen zwischen 0,5 und 1 %, Schweröle dagegen bis zu 5 %), entsteht bei deren Verbrennung not-wendig auch eine gewisse Menge $SO_2$ bzw. $SO_3$. Verlaufen Verbrennungsprozesse, wie es unter bestimmten Umständen in Motoren möglich ist, unvollständig, so bildet sich neben $CO_2$ auch CO und können die Auspuffgase als „unvollständig ver-brannten Treibstoff" noch weitere unerwünschte Verbindungen enthalten. Neben Hausbrand und Motorfahrzeugen tragen naturgemäß auch Gewerbe und Industrie einiges zur Verunreinigung der Außenluft bei, sei es durch die Erzeugung weiterer schädlicher Abgase (z. B. fluorhaltiger), von Staub und Rauch, von übelriechen-den Dämpfen und Gasen, u. dgl. Gleich der Reinigung aller Abwässer ist daher auch

---

[1] Neben diesen „klassischen" Brennstoffen werden neuerdings, und zwar vorab für Ver-brennungsreaktionen mit besonders hoher spezifischer Leistung zum Antrieb von Raketen als sog. HEF-*Brennstoffe* neben $H_2$, Anilin und Alkoholen vor allem auch $NH_3$, $NH_2-NH_2$, $C_2N_2$, sodann Borane (wie z. B. $B_2H_6$, $B_4H_{10}$, $B_5H_{11}$ u. dgl.) in Kombination mit $F_2$, $NF_3$, $OF_2$, $ClF_3$, $BrF_5$ oder $O_2$, $O_3$, $H_2O_2$, $HNO_3$ u. a. als „Oxydationsmittel" verwendet.

die vermehrte *Reinhaltung der Luft* zu einem vordringlichen Anliegen der Technik geworden. Mögliche Maßnahmen gibt es dabei verschiedene: zunächst bei der Auswahl der Brenn- und Treibstoffe und darnach bei der sorgfältigen Führung aller Verbrennungsprozesse, des weitern in der bestmöglichen Reinigung aller Abluft aus Hauskamin und Auspuff wie aus sämtlichen Einrichtungen und Anlagen von Industrie und Gewerbe, aber auch der Landwirtschaft und öffentlichen Hand. Naturgemäß werden sich diese Bemühungen vorab darauf konzentrieren, eine Verunreinigung der Luft mit Fremdstoffen zu verhindern, welche für Mensch, Tier oder Pflanze schädlich sind. Dabei sei allerdings nicht verschwiegen, daß zumeist nur wenig Zuverlässiges darüber bekannt ist, wie hoch die schädlichen Konzentrationen jener Stoffe liegen, welche erfahrungsgemäß als giftig, auf jeden Fall als wenig zuträglich gelten.

Aber auch bei allen *anderen* chemischen Reaktionen wird aus naheliegenden Gründen deren *Thermochemie* interessieren:

So bei *endothermen* Prozessen als erste Grundlage zur Beurteilung der zur Synthese endothermer Stoffe erforderlichen Wärmeaufwandes, während *exotherme* Reaktionen, nachdem sie durch einmaliges Erwärmen auf hinreichende Temperatur „gezündet" wurden, *von selber* verlaufen können, insofern die von der Reaktion gelieferte Wärme die stets bestehenden Wärmeverluste übertrifft. Beispielsweise beim *Frischen des Roheisens zu Stahl* nach den *Blasverfahren* (Tab. 26, S. 161), um aus sprödem Roheisen schmied- und härtbaren Stahl zu erhalten: Allgemein handelt es sich hier wie bei jedem andern Frischen darum, die bis rund 7 % ausmachenden, unerwünschten „Eisenbegleiter" wie C (bis zu 5 %), P und S, allenfalls auch einen Überschuß an Si und Mn durch Überführung in die Oxide aus dem Roheisen zu entfernen (dabei entweicht $CO_2$ als Gas, während die andern Oxide in die Stahlschlacke übergehen). Hierbei geschieht ein sog. *Windfrischen* mittels Durchblasen von Luft, und zwar von unten nach oben durch die im Konverter auf rund 1300 °C vorgewärmte und daher schmelzflüssige Roheisenmasse. Die bei der Oxydation der Eisenbegleiter entwickelte Wärme, vorab die erhebliche Verbrennungswärme von Si und P, vermag dabei nicht nur die Wärmeverluste durch die kalte Luft (den Wind) und die Zuschläge auszugleichen. Sie bewirkt vielmehr überdies eine weitere Erwärmung der Schmelze auf 1600 bis 1650 °C, wie sie zum nachfolgenden Vergießen des Stahles erforderlich ist. Im einzelnen arbeitet das BESSEMER-*Verfahren* mit *saurem* Futter des Konverters und ebensolcher Schlacke. Es gestattet dementsprechend wohl eine Entfernung von Si und C aus dem Roheisen, nicht aber von S und P, also einzig ein Frischen von Roheisen, welches weniger als 0,1 % P und weniger als 0,05 % S enthält. Demgegenüber eignet sich das THOMAS-*Verfahren* mit *basischer* Auskleidung des Konverters und basischer Schlacke zur Herstellung von Stahl aus phosphorreichem Roheisen, wobei P in $Ca_3(PO_4)_2$, den Hauptbestandteil der Thomasschlacke (Düngemittel!) übergeführt wird. Wird derart mit Luft gefrischt, so werden Stähle mit einem Stickstoffgehalt um 0,01 bis 0,03 % erhalten. Bereits ein solcher $N_2$-Anteil hat jedoch eine Versprödung des Stahls und damit einen Mangel an Trennbruchsicherheit, vor allem bei niedrigeren Temperaturen, zur Folge. Eine Verminderung des $N_2$-Gehalts läßt sich erreichen, wenn wie im Falle der verbesserten THOMAS-Stähle der Luft etwa 30 % $O_2$ beigegeben wird. Noch weniger, nämlich nurmehr um 0,005 % N enthalten die sog. LD-(Linz-Donawitz-)Stähle, welche durch Aufblasen von reinem Sauerstoff in die Roheisenschmelze (jetzt also von oben nach unten) gefrischt werden. Ähnlich geringe $N_2$-Gehalte besitzen schließlich die SM-Stähle dank einem *Frischen im Herd* nach dem SIEMENS-MARTIN-*Verfahren*. Dabei wird das Roheisen auf gegen 1700 °C aufgeheizt, und werden zur Hauptsache Erz + Schrott, also feste statt (oder neben) gasförmigen Frischmitteln (Luft, Luft + $O_2$ oder $O_2$ allein) verwendet.

Auf der anderen Seite gibt es jedoch auch exotherme Reaktionen, welche die fortgesetzte Abfuhr der von ihnen erzeugten Wärme verlangen, womit Fragen der *Kühlung* eine besondere Bedeutung erlangen. Zum ersten etwa in jenen Fällen, da – wie bei manchen Polymerisationsprozessen (S. 148) – eine übermäßige Erwärmung des Reaktionsproduktes dessen Zerfall zur Folge hätte, indem mit steigender Temperatur die Gegenreaktion oder doch anders gerichtete Vorgänge sich in unzulässigem Maße bemerkbar machen. Dann aber auch, falls die Wärmeentwicklung durch die exotherme Reaktion in einem *festen* Reaktionsprodukt unerwünschte oder gar schädliche Wärmespannungen hervorruft wie beim Abbinden größerer Zementmengen bei der Herstellung von *Massenbeton*. Deshalb werden in solchen Fällen bevorzugt Zemente mit möglichst *geringer Abbindewärme* verwendet, also solche, bei denen die stets exothermen Abbindereaktionen möglichst geringe Wärmetönungen aufweisen. Sogenannte *Low Heat-Zemente* – auch Wasserbau- oder Disilicatzemente genannt – mit Hydratationswärmen von bloß 60 bis 80 kcal/kg gegenüber denjenigen gewöhnlicher Portlandzemente zwischen 100 und 120 kcal/kg besitzen allgemein einen auf Kosten von $3\,CaO \cdot SiO_2$ und $3\,CaO \cdot Al_2O_3$ erhöhten Gehalt an $2\,CaO \cdot SiO_2$, indem die Abbindewärmen der beiden ersteren 120 bzw. 200 cal/g, des letzteren hingegen bloß 60 cal/g betragen. Weil aber der Gehalt an $3\,CaO \cdot SiO_2$ das Tempo der Festigkeitsentwicklung eines Portlandzementes bestimmt, ist mit einer solchen Herabsetzung der Abbindewärme notwendig eine merkliche Verzögerung des Festigkeitsanstieges im Laufe der Zeit verbunden. Wird umgekehrt der Gehalt an $3\,CaO \cdot SiO_2$ erhöht, um eine hohe Frühfestigkeit zu erreichen, so ergibt sich damit gleichzeitig eine Erhöhung der Abbindewärme. Kleinere Abbindewärme als normale PC ist außerdem gewissen Hütten-, Puzzolan- und Traßportlandzementen eigen, indes auch in diesen Fällen allgemein gekoppelt mit einer langsameren Festigkeitsentwicklung. Auf der andern Seite ist die Abbindewärme von Tonerdezementen deutlich größer als jene von PC, dabei aber auch die Festigkeitsentwickung, nicht jedoch auch das Abbinden allgemein rascher als bei den gewöhnlichen PC.

## Literatur über Brennstoffe

PETRASCHECK, W. E.: Kohle, Naturgeschichte eines Rohstoffes, 1957;
GUMZ, W. und R. RÉGUL: Die Kohle, Entstehung, Eigenschaften, Gewinnung und Verwendung, 1954;
NEDELMANN, H.: Kohlechemie, 1957;
KREVELEN, W. VAN and J. SCHUYER: Coal Science, 1957;
STACH, E.: Lehrbuch der Kohlemikroskopie, 1949;
FÜRTH, A. und H. MUNDERLOH: Braunkohle und ihre chemische Verwertung, 1951;
LISSNER, M. und H. G. SCHÄFER: Die Chemie der Braunkohle, 1956;
BRÜCKNER, H.: Untersuchungsverfahren fester Brennstoffe, 1943;

Gumz, W.: Kurzes Handbuch der Brennstoffe und Feuerungstechnik, 1962;
Hansen, W.: Heizöl-Handbuch für Industriefeuerungen, 1959;
Williams, D. A. and Jones G.: Liquid Fuels, 1963.

## § 31. Wärme und Arbeit liefernde Reaktionen, Treib- und Explosivstoffe

Während mit Brennstoffen einzig beabsichtigt wird, aus chemischer Energie Wärme zu erzeugen, findet bei der Verbrennung der *Treib*(Kraft)- und der Explosion der *Explosivstoffe* – siehe hierzu die Übersicht der Tab. 35 und 36 – *gleichzeitig* eine Umwandlung chemischer Energie in *mechanische* statt: So bei der Verwendung von Benzin und Dieseltreibstoff in Verbrennungsmotoren wie den meistverbreiteten Otto- und Dieselmotoren derart, daß in einem Zylinder mit beweglichem Kolben entweder ein Treibstoff-Luft-Gemisch verdichtet oder die Luft für sich verdichtet und in diese der Treibstoff eingespritzt, darnach gezündet wird und die entstehenden, heißen (nämlich bis gegen 2200 °C erwärmten) Gase den Kolben mit Drucken bis zu 40 at nach außen stoßen und damit mechanische Arbeit leisten. Beim Einsatz eines Explosivstoffs hingegen, indem sich dieser durch Erwärmung, mechanische Einwirkung (wie Schlag, Stoß, Reibung) oder Zündung plötzlich zu großen Mengen heißer und hochgespannter Gase umsetzt, welche, da ihr Volumen (auch „Explosionsvolumen" genannt) ein Vielfaches desjenigen des Ausgangsstoffes beträgt, auf die Umgebung unvermittelt einen starken Druck ausüben, der wiederum die Leistung mechanischer Arbeit gestattet.

Solche *doppelte* Wirkung der Treib- und Explosivstoffe – die mit ihnen mögliche gleichzeitige Produktion von *Wärme und mechanischer Energie* – beruht somit darauf, daß sie zu sehr rasch verlaufenden, chemischen Reaktionen befähigt sind und diese ihrerseits Anlaß zu einem spontan erfolgenden, erheblichen Druckanstieg geben. Für die, hier allein zu betrachtenden, *chemischen* Explosionen (im Gegensatz zu rein physikalisch bedingten wie bei einem zufolge übermäßigen Innendruckes explodierenden Dampfkessel) ist zunächst die hohe Geschwindigkeit der ihnen zugrunde liegenden *Explosionsreaktionen* typisch. Deren Raschheit ergibt sich im Falle der selteneren *Wärmeexplosionen* allein aus der Wärmeentwicklung der exothermen Reaktion, sobald sich wegen zu geringem Wärmeabfluß die reagierenden Stoffe mehr und mehr erhitzen und demzufolge die Geschwindigkeit der Reaktion immer größer wird. Bei den weit häufigeren *Kettenexplosionen* ist dagegen der rasche Verlauf der Reaktion die Folge ihres besonderen Mechanismus, indem diese nach Art einer *Kettenreaktion* verläuft (siehe hierzu S. 149 und 234). Obschon die meisten Explosionsreaktionen gleich den Verbrennungsvorgängen „Oxydationsprozesse" darstellen, so doch nicht alle – nämlich insbesondere jene nicht, welche auf dem Zerfall stark endothermer Verbindungen beruhen, wie $C_2H_2 \rightarrow 2C + H_2 - 54{,}3$ kcal oder $Pb(N_3)_2 \rightarrow Pb + 3N_2 - 100{,}6$ kcal (dabei beachtenswert, daß der Energieinhalt der Explosivstoffe mit allgemein 400 bis 2000 kcal/kg erheblich kleiner ist als die Verbrennungswärme üblicher Brennstoffe, das Typische der ersteren eben in der *plötzlichen* Auslösung dieser Energie und nicht in deren absoluten Betrag liegt).

Die gleichzeitig das Wesen der Explosion bestimmende, schlagartige *Drucksteigerung* geht darauf zurück, daß bei den meisten Explosionsreaktionen große Mengen hoch erhitzter Gase entstehen, weshalb das reagierende System ein be-

**Tabelle 35. Die hauptsächlichen Treibstoffe**

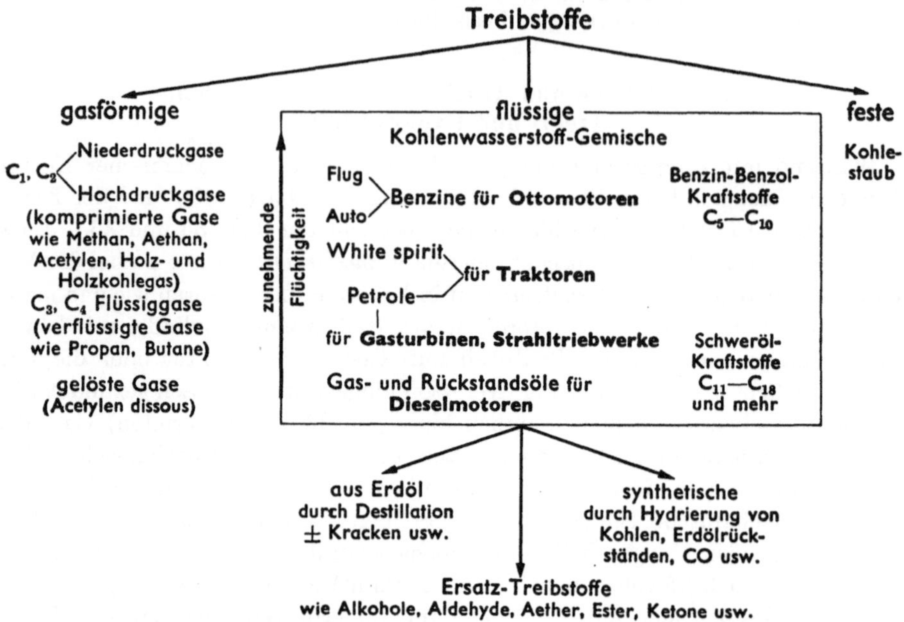



trächtlich größeres Volumen beansprucht als im Ausgangszustand. Dabei besteht im Falle der Explosion eines $CH_4$, $O_2$-Gemisches gemäß $CH_4 + 2O_2 \rightarrow CO_2 + 2H_2O$ ein rein *thermischer Treibeffekt*, da mit dieser Reaktion *keine bleibende* Volumzunahme verbunden, sondern bloß eine temporäre, *einzig* durch die nachhaltige Erwärmung des explodierenden Gasgemisches bedingte. Bei der Knallgasexplosion $2H_2 + O_2 \rightarrow 2H_2O$ ergibt sich im Endeffekt gar eine Volumverminderung um ein Drittel und bewirkt auch hier die sie weit kompensierende Erhitzung der Gase auf über 2000 °C den kräftigen Druckanstieg. Demgegenüber ist die Treibwirkung eines Treib- oder Explosivstoffes überall da *thermisch und chemisch* begründet, wo Explosionsreaktionen eine *bleibende* Volumvergrößerung des explodierenden Systems zur Folge haben wie bei der Explosion eines Propan, $O_2$-Gemisches entsprechend $C_3H_8 + 5O_2 \rightarrow 4H_2O + 3CO_2 - 526{,}3$ kcal mit einem bleibenden Volumzuwachs $\Delta V$ von 22,4 l/g-Molekül, also $16^2/_3\%$. Damit Gasgemische wie die zuvor betrachteten und manche weiteren zur Explosion kommen, ist indes nicht notwendig, daß sie eben stöchiometrisch zusammengesetzt sind. Immerhin bedarf es dazu allgemein eines Mindestgehaltes an beiden Komponenten, so z.B. im Falle eines $H_2$, Luft-Gemisches mindestens 4% $H_2$ und wenigstens 26% Luft, so daß dessen *Explosionsgrenzen* mit 4 bis 74% angegeben werden (jene von Gemischen aus Luft mit $CH_4$ liegen bei 5 bis 14%, mit CO bei 12,5 bis 74%, mit Acetylen bei 2,5 bis 80%, von Benzindampf bei etwa 1 bis 6% – alle Angaben Vol.-%).

Eine größere Explosionswirkung besteht naturgemäß, wenn der „brennbare Partner" der Reaktion fest oder flüssig und als Staub (Rauch) oder Nebel in der Luft dispergiert ist, so daß es zu *Staub-* oder *Nebelexplosionen* kommt. Solche sind vor allem von Metall-, Kohle-, Mehl- oder Zuckerstaub sowie von Benzin- oder Ölnebeln bekannt. Noch weit stärkere Explosionen und damit auch entsprechend

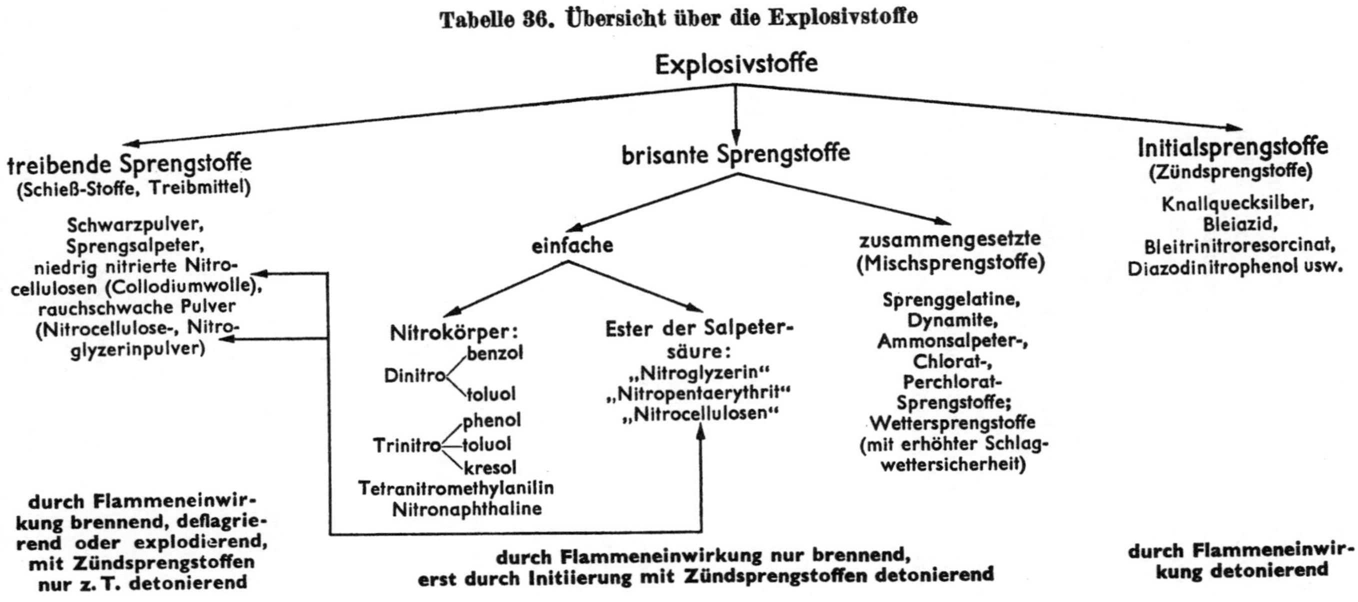
Tabelle 36. Übersicht über die Explosivstoffe

Explosivstoffe

treibende Sprengstoffe
(Schieß-Stoffe, Treibmittel)

brisante Sprengstoffe

Initialsprengstoffe
(Zündsprengstoffe)

Schwarzpulver,
Sprengsalpeter,
niedrig nitrierte Nitro-
cellulosen (Collodiumwolle),
rauchschwache Pulver
(Nitrocellulose-, Nitro-
glyzerinpulver)

einfache

zusammengesetzte
(Mischsprengstoffe)

Knallquecksilber,
Bleiazid,
Bleitrinitroresorcinat,
Diazodinitrophenol usw.

Nitrokörper:
Dinitro benzol
toluol
Trinitro phenol
toluol
kresol
Tetranitromethylanilin
Nitronaphthaline

Ester der Salpeter-
säure:
„Nitroglyzerin"
„Nitropentaerythrit"
„Nitrocellulosen"

Sprenggelatine,
Dynamite,
Ammonsalpeter-,
Chlorat-,
Perchlorat-
Sprengstoffe;
Wettersprengstoffe
(mit erhöhter Schlag-
wettersicherheit)

durch Flammeneinwir-
kung brennend, deflagrie-
rend oder explodierend,
mit Zündsprengstoffen
nur z. T. detonierend

durch Flammeneinwirkung nur brennend,
erst durch Initiierung mit Zündsprengstoffen detonierend

durch Flammeneinwir-
kung detonierend

größere Arbeitsleistungen ergeben sich, wenn – wie bei den *eigentlichen* Explosivstoffen – *beide* Reaktionsteilnehmer, der brennbare *und* der $O_2$-liefernde, in fester oder flüssiger Form vorliegen oder gar beide zu einem *einzigen* Molekül[1] vereinigt sind. Beispiele für den ersteren Fall sog. *gemischter Explosivstoffe* (mit *extramolekularem Sauerstoff*) sind etwa das als *Schwarzpulver* bekannte Gemenge aus Kohle und Schwefel als brennbaren Anteilen (S vorab zur Erhöhung der Zündfähigkeit) und $KNO_3$ als Sauerstoffträger sowie *Sprengsalpeter* aus Kohle, Schwefel und $NaNO_3$ (andere Sauerstoffträger sind $NH_4NO_3$, das zu $2N_2 + 4H_2O + O_2$ zerfällt, sodann Chlorate und Perchlorate wie $KClO_3$, $NaClO_3$, $KClO_4$, $NaClO_4$ und $NH_4ClO_4$). Dabei erreichen die durch Reaktionen wie $4KNO_3 + 5C \rightarrow 2K_2CO_3 + 3CO_2 + 2N_2 - 362$ kcal und andere beim Schwarzpulver erzeugten Gase im Moment der Explosion ein Volumen, welches das 4400fache der Ausgangsstoffe beträgt, aber auch nach erfolgter Abkühlung noch immer 550mal größer ist als jenes des ursprünglichen Pulvers.

*Einheitliche Explosivstoffe* sind dagegen vor allem *Nitrokörper* aromatischer Verbindungen wie Benzol, Toluol und Phenol – nämlich

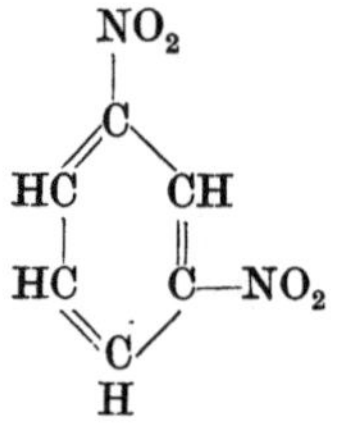

m-Dinitrobenzol<br>(„DNB")<br>($\Delta O_2 = -95{,}2$ g)

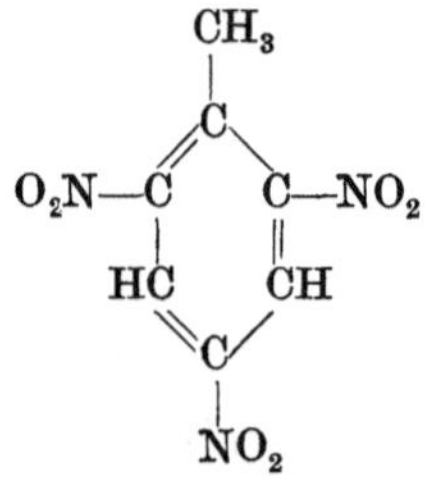

Trinitrotoluol<br>(„TNT")<br>($\Delta O_2 = -74{,}0$ g)

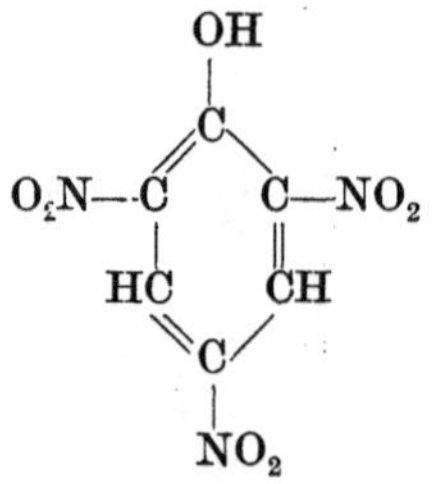

Trinitrophenol<br>(Pikrinsäure)<br>($\Delta O_2 = -45{,}4$ g)

oder *Ester der Salpetersäure* wie vor allem jener des Glycerins als „*Nitroglycerin*", der Cellulose als „*Nitrocellulosen*" (wie höchst nitriertes *Cellulosetrinitrat* ($N_2$-Gehalt $= 14{,}14\%$), hoch nitrierte Nitrocellulosen mit $N_2 > 12{,}6\%$ als *Schießbaumwollen* und niedriger nitrierte mit $N_2 < 12{,}6\%$ als *Kollodiumwollen*), des Pentaerythrits $C(CH_2OH)_4$, nämlich die Ester

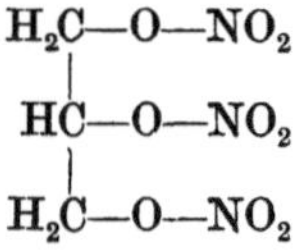

Glycerintrinitrat<br>(„Nitroglycerin")<br>($\Delta O_2 = +3{,}52$ g)

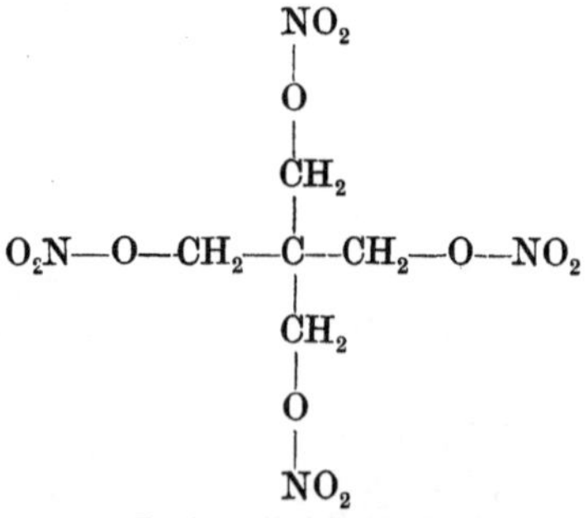

Pentaerythrittetranitrat<br>(Nitropentaerythrit, PETN)<br>($\Delta O_2 = -10{,}1$ g)

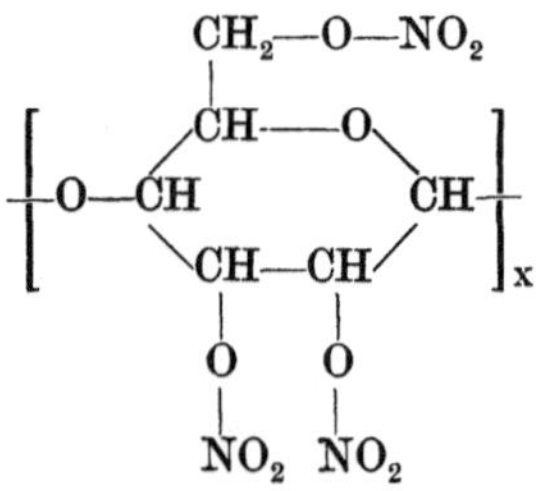

Cellulosetrinitrat<br>(„höchste Nitrocellulose").

---

[1] Dabei allerdings der im Molekül selber enthaltene Sauerstoff für die vollständige Verbrennung in der Mehrzahl der Fälle nicht ausreichend: So bedarf z. B. Trinitrotoluol zu seiner vollständigen Verbrennung gemäß $4C_7H_5N_3O_6 + 21O_2 \rightarrow 28CO_2 + 10H_2O + 6N_2$ noch der Zufuhr von rund 74 g $O_2$ für 100 g Trinitrotoluol entsprechend einer *negativen Sauerstoffbilanz* $\Delta O_2$ im Betrage von 74 g.

Hier sind die brennbaren „Bestandteile" C und H mit dem (nun *intra*molekularen) Sauerstoff zu *einem* Molekül kondensiert, wenn auch durch N-Atome als sog. Pufferatomen voneinander getrennt. Störung des inneren Gleichgewichts solcher Moleküle durch Wärme, Stoß oder Schlag führt zu deren unmittelbarem Zerfall, wobei etwa Nitroglycerin bei der hier zur Ausnahme gar positiven Sauerstoffbilanz ($\Delta O_2 = +3{,}52$ g) nach der Gleichung $4C_3H_5N_3O_9 \rightarrow 12CO_2 + 10H_2O + 6N_2 + O_2 - 1729{,}6$ kcal reagiert unter Entwicklung eines Gasvolumens, das in der Explosionshitze bis 20000mal größer ist als dasjenige des flüssigen Nitroglycerins, aber auch auf Normalbedingungen gebracht, noch immer das 1200fache des Ausgangsvolumens beträgt.

Explosionen gehen schließlich in *Detonationen* über, sobald die zunehmende Erhitzung und Drucksteigerung auf „Reaktionsgeschwindigkeiten" über 300 m/sec, also von Überschallgeschwindigkeit – nämlich bis zu 10000 m/sec – führen. Jetzt geschieht die Zündung des noch nicht explodierten Stoffes nicht länger allein durch Wärmeleitung, sondern mehr und mehr durch stoßartige Druckübertragung und werden deshalb derart hohe (praktisch konstante) Grenzgeschwindigkeiten bei zugleich maximalen Arbeitsleistungen – erwünschten oder unerwünschten – erreicht.

Aber auch bei der gelenkten Verbrennung können sich Anomalien einstellen: So beim Abbrand von Treibstoff-Luft-Gemischen, wie er sich in den Ottomotoren mit einer Dauer der Einzelverbrennung zwischen 0,01 und 0,001 sec in rascher Folge abspielt, als ein *Klopfen des Motors*. Ein solches ergibt sich nach den heute geltenden Auffassungen, falls im noch unverbrannten Teil des Gasgemisches vor der durch die Zündkerze ausgelösten Flammenfront entweder durch Glühzündungen oder zufolge ungenügender Klopffestigkeit des Treibstoffes zusätzliche Zündkerne entstehen. Solche können nämlich, dem normalen Ablauf der Verbrennung vorausgreifend, die schlagartige Verpuffung des restlichen Gasgemisches und damit eine plötzliche Drucksteigerung bewirken. Diese äußert sich unmittelbar im Klopfgeräusch des Motors, hat aber außerdem einen Leistungsabfall und die übermäßige Beanspruchung des Motors, dazu oft eigentliche Verbrennungsschäden an Zylindern und Kolben zur Folge. Neben konstruktiven Maßnahmen dienen der Verhütung eines Klopfens der Ottomotoren: a) die Verwendung möglichst *klopffester Treibstoffe* – n-Paraffine sind weniger klopffest als solche mit verzweigter C-Kette sowie ungesättigte oder zyklische Kohlenwasserstoffe (Olefine oder Naphthene) gleicher Kohlenstoffzahl; hohe Klopffestigkeit besitzen auch Aromaten wie Benzol, dazu Alkohole und Ketone wie Aceton – oder (und) b) die Beimischung geringer Mengen eigentlicher Antiklopfmittel *(Klopfbremsen)* wie vor allem $Pb(C_2H_5)_4$ (Bleitetraäthyl) und neuerdings auch $Pb(CH_3)_4$ (Bleitetramethyl).

Die *Reaktionsempfindlichkeit* der verschiedenen Explosivstoffe bewegt sich in weiten Grenzen; sie hängt zudem auch davon ab, ob die fragliche Reaktion thermisch oder mechanisch ausgelöst wird und es im ersteren Falle zu einer Wärmestauung kommt oder nicht. Größtes Reaktionsvermögen ist den sog. *Initialsprengstoffen* (Zündsprengstoffen) wie $Hg(OCN)_2$ (Hg-Fulminat, Knallquecksilber) und $Pb(N_3)_2$ (Bleiacid), ferner Bleitrinitroresorcinat [das Pb-Salz von $C_6H(OH)_2(NO_2)_3$], dieses oft mit Bleiacid gemischt, und dem Diazodinitrophenol (Dinol) eigen; letzteres von der Zusammensetzung

$$\begin{array}{c} \text{O}\!\!-\!\!\text{N} \\ \text{O}_2\text{N}\!\!-\!\!\bigcirc\!\!-\!\!\text{N} \\ \text{NO}_2 \,. \end{array}$$

Alle diese Verbindungen kommen unter der Wirkung eines Flammstrahls unverzüglich zur Detonation. Geringste Reaktionsfähigkeit besitzen *treibende Sprengstoffe* wie Schwarzpulver und ebenfalls als Treibmittel (Schießstoffe) verwendete rauchschwache Pulver (Nitrocellulose- bzw. Nitroglycerinpulver, gelatinierte und nichtgelatinierte) mit deutlich langsamer verlaufender Reaktion, mehr schiebender statt zertrümmernder Wirkung der Explosionsgase und daher leichter zu regelndem Ablauf der Explosion. Dazwischen stehen *brisante Sprengstoffe*, welche für sich selber unter der Wirkung eines Flammstrahls zwar abbrennen, indes nicht detonieren, dabei aber durch eine sehr geringe Menge eines Initialsprengstoffes zur Detonation gebracht werden. Hierher gehören Pikrinsäure, Trinitrotoluol, Pentaerythrittetranitrat, gelatinierte Ammoniumnitratsprengstoffe, Gelatinedynamite u. a. m., wobei die Detonationsfähigkeit der einzelnen brisanten Sprengstoffe graduell recht verschieden ist. Wesentlich ist jedoch, daß die bei Initialsprengstoffen durch Flamme oder Stoß eingeleitete, sofort in Detonation übergehende Reaktion sich leicht auf brisante, für sich allein kaum oder überhaupt nicht detonierende Sprengstoffe überträgt.

Dementsprechend enthalten *Zeitzündschnüre* mit einer Abbrenngeschwindigkeit um 50 cm/min feinkörniges Schwarzpulver und werden durch eine Flamme (pyrotechnisch) oder elektrisch (genauer gesagt elektrothermisch) gezündet. In eine Ladung eines *treibenden* Explosivstoffes, zumeist *Schwarzpulver*, führend bewirkt der Flammstrahl der Zeitzündschnur unmittelbar die Zündung und damit die Explosion der Sprengladung. In Ladungen *brisanter* Sprengstoffe muß dagegen eine *Sprengkapsel* eingebaut werden, welche einen *Initialsprengstoff*, meist kombiniert mit etwas brisantem Sprengstoff (z.B. Pentaerythrit), enthält und ihrerseits an die Zeitzündschnur angeschlossen wird. Nunmehr bewirkt deren Flammstrahl die Detonation des Initialsprengstoffes, welche schlagartig jene der Ladung aus brisantem Sprengstoff zur Folge hat. Sollen mehrere solche Ladungen gleichzeitig zur Detonation gebracht werden, so werden diese von der Sprengkapsel aus mit *Knallzündschnur* verbunden, welche aus einem Initialsprengstoff (oft wie bereits im Falle der Sprengkapsel aus Knallquecksilber) besteht, häufig wiederum mit einer Beigabe an Pentaerythrit. Nunmehr überträgt sich die Detonation der Sprengkapsel unmittelbar auf die Knallzündschnüre und über diese mit einer Geschwindigkeit um 5700 m/sec auf die einzelnen brisanten Sprengladungen.

Die besondere Anpassung der Explosivstoffe an die technischen Bedürfnisse ihres zivilen und militärischen Einsatzes mit dem Ziel, größtmögliche Wirkung der Sprengstoffe zu gewährleisten bei maximaler Sicherheit ihres Transports und ihrer Handhabung, gelingt durch die Herstellung passender *Mischungen* aus verschiedenen Explosivstoffen und mancherlei Zusätzen, brennbaren oder gar inerten, so z.B. durch ein Gelatinieren von Nitroglycerin mit etwa 8% Collodiumwolle (z.B. Cellulosedinitrat $C_6H_8O_3(NO_3)_2$ bzw. Celluloseoctanitrat $C_{24}H_{32}N_8O_{36}$ mit 11,11% N) zu *Sprenggelatine* mit besonders ausgiebiger Sprengwirkung, indem der

Sauerstoffüberschuß des Nitroglycerins eben das Sauerstoffdefizit der Collodiumwolle kompensiert. Bei den *Dynamiten* werden Nitroglycerin, Collodiumwolle, $KNO_3(NaNO_3$ oder $NH_4NO_3)$ mit weiteren Komponenten vermischt, bei den Ammoniten $NH_4NO_3$ mit Nitrokörpern (wie Trinitrotoluol), Al-Pulver oder anderen leicht brennbaren Stoffen, während *Cheddite* als Hauptbestandteil $KClO_3$ enthalten, sog. *Wettersprengstoffen* für Kohlengruben u.dgl. zur Herabsetzung der Explosionstemperatur etwa NaCl oder KCl beigegeben wird, usw.

Endlich können gewisse chemische Reaktionen auch so verlaufen, daß sie (wie vor allem in den galvanischen Elementen) neben Wärme Arbeit nicht als mechanische, sondern als *elektrische* Energie liefern (siehe bereits S. 167), wie es auch einzelne chemische Vorgänge gibt, bei welchen eine Umwandlung chemischer Energie in *Lichtenergie* stattfindet (sog. *Chemilumineszenz*, am längsten bekannt als das bei der Oxydation von Phosphor auftretende Leuchten). So wie bei der Elektrolyse in Umkehr zum galvanischen Element eine chemische Reaktion durch Arbeitszufuhr in Form elektrischer Energie erzwungen wird, werden *photochemische* Prozesse durch Einwirkung von Strahlungen ausgelöst und ergibt sich dabei eine Umwandlung von Lichtenergie in chemische Energie. Dies kommt nur in Frage, falls das betreffende System zunächst zur Absorption der wirksamen Strahlung befähigt ist, und es erweist sich darnach die chemische Reaktion selber als Folge der durch die Aufnahme von Lichtenergie an den Atomen, Molekülen oder Kristallen eingetretenen Veränderungen (dementsprechend ist denn auch der Stoffumsatz bei photochemischen Reaktionen proportional der absorbierten Lichtmenge). Bekanntestes Beispiel hierzu ist der Zerfall von AgCl oder AgBr in seiner Anwendung in der *Photographie*. Neben der Einwirkung von gewöhnlichem Licht sind neuerdings von einem besonderen Interesse die durch *energiereichere* Strahlungen wie Röntgen- und $\gamma$-Strahlen, dann aber auch $\beta$-, Neutronen- oder Protonenbestrahlung ausgelösten chemischen Reaktionen wie z.B. eine sekundäre Vernetzung von Thermoplasten, und zwar auch solcher aus abgesättigten Makromolekülen (S. 131), eine Härtung normalerweise nur warmhärtender Kunstharze, eine Depolymerisation makromolekularer Stoffe usw.

### Literatur über Treibstoffe und Explosivstoffe

RIEDIGER, B.: Brennstoffe, Kraftstoffe, Schmierstoffe, 1949;
JANTSCH, F.: Kraftstoff-Handbuch, 1960;
PHILIPPOVICH, A.: Die Betriebsstoffe für Verbrennungskraftmaschinen, 1949;
SPAUSTA, F.: Treibstoffe für Verbrennungsmotoren (2 Bände), 1953;
GUTHRIE, V. B.: Petroleum Products Handbook, 1960;
BARKER, A., T. R. F. NONWEILER and R. SMELT: Jets and Rockets, 1959;
WARREN, F. A.: Rocket Propellants, 1959;

BERTHMANN, A.: Explosivstoffe, 1960;
URBANSKI, T.: Chemie und Technologie der Explosivstoffe (3 Bände), 1961–1964);
COOK, M. H.: The Science of high Explosives, 1958;
DAVIS, T. L.: The Chemistry of Powder and Explosives, 1950;
KAST, H. und L. METZ: Chemische Untersuchung der Spreng- und Zündstoffe, 1947;
BIERMANN, G.: Neuzeitliche Sprengtechnik, 1965;
WEICHELT, F.: Handbuch der Sprengtechnik, 1965;
PENNER, S. S. and B. MULLINS: Explosions, Detonations, 1959;
LEWIS, B. and G. VON ELBE: Combustion, Flames and Explosions of Gases, 1961;
FREYTAG, H. H.: Handbuch der Raumexplosionen, 1964.

### § 32. Volumänderungen bei chemischen Reaktionen

*Volumänderungen* als Folge chemischer Reaktionen – diese oft als *irreversible* bezeichnet im Gegensatz zu den durch physikalische Vorgänge bedingten, reversibeln Volumänderungen – haben noch in manch anderen Fällen als den zuvor betrachteten, sei es als erwünschte oder als nachteilige Erscheinungen, wesentliche Bedeutung:

So zunächst oftmals da, wo wie bei der Keramik, manchen Kunstoffen und Gußmetallen die letzten chemischen Reaktionen erst *nach* oder doch *gleichzeitig* mit der Formgebung dieser Werkstoffe stattfinden und daher diese *nachträglich* eintretenden, zugleich die Endabmessungen bestimmenden Volumänderungen – allgemein als *Schwinden* bezeichnet, siehe bereits S. 166 und 190 – besonders interessieren werden;

dazu bei der Herstellung von *Schaum-* und *Porenstoffen* oder *Zellkörpern*, welche mit reduzierten Raumgewichten bis zu bloß 0,005 g/cm³ unter den *Leichtbaustoffen* eine besondere Rolle spielen. Dabei kann eine Gasentwicklung, wie sie bereits mit der Entstehung des Stoffes verbunden ist – etwa eine $CO_2$-Abspaltung bei einer Polykondensation –, der Erzeugung geschlossener oder zusammenhängender Poren (siehe bereits S. 55) nutzbar gemacht werden. Oder es wird zum Zwecke der Porenbildung ein besonderes *Treibmittel* zugesetzt: so etwa bei der Herstellung von sog. Gasbeton $H_2O_2$, Chlorkalk oder Aluminiumpulver, wobei ersteres in der alkalischen Betonmasse in $H_2O + O_2$ zerfällt, Chlorkalk $Cl_2$ abspaltet bzw. Al unter $H_2$-Entwicklung nach S. 182 zu $Al(OH)_3$ reagiert (über analog im frischen Beton durch die Zugabe von Schaumstoffen erzeugte Poren siehe ferner S. 264).

Nicht weniger bedeutsam sind mit chemischen Reaktionen verbundene Volumänderungen als *Schrumpf-* und *Treibeffekte anorganischer Bindemittel* im Hinblick auf deren *Raumbeständigkeit* (demgegenüber werden mit *Schwinden* und *Quellen* in diesem Falle „mehr physikalisch" bedingte Volumänderungen bezeichnet, S. 266). Als *Schrumpfen* eines Bindemittels gilt die mit der *eigentlichen* Bildung des festen Abbindeprodukts unmittelbar verbundene (primäre) Volumabnahme. Sie äußert sich darin, daß alle anorganischen Bindemittel bei ihrem Abbinden eine Kontraktion erfahren, indem das Volumen von Bindemittel und Anmachwasser stets größer ist als jenes des Abbindeprodukts. Dabei ist diese *Abbindekontraktion* allerdings zumeist erheblich *kleiner* als jener „ideale" Wert, wie er unter der Annahme porenloser Reaktionsprodukte für den vollständigen Ablauf der Abbindereaktion berechnet wird. Im übrigen spielen auch das Mengenverhältnis Bindemittel : Anmachwasser, die Art des Mischens, allfällige Zusätze u.a.m. eine wesentliche Rolle. Deshalb kann sich z.B. bei gewissen gebrannten Gipsen statt einer Volumabnahme gar eine mäßige Expansion ergeben und ist gleichfalls bei normal zusammengesetztem Beton und Mörtel die Schrumpfung allgemein recht gering.

Demgegenüber spielen sich alle *Treibreaktionen* erst *nachträglich* ab, sei es am noch erhärtenden oder aber am schon erhärteten Bindemittel, und führen, da sie stets eine neue *feste* Phase von erheblich *größerem* Volumen als die ursprüngliche ergeben, zu einem Aufreißen und Aufsprengen, schließlich zum vollkommenen Zerfall von Mörtel oder Beton. Während zur Beurteilung der Schrumpfwirkung eines

Abbindevorganges das Volumen von $B \cdot n\,H_2O$ mit den Volumina von wasserfreiem B und n Teilen $H_2O$ zu vergleichen ist, kommt es bei der gleichen Reaktion, sobald sie die Ursache eines Treibens bildet, auf das Verhältnis der Volumina der beiden festen Stoffe, also von B gegenüber $B \cdot n\,H_2O$ an[1]. Jetzt soll ja das bisher

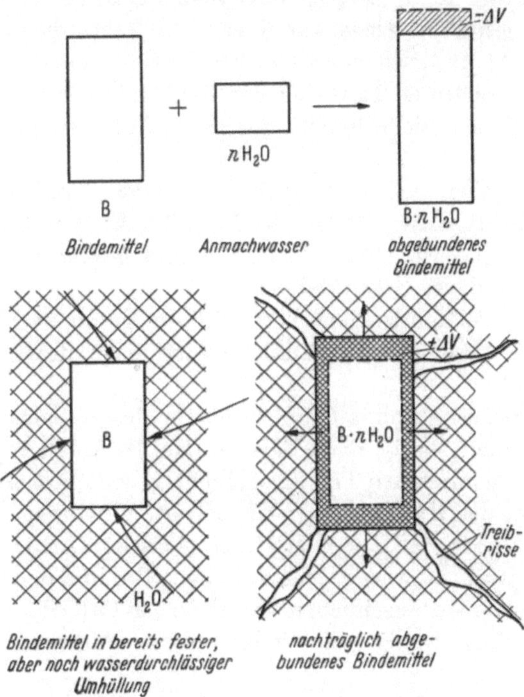



Abb. 102. Schrumpfen und Treiben anorganischer Bindemittel

von einem B-Kristall innegehabte Volumen durch voluminöseres B-Hydrat eingenommen werden, woraus die erhebliche Sprengwirkung auf die Umgebung resultiert (Abb. 102).

An *primären*, nämlich *im Bindemittel selber* begründeten Treiberscheinungen kommen bei den Portlandzementen vor allem in Frage:

a) als *Kalktreiben* das verspätete Hydratisieren (Löschen) von freiem Kalk (S. 186) zu $Ca(OH)_2$, sei es infolge einer Umhüllung des CaO durch andere Klinkerbestandteile wie $3\,CaO \cdot SiO_2$ oder $2\,CaO \cdot SiO_2$ oder deshalb, weil überschüssiges CaO bei der hohen Temperatur des Zementbrandes (S. 185) „tot gebrannt", nämlich so stark verdichtet wurde, daß es seine normale Reaktionsfähigkeit mit $H_2O$ eingebüßt hat (auch Absprengungen bei Kalkmörteln gehen auf ein solches *nachträgliches* Löschen von CaO zurück, während an der Oberfläche die Carbonatisierung des $Ca(OH)_2$ bereits wesentlich eingesetzt hat);

---

[1] So berechnet sich beispielsweise aus den spezifischen Gewichten für die Reaktion $2\,CaSO_4 \cdot 1/2\,H_2O + 3\,H_2O \rightarrow 2\,CaSO_4 \cdot 2\,H_2O$ mit Halbhydrat als Bindemittel und Dihydrat als Abbindeprodukt eine „ideale" Volumzunahme über 40%, für das System „Halbhydrat + Wasser" bei seiner vollständigen Reaktion zu Dihydrat hingegen eine Kontraktion um 7%, während für das Abbinden von $\gamma$-$CaSO_4$ zu $CaSO_4 \cdot 2\,H_2O$ die entsprechenden $\Delta V$-Werte 60% und −9,5% betragen.

b) als *Magnesiatreiben* die analoge Reaktion $MgO + H_2O \rightarrow Mg(OH)_2$, welche als allgemein nur sehr langsam verlaufender Prozeß von den normalen Abbinde- und Erhärtungsvorgängen bald überholt wird, was indes nur störend wirkt, falls Portlandzemente MgO in Form selbständiger Kristalle als „freies" MgO (Periklas) und nicht im „$4 CaO \cdot Al_2O_3 \cdot Fe_2O_3$" oder Zementglas gelöst enthalten;

c) *primäres Gipstreiben*, wie es auf einer nicht richtig bemessenen Gipsbeigabe zum Klinker beruht und sich vor allem bei Portlandzementen mit hohem $Al_2O_3$-Gehalt in einer verspäteten Reaktion der Ca-Aluminathydrate mit Gips zu Ca-Sulfoaluminathydraten (siehe bereits S. 188) äußert unter einer Volumzunahme von 227 %.

Andererseits ergeben sich beispielsweise *sekundäre Treibvorgänge*,

a) bei einer Reaktion der Alkalien des PC mit gewissen „kieseligen" Zuschlagsstoffen (wie Silicatgläsern, Opal, Chalcedon und gewissen sauren vulkanischen Gesteinen) als sekundäres *Alkalitreiben*;

b) falls in mit Portlandzement hergestellten Beton nachträglich *Gipswasser* eindringt und sich dieses wie zuvor mit Ca-Aluminathydraten zu Sulfoaluminathydraten umsetzt;

c) Beton *Meerwasser* aufnimmt und nunmehr dessen Salze (vorab $MgSO_4$ und $CaSO_4$, allenfalls auch $MgCl_2$, nicht dagegen $NaCl$[1]) Anlaß zu sekundären Reaktionen mit dem abgebundenen Portlandzement geben: So zunächst mit dem aus freien CaO und aus der Hydrolyse der Kalksilicate hervorgegangenen $Ca(OH)_2$ gemäß $Ca(OH)_2 + MgSO_4 + 2 H_2O \rightarrow Mg(OH)_2 + CaSO_4 \cdot 2 H_2O$ mit $\Delta V = 196\%$, woran als weitere Reaktion wieder jene zwischen Gips und den Ca-Aluminathydraten, also ein Gipstreiben anschließen kann; ferner $Ca(OH)_2 + MgCl_2 \rightarrow Mg(OH)_2 + CaCl_2$, was allerdings weniger ein Treiben als ein Aufweichen des Betons[2] verursacht;

d) beim Eindringen alkalisulfathaltiger Abwässer[3] in den Beton, so daß die Reaktion $Na_2SO_4 + Ca(OH)_2 + 2 H_2O \rightarrow CaSO_4 \cdot 2 H_2O + 2 NaOH$ eintritt und diese ihrerseits wieder ein Gipstreiben auslöst.

Weil sich Lösungen mit $SO_4^{2-}$-Ionen gegenüber Beton als besonders aggressiv erweisen, auf der andern Seite $Ca(OH)_2$ – aus freiem CaO (S. 186) entstandenes offenbar in einem besondern Maße – und die Ca-Aluminathydrate die chemisch empfindlichsten Bestandteile im abgebundenen Portlandzement sind, wurden neben allen Maßnahmen zur Erzielung *optimaler Dichtigkeit des Betons* besondere, *sulfatbeständigere* oder gar eigentlich *sulfatresistente Zemente* entwickelt. An solchen gibt es vorweg: PC mit einem erniedrigten Gehalt an $3 CaO \cdot Al_2O_3$ und $3 CaO \cdot SiO_2$; PC mit sog. *aktiv hydraulischen Zusätzen* wie Puzzolan, Traß, Flugaschen, Ziegel-

---

[1] Der totale Salzgehalt der Ozeane und ähnlich auch der Nordsee beträgt um 3,5 %, jener der Ostsee dagegen bloß 0,7 % und ist damit auch der Gehalt an betonschädlichen Bestandteilen beim Wasser verschiedener Meeresteile verschieden; Ozeanwasser enthält durchschnittlich 2,72 % NaCl, 0,38 % $MgCl_2$, 0,17 % $MgSO_4$, 0,13 % $CaSO_4$, 0,09 % $K_2SO_4$ und 0,01 % $CaCO_3$.

[2] Auf einem *Aufweichen des Betons* beruht auch seine Schädigung durch pflanzliche und tierische Fette und Öle, indem diese als Glycerinester durch $Ca(OH)_2$ nach S. 160 zu weichen fettsauren Ca-Salzen verseift werden.

[3] Unter den *Industrie-Abwässern* erweisen sich häufig jene von Kokereien, Kohlenzechen, Zellstoff(Viskose)fabriken, Gerbereien, Zucker- und Farbenfabriken, Galvanisieranstalten und Molkereien als betonschädlich, und zwar zumeist infolge ihres $SO_4$-Gehalts.

mehl u. dgl., wobei die aktive Kieselsäure dieser Zusätze mit $Ca(OH)_2$ vorsorglich zu Kalksilicathydraten reagieren soll, um auf diese Weise eine „Stabilisierung" des $Ca(OH)_2$ gegenüber einem Sulfat- oder Chloridangriff zu erreichen; ferner die verschiedenen Ferrozemente, Tonerdezement und Gipsschlackenzemente mit den bereits in Tab. 18 (S. 112) mitgeteilten Kennzeichen[1].

Eine ähnliche Wirkung wie die Zugabe aktiver Kieselsäure kann auch durch eine *hydrothermale* Nachbehandlung von *Betonwaren* im „Härtekessel" bei Temperaturen zwischen 150 und 200 °C und damit Wasserdampfdrucken bis zu 16 at erreicht werden, wobei es wiederum zu einer Reaktion des $Ca(OH)_2$ zu Kalksilicathydraten – jetzt aber vornehmlich mit den Quarzkörnern des Sandes – kommt (ein Vorgang, auf dem im übrigen auch die Herstellung mancher *Kunststeine* wie der *Kalksandsteine*, Tunnelsteine u. a. m. beruht).

Als ein sekundäres Treiben hat endlich auch jene Zerstörung von *Stahlbeton* zu gelten, bei welcher infolge einer nicht genügend starken, einer nicht hinreichend dichten oder gerissenen Betonumhüllung der Armierungsstähle $O_2$-haltige Feuchtigkeit bis zur Armierung vordringt und nach dem S. 191 Gesagten deren Verrostung bewirkt. Gleichfalls dies bedingt wiederum eine erhebliche Volumzunahme und Sprengwirkung, so daß selbst eine nur mäßige Rostbildung auf der Armierung bereits die weitgehende Zerstörung des Betons durch Aufreißen und Absprengen zur Folge hat. Sind bei diesem Prozeß noch Chloride mit im Spiele – etwa solche, die aus bei der Herstellung des Stahlbetons verwendeten Frostschutzmitteln (S. 189) stammen –, so sind besonders schlimme, meist irreparable Schäden zu befürchten.

## II. Vom inneren Wesen chemischer Reaktionen
## Homogene Reaktionen

### § 33. Homogene Gasreaktionen, chemische Gleichgewichte

Reaktionen, bei welchen wie im Falle von $H_2 + Cl_2 \rightarrow 2\,HCl$ oder $N_2 + 3\,H_2 \rightarrow 2\,NH_3$ durch Addition aus zwei Gasen ein neues entsteht, sich durch Zerfall eines Gases, etwa $2\,N_2O_5 \rightarrow 4\,NO_2 + O_2$, zwei andere bilden oder unter zwei Gasen wie bei $CO_2 + H_2 \rightarrow H_2O + CO$ eine Substitutionsreaktion zu zwei neuen Gasen stattfindet, gestatten als *homogene Gasreaktionen* am leichtesten eine Deutung ihres eigentlichen Wesens. Auch sie können im Sinne des S. 145 Gesagten vollständig (einseitig) oder unvollständig verlaufen. Oft aber auch so, daß bei gewissen Temperaturen ein vollkommener Stoffumsatz besteht, bei anderen dagegen selbst nach beliebig langer Zeit noch immer alle an der Reaktion beteiligten Stoffe in nachweisbaren Mengen vorhanden sind, indem sich unter diesen ein *chemisches Gleichgewicht* einstellt.

Wie ein Vergleich der Abb. 103a und 103b unmittelbar erkennen läßt, zeigen hierin *endotherme* und *exotherme* Reaktionen ein reziprokes Verhalten: So vereinigen sich bei der endothermen Reaktion $A + B \rightarrow AB + Q$ gemäß Abb. 103a

---

[1] Ein anderes Vorgehen zum Schutz von Betonbauten gegen Sulfat- und Meerwasser beruht in Anstrichen und Verkleidungen der Betonoberfläche, wobei bevorzugt bituminöse Anstriche (S. 271) und Kitte, aber auch Folien aus Kunststoffen verwendet werden.

bei niedrigeren Temperaturen A und B überhaupt nicht miteinander. Erst bei der Temperatur $T_1$ kommt es zur Bildung erster, mit steigender Temperatur allmählich größer werdender Mengen AB – so bei der Temperatur $T_m$ von 50 Mol.-%

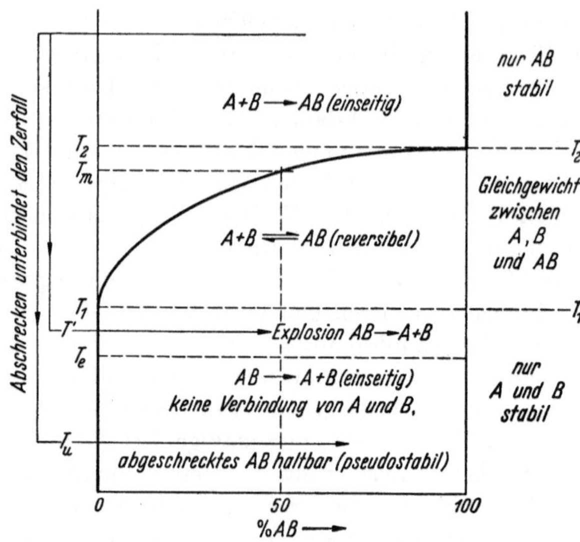


Abb. 103a. Ablauf der Reaktion A + B → AB + Q bei verschiedenen Temperaturen

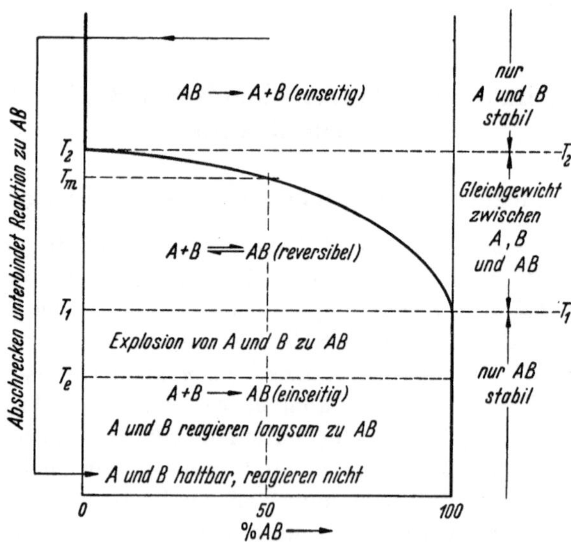


Abb. 103b. Ablauf der Reaktion A + B → AB — Q bei verschiedenen Temperaturen

AB –, bis schließlich bei der Temperatur $T_2$ (und auch allen höheren) der Umsatz zu AB ein vollständiger ist entsprechend der nunmehr einseitig verlaufenden Reaktion A + B → AB. Wird umgekehrt AB von Temperaturen oberhalb $T_2$ langsam abgekühlt, so erfolgt von $T_2$ an der fortschreitende Zerfall von AB in A + B. Er findet bei der Temperatur $T_1$ darin sein Ende, daß kein AB mehr, sondern lediglich noch A und B nachzuweisen sind. Wird AB von höheren Temperaturen aus rasch auf eine Temperatur $T'$ unterhalb $T_1$ gebracht, so zerfällt es spontan und vollständig in A und B im Sinne der jetzt einseitig verlaufenden Gegenreaktion AB → A + B. Auf hinreichend tiefe Temperaturen $T_u$ abgeschrecktes AB unterliegt hingegen keinem solchen Zerfall, sondern bleibt als AB erhalten. Es beginnt indes langsam, jedoch vollständig in A und B zu zerfallen, sobald es erwärmt wird, und spielt sich dieser Vorgang AB → A + B stürmisch, ja gar explosionsartig ab, sobald Temperaturen über $T_e$ erreicht werden. Zusammengefaßt ergibt sich hieraus: Während bei Temperaturen oberhalb $T_2$ die Reaktion A + B → AB einseitig verläuft, bei Temperaturen unterhalb $T_1$ das gleiche von der Gegenreaktion AB → A + B gilt, besteht im dazwischenliegenden Temperaturbereich $T_2 - T_1$ *ein Gleichgewicht* im Sinne A + B ⇌ AB und erweist sich hier die Reaktion als *umkehrbar (reversibel)*. In der Tat wird das etwa bei $T_m$ sich ergebende Gleichgewicht zwischen A, B und AB – seinerseits gekennzeichnet durch ein Gasgemisch mit 25 At.-% A, ebensoviel At.-% B und 50 Mol.-% AB – in gleicher Weise erreicht, ob von reinem AB oder einem Gemisch aus 50 At.-% A und 50 At.-% B ausgegangen wird (Abb. 105). Dies läßt sich unmittelbar daraus erklären, daß keineswegs ein Zustand vollkommener Ruhe herrscht, sondern in der Zeiteinheit gleich viele Moleküle AB in A und B zerfallen, als sich solche neu bilden (sog. *„kinetisches* Gleichgewicht"). Das aber heißt, daß die beiden Vorgänge A + B → AB und AB → A + B mit *gleicher* Geschwindigkeit erfolgen, indem $dc_{AB}/dt$ als Geschwindigkeit der AB-Bildung und $-dc_{AB}/dt$ als jene des AB-Zerfalls – die *Reaktionsgeschwindigkeiten* der beiden Einzelreaktionen – einander gleich sind. Eine Erhöhung des AB-Anteils kann somit nur durch Steigerung der Temperatur, eine Vermehrung von A und B einzig durch Abkühlung erreicht werden.

All das läßt sich auch so umschreiben, daß unser System aus 50 At.-% A und ebensoviel B bei Temperaturen unterhalb $T_1$ lediglich als *Gemisch aus A* und *B-Gas stabil* ist, bei Temperaturen über $T_2$ dagegen bloß als *reines* AB-Gas, zwischen $T_2$ und $T_1$ jedoch als *aus* A, B *und* AB *bestehendes Gemisch* von einer für jede Temperatur eindeutig gegebenen Zusammensetzung. Rasch auf tiefe Temperaturen abgeschrecktes AB-Gas erweist sich demgegenüber nicht als ein stabiler, sondern bloß *pseudostabiler* (metastabiler) Zustand, indem bei niedriger Temperatur dem Zerfall von AB in A + B, der an sich eintreten sollte, derartige Hemmungen entgegenstehen, daß der Zerfall unterbleibt und sich AB bei niedriger Temperatur als beliebig *haltbar* erweist. Um AB von diesem Zustand mit einem Energieinhalt $E_{AB}$ in den stabilen, nurmehr die Energie $E_{A,B}$ besitzenden Zustand A + B überzuführen, bedürfen die *eingefrorenen* und daher *nicht reaktionsbereiten*

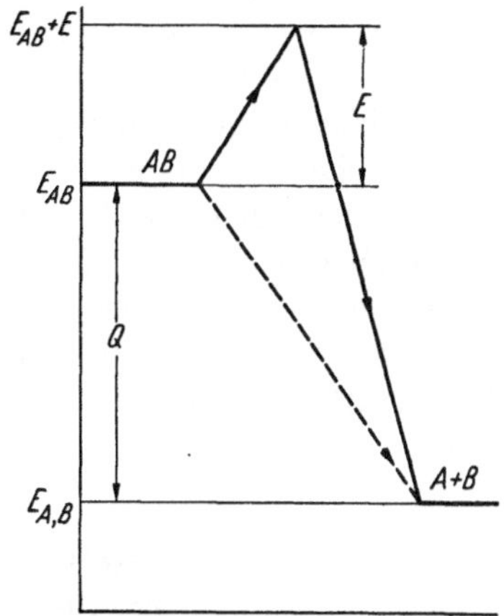



Abb. 104. Aktivierungsenergie $E$ und Wärmetönung $Q$ der Reaktion A + B → AB

AB-Moleküle einer *Aktivierung*, nämlich einer Energiezufuhr $E$ (der sog. *Aktivierungsenergie*, Abb. 104). Dies geschieht am einfachsten durch Erhöhung der Temperatur und damit der Wärmeenergie der AB-Moleküle. Dabei kommt die Reaktion $AB \rightarrow A + B$ mit um so größerer Geschwindigkeit in Gang, je größer die Zahl reaktionsfähiger AB-Moleküle, das aber heißt, je stärker die der Aktivierung dienende Erwärmung gewählt wird. Beträgt die Aktivierungsenergie weniger als 25 kcal/Mol, so lassen sich Reaktionen bereits bei gewöhnlicher Temperatur, also ohne aktivierende Erwärmung, durchführen, bei Aktivierungsenergien unter 10 kcal/Mol nach Art von Spontanreaktionen mit unmeßbar raschem Verlauf.

Im Falle der exothermen Reaktion $A + B \rightarrow AB - Q$ gilt indessen: Unterhalb der Temperatur $T_1$ ist hier (Abb. 103b) einzig AB stabil, zwischen $T_1$ und $T_2$ sind es wieder Gemische aus A, B und AB im Sinne eines Gleichgewichts $A + B \rightleftharpoons AB$, oberhalb $T_2$ dagegen lediglich Gemische aus A- und B-Gas. Dementsprechend sind bei Temperaturen bis $T_1$ nur die Reaktion $A + B \rightarrow AB$, oberhalb $T_2$ bloß der Gegenvorgang $AB \rightarrow A + B$ möglich, während die Reaktion im Temperaturbereich $T_2 - T_1$ wieder reversibel und damit unvollständig verläuft. Nunmehr stellt bei niedrigen Temperaturen ein Gemisch aus A und B einen lediglich haltbaren (metastabilen) Zustand dar und führt die Erwärmung eines solchen Gemisches zur Auslösung der gehemmten, indes *aktivierbaren* Reaktion $A + B \rightarrow AB$.

Als gemeinsame Folgerung ergibt sich aus den *beiden* Fällen: *Erhöhung der Temperatur* führt stets zur *Begünstigung der endothermen Reaktion*, während *Erniedrigung der Temperatur zugunsten der exothermen Reaktion* wirkt – Temperatursteigerung verschiebt somit ein chemisches Gleichgewicht immer derart, daß Wärme absorbiert wird, Temperaturerniedrigung hingegen so, daß Wärme abgegeben wird. Dieses von LE CHATELIER und VAN'T HOFF aufgestellte *Prinzip vom kleinsten Zwang* gilt zugleich für die *Druckabhängigkeit chemischer Reaktionen* und *Gleichgewichte*. Darnach werden durch eine *Erhöhung des Druckes* jene Reaktionen begünstigt, welche wie $N_2 + 3H_2 \rightarrow 2NH_3$ mit einer *Volumabnahme* verbunden sind, durch eine *Erniedrigung des Druckes* umgekehrt diejenigen, welche wie $2H_2O \rightarrow 2H_2 + O_2$ eine *Volumvergrößerung* zur Folge haben. Ein chemisches Gleichgewicht erweist sich schließlich als vom *Druck unabhängig*, wenn mit einer chemischen Reaktion (und damit auch mit dem Gegenvorgang) *keine Volumänderung* verknüpft ist wie beispielsweise bei $H_2 + Cl_2 \rightleftharpoons 2HCl$ oder $N_2 + O_2 \rightleftharpoons 2NO$ (als *druckinvarianten* Gleichgewichten). – Von alledem macht die chemische Technik vielfachen Gebrauch: So, wenn sie die unter Volumverminderung stattfindenden Hydrierungen wie die Synthese von Ammoniak, Methanol, Benzin u. dgl., aber auch gewisse Polymerisationen als *Hochdruckprozesse* ausführt und dabei Drucke von einigen 1000 at anwendet. Mit Volumzunahme verbundene Reaktionen finden dagegen aus praktischen Gründen meist nicht unter vermindertem Druck statt, sondern unter Zumischung eines „Neutralgases" zu den reagierenden Gasen.

## § 34. Gesetz der chemischen Massenwirkung. Reaktionsarbeit und chemische Affinität

Wird ein Gasgemisch, welches allein oder neben anderen Gasen A- und B-Gas enthält (und zwar A-Gas in einer Konzentration $c_A$ bzw. mit einem Partialdruck $p_A$ und B-Gas in einer Konzentration $c_B$ bzw. mit dem Partialdruck $p_B$), auf irgendeine Temperatur $T'$ im Temperaturbereich $T_2 - T_1$ gebracht, so interessiert als erstes, wieviel A und B sich zu AB umsetzen werden, bis das für die Temperatur $T'$ zwischen A, B und AB geltende Gleichgewicht erreicht ist. Oder auch umgekehrt, in welchem Umfang AB, gleichfalls auf die Temperatur $T'$ erwärmt, in A und B zerfallen wird (Abb. 105). Hierfür ergibt sich nach dem *Gesetz der chemischen Massenwirkung*, allgemein kurzweg *Massenwirkungsgesetz* genannt, daß

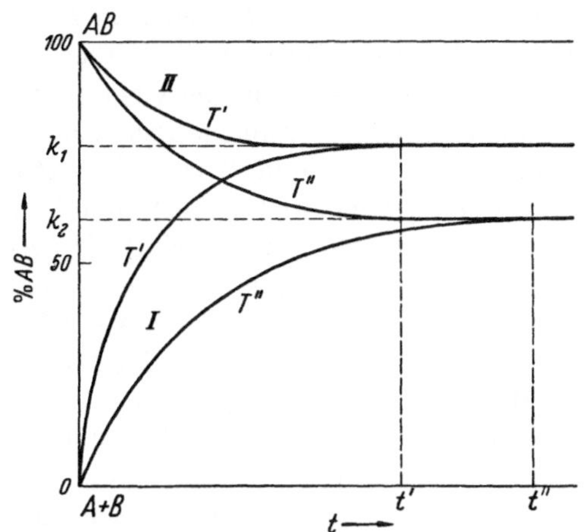


Abb. 105. Einstellung des Gleichgewichts A + B $\rightleftharpoons$ AB bei zwei verschiedenen Temperaturen $T'$ und $T'''$; bei $T'$ Gleichgewichtszustand nach der Zeit $t'$, bei $T'''$ nach der Zeit $t''$ erreicht – bei $T'$ unter Bildung von $k_1\%$ AB, bei $T'''$ von $k_2\%$ AB, und zwar unabhängig davon, ob von A + B (Kurven I) oder AB (Kurven II) ausgegangen wird

die Bildung von AB solange erfolgen wird, bis dessen Konzentration $c_{AB} = K \cdot c_A \cdot c_B$ beträgt. In der Tat dürfte die Geschwindigkeit, mit welcher AB entsteht, also $dc_{AB}/dt$, proportional $c_A$ und $c_B$ ausfallen und daher $dc_{AB}/dt = k \cdot c_A \cdot c_B$ betragen, andererseits die Geschwindigkeit des AB-Zerfalls, nämlich $-dc_{AB}/dt$, proportional $c_{AB}$, also $-dc_{AB}/dt = k' \cdot c_{AB}$ ($k$ und $k'$ sind dabei die sog. *Geschwindigkeitskonstanten*, siehe auch S. 233). Weil jedoch *nach* Erreichen des Gleichgewichts die beiden Geschwindigkeiten einander gleich sein müssen, also $k \cdot c_A \cdot c_B = k' \cdot c_{AB}$, folgt hieraus unmittelbar $c_{AB}/c_A \cdot c_B = k/k' = K$. Dies besagt, daß *für eine gegebene Temperatur der aus den Konzentrationen der Reaktionsteilnehmer A, B und AB gebildete Quotient stets den gleichen, durch die Gleichgewichtskonstante K bestimmten Wert annehmen muß*. Wird *nach* Einstellung des Gleichgewichtes dem Gasgemisch erneut A- oder B-Gas zugeführt, damit aber $c_A$ oder $c_B$ erhöht, so wird in diesem Moment $c_{AB}/c_A \cdot c_B$ erniedrigt und daher die AB-Bildung erneut in Gang kommen, bis $c_{AB}/c_A \cdot c_B$ wieder gleich $K$ geworden ist. Erfolgt dagegen eine fortgesetzte Entfernung von AB aus dem Gasgemisch – sei es auf physikalischem Wege (siehe bereits S. 57) oder dadurch, daß AB für sich eine weitere Reaktion mit einem anderen Stoff eingeht –, so wird auch dadurch $c_{AB}/c_A \cdot c_B$ ständig verkleinert. Infolge dieser *dauernden* Störung des Gleichgewichtes wird dieses jetzt überhaupt nicht erreicht und verläuft deshalb die an sich reversible Reaktion nunmehr *pseudoeinseitig* bis zum vollständigen Verbrauch mindestens des einen Reaktionspartners.

Für eine allgemeine Gasreaktion

$$\mathrm{mA + nB + pC + \cdots \rightleftharpoons uH + vK + wL + \cdots}$$

lautet das Massenwirkungsgesetz

$$\frac{c_H^u \cdot c_K^v \cdot c_L^w \cdots}{c_A^m \cdot c_B^n \cdot c_C^p \cdots} = K,$$

indem allgemeiner Gepflogenheit folgend in den *Nenner* stets die Konzentrationen (Partialdrucke) der *Ausgangsstoffe*, in den *Zähler* jene der *Reaktionsprodukte* gesetzt werden. Dann bedeutet die *Gleichgewichtskonstante K* auch ein unmittelbares Maß für die *Ausbeute* einer chemischen Reaktion bei einer bestimmten Temperatur. In der Tat fällt diese ja dann um so größer aus, je größer $K$, während die Ausbeute des Gegenvorganges durch den reziproken Wert $1/K$ bestimmt wird. Dementsprechend wird der Begriff der Gleichgewichtskonstanten häufig nicht so sehr auf das Gleichgewicht als solches bezogen, sondern $K$ als *Gleichgewichtskonstante der Reaktion* $mA + nB + pC + \cdots \rightarrow uH + vK + wL + \cdots$ und $1/K$ als jene des gegenläufigen Vorganges $uH + vK + wL + \cdots \rightarrow mA + nB + pC + \cdots$ betrachtet. Beispiel: Als „Gleichgewichtskonstante der $NH_3$-Bildung" im Rahmen des Gleichgewichtes $N_2 + 3H_2 \rightleftharpoons 2NH_3$ ergibt sich darnach $K = c_{NH_3}^2/c_{H_2}^3 \cdot c_{N_2}$.

Bei den einzelnen chemischen Reaktionen werden außerordentlich *verschiedene* $K$-Werte – allgemein im Bereich von $10^{-50}$ bis $10^{50}$ – gefunden und sind Fälle mit Gleichgewichtskonstanten in der Nähe von 1 oder auch nur schon zwischen $10^3$ und $10^{-3}$ eher selten. Sobald $K$ Werte annimmt, welchen Konzentrationen jenseits der üblichen Nachweisbarkeitsgrenzen der betreffenden Stoffe entsprechen, erscheinen Reaktionen naturgemäß als einseitig, auch wenn sie im Grunde genommen reversibel verlaufen. Oder es scheint umgekehrt überhaupt keine Umsetzung stattzufinden, sobald hinreichend kleine $K$-Werte bestehen, die Gleichgewichte somit ganz auf der Seite der Ausgangsstoffe liegen.

Nach dem S. 226 über die Verschiebung chemischer Gleichgewichte durch Änderung von Temperatur und Druck Gesagten sind die Gleichgewichtskonstanten $K$ naturgemäß von Temperatur und Druck abhängig. Dabei gilt für die *T-Abhängigkeit* die Beziehung $d \ln K/dT = Q/RT^2$, wobei $Q$ die Wärmetönung der Reaktion, $T$ die absolute Temperatur und $R$ die Gaskonstante (1,98 cal pro Grad $\cdot$ Mol) bedeuten. Hieraus ergibt sich als Näherung – nämlich unter der Annahme, es sei $Q$ konstant und seinerseits nicht temperaturabhängig, $-\log K = -Q/4,57 \, T + C$ und damit ein Verlauf der Gleichgewichtskonstanten in Funktion der Temperatur nach Abb. 106. Für die Abhängigkeit der Gleichgewichtslage vom *Druck P* gilt entsprechend $d \ln K/dP = -\Delta V/RT$, wobei $\Delta V$ die mit der Reaktion verbundene Volumänderung (siehe auch S. 144) bedeutet.

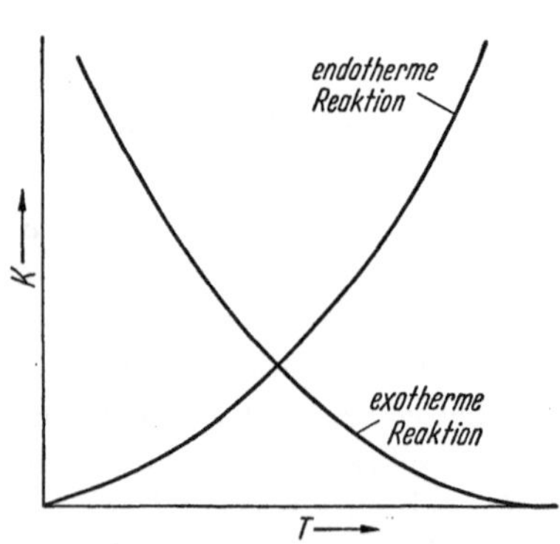


Abb. 106. Temperaturabhängigkeit der Gleichgewichtskonstante $K$ für exotherme und endotherme Reaktion

Gewiß läßt *die Wärmetönung* einer Reaktion – genaugenommen allerdings jene bei konstantem Volumen und nicht die üblicherweise verwendete bei konstantem Druck (siehe bereits S. 206) – unmittelbar die mit einer chemischen Reaktion verbundene *Energieänderung* beurteilen, indem nach Abb. 104 (S. 225) $E_{AB}$

$-E_{A,B}$ der Wärmetönung $Q$ der Reaktion $AB \rightarrow A + B$, $E_{A,B} - E_{AB}$ dagegen der Wärmetönung $-Q$ von $A + B \rightarrow AB$ entspricht. Indes gestattet sie andererseits weder eine Aussage über *die einer Reaktion zugrunde liegende Triebkraft* noch darüber, ob chemische Reaktionen von selber (freiwillig) oder nur erzwungen vor sich gehen. Hierüber entscheidet nicht die Wärmetönung (Reaktionswärme) als die gesamte mit dem Vorgang verbundene Energieänderung, sondern die *Reaktionsarbeit* (die *freie Energie der Reaktion*). Diese aber ist *jener Energiebetrag*, welchen die Reaktion statt als Wärme *in Form von Arbeit* – d.h. als mechanische oder elektrische Energie – liefern oder aufnehmen kann. Wie bereits S. 169 näher dargelegt, gibt es in der Tat chemische Prozesse, welche auf dem einen Weg *lediglich* Wärme ergeben, auf einem anderen Weg dagegen *neben* Wärme auch mechanische oder elektrische Energie (also Arbeit) liefern, allgemein aber *keine* Reaktionen, die *nur Arbeit* leisten. Zu entscheiden bleibt somit lediglich, auf welchem Wege eine chemische Reaktion zu verlaufen hat, um ein *Maximum an Arbeit* zu liefern und so zu erfahren, über welchen Anteil der Energieänderung hinsichtlich der Energieform bestenfalls *frei* verfügt werden kann gegenüber jenem Energiebetrag, welcher als sog. *gebundene* Energie notwendig *stets* als Wärme erscheint. Hierzu gilt, daß dieses *Maximum an Arbeit*, nämlich die der Reaktion eigene *Reaktionsarbeit* $A_{\max}$, ihre *freie Energie* erhalten wird, falls der betreffende Vorgang *reversibel und isotherm* stattfindet – also derart, daß er jederzeit umgekehrt werden kann und die Temperatur konstant gehalten wird. Im Falle des S. 168 besprochenen DANIELL-Elementes ergibt sich für die Reaktion $Cu^{2+} + Zn \rightarrow Cu + Zn^{2+}$ eine Reaktionsarbeit $A_{\max}$ von $-50{,}8$ kcal, während die Wärmetönung dieser Reaktion $-53{,}3$ kcal beträgt, so daß diese als gesamte Energieänderung aus 2,5 kcal gebundener und 50,8 kcal freier Energie besteht; bei der Reaktion $CaO + H_2O \rightarrow Ca(OH)_2$ ist dagegen $Q = -15{,}6$ kcal und $A_{\max} = -13{,}3$ kcal, der Anteil an gebundener Energie somit $-2{,}3$ kcal.

Je nachdem, ob sich eine Reaktion so führen läßt, daß sie Arbeit leisten kann, oder aber wie z.B. im Falle der Elektrolysen (S. 156) ein Aufwand an Arbeit erforderlich ist, um sie zu erzwingen, wird ihre Reaktionsarbeit mit negativem oder positivem Vorzeichen versehen (also analog verfahren, wie S. 207 bei der Vorzeichenwahl der Wärmetönungen). Vorgänge mit *negativer Reaktionsarbeit*, also mit der Befähigung zur Leistung mechanischer oder elektrischer Energie, entsprechen somit jenen, welche bereits S. 145 als *exergonische* Reaktionen bezeichnet wurden im Gegensatz zu den einen Arbeitsaufwand erheischenden, *endergonischen* Vorgängen mit *positiver Reaktionsarbeit*. Ist die Reaktion $A + B \rightarrow AB$ mit $A_{\max} = -F$ kcal exergonisch, so ihr Gegenvorgang $AB \rightarrow A + B$ notwendig in gleichem Maße (also mit der Reaktionsarbeit $+F$ kcal) endergonisch. Im gasförmigen oder gelösten Zustand können exergonische Prozesse in dem Sinne *von selber* verlaufen, als sie bei *konstantem Volumen* des Systems, also unter Verzicht auf eine Entnahme mechanischer Energie *möglich* sind, während endergonische Vorgänge bei konstantem Volumen, d.h. *ohne* Aufwand an mechanischer Energie *nicht* stattfinden können. Diese Aussage gilt bei Reaktionsfolgen auch für jede ihrer einzelnen Teilreaktionen, wobei dann allerdings eine Koppelung der Teilprozesse in dem Sinne bestehen kann, daß sich ein exergonischer Gesamtvorgang ergibt.

Analog zu den Bildungswärmen lassen sich den chemischen Verbindungen *Bildungsarbeiten* zuordnen, wobei sich auch diese wiederum auf die Entstehung einer Verbindung aus den Elementen für die Bedingungen 25 °C und 1 at Druck beziehen. Beachtung verdient schließlich, daß die Reaktionsarbeit *nicht* notwendig *kleiner* als die Wärmetönung sein muß. Verläuft eine Reaktion eben derart, daß sie das Maximum an Arbeit leistet, so kann daneben (wie in den oben zitierten Beispielen) noch Wärme erzeugt, ebensogut aber auch Wärme aufgenommen werden. Demgemäß kann das Vorzeichen von freier und gebundener Energie verschieden sein wie etwa im Falle $H_2 + Cl_2 \rightarrow 2\,HCl$ mit $Q = -44$ kcal und $A_{max} = -45,5$ kcal, also gebundener Energie im Betrag von $+1,5$ kcal (es verläuft dann die Reaktion bei konstanter Temperatur und ebensolchem Druck exotherm, bei isotherm-reversibler Führung dagegen unter Wärmeaufnahme). Oder es können gar $Q$ und $A_{max}$ verschiedene Vorzeichen besitzen, also exergonische Prozesse mit $A_{max} < 0$ und $Q > 0$ sehr wohl endotherm statt exotherm sein, wofür das Verdampfen einer Flüssigkeit das einfachste Beispiel darstellt.

Weil die Reaktionsarbeit ein Maß für die *Triebkraft* einer chemischen Reaktion darstellt, folgt hieraus unmittelbar, daß *endergonische* Prozesse *nie freiwillig* verlaufen. Es gilt aber *nicht* das Umgekehrte, daß sich *exergonische* Reaktionen *stets von selber* abspielen würden. Letzteres trifft vielmehr einzig zu, falls exergonische Vorgänge nicht zufolge der ihnen entgegenstehenden Hemmungen zunächst der Aktivierung (S. 225) bedürfen. Deshalb besagt die Tatsache einer negativen Reaktionsarbeit *lediglich*, daß die betreffende Reaktion *möglicherweise freiwillig* verlaufen *kann*. – Zugleich orientiert die Reaktionsarbeit über die zwischen den Partnern einer chemischen Reaktion bestehende *Affinität* und tun dies die *Bildungsarbeiten* im besonderen über *die zwischen den Elementen bestehenden Affinitätsbeziehungen*: Wenn etwa die Bildungsarbeiten von $CaF_2$, $CaO$ und $CaS$ $-278,5$, $-145,3$ und $-109,8$ kcal (pro Mol) betragen, so läßt sich daraus unmittelbar beurteilen, in welchem Maße die Affinität von Ca gegenüber F, O und S abnimmt, oder es folgt aus der Tatsache, daß HF die Bildungsarbeit $-65,0$, HCl dagegen eine solche von bloß $-22,7$ kcal (pro Mol) besitzt, wie die Affinität von H gegenüber F wesentlich größer ist als gegenüber Cl usw. – Wie endlich die freie Energie eines Systems dessen Zustand zu beurteilen gestattet, veranschaulicht Abb. 107.

Unmittelbare experimentelle Bestimmungen der Reaktionsarbeit beruhen allgemein auf der Messung der maximalen Arbeit (Volumenenergie), wenn eine Reaktion über den gasförmigen oder gelösten Zustand geführt werden kann, oder auf der Messung der maximal erhältlichen elektrischen Energie, falls sich Reaktionen in einem galvanischen Element oder als Elektrolyse durchführen lassen. Bei Kenntnis von $A_{max}$ läßt sich die *Gleichgewichtskonstante* $K$ der betreffenden Reaktion auf einfache Weise berechnen, indem die Beziehung besteht $A_{max} = -RT \cdot \ln K$ (hierin $R$ wieder die Gaskonstante, $R = 1,98$ cal pro Grad $\cdot$ Mol und $T$ die absolute Temperatur). In besonders einfacher Weise gelingt dies bei elektrochemischen Vorgängen, indem hier $A_{max} = -z \cdot \Delta E \cdot F$ Joule $= -z \cdot \Delta E \cdot 23,06$ kcal ($\Delta E$ die Spannung eines galvanischen Elements, $z$ die Wertigkeit seiner Ionen und F wieder 1 Farad bedeutend) und hieraus $\ln K = 23,06 \cdot z \cdot \Delta E / RT$ oder für 25 °C $\log K = 16,8 \cdot \Delta E$.

Oft wird jedoch auch *umgekehrt* verfahren, nämlich die Gleichgewichtskonstante $K$ experimentell ermittelt und hieraus gemäß $A_{max} = -RT \cdot \ln K$ die Reaktionsarbeit der Reaktion berechnet. Im übrigen folgt aus dieser Beziehung, daß *exergonische* Reaktionen stets $K$-Werte $< 1$, *endergonische* Reaktionen hingegen solche $> 1$ besitzen müssen.

Die fundamentale Bedeutung der Kenntnis der Bildungsarbeit binärer Verbindungen bzw. der freien Energie der ihrer Bildung zugrunde liegenden Reaktionen

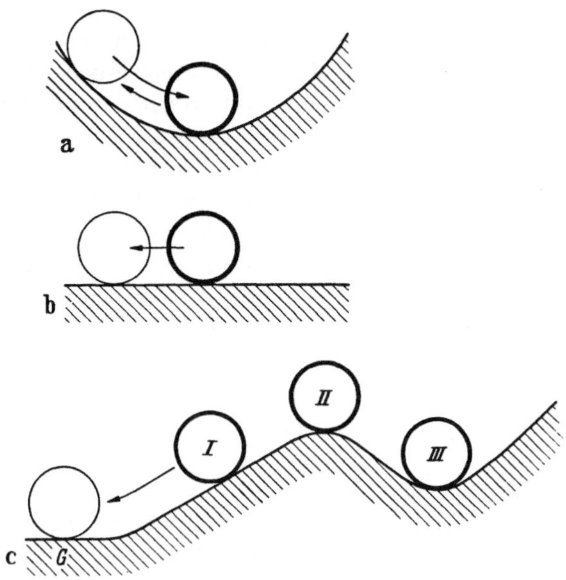


Abb. 107. *Stabilität chemischer Systeme und chemische Gleichgewichte*

a) *System im stabilen Zustand* („„rücktreibendes Gleichgewicht"): eine Entfernung aus dem Gleichgewicht ist einzig möglich durch äußere Einwirkung und existiert nur solange, als die äußere Einwirkung dauert. Sobald diese aufgehoben wird, kehrt das System in seinen ursprünglichen Zustand zurück. Dementsprechend gilt für jede Änderung des Systems $A_{\max} > 0$;

b) *Chemisches Gleichgewicht* („wahres" oder „ungehemmtes" Gleichgewicht): eine geringe äußere Einwirkung bewirkt eine entsprechend geringe Veränderung; dem System ist keine Triebkraft eigen, sich in der einen oder anderen Richtung zu verändern, daher ist in diesem Falle $A_{\max} = 0$

c) *Gehemmte (bloß haltbare) Systeme im nur scheinbaren (eingefrorenen) Gleichgewicht:* es besteht eine Triebkraft, das System in den Gleichgewichtszustand $G$ überzuführen, somit ist hier $A_{\max} < 0$. Damit dies tatsächlich geschieht, kann es (wie bei den Systemen II und III) notwendig sein, das System zu *aktivieren*, wozu im Falle II (*labiles* Gleichgewicht) eine bereits sehr geringe, äußere Einwirkung genügt, im Falle III (*metastabiles* Gleichgewicht) dagegen eine merkliche Energie (Aktivierungsenergie) erforderlich ist

ergibt sich jedoch vollends erst aus dem folgenden: Betragen beispielsweise die Bildungsarbeiten der Verbindungen AB, CD, AD und CB (die den Reaktionen A + B → AB usw. bei 25 °C und 1 at eigenen Reaktionsarbeiten) $F_1$, $F_2$, $F_3$ und $F_4$, so ist die Reaktionsarbeit $F$ der Reaktion AB + CD → AD + CB, falls auch dieser Prozeß unter „Normalbedingungen" stattfindet, $F = F_3 + F_4 - (F_1 + F_2)$, also gleich der Summe der Bildungsarbeiten der Reaktionsprodukte vermindert um die Summe der Bildungsarbeiten der Ausgangsstoffe. Damit aber läßt sich unmittelbar angeben: a) ob der Vorgang AB + CD → AD + CB entsprechend $F <$ (oder $>$) 0 als exergonischer (oder endergonischer) Prozeß von selber stattfinden kann (oder solches bestimmt ausgeschlossen ist), und b) durch Berechnung der Gleichgewichtskonstanten $K$ als $\ln K = -F/RT$ eine Aussage über die Lage des Gleichgewichts AB + CD $\rightleftharpoons$ AD + CB; so etwa dahin, daß dieses bei $F \ll 0$ und daher $K \gg 1$ derart zugunsten der Bildung von AD + CB liegt, daß die Reaktion AB + CD → AD + CB praktisch einseitig verläuft, oder umgekehrt in Anbetracht von F ≫ 0 und $K \ll 1$ nur eine sehr geringe Ausbeute an AD + CB zu erwarten ist.

## § 35. Geschwindigkeit und Mechanismus von Gasreaktionen

Mit den in § 34 gemachten Aussagen, aber auch allen weiteren, aus der Anwendung der Thermodynamik auf chemische Prozesse sich ergebenden bleibt indes die Frage nach dem *tatsächlichen* Weg einer Reaktion wie der zu dessen Ablauf benötigten Zeit, damit aber auch die Frage nach der einem chemischen Vorgang eigenen *Geschwindigkeit* noch völlig offen. Diese Tatsache fällt um so mehr ins Gewicht, als es sich dabei um eines der wichtigsten Anliegen der *chemischen Technik* handelt, geht es doch jedem Chemiebetrieb darum, dank optimaler Reaktionsgeschwindigkeiten möglichst große *Tages*leistungen zu erzielen. Wie die Erfahrung lehrt – und auf diese ist hier der Chemiker in einem besonderen Maße angewiesen, indem sich bisher Reaktionsgeschwindigkeiten nur in wenigen Fällen theoretisch berechnen lassen, – können sich chemische Reaktionen mit sehr verschiedener Geschwindigkeit abspielen. Aber auch ein und dieselbe Reaktion verläuft je nach den besondern Umständen, unter denen sie stattfindet, rascher oder langsamer. Von einem besondern Einfluß ist dabei die Temperatur, wobei allgemein gilt, daß eine *Erhöhung der Temperatur* den Ablauf chemischer Prozesse *beschleunigt*, und zwar im Sinne der RGT-*Regel* oftmals in der Weise, daß eine Temperaturerhöhung um 10 °C die Reaktionsgeschwindigkeit auf das 2- bis 4fache steigert (eine um 100 °C höhere Temperatur ergibt somit eine $2^{10}$ bis $4^{10}$mal größere Reaktionsgeschwindigkeit). Daß es neben diesem häufigsten Fall (Kurve *a* der Abb. 108) auch wesentlich anders geartete gibt, zeigt die schematische Darstellung der Abb. 108.

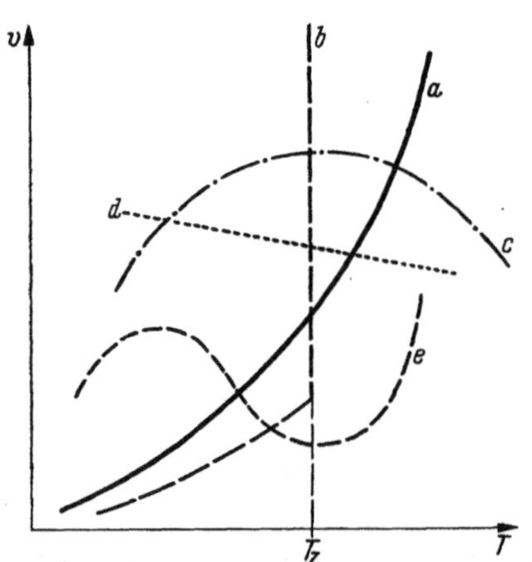



Abb. 108. Schematische Darstellung der Temperaturabhängigkeit der Reaktionsgeschwindigkeit $v$: Kurve *a* illustriert den häufigsten Fall der RGT-*Regel*; *b explosionsartige* Reaktion mit sprunghaftem Anstieg von $v$ bei der Zündtemperatur $T_z$; *c* gilt oft bei katalytischen Hydrierungen, *d* für die Oxydation von Kohlenstoff und *e* für jene von Stickoxid

Geschwindigkeiten chemischer Reaktionen werden zumeist nicht unmittelbar gemessen, sondern es wird die zeitliche Änderung der Konzentration eines der reagierenden Stoffe, eines Ausgangsstoffes A oder eines Produkts P verfolgt, um aus $c_A(t)$ oder $c_P(t)$ als $-dc_A/dt$ bzw. $dc_P/dt$ *die Reaktionsgeschwindigkeit* abzuleiten. Darnach wird untersucht, ob und wie die gefundene Geschwindigkeit abhängig ist von der Konzentration einzelner oder aller Stoffe, welche an der Reaktion teilnehmen. Dieser Zusammenhang zwischen der Reaktionsgeschwindigkeit und der Konzentration der reagierenden Stoffe bestimmt *das Zeitgesetz der Reaktion* (ihre Geschwindigkeitsgleichung). Weil dieses keineswegs immer dem einfachen Ansatz von S. 227 zu entsprechen braucht, läßt es sich nicht ohne weiteres aus der chemischen Gleichung der Reaktion ableiten, sondern muß es in jedem Einzelfall *empirisch* ermittelt werden. Gilt zwar für die Reaktion $H_2 + J_2 \rightarrow 2\,HJ$ das nach der chemischen Gleichung zu erwartende einfache Zeitgesetz $dc_{HJ}/dt = k \cdot c_{H_2} \cdot c_{J_2}$, so lautet es für die scheinbar analoge Reaktion $H_2 + Br_2 \rightarrow 2\,HBr$ dagegen wesentlich komplizierter, nämlich

$$dc_{HBr}/dt = \frac{k \cdot c_{H_2} \cdot c_{Br_2}^{1/2}}{1 + k' \cdot c_{HBr}/c_{Br_2}} \, .$$

$k$ bzw. $k$ und $k'$ bedeuten in diesen und weitern solchen Zeitgesetzen chemischer Reaktionen die sog. *Geschwindigkeitskonstanten*, oft auch spezifische Reaktionsgeschwindigkeit genannt. Kann der Verlauf einer Reaktion wie jener der HJ-Bildung durch ein Zeitgesetz von der allgemeinen Form $dc_P/dt = k \cdot c_A^m \cdot c_B^n \cdot c_C^p \ldots$ wiedergegeben werden, so läßt sich der betreffenden Reaktion im Sinne einer allerdings rein empirischen Größe eine bestimmte *Reaktionsordnung*, gegeben durch m + n + p + ..., zuschreiben. So erfolgt die Bildung von HJ aus $H_2$ und $J_2$ nach dem zuvor Gesagten als eine Reaktion 2. Ordnung. Aber auch der Vorgang $2\,NOCl \rightarrow 2\,NO + Cl_2$ oder die Reaktion $NO + O_3 \rightarrow NO_2 + O_2$ sind dieser Art, während der Zerfall $2\,N_2O_5 \rightarrow 4\,NO_2 + O_2$ eine Reaktion 1. Ordnung darstellt wie manche anderen Dissoziationsvorgänge, so beispielsweise der Zerfall von $CH_3$—N= N—$CH_3$ in $C_2H_6 + N_2$ oder von $CH_3$—O—$CH_3$ in $CH_4$, CO und $H_2$. Bereits diese wenigen Beispiele belegen, daß aus der chemischen Gleichung allein *nie unmittelbar* auf die Ordnung einer Reaktion geschlossen werden kann, diese vielmehr erst auf Grund experimenteller Feststellungen, und auch dann nicht immer mit unbedingter Sicherheit, anzugeben ist. In Fällen mit komplizierten Zeitgesetzen wie bei der Bildung von HBr aus $H_2$ und $Br_2$ schließlich ist der Begriff der Reaktionsordnung überhaupt nicht anwendbar.

Ist das Zeitgesetz einer chemischen Reaktion bekannt, so sind gestützt hierauf die Geschwindigkeitskonstanten $k$ ohne weiteres zu berechnen. Für die Abhängigkeit dieser Konstanten von der Temperatur gilt oft – so vorab, wenn die Reaktionsgeschwindigkeit gemäß Kurve $a$ der Abb. 108 mit der Temperatur ansteigt – die ARRHENIUS-*Gleichung* $d \ln k/dT = E_a/RT^2$, worin $R$ und $T$ wiederum die Gaskonstante und die absolute Temperatur bedeuten, $E_a$ dagegen die der Reaktion eigene *Aktivierungsenergie*. Wird $E_a$ als von der Temperatur unabhängig betrachtet, so ergibt sich hieraus $\ln k = -E_a/RT + \ln k_0$ bzw. $k = k_0 \cdot e^{-E_a/RT}$. Damit aber ist es möglich, mittels einer experimentellen Bestimmung der Geschwindigkeitskonstanten bei verschiedenen Temperaturen die Aktivierungsenergie einer Reaktion mindestens angenähert zu ermitteln.

Mit alledem bleibt naturgemäß die Frage nach den *Elementarvorgängen* einer chemischen Reaktion, nämlich nach den tatsächlichen Schritten, welche die reagierenden Teilchen durchlaufen und sich in ihrer Gesamtheit zur Reaktion als solcher zusammenfügen, noch völlig offen. Zwar lassen sich hierüber aus der Kinetik der Reaktion mancherlei Schlüsse ziehen, ohne daß sich jedoch immer eindeutig *der Mechanismus der Reaktion* angeben ließe. Im Falle von Gasreaktionen kommt vor allem in Betracht, daß solche spontan oder bei einem Stoß zwischen zwei oder drei Molekülen (Atomen) stattfinden. Hieraus ergibt sich *die Molekularität* einer Reaktion im Sinne *mono-, di-* oder *trimolekularer Reaktionen* nach der Anzahl der an einer Stoßreaktion beteiligten Moleküle. So erweist sich beispielsweise der Vorgang $H_2 + J_2 \to 2\,HJ$ wie auch die Gegenreaktion als eine bimolekulare Reaktion, während monomolekulare häufig unter Zerfallsreaktionen vorkommen. Im übrigen ist schon das gleichzeitige Zusammentreffen dreier Moleküle zu einem wirksamen und damit eine Reaktion auslösenden Stoß ein derart seltenes Ereignis, daß nur wenige trimolekulare Reaktionen bestehen. Allgemein sind bimolekulare Reaktionen oft solche zweiter Ordnung, trimolekulare häufig von dritter Ordnung; seltener dagegen gilt das Umgekehrte, daß eine Reaktion dritter Ordnung trimolekular verläuft. Auf jeden Fall brauchen die *empirisch* gefundene *Ordnung* einer Reaktion und die für sie *theoretisch* abgeleitete *Molekularität* keinesfalls miteinander übereinzustimmen.

Darnach verlaufen Reaktionen mit größeren Molekülzahlen im allgemeinen nicht der chemischen Gleichung gemäß, sondern über *Zwischenstufen* niedrigerer Ordnung und Molekularität. Dabei kommt es für den Ablauf der gesamten Reaktion darauf an, *welcher Teil*vorgang der *langsamste* ist und als solcher die Geschwindigkeit bestimmt, mit welcher die Reaktion als Ganzes abläuft. Reaktionen, einfachere oder kompliziertere, deren Mechanismus aus einer Mehrzahl von Elementarvorgängen oder Reaktionsschritten besteht, heißen *komplexe Reaktionen*. An solchen werden unterschieden: *Parallelreaktionen*, falls ein Ausgangsstoff *gleichzeitig* mehrere verschiedene, voneinander unabhängige Reaktionen eingehen kann

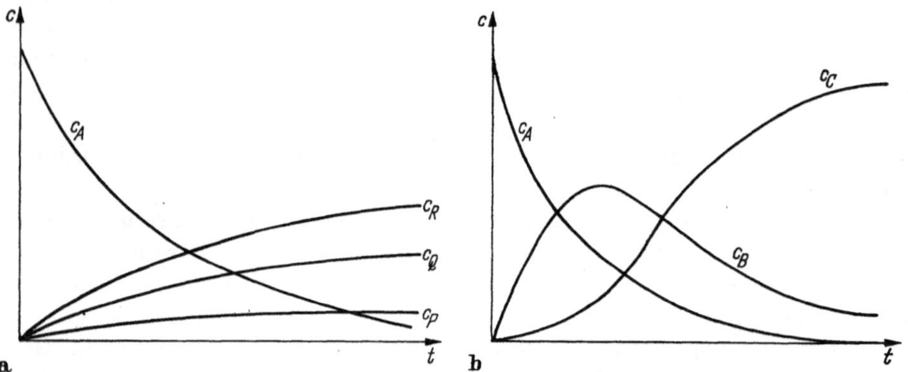

Abb. 109. *Zur Kinetik komplexer Reaktionen.* a) Konzentrations-Zeit-Kurven für Parallelreaktionen erster Ordnung, wobei aus A simultan die Stoffe P, Q und R entstehen; b) Konzentrations-Zeit-Kurven für die Folgereaktionen A → B und B → C

(Abb. 109a), und *Folgereaktionen*, die aus einer Folge *nacheinander* ablaufender Reaktionsschritte bestehen, indem aus A zunächst B und darnach aus B das Produkt C entsteht (Abb. 109b).

Gasreaktionen, welchen ein besonders gearteter Mechanismus zugrunde liegt, sind die *Kettenreaktionen* wie die bereits S. 148 betrachteten Polymerisationsvorgänge und die S. 213 erwähnten Kettenexplosionen. Einfache Beispiele von Kettenreaktionen sind dagegen die Vorgänge $H_2 + Cl_2 \to 2\,HCl$ und $H_2 + Br_2 \to 2\,HBr$ im Gegensatz zu $H_2 + J_2 \to 2\,HJ$, welcher Prozeß erst unter sehr hohen Temperaturen nach Art einer Kettenreaktion verläuft (hierauf beruhen denn auch die verschiedenen Zeitgesetze dieser Reaktionen, wie sie S. 233 angegeben wurden). Die Auslösung der Reaktion erfolgt mit dem *Kettenstart* (der *Startreaktion*) unter Zerfall eines Halogenmolekül in zwei freie Halogenatome, also etwa $Cl_2 \to 2\,Cl$. Diesem ersten Teil der Reaktion schließt unmittelbar die *Reaktionskette* an im Sinne der Teilschritte $Cl + H_2 \rightarrow HCl + H$, $H + Cl_2 \rightarrow HCl + Cl$, $Cl + H_2 \rightarrow HCl + H$, .... Hierbei liefert der $n$te Reaktionsschritt das zum nächsten, dem $n + 1$.ten Reaktionsschritt benötigte *aktivierte* Teilchen, sei es ein Cl- oder ein H-Atom, die sog. *Kettenträger* als reaktionsfreudige Zwischenprodukte. Die Reaktion findet ihr Ende mit einem *Kettenabbruch* (der *Abbruchreaktion*), indem ein Kettenträger sein Reaktionsvermögen verliert, ohne dabei einen weitern Reaktionsschritt auszulösen, so etwa infolge eines Zusammenpralls zweier aktiver Teilchen $2 Cl \rightarrow Cl_2$, eines Auftreffens aktiver Atome auf die Wand oder Staubteilchen u.dgl. Ein weiteres Beispiel: $COCl_2$ (Phosgen) zerfällt zunächst sehr langsam in $CO + Cl_2$, dann allmählich immer rascher, wie wenn die Reaktion aus sich selber beschleunigt würde (*autokatalytischer Verlauf* einer Reaktion). Dies erklärt sich wie folgt: Wieder zerfallen von den zunächst entstandenen $Cl_2$ einzelne in $2 Cl$; darnach reagieren diese mit Phosgen entsprechend $COCl_2 + Cl \rightarrow COCl + Cl_2$ und zerfällt zugleich $COCl$ in $CO$ und $Cl$. Auf diesem Wege entstehen fortgesetzt neue, zur Zerstörung weiterer $COCl_2$-Moleküle befähigte Cl-Atome, bis diese ebenfalls hier wieder mit einem Kettenabbruch (z.B. $2 Cl \rightarrow Cl_2$) beseitigt werden. Aber auch die explosionsartige Vereinigung $2 H_2 + O_2 \rightarrow 2 H_2O$ bei der Knallgasexplosion (S. 214) beruht auf verwickelten Kettenreaktionen mit H- und O-Atomen sowie OH-Radikalen als Kettenträgern und nicht allein auf der Aktivierung eines pseudostabilen Systems durch bloße Temperaturerhöhung im Sinne des S. 225 Gesagten.

## § 36. Katalyse

Auch wenn sich eine Erhöhung der Temperatur als ein nahezu universelles Mittel erwiesen hat, um nach S. 225 aktivierbare Reaktionen in Gang zu bringen und dazu die Geschwindigkeit chemischer Vorgänge zu steigern, so muß ein solches Vorgehen bei der Aktivierung oder Beschleunigung *exothermer* Reaktionen wie $N_2 + 3 H_2 \rightarrow 2 NH_3 - 22$ kcal, $2 SO_2 + O_2 \rightarrow 2 SO_3 - 47$ kcal oder $2 H_2 + CO \rightarrow CH_3OH - 22$ kcal notwendig versagen. In allen diesen Fällen würde ja eine Temperaturerhöhung stets die gleichzeitige Verschiebung des Gleichgewichts zugunsten der Gegenreaktion bedingen und deshalb trotz verbesserter Geschwindigkeit der Reaktion deren Ausbeute geringer ausfallen. Vor allem hier, aber auch unter manchen anderen Umständen erlangt daher eine besondere Bedeutung, daß die *Geschwindigkeit* chemischer Prozesse, *nicht* aber die Lage der *Gleichgewichte* auch durch die *Gegenwart von Fremdstoffen*, also an der Reaktion selber nicht endgültig beteiligter Stoffe, nachhaltig beeinflußt werden kann (Abb. 110). Geschieht dies im Sinne einer Reaktions*beschleunigung*, so wird von *positiver Katalyse* (oder Katalyse schlechthin) gesprochen, bei Reaktions*verzögerung* dagegen von negativer Katalyse oder besser von einem *Inhibieren* der Reaktion. An sich gelten daher Stoffe für eine *gegebene* Reaktion als *Katalysatoren*, falls sie *deren Geschwindigkeit zu beeinflussen vermögen*, ohne dabei selber *bleibende* Veränderungen zu erfahren. In der Praxis ist die Anwendung des Begriffs Katalysator allerdings nicht immer derart scharf und werden Substanzen oftmals als Katalysatoren bezeichnet, welche gerade wegen ihrer katalytischen Aktivität im Verlaufe der Reaktion zerstört, auf alle Fälle desaktiviert werden. Auch die Forderung, daß bereits *sehr kleine* („katalytische") Mengen ausreichen sollen, um eine Reaktion geeignet zu beschleunigen,

ist zumeist nur erfüllt, falls Katalysatoren über eine hohe Aktivität verfügen und
keiner Zerstörung anheimfallen. So ergibt sich im Grunde von dieser eigentlichen
Katalyse ein stetiger Übergang zu jenen Reaktionsfolgen, da Stoffe im Kreislauf

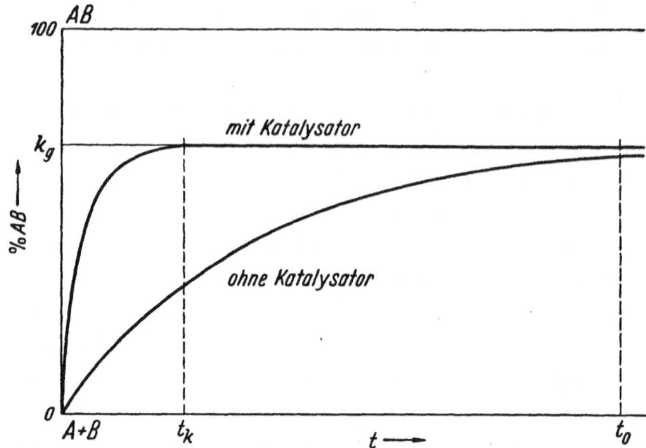


Abb. 110. Zeitliche Einstellung des Gleichgewichts A + B ⇌ AB „von der A + B-Seite“ aus ohne und mit
Katalysator, wobei in den beiden Fällen zwar die gleiche AB-Konzentration ($k$-% AB), indes einmal in der Zeit
$t_k$ und einmal erst in einer Zeit $> t_0$ erreicht wird

geführt werden können, indem sie bloß einen „vorübergehenden“ und keinen
bleibenden Umsatz erfahren (S. 184).

Allgemein läßt sich die Wirkung eines positiven Katalysators – allgemeiner
Gepflogenheit folgend nachstehend kurzweg Katalysator genannt – dahin beschreiben, daß sie für die fragliche Reaktion neue Reaktionsmechanismen mit geringeren
Hemmungen (kleinerer Aktivierungsenergie) erschließt. Dabei können Kataly-
satoreffekte mehr *chemischer* Natur sein wie im Falle aller *Zwischenreaktionskata-
lysen* mit einem Ersatz der Reaktion A + B → AB durch die Reaktionsfolge A
+ Katalysator X → AX und anschließend AX + B → AB + X oder durch Vor-
schaltung einer Reaktion am Katalysator wie z.B. $A_2$ → 2 A, also der Entstehung
freier, reaktionsbereiter A-Atome. In andern, eher selteneren Fällen ist die Wirkung des Katalysators eher *physikalischer* Art und besteht dann bei einer *Adsorptionskatalyse* etwa darin, daß durch eine Adsorption am Katalysator die Reaktionspartner „kondensiert“ werden oder eine Lockerung der inneren Bindungen bei
gleichzeitiger Verstärkung der nach außen wirkenden erfahren. Demgegenüber
sind *negative* Katalysen vor allem bei Kettenreaktionen anzutreffen und bewirkt
hier der Katalysator mittelbar oder gar direkt zumeist die Abbruchreaktion[1]
(siehe bereits S. 235). Auf alle Fälle wird bei dieser Vielfalt der Verhältnisse nicht
verwundern, daß die katalytische Wirkung von Fremdstoffen eine betont *individuelle* ist, und zwar nicht bloß hinsichtlich der reagierenden Stoffe, sondern eben-

---

[1] Auf derartiger *antikatalytischer* Wirkung beruht der Löscheffekt halogenierter Kohlenwasserstoffe wie $CCl_4$, $CH_3Br$, $CH_2ClBr$, $CF_2Cl_2$ usw. und damit deren Bedeutung als *Feuer-
löschmittel*, sei es, daß diese Halogenkohlenwasserstoffe selber oder aus ihnen in der Wärme
entstehende Spaltprodukte den Abbruch der Reaktionskette bewirken; ein Kettenabbruch
nach Art einer „Wandreaktion“ (S. 235) liegt dagegen der Löschwirkung von Pulverwolken
aus Trockenlöschpulvern wie $NaHCO_3$ (Na-Bicarbonat = Na-Hydrogencarbonat) zugrunde.

so sehr auch in bezug auf die Reaktionen, welche diese eingehen können. Hieraus ergibt sich die Möglichkeit, mittels *selektiver Katalyse* chemische Reaktionen in bestimmter Weise zu *steuern*, also etwa eine einzige der an sich möglichen Reaktionen unter Hintansetzung aller anderen zu begünstigen: So zerfällt Äthanol bei 300 °C in Gegenwart von Cu in $CH_3CHO + H_2$, mit $Al_2O_3$ als Katalysator hingegen in $C_2H_4 + H_2O$. Oder es kann $NH_3$ mit Luft an Pt bei 500 bis 700 °C zu NO umgesetzt werden, an Ni dagegen zur Hauptsache nur zu $N_2 + H_2O$, während die Hydrierung von CO mit reinem ZnO-Katalysator praktisch nur Methanol, mit einem Katalysator aus ZnO + reichlich $Cr_2O_3$ dagegen höhere Alkohole, mit ZnO + $Fe_2O_3$ endlich Methan und flüssige Kohlenwasserstoffe liefert usw. Ebenso gelingt es, mit gewissen Katalysatoren die Bildung einer bestimmten Konfiguration einer organischen Verbindung zu begünstigen, so daß dank einer solchen *stereospezifischen* Katalyse eine Polymerisation etwa bevorzugt isotaktische Makrofadenmoleküle nach Abb. 68a von S. 129 ergibt. Bei alledem werden die für eine gegebene Reaktion wirksamsten Katalysatoren noch immer *empirisch* gefunden und liegt in der Suche nach solchen eines der besonderen Ziele der experimentellen Chemie.

Katalysatoren dienen in erster Linie der Beschleunigung *homogener* Reaktionen. Hierbei ist im Falle der *homogenen Katalyse* einer Gasreaktion auch der Katalysator gasförmig und daher selber ein Bestandteil des reagierenden Gasgemisches. Ein Beispiel: die Anwendung von Stickoxiden zur Katalyse der Herstellung von Schwefelsäure $H_2SO_4$ aus $2SO_2 + O_2 + 2H_2O$ nach dem Bleikammerverfahren, indem an Stelle der Reaktion $2SO_2 + O_2 \rightarrow 2SO_3$ die beiden folgenden treten $2NO + O_2 \rightarrow 2NO_2$ und $NO_2 + SO_2 \rightarrow NO + SO_3$, welche dank der leichten Oxydierbarkeit von NO mit erheblicher Geschwindigkeit ablaufen. Entsprechendes gilt von einer homogen katalysierten Lösungsreaktion (S. 238) mit im flüssigen Reaktionsmedium gelöstem Katalysator, wofür naturgemäß auch Ionen – besonders häufig sind es $H_3O^+$-Ionen – in Frage kommen.

Bei der *heterogenen* Katalyse einer Gasreaktion ist hingegen die Katalysatorsubstanz nicht länger gasförmig, sondern zumeist fest. In diesem Falle sind vor allem bedeutsam

a) eine *Oberflächen-* oder *Wandkatalyse*, wobei die Reaktion bevorzugt an der Wand des Reaktionsgefäßes und nicht im Gasraum selber stattfindet, indem mindestens bei niedrigeren Temperaturen die Aktivierungsenergie der Wandreaktion kleiner ist als jene der Homogenreaktion;

b) eine *Kontaktkatalyse*, bei welcher die reagierenden Gase eine Schicht aus hinreichend feiner Katalysatorsubstanz (allenfalls auch feinstmaschige Netze) als sog. *Kontakt* zu durchströmen haben, und

c) die beim Staubfließverfahren verwendete *Staub(Raum)katalyse* mit hoch dispersem, als Staub im Gasraum schwebendem Katalysator (Durchmesser der Katalysatorteilchen allgemein um $10^{-4}$ cm).

Vorab bei b) und c) kommt es darauf an, daß die Oberfläche des Katalysators und damit die Grenzfläche zum Reaktionsgemisch, das er katalysieren soll, möglichst groß ist. Außerdem soll sich die Katalysatorsubstanz als Ganzes oder doch an einzelnen Stellen (ihren sog. *aktiven Zentren*) in einem Zustand *besonderer Aktivität* befinden. Bei den als Katalysatoren vor allem verwendeten Reinmetallen und einzelnen Legierungen wie auch manchen Oxiden ergibt sich daher optimale katalytische Wirkung, falls sie aus kleinsten und dazu stark fehlgebauten Kristallen bestehen oder gar vollkommen amorph sind. Diese Wirkung eines Katalysators kann allerdings früher oder später, ganz oder doch teilweise verlorengehen durch eine *Vergiftung* desselben, sei es zufolge einer Adsorption von Fremdstoffen oder eines überschüssigen Reaktionspartners am Katalysator, sei es durch eigene Umwandlung desselben wie durch Erholung, Rekristallisation oder andere die katalytische Aktivität beeinträchtigende Vorgänge. Gerade gegenteilige Wirkung haben sog. *Promotoren.* Diese sollen den aktiven Zustand der Katalysatorsubstanz erhalten, wenn nicht gar deren Wirksamkeit noch verbessern. Haben Promotoren auch ihrerseits katalytische Eigenschaften, so ergibt sich ein eigentlicher *Mischkatalysator* mit einer besonders guten Wirkung und ebensolchen Lebensdauer, so etwa, wenn die Synthese von $NH_3$ mit Ni—Mo + Ni—W-Legierungen katalysiert wird, wobei das eine Metall bevorzugt den Wasserstoff, das andere Metall vor allem den Stickstoff aktivieren soll.

Erst unter Würdigung auch dieser durch Katalyse sich bietenden Möglichkeiten läßt sich vollends überblicken, wie grundlegend verschiedenartige Aufgaben sich der *chemischen Technik* stellen, je nachdem, ob es sich um die Durchführung *endothermer oder exothermer Reaktionen* bzw. die Synthese endothermer oder exothermer Stoffe handelt. Im Falle *endothermer* Reaktionen steht die Frage der Erzeugung hoher und höchster Temperaturen[1], also der Wärmeerzeugung und -übertragung wie aller Wärmeverluste im Vordergrund, dazu aber auch die Schaffung leistungsfähiger Kühleinrichtungen zum zerfallsfreien Abschrecken der bei hohen Temperaturen erhaltenen Reaktionsprodukte. Bei den *exothermen* Prozessen und ihrer Durchführung im technischen Maßstab spielt demgegenüber die Suche nach geeigneten, dauerhaft wirksamen Katalysatoren die entscheidende Rolle neben der Aufgabe, die bei der Reaktion produzierte Wärme ständig abzuführen und doch wirtschaftlich zu nutzen. Dazu kommt in manchen Fällen die Notwendigkeit, Reaktionen als *Drucksynthesen* durchzuführen, was Reaktionsbehälter und -rohre erfordert, welche auch in der Wärme hohen Drucken auf die Dauer standhalten, und zwar selbst in Berührung mit oft reichlich aggressiven Medien. Neben alledem fragt sich immer wieder, wie sich nicht hinreichend einseitig liegende chemische Gleichgewichte in rationeller Weise ständig stören lassen, um damit einen *pseudoeinseitigen* Ablauf der Reaktion zu erzwingen. Sämtliche diese Maßnahmen gestalten sich beim kontinuierlichen *Fließbetrieb* naturgemäß anders als beim chargenweise arbeitenden *Satzbetrieb.*

## § 37. Reaktionen in Lösungen.
### Dissoziation der Elektrolyte und Ionengleichgewichte

Neben den Reaktionen zwischen Gasen gehören auch die in Lösungen und Schmelzen sich abspielenden chemischen Vorgänge zu den homogenen Reaktionen.

---

[1] An maximalen Flammentemperaturen bei Brennstoffheizungen unter Verwendung von Luft lassen sich 1700 bis 2300 °C erreichen (praktisch jedoch mit Rücksicht auf das Mauerwerk der Reaktionsöfen zumeist bloß 1600 bis 1700 °C), während elektrothermische Öfen allgemein bei 3000 bis 3500 °C arbeiten, im Knallgasgebläse Temperaturen bis 2800 °C, im Acetylen-$O_2$-Gebläse bis gegen 3000 °C und im gewöhnlichen elektrischen Lichtbogen bis 6000 °C auftreten.

Unter ihnen gibt es zunächst solche, welche nach wie vor dem gleichen Mechanismus folgen wie in der Gasphase. Derartige Reaktionen verlaufen auch in kinetischer Beziehung in der flüssigen Phase ähnlich wie in der gasförmigen, und es spielt die besondere Art des Lösungsmittels keine wesentliche Rolle. Häufig sind jedoch Reaktionsmechanismus und zeitlicher Ablauf von Lösungsreaktionen *völlig anders* als bei Reaktionen im Gasraum, und zwar vor allem wegen der stärkeren Wechselwirkungen in der kondensierten Phase, einmal zwischen den reagierenden Teilchen, dann aber auch zwischen diesen und den Molekülen des Lösungsmittels. Endlich sind mindestens in manchen Lösungsmitteln zahlreiche Reaktionen möglich, welche in der Gasphase überhaupt nicht stattfinden können. Hierher gehören insbesondere jene Reaktionen, welche auf der Bildung von *Ionen* (siehe bereits S. 109 und 154) und deren Wechselwirkung untereinander beruhen. Im Gegensatz zu allen andern Reaktionen, bei denen als *Zeitreaktionen* der relativ langsame Umsatz der Stoffe einer gewissen Zeit bedarf, können *Reaktionen unter* einfachen *Ionen* verschiedener Ladung *unmeßbar rasch*, gleichsam *spontan* verlaufen (so etwa die Vereinigung der $H_3O^+$- und $OH^-$-Ionen zu $H_2O$ bei der Neutralisation einer starken Säure mit einer starken Lauge nach S. 160 oder als eine weitere *Spontanreaktion* die Ausfällung eines schwer löslichen Salzes AB durch Verbindung der Ionen $A^+$ und $B^-$). Reaktionen zwischen Ionen und Molekülen zeigen dagegen einen ähnlichen Verlauf wie solche zwischen Molekülen, während Umsetzungen zwischen Ionen vom gleichen Ladungssinn besonders langsam ablaufen. Alles in allem sind demgemäß in *flüssigen* Phasen *chemische Reaktionen in größter Vielfalt* möglich. Die „*innere Beweglichkeit*", über welche *der flüssige Zustand* bereits verfügt, zum einen und die ihm noch eigene „*Kondensation der Materie*" zum andern verleihen ihm im Hinblick auf die Durchführung chemischer Reaktionen eine *einzigartige* Stellung. Hierauf beruht denn auch zu einem wesentlichen Teil die Bedeutung der *Lösungsmittel*, sei es um als *Reaktionsmedien* chemische Reaktionen in flüssiger Phase zu ermöglichen oder als Reaktionspartner selber an einer Lösungsreaktion teilzunehmen. All dies erklärt die wesentliche Tatsache, daß die Mehrzahl der in der Praxis interessierenden chemischen Vorgänge in flüssiger Phase stattfindet.

Unter den in Lösung erfolgenden Reaktionen gibt es solche, welche gleich den Gasreaktionen noch weitgehend dem Massenwirkungsgesetz gehorchen, so beispielsweise die Veresterung von Äthanol mit Essigsäure, also der Vorgang $C_2H_5OH + CH_3COOH \rightarrow C_2H_5CH_3COO + H_2O$. Es verläuft dieser nicht vollständig, sondern führt wiederum zu einem chemischen Gleichgewicht im Sinne von $C_2H_5OH + CH_3COOH \rightleftharpoons C_2H_5CH_3COO + H_2O$. Andere Verhältnisse bestehen dagegen bei manchen der bereits S. 155 betrachteten *Dissoziationsvorgänge von Elektrolyten in* $H_2O$ *oder andern Lösungsmitteln* (z.B. von HCl in $C_2H_5OH$). Diese Reaktionen verlaufen nämlich im Falle der Lösungen *starker Elektrolyte*, also starker Säuren und ebensolcher Laugen wie aller Salze, *vollständig*, also im Sinne *einseitiger* Reaktionen mit den Gleichungen $HCl + H_2O \rightarrow H_3O^+ + Cl^-$, $NaOH \rightarrow Na^+ + OH^-$ bzw. $KCl \rightarrow K^+ + Cl^-$. *Schwache Elektrolyte*, nämlich schwache Säuren und schwache Laugen, zerfallen dagegen beim Lösen in $H_2O$ *nur teilweise* in Ionen entsprechend den *Ionengleichgewichten* $CH_3COOH + H_2O \rightleftharpoons CH_3COO^- + H_3O^+$ oder $NH_4OH \rightleftharpoons NH_4^+ + OH^-$. Anwendung des Massenwirkungsgesetzes auf den allgemeinen Fall einer elektrolytischen Dissoziation $AB \rightleftharpoons A^+ + B^-$ ($A^+ = H_3O^+$ oder irgendein anderes Kation, $B^- = OH^-$ oder jedes andere Anion) führt unmittelbar zur Aussage $c_{A^+} \cdot c_{B^-}/c_{AB} = K$. Diese bestätigt sich indes nur für hinreichend *verdünnte* Lösungen *partiell* dissoziierender Elektrolyte. Sind nämlich bei größeren Konzentrationen die elektrostatischen Wechselwirkungen unter den Ionen $A^+$ und $B^-$ nicht mehr vernachlässigbar klein, so haben – hier wie bei allen Reaktionen in konzentrierten Lösungen und Schmelzen – an die Stelle der Konzentrationen $c$ die *Aktivitäten* $\alpha = f \cdot c$ (siehe bereits S. 170) zu treten. Dann ergibt sich $\alpha_{A^+} \cdot \alpha_{B^-}/c_{AB}$ $= c_{A^+} \cdot f_{A^+} \cdot c_{B^-} \cdot f_{B^-}/c_{AB} = K \cdot f_{A^+} \cdot f_{B^-} = K_a$, wobei $K_a$ im Gegensatz zu $K$ und den Aktivitätskoeffizienten $f$ wiederum eine konzentrations*una*bhängige Größe darstellt.

Auf derlei Kräften zwischen den positiven und negativen Ionen beruhen auch die bei Lösungen *starker* Elektrolyte bestehenden, einer auf dem Massenwirkungsgesetz basierenden Dissoziationstheorie widersprechenden *Anomalien*. Wenn sich hier wie dort Elektrolytlösungen so gehaben, wie wenn ihre Ionenkonzentration *kleiner* als die effektiv bestehende wäre, so deshalb, weil sich die Ionen nicht mehr wie freie Ladungen verhalten. Vielmehr schart sich um jedes Kation $A^+$ eine Wolke von Anionen $B^-$ und umgekehrt um jedes Anion eine Wolke von Kationen $A^+$, womit sich in der Elektrolytlösung bereits andeutet, was beim Salzkristall (siehe Abb. 61, S. 110) in vollkommener Ordnung besteht.

Gleich manchen anderen Lösungsmitteln besitzt auch *Wasser* selber eine gewisse Dissoziation, entsprechend $2H_2O \rightleftharpoons H_3O^+ + OH^-$ oder einfacher $H_2O \rightleftharpoons H^+$ $+ OH^-$, wobei in diesem Zusammenhang $H^+$ nicht ein freies Proton, sondern stets ein *Hydroniumion* $H^+ \cdot H_2O = H_3O^+$ bedeuten soll, wie auch mit „Wasserstoffionen" stets Hydroniumionen gemeint sind. Wiederum fordert das Massenwirkungsgesetz $\dfrac{c_{H^+} \cdot c_{OH^-}}{c_{H_2O}} = K$, was im Hinblick auf den kleinen Dissoziationsgrad des Wassers auch als $c_{H^+} \cdot c_{OH^-} = k_w$ ($k_w$ das *Ionenprodukt* des Wassers) geschrieben werden kann, indem die Konzentration undissoziierter $H_2O$-Moleküle mit der Gesamtkonzentration an $H_2O$ nahezu übereinstimmt. Bei 25 °C ist für reines Wasser $k_w = 1{,}008 \cdot 10^{-14}$ (bei 10 °C bloß $0{,}293 \cdot 10^{-14}$, bei 30 °C dagegen bereits $1{,}741 \cdot 10^{-14}$), damit aber $c_{H^+} = c_{OH^-} = \sqrt{1{,}008 \cdot 10^{-14}} = 1{,}00 \cdot 10^{-7}$. Wird Wasser eine Säure (Base) zugegeben, so sind nicht mehr gleich viele $H^+$- und $OH^-$-Ionen vorhanden, sondern überwiegen nunmehr die $H^+$ gegenüber den $OH^-$ (die $OH^-$ gegenüber den $H^+$). Daher wird $c_{H^+} > \sqrt{k_w}$ und $c_{OH^-} < \sqrt{k_w}$ ($c_{H^+} < \sqrt{k_w}$ und $c_{OH^-} > \sqrt{k_w}$) und ist dementsprechend aus der *neutralen* Lösung mit $c_{H^+} = c_{OH^-}$ eine *saure (basische)* Lösung entstanden. Entsprechend den in *verdünnten* wässerigen Lösungen auftretenden höchsten $H^+$- bzw. $OH^-$-Konzentrationen (richtiger Aktivitäten) liegen die möglichen $c$-Werte allgemein im Bereich zwischen $10^0$ und $10^{-14}$. An Stelle der $c_{H^+}$ selber werden üblicherweise deren Logarithmen unter Weglassung des Vorzeichens verwendet und als $p_H$-*Wert* einer Lösung bezeichnet ($p_H$ somit $= -\log c_{H^+}$ oder richtiger $-\log \alpha_{H^+}$). Dementsprechend besitzen unter den verdünnten wässerigen Lösungen *neutrale* $p_H = 7$, *saure* jedoch $p_H$-Werte zwischen 0 und 7, *basische* endlich zwischen 7 und 14. Es entsprechen somit *kleinen $p_H$ große $c_{H^+}$* und umgekehrt. Im Bereich der sauren Lösungen bedeuten die $p_H$-Werte ein Maß für deren *Acidität*, im Gebiet der basischen ein Kriterium für deren größere und kleinere *Alkalinität*. Lösungen mit $p_H$ etwa zwischen 3 und 7 gelten als *schwach* sauer, solche mit $p_H$ zwischen 7 und 11 als *schwach* alkalisch;

*übersaure* bzw. *überalkalische* Lösungen besitzen als hochkonzentrierte Säure- oder Laugenlösungen $p_H$-Werte $< 0$ bzw. solche $>14$ (so hat $100\%$-$H_2SO_4$ ein $p_H$ um $-10$, eine gesättigte KOH-Lösung dagegen einen $p_H$-Wert bei etwa 19).

Der Bestimmung der $p_H$-Werte irgendwelcher Lösungen dienen verschiedene, Methoden; eine der einfachsten beruht auf der Anwendung von *Indikatoren*, welche je nach dem $p_H$-Wert ihre Farbe ändern (so ist Lackmus bei $p_H < 5$ rot, bei $p_H > 7$ blau, liegt sein Umschlagsintervall demnach zwischen 5 und 7, oder es färben sich Methylorange bei $p_H < 3{,}1$ rot, bei $p_H = 4{,}4$ orange, Phenolphthalein bei $p_H > 10$ rot, während es bei $p_H < 8$ farblos bleibt usw.).

Aber auch zahlreiche weitere Reaktionen unter Elektrolyten zählen zu den *vollständig* in Lösung sich abspielenden Reaktionen, so vor allem *Neutralisationen* und *Hydrolysen* (S. 160), insofern sie ohne Ausfällung einer festen Phase verlaufen. Liegt den ersteren die Reaktion $HB + AOH + H_2O \rightarrow A^+ + B^- + H_3O^+ + OH^- \rightarrow A^+ + B^- + 2\,H_2O$, also einfach $H_3O^+ + OH^- \rightarrow 2\,H_2O$ zugrunde, so der Hydrolyse von Salzen gerade der *gegenteilige* Vorgang: Im Falle einer vollständig angenommenen, hydrolytischen Spaltung des Salzes AB einer starken Base AOH und einer schwachen Säure HB – wie $Na(CH_3COO)$ als Salz der starken NaOH und der schwachen $CH_3COOH$ – die Reaktion $A^+ + B^- + H_2O \rightarrow HB + A^+ + OH^-$ oder auch einfach $B^- + H_2O \rightarrow HB + OH^-$ *(Anionenhydrolyse)* – dabei vorausgesetzt, es sei die schwache Säure HB überhaupt nicht, die starke Base AOH dagegen vollständig dissoziiert. Eine totale Hydrolyse des Salzes CD einer starken Säure HD und einer schwachen Base COH verläuft hingegen gemäß $C^+ + D^- + 2\,H_2O \rightarrow COH + H_3O^+ + D^-$ oder einfacher $C^+ + 2\,H_2O \rightarrow COH + H_3O^+$ *(Kationenhydrolyse)*, so etwa jene von $NH_4Cl$ nach der (wiederum schematisierten) Gleichung $NH_4Cl + 2\,H_2O \rightarrow H_3O^+ + Cl^- + NH_4OH$. Demgemäß entsteht in diesem Falle eine saure Lösung, zuvor dagegen eine alkalische. Außerdem können Salze (so solche schwacher Basen mit schwachen Säuren) auch einer *doppelten* Hydrolyse unterliegen, indem nunmehr Anionen *und* Kationen „neutralisiert" werden, entsprechend der ebenfalls schematisierten, nämlich keinerlei Dissoziation der entstehenden Säure und Base annehmenden Reaktion $FG + H_2O \rightarrow HG + FOH$ wie $(NH_4)_2S + 2\,H_2O \rightarrow 2\,NH_4OH + H_2S$ oder $CaC_2 + 2\,H_2O \rightarrow Ca(OH)_2 + C_2H_2$ (der Erzeugung von Acetylen aus Ca-Carbid). Im Gegensatz zu unseren Gleichungen verlaufen Hydrolysen in Wirklichkeit zumeist nur unvollständig. Daher kommt es auch hier wieder zur Einstellung bestimmter Gleichgewichte, deren Lage sich bei bekannter Konzentration der Salzlösung aus jener der Gleichgewichte der einzelnen Elektrolyte leicht berechnen läßt.

### Literatur zur chemischen Kinetik und Katalyse

HILDEBRAND, J. H.: An introduction to molecular kinetic Theory, 1963;
BENSON, S. W.: Foundations of chemical Kinetics, 1960;
FROST, A. A. und R. O. PEARSON: Kinetik und Mechanismen homogener chemischer Reaktionen, 1964;
BASOLO, F. and R. G. PEARSON: Mechanisms of Inorganic Reactions, 1958;
WALAS, S. M.: Reaction Kinetics for Chemical Engineers, 1959;
FRANK-KAMENETZKI, D. A.: Stoff- und Wärmeübergang in der chemischen Kinetik, 1959;
STEVENS, B.: Chemical Kinetics. 1965;
ASHMORE, P. G.: Catalysis and Inhibition of Chemical Reactions, 1963;
SCHWAB, M. G.: Handbuch der Katalyse (7 Bände), 1940–1957;

EMMETT, P. H.: Catalysis (bisher 3 Bände), seit 1954;
GRIFFITH, R. H. and J. D. F. MARSCH: Contact Catalysis, 1957;
COLLIER, CH. H.: Catalysis in Practice, 1957.

# Heterogene Reaktionen (Phasenreaktionen)

## § 38. Haupttypen heterogener Reaktionen

Im Gegensatz zu den innerhalb einer einzigen Phase sich abspielenden, homogenen Reaktionen finden heterogene zwischen *verschiedenen* Phasen statt oder ist mit ihnen doch mindestens ein Phasenwechsel verbunden, weshalb sie auch *Phasenreaktionen* genannt werden. Unter technischen Gesichtspunkten interessieren an solchen vorweg jene, die an oder zwischen *festen* Stoffen erfolgen, und sollen diese denn auch im folgenden vor allem betrachtet werden.

Heterogene Reaktionen vom Typus $P_1 \rightarrow P_2$, also von der Art eines mit chemischem Umsatz verbundenen *Phasenwechsels*, sind etwa $[NH_4Cl] \rightarrow NH_3 + HCl$[1], die Polymerisation von gasförmigem $CH_2{=}CH_2$ oder flüssigem $(CH_2{=}CHC_6H_5)$ zu festem Polyäthylen oder ebensolchen Polystyrol (siehe bereits S. 147), aber auch die Kondensation von Salz- oder Metalldämpfen zum Salz- oder Metallkristall (S. 33 und 140), ferner die Lösung von Salzen in geeigneten Lösungsmitteln im Sinne von $[AB] \rightarrow A^+ + B^-$ wie auch manche Polymorphie- und Isomerieerscheinungen (S. 36 und 78). Wenn sich dabei in allen diesen Fällen aus einer ersten Phase $P_1$ eine zweite Phase $P_2$ gleicher Zusammensetzung bildet, so ist damit dennoch durchwegs eine *wesentliche* Änderung des „Bindungszustandes" verbunden. Alle diese Phasenwechsel bedeuten daher *mehr* als eine bloße Änderung des Aggregatzustandes (siehe bereits S. 36 und 140).

Im Gegensatz dazu geht im Falle der Phasenreaktionen $P_1 \rightarrow P_2 + P_3$ ein homogenes System in ein heterogenes über oder geschieht bei den Reaktionen $P_1 + P_2 \rightarrow P_3$ bzw. $P_1 + P_2 \rightarrow P_2$ mit der Überführung eines zweiphasigen Systems in ein einphasiges das Umgekehrte. Zersetzungsreaktionen der ersteren Art sind beispielsweise $[CaCO_3] \rightarrow [CaO] + CO_2$, $[Ca(OH)_2] \rightarrow [CaO] + H_2O$ als chemische Reaktionen an festen Stoffen unter *Stoffabgabe*. Hierher gehören ferner alle elektrolytischen Zersetzungsvorgänge (S. 154) wie z. B. $(MgCl_2) \rightarrow [Mg] + Cl_2$, ferner lediglich unter festen Phasen stattfindende *Ausscheidungs-* und *Entmischungs*prozesse wie $[\gamma\text{-Fe,C}] = $ Austenit $\rightarrow [\alpha\text{-Fe,C}] = $ Ferrit $+ [Fe_3C] = $ Zementit oder [Al, Cu] mit z. B. 4% Cu $\rightarrow$ [Al, Cu] mit bloß noch 0,05% Cu $+ [CuAl_2]$ usw. Additionsreaktionen im Sinne von $P_1 + P_2 \rightarrow P_3$ sind dagegen die meisten *Verzunderungsvorgänge*, wie sie sich zwischen Metallen und Sauerstoff, Schwefel oder Halogenen bei höheren Temperaturen unter Bildung fester Oxide, Sulfide bzw. Halogenide als Zunderprodukte ergeben entsprechend $2[Me] + O_2 \rightarrow 2[MeO]$, $[Me] + Cl_2 \rightarrow [MeCl_2]$ usw. Zu solchen Reaktionen an festen Stoffen mit *Stoffaufnahme* zählen sodann: *Hydratisierungs*vorgänge im Sinne des S. 153 und 187 Gesagten, das *Lösungsglühen* (Homogenisieren, Normalisieren) als Überführung heterogener Legierungen in homogene im Sinne von $[A] + [B] \rightarrow [(A,B)]$ – also die Umkehr

---

[1] Im folgenden mit [AB] stets die feste, mit (AB) die flüssige und mit AB die gasförmige Verbindung AB bezeichnet.

der Ausscheidungs- und Entmischungsprozesse. An ausschließlich zwischen festen Phasen erfolgenden Umsetzungen sind als sog. *Pulverreaktionen vom Additionstypus* die Bildung von *Doppelsalzen* und *Doppeloxiden* hierher zu rechnen wie etwa $2[AgJ] + [HgJ_2] \rightarrow [Ag_2HgJ_4]$, $[MgO] + [Al_2O_3] \rightarrow [MgAl_2O_4]$ oder $[NiO] + [Cr_2O_3] \rightarrow [NiCr_2O_4]$ (letztere zwei Beispiele der Bildung von Spinellen), die Reaktion von $[CaO]$ und $[SiO_2]$, sei es direkt oder mittelbar, zu $[CaSiO_3]$, $[Ca_3Si_2O_7]$, $[Ca_2SiO_4]$ und $[Ca_3SiO_5]$ (den verschiedenen Kalksilicaten, siehe bereits S. 185), dazu Additionsreaktionen zwischen Salzen und Oxiden wie $[MgO] + [Mg_2P_2O_7] \rightarrow [Mg_3(PO_4)_2]$ u.a.m. Aber auch die dem *Zementieren, Nitrieren* und *Carbonitrieren* von Eisen und Eisenlegierungen mit festen, flüssigen oder gasförmigen Mitteln zugrunde liegenden Reaktionen, also etwa $3[Fe] + [C] \rightarrow [Fe_3C]$ gehören hierher. – Vom Typus $P_1 + P_2 \rightarrow P_2$ sind andererseits die meisten an festen und flüssigen Brennstoffen (S. 208) stattfindenden *Verbrennungsprozesse*, also Umsetzungen fester bzw. flüssiger Stoffe mit Luftsauerstoff unter ausschließlicher Entstehung von Gasen wie im Falle von $[C] + O_2 \rightarrow CO_2$ oder $4[C] + 3O_2 \rightarrow 2CO_2 + 2CO$.

Als Reaktionen in heterogenen Systemen – nämlich als eine Überführung eines ersten heterogenen Systems in ein zweites gemäß $P_1 + P_2 \rightarrow P_3 + P_4$ oder auch nach $P_1 + P_2 \rightarrow P_2 + P_4$ – haben manche der in § 24 und § 25 betrachteten doppelten Umsetzungen zu gelten, so z.B. die galvanischen Reaktionen (S. 167), Polykondensationen (S. 164), Reduktionsverfahren vom Charakter von Austauschreaktionen wie $[FeO] + H_2 \rightarrow [Fe] + H_2O$ und viele weitere. Umsetzungen der Art $P_1 + P_2 \rightarrow P_3 + P_4$ sind ferner die *Pulverreaktionen vom Substitutionstypus* wie z.B. $[AgCl] + [NaJ] \rightarrow [AgJ] + [NaCl]$, $[MgCO_3] + [BaO] \rightarrow [BaCO_3] + [MgO]$, $[CuSO_4] + [SrO] \rightarrow [SrSO_4] + [CuO]$. Reaktionen zwischen oder an festen Stoffen unter *Stoffaustausch* sind aber auch die unter Bildung einer gasförmigen Phase erfolgenden Umsetzungen wie z.B. $[CaCO_3] + [SiO_2] \rightarrow [CaSiO_3] + CO_2$, ferner manche der bei höheren Temperaturen an keramischen Materialien sich abspielenden Zersetzungsreaktionen wie $[MgO] + [C] \rightarrow Mg + CO$ und $[SiC] + 2O_2 \rightarrow [SiO_2] + CO_2$ – erstere typisch für einen Angriff von Keramik durch eine *reduzierende*, letztere für einen solchen durch eine *oxydierende* Atmosphäre. Zugleich zeigt dies, weshalb die maximalen Gebrauchstemperaturen keramischer Werkstoffe wesentlich von der Natur der mit ihnen im Kontakt stehenden Gasphase abhängen können. So läßt sich MgO beispielsweise in oxydierender Atmosphäre bis 2200 °C, in reduzierender dagegen bloß bis 1700 °C verwenden.

Vorab bei den unter Stoffaufnahme oder -abgabe sich vollziehenden Reaktionen an festen Phasen ist zwischen *Kristallreaktionen* und *Keimreaktionen* zu unterscheiden: Erstere bestehen dort, wo ein *Ein*kristall der Phase $P_1$ unter Aufnahme (Abgabe) der Phase $P_2$ stetig oder diskontinuierlich einen *Ein*kristall der neuen Phase $P_3$ ergibt. Es entsteht hier somit eine neue Kristallart, *ohne* daß die primär vorhandenen Kristalle zerfallen, indem diese vielmehr als Ganzes mit einer anderen Phase in Reaktion treten oder eine Phase abspalten. Keimreaktionen wie etwa $P_1 \rightarrow P_2 + P_3$ bzw. $P_1 + P_2 \rightarrow P_3$ führen dagegen über einen vollkommenen Zerfall der $P_1$-Kristalle, aus dem erst die Keime der neuen Kristallart $P_3$ hervorgehen. Dabei bewahrt das Haufwerk der neuen $P_3$-Kristalle oft noch die Gestalt des ursprünglichen $P_1$-Kristalls und wird dann von einer *Pseudomorphose* von $P_3$ nach $P_1$ gesprochen. Im Falle von Reaktionen fester Phasen mit einer flüssigen oder gasförmigen besteht statt einer *Direktreaktion* im *festen* Zustand *selber* wie

16*

$[P_1] + (P_2)$ oder $P_2 \rightarrow [P_3]$ auch die Möglichkeit (nicht aber die Notwendigkeit) zur *Umwegreaktion* über den *flüssigen* oder *gasförmigen* Zustand. Dann wird etwa $[P_1]$ vorerst in $(P_2)$ gelöst, erfolgt darnach in der Lösung der Umsatz zwischem gelöstem Stoff und Lösungsmittel (als Lösungsreaktion nach § 37) und wird erst als Produkt dieser Reaktion die neue feste Phase $[P_3]$ ausgeschieden (ein Beispiel das S. 153 geschilderte Abbinden von $\gamma$-$CaSO_4$, das zunächst im Anmachwasser gelöst, darin hydratisiert wird und in der Folge als $CaSO_4 \cdot 2\,H_2O$ ausfällt).

## § 39. Phasengleichgewichte

Vielfacher Erfahrung folgend – so vor allem dem, was unmittelbare Anschauung an Verbrennungsreaktionen und manchen weiteren Umsetzungen fester und flüssiger Phasen mit Gasen lehrt, – scheinen heterogene Reaktionen bevorzugt *einseitig* zu verlaufen. Auch wenn in solchen Fällen die feste oder flüssige Phase infolge der chemischen Reaktion vollkommen aufgebraucht wird, bedeutet dies allerdings noch nicht notwendig einen vollständigen Stoffumsatz: So kann beim Vorgang $2[J] + H_2 \rightarrow 2\,HJ$ das feste Jod sehr wohl vollständig verschwinden, indes freies Jod noch immer in Form von gasförmigem $J_2$ im Gemisch mit $H_2$ und $HJ$ vorhanden sein, oder es läßt sich in diesem Sinne auch die Reaktion $[NH_4Cl]$ $\rightarrow NH_3 + HCl$ als ein zweiteiliger Vorgang, nämlich $[NH_4Cl] \rightarrow NH_4Cl$ (Sublimation des festen Salmiaks) und $NH_4Cl \rightarrow NH_3 + HCl$ (Dissoziation des Salmiakdampfes) betrachten, wobei sehr wohl nur der erste Teil vollständig abzulaufen braucht. Auf der anderen Seite gestatten *reversible* heterogene Reaktionen zumeist in besonders einfacher Weise im Sinne des bereits S. 227 Gesagten einen *pseudoeinseitigen* Verlauf herbeizuführen. Dies gelingt vor allem dann, wenn sich ein Reaktionsprodukt von den übrigen und den Ausgangsstoffen durch besondere Flüchtigkeit unterscheidet und daher durch bloßes Erwärmen leicht aus dem Reaktionsraum entfernen läßt (wie z.B. HCl bei der Reaktion $2\,NaCl + H_2SO_4$ $\rightleftharpoons Na_2SO_4 + 2\,HCl$) oder falls bei Lösungsgleichgewichten ein schwer löslicher oder nur schwach dissoziierter Stoff entsteht (wie bei der Reaktion $AgNO_3 + KCl$ $\rightleftharpoons AgCl + KNO_3$, welche zufolge der Schwerlöslichkeit von AgCl praktisch vollständig nach rechts verläuft).

Ob heterogene Reaktionen *einseitig* und damit vollständig verlaufen sollten oder es auch bei ihnen zufolge ihres *reversibeln* Charakters zur Einstellung eines *chemischen Gleichgewichtes* kommt, läßt sich unmittelbar an Hand der *Phasenregel* (siehe bereits S. 35 und 141) beurteilen. Weil dabei jedoch, wie immer so auch hier, die Annahme gemacht wird, es würde das reagierende System tatsächlich den Gleichgewichtszustand erreichen, bedeuten solche Aussagen einzig, ob eine Phasenreaktion möglicherweise vollständig verlaufen *kann*, nie jedoch, ob dies effektiv eintreten wird. Unter dieser Voraussetzung können sich in einem System aus $K$ Komponenten (S. 141) maximal $K + 2$ Phasen miteinander im Gleichgewicht befinden, und zwar lediglich bei einer bestimmten Temperatur $T$ *und* einem bestimmten Druck $P$ sowie bestimmter Zusammensetzung aller $K + 2$ Phasen (also auch sämtlicher, unter ihnen vorkommenden Mischphasen wie Mischkristalle, Lösungen und Gasgemische). Von diesem, durch den Punkt N des $T$, $P$-Diagrammes der Abb. 111 gekennzeichneten „$K + 2$ *Phasengleichgewicht*" (*nonvarianten* Gleichgewicht) gehen insgesamt $K + 2$ Kurven aus, denen $K + 1$ *Phasen* umfassende *Gleichgewichte (Phasenreaktionen)* entsprechen. Diese sind nunmehr von *monovariantem* Charakter, indem sich längs jeder dieser „$K + 1$ Phasenlinien" Temperatur *oder* Druck verändern läßt, ohne daß eine der $K + 1$ Phasen zu verschwinden braucht, insofern *gleichzeitig auch* Druck oder Temperatur so

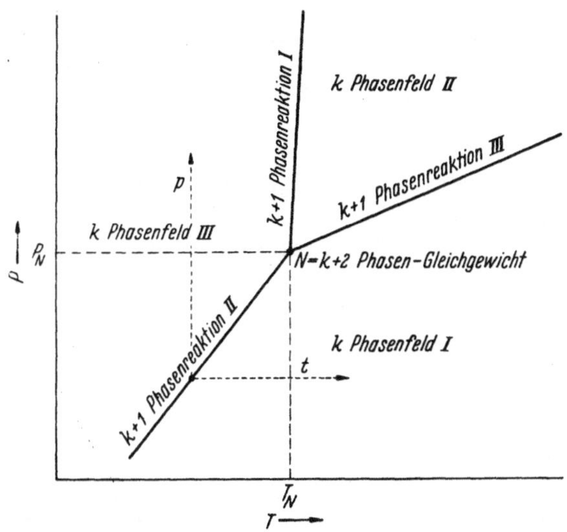


Abb. 111. $T, P$-Diagramm für ein „$K$ Stoffsystem" mit einem „$K + 2$ Phasengleichgewicht" und drei „$K + 1$ Phasenreaktionen"

geändert werden, wie es dem Verlauf der betreffenden Phasenlinie mit *einem* Freiheitsgrad entspricht. Monovariante Gleichgewichte dieser Art heißen auch *vollständige Gleichgewichte*, weil in ihrem Falle eine einzige Größe (etwa die Temperatur) alle Eigenschaften des Systems bestimmt (dementsprechend stellen der Druck oder die Zusammensetzung einer Mischphase eindeutige Temperaturfunktionen dar). Werden hingegen Temperatur und Druck *unabhängig* voneinander variiert, also etwa die Temperatur erhöht und gleichzeitig der Druck konstant gehalten (entsprechend der Geraden $t$ in Abb. 111) oder bei konstanter Temperatur der Druck erhöht (Gerade $p$ in Abb. 111), so muß normalerweise eine der $K + 1$ Phasen verschwinden, dementsprechend die „$K + 1$ Phasenreaktion" notwendig *einseitig* verlaufen, bis eine Phase aufgebraucht ist. An Stelle des „$K + 1$ Phasengleichgewichts" ergibt sich damit ein *divariantes* „$K$ Phasengleichgewicht", welches mit seinen *zwei* Freiheitsgraden innerhalb eines ganzen $T, P$-Intervalls – einem der „$K$ Phasenfelder" der Abb. 111 – besteht. Jetzt ist eine unabhängige Variation von Temperatur *und* Druck gestattet, wobei jedoch das Mengenverhältnis der $K$ Phasen und die Zusammensetzung allfälliger Mischphasen je nach dem gewählten $T$- und $P$-Wert verschieden ausfallen werden.

Allgemein wird daher ein „$K$ *Stoffsystem*" in der Regel *lediglich* in *total $K$ Phasen* existieren. Änderungen von Temperatur oder Druck, sei es einzeln oder gemeinsam vorgenommen, können jedoch dazu führen, daß es zu einer „$K + 1$ Phasenreaktion" kommt und daher zunächst anwesende Phasen verschwinden und an ihrer Stelle neue entstehen. Welche Reaktionen unter gegebenen Phasen an sich möglich sind, wird zunächst durch die Zusammensetzung der verschiedenen

Phasen bestimmt: So sind im Zweistoffsystem A—B mit den Phasen $P_1 = A$, $P_2 = AB$, $P_3 = AB_2$ und $P_4 = B$ von Abb. 112 an Reaktionen einzig denkbar: $P_1 + P_4 \rightleftharpoons P_2$, $P_1 + P_4 \rightleftharpoons P_3$, $P_1 + P_3 \rightleftharpoons P_2$ und $P_4 + P_2 \rightleftharpoons P_3$ oder im Dreistoffsystem der Abb. 113 unter den ternären Phasen bloß $P_1 + P_2 \rightleftharpoons P_3 + P_4$ und

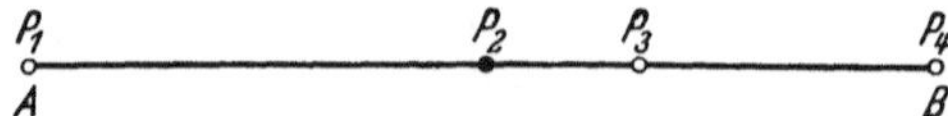

Abb. 112. Zweistoffsystem A—B mit den vier Phasen $P_1$, $P_2$, $P_3$ und $P_4$

$P_5 \rightleftharpoons P_6 + P_7 + P_8$ (dabei lassen sich die drei Phasen $P_I$, $P_{II}$ und $P_{III}$ für sich allein betrachtet als ein Zweistoffsystem $P_I$—$P_{II}$ analog den Zweistoffsystemen A—B, B—C und C—A behandeln).

Sodann besagt das auch für Phasenreaktionen gültige *Prinzip von* LE CHATELIER-VAN'T HOFF, daß *Erhöhung der Temperatur* bei konstantem Druck wieder

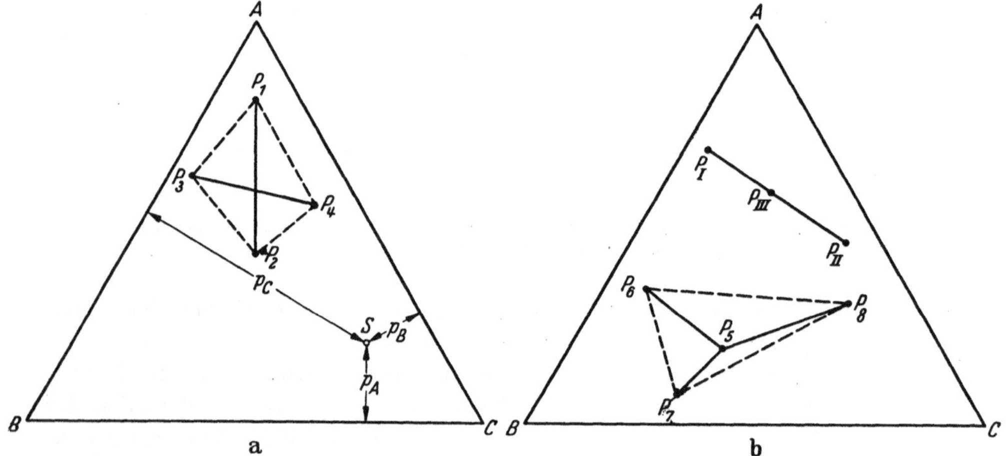

a                b

Abb. 113. Phasenbeziehungen in einem Dreistoffsystem A–B–C (dieses wiedergegeben als sog. Konzentrationsdreieck, wobei dem Punkt $S$ die Zusammensetzung $p_A$% A, $p_B$% B und $p_C$% C entspricht)

die *endothermen, Erniedrigung der Temperatur* hingegen die *exothermen* Phasenreaktionen begünstigt, während sich *Druckerhöhung* bei konstanter Temperatur zugunsten der mit *Volumabnahme* verbundenen Phasenreaktionen auswirkt, *Druckverminderung* dagegen zum Vorteil der mit *Volumzunahme* verknüpften. Entsprechend gilt denn auch für jede „$K+1$ Phasenlinie" $dP/dT = -Q/T \cdot \Delta V$, wenn $Q$ die Wärmetönung, $\Delta V$ die mit der Reaktion verbundene Volumänderung und $T$ die absolute Temperatur bedeuten. Hierbei ergibt sich $\Delta V$ bei heterogenen Reaktionen als Differenz der „Molekularvolumen" der Ausgangsstoffe gegenüber jenen der Reaktionsprodukte, so im Falle von $CaSO_4 + 2H_2O \rightarrow CaSO_4 \cdot 2H_2O$ zu $136,2/2,97 + 36,0/1,00 - 172,2/2,32 = 7,8$ cm³. Für die meisten Reaktionen in *kondensierten* Systemen, nämlich solchen, an denen *nur* feste und flüssige Phasen teilnehmen, wird die „$K+1$ Phasenlinie" nahezu parallel zur $P$-Achse (Abb. 111, $K+1$ Phasenreaktion I) verlaufen, der Druck somit ein nur untergeordneter Faktor sein. Praktisch druckinvariant verhalten sich auch manche Umsetzungen Fest + Gas₁ → Gas₂ wie $[C] + O_2 \rightarrow CO_2$, während Reaktionen, bei denen aus festen Phasen eine gasförmige oder aus einer festen und gasförmigen eine feste Phase entsteht, besonders stark vom Druck abhängen.

Stets ist zu beachten, daß die zwischen Phasen bestimmter Zusammensetzung auftretenden „$K + 1$ Phasenreaktionen" durch die Anwesenheit *weiterer*, an der fraglichen Reaktion *nicht* teilnehmender Stoffe *nicht* beeinflußt werden. Sie verlaufen vielmehr auch in Gegenwart irgendwelcher anderer, inerter Stoffe wie „$K + 1$ Phasenreaktion" im „$K$ Stoffsystem". Ebenso belanglos ist, wie viele Verbindungen unter den $K$ Bestandteilen eines solchen Systems an sich denkbar wären und an solchen tatsächlich nachgewiesen sind; unbesehen davon gilt immer, daß im divarianten Gleichgewicht nie mehr als $K$ Phasen koexistieren können.

Beispiele heterogener Gleichgewichte: $[NH_4Cl] \rightleftharpoons NH_3 + HCl$ ist ein *monovariantes* Gleichgewicht, da bei $K = 1$ die Anzahl der koexistierenden Phasen (nämlich festes $NH_4Cl$ und die Gasphase aus $NH_3 + HCl$, allenfalls auch $NH_4Cl$)

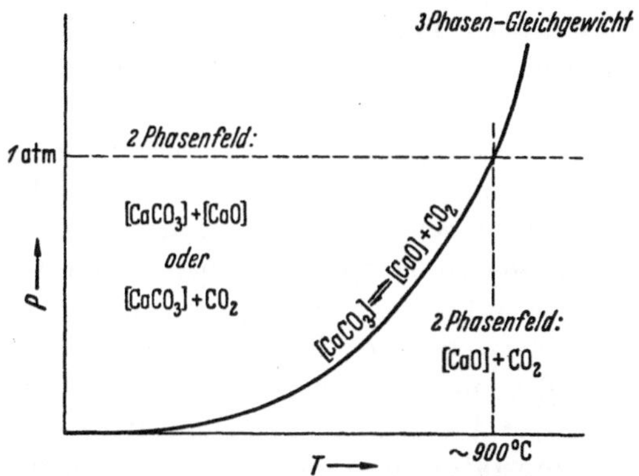


Abb. 114. $T, P$-Diagramm des monovarianten Gleichgewichts $[CaCO_3] \rightleftharpoons [CaO] + CO_2$

$P = 2$ beträgt, somit entsprechend $2 = 1 + 2 - F$ über einen Freiheitsgrad verfügt werden kann. Es entspricht daher einer vorgegebenen Temperatur ein bestimmter Dissoziationsdruck des $NH_4Cl$ in völliger Analogie zum Dampfdruck einer unzersetzt verdampfenden, festen oder flüssigen Phase nach S. 35 und Abb. 20. Gleiches gilt vom Gleichgewicht $[CaCO_3] \rightleftharpoons [CaO] + CO_2$ mit $K = 2$ und $P = 3$ ($CaCO_3$ und $CaO$ als feste Phasen neben einer Gasphase), so daß nunmehr $3 = 2 + 2 - F$, also wiederum $F = 1$ (Abb. 114). Zu den monovarianten Gleichgewichten gehört auch die Phasenreaktion $[CaCO_3] + [SiO_2] \rightleftharpoons [CaSiO_3] + CO_2$, indem hier $K = 3$ ($CaO$, $SiO_2$ und $CO_2$), bei drei festen Phasen und der Gasphase $P = 4$ ist, somit $4 = 3 + 2 - F$, also $F = 1$. *Divariante* (unvollständige) Phasengleichgewichte sind demgegenüber: $[C] + O_2 \rightleftharpoons CO_2$ mit $K = 2$ und $P = 2$, daher entsprechend $2 = 2 + 2 - F$, $F = 2$, ferner $[Fe_3O_4] + 4H_2 \rightleftharpoons [3Fe] + 4H_2O$ mit $K = 3$ (Fe, O und H) und $P = 3$, also gleichfalls $F = 2$, aber auch $[FeO] + CO \rightleftharpoons [Fe] + CO_2$ im Dreistoffsystem Fe—C—O, indem hier bei beliebigen Temperaturen und Drucken drei Phasen bestehen können, eine vierte Phase (wie z. B. $Fe_3O_4$) damit bei noch beliebigem Druck nur bei einer bestimmten Temperatur koexistieren kann. Wird ein Gemisch aus den vier Salzen AB, CD, CB und AD erwärmt, so kann es zur Austauschreaktion $AB + CD \rightarrow CB + AD$ kommen und muß diese, falls sie statthat, notwendig einseitig verlaufen. In der Tat ist hier

$K = 3$, da zwischen den Kationen A und C einerseits und den Anionen B und D andererseits die „Neutralitätsbedingung" erfüllt sein muß, so daß sich bei beliebiger Temperatur im Gasraum ein bestimmter Druck, also ein monovariantes Gleichgewicht einstellen wird mit $3 + 2 - 1 = 4$ koexistenzfähigen Phasen, nämlich drei festen neben der gasförmigen. Im Falle einer wässerigen Lösung mit den Ionen $Na^+$, $Mg^{2+}$, $Cl^-$ und $SO_4^{2-}$ können neben der Lösung ebenfalls nur drei feste Phasen als Bodenkörper bestehen, da bei $K = 4$ ($H_2O$ und vier Ionenarten minus die „Neutralitätsbedingung") bei beliebigem Druck und ebensolcher Temperatur $P$ höchstens gleich $K$, also gleich vier betragen kann.

Für heterogene Gleichgewichte gilt weiterhin allgemein, daß zwar innerhalb der einzelnen Phase wiederum die Gesetze des homogenen chemischen Gleichgewichts, also auch das *Massenwirkungsgesetz* Gültigkeit haben. Zugleich werden die Konzentrationen der einzelnen Stoffe in den verschiedenen Phasen durch den sog. *Verteilungssatz* geregelt: demgemäß ist die Konzentration $c_1$ eines Stoffes in einer ersten Phase $P_1$ eine eindeutige Funktion der Konzentration $c_2$ dieses Stoffes in einer zweiten Phase $P_2$ sowie von Temperatur und Druck, somit $c_1 = f(c_2, T, P)$. Heterogene chemische Gleichgewichte sind daher vom Mengenverhältnis der reagierenden Stoffe, insofern diese in *verschiedenen* Phasen auftreten, *unabhängig*.

Daraus folgt für die Dissoziation $[AB] \rightleftharpoons [A] + B$ unmittelbar, daß $c_{AB}$ und $c_A$ im Gasraum konstant sein müssen, in Übereinstimmung mit der Tatsache, daß feste Phasen bei einer gegebenen Temperatur einen definierten Dampfdruck besitzen. Hieraus ergibt sich auf Grund von $c_A \cdot c_B / c_{AB} = K$ notwendig $c_B = K'$, d.h. es besitzt [AB] bei einer gegebenen Temperatur einen ganz bestimmten Partialdruck des B, wie es dem monovarianten Charakter des Gleichgewichts entspricht. Für den Fall $[AB] \rightleftharpoons A + B$ wird entsprechend $c_A \cdot c_B = K'$, da nunmehr $c_{AB}$ für eine gegebene Temperatur konstant ist. Oder es gilt für $[AB] \rightleftharpoons A^+ + B^-$, das *Lösungsgleichgewicht* eines in die Ionen $A^+$ und $B^-$ dissoziierenden Salzes AB, $c_{A^+} \cdot c_{B^-} = K'$, wobei $K'$ das sog. *Löslichkeitsprodukt des Salzes* AB bedeutet. Dabei können die $K'$-Werte in weiten Grenzen, nämlich bis zu Werten von bloß $10^{-50}/Mol^n/l^n$ variieren; sie gelten indes nur im Gleichgewicht mit dem betreffenden Salz, also lediglich für *gesättigte* Lösungen mit festem AB als Bodenkörper. Hieraus ist unmittelbar verständlich, weshalb die Löslichkeit eines Salzes in einer Lösung, welche *bereits* $A^+$- *oder* $B^-$-Ionen enthält, wesentlich *geringer* ist als in reinem oder bloß andere Ionen enthaltendem Wasser. Im letztern Fall ist allgemein sogar eher eine erhöhte Löslichkeit festzustellen, oft eine erheblich größere, wenn es zu einer Bildung von *Komplexionen* zwischen dem in Lösung gehenden und einem in dieser bereits vorhandenen Ion kommt. Umgekehrt muß es gelingen, an sich gut lösliche Salze auszufällen durch die Zugabe von Ionen, welche mit dem einen Ion des gelösten Salzes ein Salz mit besonders kleinem Löslichkeitsprodukt ergeben. Oder ein Weiteres: Für den Vorgang $CaCO_3 + CO_2 + H_2O \rightarrow CaCO_3 + H_2CO_3 \rightarrow Ca(HCO_3)_2$, die Auflösung des an sich wenig löslichen $CaCO_3$ durch $CO_2$-haltiges Wasser nach S. 197, und den Gegenvorgang $Ca(HCO_3)_2 \rightarrow CaCO_3 + CO_2 + H_2O$, die S. 196 betrachtete, thermische Enthärtung von Wasser, ergibt sich $c_{Ca(HCO_3)_2}/c_{CaCO_3} \cdot c_{H_2CO_3} = K$. Das aber heißt: Um bei gegebenen Bedingungen (Temperatur und Druck) eine bestimmte Menge Calciumcarbonat in Lösung, also das vorgenannte Gleichgewicht aufrechtzuhalten, ist stets eine *bestimmte* Menge *freier* Kohlensäure erforderlich, nämlich jener Anteil an $CO_2$, welcher nach S. 197 als stabilisierende Kohlensäure nicht kalkauflösend wirken kann.

Wie bereits S. 240 dargelegt worden ist, haben selbstverständlich auch bei allen diesen Anwendungen des MWG auf heterogene Gleichgewichte an Stelle der Konzentrationen die *Aktivitäten* zu treten, sobald die entsprechenden Partikeln sich zufolge irgendwelcher Wechselwirkungen nicht mehr wie freie Teilchen verhalten. Dabei gilt jedoch stets, daß aus der für die Gas- bzw. Lösungsphase aufgestellten Gleichung des Massenwirkungsgesetzes die Konzentrationen (Aktivitäten) jener Stoffe *herausfallen*, welche an einem heterogenen Gleichgewicht als *feste* Phasen beteiligt sind.

## § 40. Passivierung heterogener Reaktionen, aktive und passive Zustände

Im Gegensatz zu homogenen Reaktionen verlaufen heterogene nicht nur wegen eines reversibeln Charakters oft unvollständig, sondern bestehen hierfür noch mancherlei *andere* Gründe. Zugleich erlangt die Beschränkung, daß exergonische Prozesse nicht notwendig von selber stattfinden müssen (siehe bereits S. 230), im Falle der Phasenreaktionen besondere Bedeutung, sind diese doch sehr häufig erheblichen *Hemmungen* unterworfen. Dies gilt ja bereits von der Bildung neuer Phasen in Einstoffsystemen, und zwar selbst in jenen Fällen, wo es sich um ge-

wöhnliche Änderungen des Aggregatzustandes handelt, insofern es zu Erscheinungen wie Siedeverzug, Unterkühlungen u. dgl. kommt. Wo immer eine neue Phase entstehen soll, wird der erste Akt hierzu stets in der Bildung kleinster *Keime* der neuen Phase (Kriställchen, Tröpfchen oder Bläschen) bestehen. Ein solcher Phasenkeim wird jedoch infolge des zunächst sehr ungünstigen Oberflächen/Volum-Verhältnisses weit eher wieder zerfallen als weiterwachsen. Selbst in einer durch Überhitzung oder Unterkühlung beträchtlich übersättigten Phase werden sich daher Keime einer neuen Phase

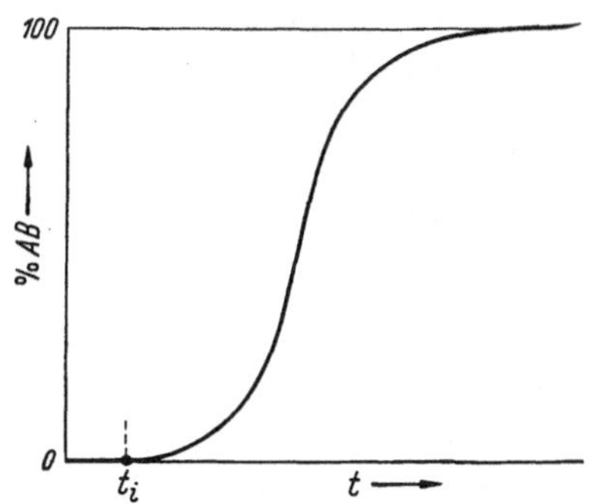

Abb. 115. Autokatalytischer Verlauf der AB-Bildung ($t_i$ die Inkubationszeit)

allgemein nur selten selbständig, zur Hauptsache vielmehr erst unter der Wirkung äußerer Einflüsse (Fremdteilchen, Wandrauhigkeiten u. dgl.) bilden. Auch bei heterogenen Reaktionen besteht zur Regel ein solcher Verzug in der Entstehung der Keime neuer Phasen. Daher scheint zunächst (während der sog. *Inkubationszeit*) überhaupt kein Stoffumsatz zu erfolgen, bis die ersten Keime des Reaktionsproduktes auftreten und daraufhin die Reaktionsgeschwindigkeit ständig zunimmt, um nachher wieder abzufallen (sog. *Keimbildungskatalyse* als eine weitere Form der Autokatalyse – S. 235 und Abb. 115).

Auch für *reversible* heterogene Reaktionen ist typisch, daß sich das ihnen entsprechende, chemische Gleichgewicht von beiden Seiten in gleicher Weise einstellt, also beispielsweise das Gleichgewicht [A] + B ⇌ [AB] unabhängig davon, ob von [A] und B oder von [AB] ausgegangen wird (siehe bereits S. 227). Dies gilt indes nicht mehr bei irgendwie *passivierten* und *deshalb nur unvollständig* verlaufenden, heterogenen Prozessen. Statt wie bei einer homogenen Reaktion nach der Zeit $t_0$ auch von $[A] + B$ ausgehend das Gleichgewicht mit $k_g$% AB zu erreichen, ist bei einem Verlauf der Reaktion gemäß der Kurve IV der Abb. 116 von der Zeit $t_s$ an praktisch keine Reaktion mehr festzustellen. Wiewohl erst $p$ statt $k_g$% AB gebildet wurden, erscheint die Reaktion *vorzeitig abgebrochen* und endgültig gestoppt. Aber auch bei einem Verlauf der Reaktion $[A] + B$ nach den Kurven III bzw. IIa oder IIb erscheint dieselbe gehörig *abgebremst* und wird dann während üblicher Beobachtungszeiten überhaupt *kein zeitunabhängiges*

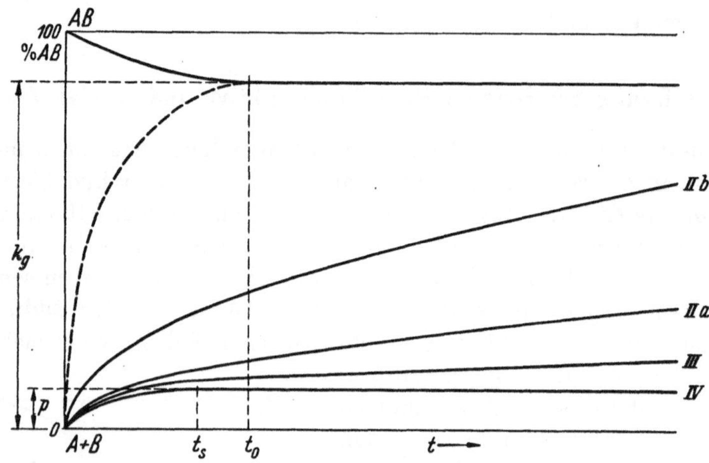


Abb. 116. *Zeitlicher Verlauf verschieden passivierter Reaktionen.* Gestrichelt: Konzentrations-Zeit-Kurve bei *ungebremster* Einstellung des Gleichgewichts mit $k_g$ % AB;  Kurven III, IIa und IIb verschieden stark *gebremster* Verlauf der Reaktion $A + B \rightarrow AB$; Kurve IV *gestoppte* Reaktion $A + B \rightarrow AB$ mit $p$% AB als „scheinbarer Gleichgewichtskonzentration" an AB

Gleichgewicht erreicht. Hieraus folgt, daß im Falle heterogener Reaktionen ein *unvollständiger* Ablauf durchaus *nicht* den *reversibeln* Charakter einer Reaktion beweist. Es trifft dies vielmehr einzig zu, falls „von *beiden* Seiten her" – also von $[A] + B$ und von $[AB]$ aus – zum *gleichen* Endzustand – im Beispiel der Abb. 116 gekennzeichnet durch $k_g$% AB – gelangt wird. Im übrigen unterscheiden sich vorzeitig abgebrochene Reaktionen gegenüber solchen, welche zufolge Erreichen des Gleichgewichtes zum Stillstand kommen, selbstverständlich auch darin, daß ihre vermeintlichen Gleichgewichtskonstanten nicht in der Weise von Temperatur und Druck abhängen, wie dies wahre Gleichgewichtskonstanten nach S. 228 tun.

All das hängt zunächst damit zusammen, daß sich die Partner einer heterogenen Reaktion mindestens zu Beginn in *verschiedenen Phasen* befinden. Deshalb hängt die Geschwindigkeit des Stoffumsatzes nicht mehr nur ab von der Geschwindigkeit der eigentlichen chemischen Reaktion in den maßgebenden Reaktionsräumen – beispielsweise in der Gas- oder Lösungsphase –, sondern ebensosehr auch davon, wie rasch die Reaktionsteilnehmer aus den verschiedenen Phasen nach dem Ort der Reaktion gelangen und die Reaktionsprodukte von dort entfernt werden. Wie bereits im Falle homogener Stufen- und komplexer Reaktionen (S. 234) wird auch die Geschwindigkeit der heterogenen Reaktion als Ganzes bestimmt durch jenen *Teilvorgang*, welcher seinerseits am *langsamsten* abläuft. Gegenüber homogenen Reaktionen ist daher Neues vorab zu erwarten, falls zufolge ihrer geringeren Geschwindigkeit *andere* Prozesse als die chemische Reaktion selber geschwindigkeitsbestimmend werden. So kann bereits bei Reaktionen (A) + B → (AB) die Zufuhr von B und der Abtransport von (AB) derart langsam erfolgen, daß es zu einem auf die Umgebung der Phasengrenze (A), (AB)/B beschränkten Stoffumsatz, einer sog. *Grenzflächenreaktion* kommt. An festen Phasen werden solche Reaktionen gar die Regel bilden. Dann aber wird die besondere Natur einer *Phasengrenzfläche* – und zwar nicht nur ihre Größenentwicklung, sondern auch ihre geometrische und energetische Eigenart – den Verlauf der Reaktion entscheidend beeinflussen und daher etwa eine Vergrößerung der Phasengrenzflächen durch Erhöhung der Dispersität des Systems (S. 53) den Stoffumsatz nachhaltig befördern.

Als unmittelbare Folge hiervon verfügen zahlreiche feste Stoffe über eine in weiten Grenzen sich bewegende, größere oder kleinere Bereitschaft zu chemischen Reaktionen. Jene mit besonders großer Reaktionsfähigkeit werden als *aktive Stoffe* bezeichnet. Für diese ist charakteristisch, daß sie zufolge einer besonderen Erscheinungsform (echt amorphe Phasen, instabile Modifikationen oder irgendwelche Zwischenzustände von Umwandlungen oder Reaktionen), eines beträchtlichen Fehlbaues oder extremer Kleinheit ihrer Kristalle, einer besonders großen Oberflächenentwicklung dank hoher Porosität u.dgl. einen oft um mehr als 10 kcal/Mol erhöhten Energieinhalt besitzen. Infolgedessen ist ihnen eine wesentlich größere Reaktionsbereitschaft als dem gleichen Stoff im Normalzustand eigen, indem sie unter entsprechenden Bedingungen schneller oder bereits bei tieferen Temperaturen reagieren. Ferner kann ihre Aktivität erhebliche Gleichgewichtsverschiebungen und Änderungen der Wärmetönung verursachen, Anlaß zur Bildung sog. *Oberflächenverbindungen* (zweidimensionaler Verbindungen zwischen der Oberfläche des aktiven Stoffes und der sie berührenden Phase von oft singulärem Charakter) geben und endlich vielfache *Adsorptions- und Chemisorptions*erscheinungen (S. 267) hervorrufen. Aktive Stoffe – so zahlreiche Oxide, Hydroxide, Sulfide, aber auch Reinmetalle – lassen sich auf den verschiedensten Wegen erhalten: durch Kondensation aus der Gasphase mit oder ohne chemische Umsetzung, rasche Fällung schwer löslicher Stoffe in der Kälte, heterogene Reaktionen vom Typus [A] + B → [AB] oder [AB] → [A] + B bzw. [A] + (B) → [AB] u.dgl., in anderen Fällen auch durch Zerstäubung im elektrischen Lichtbogen, durch mechanische Kaltbearbeitung oder Feinstzerteilung. Aus naheliegenden Gründen spielen sie eine hervorragende Rolle bei der heterogenen *Katalyse* mit festen Stoffen (siehe bereits S. 237). Dabei interessieren allerdings keineswegs immer Stoffe höchster Aktivität, da gerade diese oft nicht nur „vorübergehende" Reaktionen eingehen oder bloß eine aktivierende Adsorption bewirken, sondern statt dessen zu haltbaren oder gar stabilen Verbindungen reagieren.

In anderen Fällen ergibt sich *erst im Verlauf* der Reaktion eine zunehmende Bremsung derselben, ja ihr möglicherweise vollkommener Stillstand. Entstehen nämlich bei heterogenen chemischen Reaktionen *neue Phasen*, welche die reagierenden Stoffe räumlich voneinander trennen, so werden die Reaktionspartner zunehmend längere Wege

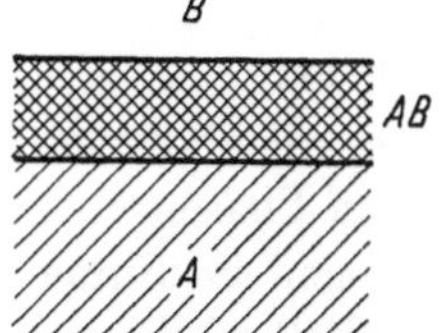



Abb. 117. Die an der Phasengrenze [A]/B entstehende Verbindung [AB] trennt die Reaktionspartner [A] und B

zurücklegen müssen, bis sie miteinander reagieren können. So etwa, wenn sich
nach Abb. 117 bei der Reaktion [A] + B → [AB], also beispielsweise beim
Verzundern eines Metalls, auf der A-Oberfläche eine kompakte, festhaftende
Schicht aus [AB] bildet, so daß weiteres [AB] nur noch in dem Maße entstehen
kann, als A bzw. B oder beide durch die [AB]-Schicht nach der eigentlichen

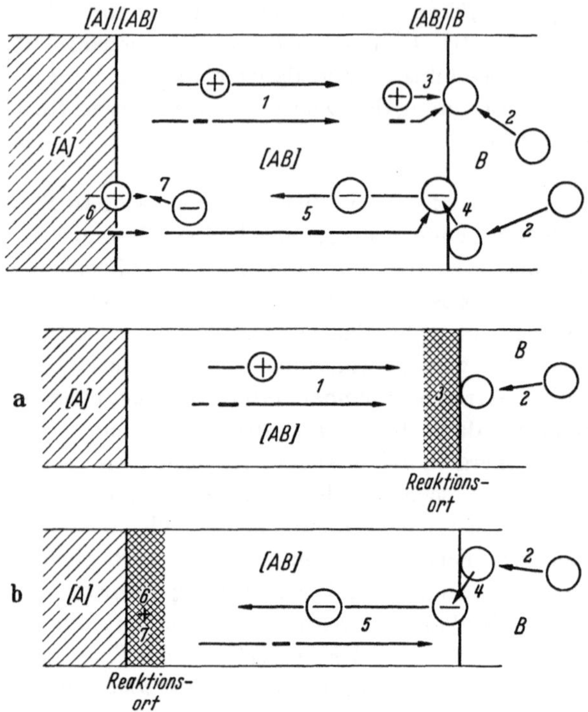


Abb. 118. Im Falle einer Reaktion [A] + B → [AB] bei kompaktem Charakter der [AB]-Schicht mögliche
*Teilprozesse:*

1. *Diffusion* von Kationen $A^+$ und Elektronen durch [AB] nach der Phasengrenze [AB]/B
2. *Adsorption* (Chemisorption) von B-Atomen an der Oberfläche von [AB]
3. *Reaktion* von $A^+ + e$ mit B zu AB
4. *Chemisorption* von B-Atomen unter Ionisierung zu $B^-$ an der Phasengrenze [AB]/B
5. *Diffusion* von Anionen $B^-$ durch [AB] nach der Phasengrenze [AB]/[A] und von Elektronen in der Gegen-
   richtung
6. *Übertritt* von $A^+$ und Elektronen aus [A] nach [AB]
7. *Reaktion* von $A^+$ und $B^-$ zu AB

Bei Überwiegen der Prozesse 1, 2 und 3 erfolgt die Reaktion vorwiegend an der Phasengrenze [AB]/B und ergibt
sich eine auf [A] *aufwachsende* [AB]-Schicht (Abb. 118a); bei Vorherrschen der Teilvorgänge 2, 4 und 5 findet
die Reaktion bevorzugt an der Phasengrenze [AB]/[A] statt (Abb. 118b), *einwachsende* Schicht [AB]

Reaktionszone zu wandern vermögen. Eine derartige, die Reaktion *passivierende*, allenfalls gar vollständig unterdrückende Wirkung kann der die reagierenden Phasen voneinander trennenden neuen Phase nur eigen sein, insofern sich
deswegen im Sinne von Abb. 118 der eigentlichen Reaktion neuartige Vorgänge
vorschalten, die ihrerseits mit *kleinerer* Geschwindigkeit verlaufen als die chemische Reaktion selber. Dann entscheidet nämlich nicht länger die Geschwindigkeit
der letzteren über die Schnelligkeit des Stoffumsatzes, sondern *der langsamste*
unter den *neu* hinzugekommenen, die eigentliche Reaktion erst vorbereitenden

oder einleitenden Prozesse. Je geringer dessen Geschwindigkeit ist, um so nachhaltiger wird die *passivierende* Wirkung einer solchen *Grenz-* oder *Deckschicht* ausfallen. Es wird diese gar zu einer *Schutzschicht* für [A] vor weiterer Reaktion mit B, falls es dank einem extrem langsamen Teilvorgang zu einer praktisch vollständigen Unterbindung der Reaktion kommt. Dies gilt auch dann, wenn die Reaktion [A] + B → [AB] wie die meisten Verzunderungsprozesse an Metallen an und für sich einseitig verlaufen und bei ständiger Zufuhr von neuem B den restlosen Umsatz von [A] in [AB] ergeben würde.

Eine Schutzwirkung wird der [AB]-Schicht abgehen oder in höchstens unbedeutendem Ausmaße bestehen, falls sie *porös* gebaut ist und damit nach wie vor eine *Grobdiffusion* von B nach A gestattet. Dann folgt die Bildung von [AB] einem *linearen* Zeitgesetz, das seinerseits durch die Geschwindigkeit der Reaktion [A] + B → [AB] selber bestimmt wird. Beim Verzundern von Metallen ist dies die Regel, falls das Volumen *des Zunderprodukts kleiner* ist als das Atomvolumen des verzundernden Metalls (Fall der Oxydation der Erdalkali- und Alkalimetalle). *Kompakte* (dichte) Deckschichten ergeben sich im Gegensatz dazu bevorzugt dann, wenn umgekehrt das Atomvolumen *des Metalls kleiner* ist als das Molvolumen des Zunderprodukts, wie dies im Falle der Oxydation zahlreicher Metalle wie z.B. Al, Fe, Co, Ni, Cu, U, Ti, Zr, V, Nb, Ta, Cr, Mo u.a. zutrifft. Damit jedoch solche kompakten Schichten eine Verzunderung mindestens zu bremsen oder aber gar zu unterbinden vermögen, müssen eine Reihe *weiterer* Voraussetzungen erfüllt sein: so die Bedingung, daß die Wanderung aller Reaktionsteilnehmer (S. 259), die nunmehr bloß noch als *Feindiffusion* durch die Deckschicht vor sich gehen kann,

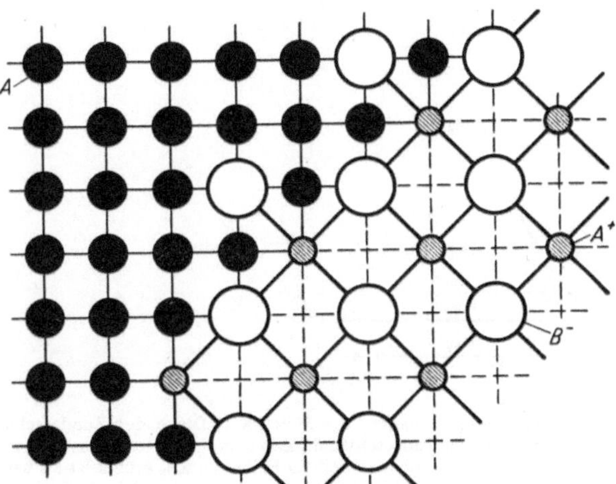

Abb. 119. Gesetzmäßiges Aufwachsen (Epitaxie) eines AB-Kristalls auf einem A-Kristall, indem der Bindungsabstand $A^+ \rightarrow B^-$ im ersteren praktisch gleich $\sqrt{2}\,(A \rightarrow A)$, wenn $A \rightarrow A$ den Bindungsabstand im A-Kristall bedeutet

*langsamer* stattfindet als die Reaktion selber. Ferner muß die Schicht bei einer gewissen Verformbarkeit zugleich auf der Unterlage hinreichend *gut haften*, wie dies vor allem bei einer *gesetzmäßigen Aufwachsung* der AB-Kristalle auf der A-Unterlage infolge einer *Epitaxie* der beiden Gitter (Abb. 119) der Fall ist. Des weitern muß das Reaktionsprodukt AB einen genügend *hohen Schmelzpunkt* besitzen und *schwerflüchtig* sein. Endlich hat es gegenüber dem Reaktionspartner B die notwendige *Resistenz* aufzuweisen, soll also nicht seinerseits mit B eine weitere Reaktion eingehen. Diese weitern Bedingungen sind beispielsweise nicht erfüllt, so daß *trotz dichter* Zunderschicht eine auch nur partielle Schutzwirkung durch dieselbe fehlt: im Falle des bereits bei 795 °C schmelzenden und dazu relativ leicht flüchtigen Oxides $MoO_3$, bei $V_2O_5$ mit einem Schmelzpunkt von bloß 675 °C und der Tendenz, noch niedriger schmelzende Eutektika mit andern Oxiden zu bilden, wie auch bei PbO. Infolge schlechter Haftung und eines regelmäßig wiederkehrenden Abplatzens entbehrt NiS, wie es bei der Reaktion von Ni mit Schwefel entsteht, einer Schutzwirkung und gilt dies auch beim Verrosten des Eisens in Stadt- und Industrieklima. Ein Beispiel dafür, daß eine Verzunderung deshalb linear

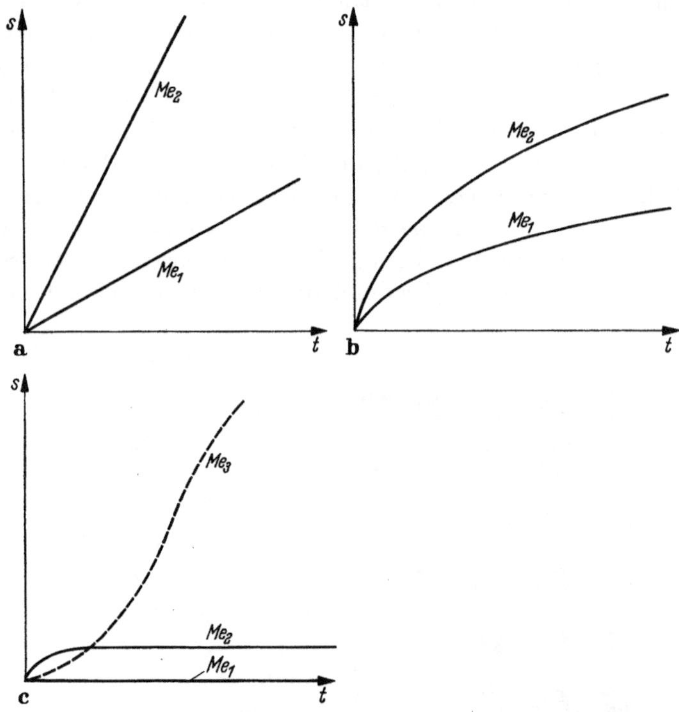


Abb. 120. *Zeit-Umsatz-Kurven bei der Verzunderung von Metallen* (*s* Dicke der Zunderschicht MeO). a) Zwei *linear* verzundernde Metalle, maßgebende Teilgeschwindigkeit somit die Reaktionsgeschwindigkeit der Oxydation $2Me + O_2 \rightarrow 2MeO$, wobei diese Geschwindigkeit im Falle von $Me_2$ größer ist als bei $Me_1$; b) zwei *parabolisch* verzundernde Metalle, maßgebende Teilgeschwindigkeit somit die kleinste Diffusionsgeschwindigkeit für die durch die MeO-Schicht wandernden Teilchen, wobei diese Geschwindigkeit bei $Me_2$ wiederum größer ist als bei $Me_1$; c) $Me_1$ erfährt überhaupt keinerlei Verzunderung, $Me_2$ verzundert *reziprok-logarithmisch*, das entstehende Oxid hat somit eine vollkommene Schutzwirkung; $Me_3$ endlich unterliegt autokatalytisch beschleunigter Verzunderung

fortschreitet, weil die Reaktion *als solche* den *langsamsten* Teilvorgang darstellt, ist schließlich die Verzunderung von Fe zu FeO durch eine $CO + CO_2$-Atmosphäre bei Temperaturen oberhalb 900 °C.

Ob eine *kompakte* AB-Schicht, welche *zugleich alle* diese *weitern* Bedingungen erfüllt, die Reaktion von A mit B lediglich mehr oder weniger bremst oder aber vollständig zum Stillstand bringt, wird vor allem durch *die Durchlässigkeit* der Schicht für die Reaktionspartner A und B bestimmt. Ist eine Schicht für *beide* Reaktionsteilnehmer A und B *undurchlässig*, so vermag sie die Reaktion schon nach kurzer Zeit *völlig zu unterbinden* und ergibt sich demgemäß eine *reziprok-logarithmisch* verlaufende Zeit-Umsatzkurve (Abb. 120), ihrerseits das Kennzeichen dafür, daß dem AB-Überzug eine *totale Schutzwirkung* zukommt. Eine AB-Schicht, welche dagegen für A oder für B, allenfalls für beide, mehr oder weniger *durchlässig* ist, führt bloß zu einer mehr oder weniger nachhaltigen *Bremsung* der Reaktion im Sinne einer *parabolischen* oder kubischen Zeit-Umsatzkurve.

Ferner sind immer da Übergänge vom einen zum anderen Verhalten zu erwarten, sobald nicht ein einziger Teilvorgang für den totalen Reaktionsverlauf maßgebend ist, sondern *mehrere*, in ihrer kleinen Geschwindigkeit miteinander konkurrierende Teilprozesse den Reaktionsverlauf beeinflussen, so daß dieser bereits durch kleine Änderungen der Reaktionsbedingungen gehörig verschoben werden kann. Dies wird vor allem dort erheblich ins Gewicht fallen, wo sich nicht homogene, sondern *heterogene* Deckschichten – zonar oder gemischt gebaute (Abb. 121) – bilden (wie z.B. solche aus $Cu_2O$ und $CuO$ auf Cu, aus $FeO$ (Wüstit), $Fe_3O_4$ (Magnetit) und $Fe_2O_3$ (Hämatit) auf Fe, von $CoO$, $Co_3O_4$ und $Co_2O_3$ auf Co, $MoO_2$ und $MoO_3$ auf Mo usw.). Es gilt noch vermehrt bei der Verzunderung von Legierungen, indem hier ein einziges Oxid, eine Oxidmischphase (Mischkristall, Doppeloxid oder beides zusammen) oder mehrere Oxide, sei es gleichzeitig oder nacheinander, entstehen können je nachdem, ob es zur bevorzugten Oxydation eines einzigen Legierungsbestandteils oder zur simultanen mehrerer Legierungskomponenten kommt (siehe hierzu auch S. 261).

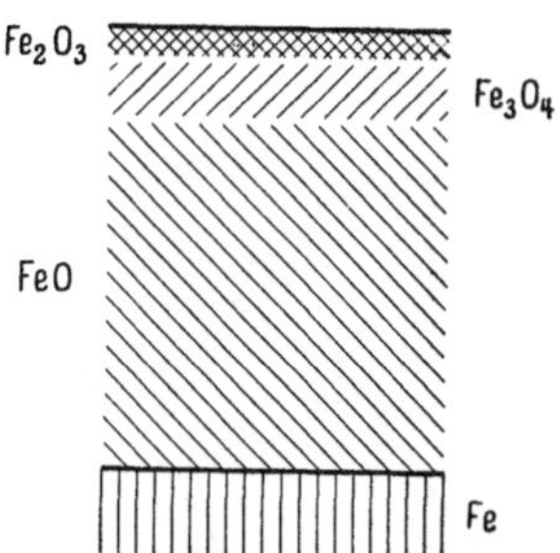



Abb. 121. Heterogene (mehrphasige) Zunderschicht auf Reineisen infolge Oxydation bei 600 °C durch Luft

Den Gegenfall zu schützenden Deckschichten bilden endlich jene anderen, welche ihrerseits *reaktionsbegünstigend* wirken, indem von ihnen sekundäre Reaktionen ausgehen (Beispiel: Deckschichten mit hygroskopischen Eigenschaften, so daß sich in der [AB]-Schicht eine erhöhte Feuchtigkeit einstellt und von dort aus Folgereaktionen mit $H_2O$ ergeben). Unter diesen Umständen scheint die Reaktion mindestens in ihren ersten Etappen zunehmend rascher zu verlaufen und ähnelt mit diesem *beschleunigten* Fortgang einer autokatalytischen Reaktion nach S. 249.

Aber auch beim Verhalten fester Stoffe gegenüber *flüssigen* kann sich die Passivierung einer Reaktion und hieraus mindestens vorübergehend ein passiver Zustand fester Stoffe (deren *Passivität*) ergeben: So bei zahlreichen Metallen wie Fe, Co, Ni, Cr, Al, Ta, Ti u.a., welche sich nach Eintauchen in eine oxydierende Lösung (z.B. von Salpetersäure) oder nach anodischer Behandlung wesentlich edler verhalten als in ihrem normalen (aktiven) Zustand. Auch dies ist wieder der Entstehung eines unsichtbaren, porenfreien Oxidfilms *(Passivfilms)* von 10 bis 100 Å Dicke und nur sehr geringer Lösungsgeschwindigkeit zuzuschreiben. Wird diese Oxidhaut (z.B. durch längeres Kochen in HCl, auf mechanischem Wege oder durch Einwirkung von naszierendem Wasserstoff bei kathodischer Nachbehandlung) zerstört, so geht die durch sie bewirkte Passivität mit ihrem wesentlich erhöhten, elektrochemischen Potential (Normalpotential von passivem Cr z. B. $+1,3$ Volt gegenüber $-0,56$ Volt im Normalzustand) verloren und gewinnt damit das Metall seine ursprüngliche Aktivität zurück.

Gleich anderen heterogenen Reaktionen unterliegen ebenfalls die bei *elektrochemischen* Vorgängen an den Elektroden sich abspielenden mancherlei Verzögerungserscheinungen und Hemmungen: So außer dem bereits S. 174 genannten Phänomen der *Überspannung* (auch als *irreversible Polarisation* bezeichnet), wie es insbesondere bei *Gaselektroden* auftritt, noch manchen andern Erscheinungen, welche der von außen angelegten Spannung entgegen zu wirken scheinen. Diese, in ihrer Gesamtheit unter den Begriff *Polarisation* fallenden Effekte beruhen auf *während* der Elektrolyse an der Elektrolytlösung vor allem im Kontakt mit den Elektroden eintretenden Veränderungen. Wird beispielsweise eine Lösung von $CuCl_2$ unter Verwendung von Cu-Elektroden elektrolysiert, wobei die Anode entsprechend $Cu \rightarrow Cu^{2+} + 2e$ in Lösung geht, so steigt die Stromstärke mit wachsender Spannung linear an, wie es dem OHMschen Gesetz entspricht. Anders verhält sich dagegen eine wässerige HCl-Lösung bei ihrer Elektrolyse mit unangreifbaren Platinelektroden: Auch hier ergibt sich unmittelbar nach Anlegen der Spannung ein kleiner Stromstoß durch die Lösung und damit die Abscheidung eines Chlorfilms auf der Anode. Zufolge dieser Beladung mit $Cl_2$ wird jedoch die Anode zu einer Chlorelektrode $Cl_2/Cl^-$ und übt als solche eine der von außen angelegten Spannung *entgegengesetzte*, elektromotorische Kraft aus. Erst wenn die Außenspannung den Potentialwert einer Chlorelektrode erreicht hat (Abb. 122) und damit das Chlorgas an der Anode zugleich einen Partialdruck von 1 at, steigt die Stromstärke nunmehr mit weiterhin zunehmender Spannung linear an unter fortgesetzter $Cl_2$-Entwicklung an der Anode. Zu dieser *chemischen (Reaktions)polarisation* wie zu einer

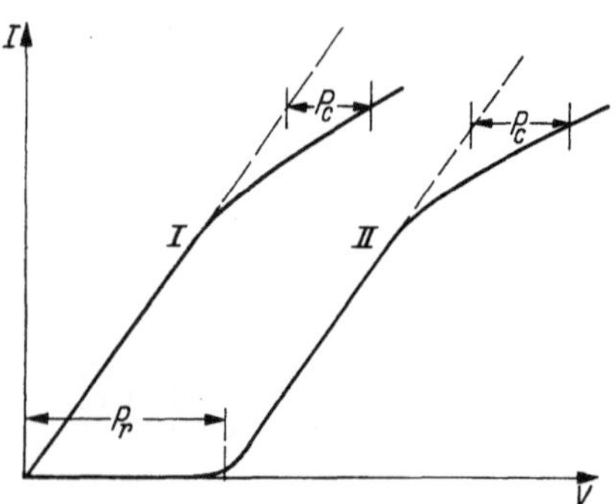


Abb. 122. *Strom (I)-Spannungs (V)-Kurven bei Elektrolysen.* Im Fall I ergibt sich erst im Verlauf der Elektrolyse eine Abweichung vom OHMschen Gesetz durch die Konzentrationspolarisation $P_c$; bei der Elektrolyse II besteht dagegen zunächst eine Reaktionspolarisation $P_r$, so daß die Elektrolyse erst bei $V > P_r$ einsetzt, um in ihrem Verlauf darnach wiederum einer Konzentrationspolarisation $P_c$ zu unterliegen

irreversibeln Polarisation, aber auch für sich allein kann eine *Konzentrationspolarisation* auftreten, welche auf merklichen Unterschieden der Ionenkonzentration beruht. Erhöht sich diese im Verlauf einer Elektrolyse in der nähern Umgebung der Elektroden, so kommt es gleichsam zur Bildung eines Konzentrationselements nach S. 170 und macht sich damit wiederum eine der Außenspannung entgegenwirkende Gegenspannung geltend. Alle diese, den normalen Ablauf einer Elektrolyse störenden Polarisationserscheinungen bewirken vielfache Abweichungen von dem, was die Grundgesetze elektrochemischer Vorgänge erwarten lassen, zumal das Ausmaß der damit verbundenen „Störungen" oft gehörig wechselt je nach der Art der Elektroden und ihrer Beschaffenheit.

## § 41. Vom Mechanismus heterogener Reaktionen

Die althergebrachte Auffassung, chemische Reaktionen könnten einzig über den gasförmigen oder gelösten Zustand erfolgen („corpora non agunt nisi fluida") – es müsse dementsprechend die Zersetzung $[AB] \rightarrow [A] + B$ notwendig aus den Teilprozessen $[AB] \rightarrow AB$, $AB \rightarrow A + B$ und $A \rightarrow [A]$ bestehen –, wird durch zahlreiche Beobachtungen widerlegt: So vor allem durch die Existenz von Kristallreaktionen nach S. 243 und die vielfach erwiesene Tatsache, daß auch unter festen Phasen *allein* ein Stoffumsatz erfolgen kann (Beispiele dazu etwa die S. 243 aufgezählten Pulverreaktionen)[1]. Gewiß ist gerade in solchen Fällen selbst bei Temperaturen bis gegen 1500 °C die *Reaktionsgeschwindigkeit* häufig recht gering. Dies gilt auch, wenn das Reaktionsgemisch von Zeit zu Zeit zerpulvert wird, um die reagierenden Phasen trennende Grenzschichten zu zerstören und neue Kontaktflächen freizulegen. Bei anderen Systemen wiederum, so z. B. bei der Reaktion $2Cu + S \rightarrow Cu_2S$, werden dagegen immerhin Reaktionsgeschwindigkeiten von gleicher Größenordnung wie im Falle von Lösungsreaktionen erreicht.

Der eigentliche *Mechanismus* einer Phasenreaktion wird vorwiegend durch die besondere Natur der für heterogene Reaktionen allgemein spezifischen Vorgänge bestimmt: So vor allem durch die besondere Art von *Keimbildung* und *Keimwachstum* bei der Entstehung neuer Phasen über *Keimreaktionen*, der *Gitterformänderung* bei Kristallreaktionen und schließlich jedwelcher *Diffusionsprozesse* bei *allen Typen* heterogener Reaktionen. Hieraus ergeben sich oft gewisse Parallelen zu eigentlich physikalischen Vorgängen – so etwa zwischen Keimreaktionen und Rekristallisation, bei Kristallreaktionen zu Umklappumwandlungen und plastischer Verformung, endlich auch zwischen manchen Reaktionen und Halbleiterphänomenen.

Im übrigen ist jedem dieser, an einer Phasenreaktion beteiligten Einzelprozesse eine individuelle Geschwindigkeit und Aktivierungsenergie eigen. Dabei wird im Einzelfall vor allem interessieren, welche Umstände die Geschwindigkeit des *langsamsten* Teilschrittes und damit unmittelbar jene der ganzen Reaktionsfolge beeinflussen. Naturgemäß gilt auch im Falle heterogener Reaktionen die Beziehung Reaktionsgeschwindigkeit = „treibende Kraft der Reaktion (Reaktionsarbeit)/Reaktionswiderstand". Kann letzterer mindestens formell als Summe eines Diffusionswiderstandes und eigentlich chemischen Widerstandes aufgefaßt werden, so wird damit allerdings das individuelle Wesen einer Phasenreaktion keineswegs erfaßt (dabei sind die beiden Teilwiderstände verschieden von der Temperatur abhängig: der Diffusionswiderstand stark, der Reaktionswiderstand nur wenig, so daß bei tieferen Temperaturen zumeist der erstere, bei höheren Temperaturen dagegen mehr und mehr der letztere in Erscheinung tritt).

Ob *Diffusionsprozesse* in einer einzigen, gasförmigen, flüssigen oder festen Phase stattfinden oder von einer ersten Phase nach einer zweiten führen, stets wird ihre treibende Kraft in irgendwelchen Konzentrationsunterschieden, einem bestimmten *Konzentrationsgefälle* bestehen. In der Tat liegt ja die Eigenart jeglicher Art von Diffusion im Konzentrationsausgleich durch ungeordnete ther-

---

[1] Indessen gilt auch nicht das Umgekehrte, weshalb *nicht jede* Reaktion, welche aus einer ersten festen Phase eine zweite ebensolche liefert, *notwendig* als eine Festkörperreaktion im festen Zustand verlaufen muß (siehe bereits S. 243).

mische Bewegung mehr oder weniger leicht zur Wanderung befähigter Teilchen (Moleküle, Radikale, Atome, Ionen oder Elektronen). Im Falle eines eindimensionalen (linearen) Konzentrationsgefälles (parallel zur $x$-Achse) gilt für den sich dann ergebenden Diffusionsvorgang die FICK*sche Gleichung* $n = -D \cdot dc/dx$ ($n$ die Molzahl des Stoffes, welche pro Zeiteinheit durch die Flächeneinheit senkrecht zum Konzentrationsgefälle diffundiert; $dc$ die Konzentrationsabnahme auf der Strecke $dx$ und $D$ der *Diffusionskoeffizient*). Aus naheliegenden Gründen verlaufen Diffusionsprozesse in Gasen am raschesten und in festen Stoffen am langsamsten. Dementsprechend betragen die $D$-Werte bei Gasen 0,1 bis 1 cm²/sec, bei Flüssigkeiten um $10^{-5}$ cm²/sec, bei Festkörpern dagegen $10^{-6}$ bis $10^{-20}$ cm²/sec (anschaulicher ausgedrückt: es bedarf die Diffusion von 1 Mol durch 1 cm² Fläche bei einem Konzentrationsgefälle von 1 Mol/cm³ pro cm bei Gasen einiger Sekunden, bei Flüssigkeiten einiger Minuten, bei festen Stoffen dagegen mehrerer Tage bis $10^{12}$ Jahre). Die Bedingungen, unter denen sich im Einzelfall Diffusionsvorgänge abspielen, können im übrigen recht verschieden liegen. Bei einer Deckschicht aus [AB], welche sich zwischen den Phasen [A] und B bildet, wird der Konzentrationsunterschied zu beiden Seiten der [AB]-Schicht in der Regel konstant sein, so daß im Laufe der Zeit mit wachsender Dicke der Grenzschicht das Konzentrationsgefälle abnehmen wird.

Für den Fall der Diffusion in *festen* Phasen bestehen besonders mannigfache Verhältnisse: So ist zunächst im Sinne von Abb. 123 zwischen einer *Oberflächendiffusion* gegenüber *Korngrenzen*- und *Volumendiffusion* (inter- und intrakristalliner Diffusion) zu unterscheiden als den verschiedenen Arten einer *Feindiffusion* gegenüber der längs Capillaren und Rissen oder durch zusammenhängende Porensysteme (S. 55) erfolgenden *Grobdiffusion*. Während im Falle kompakter Festkörper bei hohen Temperaturen praktisch nur Volumendiffusion besteht und die interkristalline kaum eine Rolle spielt, gewinnt letztere bei niedrigeren Temperaturen

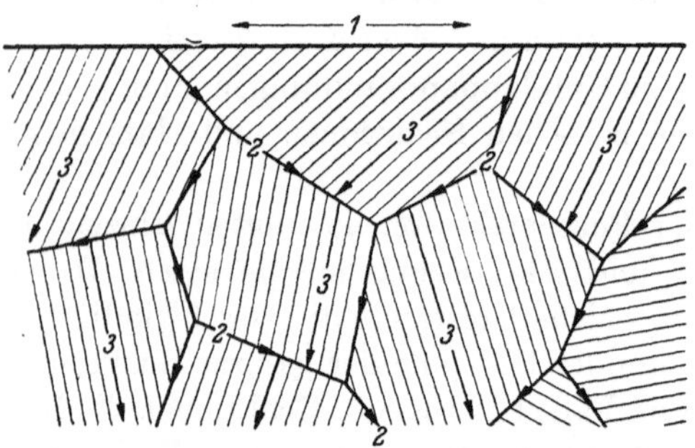

Abb. 123. *Die verschiedenen Arten von Diffusionsprozessen in polykristallinen Festkörpern: 1* Oberflächendiffusion, *2* Korngrenzen-(interkristalline)Diffusion, *3* Volumen-(intrakristalline)Diffusion

zunehmend an Bedeutung, um schließlich die Volumendiffusion vollständig abzulösen. Deshalb beeinflussen vorab bei tiefen und mäßigen Temperaturen Gefüge und Kristallzustand das Diffusionsverhalten fester Körper entscheidend und erweist sich dieses dann als gehörig störungsempfindlich (siehe bereits S. 39). Von *Selbst*- bzw. *Fremddiffusion* wird gesprochen je nachdem, ob eigene oder fremde Teilchen einer Phase einer Wanderung unterliegen, von *allgemeiner* oder *selektiver Selbstdiffusion* darnach, ob alle Bestandteile eines Stoffes (z.B. die Anionen *und* Kationen eines Salzkristalls) oder aber nur eine bestimmte Sorte von Teilchen (etwa – wie im festen AgCl – bloß die Kationen) an einer Diffusion beteiligt sind. Sodann ist bei jeder Art von Diffusion neben der Art der wandernden Partikel vor allem bedeutsam, wie groß der Energiebedarf zur Einleitung ihrer Bewegung und die von ihnen erreichte, mittlere Wanderungsgeschwindigkeit sind. So gilt bei den Metallen allgemein, daß Selbstdiffusion deutlich langsamer stattfindet als Fremddiffusion und letztere um so schneller verläuft, je unähnlicher der chemische Charakter der beiden Bestandteile (dementsprechend besteht z.B. besonders leichte Diffusion von Au in Pb und oft ebensolche von Nichtmetallen wie C, S, N, H und O in Metallen).

Für den Fall der technisch besonders interessierenden *Verzunderung der Metalle* unter Bildung *kompakter* Deckschichten (siehe bereits S. 253) gilt, daß der Stofftransport durch die Deckschicht nach den in einer oder beiden Phasengrenzen liegenden Reaktionszonen (Abb. 118, S. 252) weit überwiegend in einer Wanderung von *Ionen und Elektronen* durch das Zunderprodukt besteht. Die Möglichkeit hierzu beruht auf der gerade bei Oxiden und Sulfiden besonders häufig auftretenden *Fehlordnung* ihrer Kristallgitter, sei es in Form von einzelnen unbesetzten Gitterplätzen als sog. *Leerstellen* oder zusätzlich belegter *Zwischengitterplätze*: So im

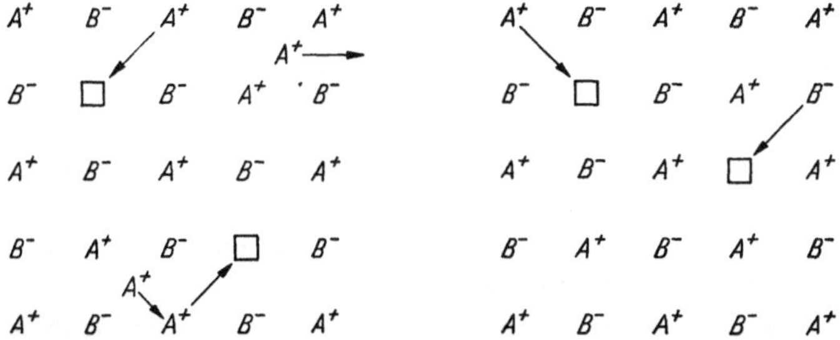

Abb. 124. *Zwei Fehlordnungstypen bei Daltoniden:* Rechts in gleicher Anzahl Lücken (Leerstellen) im Gitter der Kationen $A^+$ und im Gitter der Anionen $B^-$ (SCHOTTKY-Fehlstelle); links Leerstellen im Gitter der $A^+$ und in gleicher Anzahl Kationen $A^+$ auf Zwischengitterplätzen (FRENKEL-Fehlstelle)

Falle von *Daltoniden* nach Abb. 124 derart, daß Kationen oder (und) Anionen eine Anzahl Gitterplätze offenlassen und in *gleicher* Zahl Zwischengitterplätze einnehmen oder aber Kationen *und* Anionen in *gleicher* Anzahl zusätzlich Zwischengitterplätze besetzen bzw. auf normalen Gitterplätzen fehlen. In dieser Weise fehlgebaute Verbindungen werden (wie vor allem gewisse Halogenide) mit ihrer überwiegenden *Ionenfehlordnung* und nur geringen Elektronenfehlordnung praktisch reine *Ionenleiter* abgeben. Dabei wandern im Falle der Ag-Halogenide allein die $Ag^+$, im $PbCl_2$ bei höheren Temperaturen vorwiegend die $Cl^-$, im $PbJ_2$ dagegen Anionen und Kationen. Bei *Bertholiden* ist dagegen mit der Ionenfehlordnung gemäß Abb. 125 stets eine gleich bedeutende *Elektronenfehlordnung* verbunden, so daß jetzt nicht nur Ionen, sondern auch Elektronen erhöhter Beweglichkeit auftreten. Da indes bei tiefen und mittleren Temperaturen die Beweglichkeit der letzteren weit größer ist als jene der ersteren, werden durch die Verzunderung gleichsam Elektronen abgesaugt, ohne daß die Ionen ihnen zu folgen vermögen. Hieraus ergibt sich notwendig eine Störung der Elektroneutralität der Deckschicht und damit die Ausbildung einer Raumladung in derselben. Nach Abb. 125 enthalten Verbindungen mit einem *Kationenüberschuß*, also mit zusätzlichen Kationen auf Zwischengitterplätzen oder mit Leerstellen im Anionengitter, stets *überschüssige Elektronen* (*elektronenüberschußleitende Oxide* sind z.B. ZnO, CdO, $TiO_2$, $Al_2O_3$, $Fe_2O_3$ und $SnO_2$). Umgekehrt besitzen Verbindungen mit einem *Kationendefizit* (vor allem infolge von Lücken im Kationengitter) in Form *höherwertiger*

17*

Kationen sog. *Eelektronendefektstellen*. Solche *elektronendefektleitende* Oxide sind $NiO$, $Cu_2O$, $FeO$, $Cr_2O_3$, $MoO_2$ u. a. m. Auf die Verzunderung der Metalle angewendet bedeutet dies, daß in den einzelnen Fällen verschiedene Teilvorgänge im Sinne des Schemas der Abb. 118 geschwindigkeitsbestimmend sein werden: Bei

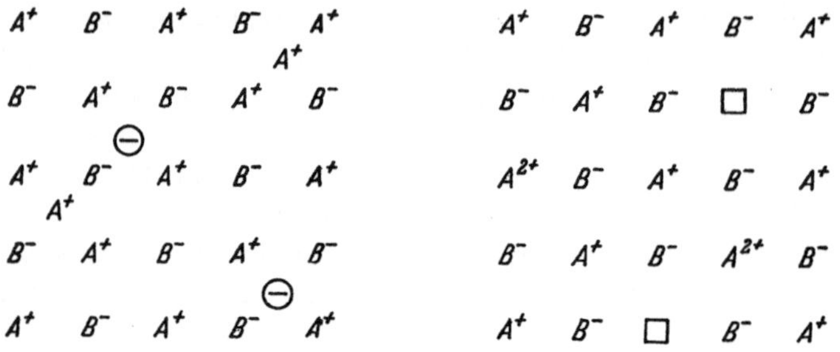

Abb. 125. *Zwei Fehlordnungstypen bei Bertholiden:* rechts elektronen*defekt*leitende Verbindung mit Lücken im Gitter der Kationen $A^+$ und einer entsprechenden Anzahl von $A^+$ in den Zustand zweiwertiger Kationen $A^{2+}$ übergetreten (diese $A^{2+}$ zugleich die Orte der Defektelektronen); links elektronen*überschuß*leitende Verbindung mit auf Zwischengitterplätzen eingelagerten, zusätzlichen $A^+$ und Elektronen

den vorwiegend *ionenleitenden Deckschichten daltonider* Zunderprodukte ist es deren *Elektronenleitfähigkeit*, bei den bevorzugt *elektronenleitenden Deckschichten bertholider* Verbindungen dagegen je nach der Beweglichkeit der Kationen und Anionen deren *Kationen-* bzw. *Anionenleitfähigkeit* (in der Regel die erstere, da diese die letztere meist wesentlich übertrifft). Gestützt hierauf ergibt sich für den

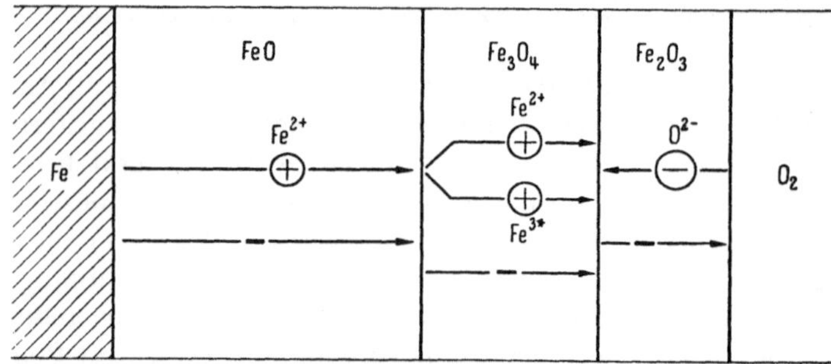


Abb. 126. Schema der Verzunderung des Eisens bei Temperaturen von 600 bis 700 °C; durch FeO und Fe₃O₄ überwiegend Kationen- und Elektronenwanderung, durch Fe₂O₃ dagegen vorherrschend Anionen- und Elektronendiffusion

Mechanismus der Verzunderung von Eisen bei höheren Temperaturen das in Abb. 126 wiedergegebene Schema. Bei tieferen Temperaturen (allgemein unter 400 °C) besteht zufolge der bei 570 °C einsetzenden Reaktion $4\,FeO \rightarrow Fe_3O_4 + Fe$ (FeO nur bis 570 °C stabil!) die Zunderschicht lediglich noch aus $Fe_3O_4$ und $Fe_2O_3$.

Infolgedessen läßt sich bei hinreichend raschem Verlauf der Phasengrenzreaktionen die Zundergeschwindigkeit von Metallen durch Änderung der maßgebenden Teilleitfähigkeit geeignet beeinflussen: Im Falle *ionenleitender* Deckschichten kann sie dadurch erniedrigt werden, daß die *Elektronenleitfähigkeit herabgesetzt* wird, während es bei *elektronenleitenden* Deckschichten einer *Verminderung der Ionenleitfähigkeit* bedarf. Auf solchen Erscheinungen beruht die gegenüber Reinmetallen oft beträchtlich erhöhte Zunderbeständigkeit mancher Legierungen. Im Falle des Eisens läßt sich dessen relativ hohe Oxydationsgeschwindigkeit vor allem dadurch herabsetzen, daß die Beweglichkeit der $Fe^{2+}$ im FeO, also die Anzahl der Leerstellen in dessen Kationengitter vermindert wird, wie dies allgemein durch eine Substitution $Fe^{2+} \rightarrow 2Me^+$ gelingt. Noch besser werden jedoch derart hohe Legierungszusätze verwendet, daß neue nachhaltiger schützende Oxiddeckschichten entstehen: seien es solche aus irgendwelchen Doppeloxiden wie $FeCr_2O_4$,$(Fe,Cr)_3O_4$, $FeAl_2O_4$ u.dgl. oder aus selbständigen neuen Oxiden wie z.B. $MoO_2$, $Al_2O_3$, $SiO_2$, eventuell auch $(Al, Cr)_2O_3$. Hierzu müssen allerdings die Legierungsbestandteile wie Mo, Al, Cr, Si – im Gegensatz zu Ni – gegenüber Sauerstoff größere Affinität besitzen als Fe, damit sie aus dem Stahl bevorzugt herausoxydiert werden unter rechtzeitiger Bildung dieser Fremdoxidschichten, welche nicht bloß kompakt sind, sondern überdies die Diffusion der Metall- bzw. der Sauerstoffionen gehörig zu bremsen oder gar völlig zu sperren vermögen.

Aber auch die bisher als einheitlich betrachteten *Phasengrenzreaktionen* bestehen zumeist wieder aus mehreren Teilschritten, wie es bereits das Schema der Abb. 118 andeutet. So umfaßt die Reaktion an der Phasengrenze [MeO]/$O_2$ bei der Oxydation eines Metalls möglicherweise: 1. die Dissoziation $O_2 \rightarrow 2O$, 2. die Chemisorption der freien O-Atome an der Phasengrenze $O_2$/[MeO], 3. den Einbau der chemisorbierten $O^{2-}$ in das Oxid [MeO], 4. deren Diffusion im Oxidgitter, 5. ihre Reaktion mit den an der Phasengrenze [Me]/[MeO] aufgenommenen und ins Oxidgitter eingewanderten $Me^{2+}$. – Weitere Komplikationen können sich bei einer nennenswerten Löslichkeit von Sauerstoff in einem Metall wie z.B. in Ag, Cu, Ni, Ti und Zr ergeben, so daß es zur *innern Oxydation* des Metalls (oder auch bloß des unedleren Partners einer Legierung) *in* der metallischen Phase *selber* kommt.

Ganz ähnliche Betrachtungen, wie sie zuvor über den Mechanismus der Verzunderungsvorgänge an Metallen angestellt wurden, gelten naturgemäß auch für andere heterogene Reaktionen, so gleichfalls für die *elektrochemischen.* Auch hier hängt der sich ergebende Stoffumsatz im einzelnen ab von der Transportgeschwindigkeit der Ionen und der Geschwindigkeit der Elektrodenreaktionen selber, zunächst der primären, wie sie in einer Bildung von Ionen oder in einer Ent- bzw. Umladung solcher bestehen. Das nämliche gilt aber ebenfalls von sekundären Elektrodenprozessen, sei es von einem Umsatz des unmittelbar entstandenen Produkts mit sich selber wie z.B. $2H \rightarrow H_2$, mit der Elektrode oder im Elektrolyten enthaltenen Stoffen. Während die *primären* Elektrodenreaktionen in der Regel mit *sehr großer* Geschwindigkeit verlaufen, ist jene der *sekundären* Prozesse bald kleiner, bald größer. Daher wird die Schnelligkeit, mit welcher die Ionen an die Elektroden gelangen bzw. sich von diesen entfernen, vor allem im letztern Fall den totalen Stoffumsatz einer elektrochemischen Reaktion in der Zeiteinheit bestimmen. Dabei liegt auf der Hand, daß auch in Elektrolytlösungen und -schmelzen verschiedene Ionenarten mit unterschiedlicher Geschwindigkeit wandern, wobei für die $H_3O^+$- und $OH^-$-Ionen besonders hohe Geschwindigkeiten bestehen. Bei hinreichend verdünnten Lösungen beeinflussen sich die Ionen in ihrer Bewegung kaum und kommt es vorerst nur auf Ladung und Konzentration der übrigen Ionen an. *Individuelle* Effekte bei Ionen gleicher Wertigkeit (also ein verschiedenes Verhalten je nachdem, ob z.B. $Na^+$- oder $K^+$-Ionen anwesend sind) machen sich erst bei höheren Konzentrationen bemerkbar. An sich wäre zu erwarten, daß kleine Ionen rascher wandern als große, bei gleicher Größe zweiwertige Ionen doppelt so schnell wie einwertige. Wenn dementgegen in wässerigen Elektrolytlösungen $Me^{2+}$ im Durchschnitt *nicht* rascher wandern als $Me^+$, dazu beispielsweise in den Gruppen $Li^+ \rightarrow Cs^+$, $Mg^{2+} \rightarrow Ba^{2+}$ und $F^- \rightarrow Br^-$ die Ionen sich um so schneller bewegen, je größer sie sind, so sind alle diese Anomalien die Folge der *Hydratation* der Ionen. Kleine Ionen wie $Li^+$ und $Mg^{2+}$ vermögen nämlich weit *mehr* $H_2O$-Moleküle an sich zu binden als große Ionen wie $K^+$ und $Cs^+$, woraus sich die Umkehr der Raumbeanspruchung und damit der Wanderungsgeschwindigkeit hydratisierter Ionen gegenüber jener der freien unmittelbar erklärt.

### Literatur über Reaktionen an und zwischen festen Phasen

BARRER, R. M.: Diffusion in and through Solids, 1951;
SHEWMON, P. G.: Diffusion in Solids, 1963;
JOST, W.: Diffusion in Solids, Liquids, Gases, 1960;
SEITH, W.: Diffusion in Metallen, 1955;

HEDVALL, J. A.: Einführung in die Festkörperchemie, 1952;
HAUFFE, K.: Reaktionen in und an festen Stoffen, 1955;
HAUFFE, K.: Oxydation von Metallen und Legierungen, 1956;
KUBASCHEWSKI, O. and B. E. HOPKINS: Oxidation of Metals and Alloys, 1962;

PFEIFFER, H. und H. THOMAS: Zunderfeste Legierungen, 1963;

FISCHER, H., HAUFFE K. und W. WIEDERHOLT: Passivierende Filme, Deckschichten, Anlaufschichten, 1956;

STASIW, O.: Elektronen- und Ionenprozesse in Ionenkristallen, 1959;
STUMPF, H.: Quantentheorie der Ionen-Realkristalle, 1961.

# Von physikalischen Vorgängen zu chemischen Reaktionen

Unsere Betrachtung hatte mehrfach auf die naturgegebene Unschärfe zwischen dem hinzuweisen, was gemeinhin als physikalischer oder als chemischer Vorgang gilt. So bestehen gerade technisch bedeutsame Erscheinungen häufig in einer komplexen Überlagerung physikalischer und chemischer Teilvorgänge und wird dieser Tatbestand mit einer Beschreibung als „physikalisch-chemische Effekte" nur unzulänglich erfaßt. Von dieser, im Wesen der Materie selber begründeten Stetigkeit des Überganges von eigentlich physikalischen Vorgängen zu echten chemischen Reaktionen und deren Bedeutung für die Bewertung mancher den Ingenieur unmittelbar berührenden Fragen soll im folgenden die Rede sein.

## § 42. Die Wirkung von Stoffzusätzen. Adsorption und Chemisorption

Zahlreiche der Umstände, welche Wesen und Eigenschaften vieler Werkstoffe bestimmen, dazu manche der bei ihrer Verarbeitung zu ergreifenden Maßnahmen oder bei der Zerstörung von Bau- und Werkstoffen sich abspielenden Prozesse beruhen auf der Wechselwirkung zwischen mehreren festen Phasen, zwischen festen und flüssigen oder auf dem Übergang flüssiger Stoffe in feste. In allen diesen Fällen führt die nähere Untersuchung sehr bald auf eine Vielfalt der Erscheinungen, welche in ununterbrochener Folge rein physikalische Vorgänge mit chemischen Reaktionen verbindet. So sei an erster Stelle der häufig angewandten Verfahren gedacht, das Verhalten *fester* Stoffe durch irgendwelche *Zusätze* – feste oder flüssige – geeignet zu beeinflussen. Was bereits vom *Legieren* metallischer Stoffe galt (S. 92), wiederholt sich im Falle zahlreicher, nichtmetallischer – anorganischer und vorab *organischer* Materialien, bei den letzteren etwa als *Weichmachung* oder Fluxen, *Härten, Färben* und *Stabilisieren* (gegen den Einfluß des Lichts, von Sauerstoff und Ozon usw.) sowie als Beigabe der verschiedensten, organischen

**Tabelle 37. Die Wirkung von Zusätzen zu Werkstoffen**

physikalisch (äußerlich) wirkender Zusatz

keine chemische Reaktion, mit Z versetzt erscheint G → makro
- homogen → mikro
  - homogen: Z in G kolloid-dispers +
  - heterogen: Z in G „gelöst" (Mischphase G,Z) +
  - heterogen: „Z in G dispergiert" + ; „G von Z umhüllt" (Z als „Korngrenzen-substanz" u. dgl.) +
- heterogen (Gemenge aus G und Z) +

zwischen G und Z erhebliche **Adsorption** (Epitaxie u. dgl.)

**Chemisorption** von Z an G oder umgekehrt

**chemische Reaktion** zu $G_m Z_n$, danach + → +  → makro
- homogen → mikro
  - homogen: $G_m Z_n$ in G kolloiddispers +
  - heterogen: Z ohne Phasenwechsel an G gebunden (z. B. Z-Brücken in G) +
  - heterogen: „$G_m Z_n$ in G dispergiert" + ; „G von $G_m Z_n$ umhüllt" ($G_m Z_n$ als „Korngrenzensubstanz" u. dgl.) +
- heterogen (Gemenge aus G und $G_m Z_n$) +

chemisch (innerlich) wirkender Zusatz

+ *allgemein eher* **geringe** *Wirkung,* **größere** *Zusätze erforderlich*

+*allgemein bereits* **kleine** *Zusätze von* **erheblicher** *Wirkung*

(linke vertikale Beschriftung: zwischen Grundstoff G und Zusatz Z)

oder anorganischen *Füllstoffe*. Je nach den *zwischen Grundstoff und Zusatz* unter den Bedingungen ihrer Vereinigung sich ergebenden *Wechselwirkungen* treten dabei die verschiedenartigsten Vorgänge ins Spiel. Daraus resultieren alle möglichen Übergänge vom grobdispers heterogenen System bis zur „molekulardispersen" Lösung (S. 53) und von dieser weiter bis zur selbständigen, neuen Verbindung (S. 105), wie dies im einzelnen die Übersicht der Tab. 37 erläutert. Dabei sind bloß „mechanisch eingelagerte" Zusätze allgemein von geringerer Wirkung als eigentlich gelöste oder gar chemisch gebundene. Im letzteren Falle ist zudem ein allmählicher *Verlust der Zusatzstoffe* durch *Ausschwitzen* (z. B. „äußerlicher" Weichmacher aus Thermoplasten), *Ausblühen* (von Alkalisulfaten bei gebrannten Steinen und daraus gebautem Mauerwerk, von $CaCO_3$ bei der Auslaugung von Beton nach S. 198), *Abkreiden* (vorab bekannt von gewissen Weißpigmenten der Anstrichstoffe) u. dgl. weniger zu befürchten.

Dasselbe bestätigt sich bei der Anwendung irgendwelcher Zusatzmittel zur Erleichterung der Verarbeitbarkeit und damit auch der Formgebung mancher

### Tabelle 38. Wechselwirkungen zwischen einem festen Stoff A mit B

| | einem festen Stoff B | einem flüssigen Stoff B | einem gasförmigen Stoff B |
|---|---|---|---|
| **physikalische Erscheinungen** | bloße **Adhäsion** entsprechend der Grenzflächenspannung A/B | **Adsorption** von B an der Oberfläche von A unter Bildung *expandierter* Filme | |
| | | *Adsorption* von B an der Oberfläche von A unter Bildung *kondensierter* Filme (mono- oder polymolekularer) | |
| | | **Grobabsorption** von B durch A infolge Grobdiffusion von B längs Kapillaren, Porensystemen u. dgl. in A | |
| | **Epitaxie** zwischen B und A (B-Kristalle auf A orientiert aufwachsend) | **Feinabsorption** von B durch A infolge Diffusion von B längs Korn-, Micellargrenzen usw. in A, daher | |
| | | *Quellung* von A zufolge B-Aufnahme | *Okklusion* von B in A |
| | **Diffusion** von B nach A (oder von A nach B oder beides); Bildung einer ein-(beid)seitigen *Diffusionszone* längs der Phasengrenze aus Substitutions(Einlagerungs)*mischkristallen* | **Chemisorption** von B an der Oberfläche von A unter *Bildung* einer *Oberflächenverbindung* zwischen A und B, *eigentliche Absorption* → **Lösung** von B in A auf dem Wege der Volumen*diffusion* von B in A unter Bildung von *Mischkristallen* (A, B), und zwar:<br>ohne Zerfall der B-Moleküle<br>mit Zerfall der B-Moleküle an der Phasengrenze B/A | |
| **chemische Erscheinungen** | | eigentliche **chemische Reaktionen** zwischen A und B | |
| | unter Bildung einer intermediären Verbindung (zunächst ein Reaktionsfilm, dann mehr und mehr zur Reaktionsschicht sich erweiternd) | als *Kristallreaktion* von A mit B zu $A_nB_m$; | |
| | | als *Keimreaktion* zwischen A und B unter Bildung einer Deckschicht aus $A_nB_m$ *mit Schutzwirkung*, | |
| | | als *Keimreaktion* zwischen A und B *ohne Passivierung*, indem ein festes Reaktionsprodukt *ohne Schutzwirkung* zugunsten von A entsteht oder sich A mit B zu einer *flüssigen oder gasförmigen* Verbindung $A_nB_m$ umsetzt | |

Stoffe oder zur Steuerung der dabei stattfindenden Vorgänge: So beispielsweise, wenn der frischen *Betonmischung*, sei es vor oder während ihrer Herstellung, feste oder flüssige *Zusatzmittel* wie Netzmittel oder schaum(poren)bildende Zusätze (sog. AEA-Mittel = „air entraining agents") zur Plastifizierung beigefügt werden, oft außerdem Dichtungsmittel und kalkbindende Zusätze (siehe bereits S. 223), farbgebende Zusätze (Pigmente) wie allenfalls besondere Frostschutzmittel zum Regulieren der Abbindereaktionen bei tiefern Temperaturen (S. 189). Auch hierbei ergeben sich zumeist nicht rein physikalische Wirkungen, sondern unmittelbar oder doch nachträglich auch chemische Effekte, so vor allem eine Beeinflussung der Abbindevorgänge, von Sekundärreaktionen mit den Abbindeprodukten u. dgl.

Über die in den bisher erwähnten und zahlreichen weitern Fällen zwischen einem festen Stoff und andern Stoffen, gleichfalls festen oder flüssigen bzw. gasförmigen, allgemein möglichen Vorgänge orientiert Tab. 38. Zusammen mit Tab. 37 ist sie zugleich wegleitend für die Beurteilung mancher Fragen, die sich der Technik Tag für Tag stellen: einmal überall da, wo bei *Mischkonstruktionen* jeder Art *verschiedene Werkstoffe* miteinander *kombiniert* werden sollen und daher *in ständigen unmittelbaren Kontakt* kommen. An derartigen *Werkstoffkontakten* $W_1/W_2$ muß nicht nur jede, den einen oder den andern Werkstoff, allenfalls gar beide schädigende Kontaktreaktion ausgeschlossen sein (Beispiele hierfür sind etwa der bereits S. 199 erwähnte Angriff von Al-Werkstoffen und Pb durch den alkalischen Beton wie die Wirkung von Cu und Messing auf Kautschuke, indem diese Metalle als sog. „Kautschukgifte" Alterung und Versprödung mancher Kautschuke katalytisch beschleunigen). Ein solcher Kontakt $W_1/W_2$ hat sich auch unter mechanischer und thermischer, eventuell auch elektrischer Beanspruchung voll zu bewähren. Ebenso wenig darf er Anlaß zu unliebsamen Korrosionsvorgängen im Sinne von S. 177 und 191 geben, falls er mit einem aggressiven Medium (Korrosionsmittel), sei dieses flüssig oder gasförmig, in Berührung kommt. Um solches zu gewährleisten, werden $W_1$ und $W_2$ bei mechanischer Beanspruchung sich wenig-

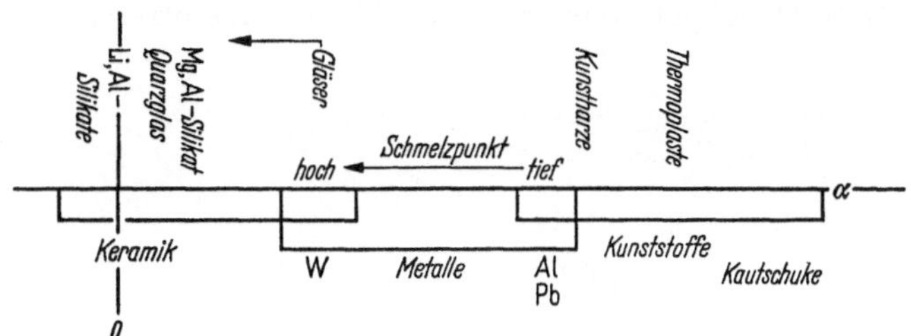



Abb. 127. Schematische Darstellung der Wärmedehnung (thermischer Ausdehnungskoeffizient α) der verschiedenen Werkstoffkategorien

stens im elastischen Bereich ähnlich verformen müssen. Dazu sollte ihre Wärmedehnung (Abb. 127) bestmöglich übereinstimmen, insofern der Kontakt $W_1/W_2$ wesentlichen Temperaturwechseln ausgesetzt sein wird. Des weitern wird die Haftung zwischen den beiden Werkstoffen und die darauf beruhende Verbundwirkung zwischen diesen von entscheidender Bedeutung sein (siehe hierzu einmal mehr die in Tab. 38 aufgezählten Möglichkeiten einer recht verschiedenartigen Wechselwirkung an der Grenzfläche zweier festen Phasen). Schließlich muß der Kontakt $W_1/W_2$ gleich *reaktionsträge* und damit chemisch beständig sein, wie jeder der beiden Werkstoffe für sich allein oder in sich wie mit Drittstoffen höchstens Reaktionen eingehen, welche sehr bald passiviert werden und einen vollkommenen Schutz für *beide* Werkstoffe ergeben (siehe S. 181 und 193).

Eben dieselben Fragen stellen sich regelmäßig bei jeder Art einer *Verbindung von Werkstoffen* durch Schweißen, Löten und Pressen, durch Kitten, Kleben oder Leimen. Gleichfalls hier wie auch bei allen *Verbundwerkstoffen*[1] steht die dabei sich ergebende Haftung unter gleichen oder verschiedenen Werkstoffen im Vordergrund – dort naturgemäß nicht immer leicht zu erreichen, wo völlig verschiedene Stoffe wie z. B. Metalle und Glas miteinander dauerhaft und dazu vollkommen „dicht" verbunden sein sollen. Optimale Haftung ist außerdem erste Voraussetzung für die einwandfreie Verankerung irgendwelcher *Überzüge* und *Verkleidungen* auf Werk- und Baustoffen aller Art. Werden Metalle mit gleichfalls metallischen Überzügen versehen, so können sich hinsichtlich der Wechselwirkung von Grund- und Überzugsmetall bei verschiedenen Verfahren einer *Metallisierung* recht unterschiedliche Verhältnisse ergeben: gegenüber einer vorwiegend bloß adhäsiven Haftung bei aufgespritzten oder nach S. 157 „galvanisch" erzeugten

---

[1] Beispiele hierfür sind etwa mit Polyvinylchlorid beschichtete Stahlplatten, entsprechende Kombinationen von Kunststoffen mit Al-Werkstoffen, aber auch das Gegenstück wie metallisierte Kunststoffe u. dgl. Im Gegensatz zu diesen und andern *makroheterogenen* Verbundstoffen, enthalten sog. *Cermets* „Keramik und Metall" in *mikroskopisch feiner* Verteilung.

Überzügen besteht bei Feuermetallisierungen (etwa einer Feuerverzinkung, bei welcher die zu verzinkenden Objekte in eine Zn- Schmelze eingetaucht werden) eine Haftung, welche auf der Reaktion zwischen Grund- und Überzugsmetall zu intermetallischen Verbindungen beruht.

In das Grenzgebiet physikalischer und chemischer Vorgänge gehören ferner die meisten *Trocknungsprozesse*, wie sie auf allen Gebieten der Technik vielfache Anwendung finden. Hierzu sei etwa verwiesen auf die Wasserabgabe, welche die Erhärtung anorganischer Bindemittel im Mörtel und Beton begleitet (siehe Abb. 128 und bereits S. 189). Dabei geht das bei diesem Trocknen eintretende *Schwinden* in

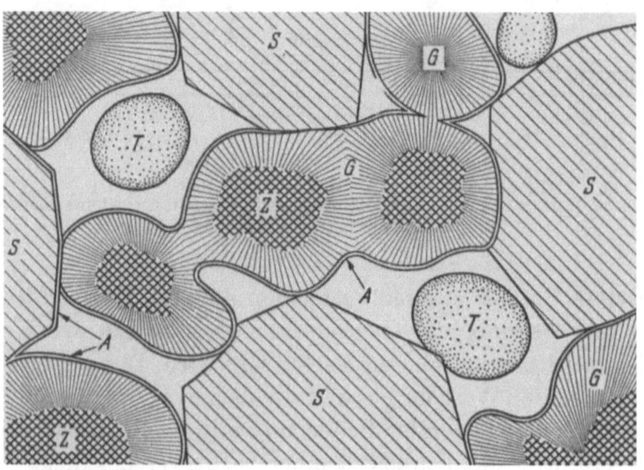



Abb. 128. *Zum Wasserhaushalt von Beton und Mörteln: Z* noch nicht abgebundene Bindemittelkörner, umgeben von dem aus den Abbindeprodukten bestehenden *Bindemittelleim G*, welcher neben chemisch gebundenem *Hydratwasser* bzw. OH-*Gruppen bildendem Wasser* zumeist erhebliche Mengen *Gel*(Zeolith)*wasser* enthält; an der Oberfläche des Bindemittelleims ein Film aus adsorbiertem Wasser *(Adsorptionswasser A)*; außerdem in Hohlräumen zwischen Bindemittel und Körnern der Zuschlagstoffe *(S)* noch *intergranulares Tropfen*(Kapillar)-*wasser T*

erster Linie auf einen Verlust an Adsorptions- und Gelwasser des Bindemittelleims zurück[1], das *Quellen* umgekehrt auf eine neuerliche Vermehrung solchen Wassers, während eine Abgabe oder Aufnahme von intergranularem Wasser (Tropfen-, Capillarwasser usw.) keine fühlbaren Volumänderungen zur Folge hat. Auf die Bedeutung von Trockenprozessen in der keramischen Technik wurde bereits S. 189 aufmerksam gemacht, zur recht bedeutsamen Frage der Trocknung von Anstrichstoffen siehe hingegen § 43, S. 270.

Nicht weniger mannigfaltig sind die Zusätze und deren Wirkungen, welche *flüssigen* Stoffen beigegeben werden: Bei flüssigen *Treibstoffen* dienen sie gemäß S. 217 der Erhöhung der Klopffestigkeit oder Zündwilligkeit oder sollen sie unerwünschte Ablagerungen in den Motoren hintanhalten, die Lagerungsstabilität von Treibstoffen über längere Zeiten verbessern, indem sie einer Harzbildung entgegenwirken u.a.m. Aber auch *flüssige Brennstoffe* werden dann und wann mit

---

[1] Neben dieser „Trocknungsschwindung" bestehen oftmals auch auf chemischen Reaktionen beruhende Schwinderscheinungen wie ein Schwinden infolge $CO_2$-Aufnahme aus der Luft und Carbonatisierung des $Ca(OH)_2$ und anderer Abbindeprodukte (siehe bereits S. 160 und 187).

Zusätzen versehen. In besonderer Vielfalt geschieht es bei zahlreichen *Schmiermitteln*, worüber S. 275 das Notwendige gesagt wird. Hier und anderswo erfreuen sich *Inhibitoren* (siehe bereits S. 182 und weiterhin S. 280) besonderer Beliebtheit in der Erwartung, durch deren Beigabe unerwünschte chemische Reaktionen ausschalten zu können. Je geringer die Menge ist, mit welcher derartige Zusätze festen oder flüssigen Stoffen beigemischt werden, und je komplexer die chemische Natur solcher Zusätze, desto schwieriger gestaltet sich der Nachweis ihrer tatsächlichen Anwesenheit. Daher sind die Fälle nicht selten, wo dies weit eher auf Grund der *Wirkung eines Zusatzes* gelingt als mit irgendwelchen analytischen Methoden. Aber auch dazu können Versuche im Laboratorium oftmals nicht ausreichen, sondern einzig eigentliche Betriebsversuche im großen Maßstab und unter den Bedingungen der Praxis selber sichere Aussagen machen.

Den Übergang von physikalischen zu chemischen Erscheinungen beleuchten in einzigartiger Weise die unter den Begriff einer *Adsorption* fallenden Vorgänge. Zunächst demonstrieren sie unmittelbar, wie an jeder Art von Phasengrenzen besondere dynamische Verhältnisse bestehen und Anlaß zu spezifischen Grenzflächenerscheinungen wie einer *Oberflächenspannung* geben (allgemein einer *Grenzflächenspannung*, indem die Werte der Oberflächenspannung lediglich für den Kontakt mit verdünnten Gasen [Luft] gelten, während gegenüber anderen Phasen jedoch wesentlich andere Grenzflächenspannungen herrschen können. So beträgt z.B. die Oberflächenspannung von $H_2O$ 70 dyn/cm, dessen Grenzflächenspannung gegen Benzol dagegen 33, gegen Äther gar bloß 10 dyn/cm). Die an jedem Phasenrand notwendig bestehende Unsymmetrie der Kräfteverteilung (siehe Abb. 129 für den Fall des festen Körpers) bewirkt, daß es beispielsweise im Kontakt einer Lösung gegen Luft zu einer Anreicherung oder Verarmung der gelösten Stoffe kommt: Letzteres ergibt sich als sog. *negative* Adsorption für die Ionen einer wässerigen Lösung, während sich an deren Oberfläche im Sinne einer *positiven*

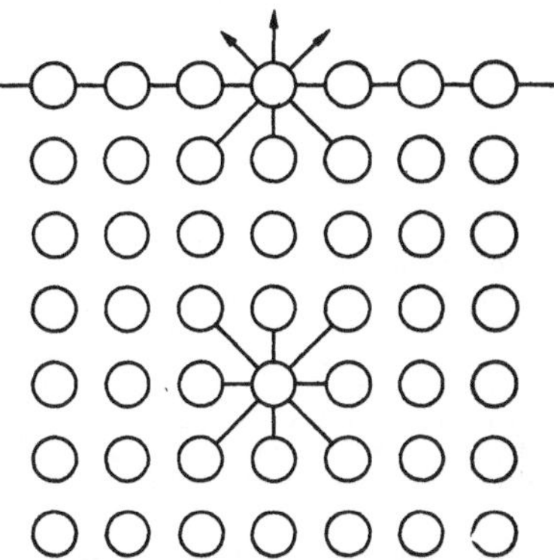

Abb. 129. Bindung der Oberflächenatome an den halben Kristall und dementsprechende, nach außen gerichtete Restkräfte

Adsorption gewisse organische Verbindungen anreichern: beispielsweise solche, deren Moleküle am einen Ende ein dem $H_2O$-Molekül verwandtes Radikal oder ein solches mit großem Dipolmoment wie OH—, COOH—, $NO_2$— u. dgl. tragen, zum anderen dagegen „unpolar" gebaut sind (z.B. aus $CH_2$- und $CH_3$-Gruppen bestehen). *Anionaktive* bzw. *kationaktive* besitzen dagegen am einen Ende ein negativ bzw. positiv geladenes Ion. Moleküle einer solchen Bauweise erfahren zusammen mit ihrer Anreicherung an der Phasengrenzfläche in der Weise eine Orientierung, daß sie mit ihrem wasserähnlichen (*hydrophilen*, allgemein *lyophilen*) Ende in das Wasser (die Flüssigkeit) tauchen, mit dem andern Ende (nämlich dem *hydrophoben*, allgemein *lyophoben*) nach außen gerichtet sind (Abb. 130). Im Zusammenhang damit ergibt sich oft eine beträchtliche Erniedrigung der Grenzflächen(Oberflächen)spannung, weshalb solche Stoffe *grenzflächenaktiv* genannt werden.

Wässerige Lösungen mancher, durchaus nicht aller grenzflächenaktiven Stoffe zeigen insofern ein besonderes Verhalten, als sich bei einer kritischen Konzentration der Lösung an grenzflächenaktivem Stoff deren Eigenschaften unstetig ändern. Diese Erscheinung wird dahin gedeutet, daß von dieser Konzentration an nicht mehr echte Lösungen vorliegen, sondern sich darin lockere Molekül- und Ionenverbände der grenzflächenaktiven Substanz (sog. *Micellen*) bilden. Dementsprechend gibt es in einer solchen Lösung dreierlei grenzflächenaktive Teilchen: an der Grenzfläche adsorbierte, im Wasser echt (also „molekulardispers") gelöste und die den Micellen angehörenden (Abb. 131). Mit der besondern Struktur solcher Lösungen hängen mancherlei ihnen anhaftende, technisch in großem Umfang genutzte Wirkungen zusammen. Stoffe, welche als wasserlösliche, grenzflächenaktive Substanzen Lösungen mit derartigen Effekten ergeben, werden heute als *Tenside* bezeichnet, worunter *die Seifen* (Salze der Fettsäuren) neben vielen andern organischen Verbindungen (wie Sulfonate, Amine und manche weitere) die Hauptrolle spielen. Dabei gelingt es durch den Einsatz geeigneter Tenside

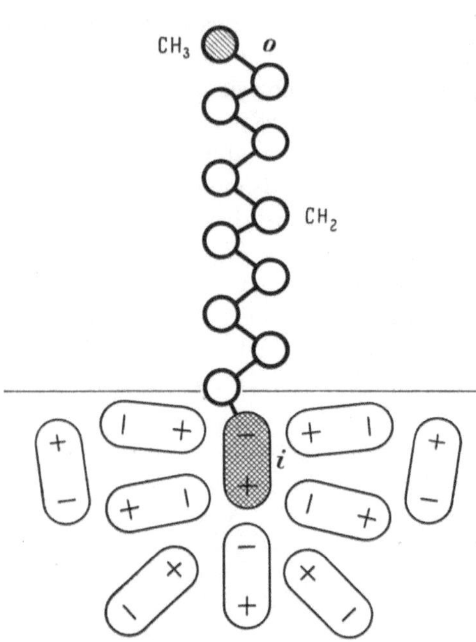


Abb. 130. Orientierung oberflächenaktiver Stoffe in der Wasseroberfläche; dabei das hydrophile Ende (*i*) der Moleküle ins Wasser tauchend, das hydrophobe Ende (*o*) dagegen nach außen gerichtet. Im vorliegenden Beispiel ist *i* eine stark polare Gruppe mit der Wirkung eines permanenten Dipols; bei anionaktiven Stoffen ein negatives Ion (z. B. das Fettsäureanion $CH_3{-}CH_2{-}\cdots{-}CH_2{-}COO^-$), bei kationaktiven dagegen ein positives Ion

verschiedenartigste Wirkungen zu erzielen: das Netzvermögen zu steigern oder die Benetzbarkeit zu vermindern, die Bildung kolloidaler Lösungen zu fördern und diese vor Koagulation zu bewahren (Schutzkolloid-Wirkung) oder umgekehrt das Brechen einer Emulsion zu bewirken, eine Schaumbildung hervorzurufen und den Schaum zu „stabilisieren" oder die Neigung zum Schäumen zu unterdrücken (Antischaummittel), u. dgl.

In noch größerer Mannigfaltigkeit bestehen Adsorptionserscheinungen an der Oberfläche *fester* Körper. Das gilt in besonderem Maße naturgemäß dort, wo solche in *aktiven* Formen oder Zuständen vorliegen (S. 251, dazu auch das zur Adsorptionskatalyse S. 236 Gesagte). Hierbei können sich auf dem festen *Adsorber* (oder Adsorbens) aus einer einzigen Molekülschicht des Adsorptivs bestehende *(monomolekulare)* oder mehrere, oft gar viele Molekülschichten umfassende *(polymolekulare) Adsorptionsfilme* bilden. Solche werden *kondensierte* Filme genannt, falls die Moleküle im Film fixierte Lagen einnehmen, dagegen *expandierte* Filme, insofern die adsorbierten Moleküle im Bereich der Adsorptionsschicht noch über eine „zweidimensionale Beweglichkeit" verfügen. Die Haftung des Films an der Oberfläche des Adsorbers wie die vor allem bei geordneten Filmen bestehende,

beachtliche Widerstandsfähigkeit gegenüber einer tangentialen Beanspruchung
steht mit dem Bau der adsorbierten Moleküle und den von ihnen ausgehenden
Kraftwirkungen in unmittelbarer Beziehung. So unterliegen Moleküle mit permanenten Dipolmomenten (S. 68), dazu auch solche, die im Kraftfeld des Adsorbers

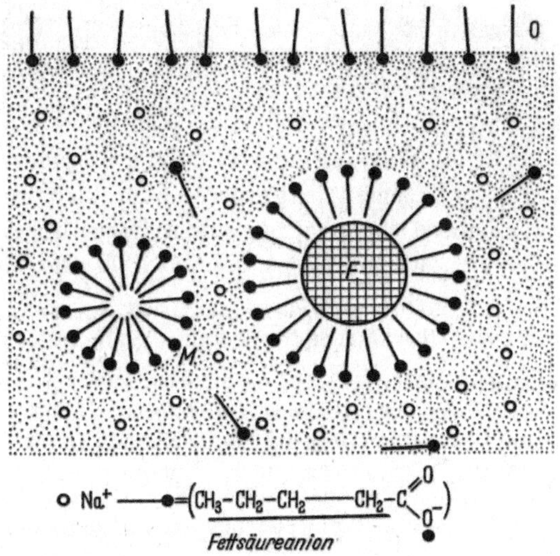



Abb. 131. Schematische Darstellung der wässerigen Lösung eines Tensides (Lösung einer Na-Seife [CH₃—CH₂
—CH₂ ··· —CH₂—C ]⁻Na⁺ in H₂O). $O$ markiert den Grenzflächenfilm, $M$ eine Micelle aus Fettsäure-
anionen neben wenigen solchen, welche gleich den Na⁺ im Wasser „echt gelöst" sind; $F$ sei ein Fetttröpfchen
(Schmutzstoff), welches von Fettsäureanionen eingehüllt und derart in der Seifenlösung emulgiert wurde.

nachhaltig deformiert und damit zu induzierten Dipolen werden, in besonderem
Maße einer Adsorption. In andern Fällen beruht diese dagegen lediglich auf der
Wirkung von Dispersionskräften (S. 20 und 68).

Zunehmend bessere Haftung und Filmfestigkeit ergeben sich, je mehr zwischen
Adsorptiv und Adsorber gar chemische Bindungen eingegangen werden und mit
der Entstehung einer Oberflächenverbindung (S. 251) die Adsorption in eine
*Chemisorption* übergeht (dabei schließt an die Bildung einer Oberflächenverbindung häufig eine sekundäre Adsorption an der neuen Phasengrenzfläche an). Daraus erklärt sich unmittelbar, weshalb eine Phasengrenzfläche gegenüber den verschiedenen Molekül- oder Ionenarten einer Mischphase eine *selektiv* wirkende Adsorption ausüben kann. Hierauf beruhen auch mancherlei Besonderheiten kolloider
Systeme (S. 54): So die Tendenz zahlreicher *Kolloidteilchen* sich durch Adsorption
oder Abspaltung von Ionen bevorzugt negativ oder positiv *aufzuladen* (kolloidale
Metalle und Sulfide zumeist negativ, kolloidale Hydroxide dagegen in der Regel
positiv), was dispersen Systemen eine besondere Stabilität verleiht; sodann die
Erscheinung, daß beim Ausfällen *(Koagulieren)* kolloidaler Lösungen – in einfach-
ster Weise auf dem Wege einer Entladung der kolloiden Teilchen durch Zugabe
eines geeigneten Elektrolyten – durch die zum Koagel sich sammelnden Teilchen
bald eine Abstoßung des Lösungsmittels, bald eine Adsorption desselben stattfindet und darnach wiederum *lyophobe* oder *lyophile Gele* unterschieden werden.

Indem derart reine Adsorption auf der Wirkung bloß intermolekularer Kraft-
wirkungen beruht, Chemisorption dagegen bereits auf der Betätigung chemischer
Bindekräfte, betragen die bei der ersteren auftretenden Wärmetönungen bloß um
10 kcal/Mol gegen bis zu 100 kcal/Mol im Falle der letzteren. Eine Erhöhung der
Temperatur bewirkt allgemein eine Schwächung der adsorptiven, dagegen eine
Verstärkung der chemisorptiven Wirkung von Phasengrenzflächen. Dabei gibt es
allerdings auch Fälle – so die Aufnahme von $O_2$ durch Aktivkohle –, wo bei tiefen
Temperaturen reine *(reversible)* Adsorption besteht, bei höheren Temperaturen
hingegen mehr und mehr *(irreversible)* Chemisorption, so daß bei der Entladung
des Adsorbers z.B. nicht länger $O_2$, sondern CO oder $CO_2$ entweicht. Endlich können zunächst adsorbierte Teilchen in größerer oder kleinerer Menge durch die
Phasengrenzfläche ins Innere der adsorbierenden Phase übertreten und damit in
den *absorbierten* (gelösten) Zustand (siehe bereits S. 58 und Tab. 38).

### Literatur zur Oberflächenphysik und -chemie fester Stoffe

MANTELL, C. L.: Adsorption, 1951;

BRUYNE, N. A. DE and R. HOUWINK: Adhesion and Adhesives, 1951;

WOLF, K. L.: Physik und Chemie der Grenzflächen (2 Bände), 1957;

BAILLEUL, G., K. BRATZLER, W. HERBERT und W. VOLLMER: Aktive Kohle und ihre industrielle Verwendung, 1962;

SCHWARTZ, A. M., PERRY, J. W. and J. BERCH: Surface active Agents and Detergents (2 Bände),
1957/58;

KAMINSKY, M.: Atomic and ionic impact Phenomena on Metal Surfaces, 1965.

# § 43. Anstrichstoffe

Anstrichstoffe der verschiedensten Art sind eines der meist verwendeten Hilfs-
mittel zum Schutz von Bauwerken und Konstruktionen gegenüber äußeren Einwirkungen, wobei sie häufig gleichzeitig eine bestimmte Farbwirkung und Verein-
heitlichung der äußeren Erscheinung von Mischbauten erzielen sollen. Im Ausgangszustand, sei es unmittelbar oder nach einer passenden Vorbehandlung (Erwärmung, Beigabe von Verdünnungsmitteln usw.) flüssig und dementsprechend
leicht streich- oder spritzbar, ergeben sie auf der Oberfläche des zu schützenden
Objekts innert nützlicher Frist einen gut haftenden, festen und zugleich weitgehend undurchlässigen Film hinreichender Dauerhaftigkeit gegenüber mechanischen, thermischen und chemischen Einflüssen und damit von möglichst lange
währender Schutzwirkung[1]. Dementsprechend werden in unserem Zusammenhang
vor allem zwei Vorgänge interessieren: der Übergang des *flüssigen Anstrichstoffes*
*zum festen Anstrichfilm* und der Mechanismus der *Schutzwirkung*, welche das aus
einem einzigen oder mehreren solcher Filme bestehende (ein- oder mehrschichtige)
*Anstrichsystem* von zumeist um 0,1 mm Dicke zugunsten der Unterlage ausübt.
Beides steht mit der besonderen Zusammensetzung der Anstrichstoffe in näch-

---

[1] Demgegenüber sollen die dem Schutz von Holz gegen Pilz- oder Insektenschäden die-
nenden *Holzschutzmittel*, handle es sich gleichfalls um Anstrichstoffe oder um imprägnierende
Mittel – vor allem anorganische Fluoride, Arsenate, Sulfate usw. oder organische Stoffe wie
Teeröle, Phenole, Kresole, Halogenkohlenwasserstoffe u.a.m. – vorab *biologisch* bedingte
Schäden verhüten, *Flammschutzmittel*, wie sie gleichfalls vor allem bei Holz Anwendung
finden, dagegen die Entflammbarkeit des Holzes herabsetzen.

ster Beziehung und erklärt auch unmittelbar, weshalb solche zumeist komplex zusammengesetzte Stoffmischungen darstellen.

In jedem Fall enthalten Anstrichstoffe einen *Filmbildner*, das sog. *Bindemittel*, das den eigentlichen *Träger des Anstrichfilms* abgibt und als solcher dessen Haftung am Untergrund, die Bindung allfälliger fester Zusätze im Film selber sowie dessen mechanisches Verhalten, Quellvermögen (vorab gegen Wasser) und chemische Widerstandsfähigkeit, damit aber auch dessen Alterungsbeständigkeit bestimmt. Als Bindemittel für Anstrichstoffe kommen vor allem in Frage:

a) *selbst* trocknende *Flüssigkeiten* wie trocknende Öle – so vorab Leinöl, zur Hauptsache ein Gemisch von Glycerinestern gesättigter und ungesättigter Fettsäuren –, mit der Eigenart, an Luft und Licht zu einem harten Film zu trocknen, und

b) an sich *feste* oder doch *zähflüssige*, daher der *Lösung oder Dispergierung in einer Flüssigkeit* bedürfende Stoffe, wobei hernach die Verdunstung der als Lösungs-(Dispergierungs)mittel dienenden Flüssigkeit an der Trocknung des Anstrichfilms wesentlichen Anteil hat und deshalb die Trockenzeit maßgebend mitbestimmt (über analoge Erscheinungen bei Cutbacks und Kaltteeren siehe S. 204 und 201, im Falle von Bitumenemulsionen S. 205). Einzelne Bindemittel wie z.B. manche Leime, Casein und Wasserglas, dazu immer mehr gewisse Polymerisate, darunter besonders Polyvinylacetat, werden als wässerige Lösungen oder Dispersionen (Suspensionen oder Emulsionen) verwendet. Die Mehrzahl der Bindemittel, nämlich

natürliche Stoffe wie Harze, Bitumen (S. 204) u.a.,

halbsynthetische wie Celluloseester und -äther, Kautschukderivate, Teerprodukte u.dgl. sowie mehr und mehr

vollsynthetische Erzeugnisse wie Phenol-, Harnstoff-, Melamin- und Polyesterharze, zahlreiche Polyvinylverbindungen, ferner Polyamide, Polyurethane usw. (siehe hierzu Tab. 22, S. 124) werden dagegen *mit organischen Lösungs- oder Dispergierungsmitteln* versetzt. Als solche finden in erster Linie aliphatische und aromatische Kohlenwasserstoffe, Alkohole, Ester und Ketone neben manchen weitern Verwendung.

c) Flüssige Stoffgemische *(Zweikomponenten-Anstrichstoffe)*, deren Bestandteile zu einer chemischen Reaktion *miteinander* befähigt sind, die zur Bildung des festen Anstrichfilms ,,in situ'' führt.

Des weitern können Anstrichstoffe dem Lösungsmittel beigefügte Zusätze enthalten wie *Verdünnungsmittel* u.dgl.; sodann Zusatzstoffe wie *Sikkative* (Trockenmittel) und *Weichmacher*, welche, insofern sie nicht leichtflüchtig sind und daher im Anstrichfilm verbleiben, als Bestandteile des Bindemittels zu gelten haben. Mit alledem sollen Anstrichstoffe optimale Konsistenz (*Streich-* und *Spritzbarkeit*) erhalten, soll eine gute Benetzung des Untergrundes erzielt, die Erstarrung des Filmbildners beschleunigt und das Verhalten des fertigen Anstrichfilms (z.B. dessen Elastizität und Alterungsbeständigkeit) verbessert werden.

Außerdem werden Anstrichstoffen regelmäßig *feste* Zusätze in feinster Zerteilung (Korngröße allgemein um $10^{-4}$ cm) von meist typischer *Eigenfarbe* beigegeben, um mit diesen *Pigmenten* anorganischer oder organischer Natur den Anstrichfilm nicht nur besser abzudichten und geeignet zu ,,verfestigen'', sondern ihm zugleich einen bestimmten, möglichst unveränderlichen *Farbton* zu verleihen. An einfachen häufig verwendeten Pigmenten seien genannt: als *Weiß*pigmente Zinkweiß (ZnO), Titanweiß ($TiO_2$), Bleiweiß ($2\,PbCO_3 \cdot Pb(OH)_2 \pm PbCO_3$), Barytweiß ($BaSO_4$) und die Lithopone ($ZnS + BaSO_4$), an *Bunt*pigmenten etwa Eisenoxidrot ($Fe_2O_3$), Eisenoxidschwarz ($Fe_3O_4$), Bleimennige („$Pb_3O_4$"), Cadmiumrot ($CdS + CdSe$), Chromoxidgrün ($Cr_2O_3$), Chrom-, Zink- und Barytgelb ($PbCrO_4$, $ZnCrO_4$ bzw. $BaCrO_4$), Manganbraun ($MnO$ bzw. $Mn_3O_4$), endlich aber auch Al und Cu (sog. *Bronzen*), Zn und Graphit (Ruß). Dazu gesellen sich mehr und mehr auch mancherlei organische Farbstoffe, so in besonderer Vielfalt aus Bestandteilen des Steinkohlenteers (S. 200) wie Benzol, Naphthalin, Anthracen u.dgl. hergestellte „*Teerfarben*" neben metallorganischen Komplexverbindungen spezifischer Eigenfarbe. Eine ausgesprochen blättchen-schuppenförmige Teilchenform gestattet bei den mit solchen Pigmenten versehenen *Schuppenpanzerfarben* besonders leicht die erwünschte, dachziegelartige Anordnung der Pigmentteilchen im Anstrichfilm (Abb. 132). Eine charakteristische chemische Reaktionsfähigkeit zeichnet die *korrosionsverhütenden* Pigmente, vor allem die *aktiven Rostschutzpigmente* für Anstriche von Stahlkonstruktionen aus. Dabei kann deren Wirkung beruhen

a) auf einer Reaktion des *Pigments mit dem Bindemittel*, welche zur Abdichtung des Anstrichfilms beiträgt – so beispielsweise im Falle von Blei- und Zinkpigmenten wie Bleimennige (aus 85 bis 98 % $Pb_3O_4$ und 2 bis 15 % PbO bestehend) durch deren Reaktion mit den freien Fettsäuren des Leinöls zu voluminösen Blei(Zink)-seifen;

b) auf einer Reaktion des Pigments *mit in den Film eindringenden Lösungen und Dämpfen*, wodurch diese ihre Aggressivität verlieren, indem $Pb_3O_4$, PbO oder $PbCN_2$ (Bleicyanamid) saure Agenzien, auch nachträglich entstehende, zu neutralisieren vermögen;

c) auf einer Umsetzung des Pigments *mit dem Untergrund des Anstrichs*, um daselbst die Bildung von *Eigendeckschichten* hervorzurufen oder doch zu begünstigen, was von gewissen Chromatpigmenten zutrifft, welche auf Eisen zur Entstehung relativ dicker und dichter, rosthemmender Oxidschichten führen, oder

d) endlich auch darauf, daß das Pigment relativ zur Unterlage *anodische* Wirkung hat, letztere infolgedessen die Rolle der Kathode übernimmt und daher nicht länger angegriffen wird (ein Vorgehen, das in manchem dem sog. „kathodischen Schutz" ähnelt, welcher nach S. 182 ja gleichfalls darauf beruht, durch „Kathodisieren" eines Objekts dieses vor Korrosion zu schützen) – ein Beispiel hierfür ist die Verwendung von Zinkstaub als Pigment in Anwendung des bereits bei Verzinkungen befolgten Grundsatzes von S. 158.

Allgemein bedeutet der Gehalt an Pigmenten + Bindemitteln den „*Festkörper eines Anstrichstoffs*", während Bindemittel + Lösungs- + allfällige Verdünnungsmittel die *Bindemittellösung* (die „Harzlösung"), bei Lackfarben den sog. „*Klarlack*" ausmachen.

Ergibt sich aus einem Anstrichstoff wie z.B. aus einem „Nitrocelluloselack" beim Trocknen ein Film, welcher sich unter erneuter Einwirkung von Lösungsmitteln – seines eigenen oder anderer – wieder „verflüssigt" oder doch aufweicht, so gilt ein derartiger Anstrich (bzw. der seiner Bildung zugrunde liegende Trocknungsprozeß) als *reversibel*. Im Gegensatz dazu bestehen *irreversible* Anstriche, wenn sie einmal eingetrocknet sind, aus unlöslichen Filmen. Die Entstehung von Anstrichfilmen durch reine Verdunstungsvorgänge, vornehmlich durch Verdunsten allfälliger Lösungs- und Verdünnungsmittel, wird als *physikalische Filmbildung* bezeichnet, wobei sich derart sehr wohl auch irreversible Filme bilden können wie z.B. im Falle von *Dispersionsfarben* (also etwa bei „Emulsionen" von Polyvinylacetat in $H_2O$, welche waschfeste Anstriche liefern und dazu gegenüber einem feuchten Untergrund weniger empfindlich sind als andere Anstrichstoffe). Von *chemischer Filmbildung* ist dagegen die Rede, insofern an der Entstehung des Anstrichfilms neben allfälligen Verdunstungsprozessen chemische Reaktionen, vor allem solche des Bindemittels, beteiligt sind, sei es durch dessen Reaktion mit Luftsauerstoff (wie beim Trocknen des Leinöls) oder als Eigenhärtung des Filmbildners dank zunehmender Vergrößerung oder Vernetzung seiner Makromoleküle infolge irgendwelcher Sekundärreaktionen. Letzteres gilt insbesondere bei im Ofen getrockneten *Einbrennlacken*, wobei Kunstharze vom Typus von Polykondensaten oder Polyaddukten ihre Aushärtung erfahren, dazu aber auch von den *Zweikomponentenlacken*, bei welchen die Filmbildung auf der Reaktion der *beiden* Bindemittelkomponenten zur makromolekularen Verbindung beruht. Hierbei kann es sich um eine Polymerisation, Polykondensation oder Polyaddition handeln, welche in den einen Fällen dank geeigneter Katalysatoren bereits bei gewöhnlicher Temperatur erfolgt, in andern Fällen dagegen wie bei den Einbrennlacken erst unter passender Erwärmung.

Wenn so auch die Bildung der Anstrichfilme in den einen Fällen auf vorwiegend oder gar ausschließlich physikalischen Vorgängen beruht, in anderen wiederum auf der Überlagerung solcher mit chemischen Reaktionen, so gilt eben dasselbe von der einem Anstrichsystem eigenen *Schutzwirkung*: Diese wird insoweit *physikalisch* bedingt, als der Anstrich durch seine *abdichtende* Wirkung eine Trennung von Objekt und Milieu (Korrosionsmittel) herbeiführt. Diese Abdichtung wird um so nachhaltiger und dauerhafter ausfallen, je dicker ein Anstrichsystem, je weniger Poren und Capillaren darin bestehen und je geringere Mengen aggressiver Stoffe wie Sauerstoff, Wasserdampf und Elektrolytlösungen vom Anstrich aufgenommen werden und durch diesen zu diffundieren vermögen. Eine vom Anstrich zugleich ausgeübte, *chemische* Schutzwirkung ergibt sich hingegen, falls er außerdem einen korrosiven Angriff der ihn passierenden, aggressiven Agenzien am Untergrund zu hemmen oder gar völlig zu unterbinden vermag. Nach dem zuvor Gesagten gelingt dies vor allem mit *korrosionshemmenden* Pigmenten hinreichender Inhibitorwirkung (S. 280). Während sich mit manchen, nicht quellbaren Anstrichsystemen wie solchen auf Bitumen-, Teer- oder Chlorkautschukbasis dank ihrer guten Abdichtung häufig bereits auf rein physikalischer Grundlage ein ausreichender Schutz erzielen läßt, bedürfen vorab leichter quellbare Anstriche – wie z.B. solche aus Ölfarben und -lacken – der Beigabe korrosionsverhütender Pigmente, um so eine *kombinierte*, physikalische *und* chemische Schutzwirkung zu erreichen. Oft wird daher beim Aufbau von Anstrichsystemen, vorab dem *Rostschutz* dienender (Abb. 132), den *Grundanstrichen* neben der Aufgabe, die Haftung des Anstrichsystems an der Unterlage zu gewährleisten, eine *gemischt* physikalische und chemische Schutzfunktion übertragen, wie z.B. im Falle von Grundanstrichen aus Bleimennige als Pigment und Leinöl, Kunstharzen, Bitumen oder Chlorkautschuk als Bindemittel. Demgegenüber werden die *Deckanstriche* beispielsweise pigmentiert mit Bleiweiß, Zinkoxid, Graphit, $Fe_2O_3$ (als „Eisenglimmer") oder

Tabelle 39. Zum Aufbau der Anstrichstoffe

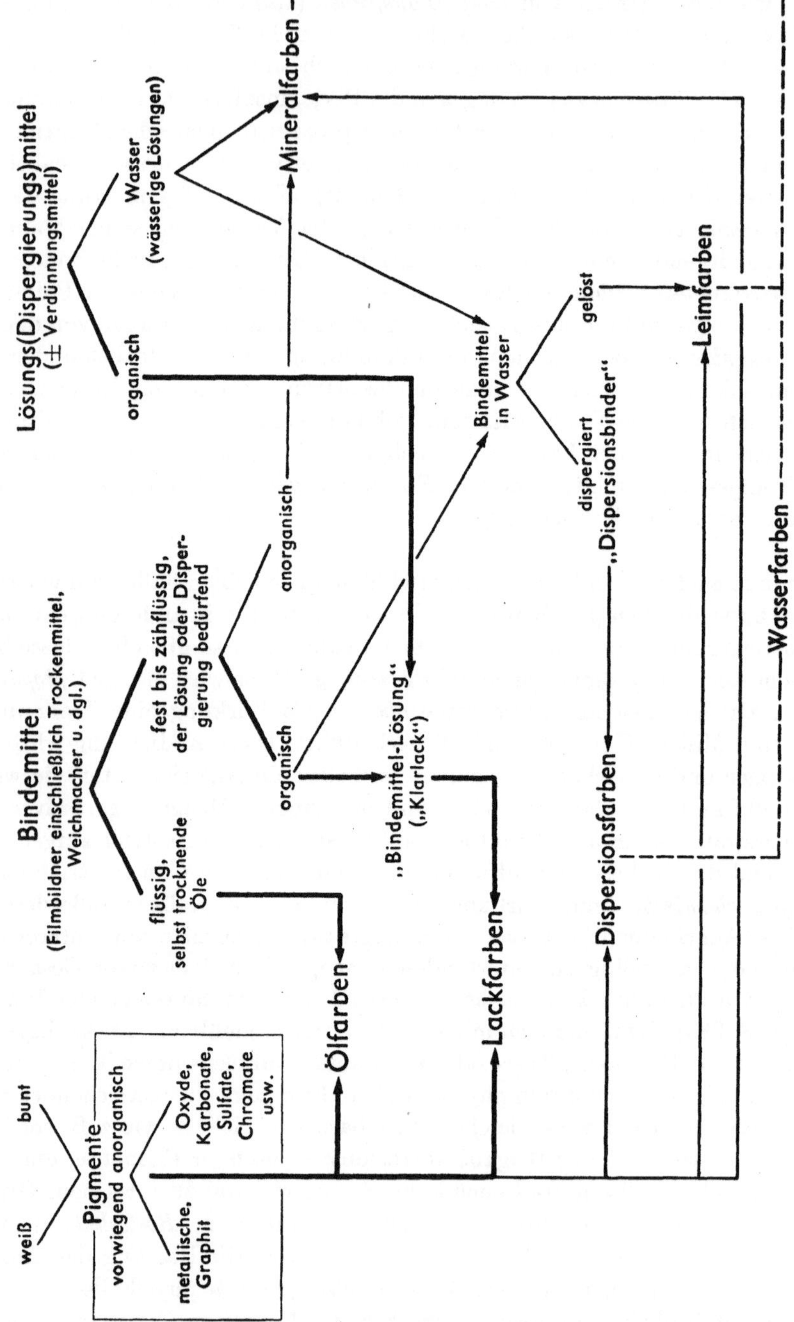

Aluminium (als „Aluminiumbronze"), wobei vorab die drei letztern schuppenförmige Pigmentteilchen aufweisen. Deckanstriche sollen nämlich in erster Linie einen zusätzlichen, vorwiegend physikalischen Schutz der Grundanstriche ergeben. Dazu trägt bei Eisenglimmer und Aluminiumbronze deren starkes Re-

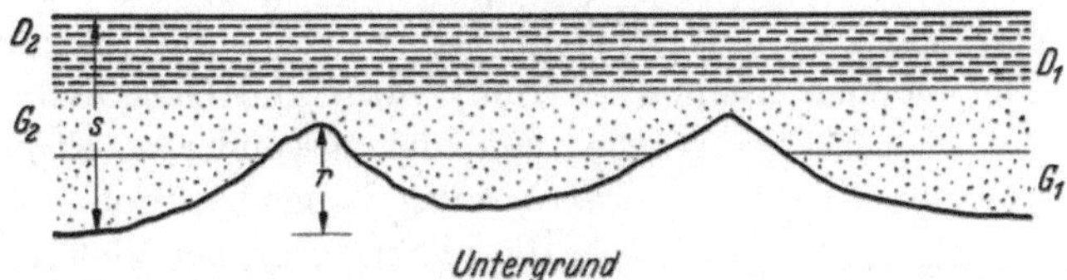



Abb. 132. *Schnitt durch ein Anstrichsystem zum Korrosionsschutz einer Stahlkonstruktion:* bestehend aus zwei Grundanstrichen $G_1$ und $G_2$ (z.B. beide aus Bleimennigegrundfarbe oder $G_1$ als Spritzverzinkung, $G_2$ als Bitumenlackanstrich) und zwei Deckanstrichen $D_1$ und $D_2$ (z.B. aus Schuppenpanzerfarben, $D_1$ mit „Eisenglimmer" [= $Fe_2O_3$ in blättchenförmiger Ausbildung] + Al-Bronze, $D_2$ vorwiegend mit Al-Bronze als Pigment — oder auch beide aus Bitumenlack, allenfalls mit Asbest und Al-Bronze pigmentiert). Schichtdicke $s$ des Anstrichsystems und Rauhigkeit $r$ des Untergrundes (sandgestrahltes Blech) sind aufeinander derart abzustimmen, daß keine Metallspitzen aus dem Anstrichsystem herausragen; andererseits beeinträchtigt eine zu geringe Rauhigkeit die gute Haftung des ersten Grundanstriches, so daß eine Vorbehandlung des Untergrundes zum Zwecke seiner Aufrauhung erforderlich sein kann

flexionsvermögen des Lichts und der Wärme wesentlich bei, zumal dadurch auch ultraviolette Strahlen mit ihrer schädlichen Wirkung für die organischen Filmbildner weitgehend abgehalten werden.

Endlich ist stets zu bedenken, daß ein Anstrichsystem zur Erfüllung seiner Schutzfunktionen nur befähigt sein kann, falls die ihm zugrunde liegenden Anstrichstoffe von einwandfreier Qualität sind, dazu die einzelnen Anstrichfilme die erforderliche Dicke und Dichtigkeit aufweisen sowie aneinander und am Untergrund einwandfrei haften. Dies aber wird nur der Fall sein, insofern die Applikation des Anstrichs in jeder Beziehung mit aller Sorgfalt erfolgte, darin stets eingeschlossen die peinliche Reinigung und Vorbereitung des Untergrundes wie dessen Trockenhaltung.

### Literatur über Anstrichstoffe


BLOM, A. V.: Grundlagen der Anstrichwissenschaft, 1954;

CHAMPETIER, G. et H. RABATÉ: Chimie des Peintures, Vernis et Pigments (Volume I et II), 1956;

CHAMPETIER, G. et H. RABATÉ: Physique des peintures, vernis et pigments (Volume I et II), 1962;

GARDNER, H. A.: Physical and Chemical Examination of Paints, Varnishes, Lacquers and Colours, 1950;

SPONSEL, K. und W. O. WALLENFANG: Lexikon der Anstrichtechnik, 1965;

WILBORN, F.: Physikalische und technologische Prüfverfahren für Lacke und ihre Rohstoffe (Band I und II), 1953;

Anwendungstechnik moderner Anstrichstoffe, 1963.


## § 44. Schmiermittel

Das Bestreben üblicher Art Schmierung geht dahin, gegeneinander bewegte Flächen (zumeist solche aus Metallen wie z.B. Lager und Welle) ständig durch eine dünne Flüssigkeitsschicht, den sog. *Schmierfilm* voneinander zu trennen, um *flüssige* Reibung herbeizuführen. Damit sollen die bei direkter Gleitung fester

18 E

Stoffe aufeinander bestehende, übermäßige *Trockenreibung* wie der damit verbundene, untragbare *Verschleiß* an den bewegten Teilen (Gleitflächen) verhindert oder doch auf ein Minimum herabgedrückt werden. Die Bildung, aber auch
ebenso sehr die ständige Erhaltung eines solchen Schmierfilms, auf welchem der
bewegte Teil gleichsam schwimmen soll, hängt von zahlreichen Umständen ab:
so vor allem von dem auf die fraglichen Flächen wirkenden, spezifischen Druck,
von der beim Betrieb sich ergebenden Temperatur und Gleitgeschwindigkeit so

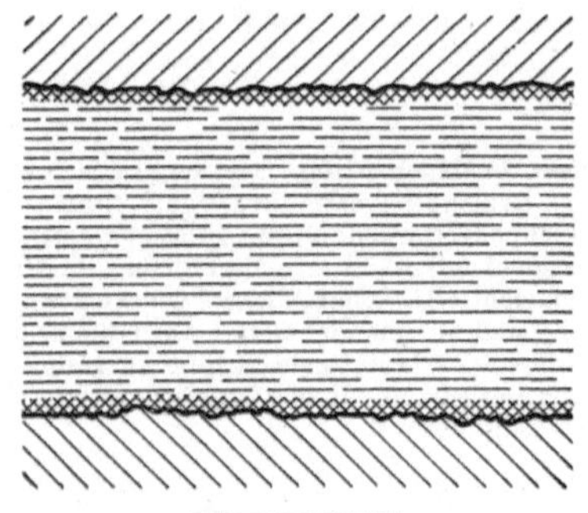

Abb. 133. *Vollschmierung* (gekreuzt schraffiert die beiden Grenzschmierfilme, horizontal schraffiert der eigentliche [freie]
Schmierfilm)

wie von der besonderen Eigenart der als
*Schmiermittel* dienenden Stoffe. Eine Übersicht
über die hierzu in großer Vielfalt verfügbaren,
eigentlich flüssigen *Schmieröle* und festen oder
halbfesten *Schmierfette*, die ihnen eigenen
„Grundstoffe" und allenfalls einzeln oder
kombiniert beigefügten Zusätze – hier oft als
„*Additive*" bezeichnet – gibt die Tab. 40.
Ähnliche Wirkung wie die Trennung von Welle
und Lager durch einen Schmiermittelfilm kann
auch durch einen zwischen beiden befindlichen
*Luft(Gas)spalt* erreicht werden. Neben den im
folgenden näher zu betrachtenden Schmierölen
und -fetten gibt es daher heute auch *gasförmige*
Schmiermittel wie Preßluft und andere, vor
allem völlig inerte Gase.

Wo immer der an sich erstrebenswerte Zustand der *Vollschmierung* (einer
hydrodynamischen oder aerodynamischen Schmierung) tatsächlich erreicht wird,
besteht zwischen den bewegten Teilen im Sinne der Abb. 133 ein zusammenhängender, im Verhältnis zu den stets vorhandenen Unebenheiten der beiden Oberflächen relativ dicker Film des Schmiermittels. Dann aber bestimmt *allein* dessen
*Viscosität* in Abhängigkeit von der Temperatur und der dem Schmierfilm durch
Druck und Scherung widerfahrenden, mechanischen Beanspruchung die noch verbleibende Reibung des ganzen Systems. Demgemäß soll das Schmiermittel bei den
an der Schmierstelle möglichen Temperaturen eine möglichst geringe, der Gleitgeschwindigkeit und Flächenpressung bestmöglich angepaßte Viscosität besitzen.
Diese soll sich daher mit der Temperatur und unter der Wirkung von Druck- und
Scherkräften wenig ändern, also auch in der Wärme noch hinreichend hoch bleiben
wie auch bei Abkühlung nicht übermäßig zunehmen oder gar durch Erstarrung
des Schmiermittels besonders stark ansteigen. Dazu muß die Beständigkeit der
Schmiermittel und ihrer Wirkung über längere Betriebszeiten gewährleistet sein.
So darf es selbst bei längerem Gebrauch weder zu einer unzulässigen Änderung von
Viscosität oder Konsistenz kommen noch zu einem Verharzen oder zur Bildung
von Schlamm aus unlöslichen Reaktionsprodukten, von Säuren und andern Stoffen, welche an gewissen Metallen (wie z. B. den Bleibronzen der Lagerwerkstoffe)
eine Korrosion ergeben könnten.

Völlig andern Ansprüchen hat indes der Schmierfilm zu genügen, sobald nach
Abb. 134 sich *Grenzreibung* einstellt und daher lediglich noch *Teil(Grenz)schmierung* besteht. Angesichts der selbst bei best bearbeiteten Metalloberflächen noch
immer vorhandenen Rauhigkeiten wird dieser Grenzzustand mindestens örtlich

um so eher eintreten, je höher die bewegten Teile beansprucht werden und je größer der damit verbundene Temperaturanstieg ausfällt. Ob auch unter solchen Umständen ein zunehmend dünner werdender Schmierfilm noch immer übermäßige

Reibung und unzulässigen Verschleiß zu verhindern vermag, entscheiden die *Haftfestigkeit* des Films auf dem Metall und die Fähigkeit des Schmiermittels, diesen Film unverzüglich zu regenerieren, wo er lokal zerrissen, abgeschert oder zerquetscht wird. Hierfür ist nicht länger die Viscosität der Schmierstoffe maßgebend, sondern deren sog. *Schmierfähigkeit*, welche ihrerseits vor allem durch die *chemische* Natur der Schmiermittel bestimmt wird. Jetzt kommt es in erster Linie auf die „molekularen Kraftwirkungen" an, welche zwischen dem Schmierfilm und den Metalloberflächen, dann aber auch im Film des Schmiermittels selber bestehen. So wird sich ein an den Metallen hinreichend haftender Film mit einem mechanisch günstigen Verhalten nur ergeben, falls Schmierstoffe auf den Metalloberflächen mindestens *kondensierte Adsorptions*schichten (S. 268) bilden, oder noch eher, wenn infolge einer *Chemisorption* des Schmiermittels am Metall direkt oder mittelbar geeignete Oberflächenverbindungen zwischen beiden entstehen. Solche *Grenzschmierfilme* von polymolekularer oder auch bloß monomolekularer Struktur (Abb. 135) werden ihre Funktion auch unter kritischen Bedingungen um so nachhaltiger erfüllen, je besser das mechanische Verhalten der adsorbierten oder chemisorbierten Schicht der ihr widerfahrenden Beanspruchung entspricht, je höher der Schmelzpunkt allfälliger Oberflächenverbindungen liegt, je besser auch deren Schmelzen von der Metalloberfläche adsorbiert werden und je höher die Zersetzungstemperatur dieser Verbindungen ist. Fettsäuren oder daraus durch Reaktion mit dem Metall entstandene Seifen sind dazu imstande, insofern

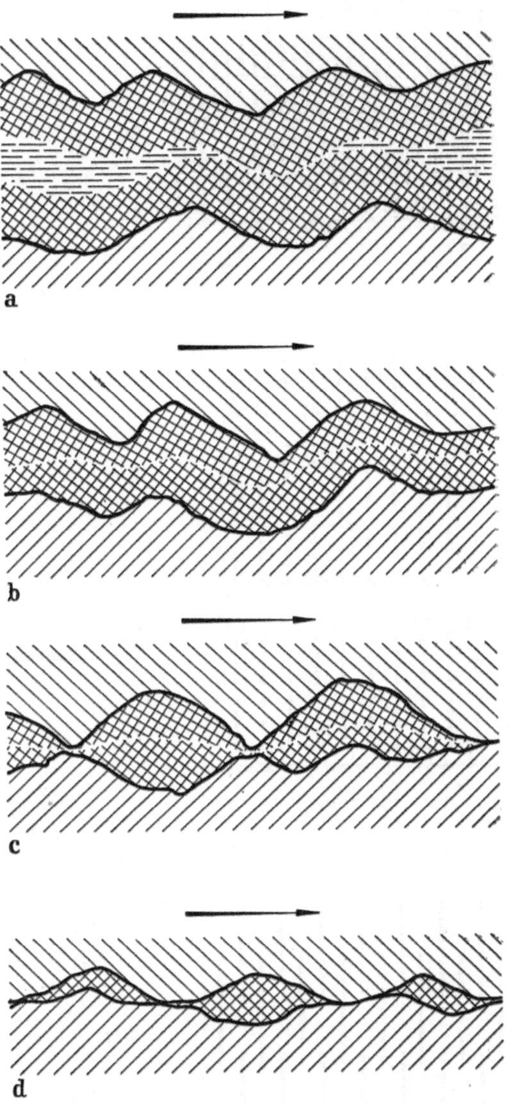

Abb. 134. *Von der Vollschmierung zur Trockenreibung:* verschiedene Stadien einer Grenz(Teil)schmierung (gekreuzt schraffiert die beiden Grenzschmierfilme, diese in a und b noch zusammenhängend, bei c örtlich zerquetscht und bei d weitgehend zerstört)

18*

die letztern genügend hohe Schmelzpunkte besitzen. Noch extremeren Bedingungen genügen dagegen einzig eigentliche *Hochdruckzusätze* wie Phosphor-, Chlor- und Schwefelverbindungen. Diese reagieren mit dem Metall, und zwar erst *nach*

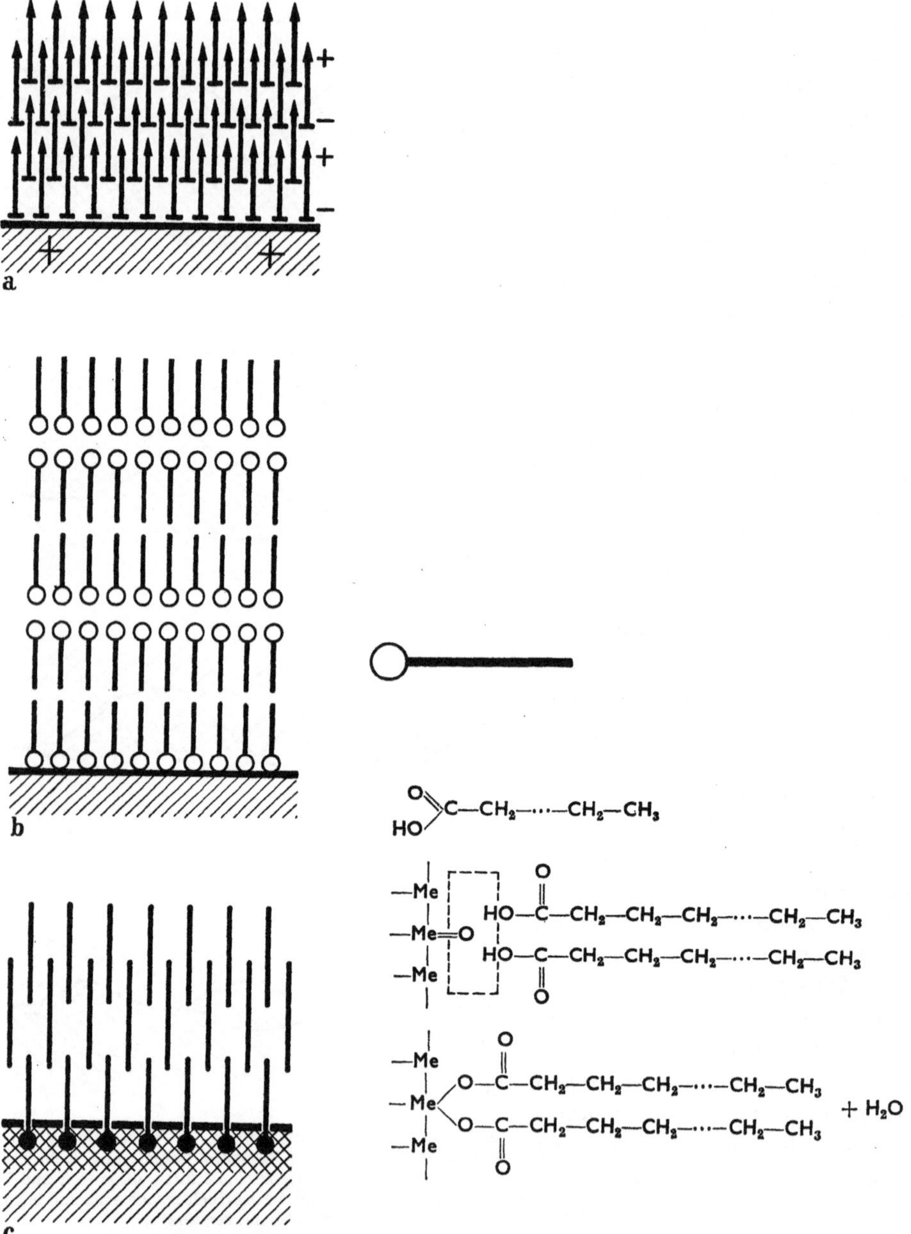

Abb. 135. *Schematische Darstellung verschieden gebauter Grenzschmierfilme*

a) polymolekularer Film aus Dipolmolekülen; b) ebensolcher Film aus einer Fettsäure; c) an der Metalloberfläche chemisorbierter Film und auf diesem aufgebaut ein kondensierter Film. Daneben einen möglichen Mechanismus der Bildung einer Metallseife unter Mitwirkung von an der Metalloberfläche gebundenem Sauerstoff (natürliche Deckschicht). Stärkerer Beanspruchung sind nur Grenzschmierfilme vom Typ c) gewachsen

## Tabelle 40. Schmiermittel

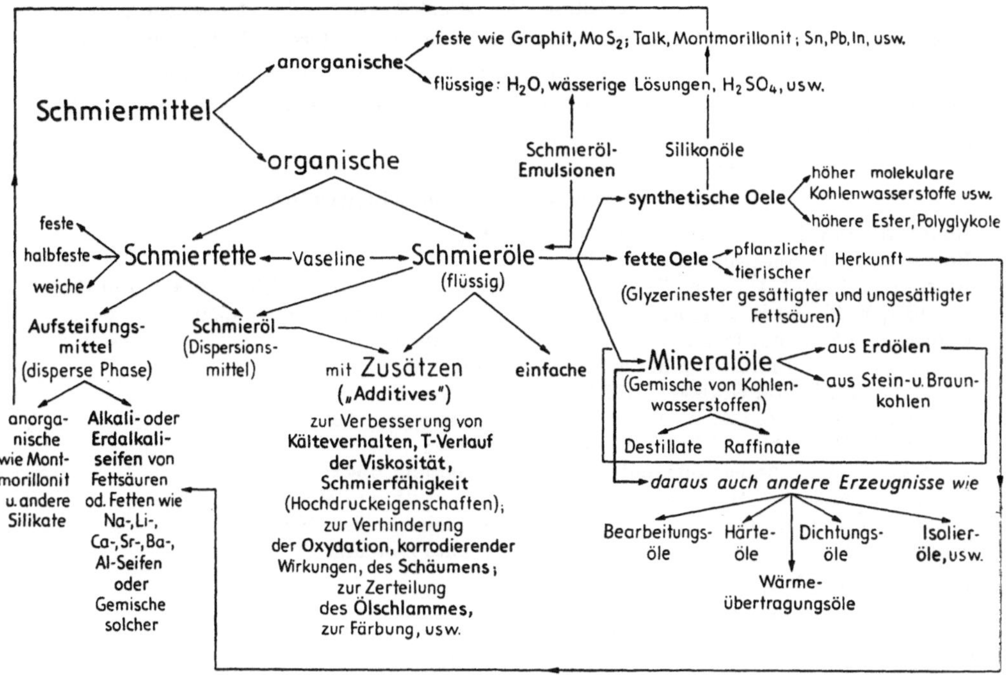


Überschreiten einer kritischen Temperatur, zu Phosphiden, Chloriden bzw. Sulfiden, möglicherweise auch zu komplexeren Verbindungen. Damit aber ergeben sie Grenzschmierfilme von besonderer thermischer Stabilität bei guter mechanischer Qualität und überdies relativ kleinen Reibungskoeffizienten. Eine ähnliche Wirkung kann die Zugabe gewisser *fester* Zusätze zu Schmierstoffen haben (wie vor allem von fein zerteiltem Graphit oder ebensolchem $MoS_2$), insofern sich solche Zusätze in die (zweckmäßig passend vorbehandelten) Metallflächen zu einem schützenden Film einreiben.

Schmiermittel bedürfen indes solcher *Zusätze* nicht allein, um ihren Dienst auch noch zu erfüllen, wenn Vollschmierung in Grenzschmierung übergeht und diese zufolge der dann rasch ansteigenden Temperatur nicht in Trockenreibung ausarten soll. Die Beigabe sog. *Additive* zu Schmierstoffen ist vielmehr noch aus manchen weitern Gründen geboten:

so zur Verflachung der Viscositäts-Temperatur-Kurve, um Schmiermitteln eine möglichst wenig von der Temperatur abhängige Zähigkeit zu verleihen,

weiterhin zur Verbesserung der Kälteempfindlichkeit der Schmierstoffe und ihrer Alterungsbeständigkeit (im letztern Fall zur Verhinderung einer vorzeitigen Oxydation unter Bildung organischer Säuren und anderer unerwünschter Verbindungen),

zur Zerteilung des im Schmiermittel sich allmählich bildenden Schlammes, um zu verhindern, daß sich dieser auf empfindlichen Maschinenteilen ablagert,

zur Verhütung eines korrosiven Angriffs durch die Schmierstoffe selber wie auch durch andere Agenzien, beispielsweise durch die Kondensate der Auspuffgase, aus den Klopfbremsen entstandene Pb-Halogenide u. dgl.

Ob und in welcher Weise mit der Verwendung dieser und noch anderer Additive die Qualität von Schmierstoffen verbessert werden soll, ist naturgemäß eine Frage der an einer Schmierstelle bestehenden, besonderen Verhältnisse. Diese sind daher vor allem maßgebend für den Entscheid, ob mit einem „einfacheren" Schmiermittel auszukommen ist oder statt dessen ein auch höheren Ansprüchen genügender Schmierstoff Verwendung finden muß.

### Literatur über Schmierung und Schmiermittel

BONDI, A.: Physical Chemistry of Lubricating Oils, 1951;
BONER, C. I.: Lubricating Greases, 1954;
BOWDEN, F. P. and D. TABOR: The Friction and Lubrication of Solids 1. Teil 1954, 2. Teil 1964;
BOWDEN, F. P. and D. TABOR: Reibung und Schmierung fester Körper, 1959;
GEORGI, C. W.: Motor Oils and Engine Lubrication, 1950;
GÖTTNER, G. H.: Einführung in die Schmiertechnik, 1961;
GROFF, J.: L'ABC du Graissage, 1956;
GUNDERSON, R. C. and A. W. HART: Synthetic Lubricants, 1962;
HOBSON, P. D.: Industrial Lubrication Practice, 1955;
KADMER, E. H.: Schmierstoffe und Maschinenschmierung, 1941;
NEES, K. v. and A. v. WESTEN: Aspects of the Constitution of Mineral Oils, 1950;
ORLICEK, A. F. und PÖLL, H.: Hilfsbuch für Mineralöltechniker, 1951;
SCHILLING, A.: Huiles pour moteurs et le graissage des moteurs, 1962;

VOGELPOHL, G.: Betriebssichere Gleitlager, 1958;
UBBELOHDE, L.: Zur Viskosimetrie, 1953;
UMSTÄTTER, H.: Einführung in die Viskosimetrie, 1952;
ZERBE, C.: Mineralöle und verwandte Produkte, 1952;
Arbeitsmappe für Mineralölingenieure, 1951.

## § 45. Inhibitoren

Nicht allein im Falle der Schmiermittel, sondern gleicherweise bei vielen weitern Betriebs-, Schutz- und Hilfsstoffen, aber auch bei manch anderen Gelegenheiten soll ein geringer, zumeist bloß 0,01 bis 0,1 % betragender Zusatz bestimmter Stoffe, von sog. *Inhibitoren*, den Ablauf unerwünschter chemischer Reaktionen hintanhalten oder gar vollständig unterbinden. So dient ein derartiges *Inhibieren* – in seiner Wirkung, seltener auch seinem Mechanismus nach einer negativen Katalyse (S. 235) vergleichbar – vorab der Bremsung unliebsamer Alterungsreaktionen und der Verhütung von Korrosionsvorgängen, insbesondere solcher an Metallen. Eine vorzeitige *Alterung* irgendwelcher Stoffe kann auf chemischen Reaktionen beruhen, welche sich *in einem Stoff selber* abspielen und daher unabhängig von äußern Einflüssen verlaufen. Häufiger finden dagegen solche Alterungsreaktionen statt unter der *Mitwirkung von Sauerstoff und Wasserdampf der Luft* und werden oft durch die Gegenwart gewisser Metalle (wie etwa Cu, Messing, Fe u. a.) noch besonders begünstigt. Eben diese Reaktionen zu unterbinden, ist die besondere Aufgabe der Inhibitoren, welche flüssigen Treib- und Brennstoffen sowie vielen Schmiermitteln zugesetzt werden. Die Inhibitoren von *Kühlmitteln* (oftmals wässerige Salzlösungen), *Bremsflüssigkeiten*, Mitteln zum *Frostschutz*, *Rostschutz* oder *Brandschutz* wie in besonderem Maße zum *Schutz des Holzes* sollen dagegen in erster Linie eine korrosive Wirkung solcher Mittel auf Metalle verhindern. Ein Inhibieren von *Entzunderungsmitteln* (sog. Beizen), *Entrostungs-* und *Entkalkungsmitteln*, welche bevorzugt wässerige Säurelösungen sind, soll erreichen, daß sich deren Reaktionen tunlichst auf die zu entfernenden Stoffe – etwa den Zunder, den Rost oder Kesselstein – beschränken, während das Grundmaterial, z.B. das Kesselblech, nicht oder nur unmerklich angegriffen werden soll. Ähnliches gilt von *Entfettungs-* und *Waschmitteln* wie *Reinigungsmitteln* jeder andern Art, welche optimale Reinigungswirkung gegenüber allen möglichen Schmutzstoffen haben sollen ohne schädliche Nebenwirkungen auf den Schmutzträger wie z.B. auf Textilfasern aller Art.

Die Anwendung *korrosionshemmender Inhibitoren* gehört im Kampf gegen die Korrosion naturgemäß zu den *am Korrosionsmittel selber* ergriffenen Schutzvorkehren (siehe bereits S. 182). Solche kommen aus naheliegenden Gründen vor allem in Betracht, falls die Menge des korrosiv wirkenden Agens beschränkt oder doch während einer längern Zeit die gleiche ist. Im übrigen bedarf solches Inhibieren von Korrosionsmitteln oftmals einer Ergänzung durch weitere Schutzmaßnahmen am Objekt selber, sei es durch ein Aufbringen trennender und hemmender Schutzschichten nach S. 157 und 270, durch die Verwendung hinreichend korrosionsfester Werkstoffe oder eine aktive Abwehr der Korrosion auf dem Wege eines kathodischen Schutzes (S. 182).

Wird einer flüssigen Phase $(P_1)$ ein Inhibitor beigegeben, um eine im Kontakt mit $(P_1)$ stehende feste Phase $[P_2]$ vor einem Angriff durch $(P_1)$ zu schützen, so kann die Wirkung des Inhibitors eine recht verschiedenartige sein: in den einen Fällen wirkt dieser im Sinne eines *Destimulators*, indem der Inhibitor mit $(P_1)$, sei es als Ganzes oder mit seinen aggressiven Bestandteilen, eine chemische Reaktion eingeht, welche $(P_1)$ seine aggressive Wirkung gegenüber $[P_2]$ nimmt [damit die Phase $(P_1)$ „desaggressiviert"]. Dieses Verfahren findet vorweg Anwendung beim Inhibieren annähernd neutraler Flüssigkeiten, anorganischen oder organischen. Häufiger jedoch betrifft die Wirkung des Inhibitors unmittelbar die zu schützende feste Phase $[P_2]$, so zumeist, wenn Säuren und Laugen wie deren Lösungen durch geeignete Inhibitoren unschädlich gemacht werden sollen. *Physikalische Inhibitoren* werden dabei unter Bildung kondensierter oder expandierter Filme an der Oberfläche von $[P_2]$ lediglich adsorbiert. Häufiger kommt es jedoch zu einer Chemisorption des Inhibitors an $[P_2]$ oder gar zu einer eigentlichen chemischen Reaktion zwischen dem Inhibitor und der zu schützenden Phase $[P_2]$. Je nachdem, ob sich infolgedessen a) lediglich ein dünner, noch unsichtbarer Oxidfilm (Passivfilm) bildet, b) eigentliche Deckschichten auf $[P_2]$ entstehen oder daselbst bereits vorhandene geeignet verstärkt oder abgedichtet werden oder endlich c) eine galvanische Substitutionsreaktion zwischen dem Inhibitor und $[P_2]$ auf dem letztern einen Überzug aus einem andern Metall ergibt (etwa aus einem solchen, welches eine besonders hohe Überspannung für die Bildung von $H_2$ besitzt), werden verschiedene Typen *chemischer Inhibitoren* unterschieden, nämlich die erstern als *Passivatoren*, die zweiten als *Deckschichtenbildner* und die letztgenannten als „*elektrochemische*" Inhibitoren. Im übrigen sind alle diese, eigentlich chemischen Reaktionen zwischen dem Inhibitor und $[P_2]$ häufig mit sekundären Adsorptionsvorgängen verbunden, so daß einer chemischen Wirkung sich oft physikalische Folgeeffekte überlagern. Um *sauer* reagierende Korrosionsmittel wirksam zu inhibieren, werden diesen bevorzugt physikalische Inhibitoren, Chemisorbentien und „elektrochemische" Inhibitoren beigegeben. Passivatoren und Deckschichtenbildner eignen sich dagegen vor allem zum Inhibieren einigermaßen *neutraler* Flüssigkeiten.

Worin auch immer die spezifische Wirkung eines Inhibitors bestehen mag, stets geht es darum, wenigstens einen, besser jedoch gerade mehrere der verschiedenen Teilvorgänge eines Korrosionsprozesses gehörig zu hemmen oder völlig zu verhindern. Im Falle einer galvanischen Korrosion (S. 177) beispielsweise entweder die Anodenreaktion, also den Übertritt von Metallionen aus dem Metall ins Korrosionsmittel, oder die Kathodenreaktion, bestehe diese in der Entladung von $H_3O^+$ zu H und $2H \rightarrow H_2$ oder in einem Elektronenübergang aus dem Metall in das Korrosionsmittel unter Reduktion von Sauerstoff oder anderen oxydierenden Stoffen. *Anodisch* wirkenden Inhibitoren, wofür physikalische, Chemisorbentien, Passivatoren und Deckschichtenbildner in Frage kommen, ist allgemein *bessere* Schutzwirkung eigen als *kathodisch* wirkenden, wozu sich im übrigen bloß chemische Inhibitoren eignen, während physikalische sehr wohl die Folgereaktion $2H \rightarrow H_2$ aufzuhalten vermögen.

Eine ähnlich günstige Wirkung wie Inhibitoren können auch als natürliche Hemmstoffe in Flüssigkeiten oder festen Stoffen ohnehin vorhandene *Verunreinigungen* ausüben. So etwa die Härtebildner (S. 195) natürlicher Wässer, indem die nach S. 192 kathodisch entstehenden OH-Gruppen z.B. mit $Ca(HCO_3)_2$ gemäß $Ca^{2+} + 2HCO_3^- + 2OH^- \rightarrow CaCO_3 + CO_3^{2-} + 2H_2O$ reagieren, der entstehende $CaCO_3$-Niederschlag den kathodisch wirkenden Bereich (die Auffangfläche für den Luftsauerstoff) bedeckt und damit die Intensität des korrosiven Angriffs vermindert (dabei sind allerdings solche $CaCO_3$-Beläge erst dann von einer eigentlichen Schutzwirkung, nachdem sie durch gleichzeitig gebildete Korrosionsprodukte oder dank geeigneter Inhibitoren eine hinreichende Abdichtung erfahren haben). – Im übrigen gelingt es, in analoger Weise wie Flüssigkeiten auch *Dämpfe und Gase* zu inhibieren (so etwa reichlich $CO_2$ enthaltenden Wasserdampf mit $NH_3$ oder Aminen).

# Sachverzeichnis